Erhard Gorys:
Kleines Handbuch der Archäologie
Ausgräber und Ausgrabungen,
Methoden und Begriffe

Mit Zeichnungen von Christel Gorys

Deutscher
Taschenbuch
Verlag

dtv

Die Übersichtskarten S. 554 ff. zeichnete Karl-Friedrich Schäfer

Originalausgabe
Dezember 1981

Umschlaggestaltung: Celestino Piatti
Gesamtherstellung: C. H. Beck'sche Buchdruckerei, Nördlingen
Printed in Germany · ISBN 3-423-03244-8

Inhalt

Das Buch

Jahr für Jahr besuchen zahllose Reisende große und kleinere Ausgrabungsstätten, vor allem im Mittelmeerraum. Vielen genügen dabei die Beschreibungen der gängigen Reiseführer nicht; andererseits ist die Fachliteratur meist zu umfangreich und zu anspruchsvoll.
Dieses Kleine Handbuch der Archäologie führt zunächst allgemein in die modernen archäologischen Methoden und Techniken ein und bringt dann im Hauptteil anschaulich und fachkundig alles Wesentliche zur Geschichte und Archäologie von 130 berühmten Ausgrabungsstätten: von Siedlungen und Palästen, Heiligtümern und Nekropolen, die sich über Europa, Nordafrika und den Nahen Osten verteilen.
Der Band enthält außerdem Kurzbiographien von 50 bedeutenden Archäologen, von Johann Joachim Winckelmann bis Yigael Yadin, sowie ein Glossar von über 500 Begriffen aus Archäologie, Geschichte und Kunstgeschichte. Mehr als 150 Abbildungen – Lagepläne, Grundrisse, Karten, Tabellen kunsthistorischer Motive – ergänzen und veranschaulichen den informativen Text.

Der Autor

Erhard Gorys, geb. 1926 in Breslau, studierte Kunstgeschichte und Jura in Cambridge und Göttingen und arbeitet heute bei der Deutschen Bundespost.

Mit allen guten
Wünschen zum
6. November 1982
Dein Gorys.

[illegible]
[illegible]
6. November [illegible]
[illegible]

Vorwort

Archäologie ist ein Zauberwort, es klingt nach Schatzsuche, nach uralten Geheimnissen, vor allem aber nach Abenteuer. Und in der Tat ist Archäologie auch heute noch ein Abenteuer, ein wissenschaftliches allerdings, das ebenso häufig im Labor oder am Schreibtisch wie am Grabungsplatz erlebt wird.

Urlaubsreisen führen uns heute zu vielen der bedeutenden archäologischen Stätten, nach Rom und Pompeji, Athen und Delphi, nach Ephesos und Pergamon, nach Stonehenge, zum Pont du Gard und nach Pula. Auch in der Bundesrepublik sind viele eindrucksvolle Relikte aus alter Zeit erhalten, in Trier zum Beispiel, in Xanten und am Limes, in Württemberg, Bayern und Hessen.

Und wir gehen wieder gern ins Museum, weil uns dort nicht mehr zahllose Regale voll toter Steine, geflickter Tongefäße und armloser Statuen angähnen, sondern weil es die Archäologen heute verstehen, uns anhand ausgewählter Beispiele das Leben und Arbeiten, Kämpfen und Lieben der Menschen von damals anschaulich zu machen. Wir erkennen, daß uns außer unserer hochentwickelten Technik nicht allzuviel von unseren Vorfahren trennt, daß sie im Grunde genommen dieselben Probleme hatten wie wir heute.

Um die wichtigsten archäologischen Stätten näher kennenzulernen und den Forschern zu begegnen, die in den letzten zweihundert Jahren unsere Kenntnis vergangener Kulturen so wesentlich erweitert haben, um mit den Methoden der modernen Archäologie ein wenig vertraut zu werden, wurde dieses ›Kleine Handbuch der Archäologie‹ geschrieben. Eine Erläuterung der zahlreichen Fachbegriffe, auf die wir in Reiseführern, in archäologischen und kunstgeschichtlichen Sachbüchern und im Museum stoßen, schließt sich an.

Der Rahmen dieses Buches wurde bewußt eng gehalten. Der zeitliche Bereich beginnt mit den ältesten städtischen Siedlungen (etwa im 8. Jahrtausend v. Chr.) und endet mit dem Ausgang der Antike (etwa 500 n. Chr.). Räumlich beschränkt sich das Buch auf Europa und die außereuropäischen Mittelmeergebiete einschließlich Persien, also auf jenen Lebensraum, dessen Einflüsse unsere europäische Kultur mittelbar oder unmittelbar mitgeprägt haben.

Damit der Leser schneller das Gesuchte findet, ohne im ausführlichen Stichwortverzeichnis nachschlagen zu müssen, wurden die Abschnitte »Ausgräber«, »Ausgrabungsstätten« und »Begriffe aus Archäologie und Kunstgeschichte« nicht nach zeitlichen, örtlichen oder sachlichen Gesichtspunkten, sondern alphabetisch geordnet. Grundrißzeichnungen der Tempel, Paläste, Gräber und Stadtanlagen veranschaulichen den Text.

Der Verfasser hofft, daß sein Versuch, dem archäologisch interessierten Leser einen ersten Überblick über das weite Gebiet der Archäologie zu geben, dieser Wissenschaft weitere Freunde zuführen wird.

Methoden der Archäologie

Die Zeiten, in denen Archäologen mit Hacke und Spaten nur nach Kunstschätzen und -denkmälern gruben, sind lange vorbei. Heute geht es der Archäologie um die planmäßige und umfassende Erforschung längst vergangener Kulturen und Gesellschaften, um ihre materiellen Lebensbedingungen und die sozialen, politischen und kulturellen Einrichtungen, um Ernährung und Wohnung, Kult- und Grabstätten, um Handwerk und Technik und um die Handels- und Kulturbeziehungen.

Der Archäologe versucht, jene Epochen zu erhellen, aus denen es keine schriftlichen Quellen gibt (Vorgeschichte, Prähistorie) oder aus denen vorhandene Quellen zur Gewinnung eines umfassenden Geschichtsbildes nicht ausreichen (Frühgeschichte). Der Archäologe muß also andere und zusätzliche Quellen erschließen, und die erreicht er normalerweise nur über die Ausgrabung.

Die Suche nach ergiebigen Fundplätzen, die systematische Ausgrabung, die Analyse und Konservierung der Funde sind Aufgaben der »praktischen« Archäologie, die man heute insgesamt als Feldarchäologie oder archäologische Feldforschung bezeichnet, und zahlreicher Nachbardisziplinen. Im folgenden werden die wichtigsten Methoden des Archäologen, der sich zunehmend der Hilfe der Archäometrie bedient, kurz dargestellt. Die Archäometrie vereinigt alle geeigneten Naturwissenschaften und technischen Disziplinen, um archäologische Probleme zu lösen, so z. B.: die Prospektion archäologischer Fundstätten, die Analyse metallener Fundobjekte, die Herkunft des Grundmaterials bei Keramiken, die Datierung archäologischen Materials, die Feststellung von Gefäßinhalten, Bodenuntersuchungen auf ihren Gehalt an zerfallenen organischen Substanzen, die Vegetation zur Zeit der alten Kulturen, die Konservierung.

Literatur: F. G. Maier, Neue Wege in die alte Welt. Moderne Methoden der Archäologie. Hamburg 1977. – Methoden der Archäologie. Eine Einführung in ihre naturwissenschaftlichen Techniken. Hg. v. B. Hrouda. München 1978. – L. Deuel, Flug ins Gestern. Das Abenteuer der Luftarchäologie. München 1977.

Prospektion

Prospektion, auch Sondierung genannt, ist die Suche nach unbekannten oder die nähere Erkundung bereits erkannter, unter der Erdoberfläche liegender Fundstätten. Für die Prospektion stehen drei Verfahrensgruppen zur Verfügung: die traditionellen (klassischen) Verfahren, die Luftbildarchäologie und die naturwissenschaftlichen Verfahren.

Traditionelle Prospektion

Das ursprünglichste Prospektionsverfahren ist die *Oberflächenbeobachtung*. Dem archäologisch Erfahrenen werden überwachsene Mauerreste, künstliche Bodenerhebungen, zugeschüttete Gräben und Löcher erkennbar. Aus frisch gepflügtem Acker »wachsen« verkrustete Artefakte, die ein geschultes Auge erkennt. Ziegelbruchstücke, Keramikscherben, behauene Steine verraten oft die Nähe einer archäologischen Stätte.

Wertvolle Hinweise erhielten Archäologen schon häufig aus *schriftlichen Quellen.* Die Epen Homers, altorientalische Dichtungen, die Bibel, antike Reisebeschreibungen haben sich recht ergiebig gezeigt. Auch alte Grabungsberichte, Urkunden, Zeichnungen, Landkarten, sogar Orts- und Flurnamen können den Weg zu unbekannten Fundstätten weisen.

Luftbildarchäologie

Das wichtigste Prospektionsverfahren ist heute die Luftbildarchäologie. 1906 fotografierte der britische Leutnant P. H. Sharpe vom Ballon aus den prähistorischen Steinkreis von Stonehenge; 1915 gelang dem deutschen Oberleutnant Dittmann das erste archäologische Foto vom Flugzeug aus: die Ausgrabungsstätte von Troja. Durch diese Beobachtungen aus der Luft wurden größere Anlagen im Zusammenhang besser erkennbar. Colonel Beazeley erkannte dann als erster, daß Luftfotografien am Boden nicht kenntliche Strukturen sichtbar machen können. Zwischen den beiden Weltkriegen begründete der Brite O. G. S. Crawford die Luftbildarchäologie als einen wissenschaftlichen Forschungszweig. Zu den weiteren Pionieren dieses neuen Prospektionsverfahrens zählen der britische Ingenieur Major G. W. G. Allen und der französische Jesuitenpater A. Poidebard.

Die Luftbildarchäologie zeichnet oberirdische Auswirkungen von Störungen unter der Erdoberfläche auf, die von früherer menschlicher Aktivität herrühren. Drei Arten von Auswirkungen bzw. Merkmalen sind es, die es ermöglichen, »verschwundene« archäologische Stätten zu erkennen:

Da sind zunächst die *Schattenmerkmale* (*shadow marks*), die bei schräg einfallendem Sonnenlicht (abends oder morgens, vor allem im Winter) durch minimale Unebenheiten Reste von Bauten, Wällen, Gräben, Terrassen usw. sichtbar machen.

Vegetationsmerkmale (Bewuchsmerkmale, *crop marks*) weisen durch unterschiedlichen Bewuchs (Üppigkeit der Vegetation) auf unterirdische Kulturreste hin. So werden über einem aufgefüllten Schacht oder Graben die Pflanzen (vor allem Getreide wie Gerste und Hafer) größer und kräftiger, über antiken Fundamenten, Terrassierungen oder Straßen bleibt das Wachstum dagegen zurück. Das Luftbild zeigt solche Wachstumsunterschiede in klaren Linien und Flächen.

Bodenmerkmale (*soil marks*) deuten durch eine Verfärbung der Erdoberfläche auf das Vorhandensein unterirdischer Kulturreste hin. Etruskische Gräber z. B., die einst von Tumuli bedeckt waren, sind auf dem Luftbild als weißliche Flecken zu erkennen. Es ist Kalksteinaushub, der sich von der dunklen, humusreichen Erde deutlich abhebt.

Am Anfang der Luftbildarchäologie stand die Schwarz-Weiß-Aufnahme. Später vermittelte die Farbfotografie mit feinsten Farbnuancen bereits ein genaueres Bild. Heute arbeiten die Luftbildarchäologen – wie z. B. Irwin Scollar vom Rheinischen Landesmuseum in Bonn – auch mit Falschfarben- und Infrarot-Fotografie, um selbst dort etwas zu entdecken, wo das normale Kameraauge versagt.

Naturwissenschaftliche Prospektion
Hier unterscheiden wir mehrere Verfahren, archäologisches Material (z. B. eine Siedlung) unter der Erdoberfläche aufzuspüren. Diesen Verfahren liegen physikalische oder chemische Gesetzmäßigkeiten zugrunde. Sie ergänzen die Luftbildarchäologie und werden vorzugsweise zur näheren Untersuchung von Fundstellen, die das Luftbild entdeckte, herangezogen.

Die *Bodenwiderstandsmessung* beruht auf der Erkenntnis, daß die elektrische Leitfähigkeit des Erdbodens von Einschließungen verändert wird, daß also unterschiedliche Meßergebnisse archäologische Fundstellen anzeigen können. Die Methode entwickelten Geophysiker, um Erdölschichten oder Erzadern zu orten. Der britische Prähistoriker R. C. Atkinson wandte sie 1946 erstmalig bei der Untersuchung einer neolithischen Siedlung bei Dorchester an. 1958 lokalisierte der italienische Ingenieur C. M. Lerici nach Auswertung von Luftbildern mit Bodenwiderstandsmessungen Tausende etruskischer Gräber, die etwa 1 bis 5 Meter unter der Erdoberfläche liegen.

Das Verfahren ist im Prinzip sehr einfach: Zwischen zwei Metallsonden, die man in geringem Abstand in die Erde steckt, fließt ein elektrischer Strom. Eine Grube oder ein Graben mit feuchtem Lockermaterial setzt dem Strom weniger Widerstand entgegen als normaler, gewachsener Boden. Mauerfundamente und dgl. zeigen dagegen einen größeren Widerstand an. Die Meßergebnisse werden kartographisch erfaßt. Die Abweichungen von den Normalwerten des untersuchten Terrains ergeben ein genaues Bild der verschütteten Siedlung. Um natürliche Erdströme auszuschalten, bildet man heute mit vier Sonden eine Meßbrücke. An die beiden äußersten Sonden legt man eine Niederfrequenz-Wechselstromspannung, zwischen den beiden inneren Sonden liest man den Widerstandswert ab. Die Bodenwiderstandsmessung eignet sich besonders für die Lokalisierung langgestreckter Relikte wie Stadtmauern, Straßen oder Gräben.

Große Flächen, aber auch kleinste Einzelfunde lassen sich mit dem *geomagnetischen Meßverfahren,* mit dem Protonen-Magnetometer, erkunden. Hier macht sich der Archäologe den Erdmagnetismus zunutze. Er mißt die geomagnetische Feldstärke: Schwankungen in der Feldintensität des Erdmagnetismus lassen Schlüsse auf Bodenveränderungen oder auf Fremdkörper zu. Das Verfahren wurde im Zweiten Weltkrieg zur Minensuche entwickelt. Der britische Physiker M. Aitken setzte Protonen-Magnetometer erstmals 1957 im archäologischen Bereich ein. Der Franzose Y. Rocard vervollkommnete die Methode. Heute verwendet man hochempfindliche Nuklear-Magnetometer, wie Rubidium-, Zäsium- und Alkalidampf-Magnetometer, die noch eine Abweichung von 10^{-8}

Oersted registrieren und sogar die Ortung von Keramikscherben in einer Tiefe von 5 bis 6 Metern ermöglichen.

Das zu vermessende Terrain wird in ein Netz aufgeteilt, dessen Felder eine Seitenlänge von etwa 1 Meter haben. Auf einen Hektar entfallen also rund 10000 Einzelmessungen, die ein Computer speichert und als bildliche Zusammenfassung, als ein »archäologisches Röntgenbild«, ausdruckt, das z.B. den Grundriß einer längst vergangenen Siedlung oder Befestigungsanlage darstellt.

Mit Hilfe der *geochemischen Bodenuntersuchung*, auch Bodenprobe-Verfahren genannt, lassen sich über den Phosphatgehalt des Bodens Kulturschichten feststellen. Bei der Zersetzung organischer Stoffe (Abfälle, Unrat, Mist) entsteht Phosphat (P_2O_5), das in nahezu unveränderter Konzentration Jahrtausende überdauert. Da normaler Humus etwa 0,3 Promille Phosphat enthält, lassen höhere Werte auf alten Siedlungsboden schließen. Mit einem hohlen Sondierbohrer werden Bodenproben entnommen und ausgewertet. Neben der Phosphatanalyse geben das Aussehen der Probe (Textur und Farbe) Aufschluß über Stärke und Zahl der Kulturschichten.

Eine besondere Bedeutung hat die geochemische Bodenuntersuchung in neuerer Zeit bei vorgeschichtlichen Grabstätten erlangt, von deren Toten nicht einmal mehr die Knochen erhalten sind. Hier entnehmen die Archäologen Bodenproben in sehr kleinen Abständen und stellen ihren Phosphatgehalt fest. Da sich beim Zerfall von Leichen – wie bei allen organischen Stoffen – Phosphat bildet, ergibt die Analyse der Bodenproben in Verbindung mit einer Karte, auf der die Ergebnisse eingetragen werden, ein genaues Schattenbild des Toten. Dieser »chemische Schatten« gibt sogar Auskunft über die ungefähre Körpergröße des Bestatteten und über seine Lage im Grab.

Die modernen Prospektionsverfahren werden ständig weiterentwickelt, ihre Sensibilität wird gesteigert, ihre Störanfälligkeit herabgesetzt. Durch eine Kombination mehrerer Verfahren versucht man, noch genauere Ergebnisse zu erzielen. Denn je eindeutiger das Ergebnis der Prospektion ist, desto schneller und billiger läßt sich die anschließende Grabung durchführen.

Ausgrabung

Die Ausgrabung ist ein wesentlicher Teil der archäologischen Arbeit, denn erst sie stellt der Forschung das Material zur Verfügung, das sie für eine Rekonstruktion vergangener Lebensformen benötigt. Die Ausgrabung zielt längst nicht mehr auf das Freilegen eines interessanten Bauwerks, auf die Entdeckung großartiger Kunstwerke, auf das Heben kostbarer Schätze, wenn auch goldene und silberne Grabbeigaben noch immer mehr Schlagzeilen machen als der Fund unscheinbarer Keilschrifttafeln. Dennoch können solche Schrifttafeln mehr dazu beitragen, unser Wissen über vergangene Kulturen zu vervollständigen, als noch so reiche Edelmetallfunde.

Die Ausgrabung soll heute alle Fragen zu beantworten versuchen, die sich aus dem Wissensstand der Archäologie und ihrer Nachbardisziplinen ergeben. Die Ausgrabung einer archäologischen Stätte hat daher so systematisch und sorgfältig wie irgend möglich zu erfolgen. Nichts darf übersehen werden, denn die kleinsten und unscheinbarsten Fundgegenstände, ihre Lage zueinander, die unergiebigsten Schichten, die feinsten Farbabweichungen des Bodens können von weitreichender Bedeutung sein.

So ist die moderne Ausgrabung alles andere als eine spannende Schatzsuche. Sie ist nüchterne Wissenschaft, Geduldsprobe und Strapaze, nur viel zu selten von dem glücklichen Augenblick einer Entdeckung unterbrochen.

Vorbereitungen

Neun von zehn Grabungen sind heutzutage – zumindest in der Bundesrepublik – Notgrabungen. Da stoßen Straßenbauer auf ein prähistorisches Gräberfeld, bei Ausschachtungsarbeiten kommen Reste einer antiken Siedlung zum Vorschein, Großraumbagger legen eine römische Villa frei, ein Stausee droht mehrtausendjährige Heiligtümer zu überfluten. Hier gilt es, schnell zuzupacken, zu retten, was noch zu retten ist, im Wettlauf mit Bagger, Planierraupe oder steigendem Wasser die Befunde zu sichern. Daß bei solchen Grabungen nur das Allerwichtigste getan und unter dem Zeitdruck kaum mit der erforderlichen Sorgfalt und Präzision gearbeitet werden kann, ist leider nicht zu ändern.

Anders ist das bei den gezielten Grabungen, den »Wunschgrabungen« der Archäologen. Hier bedarf jede Grabung neben gründlichen wissenschaftlichen Studien umfangreicher organisatorischer Vorbereitungen. Wir gehen davon aus, daß Ort und Umfang der Grabung aufgrund gezielter Prospektionen, Geländebegehungen usw. festliegen. Und es ist anzunehmen, daß die Grabung mit einiger Sicherheit – jede Grabung schließt das Risiko eines Fehlschlags ein – neue archäologische Erkenntnisse verspricht. Als erstes ist die Frage der Finanzierung zu klären. Dazu müssen Kostenvoranschläge erarbeitet werden. Der Geldgeber (zumeist öffentliche oder private Institutionen) ist davon zu überzeugen, daß die erwarteten Ergebnisse den finanziellen Aufwand rechtfertigen. Zugleich sind alle rechtlichen Fragen zu klären: Grabungslizenz der zuständigen Behörden sowie Einverständnis des Grundstückseigentümers, gegebenenfalls auch des Pächters, sind einzuholen. Besonders im östlichen Mittelmeerraum können sich Antragsverfahren und Verhandlungen über Monate und Jahre erstrecken und erst nach Einschalten der diplomatischen Vertretungen erfolgreich abgeschlossen werden. Nicht selten ist auch eine Abstimmung mit anderen Ausgräbern, die womöglich ältere Rechte an dem Grabungsplatz haben, erforderlich.

Sind die finanziellen und rechtlichen Probleme gelöst, müssen Grabungsarbeiter, Aufseher, Köche usw. angeworben werden, wobei die Sozialgesetzgebung des betreffenden Landes zu berücksichtigen ist. Quartiere sind einzurichten, Maschinen, Geräte und Apparaturen bereitzustellen. Der Bürgermeister, der Polizeikommandant, der zuständige Museumsdirektor, die Fachkollegen der nächstgelegenen Universität erwarten den offiziellen Besuch des Grabungsleiters.

Erst dann kann der »erste Spatenstich« erfolgen. Für den Grabungsleiter, der nicht nur ein erfahrener Wissenschaftler sein muß, sondern auch ein guter Organisator und Menschenführer, der über eine oder mehrere Kampagnen oft unter mörderischen klimatischen Bedingungen alle sachlichen und personellen Situationen zu meistern hat, beginnt der eigentliche Teil seiner Arbeit: die Ausgrabung.

Grabungsmethoden

Die Grabungsmethoden selbst richten sich nach der Art der Fundstätte. Ein syrischer Tell erfordert andere Methoden als ein römisches Militärlager, ein etruskisches Grab ist anders zu untersuchen als der Untergrund eines gut erhaltenen griechischen Tempels.

Die Archäologen unterscheiden zwei Grundverfahren: die Flächengrabung und die Regionsforschung.

Die *Flächengrabung* umfaßt die vollständige Untersuchung einer Fundstätte über sämtliche Schichten bis möglichst auf den gewachsenen Boden. Sie ist das nachhaltigste und vollkommenste Verfahren der archäologischen Feldforschung, aber wegen seines Umfanges auch das teuerste und zeitaufwendigste. Heute wird die Flächengrabung nur noch begrenzt und in Verbindung mit der Regionsforschung angewandt.

Bei der *Regionsforschung* geht es nicht um die vollständige Freilegung jedes Einzelobjekts, sondern um eine umfassende Aufnahme und Analyse aller Überreste von Bauwerken, Wohn- und Handwerkervierteln, Verkehrswegen usw. Die Regionsforschung schließt detaillierte Teilgrabungen nicht aus.

Ein Spezialverfahren ist die *Sondiergrabung* (Sondage), eine punktuelle Tiefgrabung unter gut erhaltenen Bauwerken, die nicht zerstört werden dürfen.

Stratigraphie

Jede Siedlung bildet im Laufe ihrer Existenz Kulturschichten, also Ablagerungen, die durch Bauen, Wohnen, Leben und Arbeiten, durch Naturkräfte und Katastrophen entstehen. Da werden Häuser gebaut, brennen ab, stürzen ein oder verfallen. Die Trümmer werden planiert, darüber entstehen neue Häuser. Auf Straßen und in Gruben sammelt sich Abfall. Eine Feuersbrunst verwüstet den ganzen Ort. Der Ort wird verlassen. Vegetation überwuchert den Wohnplatz. Neue Siedler erscheinen, bauen Häuser und Straßen. Ein Erdbeben oder ein Krieg zerstört wiederum den Ort. So entstehen Kultur- oder Siedlungsschichten, die sich mehr oder weniger deutlich voneinander abheben und in ihrer Folge (Schichtfolge) Aufschluß über die Entwicklung der Siedlung, ihrer Menschen und deren Kultur geben. In Ländern, in denen die Lehmbauweise vorherrscht (z.B. in Mesopotamien und in Syrien), erreichen solche Siedlungen im Laufe von Jahrtausenden eine Höhe von zehn, zwanzig und mehr Metern, weil das Baumaterial Lehm nicht wiederverwendet werden kann. Und jede Schicht schließt Material ein, das in der entsprechenden Zeit hergestellt bzw. benutzt wurde (Mauerteile, Gerät, Tongefäße, Werkzeug, Küchenabfälle usw.). Die Beobachtung und Interpretation der Kulturschichten nennt man Stratigraphie.

Die Stratigraphie (Schichtenkunde) geht von dem Grundsatz aus, daß von zwei übereinanderliegenden Kulturschichten die obere jünger ist als die untere. Fundobjekte entstammen grundsätzlich derselben Zeit wie die Schicht, in der sie gefunden wurden. Sie können allerdings älter sein als die Schicht, weil sie z. B. in späterer Zeit wiederbenutzt wurden, nie aber jünger als die Schicht, aus der sie stammen. Gegenstände, die vergraben wurden und somit möglicherweise in eine ältere Schicht gelangten, verraten ihre wahre Schichtzugehörigkeit durch das Grabungsloch. Dasselbe gilt für Gebäudefundamente, die in tiefere Schichten reichen.

Ausgraben heißt also, Schicht für Schicht vorsichtig abtragen, jede Schicht mit größter Genauigkeit untersuchen und das Ergebnis dokumentieren, denn jede abgetragene Schicht ist unwiderruflich zerstört. Gerade die Zerstörung der Schichten durch die Grabung überträgt dem Archäologen ein hohes Maß an Verantwortung. Er beginnt mit der obersten, der jüngsten Schicht, und blättert die Grabungsstätte wie eine Zwiebel bis zur untersten, der ältesten Schicht ab.

Zuvor aber überzieht er die gesamte Grabungsfläche mit einem Netz aus quadratischen oder rechteckigen Feldern, einem sog. *Gitter-* oder *Grundraster.* Zwischen den einzelnen Feldern (Schnitten) bleiben mindestens 1 Meter breite Stege (Bänke, Gitterstäbe) stehen. Auf diese Weise läßt sich nach jedem Abtragen einer Schicht innerhalb eines Feldes an den senkrechten Flächen die Aufeinanderfolge der Schichten (Schichtprofil, Schnittprofil) ablesen. Der Archäologe muß die Übergänge von Schicht zu Schicht deuten, er muß sagen können, ob die Kulturschicht durch natürliche Anhäufung (Versandung, Pflanzenbewuchs), durch Abriß oder Einsturz von Gebäuden, durch Brandkatastrophen, Erdbeben usw. geendet hat.

Die Seitenlänge der einzelnen Felder sollte aus Sicherheitsgründen etwa der vermuteten Grabungstiefe entsprechen; ihre Mindestgröße beträgt 3 mal 3 Meter. Jedes Feld wird mit einer Nummer oder einer Kombination aus Zahlen und Buchstaben bezeichnet, um die Orientierung und Befundaufnahme zu erleichtern.

Nachdem die Grabungsstätte in Felder aufgeteilt ist, beginnt man, bestimmte Einzelfelder, sog. *pilot sections,* auszugraben. Auf diese Weise können sogar Versuchsschnitte im Rahmen des Gesamtrasters angelegt werden. Kommen Mauern zum Vorschein, so können die Versuchsschnitte beliebig erweitert werden. Stoßen die Ausgräber auf Räume eines Gebäudes, so entfernen sie die darin liegenden Stege bis auf ein oder zwei Kontrollstege zum Ablesen des Schichtprofils.

Innerhalb einer Kulturschicht haben Hacke und Spaten keine Berechtigung mehr. Schaber, Spachtel, weiche Bürsten und Pinsel treten in Aktion, um auch die feinsten Details (winzige oder leicht zerstörbare Fundobjekte, Bodenverfärbungen und dgl.) erkennen und untersuchen zu können.

Grundsätzlich sind alle Schichten bis zum gewachsenen Boden zu erforschen. Meistens aber dringen die Ausgräber aus Kosten- und Zeitgründen nur bis zu jener Schicht vor, deren Befund die jeweilige archäologische Fragestellung zu beantworten verspricht. Oft ist auch ein Weitergraben nicht möglich, weil sonst wichtiges archäologisches Material (z. B. ein Mosaikboden) zerstört würde. Hier muß die weitere Forschung hinter der Erhaltung bedeutender historischer Bausubstanz zurücktreten.

Sind sämtliche Felder des Rastersystems ergraben und aufgenommen, werden schließlich auch die Stege vorsichtig abgetragen und untersucht, so daß schließlich nur noch architektonische Teile übrigbleiben, die in jedem Falle der Konservierung bedürfen.

Während im Mittelmeerraum das Ausgraben vorwiegend durch Abtragen der einzelnen Kulturschichten erfolgt, hat sich in Nordeuropa das Abheben der Erde in gleich hohen Lagen (10 bis 30 cm) bewährt (Planum-Methode). Da in Nordeuropa die Holzbauweise vorherrschte, lassen sich auf der jeweils sorgfältig planierten Fläche, dem Planum, die meist innerhalb einer Kulturschicht verläuft, Bodenverfärbungen und Schichtveränderungen relativ gut erkennen.

Die wesentliche Aufgabe des Archäologen besteht bei der Ausgrabung also darin, die einzelnen Schichten zu trennen, sie mit Hilfe der zugehörigen Funde zu deuten, die Aufeinanderfolge der Schichten zu erklären, kurz: die Stratigraphie des Grabungsplatzes zu erarbeiten.

Befundsicherung

Erst die Funde erfüllen die Kulturschichten mit Historie. Daher kommt der Befundsicherung besondere Bedeutung zu.

Die Funde müssen in ihrer Lage zueinander und innerhalb der Schicht so genau wie möglich beschrieben, vermessen, gezeichnet und fotografiert werden, so daß die gesamte Grabung in allen ihren Einzelheiten nachvollziehbar und nachprüfbar wird. Erst danach werden Funde geborgen, gereinigt, konserviert, gesondert gezeichnet und fotografiert sowie inventarisiert (registriert).

Befunddokumentation

Ein wichtiger Bereich der Befundsicherung ist die Dokumentation der Befunde. Da ist einmal das *Grabungstagebuch,* das meistens für jedes einzelne Feld gesondert geführt wird und den täglichen Fortgang der Arbeiten festhält. In das Tagebuch gehören außerdem die Beschreibung der einzelnen Schichten und der in jeder Schicht vorgefundenen Objekte sowie alle Besonderheiten, ergänzt durch Zeichnungen, Skizzen und Fotos. Auch erste Deutungen wird der Archäologe dem Tagebuch anvertrauen. Umfangreiche Grabungen erfordern ein allgemeines Grabungstagebuch, das der Grabungsleiter führt und in dem er die wesentlichen Einzelergebnisse zusammenfaßt.

Weil erst die Funde eine Datierung und Deutung jeder Schicht ermöglichen, kommt der *Fundregistrierung* eine besondere Bedeutung zu. Zu registrieren sind sämtliche Funde, auch die unscheinbarsten Bruchstücke, Abfälle, Nahrungsreste, Knochen, Scherben. Funde bzw. Körbe, Kästen und Plastikbeutel mit Fundmaterial erhalten eine fortlaufende Fundnummer, unter der das Objekt mit Bezeichnung, Fundort (Feldnummer, Schicht, evtl. Vermessungsdaten) und etwaigen Bemerkungen in das Fundbuch oder in eine Fundkartei eingetragen wird.

Zeichnungen halten das Ergebnis der Vermessungen der Ausgrabungsstätte, einzelner Grabungsfelder und der Bauten fest; sie geben Grabungsbefunde wieder, die fotografisch nicht vollständig oder nicht deutlich genug zu erfassen sind, und beschreiben maßstabgerecht das Schichtprofil (Schnittprofil), wobei die einzelnen Schichten klarer zum Ausdruck kommen, als es die Fotografie je vermag. Auch Inschriften, Reliefs, Wandmalereien, Gefäße lassen sich durch die Zeichnung oft besser wiedergeben als durch das Lichtbild.

Die *Fotografie* liefert die umfassendste Dokumentation, von der Totalaufnahme der Ausgrabungsstätte bis zum Einzelfund. In vielen Fällen ergänzt sie die Zeichnung.

In zunehmendem Maße wird die Fotografie auch zu Vermessungsaufgaben herangezogen. Die *Photogrammetrie,* wie dieses Meßverfahren heißt, kann vom Flugzeug aus (Aerophotogrammetrie) oder auf der Erde (terrestrische Photogrammetrie) eingesetzt werden. Sie ermöglicht eine berührungsfreie Vermessung des Grabungsplatzes. Die Vermessung erfolgt anhand von Lichtbildern, die zugleich bestimmte Zeitpunkte der Grabung dokumentarisch festhalten. Die Stereophotogrammetrie erlaubt mit Hilfe zweier Meßbilder sogar eine dreidimensionale Vermessung.

Von Inschriften, Flachreliefs, Siegeln und dgl. wird häufig ein *Abklatsch* oder *Abguß* mit Hilfe von Spezialpapier, Latex oder Gips hergestellt.

Konservieren und Restaurieren

Eine nicht weniger wichtige Aufgabe als die Suche nach archäologischem Material und dessen Interpretation ist die Erhaltung und Wiederherstellung der Fundobjekte, der alten Bauten und Kunstwerke. Diese Aufgabe obliegt heute fast ausschließlich erfahrenen Spezialisten, Restauratoren, denen zahlreiche Hilfsmittel der Naturwissenschaften in den archäologischen Laboratorien der Museen zur Verfügung stehen.

Das häufigste Fundobjekt ist *Keramik,* da Tongefäße schon in vor- und frühgeschichtlicher Zeit weit verbreitet waren. Keramisches Material ist verhältnismäßig stabil und äußerst widerstandsfähig gegen physiko-chemische Einflüsse, denen es über Jahrhunderte oder gar Jahrtausende im Boden ausgesetzt war. Tongefäße und -scherben werden daher nur mit Wasser gereinigt. Versinterungen beseitigt man mit verdünnter Salzsäure oder Ameisensäure; danach sind die Gefäße ausgiebig zu wässern, um der gefürchteten Säurekrankheit zu begegnen.

Ausnahmsweise findet bei Keramik ein Ausleseprozeß statt; Scherben unbemalter Gebrauchskeramik werden weggeworfen, um die Museumsmagazine zu entlasten.

Eine besondere Bedeutung kommt der Restauration von Gefäßen zu, wenn sämtliche zugehörigen Scherben geborgen werden konnten. Wichtige Gefäße versuchen die Restauratoren auch aus unvollständigem Scherbenmaterial wieder zusammenzufügen, wobei die Lücken mit Gips oder Kunststoff geschlossen werden. So verführerisch es auch sein mag, ein unvollständiges Vasenbild zu ergänzen, so gefährlich und irreführend kann das Ergebnis sein. Daher sollten selbst stilistisch und thematisch überzeugende Bildrekonstruktionen deutlich vom Original unterschieden sein.

Fundobjekte aus *Metall,* vor allem aus Kupfer, Bronze oder Eisen, sind meistens stark oxydiert und dadurch mehr oder weniger brüchig. Oft sind solche Objekte, wie Waffen, Schmuck oder andere Metallgegenstände, vollkommen durchoxydiert und mit der umgebenden Erde verklumpt. Solange noch ein Metallkern vorhanden ist, was sich durch Röntgenaufnahmen feststellen läßt, kann die Oxydschicht elektrochemisch oder elektrolytisch wieder zum Ursprungsmetall rückverwandelt werden. Nach gründlicher Wäsche und vollständigem Austrocknen erhalten die Objekte eine Imprägnierung, die sie vor weiterer Korrosion schützt.

Besonders gefährlich ist die »Bronzepest«, eine Materialerkrankung, bei der sich Chlorsalze tief in das Metall gefressen haben und kostbare Bronzen zu zerstören drohen. Auch hier hilft ein Elektrolysebad mit anschließender ausgiebiger Wäsche in destilliertem Wasser.

Elfenbein zerfällt bei der Bergung durch allzu rasche Austrocknung leicht in millimetergroße Partikel, die dann in mühsamer Arbeit wieder zusammengefügt werden müssen. Elfenbeinobjekte werden daher sofort nach der Bergung in feuchte Watte verpackt und einem langsamen Trocknungsprozeß unterworfen.

Das Wiederherstellen von *Glasgefäßen* aus zahlreichen kleinen Scherben stellt an die Restauratoren hohe Anforderungen, da hier – im Gegensatz zur bemalten Keramik – nur kaum wahrnehmbare Hinweise auf die Zusammengehörigkeit der Scherben zur Verfügung stehen. Der schöne irisierende Überzug des Glases ist eine Erkrankung des Materials, die eine chemische Behandlung erfordert, um das Gefäß vor dem Zerfall zu schützen.

Holz ist ein besonders schwer zu bergendes Fundobjekt. Holz kann sich in festem, brüchigem, verkohltem, völlig zerfallenem oder gar aufgelöstem Zustand befinden. Die Archäologen und Restauratoren haben unzählige Verfahren entwickelt, auch solches Fundmaterial zu sichern, um es auswerten zu können. So muß z. B. nasses Holz ganz vorsichtig – oft über Jahre – ausgetrocknet werden, damit es keine Trockenrisse bekommt oder zu Staub zerfällt. Kleine Holzstücke werden gefriergetrocknet. Morsches Holz wird durch bestimmte Kunststoffe gefestigt und damit vor dem Zerfall bewahrt. Holz in völlig aufgelöstem Zustand kann sich durch Bodenverfärbungen, Hohlräume oder Abdrücke zu erkennen geben. Es gilt dann, die Spuren zu sichern, z. B. durch Ausgießen mit Gips oder flüssigem Kunststoff, um das Holzobjekt rekonstruieren zu können.

Menschliche Skelette findet der Ausgräber meistens in einem schlechten

Erhaltungszustand vor: brüchig, in winzige Teile zerfallen, oft sogar pulverisiert. Nach Zeichnung und fotografischer Ablichtung werden solche Skelettrelikte mit Paraffin übergossen und samt dem umgebenden Erdreich ins Labor gebracht. Dort wird der Block mit Gips verstärkt, das Paraffin wird ausgeschmolzen, die Knochenfragmente werden gereinigt und konserviert.

Mumien werden häufig von mikroskopischen Pilzen befallen, die die Fleischteile und Knochen allmählich zerstören. Als im Jahre 1975 der Pariser Arzt Maurice Bécaille die berühmteste Mumie, die Mumie Ramses' II., in Kairo untersuchte, um zu erfahren, woran der große Pharao gestorben ist, sah er, daß der mumifizierte Körper des Königs schon stark zerfallen war. Ein Jahr später wurde die Mumie in Paris mit Gammastrahlen des Isotops Kobalt 60 behandelt. Dieses Nucleart genannte Verfahren hatte sich schon vorher bei der Festigung mürber Objekte bewährt, da unter Gamma-Beschuß flüssige Kunststoffe tiefer in das brüchige Material eindringen. Leider mußte man 1980 feststellen, daß die Strahlendosis offenbar nicht ausgereicht hat, um alle Pilze zu töten.

Freigelegte *Bauwerke* müssen unverzüglich konserviert werden, weil sie gegenüber Witterungs- und anderen Umwelteinflüssen besonders gefährdet sind und schnell verfallen. Immer häufiger versucht man, die vorgefundenen Ruinen – meist zur Förderung des Massentourismus – zu vervollständigen, die alten Bauwerke wieder aufzubauen, zu rekonstruieren. Das nennt man Anastylosis, worunter ursprünglich nur die Wiederaufrichtung von Säulen verstanden wurde. Solche Rekonstruktionen sind durchaus zu begrüßen. Sie dürfen aber nicht zu einer Täuschung des interessierten Laien führen. Ergänzte Bauteile müssen sich also deutlich von den originalen Bauteilen abheben, wie das z.B. vorbildlich in Ephesos praktiziert wird.

Dasselbe gilt für Skulpturengruppen, deren fehlende Teile die Phantasie des Betrachters ausfüllen sollte, nicht aber die Hand eines Künstlers. So entfernte die Münchener Glyptothek 1966 die von dem berühmten dänischen Bildhauer Thorvaldsen ergänzten Teile der »Ägineten« (Giebelskulpturen vom Aphaia-Tempel auf Ägina).

Schließlich sind auch alle jene antiken Bauten und Kunstwerke, die von Anbeginn Hitze, Kälte, Nässe und Erdbeben ausgesetzt waren und heute zusätzlich unter den Einflüssen unserer Zivilisation zu leiden haben, der Obhut des Restaurators anvertraut. Mit Entsetzen haben die Denkmalspfleger festgestellt, daß Bau- und Bildhauerwerke inmitten der modernen Großstädte immer schneller verwittern, daß »Steinlepra« und »Marmorpest« grassieren. Säulen und Triumphbögen zerfallen, oft ohne daß man ihnen ihre tödliche Krankheit von außen ansieht. Die Restauratoren untersuchen neuerdings alle historischen Bauten mit einem Thermovision-Instrument, gleichsam einem Fieberthermometer für steinerne Patienten. Spezielle Infrarot-Kameras registrieren die Temperatur der einzelnen Steine, wobei Abweichungen von ein bis zwei Grad ausreichen, um eine gezielte Konservierungsbehandlung einzuleiten.

Fresken (Wandmalereien) beläßt man heute meistens am Fundort (*in situ*). Sie werden mit Hilfe moderner Verfahren vom Untergrund gelöst, im Labor konserviert, um sie vor Verblassung oder Zersetzung zu schützen, und anschließend wieder an der ursprünglichen Stelle angebracht. Entsprechend verfahren die Restauratoren mit *Mosaiken,* die sie zum Transport mit einer haftenden Trägerfolie versehen. Besonders kostbare Fresken und Mosaiken verbleiben aus Sicherheitsgründen im Museum.

Die wohl berühmtesten Werkstätten für Restaurierungsarbeiten unterhält das Römisch-Germanische Zentralmuseum in Mainz. Die Experten dieses Museums können auf 130 Jahre Erfahrung in Forschung und Restauration zurückblicken.

Fundanalyse

Fundanalyse ist die wissenschaftliche Auswertung des Fundmaterials, um Erkenntnisse über das zu gewinnen, was man ausgegraben hat. Dazu sind alle Einzelbefunde einer Schicht durch typologischen und kunstgeschichtlichen Vergleich, durch Materialanalyse und Datierung (Chronologie) genau zu erfassen.

Der *typologische Vergleich* beruht auf der Untersuchung der Form von Fundobjekten, wobei man alle Gegenstände (z. B. Tongefäße, Bronzewaffen) ihrer Form nach in Gruppen (Typen) einteilt. Jedem Typ entspricht ein bestimmtes Verbreitungsgebiet und eine bestimmte Epoche. Ist beides bekannt, so lassen sich neu ergrabene Objekte – oft mit Hilfe der Datenverarbeitung – meist relativ leicht einordnen. Dasselbe gilt für den *kunstgeschichtlichen Vergleich,* bei dem Stilmerkmale der künstlerischen Ausgestaltung (z. B. bei der Vasenmalerei) eine Einordnung ermöglichen.

Zunehmende Bedeutung hat in den letzten Jahrzehnten durch verstärkte Anwendung naturwissenschaftlicher Verfahren die *Materialanalyse* erlangt. Durch sie gewinnt der Archäologe nicht nur Erkenntnisse über das Material selbst, über seine chemische Zusammensetzung zum Beispiel, sondern auch über Fertigungstechnik, Herkunft und Herstellungszeit. Sogar der Ort, an dem der Rohstoff abgebaut oder gewonnen wurde, läßt sich sehr oft feststellen. Die Analyseverfahren sollen weitgehend materialschonend sein.

Zu den wichtigsten Verfahren zählen u. a. die Optische Emissions-Spektrometrie, die Röntgen-Fluoreszenz-Spektrometrie sowie die Neutronenaktivierung für Metalle, Keramik und Glas, die Röntgen-Mikroanalyse, die Atom-Absorptions-Spektrometrie sowie die Polarographische Analyse für Metalle. Immer häufiger wird auch die Röntgenaufnahme herangezogen, um Materialstrukturen zu ergründen, verkrustete Metallobjekte zu untersuchen, in verschlossene Särge und Urnen zu schauen, Mumienbinden zu durchleuchten, sogar antike Fälschungen aufzudecken.

Gerade auf archäologischem Gebiet macht die technisch-naturwissenschaftliche Entwicklung heutzutage so große Fortschritte, daß ständig neue analytische Verfahren angewandt werden.

Datierung (Chronologie)
Erst die Datierung, die Zeitbestimmung, ermöglicht dem Archäologen die historische Einordnung seiner Funde und das Auffüllen historischer Lükken mit Hilfe der Funde, also eine Rekonstruktion der Geschichte.

Absolute Datierungen, d.h. Zeitangaben, die auf unsere Zeitrechnung zurückgeführt werden können, erhalten wir über Schriftfunde, Münzen, über bestimmte naturwissenschaftliche Datierungsmethoden und mit Hilfe typologischer und stratigraphischer Vergleichsbeobachtungen.

Die Stratigraphie eines Grabungsplatzes erlaubt dem Archäologen eine relative Datierung, da die jeweils untere Kulturschicht älter als die darüberliegende ist. Das gilt ebenso für die Fundobjekte in jeder Schicht. Bei der relativen Chronologie geht es also um die zeitliche Reihenfolge einzelner Funde oder Fundgruppen zueinander, um ihre Vor-, Gleich- oder Nachzeitigkeit. Auch die Typologie der Fundobjekte aus verschiedenen Ausgrabungsstätten erlaubt in ihrer Entwicklung eine *relative* Datierung, die lediglich aussagt, daß das Gefäß A älter ist als das Gefäß B, vielleicht sogar, um wieviel Jahre es älter ist. Stammt nun z.B. ein dem Gefäß B entsprechendes Gefäß aus einer Schicht, deren absolute Datierung – vielleicht wegen einer Inschrift – bekannt ist, so ist es möglich, auch das absolute Alter des Gefäßes A zu bestimmen. Eine Datierung nach typologischen oder stilistischen Kriterien birgt jedoch immer erhebliche Unsicherheitsfaktoren.

Für eine absolute Datierung stehen der Forschung historische und naturwissenschaftliche Methoden zur Verfügung. So kennen wir z.B. aus unzähligen literarischen Überlieferungen und Inschriften die Regierungszeiten der römischen Kaiser. Da römische Münzen stets den Namen des Kaisers tragen, lassen sich somit durch Münzenfunde fast alle historischen Daten bestimmen. Die ägyptischen Königslisten konnten durch astronomische Zeitmarken überprüft werden und ergeben somit ebenfalls absolute Daten. Ein Siegel mit dem Königsnamen, Grabbeigaben eines Pharaos lassen sich also mit hoher Genauigkeit datieren. Aus der ägyptischen Chronologie, die bis in das 3. Jahrtausend v. Chr. zurückreicht, ließ sich infolge des Güteraustausches die absolute Datierung der mykenischen Kultur erstellen.

Die naturwissenschaftlichen Methoden der absoluten Datierung nutzen Veränderungen im Material von Fundobjekten seit ihrer Herstellung oder seit ihrer Bearbeitung. Die Veränderungen werden gemessen und chronometrisch ausgewertet.

Die bekannteste Methode ist die *Radiokarbondatierung,* auch C 14-Methode genannt. Diese Methode erlaubt Altersbestimmungen von organischen Stoffen wie Holz, Schilf und Knochen bis zu 50000 Jahren.

Radiokarbon ist ein radioaktives Isotop des Kohlenstoffs (^{14}C), das neben dem normalen Kohlenstoff (^{12}C) in allen Lebewesen enthalten ist und allmählich zerfällt (Halbwertzeit: 5730 $\pm$ 40 Jahre), beim lebenden Lebewesen aber immer wieder durch den Stoffwechsel ergänzt wird. Stirbt der Organismus ab, z.B. wenn ein Baum gefällt wird, dann hört die ^{14}C-Zufuhr auf. Durch die Messung der Strahlungsintensität läßt sich nun bestimmen, wieviel Zeit seit dem Absterben des Organismus vergangen ist.

Die Radiokarbonmethode wurde 1946 von dem amerikanischen Chemiker W. F. Libby eingeführt. Sie ist trotz mancher Schwächen und gewisser Fehlerquellen noch immer die wichtigste Datierungsmethode der Archäologie.

Die *Thermolumineszenzmethode* beschränkt sich auf die Datierung von Keramik. Sie beruht auf der Erkenntnis, daß sich in jeder Keramikmasse Spuren radioaktiven Materials befinden, die im Laufe der Zeit durch »Einfangen« von Alphateilchen die Kristallstruktur der Keramik verändern. Bei Erhitzung einer Keramikprobe auf etwa 500 °C werden die Alphateilchen wieder frei und zeigen das durch kurzes Aufglühen der Probe (Wärmeleuchten oder Thermolumineszenz) an. Aus der Menge des dabei ausgestrahlten Lichts kann man das Alter der Keramik bestimmen. Diese Methode wurde zwischen 1966 und 1968 entwickelt.

Eine sichere Methode zur Datierung von Holz mit Hilfe der Jahresringe (Wachstumsringe) ist die *Dendrochronologie* (Baumring-Chronologie). Klimaschwankungen rufen unterschiedliche Jahresringe hervor, so daß sich über mehrere Jahre Muster ergeben, die für alle Bäume einer Baumart innerhalb eines Klimabereichs gleich sind. Durch Vergleich solcher Muster bei Bäumen, deren Wachstumszeiten sich überschneiden, ließen sich »Jahresringkalender« aufstellen. Man ordnet die archäologische Holzprobe in diesen Kalender ein und kann somit das Alter des Holzes bestimmen. Jahresringkalender reichen heute schon über einen Zeitraum von 7000 Jahren. Die 1929 in Amerika entwickelte Methode wird auch heute noch gern zur Überprüfung von Radiokarbontests herangezogen.

Eine weitere Datierungsmethode ist die *Pollenanalyse*. Pollen sind Blütenstaubkörner. Ihre widerstandsfähige Außenhaut läßt die Pollen Jahrtausende überdauern. Solche Pollen können unter dem Mikroskop nach Pflanzengattung und oft auch nach Pflanzenart unterschieden werden. Da sich die Vegetation ständig verändert, gelang es, für die einzelnen Vegetationsbereiche Kalender zu erstellen, die die vorkommenden Pollen nach Gattung, Art und Häufigkeit ausweisen. Jede Bodenprobe einer Kulturschicht läßt sich in den Kalender einordnen und somit auch absolut datieren. Darüber hinaus gibt die Pollenanalyse Aufschluß über den Pflanzenbewuchs der betreffenden Epoche, über das Vorhandensein von Ackerbau, über Art und Umfang des Ackerbaus usw.

Eine Methode der relativen Datierung ist der *Kollagentest*. Das Kollagen ist ein Eiweiß, das sich im Bindegewebe, in Knochen und Knorpeln findet und durch Gerbsäure widerstandsfähig gegen Fäulnis wird und sich nur sehr langsam zersetzt. Aus dem Anteil von Kollagen läßt sich daher feststellen, welche Knochen an einer Fundstelle älter und welche jünger sind.

Auch der *Fluortest* dient der relativen Datierung von Knochen. Knochen nehmen im Laufe der Zeit aus dem Grundwasser Fluor-Ionen auf. Da der Fluorgehalt des Grundwassers nicht überall gleich und auch Schwankungen ausgesetzt ist, läßt sich eine absolute Datierung nicht durchführen. Dagegen kann man aus der Höhe des Fluorgehalts sagen, welche Knochen an einer Fundstelle älter bzw. jünger als andere sind, denn je älter die Knochen sind, um so größer ist ihr Fluorgehalt. Der Fluortest dient vorwiegend zur Bestätigung des Kollagentestes.

Der *radiometrische Test* entspricht dem Fluortest, nur daß hier die in den Knochen gespeicherte Uranmenge eine relative Datierung ermöglicht.

Da Knochen nicht nur Fluor und Uran binden, sondern zugleich auch Stickstoff abgeben, mißt man heute alle drei Konzentrationen mit dem sog. *FSU-Test,* einer Kombination von Fluortest, radiometrischem Test und Stickstofftest.

Publikation

Der britische Archäologe Pitt-Rivers sagte einmal: »Eine Entdeckung datiert erst von dem Moment ihrer Publikation, nicht von dem Zeitpunkt, an dem sie aus der Erde auftaucht.« Die Ergebnisse einer Ausgrabung sollen so schnell und umfassend wie möglich veröffentlicht werden, um eine fachliche Diskussion zu ermöglichen.

In der Veröffentlichung werden die Forschungsbedingungen, die Ausgrabungen, die Befunde und die Fundobjekte beschrieben und – soweit das zu diesem Zeitpunkt schon möglich ist – geschichtliche, kultur-, religions- und wirtschaftsgeschichtliche Folgerungen dargelegt.

Leider sind nur wenige Ausgrabungen attraktiv genug, um sie auch der Öffentlichkeit in allgemeinverständlicher Sprache vorzustellen. Und nur wenige Ausgräber wie z.B. G. H. Layard, R. Koldewey, C. L. Woolley, W. Andrae und Y. Yadin haben sich bereitgefunden, ein breites Publikum unmittelbar an ihren Forschungen teilnehmen zu lassen. Mit »Sendschriften« wendet sich die Deutsche Orient-Gesellschaft seit 1901 an einen größeren Leserkreis. Das Römisch-Germanische Museum Köln gab 1974 und 1975 die »Römer-Illustrierte« heraus. Und die hohen Auflagen von Ausstellungskatalogen zeigen, wie groß das Interesse an solchen Publikationen ist.

Unterwasserarchäologie

Schon in frühester Zeit nutzte der Mensch Flüsse, Seen und Meere für den Austausch von Handelsgütern, denn das Schiff war jedem Landtransportmittel an Schnelligkeit und Fassungsvermögen weit überlegen, abgesehen davon, daß viele Länder nur über das Wasser zu erreichen waren. Wein, Getreide und Metalle waren die wichtigsten Güter, aber auch Salzfisch, Oliven und andere Lebensmittel, Tongefäße, Baumaterial, Werkzeuge, Mühlsteine, Papyrus, Tuche und Kunstwerke gehörten zu den bevorzugten Schiffsladungen der alten Völker. Wer das Meer und die Flüsse beherrschte, beherrschte auch die angrenzenden Länder. Griechische Siedler ließen sich vorzugsweise an den Küsten nieder, denn Häfen bedeuteten Einfluß und Wohlstand.

Schwammtaucher und Fischer holten die ersten Ladungsteile versunkener Schiffe vom Meeresgrund, antike Kunstwerke aus Bronze, wie den

»Poseidon« und den »kleinen Jockey« vor dem Kap Artemision, die Büsten des Homer und des Sophokles vor Livorno und den »Jüngling von Antikythera«. 1954 veranlaßte der französische Tiefseeforscher Jacques-Yves Cousteau erstmals die archäologische Untersuchung eines römischen Schiffswracks vor der tunesischen Küste. Mit der Verbesserung der Atmungsgeräte und neuartiger technischer Methoden begann die systematische Erforschung aller georteter antiker Wracks, die wichtige Erkenntnisse über Schiffbau-Technik, Wirtschaftsbeziehungen, Kulturkontakte und Kolonisation vermittelte.

Mit der Untersuchung von Schiffswracks setzte auch die Ausgrabung versunkener Siedlungen und Hafenanlagen ein, die mit den üblichen archäologischen Methoden erfolgt, aber einen ungleich größeren technischen Aufwand und damit höhere Kosten erfordert. Der Amerikaner George Bass entwickelte hierzu technische Hilfen und Verfahren, die eine systematische Unterwasser-Grabung überhaupt erst ermöglichen. Gerade vom Meeresgrund erhofft sich die Forschung noch viele neue Erkenntnisse, denn hier ruhen Kunstwerke, wertvolle Metalle und Architekturstücke seit Jahrtausenden geschützt vor dem Zugriff des Menschen.

Da antike Schiffswracks sehr schnell zusammenfallen und fast immer von einer dicken Sand- und Schlammschicht bedeckt sind, bleibt die *Prospektion* meist dem Zufall überlassen. So entdecken noch immer Schwammsucher, Fischer und neuerdings auch Sporttaucher die meisten Fundplätze. Versunkene Siedlungen und Hafenanlagen vermag bis zu 15 Metern Wassertiefe auch die Fotografie aus der Luft zu orten. Heute wird der Meeresboden, besonders in Küsten- und Hafennähe, mit Sonargeräten, Magnetometersonden und Metalldetektoren abgesucht und bei Ortung eines Wracks mit Unterwasser-Fernsehkameras und Tauchbooten näher in Augenschein genommen.

Der Fundplatz wird mit einem Koordinatengitter (Meßnetz) aus Kunststoffrohren überspannt, das die zeichnerische und fotografische Aufnahme der Befunde erleichtert. Dabei gewinnt die Unterwasser-Stereofotografie zunehmend an Bedeutung. Die Sand- und Schlammassen werden mit dem Air-Lift, einem Sauggerät, weggeräumt oder mit dem Water-Jet fortgespült. Einzelfunde und lockere Wrackteile werden an Bord des Arbeitsschiffes gehievt. Hierbei bewähren sich luftgefüllte Ballons besser als Schiffswinden. Größere Wrackteile werden zersägt oder insgesamt geborgen. Taucher mit Atmungsgerät oder mit Schlauchverbindung besorgen das Registrieren, Zeichnen, Fotografieren und bedienen die Bergungsgeräte; sie dürfen jeweils nur kurze Zeit auf dem Meeresgrund arbeiten. Geschrieben und gezeichnet wird mit Fettstift auf Plastikfolie oder Plexiglas.

Analyse, Konservierung und Restauration entsprechen den Methoden der Ausgrabung auf dem Lande. Tongefäße sind meist stark überwachsen und mit Kalksinter bedeckt; sie werden mechanisch gereinigt, kommen in ein Salzsäurebad und werden schließlich ausgiebig gewässert. Metallobjekte zeigen besonders starke Korrosionen, die vor der Konservierung behandelt werden müssen. Eisengeräte haben sich im Salzwasser oft vollständig aufgelöst, aber in den sie umgebenden Konkretionen aus Kalk, Sand und Muscheln eine Hohlform hinterlassen, die nach der Bergung geröntgt und mit flüssigem Kunststoff ausgegossen wird, wobei man einen genauen Abguß des ursprünglichen Gegenstandes erhält. Die hölzernen Wrackteile werden einem langwierigen Trocknungsprozeß ausgesetzt und gleichzeitig mit einem Konservierungsmittel, z.B. Polyäthylenglycol, getränkt. Sind nahezu alle Wrackteile erhalten, läßt sich das Schiff sogar in seinem ursprünglichen Zustand rekonstruieren, was sich allerdings wegen der enorm hohen Kosten nur bei sehr gut erhaltenen Wracks lohnt; zumindest aber ist eine zeichnerische Rekonstruktion möglich.

Das Deutsche Archäologische Institut

Abschließend sei noch eine Institution vorgestellt, die die bedeutendsten deutschen Grabungen und archäologischen Forschungen lenkt und fördert. Es ist das Deutsche Archäologische Institut, weltbekannt unter der Abkürzung DAI, das im Jahre 1979 auf eine 150jährige Forschungstätigkeit zurückblicken konnte.

Im Jahre 1829 gründete in Rom eine Gruppe deutscher Gelehrter, Künstler und Diplomaten das »Instituto di corrispondenza archeologica«, um der Pflege »der vernachlässigten als auch der neu gefundenen, der schriftlichen als auch der bildlichen Denkmäler früherer Epochen« zu dienen. Der wilden Suche nach antiken Schätzen sollte damit ein Ende bereitet werden, die archäologische Arbeit sollte künftig auf wissenschaftlicher Basis erfolgen. Das preußische Königshaus übernahm die Schirmherrschaft.

Die Vereinigung residierte anfangs im Palazzo Caffarelli, dem Sitz des preußischen Gesandten beim Heiligen Stuhl, später bezog sie eine Villa auf dem Kapitol. 1837 wurde die Leitung des Instituts nach Berlin verlegt. Das Arbeitsgebiet, das zunächst auf Rom und Umgebung beschränkt war, erstreckte sich bald über den gesamten Raum der antiken Welt. 1859 übernahm der preußische Staat die Finanzierung des Instituts.

Nach der Reichsgründung übernahm 1874 das Deutsche Reich die Verantwortung für die Arbeit des Instituts, das nun den Namen »Deutsches Archäologisches Institut« (DAI) erhielt. 1874 eröffnete das DAI eine Zweigstelle in Athen, 1897 in Kairo, 1899 in Konstantinopel (Istanbul), 1943 in Madrid, 1955 in Bagdad und 1961 in Teheran. Heute gehört das DAI mit inzwischen elf Auslandsinstituten zum Zuständigkeitsbereich des Bundesaußenministeriums, das gemeinsam mit der »Deutschen Forschungsgemeinschaft« (DFG) für die Finanzierung der archäologischen Forschung aufkommt.

Fast überall, wo deutsche Archäologen heute an größeren Grabungen beteiligt sind, wirkt das DAI mit. Seinem Betätigungsfeld sind keine Grenzen gesetzt. Ob in Olympia, Tiryns oder auf Samos, in Pompeji, Paestum oder Segesta, in Ägypten, Syrien, im Irak oder in der Türkei, in Schwarzafrika, Indien, Pakistan, China oder Japan, in Nord- oder Südamerika, überall gilt das Wirken des DAI wie zu Beginn seiner Tätigkeit

»dem Suchen und Deuten des Menschen in der Vergangenheit und seines Weges vom Anbeginn an über alle Höhen und Tiefen«.

Seit 1901 sind dem DAI die Römisch-Germanische Kommission in Frankfurt am Main und seit 1967 die Kommission für alte Geschichte und Epigraphik in München angeschlossen.

50 Archäologen

Zwischen Johann Joachim Winckelmann und Yigael Yadin liegen zwei Jahrhunderte, in denen Männer verschiedenster Herkunft, Nationalität und Vorbildung die Vor- und Frühgeschichte Europas und des Mittelmeerraums in nie geahnter Weise aufgehellt, längst vergangene Kulturen wiederentdeckt und unser Wissen über Sumerer, Ägypter, Griechen, Kelten und andere alte Völker bereichert haben.

Es waren Diplomaten, Militärs, Kaufleute, Architekten, Gymnasialprofessoren, Bibliothekare, Abenteurer, die die Epoche der großen Entdekkungen einleiteten und deren Pioniertaten heute von Teams geschulter Wissenschaftler und Techniker fortgeführt werden.

Fünfzig dieser Männer seien hier kurz vorgestellt, Männer, die in heißem Wüstensand, in sumpfigen Flußtälern, am Schreibtisch oder im Labor »Geschichte machten«. Nicht alle waren Ausgräber, Abenteurernaturen, die sich mit bewaffneten Raubgräbern, korrupten Beamten und skrupellosen Konkurrenten herumschlagen mußten. Viele von ihnen waren Schreibtischarchäologen, die nie einen Spaten in der Hand hatten, die wie Detektive die Bestände der Museumsmagazine unter die Lupe nahmen und anhand von minimalen Indizien, mit nüchternem Verstand und nicht wenig Phantasie archäologische Probleme lösten, weitere Steinchen in das Mosaik der menschlichen Kulturen fügten.

Walter Andrae wurde am 18. Februar 1875 in Anger bei Leipzig geboren. Nach dem Studium der Architektur ging er als Mitarbeiter Robert → Koldeweys nach Babylon und grub von 1903 bis 1914 zusammen mit Julius Jordan und anderen Assur, die erste Hauptstadt des assyrischen Reiches, aus. 1921 wurde Andrae Kustos der Vorderasiatischen Abteilung der Berliner Museen. Seit 1923 lehrte er Baugeschichte an der Technischen Hochschule Berlin, 1928 wurde er zum Direktor der Vorderasiatischen Abteilung berufen. Andrae starb am 28. Juli 1956 in Berlin.
Hauptwerke: Das wiedererstandene Assur. 1938 (durchges. u. erw. Aufl. 1977). – Lebenserinnerungen eines Ausgräbers. Hg. v. K. Bittel und E. Heinrich. 1961.
Literatur: Koldewey-Gesellschaft. Von ihren Gründern, ihrer Geschichte und ihren Zielen. Festschrift zum 80. Geburtstag von W. Andrae. Bonn 1955.

Giovanni Battista Belzoni wurde am 5. November 1778 als Sohn eines Barbiers in Padua geboren. Seine Jugend verbrachte er in Rom, wo er sich vor allem mit Hydraulik beschäftigte. Eigentlich sollte der 1,98 m große Hünc Priester werden, aber als die Franzosen in Rom einmarschierten, ging er nach England. In London verdiente sich Belzoni seinen Lebensunterhalt als Handlanger und trat schließlich als »Patagonischer Samson« in einer Kraftakt-Nummer im Sadler's Wells Theater auf.

Belzoni heiratete eine Londonerin und zog mit ihr nach Malta. Dort lernte er einen Ägypter kennen, der das Land am Nil in den glühendsten Farben schilderte. 1815 ging Belzoni nach Kairo, um der ägyptischen Regierung seine Erfindung, eine hydraulische Bewässerungsmaschine, anzubieten. Die Regierung lehnte ab.

Zu dieser Zeit tobte in Ägypten ein erbitterter Raubgräberkrieg zwischen dem französischen Konsul Drovetti, dem britischen Konsul Henry Salt, den türkisch-ägyptischen Behörden und den Fellachen. Es ging dabei um Grabschätze, die die Franzosen für den Louvre und die Engländer für das Britische Museum haben wollten, um Bestechungsgelder für die Beamten und um möglichst hohe Gewinne für die Fellachen. Belzoni stellte sein Allroundtalent dem britischen Konsul zur Verfügung und bekam von ihm den Auftrag, den Kopf Ramses' II., der von einem der beiden Memnons-Kolosse abgefallen war, von Theben nach London zu schaffen. Trotz zahlreicher Intrigen der Franzosen konnte er im Jahre 1816 den Auftrag erfolgreich durchführen.

Belzoni erkannte, daß die Suche nach Antiquitäten trotz mancher Risiken eine interessante und vor allem einträgliche Aufgabe war, und schaffte alles, was das Britische Museum anforderte, heran. Als ihn die Franzosen mit Hilfe der Behörden aus der Nekropole von Theben vertrieben, reiste er nilaufwärts, schaufelte den Felsentempel von Abu Simbel frei und drang dort als erster Europäer in das Allerheiligste ein.

1817 kehrte Belzoni nach Theben zurück und fand im Tal der Könige das Grab des Pharaos Sethos I. mit herrlichen Wandmalereien und einem prächtigen Alabastersarkophag, den er nach London sandte. 1818 entdeckte er den Eingang der Chephren-Pyramide von Gise und grub in Edfu, Elephantine und Philae. 1819 ging Belzoni nach London, um die Repräsentation seiner zahlreichen Funde zu überwachen und seine Tagebücher zu veröffentlichen. Am 3. Dezember 1823 starb er in Gato (Nigeria) auf einer Reise nach Äquatorialafrika an einer Tropenkrankheit.

Belzoni war kein Archäologe, kein Forscher im heutigen Sinne, er war – wie die meisten seiner Zeitgenossen, die sich mit Altertümern befaßten – ein Schatzsucher. Neben dem Geld reizte ihn aber auch der Ruhm, und so verkaufte er aus Enttäuschung darüber, daß England seine Arbeit nicht genügend würdigte, seine umfangreiche Privatsammlung an den Louvre.

Durch seine skrupellose Ausbeutung der Fundstätten richtete er unvorstellbaren Schaden an. Andererseits aber bereicherte er den Louvre und vor allem das Britische Museum um viele ihrer kostbarsten Stücke.
Hauptwerk: Narrative of the Operations and recent Discoveries within the Pyramids, Temples, Tombs and Excavations in Egypt and Nubia. 1820.
Literatur: S. Mayer, The great Belzoni. London 1959.

Kurt Bittel wurde am 5. Juli 1907 in Heidenheim an der Brenz als Sohn eines Bankiers geboren. Er studierte in Heidelberg, Berlin, Wien und Marburg und wurde wissenschaftlicher Mitarbeiter des Deutschen Archäologischen Instituts in Frankfurt am Main und in Kairo.

Seit 1931 leitete Bittel die Ausgrabung von Hattušas, der Hauptstadt des Hethiterreiches, in Boğazköy und beim Felsheiligtum Yazilikaya und wurde 1938 zum Direktor des Deutschen Archäologischen Instituts in Istanbul ernannt, eine Stellung, die er bis 1945 und von 1954 bis 1960 innehatte.

1948 folgte Bittel einem Ruf als Professor für Vor- und Frühgeschichte an die Universität Tübingen. 1960–1972 war er Präsident des Deutschen Archäologischen Instituts (DAI), Sitz Berlin. 1967 wurde Bittel Ritter des Ordens Pour le mérite und 1971 Kanzler dieses Ordens.
Hauptwerke: Die Kelten in Württemberg. 1934. – Prähistorische Forschungen in Kleinasien. 1934. – Yazilikaya. 1941 (Neubearb. 1975). – Kleinasiatische Studien. 1942. – Grundzüge der Vor- und Frühgeschichte Kleinasiens. 2. Aufl. 1950 – Die Heuneburg an der oberen Donau (mit A. Rieth). 1951. – Boğazköy – Hattusa I (mit R. Naumann). 1952. – Boğazköy – Hattusa II (mit W. Herre, H. Otten, M. Röhrs, I. Schäuble). 1958. – Hattusha. The capital of the Hittites. 1970. – Die Hethiter. 1976.

Carl William Blegen wurde am 27. Januar 1887 in Minneapolis, Minnesota, geboren. 1913–1927 grub er mit der American School of Classical Studies, Athen, im Nordosten der Peloponnes mehrere prähistorische Stätten aus. 1916–1918 entwickelte er mit A. J. B. Wace anhand von Tongefäßen eine neuartige Methode zur Datierung der vormykenischen Kultur. 1927 wurde Blegen Professor der klassischen Archäologie an der Universität von Cincinnati, Ohio. 1932–1938 leitete er die Ausgrabungen dieser Universität in Troja. Er unterteilte die neun Hauptschichten Trojas, die Wilhelm → Dörpfeld festgestellt hatte, in 46 Besiedlungsphasen und datierte die Stadt des Königs Priamos, Schauplatz von Homers Ilias, (Hauptschicht VII a) ungefähr auf das Jahr 1250 v. Chr.

1939 ging Blegen nach Griechenland und fand bei Pylos die erste Tontafel mit der Linearschrift B, die man bislang nur von Kreta her kannte. 1952 setzte er die Grabungen fort und entdeckte ein ganzes Archiv mit mehr als tausend solcher Schrifttafeln. Das Archiv gehörte zum Palast des mykenischen Königs Nestor. Blegen forschte noch bis 1964 in Pylos und konnte zahlreiche Gräber mit reichen Beigaben aufdecken. Er starb am 24. August 1971 in Athen.
Hauptwerke: Troy. Excavations Conducted by the University of Cincinnati, 1932–38, 4 Bde, 1950–58. – Troy and the Trojans. 1963. – The Palace of Nestor at Pylos in Western Messinia. 1966.

Helmuth Theodor Bossert wurde am 11. September 1889 in Landau in der Pfalz geboren. Er studierte Kunstgeschichte, Archäologie, Germanistik und mittelalterliche Geschichte und wurde Privatdozent. Er nahm am Ersten Weltkrieg teil, zuletzt als Offizier, und begann nach Kriegsende eine Lehre im renommierten Kunstverlag Ernst Wasmuth. Hier verfaßte er Werke zur Geschichte der Fotografie, zur Kunst des Mittelalters und zur Volkskunst (›Ornamente der Völker‹, 3 Bde; ›Ornamente der Volkskunst‹). Nebenbei beschäftigte er sich mit Keilschriften und Hieroglyphen und vervollkommnete sein Wissen im Berliner Gelehrtenkreis um die Assyriologen Ernst F. Weidner und Bruno Meißner.

1934 erhielt Bossert den Lehrstuhl für Sprachen und Kultur des Nahen Ostens an der Universität Istanbul und wurde gleichzeitig Direktor des Instituts für die Erforschung dieses Bereiches. Er nahm die türkische Staatsangehörigkeit an und heiratete eine Türkin. Bossert leitete zahlreiche Ausgrabungen in Anatolien und konzentrierte seine Forschungen auf die bis dahin noch unentzifferten hethitischen Hieroglyphen.

1946 wies ihn ein türkischer Lehrer auf Inschriftensteine auf dem Karatepe, einem Bergrücken in der südöstlichen Türkei, hin. 1947 begann er, gemeinsam mit den türkischen Archäologen Bahadir Alkim und Frau Halet Çambel, dort die Ruinen einer späthethitischen Stadt auszugraben, und fand dabei eine phönikisch-hethitische Bilingue, die ihm die weitgehende Entzifferung der hethitischen Hieroglyphen und die Erforschung der hethitischen Sprache ermöglichte. Bossert starb am 5. Februar 1961 in Istanbul.

Hauptwerke: Altkreta. 1921. – Altanatolien. 1942. – Altsyrien. 1951.

Paul-Émile Botta wurde am 6. Dezember 1802 als Sohn des italienischen Politikers und Historikers Carlo Botta in Turin geboren. Nach dem Medizinstudium unternahm er 1826–1829 eine Weltreise und stand danach einige Zeit als Arzt in den Diensten des ägyptischen Königs Mehmed Ali.

1842 ging Botta als Konsul nach Mosul (Irak), um die untergegangenen assyrischen Städte zu suchen, die man bis dahin nur aus Keilschrifttexten und aus Hinweisen der Bibel kannte. Noch im selben Jahr begann er mit ersten Ausgrabungen auf dem Kujundschik am Ostufer des Tigris gegenüber Mosul. Botta suchte altorientalische Kunstwerke, fand aber »nur« Tonziegel mit Keilinschriften und einige Reliefbruchstücke, mit denen er nichts anzufangen wußte. Er ahnte nicht, daß er im Gebiet des alten Ninive gegraben hatte.

Ein Hinweis Einheimischer führte ihn bald darauf in das Dorf Khorsabad, wo er im März 1843 zu graben begann. Trotz größter Widerstände von seiten der türkischen Verwaltung konnte Botta in kurzer Zeit den großen Palast des assyrischen Königs Sargon II. freilegen und großartige Wandreliefs, mächtige Flügelskulpturen und eine große Anzahl Keilschrifttafeln nach Paris schaffen. Der Louvre war das erste Museum, das assyrische Altertümer der Öffentlichkeit vorstellte.

Botta irrte aber, als er annahm, in den Ruinen von Khorsabad das alte Ninive entdeckt zu haben. Khorsabad war in Wirklichkeit die von Sargon II. Ende des 8. Jahrhunderts v. Chr. gegründete Hauptstadt Dur Scharrukin (= Sargonsburg) des neuassyrischen Reiches. Doch gerade sein Irrtum veranlaßte die französische Regierung, weitere Ausgrabungen Bottas zu finanzieren.

Der Kunstmaler E. N. Flandin zeichnete die ausgegrabenen Relikte an Ort und Stelle. So wurden uns zahlreiche Kunstwerke überliefert, die inzwischen zerstört bzw. auf dem Abtransport verlorengegangen sind.

1845 erhielt Botta das Kreuz der Ehrenlegion. 1847 wurde er Generalkonsul in Jerusalem und widmete seine Arbeit fortan den assyrischen Keilschrifttexten. 1857–1870 wirkte Botta als Generalkonsul in Tripolis. Er starb am 29. März 1870 in Achères bei Poissy (Frankreich).
Hauptwerke: Inscriptions découvertes à Khorsabad. 1848. – Monuments de Ninive. 1849–50.

(Sir) Ernest Alfred Wallis Budge, am 27. Juli 1857 in Cornwall geboren, studierte im Christ's College, Cambridge, altorientalische Sprachen. 1883 trat er in die Dienste des Britischen Museums, das ihn nach Ägypten sandte, um dort Antiquitäten zu erwerben oder auszugraben und nach London zu expedieren. Da Handel und Ausfuhr von Altertümern in Ägypten streng verboten waren, blieb ihm jegliche offizielle Unterstützung versagt. Trotzdem gelang es ihm, unzählige Kisten mit Inschrifttafeln, ägyptischen Papyri, griechischen, koptischen, arabischen, syrischen und äthiopischen Manuskripten aus dem Land zu schmuggeln. Er grub an mehreren Plätzen bei Assuan (Ägypten) und in Gebel Barkal, der alten Hauptstadt Äthiopiens.

1887 tauchten im Kairoer Antiquitätenhandel Tontafeln mit babylonischer Keilschrift auf, die im oberägyptischen Amarna gefunden worden waren. Budge reiste zum zweiten Mal nach Ägypten, wo sich bereits die Beauftragten der großen europäischen Museen um den einzigartigen Fund stritten. Die Tontafeln, heute als Amarnabriefe bekannt, enthalten die Korrespondenz zwischen den ägyptischen Pharaonen Amenophis III. und Echnaton und den benachbarten Großkönigen und vorderasiatischen Vasallenfürsten. Budge gelang es, 82 Tafeln zu erwerben, von denen aber die meisten bei einem Überfall auf den Transport wieder verlorengingen. Die restlichen Tafeln schmuggelte er nach Mosul, wo sie zusammen mit mesopotamischen Antiquitäten im Gepäck des indischen Fürsten Ayub Khan ohne dessen Wissen nach Basra und von dort nach London gelangten.

1894 ernannte ihn das Britische Museum zum Kurator der ägyptischen und assyrischen Abteilung.

Budge betätigte sich fast zwei Jahrzehnte in Ägypten als Ausgräber, vor allem aber als Käufer von Antiquitäten für das Britische Museum. Seine Methoden waren weder zimperlich noch ganz sauber; er scheute sich nicht, die Gesetze zu übertreten, Beamte zu bestechen, Einheimische zum Diebstahl anzustiften. Das dreisteste Gaunerstück leistete er sich, als der große Ägyptologe Gaston → Maspéro 1899 das kurz zuvor geöffnete Grab des Amenemhet in Theben-West einer großen Gruppe von Beamten und Wissenschaftlern zeigte. Noch während der Besichtigung verschwand der herrliche Dioritsarkophag und tauchte später im Britischen Museum wieder auf.

Zu Beginn des 20. Jahrhunderts verlegte Budge seinen Arbeitsbereich nach Mesopotamien und Syrien und versuchte auch hier, meist mit Erfolg, den französischen, deutschen und amerikanischen Aufkäufern mit allen Tricks zuvorzukommen. Er grub in Ninive und Der.

1920 wurde Budge für seine Verdienste um das Britische Museum in den Adelsstand erhoben. Er starb in London am 23. November 1934.
Hauptwerke: The Book of the Dead (Übersetzung ägyptischer Texte). 1899. – Coptic Homilies. 1910. – The Literature of the Ancient Egyptians. 1914. – By Nile and Tigris. 1920. – Rise and Progress of Assyriology. 1925. – The Dwellers on the Nile. 1926.

Ernst Buschor wurde am 2. Juni 1886 in Hürben bei Krumbach (Württemberg) geboren. 1921–1929 war Buschor Direktor des Deutschen Archäologischen Instituts in Athen und übernahm 1925 die Leitung der Ausgrabungen auf Samos. Es gelang ihm, das berühmte Heraion von Samos freizulegen. Seine Forschungen auf dem Gebiet der archaischen Baukunst und Plastik waren bahnbrechend. Seit 1929 lehrte Buschor in München klassische Archäologie und führte seine Untersuchungen auf Samos bis zum Beginn des Zweiten Weltkrieges fort. – Er starb am 11. Dezember 1961 in München.
Hauptwerke: Altsamische Standbilder. 1934–1961. – Die Plastik der Griechen. 1936. – Griechische Vasen. 1940. – Vom Sinn der griechischen Standbilder. 1942. – Phidias der Mensch. 1948. – Das Porträt. Bildniswege und Bildnisstufen in fünf Jahrtausenden. 1960.

Howard Carter wurde am 9. Mai 1873 in Swaffham, Grafschaft Norfolk, als Sohn des Tiermalers Samuel John Carter geboren. Von Privatlehrern ausgebildet, trat er als 17jähriger auf Empfehlung des Lord Amherst of Hackney in die Dienste des Egyptian Exploration Fund. Er arbeitete zunächst als Zeichner an verschiedenen Ausgrabungsstätten Ägyptens. 1892 sammelte er seine ersten Grabungserfahrungen auf dem Tell el-Amarna unter dem Archäologen Flinders → Petrie. Danach gehörte er bis 1899 dem Mitarbeiterstab des Archäologen Edouard Naville an, der in Theben-West den Terrassentempel der Königin Hatschepsut ausgrub.

1899 wurde Carter zum Generalinspekteur der ägyptischen Altertümerverwaltung ernannt. Er wirkte unter Gaston →Maspéro in Abu Simbel und unter William Garstin im Tal der Könige. Von 1902 an leitete er die Ausgrabungen von Theodore M. Davis im Tal der Könige und entdeckte die Gräber von Mentuhotep und Thutmosis IV.

1903 wurde er kurz nach seiner Ernennung zum Inspekteur von Unter- und Mittelägypten aufgrund eines unglücklichen Zusammenstoßes mit einer französischen Touristengruppe, die seine Arbeiten in Sakkara behinderte, fristlos entlassen. Die folgenden Jahre verbrachte Carter damit, die ägyptische Landschaft in Aquarellen festzuhalten.

1906 lernte Carter den Sammler und Mäzen Lord Carnarvon kennen, der ihn mit Ausgrabungen in der Nekropole Theben-West beauftragte. Carter entdeckte das Grab des Königs Amenhotep I., das Felsengrab der Hatschepsut und mehrere Gräber von Königinnen der 18. Dynastie.

Der Erste Weltkrieg unterbrach die Grabungen, aber bald nach Kriegsende konnte Carter seine Forschungen fortsetzen. Anfang November 1922 fand er einige Gegenstände mit dem Siegel des Tutanchamun und schloß daraus, daß das Grab des fast unbekannten Königs in der Nähe der Fundstelle sein müsse. Drei Tage später, am 7. November 1922 stieß er unter einem Haufen Steinschutt, der beim Ausschachten des Grabes Ramses' VI. aufgetürmt worden war, auf den Eingang des gesuchten Grabes. Das Grab war noch nicht ausgeraubt worden und barg eine Fülle von kostbaren Kunstwerken, Möbeln und Schmuck, den reichsten Schatz, den je ein Archäologe ans Tageslicht holte.

Die folgenden zehn Jahre widmete Carter dem Registrieren, Konservieren und der wissenschaftlichen Auswertung der Grabbeigaben, die in die Sammlung des Nationalmuseums Kairo übergingen. Am 2. März 1939 starb er in London.

1977 fiel ein Schatten auf das Werk des britischen Archäologen. Thomas Horing, bis 1977 Direktor des Metropolitan Museum in New York, behauptete, Carter habe gemeinsam mit seinem Finanzier Lord Carnarvon zahlreiche Kostbarkeiten aus dem Grabe Tutanchamuns an sich genommen und heimlich nach den Vereinigten Staaten verkauft, wo sie sich heute im Metropolitan Museum sowie in den Museen von Brooklyn, Kansas City, Cincinnati und Cleveland befinden.
Hauptwerke: Thutmosis IV. 1904. – The Tomb of Tut-ankh-Amen. 3 Bde, 1923–33 (deutsch: Tut-ench-Amun. 3 Bde, 1924–34).

Jean François Champollion wurde am 23. Dezember 1790 in Figeac, Departement Lot, geboren. Schon früh fiel seine erstaunliche Sprachbegabung auf, die ihn befähigte, als 16jähriger vor der Akademie von Grenoble einen sprachwissenschaftlichen Vortrag zu halten. Neben seiner Lehrtätigkeit – er hatte seit 1809 eine Assistenzprofessur in Grenoble inne – studierte Champollion zahlreiche Schriftsysteme der Welt mit dem Ziel, die ägyptischen Hieroglyphen zu entziffern.

Eines Tages erhielt Champollion die Kopie einer Inschrift vom »Stein von Rosette«, den Napoleons Soldaten im Jahre 1799 in der Nähe von Rosette (Ägypten) gefunden hatten. Die Inschrift, ein Dekret des Königs Ptolemaios V. aus dem Jahre 196 v. Chr., war in ägyptischen Hieroglyphen, in Demotisch, der ägyptischen »Volks«schrift, und in Griechisch gehalten. Champollion brütete vierzehn Jahre lang über dieser Kopie, bis er 1822 erkannte, daß die Hieroglyphen keine Symbolschrift, sondern eine Lautschrift sind. Das Wort »Ptolemaios« war der Schlüssel für die Entzifferung. Er rekonstruierte den Königsnamen vom Griechischen und

Koptischen über das Demotische zum Hieratischen, der sakralen Schrift, und schließlich zur Hieroglyphenschrift. Das Ergebnis war: p – t – o – l – m – y – s. Damit hatte er das Rätsel der Hieroglyphen gelöst.

1824 trat Champollion mit seiner Erkenntnis an die Öffentlichkeit und stieß auf heftige Opposition. Aber trotz mancher Irrtümer konnte ihm die Fachwelt die Zustimmung nicht lange versagen. 1828 sandte ihn Karl X. nach Ägypten, um die Schriftdokumente an Ort und Stelle zu lesen. Er studierte zwei Jahre lang die altägyptischen Monumente und war entsetzt, als er an vielen Plätzen, wo 30 Jahre zuvor noch vollständige Tempel standen, nur noch einige Steinblöcke fand. Er beschwor Mehmed Ali, den türkischen Statthalter und Begründer des ägyptischen Herrscherhauses, der Verwüstung altägyptischer Kulturstätten Einhalt zu gebieten. Auf Champollions Bemühen dürfte das Dekret des Jahres 1835 zurückzuführen sein, das »die Zerstörung der antiken Bauwerke« in Ägypten sowie »die Ausfuhr von Altertümern« verbot. 1831 erhielt er den ersten Lehrstuhl für Ägyptologie am Collège de France. Am 4. März 1832 starb Champollion in Paris.

Hauptwerke: Précis du système hiéroglyphique. 1824. – Monuments de l'Égypte et de la Nubie. 1835–45. – Grammaire égyptienne. 1836–41.

Literatur: H. Hartleben, Champollion. Sein Leben und sein Werk. 2 Bde, Berlin 1906.

Alexander Conze wurde am 10. Dezember 1831 in Hannover geboren. Seit 1863 lehrte er an der Universität Halle. 1869 ging er nach Wien, wo er die Keramik als Leitform archäologischer Chronologie entdeckte. 1873–1875 leitete Conze die österreichischen Grabungen auf Samothrake. Die Publikation dieser Forschungen gilt als der erste Ausgrabungsbericht im modernen Sinne; er wurde erstmals durch fotografische Aufnahmen ergänzt. 1877 wurde Conze zum Direktor der Berliner Antikensammlung ernannt. 1878 beauftragte er Carl → Humann mit der Leitung der Ausgrabungsarbeiten in Pergamon. Es gelang ihm, den berühmten Pergamonaltar für Berlin zu erwerben. Conze starb am 19. Juli 1914 in Berlin.

Hauptwerke: Reise auf den Inseln des thrakischen Meeres. 1860. – Melische Tongefäße. 1862. – Archäologische Untersuchungen auf Samothrake. 2 Bde, 1875–80. – Die attischen Grabreliefs. 4 Bde, 1890–1923. – Altertümer von Pergamon. 1912–13.

Ernst Curtius wurde am 2. September 1814 in Lübeck geboren; er studierte Theologie und Philologie in Bonn, Göttingen und Berlin. 1837 nahm er eine Stellung als Hauslehrer bei Professor Christian A. Brandis in Athen an und befaßte sich in seiner Freizeit mit der Sprache, Geographie und Geschichte Griechenlands. Das Jahr 1840 verbrachte er in Rom, promovierte in Halle und ging dann nach Berlin als Lehrer an einer Internatsschule.

1844 wurde er außerordentlicher Professor an der Universität Berlin und mit der Erziehung des späteren Deutschen Kaisers Friedrich III. betraut. 1855–1868 lehrte Curtius in Göttingen. 1868 ging er nach Berlin zurück, um den Lehrstuhl für klassische Archäologie und zugleich die Leitung des Alten Museums zu übernehmen. 1872 wurde ihm auch das Antiquarium unterstellt.

Seit 1852 setzte sich Curtius für die Idee, Olympia auszugraben, ein. Doch erst nach der Reichsgründung im Jahre 1871 waren die Voraussetzungen für eine solche gewaltige Unternehmung geschaffen. Der deutsch-griechische Vertrag von 1874 sah vor, daß die Forschungsarbeit in Olympia ausschließlich deutschen Archäologen vorbehalten sein sollte und sicherte Griechenland »das Eigentumsrecht an allen Erzeugnissen der alten Kunst und allen anderen Gegenständen, welche die Ausgrabungen zutage fördern werden«, zu. Von 1875 bis 1881 leitete Curtius die umfangreichen Arbeiten in Olympia, legte den Zeus-Tempel und den Hera-Tempel frei und fand viele großartige Werke der griechischen Bildhauerkunst, darunter den Hermes des Praxiteles und die Giebelskulpturen des Zeus-Tempels. Mit Ernst Curtius begann in Griechenland die Ära der großen Ausgrabungen. Er starb am 11. Juli 1896 in Berlin.
Hauptwerke: Peloponnesos. Eine historisch-geographische Beschreibung der Halbinsel. 2 Bde, 1851–52. – Griechische Geschichte. 3 Bde, 1857–67.
Literatur: F. Curtius, Ernst Curtius. 2. Aufl. 1913.

Ludwig Curtius wurde am 13. Dezember 1874 in Augsburg geboren. Als Schüler von Adolf → Furtwängler und H. Brunn nahm er an den Ausgrabungen auf Ägina, in Tiryns und in Boğazköy teil. 1913 erhielt er den Lehrstuhl für klassische Archäologie an der Universität Erlangen. 1918 ging er nach Freiburg, 1920 nach Heidelberg. 1928 wurde Curtius Erster Direktor des Deutschen Archäologischen Instituts in Rom. Nach seiner Verabschiedung im Jahre 1937 blieb er in Rom und starb dort am 10. April 1954.
Hauptwerke: Die antike Kunst. 2 Bde, 1924–1939. – Die Wandmalerei Pompejis. 1929. – Zeus und Hermes. 1931. – Das antike Rom. 1943. – Deutsche und antike Welt. Lebenserinnerungen. 1950. – Torso. 1957.
Literatur: G. Kaschnitz-Weinberg, Ludwig Curtius. Das wissenschaftliche Werk. Baden-Baden 1958.

Wilhelm Dörpfeld wurde am 26. Dezember 1853 in Wuppertal-Barmen geboren. 1877–1881 war der junge begabte Architekt bauwissenschaftlicher Mitarbeiter von Ernst → Curtius in Olympia. Seiner zuverlässigen Beurteilung antiker Bauteile hatte es Dörpfeld zu verdanken, daß Heinrich → Schliemann ihn 1882 für seine Ausgrabungen nach Troja holte. 1884–1885 arbeitete er mit Schliemann in Tiryns und kehrte anschließend nach Troja zurück. 1887 wurde Dörpfeld Erster Sekretär des Deutschen

Archäologischen Instituts in Athen, eine Position, die er bis 1911 innehatte.

Nach Schliemanns Tod im Jahre 1890 übernahm Dörpfeld die Leitung der Ausgrabungen in Troja. Ihm ist die erste klare Deutung der Siedlungsschichten dieser Stadt zu verdanken. 1894 schloß er seine Forschungen in Troja ab.

1900–1913 legte Dörpfeld mit Alexander → Conze die Mittel- und Unterstadt von Pergamon frei, wirkte zwischen 1906 und 1932 in Olympia und beteiligte sich 1931 an den Untersuchungen auf der Agora von Athen. Am 25. April 1940 starb Dörpfeld auf Leukas, einer der Ionischen Inseln.

Dörpfeld gilt als Wegbereiter moderner Grabungsmethoden und Begründer der bauwissenschaftlichen Forschung. Sein Eintreten für die Homer-Archäologie und seine Beurteilung des Ursprungs der mykenischen Kultur waren glücklos.
Hauptwerke: Das griechische Theater. 1896. – Troja und Ilion. 1902. – Alt-Olympia. 2 Bde, 1935. – Alt-Athen und seine Agora. 2 Bde, 1937–39.

Lord Elgin. Thomas Bruce wurde am 20. Juli 1766 geboren. Im Alter von fünf Jahren erbte er die Titel des 7. Earl of Elgin und des 11. Earl of Kincardine. Er besuchte die berühmte Harrow School und studierte an der Universität von Saint Andrews (Schottland) und in Paris. 1785 trat er in die Armee ein, wo er bis zum Generalmajor aufstieg. 1790 wechselte er in den diplomatischen Dienst über, wurde 1792 Gesandter in Brüssel und 1795 außerordentlicher Gesandter in Berlin.

1799 ging Lord Elgin als Botschafter nach Konstantinopel; er hatte diese Mission angenommen, um in einem milderen Klima sein schweres Rheumaleiden zu kurieren. Vor allem aber wollte er die Kunstwerke der Athener Akropolis – Griechenland gehörte damals zum Osmanischen Reich – kopieren und möglichst auch erwerben. Dazu holte er sich den Rat Lord Hamiltons, der mehr durch die Liebesaffäre seiner Frau mit Admiral Nelson bekannt geworden war als durch seine einzigartige Sammlung griechischer Vasen bzw. durch seine diplomatische Tätigkeit als britischer Gesandter in Neapel. Sechs Künstler begleiteten Lord Elgin, um die antiken Kunstwerke und Bauten zu zeichnen.

In Konstantinopel erwirkte Lord Elgin nach langen Bemühungen die Erlaubnis, von den Skulpturen und Metopen des Parthenon Gipsabgüsse zu fertigen und sogar einige Steine mit alten Inschriften oder Figuren (»any pieces of stone with old inscriptions or figures thereon«) abzunehmen und ins Ausland zu schaffen. Was zuvor nicht einmal den Franzosen erlaubt war, das hatte jetzt nach Napoleons »ägyptischer Expedition« ein Engländer durchsetzen können.

Lord Elgins Künstler gingen in Athen sofort ans Werk; sie zeichneten, vermaßen die Bauwerke der Akropolis und sammelten Antiquitäten mit einem Eifer, der wohl weit über den Ferman der Pforte hinausging. Elgins

Beauftragter in Athen, der Botschaftskaplan Philipp Hunt, packte alle erreichbaren Kunstschätze in Kisten. Er kaufte sämtliche Wohnhäuser, die auf der Akropolis unter Verwendung antiken Materials errichtet worden waren, und ließ sie abbrechen, um darunter nach Kunstwerken zu graben. Er demontierte rücksichtslos die besterhaltenen Metopen des Parthenon und beschädigte dabei die angrenzenden Bauteile.

Lord Elgin, der die Handlungsweise seiner Beauftragten nicht nur duldete, sondern sie sogar förderte, geriet indessen in Konstantinopel in persönliche und diplomatische Schwierigkeiten und wurde krank. Obendrein wurde er in der englischen Presse wegen seines Vandalismus auf der Akropolis heftig attackiert. Nach dem Friedensschluß mit Frankreich im Jahre 1802 beeilte sich Elgin, seine umfangreiche Sammlung nach London zu verschiffen, bevor die Franzosen zurückkehrten und erneut Einfluß gewannen.

Im Januar 1803 trat Lord Elgin als Botschafter zurück. Auf der Heimreise durch Frankreich brach der Krieg zwischen England und Frankreich erneut aus, und Napoleon ließ den Lord gefangennehmen. Elgins Frau und einen mitreisenden Schotten ließ Bonaparte bald wieder frei. Elgin selbst hätte seine Freilassung erkaufen können, wenn er bereit gewesen wäre, seine Sammlung dem Louvre zu überlassen. Aber er blieb unnachgiebig. 1806 wurde er endlich entlassen und ging nach London.

Der Versand der Antiquitäten durch Hunt und Lusieri, einem der sechs Künstler, stieß wegen der Kriegsereignisse, der ständigen Bemühungen Frankreichs, die Kunstwerke an sich zu bringen, und dem wachsenden Mißtrauen der türkischen Regierung auf Schwierigkeiten. Trotzdem kamen nach und nach mehr als 200 Kisten in den englischen Häfen an. Zwölf Kisten gingen bei einem Schiffbruch am Kap Malea unter und konnten erst nach dreijähriger Arbeit von Tauchern geborgen werden. Die noch nicht abgesandten Skulpturen fielen 1807 den Franzosen in die Hände; sie mußten sie aber zwei Jahre später nach Ende des Türkisch-Russischen Krieges zusammen mit zahlreichen ägyptischen Beutestücken an England ausliefern.

Als im Jahre 1811 die letzten Kisten in England eintrafen, war Lord Elgin, der die gesamte Aktion selbst finanziert hatte, bankrott. Er mußte seine gewaltige Sammlung dem Britischen Museum zum Kauf anbieten. Die Fachwelt bestritt jedoch den künstlerischen Wert der »Elgin marbles«, woraufhin ein heftiger Meinungsstreit entbrannte, den erst 1816 eine Parlamentskommission durch ihre Entscheidung für einen Ankauf beendete. Sie bewilligte dem Lord nur 36000 Pfund und damit nur wenig mehr als die Hälfte seiner Ausgaben. Die »Elgin marbles« aber, zu denen u.a. auch eine Kore vom Erechtheion gehört, zählen seitdem zu den Kostbarkeiten der Londoner Antikensammlung. – Lord Thomas Elgin starb am 14. November 1841 in Paris.

Literatur: W. Saint Clair, Lord Elgin and the Marbles. London 1967.

(Sir) Arthur John Evans wurde am 8. Juli 1851 in Nash Mills, Grafschaft Hertfordshire, geboren. Sein Vater, Sir John Evans, war ein bekannter Altertumsforscher, der sich mit Veröffentlichungen über das vorrömische Münzwesen sowie über vor- und frühgeschichtliche Funde Britanniens einen Namen erworben hatte. Arthur Evans studierte im Brasenose College in Harrow, in Oxford und Göttingen moderne Geschichte.

1871 und 1872 reiste Evans in den Balkan und 1873 nach Finnland, 1875 ging er als Korrespondent für den ›Manchester Guardian‹ nach Dalmatien, wo er wegen Beteiligung an einem Aufstand von der österreichischen Polizei verhaftet wurde. Nach seiner Freilassung im Jahre 1882 kehrte er nach England zurück und wurde 1884 Kustos am Ashmolean Museum in Oxford.

1893 erwachte bei der Beschäftigung mit kretischen Siegeln Evans' Interesse an der noch unerforschten Insel. 1894 besuchte er Kreta, um Siegel zu erwerben, die dort an bestimmten Plätzen vermehrt auftraten und von Kreterinnen als Amulett getragen wurden. Als Evans in der Nähe von Candia alte Mauerreste entdeckte, vermutete er, hier in Knossos könnte der Palast des sagenhaften Königs Minos gestanden haben. Er kaufte kurz entschlossen das Land, aber die türkischen Behörden versagten ihm die Ausgrabungsgenehmigung. Als Kreta 1898 die Selbstverwaltung erhielt, war der Weg für die archäologische Erschließung der Insel frei. Im März 1900 begann Evans mit den Ausgrabungen und hatte bereits nach wenigen Tagen zahlreiche Tontafeln mit einer unbekannten Schrift (Linear B), vormykenische Tongefäße und Mauern mit einzigartigen Fresken freigelegt. Am Ende der ersten Grabungskampagne hatte er etwa ein Viertel des Palastes von Knossos, des größten bisher bekannten Königspalastes, wiedererstehen lassen.

In 35jähriger Tätigkeit entdeckte er eine hochstehende Kultur, die er minoisch nannte. Der Vergleich mit ägyptischen Grabungsfunden ermöglichte ihm die Datierung der minoischen Epoche, die später von der Radiokarbondatierung bestätigt wurde. Er restaurierte den Palast von Knossos – vielleicht etwas zu kühn, wie immer wieder behauptet wird.

1911 wurde Evans in Anerkennung seiner Verdienste in den Adelsstand erhoben. Am 11. Juli 1941 starb er in Boar's Hill bei Oxford.
Hauptwerke: Scripta Minoa. 1909, 1952. – The Palace of Minos at Knossos. 4 Bde, 1921–36.
Literatur: Joan Evans, Time and Chance. London 1943.

Henri Frankfort wurde am 24. Februar 1897 in Amsterdam geboren. Er studierte Geschichte, Arabisch und Archäologie und nahm 1922 an Ausgrabungen in Ägypten teil. 1922 und 1924/25 führten ihn Studienreisen in den Balkan und in den Nahen Osten. 1925–1929 grub Frankfort in Abydos, Tell el-Amarna und Armant. 1929–1937 leitete er die Expedition des Oriental Institute der Universität Chicago nach Irak (u.a. Khorsabad). 1938–1954 lehrte er in Chicago und London und war Direktor des Warburg-Instituts der Universität London.

Seine weitreichenden Kenntnisse führten Frankfort zu vergleichenden Studien zwischen der ägyptischen und den mesopotamischen Kulturen. Frankfort starb am 16. Juli 1954 in London.
Hauptwerke: Studies in Early Pottery of the Near East. 2 Bde, 1924–27. – Cylinder Seals. 1939. – Kingship and the Gods. 1948. – Ancient Egyptian Religion. 1948. – Before Philosophy. The Intellectual Adventure of Ancient Man. 1951 (deutsch: Frühlicht des Geistes. 1954). – The Art and Architecture of the Ancient Orient. 1954.

Adolf Furtwängler wurde am 30. Juni 1853 in Freiburg im Breisgau geboren. 1878 nahm er unter Ernst → Curtius an den Ausgrabungen in Olympia teil, 1880 wurde er Direktorialassistent an den Berliner Antikensammlungen, 1884 erhielt er eine Professur in Berlin.

1894 ging Furtwängler nach München, um die Leitung der dortigen Antikensammlungen zu übernehmen. 1901–1907 beteiligte er sich an den Ausgrabungen auf Ägina, in Amykla und in Orchomenes. Auf Ägina entdeckte er weitere Giebelskulpturen des Aphaia-Tempels, die später zu einer neuen Anordnung der »Ägineten« in der Münchener Glyptothek führten. Er starb am 10. Oktober 1907 in Athen.
Hauptwerke: Beschreibung der Vasensammlung im Antiquarium der königlichen Museen zu Berlin. 2 Bde, 1885. – Mykenische Vasen (mit G. Löschke). 1886. – Meisterwerke der griechischen Plastik. 1893. – Die antiken Gemmen. 3 Bde, 1900. – Griechische Vasenmalerei (mit K. Reichhold). 1900–04. – Ägina. 2 Bde, 1906.
Literatur: W. H. Schuchhardt, Adolf Furtwängler. In: Freiburger Universitätsreden. 1956.

Georg Friedrich Grotefend wurde am 9. Juni 1775 in Hannoversch Münden geboren. Er studierte von 1795 bis 1798 in Göttingen Theologie und Philosophie und nahm danach eine Stelle als Lateinlehrer am Städtischen Gymnasium an. Das Lösen schwieriger Rätsel und mathematischer Probleme war seine Lieblingsbeschäftigung. So ging er 1802 eine Wette ein, daß er eine Inschrift entziffern könne, von der weder Schrift noch Sprache noch Inhalt bekannt seien. Sein Freund und Wettgegner Fiorillo, Sekretär der Königlichen Bibliothek zu Göttingen, legte ihm einige altpersische Keilschrifttexte aus Persepolis vor, die bis dahin jedem Entzifferungsversuch widerstanden hatten. In knapp sechs Wochen gelang es Grotefend, durch scharfsinnige Kombinationen die Texte zu entschlüsseln, zwar nicht vollständig, doch derart richtungweisend, daß damit der Entzifferung fast aller Keilschrifttexte der Weg gewiesen war.

Am 4. September 1802 legte Grotefend der Göttinger Societät (Akademie) der Wissenschaften die Schrift ›Praevia de cuneatis, quas vocant, inscriptionibus Persepolitanis legendis et explicandis relatio‹ vor, den vollständigen Bericht über seine Entzifferung. Die Göttinger Gesellschaft konnte sich zu einer Veröffentlichung der Schrift nicht entschließen, so daß Grotefends Leistung nie ihrer Bedeutung entsprechend gewürdigt wurde. So war es möglich, daß der britische Offizier und Konsularbeamte Henry C. → Rawlinson 44 Jahre nach Grotefend seine erfolgreiche Übersetzung der altpersischen Keilschrift bekanntgab und seitdem als Entzifferer der Keilschrift gefeiert wird.

1803 ging Grotefend nach Frankfurt am Main an das dortige Gymnasium und unterrichtete Latein, Griechisch und Literatur; 1821 kehrte er in seine niedersächsische Heimat zurück und übernahm die Stelle des Direktors am Lyceum in Hannover, die er 28 Jahre innehatte. Grotefend wurde Ehrenbürger der Stadt Hannover, Ehrendoktor der Universität Marburg und in die wissenschaftlichen Gesellschaften zu Berlin, Göttingen, London, Dublin und Kopenhagen aufgenommen. 1837 und 1870 erschienen zwei Abhandlungen, in denen sich Grotefend mit der altpersischen und babylonischen Keilschrift beschäftigte, denen aber jede Zustimmung der Fachwelt versagt blieb. Grotefend starb am 15. Dezember 1853 in Hannover.

Literatur: K. Brethauer und W. R. Röhrbein, Georg Friedrich Grotefend. In: Die Welt des Alten Orients. Göttingen 1975.

Carl Freiherr Haller von Hallerstein wurde am 10. Juni 1774 in Hiltpoltstein bei Nürnberg geboren. Er studierte Architektur, bezog wie Karl Friedrich Schinkel Anregungen von dem klassizistischen Baumeister Friedrich Gilly und wurde durch seine Entwürfe für die Münchener Glyptothek und die Walhalla bei Regensburg bekannt.

Später ging von Hallerstein nach Griechenland, um die großen Bauwerke der griechischen Klassik zu studieren und Anregungen für seine klassizistischen Entwürfe zu finden. Er beteiligte sich an Ausgrabungen und untersuchte 1810 mit dem britischen Architekten Charles L. Cockerell den Aphaia-Tempel von Ägina. Inwieweit der bayerische Freiherr seine Hand mit im Spiel hatte, daß die berühmten Giebelskulpturen des Tempels, die sog. »Ägineten«, nach München kamen und nicht nach London, ist unbekannt. Jedenfalls gelang es einem gewissen Martin von Wagner, die Skulpturengruppe auf der Insel Zakynthos für den bayerischen Prinzen, den späteren König Ludwig I., zu ersteigern. Die britische Regierung erhob Einspruch und beschlagnahmte die auf Malta zwischengelandeten »Ägineten«. Bayern bestand aber auf der Herausgabe der Skulpturen, und London gab schließlich wegen der damals gespannten politischen Lage nach.

1811/12 grub Cockerell mit Haller von Hallerstein und dem baltischen Baron Stackelberg am Apollon-Tempel von Bassai (Phigaleia, Peloponnes). Sie fanden unter dem Schutt die meisten Platten des Tempelfrieses. Doch diesmal erhielt das Britische Museum bei der Versteigerung auf Zakynthos den Zuschlag.

Haller von Hallerstein starb am 5. November 1817 in Ampelakia (Nordgriechenland).

Ernst Herzfeld wurde am 23. Juli 1879 in Celle geboren. Seit 1903 bereiste er mehrfach den Nahen Osten und beteiligte sich an den Ausgrabungen von Assur. 1911–1914 leitete er mit Sarre die Ausgrabungen von Samarra. 1920–1931 lehrte er an der Universität Berlin Landes- und Altertumskunde des Orients. 1931–1935 legte er im Auftrag des Oriental Institute of Chicago die Palaststadt von Persepolis frei. 1936 emigrierte Herzfeld in die Vereinigten Staaten und lehrte bis 1944 in Princeton. Er starb am 21. Januar 1948 in Basel.
Hauptwerke: Archäologische Reise im Euphrat- und Tigrisgebiet. 1911–20. – Die Keramik von Samarra. 1923–48. – Paikuli. 1924. – Archäologische Mitteilungen aus Iran. 1929–38. – Iranische Denkmäler. 1932–33. – Altpersische Inschriften. 1938. – Zoroaster and his World. 1947. – The Persian Empire. 1948.

Hermann Volrath Hilprecht wurde am 28. Juli 1859 in Hohenerxleben, Bezirk Magdeburg, geboren. Er studierte an der Universität Leipzig und ging 1886 nach Philadelphia. Dort lehrte er Assyriologie und wurde Kurator der Babylonischen Abteilung des Universitätsmuseums.

1888–1900 leitete Hilprecht die Ausgrabungen in Nippur, dem religiösen Zentrum der sumerischen Stadtstaaten im heutigen Südirak. Bis 1909 war er für das Imperial Ottoman Museum in Konstantinopel, dem jetzigen Archäologischen Museum Istanbul, mit der Katalogisierung seiner zahlreichen Funde aus Nippur, das damals zum Türkischen Reich gehörte, tätig.

Eine Fehlinterpretation in seiner Veröffentlichung der Nippur-Grabungen führte zu einer langjährigen peinlichen Kontroverse, die Hilprecht aber nicht dazu bewog, seinen Fehler einzugestehen. Verbittert zog er sich von der Öffentlichkeit zurück und starb am 19. März 1925 in Philadelphia. Hilprechts bedeutende Sammlung altorientalischer Texte und Altertümer ging nach seinem Tode in das Eigentum der Universität Jena über.

Bedřich Hrozný wurde am 6. Mai 1879 in Lysá nad Labem (Lissa an der Elbe) in Böhmen geboren. Er studierte in Prag, Wien, Berlin und London. 1904 nahm er an einer Forschungsexpedition durch Syrien teil. 1905 wurde er Professor in Wien und widmete sich vor allem dem Problem der hethitischen Keilschrift. 1914 erhielt er seine Einberufung zum Kriegsdienst, wurde aber beurlaubt, um seine Forschungen fortsetzen zu können. 1915 gelang es ihm, die hethitische Schrift zu entziffern und die Zugehörigkeit des Hethitischen zur indogermanischen Sprachfamilie nachzuweisen. Seine Veröffentlichung im Jahre 1916 löste zwar heftigen Widerspruch aus, erwies sich aber schließlich im Kern als richtig. 1919 folgte Hrozný einer Berufung an die Universität Prag. 1924/25 beteiligte er sich an den Ausgrabungen in Kültepe (Türkei). Entzifferungsversuche der kretischen und altindischen Schriften schlugen fehl. Hrozný starb am 12. Dezember 1952 in Prag.
Hauptwerke: Die Sprache der Hethiter, ihr Bau und ihre Zugehörigkeit

zum indogermanischen Sprachstamm. 2 Hefte, 1916–17. – Hethitische Keilschrifttexte aus Boghazköi. 1919. – Code Hittite. 1922. – Les inscriptions Hittites hiéroglyphiques. 3 Bde, 1933–37. – Die älteste Geschichte Vorderasiens und Indiens. 1940, 1943. – Inscriptions cunéiformes du Kultépé. 1952.
Literatur: L. Matouš, Bedřich Hrozný. La vie et l'oeuvre scientifique d'un orientaliste Achèque. Prag 1949.

Carl Humann wurde am 4. Januar 1839 in Essen-Steele geboren. Er wurde Ingenieur und mußte seine Tätigkeit aus gesundheitlichen Gründen in südlichere Breiten verlegen. 1861 trat er als Straßenbauingenieur in türkische Dienste.

Bei seinen ausgedehnten Reisen durch das westliche Kleinasien kam Humann eines Tages nach Bergama und sah, wie ein türkischer Arbeiter das Bein einer antiken Statue in den Kalkofen werfen wollte. So kam er auf die Spur des Pergamon-Altars. Humann fuhr nach Berlin und überzeugte den damaligen Direktor der Antikensammlung, Alexander → Conze, von der Notwendigkeit einer Grabung in Bergama, dem antiken Pergamon, und davon, daß er der richtige Mann für diese Aufgabe sei. Conze beauftragte ihn mit der Ausgrabung des Altars. 1878–1886 legte Humann den Altar und einen großen Teil der Oberstadt von Pergamon frei.

1882, also noch während der Arbeiten in Bergama, besichtigte Humann die Ausgrabungsstätte Boğazköy, erstellte einen Plan des Ruinenfeldes der Hethiterhauptstadt Hattušas und fertigte erste Abgüsse einiger Reliefs des benachbarten Felsenheiligtums von Yazilikaya an. 1891–1894 leitete er die Ausgrabungen in Magnesia am Mäander. 1895 ging er nach Priene. Am 12. April 1896 starb Humann in Smyrna (heute Izmir).
Hauptwerke: Ergebnisse der Ausgrabungen zu Pergamon. 3 Bde, 1880–88. – Reisen in Kleinasien und Nordsyrien. 2 Bde, 1890. – Der Pergamonaltar. Chronik der Ausgrabung von Pergamon. 1871–86, Neuausgabe 1964.
Literatur: Der Entdecker von Pergamon, Carl Humann. Ein Lebensbild. Hg. v. K. Schuchhardt und Th. Wiegand. Berlin, 2. Aufl. 1931.

Robert Johann Koldewey wurde am 10. September 1855 in Blankenburg am Harz geboren. Er studierte in Berlin, München und Wien Architektur, Archäologie und Kunstgeschichte. In Hamburg trat er in den Staatsdienst, war aber glücklich, als er 1882/83 an den amerikanischen Grabungen in Assos (Westtürkei) teilnehmen durfte. 1885 entsandte ihn das Deutsche Archäologische Institut mit einem Forschungsauftrag nach Lesbos. 1887 reiste er im Auftrag der Berliner Museen nach Mesopotamien, das damals zum Osmanischen Reich gehörte, und grub in Surghul (Sirara) und in el-Hiba (Lagasch). Neben einer Lehrtätigkeit in Görlitz nahm er an Kampagnen im troischen Neandria, im nordsyrischen Zincirli (Šam'al) sowie in Unteritalien und Sizilien teil.

1899 beauftragte die ein Jahr zuvor gegründete Deutsche Orient-Gesellschaft Koldewey, die altorientalische Stadt Babylon auszugraben. Der Orient-Gesellschaft ging es dabei hauptsächlich um neue Funde von Keilschrifttafeln. Mit außergewöhnlicher Tatkraft und Ausdauer gelang es dem Architekten Koldewey, in achtzehnjähriger Grabungstätigkeit das alte Babylon mit seinen Palästen und Tempeln, der Prozessionsstraße und dem Ischtar-Tor, den Stadtmauern und der Euphratbrücke wiedererstehen zu lassen. Über 200 Helfer und sogar eine Feldbahn zum Abtransport des Schutts standen dem deutschen Team zur Verfügung. 1917 mußte Koldewey beim Herannahen der britischen Truppen seine Arbeit einstellen. Am 4. Februar 1925 starb Koldewey nach schwerer Krankheit, ohne Babylon wiedergesehen zu haben.

Koldewey hatte die von deutschen Archäologen in Olympia entwickelten Grabungstechniken verfeinert und Erkennungsmethoden für Mauerwerk aus luftgetrockneten Ziegeln geschaffen. Er gilt als Begründer der modernen archäologischen Bauforschung. 1926 wurde die Koldewey-Gesellschaft gegründet, eine Vereinigung zur Förderung der archäologischen Bauforschung.

Hauptwerke: Die antiken Baureste der Insel Lesbos. 1890. – Neandria. 1891. – Die Architektur von Sendschirli. 1898. – Die griechischen Tempel in Unteritalien und Sicilien (mit O. Puchstein). 1899. – Die Tempel in Babylon und Borsippa. 1911. – Das Ischtar-Tor in Babylon. 1918. – Die Königsburgen von Babylon. 1931/32. – Das wiedererstehende Babylon 1914.

Literatur: W. Andrae, Babylon. Die versunkene Weltstadt und ihr Ausgräber Robert Koldewey. Berlin 1952.

Emil Kunze wurde am 18. Dezember 1901 in Dresden geboren. 1937 übernahm er die Leitung der Ausgrabungen in Olympia. 1942–1945 war Kunze Professor an der Universität Straßburg, seit 1946 lehrte er in München. 1951–1966 bekleidete er den Posten des Ersten Direktors des Deutschen Archäologischen Instituts in Athen.

Hauptwerke: Kretische Bronzereliefs. 1931. – Orchomenos II. Die neolithische Keramik. 1931. – Orchomenos III. Keramik der frühen Bronzezeit. 1934. – Zeus und Ganymed. 1940. – Berichte über die Ausgrabungen in Olympia. Bd. 2–8, 1939–67. – Neue Meisterwerke griechischer Kunst aus Olympia. 1948. – Olympia. In: Neue Deutsche Ausgrabungen im Mittelmeergebiet und im Vorderen Orient. 1959.

(Sir) Austen Henry Layard wurde am 5. März 1817 als Sohn eines britischen Beamten der Zivilverwaltung in Paris geboren. Seine Kindheit verlebte er in Italien, Frankreich, der Schweiz und England. Layard begann eine Lehre im Büro eines Londoner Anwalts, verließ als 22jähriger London, um auf dem Landweg Ceylon zu erreichen, wo er sich eine Existenz aufbauen wollte. Doch schon im Nahen Osten blieb er hängen und übernahm einige Jahre lang inoffizielle diplomatische Missionen.

Auf seinen Reisen lernte Layard die Ruinen von Nimrud, Tell Kujundschik und Babylon kennen. Sie beeindruckten ihn so, daß er die Unterstützung für eine Ausgrabung in Nimrud vom Britischen Museum erbat und auch erhielt. Innerhalb von zwei Jahren, 1845–1847, legte er in Nimrud, dem altorientalischen Kalach, fünf assyrische Paläste frei. Die dort gefundenen geflügelten Stiere und die einzigartigen Wandreliefs befinden sich heute in London. Allerdings glaubte er, das berühmte Ninive entdeckt zu haben.

Im Frühjahr 1847 begann Layard, auf dem Tell Kujundschik bei Mosul zu graben. Hier, diesmal wirklich in Ninive, wie sich später herausstellte, stieß er auf den großen Palast des Assyrerkönigs Sanherib und fand die Keilschrift-Bibliothek des Assurbanipal.

1849 setzte Layard seine Grabungen in Nimrud fort und kehrte 1851 nach England zurück. Er trat in den diplomatischen Dienst, schrieb den ersten archäologischen Bestseller ›Niniveh and its Remains‹ und sammelte Gemälde italienischer Meister, die später in den Besitz der National Gallery, London, übergingen. 1878 wurde Layard in den Adelsstand erhoben; er starb am 5. Juli 1894 in London.

Hauptwerke: Niniveh and its Remains. 2 Bde, 1848–49 (deutsch: Auf der Suche nach Ninive. München 1975). – Inscriptions in the Cuneiform Character from Assyrian Monuments. 1851. – Early Adventures in Persia, Susiana and Babylonia. 2 Bde, 1887.

Literatur: G. Waterfield, Layard of Niniveh. London 1963.

Karl Richard Lepsius, geboren am 23. Dezember 1810 in Naumburg an der Saale, gilt als erster methodischer Ausgräber Ägyptens. Von 1842 bis 1845 leitete der Professor der Orientalistik die preußische Expedition nach Ägypten und in den Sudan, die erste große deutsche Forschungsexpedition überhaupt. Er untersuchte mit seinen Mitarbeitern 30 Pyramiden und mehr als 130 Mastabas. Die über 15000 Fundstücke kamen in 194 Kisten nach Berlin, wo Lepsius nach eigenen Plänen das ägyptische Museum erbaute dessen Direktor er 1855 wurde. 1866 führte er Untersuchungen im Nildelta durch und fand dabei eine mehrsprachige Inschrift, die seine letzten Zweifel an der Entzifferung der Hieroglyphen durch → Champollion ausräumte.

1873 bis 1884 war Lepsius Oberbibliothekar der Königlichen Bibliothek in Berlin. Seine Forschungen bezogen sich vor allem auf die Geschichte Ägyptens; er gilt als Begründer der deutschen Ägyptologie. Richard Lepsius starb am 10. Juli 1884 in Berlin.

Hauptwerke: Denkmäler aus Ägypten und Äthiopien. 12 Bde, 1849–59. – Das Totenbuch der Ägypter. 1842. – Die Chronologie der Ägypter. 1849. – Königsbuch der alten Ägypter. 1858. – Das bilingue Dekret von Kanopus. 1867. – Älteste Texte des Totenbuchs. 1867. – Über einige ägyptische Kunstformen. 1871.

Literatur: G. Ebers, Richard Lepsius. Ein Lebensbild. Leipzig 1885.

Willard Frank Libby wurde am 17. Dezember 1908 in Grand Valley, Colorado, geboren. Er studierte an der University of California in Berkeley und begann 1933 seine wissenschaftliche Laufbahn als Dozent für Chemie in Berkeley. 1938 wurde er Assistent Professor; 1941–1945 gehörte er der War Research Division an; 1945 folgte er als außerordentlicher Professor einem Ruf an die Universität von Chicago. 1954–1959 war Libby Mitglied der amerikanischen Atomenergiekommission, 1959 wurde er ordentlicher Professor. 1947 veröffentlichte Libby sein Verfahren zur archäologischen, geophysikalischen und geologischen Altersbestimmung mit dem Kohlenstoffisotop C 14, auch Radiokarbon-, C 14- oder Libby-Methode genannt. 1960 erhielt er für seine Datierungsmethode den Nobelpreis für Chemie. Nach langjähriger Lehrtätigkeit an der Universität von Los Angeles starb Libby am 8. September 1980.

(Sir) Max Edgar Lucien Mallowan wurde am 6. Mai 1904 in London geboren. 1925–1930 nahm er an den gemeinsamen Ausgrabungen des Britischen Museums und des Museums der Universität von Pennsylvania in Ur teil. Grabungsleiter war C. L. → Woolley.

1930 heiratete Mallowan die schon damals berühmte Kriminalschriftstellerin Agatha Christie. 1931–1932 beteiligte er sich an der Forschungsexpedition des britischen Assyriologen R. C. Thompson nach Ninive. 1933 beauftragten das Britische Museum und die British School of Archaeology in Irak den jungen Professor mit der Leitung der Ausgrabungen in Arpachiyah (Arpatschije) bei Ninive. 1934–1936 grub Mallowan in Chagar Bazar im Gebiet des oberen Chabur, einem Nebenfluß des Euphrat im Nordosten Syriens. 1937–1938 erforschte er den Tell Brak und das Balikh Valley unweit von Chagar Bazar.

1939–1944 diente Mallowan bei der Royal Air Force und war Berater der britischen Militärverwaltung von Tripolis. 1947 folgte er einem Ruf als Professor für westasiatische Archäologie an die Universität London und wurde zugleich mit dem Posten des Direktors der British School of Archaeology in Irak betraut. 1949–1958 leitete Mallowan die umfangreichen Ausgrabungen des Britischen Museums in Nimrud, der altorientalischen Stadt Kalach bei Mosul.

1961 wurde Mallowan Präsident des British Institute of Persian Studies, und 1968 erhob ihn Königin Elisabeth II. in den Adelsstand.
Hauptwerke: Prehistoric Assyria. The Excavations at Arpachiyah. 1933. – Excavations at Chagar Bazar. 1936–37. – Excavations in the Balikh Valley. 1938. – Excavations at Brak and Chagar Bazar. 1947. – 25 Years of Mesopotamian Discovery, 1932–56. 1956. – Early Mesopotamia and Iran. 1965. – Nimrud and its Remains. 3 Bde, 1966.

Auguste Ferdinand François Mariette wurde am 11. Februar 1821 in Boulogne geboren.

Im Oktober 1850 ging Mariette nach Ägypten, um im Auftrag des

Louvre koptische, syrische und äthiopische Manuskripte aufzukaufen. In den Klöstern stieß er jedoch auf zunehmende Ablehnung und vertrieb sich die Zeit des Wartens auf Genehmigungen mit Reisen zu den historischen Stätten in der Umgebung von Kairo. Auf einer dieser Reisen fand Mariette in Sakkara einen Sphinx. Er erinnerte sich an die Beschreibung des griechischen Geographen Strabo aus dem Jahre 25 v. Chr., wonach in Sakkara ein von Sphinxen flankierter Dromos zum Serapeum, der Begräbnisstätte der heiligen Apisstiere, führte. Mariette beschloß, den Kauf von Manuskripten aufzugeben und die hierzu bestimmten Gelder für die Suche nach dem geheimnisvollen Serapeum zu verwenden. Er begann zu graben, ohne die behördliche Genehmigung abzuwarten, kämpfte gegen die Intrigen seiner Konkurrenten und fand im Herbst 1851 den Eingang zu dem Heiligtum.

Der Louvre bewilligte Mariette 30000 Francs für die Ausgrabung des Serapeums und für den Abtransport der Funde. Inzwischen war die Grabungslizenz eingetroffen. Obwohl sie die Auflage enthielt, daß alle Fundgegenstände in Ägypten zu verbleiben hätten, schmuggelte Mariette rund 7000 Objekte nach Paris. Der Louvre ernannte ihn dafür zum Zweiten Kurator der Antikensammlungen.

1857 reiste Mariette zum zweiten Mal nach Ägypten, um seine Grabungen in Sakkara fortzusetzen. Er fand zahlreiche Mastabas, Gräber des Alten Reiches, die er ohne Rücksicht auf ihre architekturgeschichtliche Bedeutung mit Sprengladungen öffnete.

1858 wurde Mariette vom Vizekönig Said Pascha zum Direktor des Altertümerdienstes ernannt. Im Jahre darauf gründete er in Bulak bei Kairo, im ehemaligen Verwaltungsgebäude der Flußverkehrsgesellschaft, ein Museum, das spätere Ägyptische Nationalmuseum.

Von nun an sorgte Mariette mit aller Energie und allen ihm zur Verfügung stehenden Mitteln dafür, daß die Verordnung zum Schutze der Altertümer in Ägypten respektiert wurde und alle Funde in das Kairoer Museum kamen. Er verhinderte sogar, daß die französische Kaiserin Eugénie den kostbaren Grabschatz der Königin Ahhotep (um 1550 v. Chr.) erhielt, der im Jahre 1867 anläßlich der Weltausstellung in Paris gezeigt wurde. Die Kaiserin hatte den Khediven von Ägypten wissen lassen, daß sie die herrlichen Juwelen der toten Königin als Geschenk annehmen würde. Aber Mariette lehnte ab und ließ sich auch durch den ihm angebotenen Titel eines »Conservateur du Louvre« nicht bestechen.

In den folgenden Jahren leitete Mariette, seit 1862 Bey erster Klasse, die Ausgrabungen in Memphis, erforschte die Pyramiden von Sakkara sowie die Nekropolen von Medum, Abydos und Theben-West und grub die bedeutenden Tempel von Dendera und Edfu aus. Er untersuchte die archäologischen Stätten von Karnak, Deir el-Bahari, Tanis und Gebel Barkal (Sudan). Unter seiner Leitung wurde der große Sphinx von Gise vom Flugsand befreit.

1879 verlieh ihm der Khedive in Anerkennung seiner Verdienste um die ägyptische Geschichtsforschung den Titel eines Paschas. Mariette starb am 18. Januar 1881 in Kairo, zehn Jahre, nachdem in Kairo Verdis

Oper ›Aida‹ uraufgeführt worden war, deren Libretto einer Erzählung Mariettes folgte.
Hauptwerke: Abydos. 1869. – Aperçu de l'histoire d'Égypte. 1874. – Les Mastabas de l'ancien Empire (hg. v. Gaston → Maspero). 1889.
Literatur: A. Chélu Pacha, Mariette Pacha. Kairo 1911.

Gaston Camille Charles Maspéro wurde am 23. Juni 1846 in Paris geboren.

1869–1874 lehrte Maspéro ägyptische Sprache und Literatur an der École des Hautes Études und erhielt 1874 den Lehrstuhl für Ägyptologie am Collège de France.

1880 ging Maspéro als Leiter einer archäologischen Mission nach Ägypten und gründete in Kairo das Französische Institut für orientalische Archäologie. 1881 trat er als Direktor der ägyptischen Altertümerverwaltung und des Nationalmuseums die Nachfolge des verstorbenen Auguste → Mariette an. Er leitete bzw. veranlaßte zahlreiche Ausgrabungen, u. a. im Bereich des großen Sphinx von Gise und in Sakkara, wo er mehrere Pyramiden freilegte. 1881 führte eine Großfahndung im Gebiet der Nekropolen von Theben-West zur Festnahme eines Grabräubers, der Maspéro auf ein bisher unbekanntes Grab in der Nähe von Deir el-Bahari aufmerksam machte. In dem Grab fand Maspéro etwa vierzig Mumien, darunter die der Pharaonen Sethos I., Amenhotep I., Thutmosis III. und Ramses II. Die Mumien waren hier schon im Altertum vor Grabräubern versteckt worden.

Maspéro untersuchte zahlreiche Königsgräber, beschrieb die Malereien, Reliefs und Inschriften in den Grabkammern und gab eine Übersetzung und Deutung der berühmten Pyramidentexte heraus.

1886 kehrte Maspéro nach Paris zurück, nahm aber drei Jahre später seine Forschungen in Ägypten wieder auf. Nachdem die Franzosen E. Grébaut 1886–1892, J. de → Morgan 1892–1897 und V. Loret 1897–1899 die Leitung des Altertümerdienstes innehatten, übernahm sie 1899 Maspéro zum zweiten Mal. Er gab der inzwischen größten Sammlung ägyptischer Altertümer, die von 1891 bis 1902 in einem Palast in Gise untergebracht war, ein neues Domizil in Kasr el-Nil, ebenfalls einem Vorort von Kairo, und begann, die Sammlung neu zu katalogisieren und zu ordnen. Maspéro gilt als Begründer des wissenschaftlichen Altertümerdienstes Ägyptens. Daneben widmete er sich der Konservierung der altägyptischen Monumente und versuchte, den während seiner Abwesenheit wieder aufgeblühten illegalen Antiquitätenhandel zu unterbinden, was übrigens bis heute keinem der Direktoren restlos gelungen ist.

1914 kehrte Maspéro nach Paris zurück und starb dort am 30. Juni 1916.

Hauptwerke: L'Archéologie égyptienne. 1887. – Les momies royales de Deir el-Bahari. 1889. – Études de mythologie et d'archéologie égyptienne. 8 Bde, 1892–1916. – Histoire ancienne des peuples de l'orient classique. 3 Bde, 1895–99. – Les contes populaires de l'Égypte ancienne. 4. Aufl. 1914. – Causeries d'Égypte. 1907.

James Mellaart wurde im Jahre 1925 in London geboren. Er studierte Vorgeschichte und Archäologie an den Universitäten Leiden und London. Bald nach dem Studium wurde er Mitglied des British Institute of Archaeology in Ankara. Gemeinsam mit S. Lloyd entdeckte er 1952 in Anatolien das frühbronzezeitliche Beycesultan (2700–2300), 1956 das frühneolithische bis chalkolithische Hacilar (7000–5000) und 1958 schließlich Çatal Hüyük, eine der ältesten Städte der Menschheit (etwa 6500–5600). 1961–1963 leitete Mellaart die Ausgrabungen im Bereich dieser neolithischen Großsiedlung am Rande der Konya-Ebene.

Wie jeder erfolgreiche Ausgräber wurde auch Mellaart vom Neid mißgünstiger Kollegen verfolgt. So behauptete man, er habe zahlreiche Funde an sich gebracht und im Ausland verkauft. Mellaart hat durch seine sorglose Art viel dazu beigetragen, daß solche Verdächtigungen überhaupt aufkommen konnten.
Hauptwerk: Çatal Hüyük. 1967.

Jacques Jean Marie de Morgan wurde am 3. Juni 1857 in Huisseau-sur-Cosson, Departement Loir-et-Cher, geboren. Als Bergbauingenieur bereiste er 1877 Skandinavien, 1882 Böhmen, 1886–1889 den Kaukasus und Armenien. Auf diesen Reisen erwachte sein Interesse für die Archäologie. 1891 führte er in Persien umfangreiche archäologische Forschungen durch. Im Jahr darauf wurde de Morgan Direktor der Ägyptischen Altertümerverwaltung in Kairo. Er leitete zahlreiche Ausgrabungen in Ägypten, u. a. in Memphis. 1897 übernahm er die Leitung der französischen Délégation en Perse und erforschte die Elamiterhauptstadt Susa und das umliegende Gebiet. Die Grabungsfunde, prähistorische Keramiken, zahlreiche Keilschrifttafeln und vor allem die berühmte Gesetzesstele des Hammurabi, befinden sich heute im Louvre. Jacques de Morgan starb am 12. Juni 1924 in Marseille.
Hauptwerke: Mission scientifique en Perse. 5 Bde, 1894–1904. – Recherches sur les origines de l'Égypte. 1896/97. – Les premières civilisations. 1902. – L'humanité préhistorique. 1921. – Manuel de numismatique orientale, de l'antiquité et du moyen age. 1923. – La préhistoire orientale. 3 Bde, 1925–27. – La numismatique de la Perse antique. 1927.

Max Freiherr von Oppenheim wurde am 15. Juli 1860 in Köln geboren. Seit 1892 führten ihn ausgedehnte Reisen durch Vorderasien, Nord- und Ostafrika bis zum Tschadsee. Auf diesen Reisen erforschte er vor allem das Leben der Beduinen.

1899 entdeckte er in Nordostsyrien den Tell Halaf. 1911–1913 leitete er die Ausgrabungen auf dem Siedlungshügel und fand den Palast eines aramäischen Kleinkönigs aus dem 9. Jahrhundert v. Chr. mit reichem Skulpturenschmuck (reliefierte Orthostaten). 1927 und 1929 setzte Oppenheim seine Grabungen fort und stieß auf eine typische Keramik, die einer mesopotamischen Kulturepoche den Namen gab. Die Tell-Halaf-Kultur folgte im 5. Jahrtausend der sog. Samarra-Kultur (6. Jahrtausend) und wurde im 4. Jahrtausend von der Ubaid-Kultur abgelöst.

Freiherr von Oppenheim begründete in Berlin das Tell-Halaf-Museum, das 1943 einem Bombenangriff zum Opfer fiel. Die Ausgrabungsstücke aus Tell Halaf sind heute über mehrere Museen verteilt, in Berlin-Ost, in Berlin-West, in Paris und in London. Oppenheim starb am 15. November 1946 in Schloß Ast bei Landshut.

Hauptwerke: Vom Mittelmeer zum persischen Golf. 2 Bde, 1899. – Rabeh und das Tschadseegebiet. 1902. – Der Tell Halaf. 1931. – Die Beduinen. 4 Bde, (bearb. v. E. Bräunlich und W. Caskel). 1939–68. – Tell Halaf. 4 Bde, (mit H. Schmidt u. a.). 1943–62.

André Parrot wurde am 15. Februar 1901 in Désandans, Département Doubs, geboren. Er studierte an der Sorbonne protestantische Theologie und an der École du Louvre in Paris sowie an der École Archéologique Française de Jerusalem Altertumswissenschaften.

1931–1933 leitete Parrot die Ausgrabungen in Lagasch (Tello) und Larsa (Irak). Seine wichtigsten Forschungen führte er seit 1933 in Mari durch, einer Ausgrabungsstätte in Syrien, der er vierzig Jahre seines Lebens widmete. 1937 wurde Parrot Professor an der École du Louvre und 1946 Hauptkonservator der französischen Museen. 1968–1972 war er Direktor des Louvre.

Hauptwerke: Mari, une ville perdue. 1936. – Archéologie mésopotamienne. 2 Bde, 1946–53. – Tello – vingt campagnes de fouilles (1877 bis 1933). 1948. – Ziggurats et Tour de Babel. 1948. – Découverte des mondes ensevelis. 1952. – Mari – le temple d'Ishtar. 1956. – Mari – le palais. 3 Bde, 1958–59. – Sumer. 1960. – Assur. 1961. – Abraham et son temps. 1962. – Terre du Christ. 1965. – Les temples d'Ishtarat et de Ninnizaza. 1967. – Le trésor d'Ur. 1968. – Sumerian Art. 1969. – Mari, capitale fabuleuse. 1974.

(Sir) William Matthew Flinders Petrie wurde am 3. Juni 1853 in London-Charlton geboren. Bald nach seinem Studium begann er mit einer gewissenhaften Erforschung des vorgeschichtlichen Steinkreises von Stonehenge (Südengland).

1880 ging Petrie nach Ägypten, grub an zahlreichen Plätzen und entdeckte 1889 ägäische Keramik, die zu dieser Zeit nicht einmal in der qÄgäis vom Typ her bekannt war. Diese Funde ermöglichten es ihm, eine Chronologie der Vor- und Frühgeschichte Ägyptens zu erstellen.

1890 erkannte er bei der Ausgrabung des Tells el-Hesi (Palästina) die Bedeutung der Stratigraphie. 1892 wurde er als Professor für Ägyptologie

an das University College London berufen; den Lehrstuhl hatte er bis 1933 inne. 1894 gründete Petrie den Egyptian Research Account, seit 1906 British School of Archaeology in Ägypten. Die wichtigsten Grabungsplätze seiner 70jährigen Forschungstätigkeit waren Tanis, Amarna, Nakada, Naukratis, Kahun, Abydos, Memphis, Gise, Medum und das Faiyum. Auch in Palästina führte Petrie zahlreiche Untersuchungen durch. 1923 wurde er in den Adelsstand erhoben; er starb am 28. Juli 1942 in Jerusalem.
Hauptwerke: Stonehenge: Plans, Description, and Theories. 1880. – The Pyramids and Temples of Gizeh. 1883. – A History of Egypt. 3 Bde, 1894–1905. – Royal Tombs of the First Dynasty. 2 Bde, 1900–01. – Abydos. 3 Bde, 1902–04. – Methods and Aims in Archaeology. 1904. – Arts and Crafts of Ancient Egypt. 1909. – The Formation of the Alphabet. 1912. – Tools and Weapons illustrated by the Egyptian Collection in University College. 1917. – Corpus of Prehistoric Pottery and Palettes. 1921. – Seventy Years in Archaeology. 1931. – The Making of Egypt. 1939.
Literatur: Nachruf in: Journal of Egyptian Archaeology, Bd 29, 1943.

Lord Pitt-Rivers. Augustus Henry Lane-Fox – so hieß der spätere Lord Pitt-Rivers – wurde am 14. April 1827 in Hope Hall, Grafschaft Yorkshire, geboren. Als Sproß einer alten Offiziersfamilie schlug er ebenfalls die militärische Laufbahn ein. Mit 23 Jahren nahm er als Hauptmann im Krimkrieg an der Schlacht an der Alma (1854) teil, fiel durch seine Kühnheit auf und wurde im Heeresbericht erwähnt. 1877 erreichte er mit der Beförderung zum Generalmajor den Höhepunkt seiner militärischen Karriere.

1880 fiel Lane-Fox das Erbe seines Großonkels Lord George Pitt-Rivers zu. Er erbte die Peerswürde und riesige Besitzungen in Wiltshire und Dorset. General Lane-Fox, jetzt Lord Pitt-Rivers, nahm seinen Abschied und widmete sich fortan seinen Besitzungen und den Naturwissenschaften. Als Offizier hatte er sich eine umfangreiche Waffensammlung angelegt und bei der Beschäftigung mit ihr entdeckt, daß Waffen und andere Geräte ebenso wie lebende Organismen eine Evolution, eine Entwicklung durchmachen. Nach einem Beitrag zur Analyse und Typologie von Artefakten wandte er sich der Archäologie zu. Er begann auf seinen Ländereien mit der Ausgrabung prähistorischer Relikte und entwickelte dabei eine wissenschaftliche Grabungsmethodik, die ihrer Zeit weit voraus war und noch heute selten übertroffen wird. Mit größter Akribie untersuchte der »Vater der britischen Archäologie« jedes Detail, jede Schicht, ließ jedes noch so unwichtig erscheinende Objekt in seiner Fundlage genau vermessen, zeichnen und registrieren, denn man könne ja nie wissen, welche Fragen künftige Archäologengenerationen stellen werden. Als ebenso wichtig erkannte Pitt-Rivers die vollständige und schnelle Veröffentlichung der Grabungsergebnisse. Er starb am 4. Mai 1900 in Rushmore, Grafschaft Wiltshire.
Hauptwerk: Excavations in Cranborne Chase. 5 Bde, 1887–1903.

Hormuzd Rassam wurde im Jahre 1826 als Sohn christlicher Eltern in Mosul geboren. 1845–1847 nahm er als Assistent an den Ausgrabungen des großen britischen Assyriologen Austen Henry →Layard in Khorsabad (Nimrud) teil. Nach einem Studium in Oxford arbeitete er 1849–1851 mit Layard in Ninive.

Als sich Layard 1851 von seiner Forschertätigkeit zurückzog und in den diplomatischen Dienst ging, trat Rassam die Nachfolge seines Lehrmeisters an, gerade zu der Zeit, als hier der Archäologenkrieg zwischen Franzosen und Briten um die besten Fundplätze ausbrach. Für den Pariser Louvre stritt Victor Place, Architekt und Konsul in Mosul. Place und Rassam beargwöhnten sich ständig. Wo der eine zu graben begann, erschien bald darauf der andere. Beide ließen ihre Beziehungen zu den türkischen Behörden spielen. Sie wiegelten gegenseitig die Arbeiter auf; es kam zu Überfällen, Prügeleien und sogar Feuergefechten. Rassam war zweifellos der Skrupellosere, der Erfolgreichere. In Kujundschik, einem Tell des alten Ninive, grub er heimlich auf französischem Grabungsterrain und stieß dabei auf den Palast des Assyrerkönigs Assurbanipal, in dem er das berühmte Löwenjagd-Relief fand. In der königlichen Bibliothek entdeckte er Keilschrifttafeln mit Abschnitten des Gilgamesch-Epos und mit geschichtlichen Aufzeichnungen aus der Herrschaftszeit des Königs.

Da Rassam wie alle Ausgräber jener Zeit nur auf Kunstwerke und Keilschrifttafeln aus war, beschädigte er bei seiner fieberhaften Suche große Teile der Palastanlagen. An systematischen Ausgrabungen waren die Museen damals noch nicht interessiert; sie brauchten eindrucksvolle Ausstellungsstücke und Unterlagen für die Keilschriftforschung.

1853 übernahm Rassam für das Empire wichtige politische Aufgaben in Aden und in Äthiopien, die ihn fast ein Vierteljahrhundert von seiner Ausgräbertätigkeit abhielten.

1876 setzte Rassam im Auftrag des Britischen Museums die Ausgrabungen im Zweistromland fort. Als 1877 Bronzeplatten aus dem 7. Jahrhundert v. Chr. im Handel auftauchten, reiste er sofort nach Mosul, um den Fundort dieser Platten ausfindig zu machen. Der Louvre hatte den neuen französischen Konsul in Basra, Ernest de → Sarzec, ebenfalls mit der Suche nach dem Fundort beauftragt.

Aber Rassam war wegen seiner langjährigen Erfahrungen und seiner guten Beziehungen schneller. Etwa 24 km östlich von Mosul stieß er am Tell Balawat auf den Palast des assyrischen Königs Salmanassar II. und fand ein Paar bronzene Palasttüren, die heute als sog. »bronze gates« zu den Kostbarkeiten des Britischen Museums gehören.

1879 begann Rassam, mit mäßigem Erfolg im Gebiet der Stadt Babylon zu graben, und wandte sich bald nach Tello, wo de Sarzec Reste einer bis dahin unbekannten Kultur, der sumerischen Kultur, entdeckt hatte. Doch als der Franzose die türkische Grabungslizenz erhielt, mußte sich Rassam zurückziehen.

1880 entdeckte Rassam etwa 50 km südöstlich von Bagdad das altorientalische Sippar mit einem Tempel, den vermutlich Naramsîn (2320–2284) für den Sonnengott Schamasch erbauen ließ. In den folgen-

den achtzehn Monaten legte er etwa 170 Räume, die den Tempel umgaben, frei und fand rund 50000 beschriftete Tontafeln und Tonzylinder. Ein Zylinder berichtet von dem Wiederaufbau des Tempels unter Nabonid (555–539 v. Chr.), dem letzten König von Babylon. Hormuzd Rassam starb im Jahre 1910.
Hauptwerk: Asshur and the Land of Nimrod. 1897.

(Sir) Henry Creswicke Rawlinson wurde am 11. April 1810 in Chadlington, Grafschaft Oxfordshire, geboren. Nach dem Schulbesuch in Warrington und Ealing trat er 1827 als Kadett in den Military Service der East India Company ein. Auf der Fahrt nach Indien lernte er Sir John Malcolm, den Gouverneur von Bombay, kennen, der im Verlauf langer Gespräche Rawlinsons Interesse für die altpersische Kultur weckte.

Bis 1833 war Rawlinson in Bombay stationiert. Dann entsandte die Company den jungen Major als Militärberater nach Persien, um die Armee des Schahs zu reorganisieren. 1835 besuchte Rawlinson den berühmten Felsen von Bisutun (Behistun), in den der persische Großkönig Dareios I. (522–486 v. Chr.) ein gewaltiges Relief mit seinen Ruhmestaten hatte einmeißeln lassen. Rawlinson seilte sich an der Felswand ab und kopierte – 150 m über dem Abgrund – die 18 m lange dreisprachige Inschrift (Altpersisch, Elamisch und Babylonisch), die das Relief einfaßt. Dann begann er, die altpersische Keilschrift zu entziffern. 1837 veröffentlichte er die Übersetzung der ersten beiden Abschnitte der Inschrift.

1838 mußte Rawlinson seine Arbeiten unterbrechen, da ihn die Company als britischen Residenten in das afghanische Kandahar versetzte. Dort stürzten die Briten kurz danach die Regierung des Dost Mohammed und setzten Schudscha Schah als neuen Herrscher ein.

1841/42 kam es zu einem Aufstand gegen die neuen Machthaber. Rawlinson zeichnete sich in den Kämpfen aus. Die Briten konnten den Aufstand aber nicht unterdrücken und mußten Afghanistan verlassen.

1843 wurde Rawlinson British Political Agent im türkischen Arabien. 1844 endlich kam die East India Company seinem Wunsch um Versetzung nach Mesopotamien nach. Rawlinson wurde Konsul in Bagdad. Jetzt konnte er seine Schriftforschungen fortsetzen. 1846 veröffentlichte er die Übersetzung der vollständigen Bisutun-Inschrift. Die Publikation erschien 44 Jahre nach der ersten erfolgreichen Entzifferung eines altpersischen Keilschrifttextes durch → Grotefend. Es läßt sich heute weder ausschließen noch beweisen, daß Rawlinson die Grotefendschen Arbeiten gekannt hatte.

1851 wurde Rawlinson zum Generalkonsul ernannt und vom Britischen Museum mit der Aufsicht über alle Ausgrabungen in Assyrien, Babylonien und der Susiana betraut, die hauptsächlich unter der Leitung des Syrers Hormuzd → Rassam standen.

1855 kehrte Rawlinson nach London zurück, erhielt den Adelstitel und wurde zum Ehrenpräsidenten der East India Company ernannt. 1857 gelang ihm unabhängig von anderen Sprachforschern (Edward Hincks,

Jules Oppert und Fox Talbot) die grundlegende Entzifferung der babylonischen Keilschrift. 1858 war er Mitglied des britischen Parlaments, 1859 Minister am iranischen Hof in Teheran, 1865–1868 hatte er wieder einen Parlamentssitz inne. 1871–1874 war Rawlinson Präsident der Royal Geographical Society und 1878–1881 Präsident der Royal Asiatic Society. 1891 wurde er zum Baronet erhoben. Er starb am 5. März 1895 in London.
Hauptwerke: Persian Cuneiform Inscription at Behistun. 1846–51. – A Commentary on the Cuneiform Inscriptions of Babylonia and Assyria. 1850. – Outline of the History of Assyria. 1852. – The Cuneiform Inscriptions of Western Asia. 5 Bde, 1861–84.
Literatur: G. Rawlinson, A Memoir of Henry Creswicke Rawlinson. London 1898.

Claudius James Rich wurde am 28. März 1787 in Dijon geboren und verlebte seine Jugendjahre in Bristol. Er war außergewöhnlich sprachbegabt – schon als Neunjähriger lernte er Arabisch – und trat 1803 als Kadett in den Dienst der East India Company. Die Company entsandte ihn nach Ägypten, aber sein Schiff ging vor Malta unter. Rich kam nach Italien und wurde von dort nach Konstantinopel beordert. Anschließend arbeitete er in Smyrna, von wo aus er zahlreiche Reisen durch Kleinasien unternahm.

Im Auftrag der Company reiste Rich als Mameluck verkleidet durch Ägypten, Syrien und Palästina und wurde 1808 – erst 21 Jahre alt – Resident der East India Company in Bagdad. Seine außergewöhnlichen diplomatischen Fähigkeiten leiteten ein ganzes Jahrhundert britischen Einflusses in Mesopotamien ein.

Auf seinen dienstlichen und privaten Reisen besuchte Rich zahlreiche Ruinenstätten Mesopotamiens und sammelte Antiquitäten, die er an das Britische Museum verkaufte und die die assyrisch-babylonische Altertumswissenschaft in England begründeten. Er führte erste gründliche Untersuchungen der Ruinen von Ninive und Nimrud durch und legte damit die Grundlagen für die späteren Ausgrabungen seines Landsmannes H. A. → Layard.

Zweimal besuchte er Babylon, wo er eine erste topographische Aufnahme dieser riesigen Ruinenstätte erstellte. 1820 begab er sich auf eine Forschungsreise nach Schiraz und Persepolis in Persien, erkrankte an der Cholera und starb, erst 33 Jahre alt, am 5. Oktober 1820 in Schiraz.
Hauptwerke: Memoir on the Ruins of Babylon. 1815. – Second Memoir on Babylon. 1818.

Gustave Charles Ernest Chocquin de Sarzec wurde im Jahre 1832 in Rennes (Bretagne) geboren. Er trat in den konsularischen Dienst und wurde 1874 Vizekonsul in Basra (Irak), das damals wie ganz Mesopotamien zum Osmanischen Reich gehörte.

Wie viele der im Nahen Osten akkreditierten Konsuln entwickelte sich auch Sarzec bald zu einem begeisterten Amateurarchäologen. Als ihm ein christlicher Kaufmann namens Asfar mitteilte, daß in Tello, unweit von Basra, Dioritstatuen und Keilschrifttafeln zu finden seien, beantragte er unverzüglich bei der türkischen Regierung das Alleinrecht, auf dem Siedlungshügel von Tello graben zu dürfen.

Im März 1877 begann er auf eigene Rechnung mit den Grabungen, ohne den Ferman der Pforte abzuwarten. 1880 fand er mehrere Statuen des Gudea, des siebenten Herrschers von Lagasch (etwa 2150–2000), dazu großartige Architekturteile, Gefäße, Waffen und anderes Gerät. Er schmuggelte seine kostbaren Funde nach Paris, wo er sie mit großem Gewinn an den Louvre verkaufte.

De Sarzec grub mit Unterbrechungen bis zum Jahre 1901, zuletzt mit offizieller Genehmigung. Aber wie seine Vorgänger und Kollegen interessierten ihn nur Kunstwerke und Tontafeln mit Inschriften. Um an sie heranzukommen, zerstörte er sorglos die Ruinen der alten Tempel- und Palastanlagen, um die sich damals ohnehin noch niemand kümmerte. Er grub ohne System, mal hier, mal dort, wo er gerade ein wertvolles Stück vermutete. Da er nicht ständig in Tello sein konnte, gruben die einheimischen Arbeiter während seiner Abwesenheit weiter und verkauften ihre Funde an Bagdader Händler. Sie fanden auch die riesige Tempelbibliothek mit über 30000 Keilschrifttafeln, die sie geschickt vor Sarzec zu verbergen wußten und die über den gut organisierten Antiquitätenhandel schließlich in zahlreiche Museen und Privatsammlungen gelangten.

De Sarzecs Arbeiten aber gaben den eigentlichen Anstoß für systematische Grabungen im Süden Mesopotamiens. Er starb im Jahre 1901 in Wien.

Hauptwerk: Découvertes en Chaldée (mit L. Heuzey). 1884–1912.

Claude Frédéric Armand Schaeffer wurde am 6. März 1898 in Straßburg geboren. Er studierte in Straßburg und in Paris Archäologie und begann seine wissenschaftliche Laufbahn 1921 als Kurator der vorgeschichtlichen Abteilung des Museums Palais Rohan in Straßburg. 1923 heiratete er Odile Forrer, die Tochter eines bekannten Archäologen.

1929 wurde Schaeffer mit der Leitung der Ausgrabungen in Ras Schamra betraut, das er erst 1933 als das alte Ugarit erkannte. Hier entdeckte er in den Archiven des Königspalastes die älteste alphabetische Keilschrift: das berühmte »Alphabet von Ugarit«. 1932 begann er, in Enkomi (Zypern) zu graben, 1933 wurde er Kurator des Louvre, 1934 und 1935 arbeitete er wieder auf Zypern.

1940–1945 diente Schaeffer bei der Freien Französischen Kriegsmarine und brachte es bis zum Korvettenkapitän. Nach Kriegsende setzte er seine Untersuchungen in Ras Schamra fort und begann 1946 mit Grabungen in Malatya (Türkei). 1946–1954 war er Direktor des National Council of Scientific Research und Mitglied der Commission des Fouilles et

Missions Archéologiques. 1954–1969 lehrte er am Collège de France. Die Ausgrabungen in Ras Schamra leitete Schaeffer bis 1970.
Hauptwerke: Missions en Chypre. 1936. – Ugaritica I. 1939. – Cuneiform Texts of Ras Schamra-Ugarit. 1939. – Ugaritica II–VII. 1949–76.

Heinrich Schliemann wurde am 6. Januar 1822 als Sohn eines Pfarrers in Neubuckow in Mecklenburg geboren. In ›Jerrers Weltgeschichte für Kinder‹ sah der Achtjährige das bunte Bild ›Troja in Flammen‹, das ihn so beeindruckte, daß er seinem Vater zurief: »Wenn solche Mauern einmal gewesen sind, so können sie nicht ganz vernichtet sein; sie sind sicherlich nur unter dem Staub und Schutt der Jahrhunderte verborgen.« Damals beschloß er, das zerstörte Troja zu suchen und auszugraben. Die Suche nach dem Troja Homers wurde Schliemanns Lebensaufgabe. Alles, was er tat, diente nur diesem einen Ziel.

Da sein Vater den Besuch eines Gymnasiums nicht finanzieren konnte, begann Schliemann eine Kaufmannslehre in einem Krämerladen. Dort hielt er es aber nicht lange aus und ging als Kajütenjunge zur See. Als das Schiff, auf dem er angemustert hatte, vor der niederländischen Küste strandete, nahm Schliemann in Amsterdam eine Stellung als Laufbursche bei einem Handelskontor an. Auf seinen Botengängen und in der Freizeit lernte er nach einem selbsterdachten System in kürzester Zeit zwanzig Sprachen, darunter Niederländisch, Englisch, Französisch, Spanisch, Italienisch, Portugiesisch, Alt- und Neugriechisch, Latein, Russisch und Arabisch. Der sprachbegabte junge Mann avancierte schnell und wurde 1842 – erst zwanzig Jahre alt – als Handelsagent nach St. Petersburg, der Hauptstadt Rußlands, entsandt. 1847 gründete er ein eigenes Kontor und besaß bald ein ansehnliches Vermögen. 1850 folgte Schliemann den Goldgräbern nach Kalifornien und kehrte drei Jahre später als Dollarmillionär nach St. Petersburg zurück. Während des Krimkrieges (1853–1856) konnte er sein Vermögen vervielfachen.

1858 zog sich Schliemann von allen Geschäften zurück und widmete sich fortan der Verwirklichung seines Kindheitstraumes.

Eine ausgedehnte Weltreise führte ihn durch Europa, Ägypten, Indien, China, Japan und Mittelamerika. 1866 begann er in Paris ein Studium der Sprach- und Literaturwissenschaften und der Archäologie. 1868 bereiste er Griechenland und Kleinasien. Mit seiner Schrift ›Ithaka, der Peloponnes und Troja‹ promovierte er an der Universität Rostock. 1869 erwarb Schliemann die amerikanische Staatsbürgerschaft und ließ sich von seiner Frau Ekaterina scheiden. Zugleich bat er seinen Athener Freund, den Kaufmann Theokletos Vimpos, für ihn eine neue Frau zu suchen, die bereit sei, sich für Homer und die Wiedergeburt Griechenlands zu begeistern. Sophia, die Nichte seines Freundes, entsprach seinen Vorstellungen; sie war dreißig Jahre jünger als Schliemann. Die Hochzeit fand im Jahre 1869 statt. Schliemann wählte Athen als seinen endgültigen Wohnsitz.

1870 begann Schliemann, mit seiner jungen Frau und 80, zuletzt sogar

150 Arbeitern, auf dem Trümmerhügel Hisarlik an der türkischen Nordwestküste Troja auszugraben. 1873 stieß er auf reiche Goldfunde, auf den Schatz des Königs Priamos, wie er irrtümlich glaubte. Die Siedlungsschicht dieser Funde ist – wie er kurz vor seinem Tod zugeben mußte, rund tausend Jahre älter als das Troja Homers. Schliemann schenkte die einzigartigen Funde von unermeßlichem Wert dem Berliner Museum für Vor- und Frühgeschichte, wo sie gegen Ende des Zweiten Weltkrieges verlorengingen.

1876 wandte sich Schliemann nach Griechenland, um die von Homer beschriebenen Burgen der achäischen Könige zu finden. Noch im selben Jahr legte er die Burg von Mykene frei, wo er eine vollständige vorgriechische Kultur mit mehreren Königsgräbern und wundervollen Grabbeigaben entdeckte. 1880–1886 grub Schliemann in Orchomenos (Böotien), dem Hauptort der Minyer mit einem gewaltigen Kuppelgrab. 1882 beauftragte er Wilhelm → Dörpfeld mit der Fortführung seiner Arbeiten in Troja und legte 1884–1885 gemeinsam mit Dörpfeld die Achäerburg Tiryns frei.

Im Winter 1885/86 reiste Schliemann nach Mittelamerika, 1886/87 und 1888 nach Ägypten. 1890 kehrte er kurz nach Troja zurück, um sich über den Stand der Dörpfeldschen Grabungen zu informieren, und starb am 26. Dezember 1890 in Neapel.

Schliemanns unerschütterlicher, von der Fachwelt anfangs belächelter Glaube, daß die Epen Homers geschichtliche Quellen seien, hatte zur Entdeckung der mykenischen Kultur geführt.

Schliemann gilt als Begründer der Homer-Archäologie, die zahlreiche außergewöhnliche Erfolge brachte, aber naturgemäß auch viele Irrwege ging. Die archäologische Auswertung des griechischen Sagenkreises führte schließlich auch zur Einbeziehung orientalischer Sagen und vor allem der Bibel (Bibel-Archäologie).

Trotz unwissenschaftlicher, oft allzu rigoroser Grabungsmethoden ist Schliemann die Einführung der noch heute gültigen archäologischen Arbeitsweise zu verdanken: Auswertung der literarischen Quellen, topographische Erkundungen und erste Untersuchungen mit der Sonde vor Grabungsbeginn, Verfolgen der Kulturschichten bis zum gewachsenen Boden, Hinzuziehen von Spezialisten.

Hauptwerke: Ithaka, der Peloponnes und Troja. 1869. – Trojanische Alterthümer. 1874. – Mykenai. 1878. – Ilios. 1881. – Orchomenos. 1881. – Troja. 1884. – Tiryns. 1886.

Literatur: Heinrich Schliemann, Abenteuer meines Lebens. Selbstzeugnisse. Leipzig, 2. Aufl. 1960. – J. Harmann, Heinrich Schliemann. Wegbereiter einer neuen Wissenschaft. Berlin 1974.

George Smith wurde am 26. März 1840 in London-Chelsea geboren. Er wuchs ohne geregelte Schulausbildung auf und wurde Graveur von Banknoten. In seiner Freizeit sortierte er im Britischen Museum Keilschrifttafeln, die H. → Rassam und H. C. → Rawlinson in Ninive gefunden hatten.

Sir Rawlinson wurde auf den jungen Smith aufmerksam und verschaffte ihm eine Anstellung in der Assyrischen Abteilung des Museums. Smith befaßte sich nun mit der Übersetzung der babylonischen Keilschrifttexte aus der Bibliothek Assurbanipals und konnte schon bald einen Text veröffentlichen, der die Sonnenfinsternis des Jahres 763 v. Chr. beschrieb. Anschließend übersetzte er einen Bericht über den Einfall der Elamiter in Babylonien.

1872 entdeckte er unter den Tausenden von Tontafeln ein Tontafelfragment mit sechs Schriftkolonnen in akkadischer Sprache: den Sintflutbericht des Gilgamesch-Epos. Da 17 Zeilen dieses Berichtes fehlten, reiste George Smith im Mai 1873 mit finanzieller Unterstützung durch den ›Daily Telegraph‹ nach Ninive, um das fehlende Bruchstück zu suchen. Schon am fünften Tage der Grabungen hatte Smith das Tafelfragment gefunden. Die Zeitung, die nun ihre Story hatte, lehnte weitere Zuwendungen ab, und Smith mußte nach London zurückkehren, so sehr ihn die Suche nach anderen Keilschriftdokumenten auch gereizt hätte. Noch am letzten Tag entdeckte er auf dem Tell Kujundschik Tafeln mit babylonischen Königslisten.

1874 und 1876 führte Smith im Auftrag des Britischen Museums zwei Expeditionen in den Nahen Osten durch. 1876 untersuchte er u. a. das alte Karkemisch. Aber er war körperlich den Strapazen einer Arbeit in großer Hitze nicht gewachsen und starb am 19. August 1876, erst 36 Jahre alt, in Aleppo (Syrien) an einer Darminfektion.

Hauptwerk: The Chaldean Account of Genesis. 1876.

Literatur: E. A. W. Budge, Rise and Progress of Assyriology. London 1925.

Michael George Francis Ventris wurde am 12. Juli 1922 in Wheathampstead, Grafschaft Hertfortshire, geboren. Schon als Kind zeigte Ventris ein starkes Interesse für die klassischen Sprachen und lernte eifriger als andere Jungen seines Alters Griechisch und Latein. Als Vierzehnjähriger besuchte er einen Vortrag des berühmten Archäologen Sir Arthur → Evans über die Linear B, die Evans im Jahre 1900 auf Kreta entdeckt und die bislang jedem Entzifferungsversuch widerstanden hatte. Seit diesem Vortrag stand für den jungen Ventris fest, daß er das Rätsel der Linear B lösen müsse. Er beschäftigte sich fortan mit Dechiffrierungsproblemen und entwickelte dabei außergewöhnliche Fähigkeiten. Daneben befaßte er sich eingehend mit den geheimnisvollen Schriftzeichen auf Kreta. Achtzehn Jahre alt, veröffentlichte Ventris in einer amerikanischen Fachzeitschrift einen Aufsatz, in dem er eine Beziehung zwischen der Linear B und der ebenfalls noch nicht lesbaren etruskischen Schrift für möglich hielt.

Nach dem Schulbesuch wurde Ventris zum Kriegsdienst einberufen und aufgrund seiner weitreichenden Kenntnisse als Spezialist für die Dechiffrierung von Geheimcodes bei der Royal Air Force eingesetzt. Nach Kriegsende studierte er Architektur.

1949 konnte sich Ventris endlich ernsthaft mit der Entzifferung der Linear B befassen. Er wandte dabei die beim Militär gebräuchliche Methode an, die hauptsächlich auf statistischer Analyse beruhte. 1951 erhielt er Texte einer Linear B, die erstmals 1939 auf dem griechischen Festland (Pylos) gefunden worden waren. Seine Arbeit machte schnelle Fortschritte. Im Juni 1952 stellte er in einer Sendung des Britischen Rundfunks die sensationelle Behauptung auf, daß die Linear B eine alte Form der griechischen Schrift sei.

Bald nach der Sendung kam Ventris mit dem Cambridger Gräzisten John Chadwick zusammen, und beide konnten nun in kurzer Zeit beweisen, daß die Linear B tatsächlich einen archaisch griechischen, und zwar einen mykenischen Dialekt wiedergibt. Der endgültigen Entzifferung der Linear B stand nun nichts mehr im Wege. 1953 veröffentlichten Ventris und Chadwick ihre Forschungsergebnisse in dem berühmten Aufsatz ›Evidence for Greek Dialect in the Mycenaean Archives‹. Michael Ventris kam am 6. September 1956 in Hatfield bei einem Autounfall ums Leben.
Hauptwerk: Documents in Mycenaean Greek (mit J. Chadwick). 1956.
Literatur: J. Chadwick, Linear B. Die Entzifferung der mykenischen Schrift. Dt. Übers. Göttingen 1959.

Theodor Wiegand wurde am 30. Oktober 1864 in Bendorf am Rhein geboren. Mit der Organisation der großangelegten Ausgrabungen in Priene (1895–1899) erwarb er sich einen guten Ruf und wurde 1899 zum Direktor des neu gegründeten Deutschen Archäologischen Instituts in Konstantinopel ernannt. Zwischen 1899 und 1911 leitete Wiegand die Ausgrabungen in Milet, Didyma und auf Samos. 1911 wurde er Direktor der Antikenabteilung der Berliner Museen.

1916–1918 war Wiegand Generalinspekteur der Altertümer in Syrien, Palästina und Westarabien im Auftrag der türkischen Regierung. 1924 setzte er die Wiederaufnahme der Ausgrabungen in Didyma durch. 1927 führte er auch die Forschungen in Pergamon fort. Seiner Tatkraft ist auch der im Jahre 1930 zur Hundertjahrfeier der Berliner Museen geweihte Neubau des Pergamonmuseums zu danken. Von 1932 bis 1936 war Wiegand Präsident des Deutschen Archäologischen Instituts. Er starb am 19. Dezember 1936 in Berlin.
Hauptwerke: Die puteolanische Bauinschrift. 1891. – Die archaische Porosarchitektur der Akropolis zu Athen. 1904. – Priene (Hg. u. Mitarb.). 1904. – Milet (Hg. u. Mitarb.). 3 Bde, 1906–35. – Sinai (Hg. u. Mitarb.). 1920. – Baalbek (Hg. u. Mitarb.). 3 Bde, 1921–25. – Petra (Hg. u. Mitarb.). 1921. – Damaskus (Hg. u. Mitarb.). 1922. – Altertümer von Pergamon, Bd 8: Die Paläste der Hochburg (Hg. u. Mitarb.). 1930. – Palmyra (Hg. u. Mitarb.). 1932. – Die Kaiserpaläste von Konstantinopel. 1934. – Didyma (Hg. u. Mitarb.). 3 Bde, 1941. – Halbmond im letzten Viertel. Briefe und Reiseberichte 1895–1918. 1970.
Literatur: C. Watzinger, Theodor Wiegand. 1944.

Johann Joachim Winckelmann wurde am 9. Dezember 1717 in Stendal als Sohn eines armen Flickschusters geboren. Schon früh fiel die ungewöhnliche Begabung des jungen Winckelmann auf. Er lernte in mehreren Schulen, zuletzt in einem Berliner Gymnasium, Latein und Griechisch. Anschließend studierte er in Halle evangelische Theologie und in Jena Naturwissenschaften und Philologie. Pfarrer zu werden, reizte ihn wenig. So schlug er sich kümmerlich als Hauslehrer durch, bis er eine Anstellung als Konrektor der Lateinschule zu Seehausen in der Nähe von Stendal erhielt.

1748 wurde Winckelmann Bibliothekar des Grafen Bünau in Nöthnitz bei Dresden. Mit dem Grafen verfaßte er eine Geschichte des Deutschen Reiches; das Manuskript ging im Siebenjährigen Krieg verloren.

In Dresden lernte Winckelmann den päpstlichen Nuntius Graf Archinto kennen. Archinto versprach ihm eine Stellung in Rom, wenn er bereit wäre, zum katholischen Glauben überzutreten. 1754 konvertierte Winckelmann und begann zugleich ein Studium der Kunstgeschichte. Schon seine erste Veröffentlichung ›Gedanken über die Nachahmung der griechischen Werke in der Malerey und Bildhauerkunst‹ fand starke Beachtung. 1755 ging Winckelmann mit einem königlichen Stipendium nach Rom. 1757 trat er die versprochene Stelle als Bibliothekar bei Archinto an. 1758 wurde er Kustos der Antikensammlung des Kardinals Albani.

Noch im selben Jahr reiste Winckelmann nach Neapel, um die Ausgrabungen von Herculaneum und Pompeji zu besichtigen. 1762 brachte er über Herculaneum und die Schriftrollen der Villa der Papyri die ersten archäologischen Publikationen überhaupt heraus und gilt seitdem als ›Vater der Archäologie‹. 1763 avancierte Winckelmann zum Präsidenten der Altertümer und Scriptor der Vatikanischen Bibliothek. 1764 veröffentlichte er sein Hauptwerk ›Geschichte der Kunst des Altertums‹. Seine Fähigkeit, antike Kunstwerke zu interpretieren und sie zugleich in den geschichtlichen Zusammenhang einzuordnen, machte ihn zum Begründer der modernen vergleichenden Kunstgeschichte. Die griechische Kunst, deren Wesen er als »edle Einfalt und stille Größe« erfaßte, stellte Winckelmann weit über die römische Kunst und bestimmte damit das Schönheitsideal der deutschen Klassik (»Die reinsten Quellen der Kunst ... suchen, heißt, nach Athen reisen.«). Winckelmann hat jedoch niemals griechischen Boden betreten.

Seine Arbeiten wurden ins Englische, Französische und Italienische übersetzt. Winckelmann wurde Mitglied zahlreicher wissenschaftlicher Gesellschaften, so der Academia di San Luca in Rom, der Society of Antiquity in London und der Göttinger Societät der Wissenschaften. Friedrich II. von Preußen versuchte, ihn nach Berlin zu holen. Aber Winckelmann blieb in Rom.

Am 8. Juni 1768 fiel Johann Joachim Winckelmann in Triest einem mysteriösen Mordanschlag zum Opfer. Er war auf der Rückreise von Wien, wo ihn Kaiserin Maria Theresia in Privataudienz empfangen und ihm mehrere wertvolle Münzen geschenkt hatte, in Triest in einem kleinen Hotel abgestiegen. Möglicherweise hatte es der Täter auf diese Mün-

zen abgesehen. Noch kurz vor seinem tragischen Tod hatte Winckelmann geplant, nach Griechenland zu reisen und Olympia auszugraben.
Hauptwerke: Gedanken über die Nachahmung der griechischen Werke. 1755, Neudruck 1885. – Sendschreiben von den herkulanischen Entdekkungen. 1762. – Anmerkungen über die Baukunst der alten Tempel zu Girgenti in Sizilien. 1762. – Neue Nachrichten von den neuesten herkulanischen Entdeckungen. 1764. – Geschichte der Kunst des Altertums. 1764. – Monumenti antichi inediti. 2 Bde, 1767. – Sämtliche Werke. 12 Bde, 1825–35; Nachdr. Osnabrück 1965.
Literatur: K. Justi, Winckelmann und seine Zeitgenossen. 3 Bde, 1866–72; Neudr. 1956.

Hugo Winckler wurde am 4. Juli 1863 in Gräfenhainichen (Sachsen) geboren. 1904 erhielt er den Lehrstuhl für altorientalische Sprachen an der Berliner Universität. Winckler übersetzte die Amarna-Briefe und den Codex Hammurabi.

In den Jahren 1906, 1907, 1911 und 1912 führte er gemeinsam mit Theodor Macridi Ausgrabungen in Boğazköy (Türkei) durch und identifizierte 1907 die Ruinenstätte mit der Hethiterhauptstadt Hattušas. Unter den zahlreichen Schrifttafeln, die er in Boğazköy entdeckte, befand sich eine Ausfertigung des Vertrags, den der ägyptische Pharao Ramses II. mit Hattušilis, Großkönig der Hethiter, im Jahre 1270 v. Chr. geschlossen hatte. Tontafeltexte in hethitischer Sprache begründeten einen neuen Wissenschaftszweig, die Hethitologie. Winckler starb am 19. April 1913 in Berlin.
Hauptwerke: Altorientalische Forschungen. 3 Bde, 1893–1906. – Die Keilschrifttexte Sargons. 2 Bde, 1898. – Die Gesetze Hammurabis, Königs von Babylon. 1904. – Nach Boghazköi! 1913.
Literatur: A. Jeremias und Otto Weber, Hugo Winckler. Zwei Gedächtnisreden. Leipzig 1916.

(Sir) Charles Leonard Woolley wurde am 17. April 1880 als Sohn eines Geistlichen in London geboren. Er studierte am St. John's College in Teatherhead und am New College in Oxford Archäologie. Danach war er zwei Jahre Assistent am Oxforder Ashmolean Museum. Von 1907 an nahm er an mehreren Ausgrabungen in England (Corbridge), Italien, auf der Sinai-Halbinsel und in Nubien teil. 1911 ging er in die Türkei und arbeitete dort für das Britische Museum in Karkemisch, einer späthethitischen Metropole. Im Ersten Weltkrieg war Woolley für die Military Intelligence, den britischen Nachrichtendienst, tätig und geriet 1916 in türkische Gefangenschaft, aus der er erst 1918 freikam. 1919 setzte er seine Ausgrabungen in Karkemisch fort.

Nach einem kürzeren Aufenthalt in Tell el-Amarna übernahm Woolley 1922 die Leitung der Ausgrabungsarbeiten am Tell el-Muqajjar im südlichen Mesopotamien (Irak), wobei er in zwölfjähriger Arbeit die 5000

Jahre alte Stadt Ur, die Hauptstadt des Sumererreiches, zutage förderte. Die Aufdeckung der Königsgräber von Ur war eine archäologische Sensation: in den Grabkammern fand Woolley nicht nur die sterblichen Überreste der Könige und Königinnen, sondern auch Skelette von Dienerinnen, Soldaten, Höflingen, Musikanten, Wagenlenkern auf kostbar geschmückten Karren; sie alle waren dem Verstorbenen in den Tod gefolgt. Großartige Funde wie der Perückenschmuck einer sumerischen Königin und die »Mosaikstandarte von Ur« erweiterten die Kenntnis von der babylonischen Vorgeschichte.

1937–1939 grub Woolley am Tell Açana bei Antiochia, der alten Königsresidenz Alalah. Im Zweiten Weltkrieg war er als archäologischer Berater beim Stab der alliierten Armeen in Italien für den Schutz historischer Denkmäler in den Kriegsgebieten verantwortlich. 1946 konnte er seine Arbeiten in Alalah wieder aufnehmen und bis 1949 abschließen. Woolley starb am 20. Februar 1960 in London.

Woolleys Grabungen gelten noch heute als ein Musterbeispiel moderner wissenschaftlicher Archäologie. Sein sorgsames, planvolles Vorgehen, die ausgefeilte Grabungstechnik, neuartige Konservierungsmethoden und letzthin auch der Erfolg machten ihn zu einem der bedeutendsten Archäologen unseres Jahrhunderts.

Hauptwerke: The Sumerians. 1928 (deutsch: Vor 5000 Jahren. 1929). – Excavations at Ur. 1929 (deutsch: Ur in Chaldäa. 1956). – A Forgotten Kingdom. 1953 (deutsch: Ein vergessenes Königreich. 1954). – Spadework in Archaeology. 1953 (deutsch: Ausgrabungen – Lebendige Geschichte. 1960).

Yigael Yadin wurde am 21. März 1917 als Sohn von Chasia und Eleazar Sukenik in Jerusalem geboren. Er studierte an der Hebrew University von Jerusalem Archäologie und arbeitete nachts für die jüdische Widerstandsbewegung Haganah. Während des Kampfes um die Unabhängigkeit Israels leitete Yadin die Planungsabteilung der Haganah. Im Befreiungskrieg 1948/49 war er Operationschef der israelischen Streitkräfte und 1949–1952 einer der Stabschefs der Armee.

1953 wandte sich der Generalleutnant Yadin wieder der Archäologie zu, wurde 1953 Assistent an der Hebrew University, 1955 Dozent, 1959 außerordentlicher und 1963 ordentlicher Professor. 1955–1958 leitete er die Ausgrabungen in Hazor, 1960–1961 untersuchte er die Bar-Kochba-Höhlen in der judäischen Wüste, legte 1963–1965 die Festung Masada frei und erforschte 1966–1967 und 1971 den Palast des Salomo bei Megiddo.

1977 gründete Yigael Yadin eine neue Partei, die Demokratische Bewegung für den Wandel (DASH); 1977–1981 war er stellvertretender Ministerpräsident von Israel.

Hauptwerke: Hazor I–IV. 4 Bde, 1958–61. – The Art of Warfare in Biblical Lands. 1963. – Finds in the Bar-Kochba Caves. 1963. – Masada. First Season of Excavations. 1965. – Masada. Herod's Fort and the Zealots Last Stand. 1966 (deutsch: Masada. Der letzte Kampf um die Festung des Herodes. 1967). – Philacteries from Qumran. 1969. – Bar-Kochba. 1971. – Hazor. 1975. – The Temple Scrolls. 3 Bde, 1977.

130 Ausgrabungsstätten

Sichtbare Relikte, Zufallsfunde oder Hinweise in alten Texten haben zur Entdeckung vieler archäologischer Stätten geführt. In unserer Zeit konnten Luftbildarchäologie und die hochentwickelten Verfahren der naturwissenschaftlich-technischen Prospektion sowie moderne Bauvorhaben und der Abbau von Bodenschätzen eine Unzahl neuer Fundstellen erschließen.

Zur Zeit werden in aller Welt mehr als 10000 Plätze untersucht, eine Zahl, die es verständlich macht, daß im Rahmen dieses »Kleinen Handbuchs« nur eine Auswahl der bedeutendsten oder typischsten Stätten der Archäologie vorgestellt werden können. Es sind Siedlungen, Paläste, Heiligtümer oder Nekropolen, die Jahrtausende überdauert haben oder die erst der »Spaten« des Archäologen wiedererstehen ließ, 130 Stätten, die sich über Europa, Nordafrika und den Nahen Osten verteilen.

Ägypten
Abu Simbel
Abusir
Abydos
Amarna
Dahschur
Dendera
Edfu
Gise
Kalabscha
Medum
Memphis
Philae
Sakkara
Theben

Algerien
Timgad

Bundesrepublik Deutschland
Heuneburg
Keltische Fürstengräber
Limes
Trier
Xanten

Frankreich
Arles
Nîmes
Orange

Griechenland
Ägina
Argos
Athen
Bassai
Delos
Delphi
Dodona
Eleusis
Epidauros
Gortyn
Kap Sunion
Knossos
Korinth
Kos
Mallia
Mykene
Olympia
Phaistos
Philippi
Pylos
Rhodos
Samos
Samothrake
Thasos
Thera
Tiryns

Großbritannien
Hadrianswall
Stonehenge

Irak
Assur
Babylon
Eridu
Khorsabad
Kisch
Lagasch
Nimrud
Ninive
Nippur
Ur
Uruk

Iran
Persepolis
Susa
Tschoga Zambil

Israel
Jericho
Jerusalem
Masada
Megiddo

Italien
Agrigent
Cerveteri
Cumae
Herculaneum
Ostia
Paestum

Palestrina
Pompeji
Pozzuoli
Rom
Segesta
Selinunt
Syrakus
Tarquinia
Tivoli
Veji
Volterra

Jugoslawien
Pula

Libanon
Baalbek
Byblos
Sidon
Tyros

Libyen
Kyrene
Leptis Magna
Sabratha

Malta

Marokko
Volubilis

Syrien
Habuba Kabira
Karkemisch
Mari
Palmyra
Ugarit

Tunesien
Karthago

Türkei
Alaça Hüyük
Ankara
Antiochia am Orontes
Aphrodisias
Aspendos
Boğazköy
Çatal Hüyük
Didyma
Ephesos
Gordion
Halikarnassos
Hierapolis
Istanbul
Izmir
Karatepe
Knidos
Kültepe
Magnesia am Mäander
Milet
Pergamon
Perge
Priene
Sardes
Side
Tell Açana
Troja
Van
Xanthos
Zincirli

Übersichtskarten mit der Lage der meisten Ausgrabungsstätten finden sich auf den Seiten 554–558

Abu Simbel

Der Große Felsentempel von Abu Simbel, 18 km nördlich der Grenze zum Sudan, ist eines der eindrucksvollsten Bauwerke des Pharaos Ramses II. Als der gewaltige Tempel nach dem Bau des Assuan-Staudammes in den Fluten des Nil zu versinken drohte, ließ ihn die UNESCO in einer gigantischen Aktion abtragen und 65 m höher wieder aufbauen. Gleichzeitig wurde auch der benachbarte Kleine Felsentempel der Göttin Hathor umgesetzt.

Geschichte

Ramses II. (1290–1224) war wohl der größte Bauherr Ägyptens. In zahlreichen Orten entstanden seine monumentalen Tempel und Paläste, mehrere auch in Nubien, dem Land, aus dem die Ägypter Gold und all die anderen Rohstoffe bezogen, die für den Wohlstand des Reiches von Bedeutung waren.

Über 1000 km südlich seiner Hauptstadt im Nildelta ließ Ramses II. von 1264 bis 1256 am Westufer des Nil die beiden Felsentempel von Abu Simbel erbauen. Rund zwanzig Jahre zuvor, 1285, waren bei Kadesch am Orontes die Heere der Ägypter und der Hethiter aufeinandergeprallt. Die Schlacht endete unentschieden. Weitere Kampfhandlungen in den folgenden Jahren brachten ebenfalls keine wesentlichen Änderungen in den Einflußsphären der beiden Großreiche. 1269 schloß Ramses II. mit dem Hethiterkönig Hattušili III. einen »ewigen Frieden« und heiratete 1256 Naptera, die Tochter des hethitischen Großkönigs. Doch nicht Naptera (Mat-Neferu-Re), sondern seiner jung verstorbenen zweiten Frau Nefertari (Nofretiri) widmete er den Kleinen Felsentempel, den Hathor-Tempel. Es war übrigens das erste Mal, daß ein Tempel einer Königin zugedacht war.

Archäologie

1816 legte G. B. Belzoni die beiden Felsentempel von Abu Simbel frei und drang als erster Europäer in das Allerheiligste des Großen Tempels ein. 1960 begann Ägyptens Staatspräsident Gamal Abd el Nasser mit dem Bau des gigantischen Assuan-Hochdammes, der die Wasser des Nil stauen und den Wüstensand Nubiens fruchtbar machen soll. 1971, ein Jahr nach Nassers Tod, wurde der Damm eingeweiht. In den Fluten des 500 km langen und 12 km breiten Stausees drohten zahlreiche altägyptische Bauwerke zu versinken, darunter auch der berühmte Große Felsentempel Ramses' II. Um den eindrucksvollen Zeugen altägyptischer Blütezeit zu retten, beschloß die ägyptische Regierung, den Tempel zu verlegen. Die UNESCO finanzierte das Projekt. Deutsche Ingenieure lieferten die Idee: von 1964 bis 1968 wurde der Felsentempel in zwölf bis dreißig Tonnen schwere Blöcke zersägt und 180 m landeinwärts und 65 m über dem Wasser wieder zusammengesetzt. Eine mächtige Betonschale ersetzte die Felswände. Auf den Beton schütteten die Ingenieure 320000 Kubikmeter Steingeröll, um dem Heiligtum sein ursprüngliches Aussehen wiederzugeben. Nichts erinnert heute mehr daran, kein Betonpfeiler und keine Stahlstrebe, daß der vor über 3000 Jahren »für die Ewigkeit« erbaute Felsentempel in unserem Jahrhundert einen neuen Standort gefunden hat.

Archäologische Stätte
Der *Große Felsentempel* war der Göttertriade Re (Re-Harachte) von Heliopolis, Amun (Amun-Re) von Theben und Ptah von Memphis sowie dem vergöttlichten Ramses II. geweiht. Den Tempeleingang flankieren vier aus dem Felsen herausgehauene, 20 m hohe Statuen des sitzenden Königs. Der Kopf der Statue ganz links gilt als eines der besten Porträts von Ramses II. Die Statue daneben wurde schon im Altertum durch ein Erdbeben zerstört. Zu Füßen der Kolossalskulpturen stehen kleine Sta-

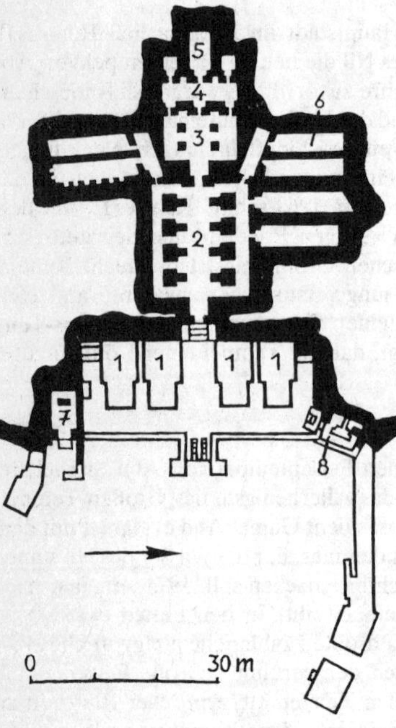

Abu Simbel: Großer Felsentempel

1 Kolossalstatuen Ramses' II. 2 Tiefe Halle 3 Vierpfeilersaal 4 Querraum 5 Allerheiligstes 6 Seitenkammern für Kultgegenstände 7 Kapelle 8 Sonnenheiligtum

tuen seiner Lieblingsgattin Nefertari, seiner Mutter Tui, seiner Söhne und Töchter. Die Tempelfront krönt ein Fries von heiligen Affen.

Südlich der Terrasse, auf der sich die vier Riesenstatuen erheben, schmiegt sich eine Kapelle für Amun an den Felsen; nördlich der Terrasse befindet sich ein kapellenartiger Hof mit dem Sonnenaltar für Re. Eine Inschrift am südlichen Terrassenende, die sog. Hochzeitsstele, berichtet über die Vermählung des Königs mit der hethitischen Königstochter Naptera. Zwei Lehmziegelmauern schützten mit Pforten die einst bis zum Nilufer reichende Terrasse vor Versandung. Die 17,68 mal 16,46 m große Tiefe Halle hinter dem Tempeleingang wird von acht quadratischen Osiris-Pfeilern gestützt. An die 9,14 m hohen Pfeiler lehnen sich, in voller Höhe dem Mittelgang zugewendet, Statuen des Königs in der Haltung des Gottes Osiris an. Die Wände der Halle sind mit Reliefs der Taten Ramses' II. geschmückt, darunter großartige Darstellungen der Schlacht bei Kadesch, ein Werk des Bildhauers Pyay.

An die Halle schließt sich ein 7,60 mal 11 m großer Saal an, der zu einem Vorraum des Allerheiligsten führt. An der Rückwand des Allerheiligsten – 63 m vom Eingang entfernt – stehen die Statuen des Re, des Königs, des Amun und des Ptah. Zweimal im Jahr, zum Zeitpunkt der Äquinoktien, also am 21. März und am 23. September, treffen die Strahlen der aufgehenden Sonne nacheinander Re, Ramses II. und Amun. Ptah, der Gott des Todes, bleibt in Dunkel gehüllt. Dieses »Sonnenwunder« erwähnen schon antike Reiseberichte. In den acht Seitenräumen wurden vermutlich die Kultgeräte aufbewahrt.

150 m nördlich des Großen Felsentempels erhebt sich der *Kleine Felsentempel,* der Ramses' Lieblingsgattin Nefertari und der Göttin Hathor geweiht war. Der Tempel lag vor seiner Umsetzung unmittelbar am Ufer des Nil. Seine Fassade ist 28 m breit und 12 m hoch. Sechs bis zu 10 m hohe Statuen des Königs und der als Hathor dargestellten Nefertari stehen in Nischen. Der Eingang in der Mitte der Felsenfassade führt in den Großen Saal, dessen Decke sechs quadratische Pfeiler mit Hathor-Kapitellen stützen. Durch einen breiten, aber nicht sehr tiefen Vorraum gelangt man in das Allerheiligste. Dort steht Ramses II., beschützt von Hathor, die in Gestalt einer Kuh hinter ihm aus dem Felsen hervorzutreten scheint.

Inschriften auf den beiden Bergkuppen, in denen die Felsentempel lagen, weisen darauf hin, daß sich hier schon zur Zeit des Mittleren (2133–1786) und des Alten Reiches (2778–2263) eine Kultstätte befand.

Literatur: Ch. Desroches-Noblecourt, G. Gerster, Die Welt rettet Abu Simbel. Wien, Berlin 1968.

Abusir

Neben → Gise, → Dahschur und vor allem → Sakkara gehört Abusir, 11 km südlich von Kairo, zur riesigen Nekropole von → Memphis. Vier mehr oder weniger stark verfallene Pyramiden und zwei Sonnenheiligtümer aus der 5. Dynastie (2563–2423) sind die wichtigsten baulichen Anlagen dieser Zone.

Archäologie

Zwischen 1902 und 1908 untersuchte der Archäologe Ludwig Borchardt im Auftrag der Deutschen Orient-Gesellschaft die Nekropole von Abusir.

Ausgrabungsstätte

In der 5. Dynastie gewannen die Priester und hohen Staatsbeamten mehr und mehr an Einfluß, während die Macht der Könige schwand. Die Grabbauten der Pharaonen waren nicht mehr wie in der 4. Dynastie, der Epoche der klassischen Pyramiden, für die Ewigkeit errichtet. Der Kern der neuen *Pyramiden* bestand aus roh behauenen Steinen; Kalksteinplatten bildeten die Verkleidung. Längst ist der Steinmantel abgebrochen und für andere Zwecke verwendet worden. Nur der unförmige Kern ist übriggeblieben.

Sahu-Re erbaute als erster König seiner Dynastie eine Pyramide beim heutigen Dorf Abusir. Teile des Totentempels stehen noch, und auch der Taltempel mit dem einst überdeckten Aufweg ist erkennbar. Sahu-Re beherrschte Nubien, führte Feldzüge gegen die Libyer und unterhielt rege Handelsbeziehungen zur syrisch-palästinensischen Küste.

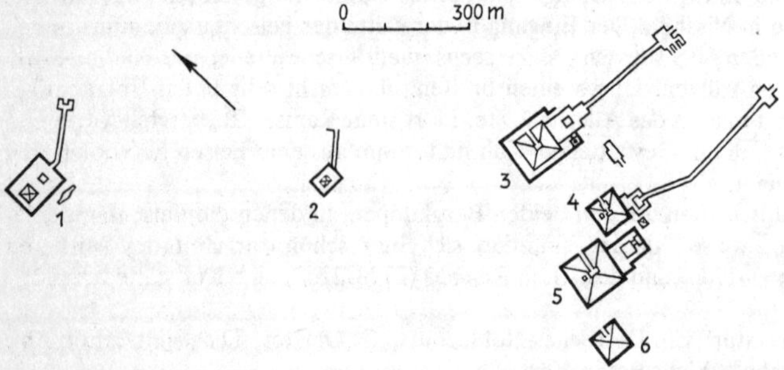

Abusir und Abu Gurôb

1 Sonnenheiligtum des Ne-user-Re 2 Sonnenheiligtum des Userkaf 3 Pyramide des Sahu-Re 4 Pyramide des Ne-user-Re 5 Pyramide des Neferirka-Re 6 Pyramide des Neferef-Re

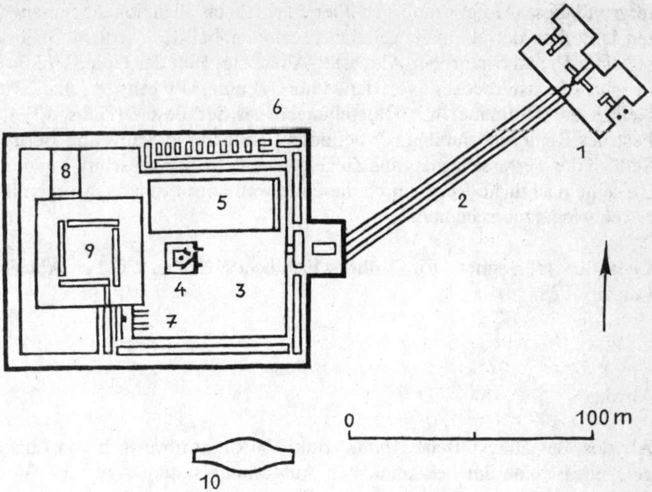

Abusir: Sonnenheiligtum des Ne-user-Re

1 Torbau im Tal 2 Aufweg 3 Hof 4 Altar 5 großer Schlachthof 6 Magazine 7 Kapelle 8 kleiner Schlachthof 9 Obelisk 10 Sonnenschiff

Sein Bruder und Nachfolger Neferirka-Re erbaute die größte Pyramide dieser Nekropole; sie war ursprünglich etwa 70 m hoch. Den zugehörigen Toten- und Taltempel vollendeten erst seine Nachfolger.

Von der kleinen Pyramide des Neferef-Re ist nur noch ein unscheinbarer Steinhügel vorhanden.

Die vierte Pyramide erbaute König Ne-user-Re (Niuser-Re). Er bezog kurzerhand den Taltempel des Neferirka-Re in seine Grabanlage mit ein und leitete den Aufweg zu seinem Totentempel um.

In den Totentempeln des Sahu-Re und des Ne-user-Re fanden die Ausgräber Papyrusbündel- und Palmenkapitellsäulen, die ältesten und auch schönsten Beispiele dieser Säulenarten.

Die frommen Könige der 5. Dynastie nannten sich »Sohn des Re«. Sie sparten an ihren Grabbauten und errichteten dafür großartige Tempel für den Sonnengott. Die beiden ältesten bisher bekannten *Sonnenheiligtümer* liegen nordwestlich der Pyramiden beim Dorf *Abu Gurôb*. Vom Heiligtum des Userkaf, des ersten Königs der 5. Dynastie, sind nur noch geringe Ruinenreste erhalten. Dagegen gibt das benachbarte *Sonnenheiligtum des Ne-user-Re* ein etwas deutlicheres Bild: Von einem mächtigen Torbau führt der Prozessionsweg zu einer Terrasse hinauf und mündet in den 100 mal 75 m großen, von einer Ziegelmauer umgebenen Tempelhof. Im Hintergrund dieses Hofes erhob sich über einem 20 bis 30 m hohen, gemauerten Unterbau der ebenfalls gemauerte Sonnenobelisk. Vor dem Obelisk lag ein 5,50 mal 6 m großer Alabaster-Altar. Das Blut der Opfertiere floß in zehn Alabasterbecken, von denen noch neun in situ erhalten sind. Die Reliefs der Hofmauer mit Darstellungen des Sed-Festes (Hebsed-Fest, Fest des Regierungsjubiläums) befinden sich heute in Kairo und Berlin. Südlich der Terrasse lag das aus Ziegeln gemauerte Sonnenschiff, mit dem Re seine nächtliche Reise durch die Unterwelt antrat, um am Morgen im Osten wiederzuerscheinen.

Literatur: H. Bonnet, Ein frühgeschichtliches Gräberfeld bei Abusir. Leipzig 1928.

Abydos

Abydos, das altägyptische *Abodu,* rund 100 km nordwestlich von Luxor gelegen, ist eine der bedeutendsten Ausgrabungsstätten Ägyptens. Von der Stadt selbst, die zeitweise den Charakter einer antiken Großstadt hatte, ist fast nichts mehr erhalten. Dagegen finden sich in der ausgedehnten Nekropole Grabbauten von der Frühzeit (um 3000) bis zum Neuen Reich. Abydos entwickelte sich zum Zentrum des Osiris-Kultes. Der Osiris-Tempel des Königs Sethos I. ist ein einzigartiges Beispiel der Baukunst der 19. Dynastie.

Geschichte

Schon die ersten historischen Könige der Frühzeit, die Thiniten (sie stammten aus dem 20 km entfernten Thinis), fanden in Abydos unter dem Schutz des dort residierenden schakalköpfigen Totengottes Chontamenti ihre letzte Ruhestätte. Auch als die Könige es vorzogen, in der Nekropole der Reichshauptstadt Memphis bestattet zu werden, behielt Abydos seine Bedeutung als Begräbnisstätte bei. Die Könige errichteten einfach zwei Grabbauten: einen in Memphis (Sakkara), den anderen als Scheingrab in Abydos.

Mit der politischen und religiösen Krise, die am Ende der 6. Dynastie über Ägypten hereinbrach, verbreitete sich vom Nildelta her lawinenartig der Osiris-Kult. Der Unterwelts- und Fruchtbarkeitsgott gab den Ägyptern die Hoffnung auf ein Weiterleben nach dem Tod, auf eine Wiederauferstehung. Abydos wurde zum Zentrum dieses neuen Kultes, der seine Kraft über mehr als zweitausend Jahre behielt, der sogar die nüchternen Römer in seinen Bann schlug und schließlich auch zur Entwicklung der christlichen Religion beitrug. Nach Abydos verlegten die Ägypter das Grab des Osiris. Und jeder, der es sich leisten konnte, ließ sich in Abydos bestatten oder dort zumindest ein Kenotaph (Gedenkstein) aufstellen, um sich der Gnade des Osiris zu empfehlen.

Um 1300 v. Chr. stiftete Sethos I. einen prachtvollen Osiris-Tempel.

Die Finanzierung sicherte er sich durch die Ausbeutung der Goldminen am Roten Meer. Sein Sohn und Nachfolger Ramses II. vollendete den Bau und fügte einen kleinen Totentempel hinzu. Jährlich nahmen Tausende von Ägyptern in Abydos an den Mysterienspielen um Tod und Auferstehung des Osiris teil. Noch in griechischer Zeit (332–30) kamen unzählige Pilger hierher, um Osiris anzurufen.

Archäologie

1859 legte der französische Archäologe Auguste Mariette den Osiris-Tempel des Königs Sethos I. frei.

Ausgrabungsstätte

Die *Königsgräber* der Thinitenzeit (1. und 2. Dynastie: 3000–2778) auf dem Umm el-Gaab sind relativ klein und bescheiden. Sie wurden aus Ziegeln errichtet. Das Grab des Djer, des zweiten Königs der 1. Dynastie, galt seit dem 2. Jahrtausend als Grab des Gottes Osiris und wurde zum Mittelpunkt des Osiris-Kultes. Das Grab des Ka-a, des letzten Königs der 1. Dynastie, war 32 m lang und 25 m breit. Um die Grabkammer in der Mitte reihten sich zahlreiche Räume für Opfergaben.

Der *Tempel des Königs Sethos I.* ist eines der großartigsten Beispiele ägyptischer Kunst. Durch einen Eingangs-Pylon passierten die Prozessionen den ersten Hof und gelangten über eine Rampe zur ersten Pfeilerhalle. Durch einen weiteren Pylon überquerten sie den zweiten Hof, stiegen wieder eine Rampe empor und erreichten die zweite Pfeilerhalle, den Haupteingang des Tempels. Von den beiden Höfen sind fast nur noch die Fundamente erhalten. Durch den Haupteingang betraten die Prozessionen den ersten Säulensaal mit zwei Reihen zu je zwölf Papyrusbündelsäulen. Sieben Durchgänge führten in den zweiten Säulensaal mit drei Reihen zu je zwölf Säulen. An diesen Säulensaal grenzten sieben Kapellen. Kapelle I war dem Gottkönig Sethos I. selbst geweiht. Kapelle II diente dem Kult des Ptah, des Schöpfergottes von Memphis. In Kapelle III wurde der Sonnengott Re verehrt. Kapelle IV war dem obersten Gott Amun, Kapelle V dem Totengott Osiris, Kapelle VI seiner Schwestergemahlin Isis und Kapelle VII dem Horus, dem Sohn von Isis und Osiris, geweiht. An die Kapelle V schlossen sich Kulträume des Osiris an; drei Kammern nordwestlich der Osiris-Halle waren der Göttertriade Isis, Osiris und Horus zugedacht. Diese Kammern sind mit herrlichen Farbreliefs ausgekleidet. Ein Anbau beherbergte die Halle des Ptah-Sokar, die Königsgalerie, mit der berühmten »Königsliste von Abydos«, einer Liste mit den Namen von 76 Pharaonen, von Menes bis Sethos I., einen sechssäuligen Saal für die Opfergaben, das Schatzhaus und den Schlachthof für die Opfertiere.

Hinter dem Tempel liegt in 8 m Tiefe das *Osireion,* ein Scheingrab Sethos' I. Der König war in Theben beigesetzt, doch wollte er zugleich auch in der Nähe des Osiris sein. Ein 110 m langer Gang führte in die unterirdische Grabanlage. Ein Wassergraben umgab den etwa 30 mal 20 m großen Mittelsaal wie das Urmeer den Urhügel, aus dem einst der Kosmos entstand. In 17 m Tiefe führte ein Kanal das Wasser des Nil

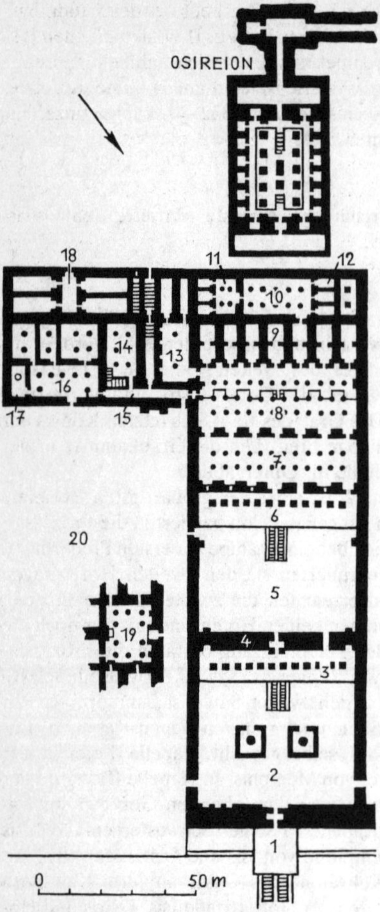

Abydos: Tempel des Königs Sethos I. und Osireion

1 Eingangspylon 2 erster Hof 3 erste Pfeilerhalle 4 zweiter Pylon 5 zweiter Hof 6 zweite Pfeilerhalle 7 erster Säulensaal 8 zweiter Säulensaal 9 sieben Kapellen 10 große Osiris-Halle 11 kleine Osiris-Halle 12 Kapellen für Horus, Osiris und Isis 13 Ptah-Sokar-Halle 14 Barkensaal 15 Königsgalerie 16 Schlachthof 17 Brunnenraum 18 Schatzräume 19 Zehnsäulensaal 20 Magazine

heran. Zwei Vertiefungen auf der »Insel« enthielten vermutlich den Scheinsarg und den Kanopenkasten. Zehn quadratische Pfeiler aus rotem Granit stützten die Decke, über der ein künstlicher, mit Bäumen bepflanzter Hügel angelegt war. Die Wände der Gänge und Räume sind mit mythologischen Texten und Darstellungen bedeckt.

Den kleinen, eleganten Tempel Ramses' II. ließ der König als junger Mann für sich und seinen Vater Sethos I. errichten. Das Heiligtum, das gleichzeitig der Götterdreiheit Osiris, Isis und Horus geweiht war, ist nur noch teilweise bis zu 2 m Höhe erhalten. Dennoch vermitteln die vorhandenen Ruinen ein ausgezeichnetes Bild der ganzen Tempelanlage, die eine gewisse Ähnlichkeit mit dem Ramesseum, dem eigentlichen Grabbau Ramses' II., in → Theben hat. Als Baumaterial diente in Abydos feinkörniger Sandstein sowie roter und schwarzer Granit. Die großartigen Reliefs lassen hier noch nicht den Verfall der Kunst während der 67jährigen Regierungszeit des Pharaos erkennen.

Literatur: A. M. Calverley, M. F. Broome, The temple of King Sethos I. at Abydos. Hrsg. von A. H. Gardiner. 4 Bde, Chicago 1933–1959.

Ägina

Ägina (Aigina), griechische Insel mit dem gleichnamigen Hauptort im Saronischen Golf (Golf von Ägina), war im Altertum lange Zeit Konkurrent von Athen. Der Aphaia-Tempel im Nordosten der Insel gilt wegen seiner Giebelfiguren als eines der interessantesten Bauwerke Griechenlands.

Geschichte

Erste Siedlungsspuren auf Ägina (= Ziegeninsel) weisen in das 4. Jahrtausend zurück. Im 3. Jahrtausend hatten die Kreter eine Handelsniederlassung auf der Insel. Im 2. Jahrtausend wanderten Achäer ein. Mykene übernahm die Herrschaft über die Insel.

Nach der Sage gründete Aiakos (Äakus), Sohn des Zeus und der Nymphe Aigina, die Stadt. Seine Söhne waren Peleus und Telamon, seine Enkel Achilleus und Aias (Ajax).

Unter den Dorern, die die mykenische Epoche beendeten und sich im 9. Jahrhundert v. Chr. auch auf Ägina niederließen, entwickelte sich die Stadt zu einem bedeutenden Handels- und Industriezentrum. Seine höchste Blüte erreichte Ägina im 6. Jahrhundert v. Chr., nachdem es sich von Argos gelöst hatte. Äginetische Schiffe fuhren nach Italien, Spanien, Ägypten, Syrien und in das Schwarze Meer. Vermutlich wurden hier die ersten Münzen auf europäischem Boden geprägt: die äginetische Silber-Drachme führte eine Schildkröte als Symbol und hatte ein Gewicht von 6,24 g. Äginetische Maß- und Gewichtseinheiten galten in weiten Teilen des Mittelmeerraumes. Auf der Insel entstanden prachtvolle Heiligtümer:

der Apollon-Tempel und vor allem der Aphaia-Tempel. Die Athener störte natürlich dieses mächtige Wirtschaftszentrum vor der eigenen Tür. Die erbitterten Kämpfe zwischen Athen und Ägina in den Jahren 488/487 v. Chr. endeten aber mit einer Niederlage Athens.

Der Inselstaat beteiligte sich erfolgreich an den Perserkriegen: Im Jahre 480 v. Chr. nahmen 30 äginetische Schiffe an der siegreichen Schlacht bei Salamis teil. Auch zu den Schlachten am Mykale und bei Plataä (479 v. Chr.) entsandte Ägina Streitkräfte. Als 477 v. Chr. Athen die Führung der Griechen übernahm, loderte der Streit der beiden Rivalen wieder auf. Der athenische Staatsmann Perikles (um 500–429) nannte Ägina einen »blind machenden Fleck auf der Hornhaut von Piräus«. 458 v. Chr. besiegten die Athener vor Kekryphaleia und Ägina die verbündeten Flotten von Ägina, Epidauros und Korinth. 455 v. Chr. eroberten sie die Stadt Ägina und zerstörten die Befestigungsanlagen. 429 v. Chr., also nach Beginn des Peloponnesischen Krieges zwischen Athen und Sparta, vertrieb Athen die Ägineten von ihrer Insel, um ein Zusammengehen Äginas mit Sparta zu verhindern, und siedelte athenische Bürger an. Nach dem Sieg Spartas brachte Lysander 404 v. Chr. die vertriebenen Ägineten wieder in ihre Heimat zurück. Die Bedeutung Äginas als Handels- und Seemacht aber war für alle Zeit erloschen. 318 v. Chr. wurde die Insel makedonisch, 210 v. Chr. kam sie unter die Herrschaft der Könige von Pergamon, 133 v. Chr. fiel sie, zusammen mit dem Pergamenischen Reich, an Rom. 40 v. Chr. schenkte Antonius die Insel den Athenern. Octavian, der spätere Kaiser Augustus, entließ Ägina wieder aus der Abhängigkeit von Athen.

Archäologie

1810 fanden Hirten auf Ägina Giebelskulpturen des Aphaia-Tempels. Noch im selben Jahre legten Charles R. Cockerell und Haller von Hallerstein eine weitere Skulpturengruppe frei. Martin von Wagner erwarb sie für den Kronprinzen Ludwig von Bayern, der sie 1816/17 von dem großen dänischen Bildhauer Bertel Thorvaldsen ergänzen ließ und in der Münchener Glyptothek aufstellte. 1901 bis 1907 untersuchte der deutsche Archäologe Adolf Furtwängler den Aphaia-Tempel und entdeckte weitere Giebelskulpturen. Diese Entdeckung führte 1966 zu einer veränderten Anordnung der »Ägineten« in München und zum Wegfall der Ergänzungen. Seit 1968 gräbt die Technische Hochschule München unter Leitung des österreichischen Archäologen Hans Walter im Auftrag der Bayerischen Akademie der Wissenschaften im Tempelbezirk.

Ausgrabungsstätte

10 km nordöstlich der Stadt Ägina erhebt sich auf einem Bergrücken der gut erhaltene *Aphaia-Tempel.* Aphaia war die uralte Schutzgöttin der Insel. Auf kretisch hieß sie Britomartis (= süßes Mädchen). Sie war die Tochter des Zeus und der Karme. Als Minos, der sagenhafte König von Kreta, ihr nachstellte, floh sie mit einem Fischer nach Ägina und verbarg sich dort in einer heiligen Grotte. Der jetzige Tempel wurde um 500 v. Chr. an der Stelle eines älteren Heiligtums der Aphaia errichtet. Dieser

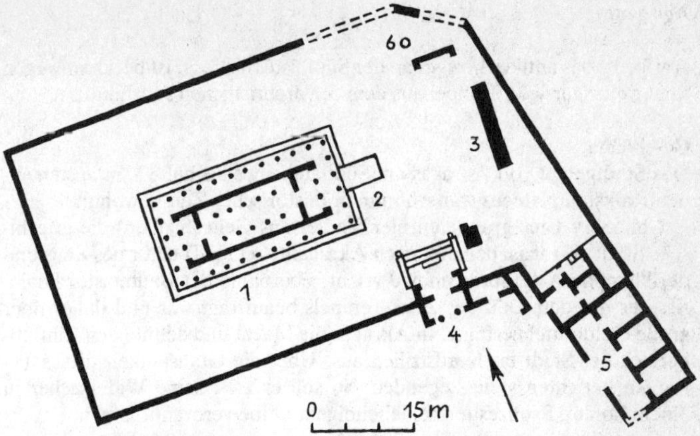

Ägina: Tempelbezirk der Aphaia

1 Aphaia-Tempel 2 Rampe 3 Altar 4 Propylon 5 Priesterwohnungen 6 Zisterne

ursprüngliche Tempel war um 570 v. Chr. erbaut und zwischen 515 und 510 v. Chr. zerstört worden. Der Aphaia-Tempel steht auf einer ausgedehnten, von einer Mauer eingefaßten Plattform. Er ist ein dorischer Peripteros mit je zwölf Säulen an den Langseiten und je sechs an den Schmalseiten. 24 der 32 umlaufenden Säulen stehen noch aufrecht bzw. wurden wieder aufgerichtet. Der Giebelschmuck des Tempels stellt Kampfszenen aus dem Trojanischen Krieg dar: Athena, umgeben von den Helden Telamon und Herakles, Aias und Achilleus. Die als »Ägineten« bezeichneten Marmorskulpturen entstanden im strengen, spätarchaischen Stil zwischen 510 und 500 v. Chr. 480 v. Chr. wurde der Ostgiebel erneuert; die alten Figuren hatte man im Heiligtum vergraben. Zum Tempelbezirk gehören u. a. ein großer Altar aus dem 5. Jahrhundert v. Chr. sowie Priesterwohnungen aus dem 7. und 5. Jahrhundert v. Chr.

Im Stadtbereich von Ägina wurden der *Apollon-Thearios-Tempel,* von dem nur noch eine Säule ohne Kapitell erhalten ist, das Buleuterion (Rathaus), zwei kreisförmige Gräber, in denen vielleicht die mythischen Stadtgründer Aiakos und Phokos beigesetzt waren, bescheidene Reste eines Theaters und eines Stadions sowie eine unterirdische *Wasserleitung* aus dem 4. Jahrhundert v. Chr. freigelegt. Außerdem entdeckten die Archäologen in einer kleinen Bucht den antiken *Kriegshafen* von Ägina.

In der Mitte der Insel erhebt sich der 534 m hohe Oros mit einem *Heiligtum des Zeus Hellanios.*

Literatur: G. Welter, Aigina. Berlin 1938.

Agrigent

Agrigent, das antike *Akragas* an der Südküste Siziliens, ist berühmt wegen seiner einzigartigen Tempel aus dem 5. vorchristlichen Jahrhundert.

Geschichte

Das Stadtgebiet von Akragas am Südhang eines bis auf 320 m ansteigenden Kalksteinplateaus war schon in prähistorischer Zeit bewohnt.

Um 582 v. Chr. gründeten hier Siedler aus Gela (Sizilien) die griechische Stadt Akragas, benannt nach Akragante, einer Tochter des Zeus und der Nymphe Asterope. Um 570 v. Chr. übernahm der Baumeister Phalaris, der mit dem Bau des Zeus-Tempels beauftragt war und daher über große Geldmittel verfügte, in Akragas die Macht und dehnte den Einflußbereich der Stadt bis Nordsizilien aus. Über die Grausamkeit dieses Tyrannen berichten viele Legenden: So soll er z. B. seine Widersacher in einem hohlen Bronzestier bei lebendigem Leibe verbrannt haben.

Unter Theron (488–472) erlebte Akragas seine größte Blüte. Theron eroberte Himera an der Nordküste Siziliens und setzte dort seinen Sohn Thrasydaios als Statthalter ein. Terillos, der vertriebene Tyrann von Himera, rief daraufhin die Karthager zu Hilfe. Der karthagische Feldherr Hamilkar schloß 480 v. Chr. die Truppen Therons in Himera ein. Therons Verbündetem Gelon von Syrakus aber gelang es, den Belagerungsring zu sprengen und die Karthager in die Flucht zu schlagen. Die Schlacht bei Himera war der größte Sieg der Griechen über die Weltmacht Karthago. Für ein dreiviertel Jahrhundert blieb der Einfluß Karthagos auf Westsizilien begrenzt. 476 v. Chr. gewann Theron in Olympia den Wettkampf mit dem Vierergespann.

Der griechische Dichter Pindar (um 522–442) nennt Akragas die »schönste der Städte«. Ein lebhafter Handel mit Karthago und ein Bündnis mit Syrakus förderten die Entwicklung von Akragas zur zweitgrößten Stadt Siziliens (nach Syrakus). Der griechische Historiker Diodor (1. Jahrhundert v. Chr.) schätzte die Einwohnerzahl auf 200000. Aus Akragas stammte der griechische Philosoph, Arzt und Dichter Empedokles (um 490–430); er bezeichnete Liebe und Haß als die beiden Urkräfte des Kosmos und war Mitautor der demokratischen Verfassung der Stadt nach dem Sturz des Tyrannen Thrasydaios im Jahre 471 v. Chr.

405 v. Chr. wurde Akragas von den Karthagern zerstört. Erst als Timoleon von Korinth im späten 4. Jahrhundert v. Chr. die Ordnung in Syrakus und in den anderen griechischen Städten wiederhergestellt hatte, kam auch Akragas noch einmal zu bescheidener Blüte, vor allem zwischen 286 und 280 v. Chr. unter dem Tyrannen Phintias.

In den Punischen Kriegen hatte die Stadt entsetzlich zu leiden: 261 v. Chr. zogen die Römer ein und verschleppten 25000 Einwohner, die mit den Karthagern kollaboriert hatten, in die Sklaverei. 255 v. Chr. fiel die Stadt wieder in die Hände Karthagos, das sich an den Freunden Roms rächte. 210 v. Chr. wurde Akragas unter dem Namen *Agrigentum* endgültig eine römische Stadt. Die Ausfuhr landwirtschaftlicher Erzeugnisse

(Getreide, Öl, Wein) sicherte ihr lange Zeit einen gewissen Wohlstand, aber ihre einstige Bedeutung konnte sie nie wieder zurückgewinnen.

Archäologie

Im Jahre 1748 begannen die Restaurierungsarbeiten am Concordia-Tempel, der seit 597 als Kirche gedient hatte und daher außergewöhnlich gut erhalten war. Im selben Jahrhundert begann auch die systematische Erforschung der antiken Stadt.

Ausgrabungsstätte

Das Stadtgebiet des antiken Akragas nimmt eine Fläche von etwa 625 Hektar ein. Eine 12 km lange Mauer, von der noch bedeutende Reste erhalten sind, umgab seit dem 6. Jahrhundert v. Chr. die griechische Stadt. Die meisten Tempel sind hinter der Südmauer aufgereiht.

Das *Heiligtum der chthonischen Gottheiten* (Erdgötter) diente schon vor der Stadtgründung durch die Griechen den Sikulern, den Ureinwohnern Siziliens, als religiöser Mittelpunkt der Siedlung. Inmitten dieses Heiligtums erhebt sich ein runder Altar von 8 m Durchmesser.

Der sogenannte *Herakles-Tempel* (Tempel A) entstand gegen Ende des 6. Jahrhunderts v. Chr. Der dorische Bau war langgestreckt (73,40 mal 27,50 m) und hatte je fünfzehn Säulen an den Langseiten und je sechs Säulen an den Schmalseiten. In der schmalen Cella stand eine Bronzestatue des Herakles, deren Schönheit noch der römische Politiker Cicero (106–43) rühmte. 1924 konnten acht Säulen wieder aufgerichtet werden. Möglicherweise war dieser Tempel ursprünglich Apollon geweiht.

Der *Tempel des olympischen Zeus* (Tempel B) zählt zu den größten

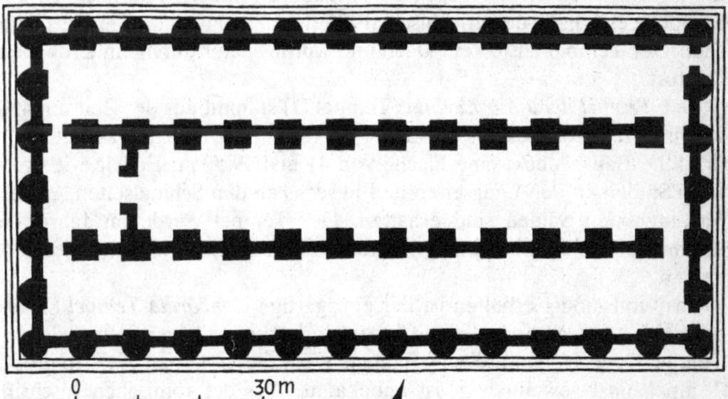

Agrigent: Zeus-Tempel (Tempel B)

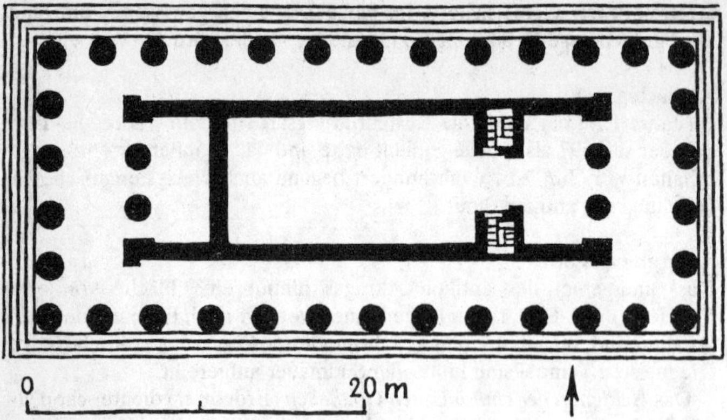

Agrigent: Concordia-Tempel (Tempel F)

Tempelbauten der griechischen Welt. Er hat eine Grundfläche von 113,50 mal 56 m. Theron begann 480 v. Chr. mit dem Bau dieses Olympieion, als Dank für die siegreiche Schlacht bei Himera. Die gewaltigen Außenwände schmückten 18 m hohe und 4 m breite Halbsäulen, je vierzehn an den Langseiten und je sieben an den Schmalseiten. Zwischen diesen Halbsäulen trugen in der oberen Hälfte 7,75 m hohe Giganten das Gebälk des Tempels. Eine der ursprünglich 38 Kolossalfiguren (Telamone) liegt vor den Ruinen. Diese Gebälkträgerriesen sollten an den siegreichen Kampf der olympischen Götter gegen die Giganten erinnern und zugleich ein Symbol des Sieges der griechischen Städte über das mächtige Karthago sein. Der Tempel hatte kein Dach und wurde später durch ein Erdbeben zerstört.

Der *Tempel der Juno Lacinia* (Tempel D) stammt aus der Zeit um 450 v. Chr. In vorrömischer Zeit diente er vermutlich dem Hera-Kult. Der dorische Bau bedeckt eine Fläche von 41 mal 19,50 m. Er hatte je dreizehn Säulen an den Langseiten und je sechs an den Schmalseiten. 25 der 6,44 m hohen Säulen sind erhalten. Der Tempel wurde im Jahre 406 v. Chr. durch Feuer beschädigt, später aber von den Römern wieder aufgebaut.

Fast vollständig erhalten ist der einzigartige *Concordia-Tempel* (Tempel F). Er entstand um 430 v. Chr. in dorischem Stil und hatte, wie der Tempel D, sechs mal dreizehn Säulen. Wem dieser 42 mal 19,70 m große Tempel einst geweiht war, ist unbekannt. Aus der römischen Inschrift »Concordiae Agrigentinorum sacrum Res publica ...«, die in der Nähe des Bauwerks gefunden wurde, leitet sich sein heutiger Name ab. Der heilige Gregorius von Girgenti (Agrigent) wandelte den Tempel im Jahre 597 in eine Kirche um und bewahrte ihn so vor der Zerstörung.

Das *Höhlenheiligtum der Demeter* stammt aus dem 7. Jahrhundert v. Chr. und dürfte vor der griechischen Kolonisation einer sikulischen Wassergottheit geweiht gewesen sein. Dieses Heiligtum umfaßte zwei Grotten, die nach außen durch Galerien verlängert waren. Anfang des 5. Jahrhunderts v. Chr. entstand in der Nähe der *Demeter-Tempel* (Tempel C), ein kleiner, säulenloser Bau.

Der *Castor- und Pollux-Tempel* (Tempel I), ein dorischer Peripteros mit je dreizehn Säulen an den Langseiten und je sechs an den Schmalseiten, dürfte um 550 v. Chr. erbaut worden sein. Vier Säulen mit einem Architrav-Bruchstück wurden im Jahre 1836 wieder aufgerichtet. Der Name des Tempels entstammt einer Ode des Pindar. Vermutlich verehrten die Einwohner von Akragas hier die Göttinnen Demeter und Persephone.

Vom *Vulkan-Tempel* aus dem 5. Jahrhundert v. Chr. zeugen nur noch zwei Säulenstümpfe, Reste des Mauerwerks und die Fundamente.

Der kleine *Asklepios-Tempel* (Äskulap-Tempel) wurde ebenfalls im 5. Jahrhundert v. Chr. erbaut. Von ihm sind nur noch geringe Mauer- und Fundamentreste erhalten. Der Tempel hatte keinen Säulenumgang, sondern war von einer geschlossenen Mauer begrenzt.

Der Dom der heutigen Stadt Agrigento wurde im 12. Jahrhundert auf den Fundamenten eines griechischen *Zeus-Tempels* aus dem 6. Jahrhundert v. Chr. errichtet. Auch die Kirche S. Maria dei Greci erhebt sich seit dem 12. Jahrhundert über einem dorischen Tempel. Von dem *Athena-Tempel,* der in römischer Zeit der Göttin Minerva geweiht war, sind noch einige Säulenstümpfe und das Fundament zu sehen.

Das *hellenistisch-römische Wohnviertel* innerhalb der Stadtmauern hat breite, sich rechtwinklig schneidende Straßen. Wasserleitungen, Abflußkanäle, Häuser mit Wandmalereien und Mosaikfußböden zeugen von einem hohen Wohlstand.

Die in Agrigent ausgegrabenen Fundstücke werden im örtlichen Museo Archeologico Nazionale aufbewahrt.

Literatur: P. Marconi, Agrigento. Topografia ed arte. Florenz 1929.

Alaça Hüyük

Alaça Hüyük ist eine bedeutende vorhethitische und hethitische Ruinenstätte rund 200 km östlich von Ankara und 30 km nördlich von → Boğazköy (Hattušas). Hier entdeckte man frühbronzezeitliche Fürstengräber mit außergewöhnlich kostbaren Grabbeigaben aus dem 3. Jahrtausend.

Geschichte

Alaça Hüyük war schon in der Mitte des 4. Jahrtausends besiedelt. Es waren Hattier, ein Volksstamm unbekannter Herkunft, der hier Ackerbau betrieb und die Töpferscheibe noch nicht kannte.

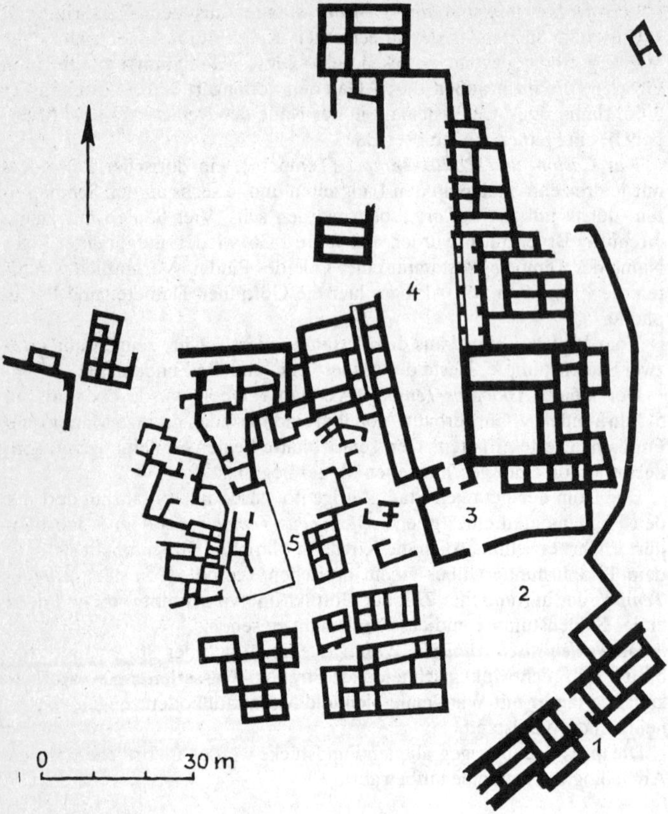

Alaça Hüyük

1 Sphinx-Tor 2 Platz 3 Vorhof 4 Hof 5 Gasse

Im späten 3. Jahrtausend hatten die Hethiter die Stadt, die jetzt vermutlich *Kuššara* hieß, übernommen. Unter ihrer Herrschaft entwickelte sich die kleine Ansiedlung zur Stadt, zu einer Residenzstadt von Fürsten. In Gräbern aus der Zeit zwischen 2200 und 2000 fanden Archäologen Geräte und Schmuck aus Gold, Silber, Elektron, Kupfer, Bernstein und dem damals noch seltenen Eisen, Standartenaufsätze in Form durchbrochener Metallscheiben (Sonnenscheiben), gekrönt von Hirschen, Stieren usw., ferner einen Eisendolch mit Goldgriff, eine der frühesten Eisenwaffen überhaupt. Ende des 19. Jahrhunderts v. Chr. war es den Stadtfürsten von Kuššara gelungen, die hethitischen Völkerstämme unter ihrer Oberhoheit zu einigen. Um 1720 v. Chr. eroberte Anitta, König von Kuššara und Neša, das benachbarte Hattuš, das ein halbes Jahrhundert später unter dem Namen Hattušas Metropole des Hethiterreiches werden sollte. Von da an stand Kuššara im Schatten der neuen Hauptstadt. Als gegen 1200 v. Chr. das Hethiterreich unter dem Ansturm der »Seevölker« zerbrach, war Kuššara nur noch eine kleine, unbedeutende Ortschaft.

Archäologie
Die erste Beschreibung der Ruinenstätte lieferte 1836 der Engländer W. J. Hamilton. 1859 veröffentlichte der deutsche Forschungsreisende Heinrich Barth einen Bericht über Alaça Hüyük. 1906/07 untersuchten H. Winckler und Th. Makridy den Ruinenhügel. 1926/27 arbeitete H. H. von der Osten hier. Seit 1936 führen die türkischen Archäologen Hâmit Zübeyr Koşay und Remzi Ogur Arik im Auftrage der Türk Tarili Kurumu (Türkische Historische Gesellschaft) Ausgrabungen in Alaça Hüyük durch. Die Funde aus den dreizehn Fürstengräbern befinden sich in den archäologischen Museen von Ankara und Alaça Hüyük.

Ausgrabungsstätte
Das eindrucksvollste Monument von Alaça Hüyük ist das *Sphinxtor,* bestehend aus zwei Orthostaten mit Sphinxreliefs. Das Tor ist Teil der hethitischen Stadtmauer, die sich einst auf einem mächtigen Erd- und Steinwall erhob. Das Relief auf der Innenseite der rechten Sphinx zeigt einen doppelköpfigen Adler, der zwei Hasen in seinen Fängen hält.

In der Nähe des Sphinxtores wurden die Fundamentreste eines *Tempels* aus späthethitischer Zeit (14. oder 13. Jahrhundert) freigelegt.

Die *Fürstengräber* waren rechteckige Kammern mit Steinwänden und Holzbalkendecken.

Literatur: H. Z. Koşay, M. Akok, Ausgrabungen von Alaça Hüyük. Ankara 1966.

Amarna (Achet-Aton)

Das 280 km südlich von Kairo am Nil gelegene wenig eindrucksvolle Ruinen- und Gräberfeld *Tell el-Amarna,* meist kurz Amarna genannt, ist das kümmerliche Relikt von Echnatons Hauptstadt *Achet-Aton.* Bekannt wurde die Ausgrabungsstätte durch die berühmte Büste der Königin Nofretete und vor allem durch die sog. Amarnabriefe, die wichtigste Geschichtsquelle für Palästina und Syrien vor der israelitischen Einwanderung.

Geschichte

Die Geschichte der Stadt *Achet-Aton* ist unlösbar mit dem Schicksal des Königs Amenophis IV. verbunden, der im Jahre 1364 v. Chr. nach dem Tode seines Vaters Amenophis III. den ägyptischen Thron bestieg. Ägypten war damals der mächtigste Staat der Alten Welt, das Reich erstreckte sich von Nubien bis zum Euphrat. Mit den benachbarten Großreichen der Mitanni, Babylonier und Hethiter bestanden freundschaftliche Kontakte. Die Architektur und die Künste hatten den Höhepunkt der ägyptischen Klassik erreicht. Amenophis III. hatte mangels außen- und innenpolitischer Probleme nur seine privaten Interessen verfolgt, die sich auf die Vergötterung seiner Person schon zu Lebzeiten konzentrierten. Der Bau monumentaler Tempel und Paläste, die Jagd und ein unvorstellbar großer Harem waren Ausdruck seiner egozentrischen Haltung. Die Priesterschaft des Reichsgottes Amun reagierte entsprechend: Sie eignete sich riesige Ländereien an und verstärkte ihren Einfluß auf den Hof.

In diese Welt trat nun sein spätgeborener kränklicher Sohn Amenophis IV., ein Träumer, der sich vornahm, die Macht der Amun-Priester zu brechen und an die Stelle des Reichsgottes und all der anderen Götter Ägyptens einen einzigen Gott zu setzen: Aton, die Sonne.

Bald nach seinem Regierungsantritt heiratete der 13jährige König die schöne 17jährige Nofretete (Nafteta = die Schöne, die da kommt). Nofretete war vermutlich jene Tadukhepa, um deren Hand sein Vater Amenophis III. kurz vor seinem Tode den Großkönig von Mitanni gebeten hatte. Amenophis IV. löste den riesigen Harem seines Vaters auf und machte Nofretete zu seiner »großen königlichen Gemahlin«.

Inwieweit die religiöse Revolution, das Aufbegehren gegen die einflußreiche Amun-Priesterschaft, auf die starke Persönlichkeit Nofretetes zurückgeht, ist umstritten. 1359 v. Chr. gab der junge König den Befehl, 300 km nördlich der bisherigen Residenz → Theben die neue Reichshauptstadt Achet-Aton (= Lichtort des Aton) zu erbauen. Sie war die erste Stadt der Welt, die am Reißbrett entstand. Schon zwei Jahre später hatten die über 100000 Arbeiter die neue Metropole des Aton aus Felsgestein und Nilschlammziegeln fertiggestellt.

Inzwischen hatte Amenophis IV. (= Amun ist zufrieden) seinen Namen in Echnaton (= Aton will es) geändert. Er entzog den Amun-Priestern alle Staatszuschüsse, verfolgte die alten Kulte durch Bilderzerstörungen und entließ alle Beamten, die ihm ihre Loyalität versagten. Dadurch zog sich Echnaton den Haß großer Bevölkerungsteile zu.

Mit der Religion hatte sich auch die Kunst aus ihrer vielhundertjährigen Erstarrung gelöst. In lebendiger, schonungslos realistischer Darstellung zeigen sich auf den Reliefs der Amarnaepoche Echnaton und seine Familie, Echnaton als Sohn des Aton und zugleich als sein Prophet (Amarnakunst).

Mehr und mehr widmete sich der »Ketzerkönig« nur noch seinen religiösen Reformen. Er verlor allen Sinn für die politischen Realitäten. Die Wirtschaft stagnierte, der Verwaltung fehlte die Führung, das Militär zog

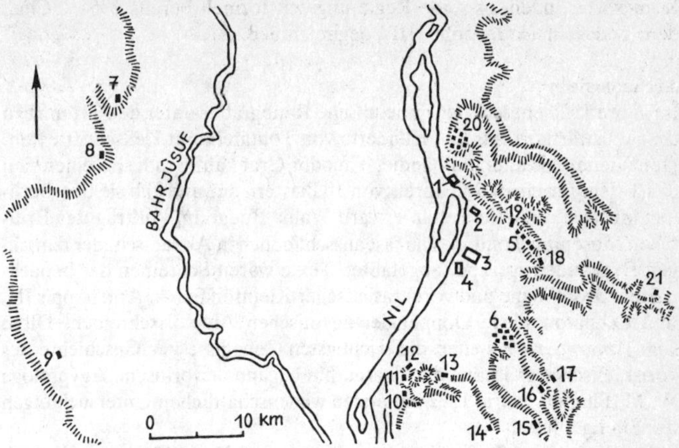

Amarna (Achet-Aton)

1 Palast der Nofretete 2 Nordpalast 3 Großer Aton-Tempel 4 Offizieller Palast 5 Nordgräber 6 Südgräber 7 Stele A 8 Stele B 9 Stele F 10 Stele I 11 Stele K 12 Stele M 13 Stele N 14 Stele P 15 Stele Q 16 Stele R 17 Stele S 18 Stele U 19 Stele V 20 Stele X 21 Königsgrab

sich an die Grenzen Ägyptens zurück. Nur das reiche Goldland Nubien zögerte noch mit dem Austritt aus dem Reichsverband.

1352 v. Chr. verstieß Echnaton Nofretete, die daraufhin in den Nordpalast zog. Im Jahre darauf wurde Semenchkare Mitregent des Pharaos. Er versuchte, eine Einigung mit den Amun-Priestern Thebens herbeizuführen. Der Versuch dürfte aber gescheitert sein. 1347 v. Chr. starb Semenchkare, kurz danach auch Echnaton.

1347 v. Chr. kam Tutanchaton, vielleicht ein Schwiegersohn Echnatons, auf den Pharaonenthron. Er änderte seinen Namen in Tutanchamun und verlegte die Residenz wieder nach Theben. Der Aton-Kult wurde verboten; die Ägypter beteten wieder zu Amun und seinen Mitgöttern. Die Bewohner verließen das gehaßte Achet-Aton, nur Nofretete blieb im Nordpalast zurück, wo sie 1344 v. Chr. starb. Auf Tutanchamun (1347–1338) folgte Eje, einst »Wedelträger zur Rechten des Königs« und »Vorsteher des königlichen Marstalls«. Nach Ejes Tod im Jahre 1334 v. Chr. bestieg der Reichsfeldherr Haremhab den Thron. Er vernichtete auf Betreiben der Priesterschaft des Amun alles, was an die »Irrlehre« des Echnaton erinnerte. Er verwüstete Echnatons Metropole Achet-Aton und strich seine Vorgänger Echnaton, Tutanchamun und Eje von der

Königsliste, indem er seine Regierungszeit formell bereits 1364 v. Chr., dem Todesjahr Amenophis' III., beginnen ließ.

Archäologie

Im Jahre 1886 entdeckten einheimische Raubgräber unter den Trümmern des »Auswärtigen Amtes« Hunderte von Tontafeln mit Keilschrifttexten. Der Wiener Antiquitätenhändler Theodor Graf kaufte in Kairo einen Teil der Tafeln für einen Stückpreis von 10 Piastern auf und gab sie den Berliner Museen. Weitere Tafeln erwarb Wallis Budge im Auftrag des Britischen Museums, London. Die fast ausschließlich in Akkadisch, der damaligen Diplomatensprache, abgefaßten Texte waren Schreiben der benachbarten Großkönige und vorderasiatischer Kleinfürsten an Amenophis III. und Echnaton sowie Doppel der ägyptischen Antwortschreiben. Diese sog. *Amarnabriefe* stellen die wichtigsten Zeugnisse zur Geschichte des vorisraelischen Palästina dar. Daraufhin begann der britische Ägyptologe W. M. Flinders Petrie 1892 mit ersten wissenschaftlichen Untersuchungen des Stadtgebietes.

Zu Beginn des 20. Jahrhunderts untersuchte N. de G. Davies die Felsengräber von Achet-Aton. 1911 bis 1914 grub die Deutsche Orient-Gesellschaft unter L. Borchardt in Amarna. Dabei stießen die Archäologen 1912 in den Werkstätten des Bildhauers Thutmosis auf die bemalte *Kalksteinbüste der Nofretete,* die sich heute im Ägyptischen Museum in West-Berlin befindet.

1921 bis 1936 setzte die Egypt Exploration Society die Ausgrabungen fort.

Ausgrabungsstätte

Vierzehn in den Felsen gehauene *Grenzinschriften* markierten das Stadtgebiet von Achet-Aton, drei davon fand man westlich des Nilkanals Bahr Jûsuf. Leider wurden die schönsten Inschriften in unserem Jahrhundert zerstört.

Mittelpunkt der Hauptstadt Echnatons war der Große *Aton-Tempel.* Innerhalb eines 800 mal 275 m großen Temenos lag das Sanktuar, dessen Kern aus vier offenen Höfen bestand. Drei Pylonen waren von Westen her zu durchschreiten, bevor man im ersten Hof den Haupteingang erreichte. Ein Portikus aus je vier Säulen flankierte den gewaltigen Hauptpylon. Zwischen den Säulen erhoben sich insgesamt vier Statuen des Königs. In den beiden ersten Höfen standen rund 175 Opfertische. Der dritte Hof enthielt den Großen Altar. Wie die Sonnenheiligtümer der 5. Dynastie war auch der Aton-Tempel von Achet-Aton ein offener, also dachloser Tempel. Von der ganzen Anlage sind nur noch die Fundamentgräben vorhanden. Eine Reliefdarstellung im Grab des Merire (s. unten) gibt eine Vorstellung vom einstigen Aussehen des Aton-Heiligtums.

Vom Königspalast zeugen noch Teile des Fußbodens, die heute im Kairoer Museum sind. Im Nordpalast wohnten die Prinzen und Prinzessinnen, seit 1352 v. Chr. auch Nofretete. Außerdem konnten die Ausgräber noch mehrere Tempel sowie die Wohnsitze hoher Würdenträger

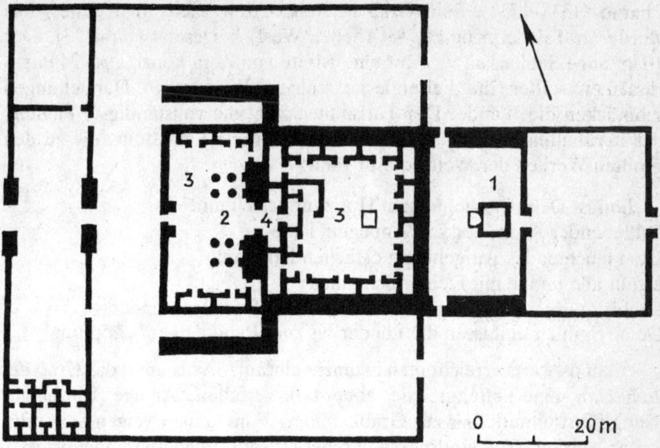

Amarna: Sanktuar des Großen Aton-Tempels

1 Großer Altar 2 Portikus 3 Höfe mit rund 175 Opfertischen 4 Großer Pylon

identifizieren, z.B. das Haus des Kanzlers Panehsi und das des Wesirs Râmose, dessen Grabanlage in → Theben-West den Stilwandel von der hochklassischen Periode zur revolutionären Amarnazeit zeigt. Schließlich fanden die Archäologen Spuren einer Universität und einer Kaserne für die Leibgarde des Königs.

Die Nekropolen lagen im Norden und Süden der Stadt. Die meisten Gräber sind nie vollendet worden, weil Achet-Aton schon nach elf Jahren wieder aufgegeben wurde. Zur nördlichen Nekropole gehören die Gräber 1–6, zur südlichen die Gräber 7–25. Die sehenswertesten Gräber sind:

Grab des Huia (1). Huia war Aufseher des Königlichen Harems und Kämmerer der Königinmutter Teje. Glutvolle Szenen eines Festessens zu Ehren der Königin Teje schmücken die Wände.

Grab des Merire (4). Merire war Hoherpriester des Aton. Sein Grab zeigt u.a. Grund- und Aufrisse von Tempeln und Palästen der neuen Residenzstadt.

Grab des Mahu (9), des Polizeichefs von Achet-Aton. Mit großartigen Darstellungen des Königspaares. Vom schmucklosen zweiten Raum führt eine 46stufige Wendeltreppe in zwei tiefer gelegene Räume und zu einem 10 m tiefen Schacht, der in die Grabkammer mündet.

Grab des Eje (25). Eje war »Wedelträger des Königs«, Prinzenerzieher und persönlicher Sekretär Echnatons. Nach Tutanchamuns Tod wurde er

Pharao (1338–1334). Sein Grab in Achet-Aton blieb unvollendet; Eje wurde im Tal der Könige (→ Theben-West) beigesetzt (Grab 23). Der 10 m lange Säulensaal war auf eine Breite von 22 m konzipiert. 24 Papyrussäulen sollten die Felsendecke stützen. Einzigartige Darstellungen schmücken die Wände. Der Türrahmen zeigt die vollständigste Fassung des berühmten Hymnos an Aton, eine Dichtung Echnatons, die zu den größten Werken der Weltliteratur zählt:

»Schön ist Dein Erscheinen am Horizont des Himmels,
Du lebender Aton, der von Anbeginn lebte!
Dein leuchtendes Aufgehn am östlichen Horizont
erfüllt alle Lande mit Deiner Schönheit;
Du bist gütig und groß, glanzvoll und hoch über allen Landen,
Deine Srahlen umfassen die Länder bis zum Rand deiner Schöpfung! ...«

11 km ostwärts erreicht man in einem einsamen Wüstental das *Grab des Echnaton,* eine umfangreiche, aber stark verfallene Anlage. Ein langer Gang führt unmittelbar zur Grabkammer. Vom Gang zweigen Seitenflügel ab, die zum Teil eindrucksvoll reliefiert sind: Echnaton und Nofretete an der Bahre ihrer Tochter Beketaton. Das Grab wurde nie benutzt.

Am Stadtrand liegt die geschlossene *Siedlung der Nekropolenarbeiter,* die in ihrer Anlage der entsprechenden Siedlung in → Theben-West gleicht.

Literatur: K. Lange, König Echnaton und die Amarnazeit. München 1951.

Ankara

Ankara, seit 1923 Hauptstadt der Türkei, ist heute mit 1,7 Millionen Einwohnern nach Istanbul die zweitgrößte Stadt der jungen Republik. Ankara gilt als moderne Großstadt, und doch hat es eine 4000jährige Geschichte.

Geschichte

Um 2000 v. Chr., vielleicht auch schon früher, siedelte im Raum Ankara (ank = Schlucht) eine bäuerliche Bevölkerung. Die Hethiter errichteten auf dem heutigen Zitadellenberg eine Burganlage. Nach der Zerstörung des hethitischen Großreiches durch die »Seevölker« kam Ankara um 1200 v. Chr. zum Phrygischen Reich. Seit Beginn des 7. Jahrhunderts v. Chr. gehörte Ankara zum mächtigen Reich der Lyder. 546 v. Chr. besiegte der Perserkönig Kyros II. die Lyder unter ihrem König Kroisos (Krösus). Ankara entwickelte sich nun zu einem bedeutenden Handelszentrum an der großen persischen Kaiserstraße zwischen → Susa (Iran) und → Sardes (Westtürkei). In dieser Zeit wurde erstmals auch der Name *Ankyra* erwähnt. 334 v. Chr. besiegte Alexander der Große am Granikos die Perser unter ihrem König Dareios III. Kodomannos und befreite Ankyra von der über 200 Jahre währenden Herrschaft der Achämeniden. Nach Alexanders Tod wurde Kleinasien zum Zankapfel zwischen den Diadochen.

278 v. Chr. drangen die keltischen Galater in Kleinasien ein. 274 v. Chr. wurden sie vom Seleukidenkönig Antiochos I. Soter und 229 v. Chr. von Attalos I., König von Pergamon, besiegt. Daraufhin zogen sie sich in das obere Phrygien zurück und gründeten dort den Galatischen Bund. Einer der drei Galaterstämme, die Tektosagen, bestimmte Ankyra zur Hauptstadt und gab ihr den Namen *Galatia.*

189 v. Chr. kam die Stadt unter römischen Einfluß. 74 v. Chr. wurde Galatien ein von Rom abhängiges Königreich. 25 v. Chr. gliederte Augustus das Königreich Galatien in das Römische Reich ein; Galatien erhielt den Status einer römischen Provinz, die Stadt wurde unter dem Namen *Sebaste Tectosagum* (von griech. Sebastos = Augustus) Hauptstadt dieser Provinz. In der römischen Kaiserzeit entwickelte sich Sebaste zu einer großen und blühenden Stadt mit 200000 Einwohnern. 364 n. Chr. wurde hier Valens (Valentinian I.) zum Kaiser ausgerufen. In byzantinischer Zeit setzte sich die Aufwärtsentwicklung der Stadt fort, bis 554 n. Chr. die Araber kamen.

Als Kemal Atatürk im Jahre 1923 Ankara zur Hauptstadt der Türkei machte, hatte sie nur noch 30000 Einwohner.

Archäologie

1926 stießen Arbeiter beim Bau des neuen Verteidigungsministeriums auf Mauerteile römischer Thermen. 1931 fand man die Fundamente der Palästra, woraufhin der deutsche Archäologe H. H. von der Osten und sein türkischer Kollege R. O. Arik von 1937 bis 1941 im Auftrag der Universität Ankara Ausgrabungen durchführten. Der Zitadellenhügel konnte wegen seiner dichten Bebauung bisher noch kaum untersucht werden.

Ausgrabungsstätte

Die römischen *Thermen* stammen vermutlich aus der ersten Hälfte des 3. Jahrhunderts n. Chr. Das Untergeschoß der Badeanlage ist noch relativ gut erhalten und hat zehn Räume, darunter ein Apodyterium (Umkleideraum), ein Caldarium (Warmwasserbad) auf Hypokausten, ein Tepidarium (lauwarmes Bad) ebenfalls auf Hypokausten und ein Frigidarium (Kaltwasserbad). Die Thermen waren Asklepios (Äskulap) geweiht.

An die Thermen schloß sich eine von Säulenhallen umgebene *Palästra* aus dem 2. Jahrhundert n. Chr. an, die mit einer Piscina (Schwimmhalle) verbunden war. Von diesen Bauwerken sind nur noch die Fundamente erhalten.

Die 14,50 m hohe *Julians-Säule* wurde zu Ehren des römischen Kaisers Julian (Julianus Apostata) errichtet, der im Jahre 362 n. Chr. die Stadt besuchte. Die aus fünfzehn horizontal geriffelten Trommeln bestehende Säule erhebt sich auf einem quadratischen Sockel und wird von einem byzantinischen Kapitell gekrönt.

Der *Tempel des Augustus und der Roma,* ein ionischer Dipteros mit Pronaos, Cella und Opisthodomos, stammt wahrscheinlich aus dem 2. Jahrhundert v. Chr. Der Tempel diente ursprünglich dem Kult des phrygischen Mondgottes Men. In der Herrschaftszeit des Augustus (31 v. Chr.– 14 n. Chr.) wurde der Tempel restauriert und dem Kaiser sowie der Stadt Rom geweiht. An den Innenwänden der beiden Pronaos-Anten steht der berühmte *Tatenbericht des Kaisers Augustus* (res gestae divi Augusti) in lateinischer Sprache. Eine griechische Übersetzung befindet sich an der Außenwand der Cella. Der Tatenbericht, auch Monumentum Ancyranum genannt, stammt aus der Zeit des Kaisers Tiberius (14–37) und ist eine Kopie. Das Original war vor dem Mausoleum des Augustus in Rom angebracht, ging aber verloren.

Das *Archäologische Museum* von Ankara (Ankara Arkeoloji Müzesi) enthält die größte hethitische Sammlung der Welt, mit Funden aus Boğazköy (Hattušas), Alaça Hüyük, Karatepe, Karkemisch, Kültepe (Kaniš) usw. sowie phrygische und urartäische Funde.

Literatur: E. Bosch, Quellen zur Geschichte der Stadt Ankara im Altertum. Ankara 1967.

Antiochia

Antiochia am Orontes, das heutige Antakya, liegt in der Südtürkei, etwa gleichweit vom Mittelmeer und von der syrischen Grenze entfernt. Die antike Stadt beeindruckt nicht so sehr durch ihre unscheinbaren Ruinen als durch die Tatsache, daß sie in der römischen Kaiserzeit nach Rom die zweitgrößte Stadt der Welt war und die erste Christengemeinde außerhalb Palästinas beherbergte.

Geschichte

Im Jahre 301 v. Chr. gründete der Diadoche Seleukos I. Nikator (etwa 358–280) am linken Ufer des Orontes (heute Asi Nehri) die Stadt *Antiocheia* (Antiochia). Unmittelbar davor hatte dieser Seleukos gemeinsam mit Lysimachos bei Ipsos das Heer des Antigonos vernichtet, was die endgültige Aufteilung des alexandrinischen Weltreiches unter die Diadochen zur Folge hatte. Der Herrschaftsbereich des Seleukos umfaßte Syrien, Mesopotamien, Iran sowie die kleinasiatischen Gebiete Großphrygien, Kommagene und Kilikien. Antiocheia wurde Hauptstadt des Seleukidenreiches. Als Seleukos 281 v. Chr. seinen westlichen Nachbarn Lysimachos besiegte und damit wesentliche Teile von dessen Reich annektierte, stieg Antiocheia zu einer blühenden Metropole auf. Mit seinem Hafen *Seleukeia* wurde die Stadt zum Haupthandelszentrum zwischen Orient und Okzident. In dem 9 km entfernten *Daphne* (heute Harbiye) schuf Seleukos I. ein einzigartiges Kulturzentrum.

Als der Seleukidenherrscher Antiochos III. der Große (222–187) 190

v. Chr. in der Schlacht bei Magnesia am Sipylos den Römern unter Scipio unterlag, begann der Verfall des Reiches. Dennoch wuchs Antiocheia mehr und mehr. Im 2. Jahrhundert v. Chr. hatte die Stadt bereits 500 000 Einwohner: Griechen, Makedonier, Syrer, Armenier, Juden usw. Antiochos IV. (175–164) erweiterte Antiocheia um einen vierten Stadtteil. Jeder dieser vier riesigen Stadtteile war von einer Mauer umgeben. Die gesamte Tetrapolis (Viererstadt) umschloß nochmals eine große Hauptmauer. In Daphne gab es inzwischen zahlreiche Tempel für Apollon, Zeus, Artemis, Aphrodite, Isis und andere Gottheiten. Die Orakelstätte von Daphne war im ganzen Orient berühmt. Im Stadion fanden neben sportlichen Wettkämpfen auch Theater- und Musikwettbewerbe statt. Kunst und Wissenschaft blühten. Und jeder Bewohner von Antiocheia, der es sich leisten konnte, hatte in Daphne ein Landhaus. Je mehr das Reich zerfiel, desto üppiger und ausschweifender wurde das Leben in der Hauptstadt, besonders in Daphne.

83 v. Chr. besetzte der armenische König Tigranes der Große (95–54) Antiocheia. 64 v. Chr. erklärte Pompejus die Reste des Seleukidenreiches zur römischen Provinz Syria. Antiochia blieb weitgehend selbständig und behielt seine Bedeutung als Zentrum von Handel, Kunst und Wissenschaft. Jüdische Flüchtlinge brachten schon kurz nach Christi Tod die neue Religion nach Antiochia. Hier wirkten die Apostel Paulus und Petrus. Und hier wurde erstmals der Name »Christen« (Christianoi) gebraucht.

260 n. Chr. plünderten die Perser Antiochia und verschleppten die meisten seiner Bewohner. Der römische Kaiser Diokletian (284–305) verfolgte die Christen der Stadt und ließ ihre Kirchen zerstören. Konstantin der Große (306–337) baute sie wieder auf. Nachdem er im Jahre 330 seine Residenz nach Byzanz verlegt hatte, betrieben die Patriarchen von Antiochia die Loslösung ihrer Kirche von Rom. 526 zerstörte ein heftiges Erdbeben die Stadt. 538 kamen erneut die Perser. Nach ihrer Befreiung durch Kaiser Justinian I. (527–565) hieß die Stadt *Theoupolis* (Gottesstadt).

Ausgrabungsstätte

Antiochia wurde etliche Male durch Erdbeben und Kriegseinwirkungen zerstört, so daß kaum mehr sehenswerte Ruinen erhalten sind. Außerdem ist heute der interessanteste Teil der Stadt, das Ostufer des antiken Orontes und die Flußinsel, wieder dicht bebaut. Nur hin und wieder gelingt es den Archäologen, eine Baustelle für einen kurzen Blick in die Vergangenheit zu nutzen.

So fand man unter einigen Gassen die einst 6 km lange *Hauptstraße* aus dem 2. Jahrhundert n. Chr. Diese Straße war 9 m breit und von Säulengängen eingefaßt.

Die *vierbogige Brücke* über den Orontes entstand unter Kaiser Diokletian (284–305). Der *Aquädukt* wurde unter Kaiser Trajan (98–117) erbaut. Von der *Stadtmauer* des Justinian (527–565) sind nur noch geringe Reste auf den Höhen des Mons Silpius (heute Habib Neccar) vorhanden.

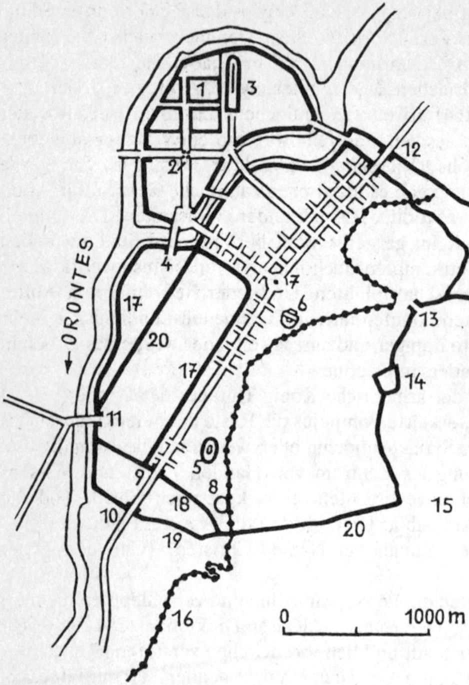

Antiochia am Orontes

1 Palast 2 Tetrapylon 3 Circus 4 Seleukidische Agora 5 Amphitheater 6 Caesar-Theater 7 Forum des Valens 8 Wasserreservoir 9 Engelstor 10 Daphne-Tor 11 Brückentor 12 Osttor 13 Eisentor 14 Zitadelle 15 Silpius-Hügel 16 Aquädukt 17 Seleukidische Mauer 18 Tiberianische Mauer 19 Mauer Theodosius' II. 20 Justinianische Mauer

Sie war aus Kalkstein erbaut und soll so breit gewesen sein, daß auf ihr Vierergespanne fahren konnten. 360 bis zu 25 m hohe Türme sollen einst die Mauer verstärkt haben.

Von der Hafenstadt *Seleukeia,* die 300 v. Chr. ebenfalls von Seleukos I. gegründet worden war und heute ein beliebtes Seebad ist, sind u. a. noch Teile der antiken Molen des inzwischen verlandeten Hafens, die Stadtmauer, ein Nymphäum und ein Aquädukt zu erkennen. Interessant ist der 1100 m lange *Felsenkanal,* der unter Kaiser Vespasian (69–79) angelegt worden war und der Ableitung eines Wildbaches diente, um Überschwemmungen der Hafenstadt zu vermeiden. Zwei Tunnel, der eine davon 130 m lang und 7 m hoch, mußten dazu aus dem Felsen gebrochen werden. Mit einem Stauwerk im Wildbach konnte die Ableitung reguliert werden.

Vom antiken Kulturzentrum *Daphne* sind lediglich einige Säulenschäfte und Mauerstücke übriggeblieben. Ein reizvoller Hain mit Lorbeerbäumen, Eichen und Zypressen inmitten von plätschernden Kaskaden erinnert an Apollon, der einst die schöne Nymphe Daphne bis hierher verfolgt hatte. Daphne bat Zeus, sie in einen Lorbeerbaum zu verwandeln. Der Göttervater entsprach ihrer Bitte und tröstete Apollon mit dem Versprechen, ihm einen Tempel zu bauen. Seleukos Nikator erfüllte dieses Versprechen. Mit dem Vordringen des Christentums verfiel der Tempel. Der »Ketzerkaiser« Julianus Apostata (361–363) restaurierte ihn wieder. Doch kurz danach brannte das Apollon-Heiligtum vollständig ab.

Das *Archäologische Museum* (Mosaikenmuseum) von Antakya enthält eine der größten Sammlungen römischer Mosaiken, außerdem hethitische und assyrische Funde.

Literatur: G. Downey, A History of Antioch in Syria. Princeton, N. J. 1961.

Aphrodisias

Etwa 160 km südöstlich von Izmir (Türkei) findet man an den Ausläufern des 2300 m hohen Baba Daği (einst Salbakos) die antike Stadt Aphrodisias. Ihr Aphrodite-Heiligtum war Mittelpunkt eines weitverbreiteten Kultes.

Geschichte

Der Ursprung von Aphrodisias ist unbekannt. Wahrscheinlich führte der Ort einst nacheinander die Namen Lelegonpolis, Megalopolis, Ninoe und Plarasa. Erst in römischer Zeit trat Aphrodisias in den Kreis der bedeutenden Städte Kleinasiens. Vor allem als Zentrum eines Aphrodite-Kultes, aber auch wegen ihrer Treue zu Rom stand die Stadt unter dem besonderen Schutz von Sulla, Caesar und Augustus. Alle drei Herrscher bestätigten das Asylrecht des Heiligtums und garantierten der Stadt eine gewisse Unabhängigkeit. Durch seine besondere Stellung innerhalb des römischen Imperiums kam Aphrodisias im 1. und 2. Jahrhundert n. Chr. zu großem Wohlstand. Marmorsteinbrüche und eine berühmte Bildhauerschule trugen zu ihrer kulturellen Blüte bei.

Dem Aphrodite-Kult ist es zuzuschreiben, daß sich das Christentum hier erst sehr spät durchsetzen konnte. Die Byzantiner änderten den Stadtnamen in *Stavropolis* (= Stadt des Kreuzes) und bauten den Tempel der Aphrodite in eine Kirche um. Der Wohlstand der Stadt hielt sich noch bis ins 7. nachchristliche Jahrhundert.

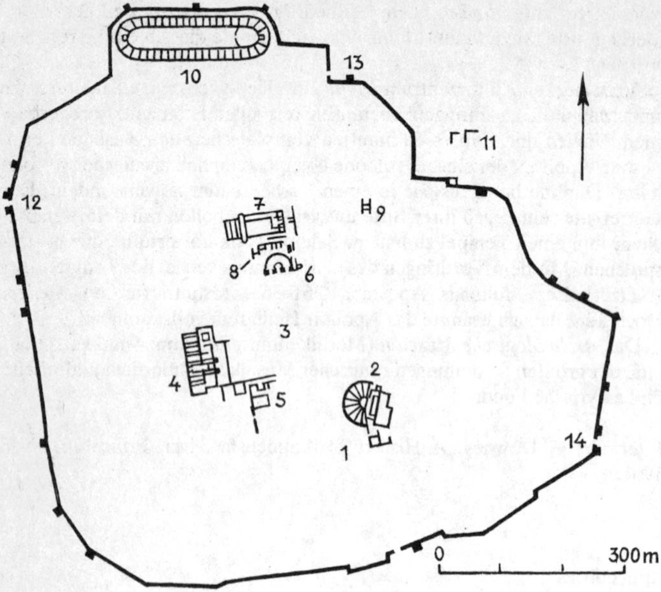

Aphrodisias

1 Akropolis 2 Theater 3 Agora 4 Thermen 5 Portikus des Tiberius 6 Odeum 7 Aphrodite-Tempel 8 Bildhauerwerkstatt 9 Propylon 10 Stadion 11 Nymphäum 12 Westtor 13 Nordtor 14 Osttor

Archäologie

In den Jahren 1904/05 begann der französische Ingenieur P. Gaudin mit ersten Grabungen im Bereich der antiken Stadt. 1913 folgte sein Landsmann Boulanger. 1937/38 setzte der italienische Archäologe G. Jacopi die Arbeit seiner Vorgänger fort. In den späten fünfziger Jahren und seit 1962 befassen sich türkische Wissenschaftler unter K. T. Erim mit archäologischen Untersuchungen.

Ausgrabungsstätte

Vierzehn ionische Säulen sind das eindrucksvolle Relikt des berühmten *Aphrodite-Heiligtums*. Der Tempel wurde im 1. Jahrhundert v. Chr. erbaut und enthielt ein über 3 m hohes Standbild der Aphrodite, von dem einige Bruchstücke gefunden wurden.

Das besterhaltene Bauwerk der Stadt ist das mit zahlreichen Statuen und Reliefs geschmückte römische *Odeum*. Geometrische Mosaiken bedecken die Orchestra.

Das 270 mal 54 m große *Stadion* ist an beiden Enden halbkreisförmig geschlossen. Auf den 22 Sitzreihen konnten bis zu 30000 Zuschauer Platz nehmen. Eine ringsum laufende Säulengalerie schloß den Zuschauerraum nach oben hin ab.

Auf der römischen *Agora* stehen noch zwölf Säulen, die zum sog. »Portikus des Tiberius« gehören und teilweise durch Architrave miteinander verbunden sind. Die *Thermen* aus dem Anfang des 2. Jahrhunderts n. Chr. lassen die gewaltige Größe ihrer Hallen und Höfe erkennen. Hier wurden zahlreiche Skulpturen entdeckt. Im *Gymnasion*, das in der Mitte des 2. Jahrhunderts v. Chr. erbaut wurde, fanden sich großartige Reliefs, darunter eine Gigantomachie (Kampf der olympischen Götter mit den Giganten).

Die etwa 3400 m lange *Stadtmauer* wurde unter Konstantin dem Großen (306–337) erneuert.

Literatur: G. Jacopi, Gli scavi della missione archeologica italiana ad Aphrodisias nel 1937. In: Monumenti Antichi 1939. – K. T. Erim, in: Türk Arkeoloji Dergisi. Ankara (englisch).

Argos

Die heutige Hauptstadt der Landschaft Argolis auf der Peloponnes gilt als die älteste Stadt Griechenlands. Sie liegt etwa 5 km vom Golf von Argolis entfernt zu Füßen des 289 m hohen, steilen Larisa und der 84 m hohen, flachen Aspis (griech. aspis = Schild; heute Agios Ilias), inmitten einer fruchtbaren, vom Inachos durchzogenen Schwemmlandebene (griech. argos = Ebene). Das antike Argos war Schauplatz vieler griechischer Sagen.

Geschichte

Das Stadtgebiet von Argos war schon in vormykenischer Zeit bewohnt. Hier sollen die Pelasger, später die Danaer gesiedelt haben. Im frühen 2. Jahrtausend v. Chr. kamen die Achäer und erbauten auf dem steilen Felsenhügel Larisa eine Burg. Heute erhebt sich dort die mittelalterliche Festung Kastro. Seine erste Blütezeit erlebte Argos in der mykenischen Epoche. Im 13. Jahrhundert v. Chr. nahmen die Argiver (Bewohner von Argos) unter ihrem Anführer Adrastos am sagenhaften Zug der »Sieben gegen Theben« teil.

Gegen 1100 v. Chr. erschienen die Dorer und ließen sich auf dem Aspis-Hügel nieder. Unter der dorischen Dynastie der Temeniden, besonders unter dem Tyrannen Pheidon, der die Spartaner im Jahre 669 v. Chr. bei Hysäa geschlagen hatte, war Argos die führende Macht auf der Peloponnes. In den folgenden Jahrhunderten lag die Stadt in ständiger Fehde mit Sparta. Nach der Niederlage bei Sepeia, um 494 v. Chr., mußte Argos größere Gebietsverluste hinnehmen. In den Perserkriegen blieb Argos neutral, suchte danach aber den Anschluß an Athen. Um 460 v. Chr. siegten die Argiver bei Oinoe über Sparta. 451 v. Chr. schlossen Argos und Sparta Frieden. Um diese Zeit schuf Polyklet, neben Myron aus Attika und Phidias aus Athen einer der drei größten griechischen Bildhauer der klassischen Periode, in Argos seine berühmten Werke: den »Doryphoros« (Speerwerfer), den »Diadumenos« (Jüngling, der sich die Siegerbinde um den Kopf legt) und die Goldelfenbeinstatue der Hera im argivischen Heraion. Die Statuen des Polyklet kennen wir leider nur aus römischen Kopien und aus Beschreibungen antiker Schriftsteller wie Plinius d. Ä. (23–79), Pausanias (2. Jahrhundert n. Chr.) u. a.

Aus dem Peloponnesischen Krieg zwischen Sparta und Athen (431–404) konnte sich Argos zunächst heraushalten, ging dann aber im Jahre 420 v. Chr. ein Bündnis mit Athen ein. 418 v. Chr. schlugen die Spartaner bei Mantinea die Athener und Argiver. 395 v. Chr. verbündeten sich die Städte Athen, Korinth, Theben und Argos gegen Sparta und konnten diesmal die Spartaner besiegen.

Im Jahre 272 v. Chr. wurde Pyrrhos, König von Epirus, bei dem Versuch, Argos zu erobern, getötet; er war jener Pyrrhos, der zwar erfolgreich, aber mit großen Verlusten und ohne entscheidenden Sieg gegen die Römer gekämpft hatte (daher »Pyrrhussieg«).

229 v. Chr. trat Argos dem Achäischen Bund bei und wurde 146 v. Chr. mit allen griechischen und makedonischen Städten Teil der römischen Provinz Macedonia.

Archäologie

1892 bis 1895 führte die Amerikanische Schule (American School of Athens) Ausgrabungen im heiligen Bezirk des Heraion (9 km von Argos entfernt) durch. Nach dem Zweiten Weltkrieg setzte die Französische Schule (École Française d'Athènes) die archäologischen Untersuchungen fort. Die wissenschaftliche Erforschung der antiken Stadt lag von Anfang an in den Händen der Französischen Schule von Athen und konzentriert sich heute vor allem auf das Aphrodision, die Agora und die römischen Thermen.

Ausgrabungsstätte

Die *Agora* von Argos stammt aus dem 5. Jahrhundert v. Chr. und wurde in den folgenden Jahrhunderten mehrmals verändert. Noch in byzantinischer Zeit war sie Mittelpunkt des städtischen Lebens. Es sind Reste einer über 100 m langen Säulenhalle und eines Säulensaales (vermutlich das Buleuterion) aus der zweiten Hälfte des 5. Jahrhunderts v. Chr. erhalten.

Die römischen *Thermen* aus dem 1. Jahrhundert n. Chr. wurden nach der Zerstörung durch die Goten im 4. Jahrhundert wiederhergestellt.

Das *Theater* wurde um 350 v. Chr. erbaut und unter Kaiser Hadrian (117–138) erneuert. Auf seinen 81 Sitzreihen hatten bis zu 20000 Zuschauer Platz. Im 2. Jahrhundert n. Chr. ersetzte ein römischer Backstein-

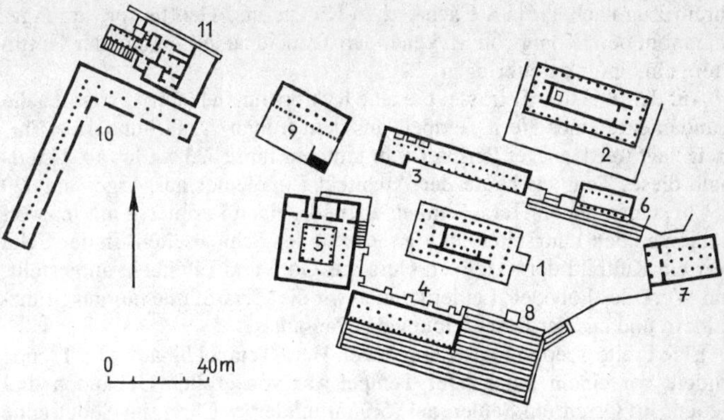

Argos: Heraion

1 neuer Hera-Tempel 2 alter Hera-Tempel 3 Nord-Stoa 4 Süd-Stoa 5 Peristylhaus mit Bankettsälen 6 Nordost-Bauwerk 7 Säulensaal (Ost-Bauwerk) 8 Altar 9 Propylon (?) 10 Gymnasion 11 römische Thermen

bau mit Marmorverkleidung die griechische Skene (Bühnenhaus). Im Theater von Argos tagte 1821 die erste griechische Nationalversammlung.

Das römische *Odeum* wurde im 1. Jahrhundert an der Stelle eines aus dem 4. Jahrhundert v. Chr. stammenden Versammlungsbaus errichtet. Die geradlinig verlaufenden Sitzstufen des alten Bauwerks sind mehr als 30 m breit. Hier könnte die argivische Volksversammlung ihre Beschlüsse gefaßt haben.

Unweit des Odeums kamen die Reste des einst riesigen *Aphrodite-Tempels* (Aphrodision) zum Vorschein. Der Tempel wurde um 430 v. Chr. auf den Fundamenten eines archaischen Heiligtums erbaut.

Die Akropolis auf der *Larisa* konnte noch nicht eingehend untersucht werden. Bisher entdeckte man eine Mauer aus polygonal behauenen Steinen (6. Jahrhundert v. Chr.) und eine Mauer aus Quadergestein (5. Jahrhundert v. Chr.).

Auf der *Aspis* kam eine mykenische Nekropole zum Vorschein. Außerdem fand man Reste einer Siedlung aus dem frühen 2. Jahrtausend v. Chr. sowie ein Heiligtum des Apollon und der Athena.

Das *Museum* von Argos enthält eine interessante Sammlung von Skulpturen und Gegenständen aus dem 8. bis 6. Jahrhundert v. Chr., darunter den berühmten »homerischen Helm«, Teil einer Bronzerüstung aus dem 7. Jahrhundert v. Chr.

9 km nordöstlich von Argos erhebt sich auf einem terrassenförmigen Bergvorsprung am Rande der argivischen Ebene das *Heraion,* das Hauptheiligtum der Göttin Hera. Der Sage nach versammelten sich hier vor

ihrem Zug nach Troja die achäischen Könige und Heerführer, um Agamemnon, dem König von Mykene, den Treueid zu leisten und der Göttin Hera ein Opfer darzubringen.

Auf der obersten Terrasse, die eine Kyklopenmauer stützt, konnten die Fundamente eines Hera-Tempels aus dem frühen 7. Jahrhundert v. Chr. freigelegt werden. Der Peripteros brannte im Jahre 423 v. Chr. ab. Unterhalb dieses Tempels baute der Architekt Eupolemos aus Argos um 420 v. Chr. einen neuen Hera-Tempel, ebenfalls einen Peripteros mit je zwölf Säulen an den Langseiten und je sechs an den Schmalseiten. In der Cella war ein Kultbild der sitzenden Hera aus Gold und Elfenbein aufgestellt, ein Werk des Polyklet. Leider kennen wir die Hera-Statue nur aus Münzbildern und aus der Beschreibung des Pausanias.

Eine breite Treppe führte zum neuen Hera-Tempel hinauf. Die Treppe endete vor einem Altar. Der Tempel war von großen Gebäuden umgeben: im Osten ein Säulensaal (5. Jahrhundert v. Chr.), im Süden eine Stoa (5. Jahrhundert v. Chr.), im Westen ein Peristylhaus (6. Jahrhundert v. Chr.) mit Bankettsälen, im Norden wiederum eine Stoa (6. Jahrhundert v. Chr.). Am Westrand des heiligen Bezirks fanden sich Reste eines griechischen Gymnasion und einer römischen Thermenanlage.

Vereinzelte Funde auf dem Gebiet des Heraion weisen auf eine Siedlung des 3. und 2. Jahrtausends hin.

Literatur: H. G. Beyen, W. Vollgraff, Argos et Sicyone. Den Haag 1947. – C. Waldstein, The Argive Heraeum. Boston, Mass. 1902.

Arles (Arelate)

Arles in Südfrankreich übernahm in römischer Zeit die Rolle der mächtigen griechischen Kolonie Massilia (Marseille). Sein Amphitheater und sein römisches Theater sind die großartigen Relikte jener Epoche, in der man die Stadt das »gallische Rom« nannte.

Geschichte

Vermutlich war Arles mit der Ortschaft *Theline* identisch, die im 6. vorchristlichen Jahrhundert griechische Kolonisten gegründet hatten. Der römische Feldherr Marius (156–86) ließ von hier aus die Fossae Marianae, einen Schiffahrtskanal, durch das versandete Rhônedelta baggern. 58 v. Chr. baute Caesar die Stadt, die nunmehr *Arelate* hieß, zum Flottenstützpunkt gegen Massilia aus. 46 v. Chr. siedelte er hier Veteranen seiner 6. Legion an und verlieh der Stadt den Rang einer Colonia: Colonia Julia paterna Arelate Sextanorum. Arelate überflügelte Massilia im Rhône- und Mittelmeerhandel und entwickelte sich zu einer der blühendsten Städte des römischen Gallien. Unter Augustus trug es stolz den Beinamen »Gallula Roma« (= das kleine gallische Rom).

Konstantin der Große unterhielt in Arelate eine Münzprägestätte.

Dem großen Kaiser zu Ehren nahm die Stadt vorübergehend den Namen *Constantina* an. Im Jahre 395 n. Chr. verlegte die Prätorianerpräfektur für Gallia, Belgica und Hispaniae ihren Sitz von → Trier nach Arelate.

Archäologische Stätte

Das mächtigste Bauwerk des antiken Arelate ist das *Amphitheater,* die heutige Stierkampfarena (Arènes). Das Amphitheater wurde zu Beginn des 1. Jahrhunderts erbaut. Der Architekt war T. Crispius Reburrus. Das Bauwerk hat eine Ausdehnung von 136 mal 107 m, die Arena ist etwa 70 mal 40 m groß. Mit 21 000 bis 25 000 Zuschauerplätzen war das Amphitheater von Arelate das größte Galliens, etwas größer noch als das in → Nîmes. Die zwei Geschosse bestehen aus Arkaden mit dorischen (unten) und korinthischen Halbsäulen (oben). Im Mittelalter wurde das Amphitheater in eine Festung verwandelt, von der noch drei Türme erhalten sind.

Das *Theater* (Théâtre Antique) entstand zur Zeit des Augustus. Sein Durchmesser beträgt 102 m. Auf den 33 Stufenreihen konnten etwa 8000 Besucher Platz finden. Leider diente das Theater schon früh als Steinbruch, so daß nur noch die unteren Sitzreihen und zwei korinthische Säulen vorhanden sind. Die halbkreisförmige Orchestra war mit rotem und grünem Marmor ausgelegt. Steinerne Stierköpfe an den Fassaden erinnern an die 6. Legion Caesars.

Auf dem *Forum* neben dem Theater entdeckten die Archäologen einen römischen Tempel unbekannter Bestimmung. Unter dem Forum stießen sie auf Kryptoportiken des 1. vorchristlichen Jahrhunderts. Die U-förmigen Gänge wurden von 50 Pfeilern gestützt. Sie dienten vermutlich als staatliche Getreidespeicher.

Zu erwähnen sind noch die Konstantin-Thermen (Thermes de la Trouille) unmittelbar am Ufer der Rhône (4. Jahrhundert) und die Elysii campi (Alyscamps), die elysischen Gefilde, ausgedehnte römische und frühchristliche Begräbnisanlagen am Südostrand von Arles.

Literatur: L. A. Constans, Arles Antiques. Paris 1921.

Aspendos

An der türkischen Südküste, etwa 50 km östlich von Antalya liegt 15 km landeinwärts die Ruinenstätte von Aspendos mit einem der besterhaltenen Theater römischer Zeit.

Geschichte

Nach der Überlieferung wurde Aspendos um 1000 v. Chr. von dem griechischen Siedler Mopsos gegründet. Die Lage bot alle Voraussetzungen für eine Stadtgründung: ein Fluß (Eurymedon), der in seinem Unterlauf

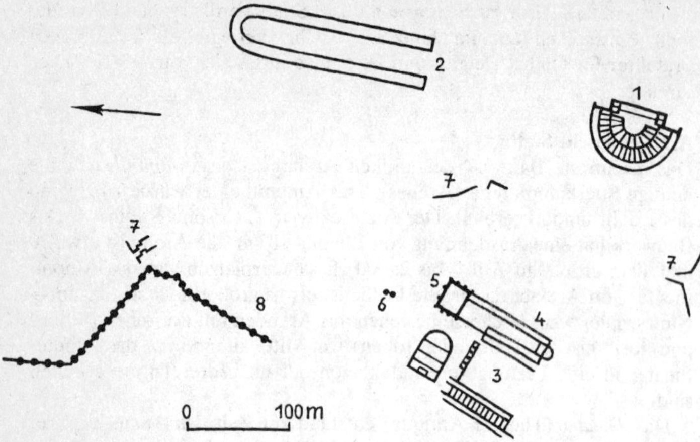

Aspendos

1 Theater 2 Stadion 3 Agora 4 Basilika (Buleuterion?) 5 Nymphäum 6 Bogen 7 Stadttore 8 Aquädukt

schiffbar war, ein mächtiger, steiler Tafelberg für den Bau der Akropolis und ringsum fruchtbares Ackerland.

Aspendos entwickelte sich zur bedeutendsten Stadt der kleinasiatischen Südküste. 465 v. Chr. besiegte hier der Athener Kimon Flotte und Heer der Perser. Söldner aus Aspendos kämpften auf der Seite der Perser. 333 v. Chr. besetzte Alexander der Große die Stadt. Danach geriet sie abwechselnd unter die Herrschaft der Ptolemäer und der Seleukiden. Seit 188 v. Chr. bewahrte Aspendos im Bunde mit Pergamon eine gewisse Unabhängigkeit. Nach dem Tod des letzten Königs von Pergamon fiel die Stadt 133 v. Chr. an die römische Provinz Asia. Unter der Herrschaft der Römer erlebte sie ihre größte Blüte. In spätrömischer Zeit versandete der Hafen; die Stadt verfiel.

Ausgrabungsstätte

Das römische *Theater* wurde im 2. Jahrhundert n. Chr. unter Antoninus Pius von dem einheimischen Baumeister Zenon errichtet. Es bot bis zu 20000 Zuschauern Platz und wird noch heute für Musik- und Theaterfestspiele benutzt. Das imposante zweistöckige Bühnenhaus ist fast vollständig erhalten.

Auf der *Akropolis* sind nur noch spärliche Ruinen erhalten: die Agora, ein kleiner Tempel, ein Nymphäum, das Buleuterion.

Nördlich der Akropolis verläuft ein *Aquädukt,* der ein schmales Tal nach dem Prinzip der kommunizierenden Röhren überwand: An beiden Talenden erhebt sich je ein etwa 30 m hoher Wasserturm.

Literatur: D. Magie, Roman Rule in Asia Minor. 2 Bde, Princeton, N. J. 1950.

Assur

Etwa 110 km südlich von Mosul (Irak), hoch über dem Tigris, auf einem Ausläufer des Dschebel Hamrin, trifft man auf die Ruinen der ersten Hauptstadt Assyriens. Die Ausgrabungsstätte heißt heute Qualaat Scherqat.

Geschichte

Erste Siedlungsspuren im Stadtgebiet von Assur (Aššur) weisen in das frühe 3. Jahrtausend zurück. Der Name Assur wurde erstmals um 2500 erwähnt. Seine Bewohner nannten sich Assyrer. Diese Bezeichnung ging später auf die semitische Bevölkerung des sich allmählich entwickelnden Reiches über. Gegen 2300 umgab der assyrische König Kikkia die Stadt mit einem mächtigen Mauerwall. Kurz nach 2000 lösten sich die Assyrer aus der Abhängigkeit von Babylon. In Kleinasien gründeten sie ein dichtes Netz von Handelsniederlassungen. Šamši Adad I., der zur Zeit des großen babylonischen Königs Hammurabi (1792–1750) in Assur residierte, erneuerte die Befestigungsanlagen.

Seit dem 14. Jahrhundert v. Chr. verstärkte sich der politische Einfluß der Assyrer im Mittleren Osten. Adadnirari I. (1307–1275) und Šalmanassar I. (1272–1243) machten aus Assyrien eine Großmacht. Šalmanassar I. verlegte die Residenz seines Reiches von Assur nach Kalach (→ Nimrud). Aber schon sein Nachfolger Tukultininurta I. (1244–1208) kehrte wieder nach Assur zurück. Er verstärkte die gefährdete Landmauer durch einen tiefen, breiten Graben, errichtete der Stadtgottheit Assur als Dank für seinen Sieg über Babylon einen Tempel und erneuerte die uralte Ziqqurrat.

Da Assur zur Landseite hin trotz Doppelmauer und Graben kaum zu verteidigen war, verlegte Assurnasirpal II. (884–858) die Residenz seines Reiches nach → Ninive. Trotzdem behielt Assur seine Bedeutung als religiöses Zentrum des Reiches. Die Könige Sargon II. (721–705) und Sanherib (705–681) bauten die Tempelanlagen aus. 614 v. Chr. wurde Assur von den Medern erobert und zerstört.

Im Jahre 140 v. Chr. bauten die Parther die Stadt, die sie *Libanae* nannten, wieder auf. Sie errichteten Tempel und Paläste und führten die Stadt zu einem gewissen Wohlstand. 116 n. Chr. wurde sie von dem römischen Kaiser Trajan geplündert. 198 n. Chr. brandschatzte Septimius Severus die Stadt, die schließlich im Jahre 257 von Schahpur I. vollends zerstört wurde.

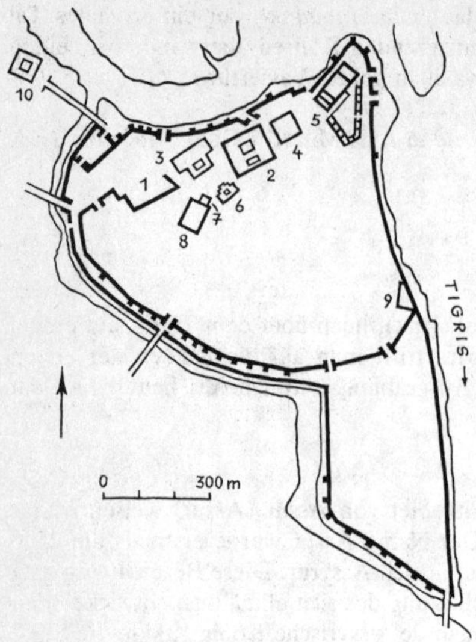

Assur

1 Neuer Palast 2 Alter Palast 3 Anu-Adad-Tempel 4 Enlil-Assur-Ziqqurrat 5 Assur-Tempel 6 Sin-Schamasch-Tempel 7 Ischtar-Tempel 8 Nabû-Tempel 9 Sanherib-Palast 10 Bit Akitu

Archäologie

In den 40er Jahren des 19. Jahrhunderts grub A. H. Layard in Qalaat Scherqat. Nach ihm suchte der Franzose Victor Place hier nach Antiquitäten für den Louvre. 1852 erschien der Syrer H. Rassam im Auftrag des Britischen Museums, wobei es zu Schießereien zwischen den beiden Ausgrabungsmannschaften kam, bis man sich einigte, daß die Briten am westlichen und die Franzosen am östlichen Hügel graben sollten.

1903 bis 1914 führte die Deutsche Orient-Gesellschaft umfangreiche Ausgrabungen in Assur durch, 1903 unter Leitung von Robert Koldewey, danach unter Ernst Walter Andrae und Julius Jordan.

Ausgrabungsstätte

Die eindrucksvollste Ruine von Assur ist die *Ziqqurrat.* Sie diente zunächst der Verehrung des assyrischen Hauptgottes Enlil. Seit dem 13. Jahrhundert v. Chr. war sie dem neuen Hauptgott Assur geweiht. Der heute stark verfallene Stufenturm hatte einen quadratischen Grundriß von 60 m Seitenlänge. Er bestand aus Lehm und war mit Ziegeln verkleidet.

Der *Assur-Tempel* an der Nordspitze der Stadt stammt aus dem 3. Jahrtausend. Er wurde mehrmals umgebaut, vor allem unter den Königen Sargon II. und Sanherib. Im 1. Jahrhundert n. Chr. errichteten die Parther auf den alten Fundamenten einen neuen Tempel.

Der *Doppeltempel für Anu und Anad* wurde im 12. Jahrhundert v. Chr. erbaut. Er besaß zwei kleinere, dreistöckige Ziqqurrats von je 36,60 mal 35,10 m Grundfläche. Šalmanassar III. (858–824) ließ den Tempel erneuern.

Ein zweiter *Doppeltempel* war den Gottheiten *Sin* und *Schamasch* geweiht. Er entstand im 16. Jahrhundert v. Chr. unter dem König Assurnirari I. Sanherib gestaltete den Tempel vollständig um.

Weitere Tempel dienten den Gottheiten Ischtar und Nabû.

Vor den Mauern im Nordwesten lag der *Bit Akitu,* ein Festhaus, in dem Assur alljährlich im Frühling das Neujahrsfest beging.

Literatur: W. Andrae, Das wiedererstandene Assur. Leipzig 1938, Neudruck München 1977.

Athen

Athen, erst seit 1832 Hauptstadt von Griechenland, war im Altertum geistiges und künstlerisches Zentrum der griechischen Welt. Im vorchristlichen 5. Jahrhundert erreichte die Hauptstadt Attikas den Höhepunkt ihrer politischen und wirtschaftlichen Macht. Athen beherbergt zahlreiche großartige Schöpfungen der griechischen Baukunst: Parthenon, Erechtheion, Nike-Tempel und Propyläen auf der Akropolis, Hephaistos-Tempel (Theseion), Dionysos-Theater und Olympieion, um nur einige der hervorragendsten Bauten zu nennen.

Geschichte

Der mächtige Kalksteinfelsen der Akropolis war schon in der Mitte des 3. Jahrtausends bewohnt. Zu Beginn des 2. Jahrtausends besetzten Ionier (oder Achäer?) das Gebiet von Attika. Im 17. oder 16. Jahrhundert gründete der sagenhafte Kekrops am Südfuß der Akropolis eine Stadt, die nach ihm *Kekropia* benannt wurde, das spätere Athen. Der schlangenfüßige Kekrops war ihr erster König und residierte in einem Palast mykenischer Bauart auf der Akropolis. Erechtheus (Erichthonios), einer seiner Nachfolger, begründete den Athena-Kult. Er errichtete für die Göttin auf der Akropolis einen Tempel. Die Bewohner der Stadt, die Kekropiden, nannten sich daraufhin Athener. Ihre Stadt hieß fortan *Athen.*

Der bedeutendste König von Athen war Theseus, ein Nachfahre des Erechtheus und Sohn des Aigeus, nach dem das Ägäische Meer (Ägäis) benannt wurde. Er hatte als Jüngling zahlreiche Heldentaten vollbracht, mit Herakles gegen die Amazonen und mit dem Lapithenkönig Peirithoos gegen die Kentauren gekämpft. Als es ihm mit Hilfe der Ariadne, der

Tochter des Königs Minos von Kreta, gelungen war, im Labyrinth von → Knossos den Minotauros zu töten und damit die Athener von ihrer schrecklichen Verpflichtung, dem kretischen König alljährlich sieben Jünglinge und sieben Mädchen als Opfer zu stellen, befreite, machten ihn die Athener zu ihrem König. Theseus vereinigte die Städte Attikas unter der Zentralgewalt von Athen. Die Göttin Athena wurde die Schutzgöttin von ganz Attika. Da Theseus der Sage nach ein Zeitgenosse des Königs Minos war, dürfte er ebenfalls im 16. Jahrhundert v. Chr. gelebt haben.

Reich ausgestattete Gräber am Nordhang des Areopag, eines Hügels in Athen, bezeugen den Wohlstand der Stadt im frühen 14. Jahrhundert v. Chr.

Menestheus, ein späterer König von Athen, führte die Athener auf dem Kriegszug des Agamemnon nach → Troja, wo er um 1180 v. Chr. den Tod fand. Vermutlich im 11. Jahrhundert v. Chr. eroberten die Dorer auf ihrem Zug nach Süden vorübergehend auch Attika. Viele Ionier flüchteten auf die Inseln und nach Kleinasien und gründeten dort neue Siedlungen. Von der reichen Peloponnes, auf der sich die Dorer niedergelassen hatten, kamen Achäer nach Athen.

In den folgenden Jahrhunderten, die mit Ausnahme herrlicher Vasen des geometrischen Stils keinerlei Spuren hinterlassen haben, entwickelte sich die staatliche Ordnung in Athen von der Monarchie zur Aristokratie, der Herrschaft der Großgrundbesitzer. Ein auf Lebenszeit gewählter Archont stand an der Spitze des Stadtstaates. Seit 682 v. Chr. war seine Amtszeit auf jeweils ein Jahr begrenzt. Soziale Unruhen veranlaßten den Archont Solon, im Jahre 594 v. Chr. eine neue Verfassung einzuführen, die bereits demokratische Grundsätze enthielt.

561 v. Chr. setzte sich Peisistratos, militärischer Oberbefehlshaber von Athen und Anführer der Kleinbauern, an die Spitze des Staates und richtete eine Tyrannis (Alleinherrschaft) ein. Unter ihm und seinen beiden Söhnen Hipparchos und Hippias gelangte Athen zu hoher Blüte. Zahlreiche Tempel und öffentliche Gebäude entstanden; die Wissenschaften, Kunst und Dichtung wurden von den Tyrannen gefördert. Das Zentrum der Stadt verlagerte sich von der Akropolis, die nunmehr allein kultischen Zwecken diente, in den Bereich der Agora.

507 v. Chr. führte Kleisthenes eine neue demokratische Verfassung ein. 499 v. Chr. unterstützte Athen den Aufstand der ionischen Kolonien in Kleinasien gegen die Perser. Daraufhin entsandte der Perserkönig Dareios (Darius) eine Strafexpedition nach Athen, die aber 490 v. Chr. bei Marathon von den Athenern unter Führung des Miltiades zurückgeschlagen wurde. Da eine Wiederholung des persischen Angriffs zu befürchten war, ließ Themistokles 200 Kriegsschiffe bauen. 480 v. Chr. drangen die Perser unter ihrem König Xerxes in Griechenland ein, bezwangen den Engpaß der Thermopylen (Opfer des Spartanerkönigs Leonidas I.), eroberten Attika und zerstörten das evakuierte Athen. Doch bei Salamis gelang es den Athenern, die weit überlegene persische Flotte zu vernichten. Und 479 v. Chr. besiegten die Griechen unter Spartas Führung bei Platää (Plataiai) das persische Landheer. Nach dem Abzug der Perser ließ

Themistokles um die bisher unbefestigte Stadt eine Mauer ziehen. Unter dem Strategen Kimon griffen die Athener ihrerseits die Perser an. Sie befreiten die Inseln der Ägäis und die griechischen Städte in Kleinasien, die seit 546 v. Chr. unter persischer Oberhoheit gestanden hatten. 477 v. Chr. gründete Athen den Attisch-Delischen Seebund, der die befreiten Inseln und Städte zu hohen Beitragszahlungen verpflichtete, während Athen ihre Sicherheit garantierte.

Unter Perikles (461–429) hatte Athen sein »Goldenes Zeitalter«. Seine Flotte beherrschte das Mittelmeer von Karthago bis Ägypten sowie das ganze Schwarze Meer. Mit Geldern des Seebundes entstanden die herrlichen Bauten der Akropolis. Athen entwickelte sich zum kulturellen Mittelpunkt der griechischen Welt. Jeder Familie freier athenischer Bürger standen gesetzlich 300 Quadratmeter Wohnraum zu.

Zur Sicherung Athens wuchsen in fünfzehnjähriger Bauzeit die »Langen Mauern«, die die Stadt mit ihrem Hafen Piräus (Peiraieus) verbanden. Aber das Goldene, das Perikleische Zeitalter war keine Epoche des Friedens. Immer wieder loderten Kämpfe auf, mit den Persern und mit den Spartanern, die auf Athens Großmachtstellung eifersüchtig waren. Trotz zahlreicher Niederlagen erreichte Perikles im Kalliasfrieden mit Persien (448 v. Chr.) und im Dreißigjährigen Frieden mit Sparta (445 v. Chr.) die Anerkennung der attischen Seeherrschaft. Der Frieden mit Sparta hielt nur vierzehn Jahre. Im Peloponnesischen Krieg (431–404) zerschlugen Sparta und seine Verbündeten den Attisch-Delischen Seebund. Athen mußte seine gesamte Flotte bis auf zwölf Schiffe ausliefern, die Langen Mauern wurden geschleift.

Zu Beginn des 4. Jahrhunderts v. Chr. lehnte sich Athen erfolgreich gegen Sparta auf. 394 v. Chr. besiegte es bei → Knidos die spartanische Flotte, 390 v. Chr. am Isthmos die spartanische Landstreitmacht. Weitere Kämpfe mit Sparta und sogar mit den eigenen Verbündeten folgten.

357 v. Chr. erschien eine neue Macht in Griechenland: Makedonien. 338 v. Chr. mußte sich Athen nach der Schlacht bei Chäronea (Chaironeia) den Makedoniern unterwerfen. 229 v. Chr. erkaufte sich Athen den Abzug der makedonischen Besatzung und war fortan selbständig, aber politisch machtlos. Seit den Makedonischen Kriegen (215–205 und 200–197) stand Athen auf der Seite Roms und damit unter dessen Schutz. 146 v. Chr. wurde Athen Teil der römischen Provinz Macedonia. Als Mithridates IV., König von Pontos, ein neues griechisches Reich aufzubauen versuchte, fand er auch die Unterstützung Athens. Daraufhin besetzten römische Legionen unter Sulla im Jahre 86 v. Chr. die Stadt und plünderten sie. Die Achtung der Römer vor der griechischen Kultur verhinderte aber den Verfall der Stadt. Unter den römischen Kaisern entfaltete sich eine rege Bautätigkeit. Hadrian (117–138) ließ einen neuen Stadtteil südöstlich der Akropolis anlegen.

Im Jahre 49 predigte Paulus in Athen. 267 plünderten die Heruler die Stadt. 396 stand der Westgotenkönig Alarich vor den Toren. 529 schloß Kaiser Justinian I. die Philosophenschulen von Athen und beendete damit die große Ära der Antike.

Archäologie

Zwischen 1803 und 1812 brachte Lord Elgin, zuvor Gesandter in Istanbul, mit Genehmigung des türkischen Sultans fast den gesamten plastischen Schmuck des Parthenon, u. a. zwölf Giebelskulpturen, fünfzehn Metopen, 56 Teile des Frieses sowie eine Kore des Erechtheion und Teile des Nike-Tempels, nach London, wo er die Kunstwerke 1816 für 36000 Pfund an das Britische Museum verkaufte. Dort sind sie seitdem als »Elgin marbles« eine Kostbarkeit der Londoner Antikensammlung.

1833 mußten die Türken Griechenland aufgeben. Ein Jahr später wurde es zur Monarchie erklärt. Bald darauf begannen Archäologen mit ersten Ausgrabungen. 1834 setzten die Restaurierungsarbeiten am Parthenon ein. 1835 bis 1837 wurde der Tempel der Athena Nike wieder aufgebaut. 1836 bis 1840 widmeten sich die Restauratoren dem Erechtheion.

1852 bis 1853 untersuchte der französische Archäologe Ernest Beulé das Gelände westlich der Propyläen. 1875 ließ Heinrich Schliemann den Frankenturm vor den Propyläen abtragen, um das griechische Bauwerk voll zur Geltung zu bringen.

Die umfangreichen Arbeiten des griechischen Archäologen P. Kavadia 1885 bis 1891 führten zur Entdeckung mehrerer Bauwerke und Skulpturen auf der Akropolis. Der griechische Architekt M. Balanos führte die Restaurationen an den Propyläen (seit 1909), am Erechtheion (seit 1920) und am Parthenon (seit 1922) durch. 1929/30 richtete er die nördliche Säulenreihe des Parthenon wieder auf. 1935 bis 1939 wurde der Nike-Tempel abgerissen und nach den neuesten Erkenntnissen wieder aufgebaut.

1863 begannen griechische Archäologen mit Ausgrabungen auf dem Kerameikos, dem antiken Friedhof Athens. Seit 1907 führt das Deutsche Archäologische Institut die Arbeiten auf dem »Friedhof am Dipylon« fort.

Die Agora wurde seit dem 19. Jahrhundert von deutschen und griechischen, ab 1931 von deutschen und amerikanischen Archäologen freigelegt.

Die Bauwerke der Akropolis, die in den letzten Jahrzehnten durch Industrie- und Autoabgase mehr gelitten haben als in all den Jahrtausenden davor, werden heute mit großem Aufwand restauriert. Die Karyatiden des Erechtheion kommen ins Akropolis-Museum und werden durch Kopien ersetzt. Die stark verrosteten Eisenklammern, die seit den Restaurierungsarbeiten von 1900 bis 1910 die Marmorblöcke des Tempels zusammenhalten und inzwischen völlig rostzerfressen sind, werden durch

Akropolis von Athen

1 Propyläen 2 Tempel der Athena Nike 3 Pinakothek 4 Heiligtum der Artemis Brauronia 5 Chalkothek und Heiligtum der Athena Ergane 6 Basis für das Standbild der Athena Promachos 7 Archaischer Tempel der Athena Polias 8 Parthenon 9 Pandroseion 10 Erechtheion 11 Altar der Athena 12 Heiligtum des Zeus Polieus 13 Tempel der Roma und des Augustus 14 Heroentempel des Pandion 15 Pelasgische Mauer 16 Quelle Klepsydra 17 Odeion des Herodes Atticus 18 Portikus des Eumenes 19 Asklepieion 20 Dionysos-Theater 21 Odeion des Perikles 22 Denkmal des Nikias

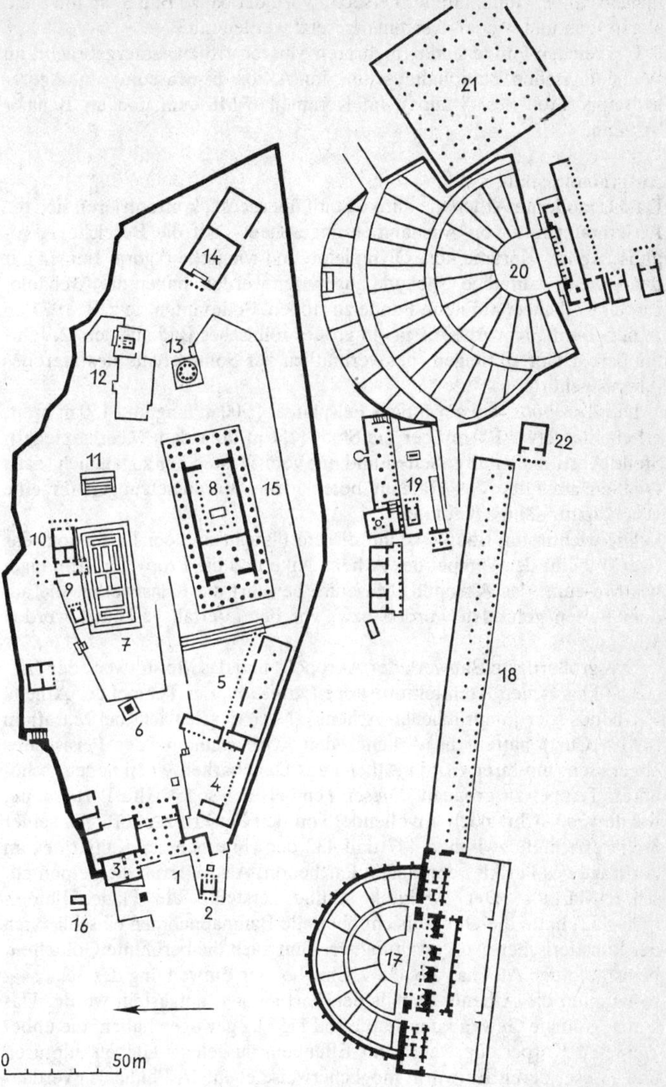
1
2
3
4
5
6
7
8
9
10
11
12
13
14
15
16
17
18
19
20
21
22
0
50m

nichtrostende Titanklammern ersetzt, wozu der ganze Bau Stein um Stein abgetragen und wieder zusammengesetzt werden muß.

Die reichen Funde sind in mehreren Museen Athens untergebracht: im Archäologischen Nationalmuseum, im Akropolis-Museum, im Agora-Museum (Stoa des Attalos), im Kerameikos-Museum und im Benaki-Museum.

Ausgrabungsstätte

Da das moderne Athen die antike Stadt überdeckt, konzentrieren sich die Ausgrabungen – von Ausnahmen abgesehen – auf die Bereiche Akropolis, Agora, Kerameikos, Olympieion und römische Agora. Immer nur dann, wenn baufällige Gebäude abgerissen werden, haben die Archäologen eine Chance, auf neue Funde zu stoßen. So konnten sie z. B. 1977 im Athener Villenvorort Kifissia ein großes römisches Bad aus dem 2. Jahrhundert n. Chr. freilegen, das vermutlich zur Sommervilla des Herodes Atticus gehörte.

Die *Akropolis,* ein gewaltiges Felsplateau, 300 m lang und 150 m breit, erhebt sich etwa 100 m über die Stadt (156 m über dem Meeresspiegel). Steile Abstürze auf drei Seiten und nur vom Westen her zugänglich, dazu Quellen am Fuße des Plateaus boten ideale Voraussetzungen für eine verteidigungsfähige Siedlung.

Die wichtigsten Bauwerke auf diesem Plateau sind der Parthenon, das Erechtheion, der Tempel der Athena Nike und die Propyläen. Ein eigenes Museum, das Akropolis-Museum, bewahrt die Kunstwerke, die auf dem Felsen gefunden wurden bzw. vor dem Verfall geschützt werden müssen.

Das großartigste Bauwerk der Akropolis und das Meisterwerk der griechisch-klassischen Architektur ist der *Parthenon,* der Tempel der Athena Parthenos (der jungfräulichen Athena). Nach der Schlacht bei Marathon (490 v. Chr.) hatten die Athener den »Urparthenon« des Peisistratos abgerissen, um ihrer Göttin Athena aus Dankbarkeit einen neuen, schöneren Tempel zu erbauen. Dieser Tempel, der sog. »Alte Parthenon«, wurde 480 v. Chr. noch unvollendet von den Persern zerstört. An seiner Stelle errichtete zwischen 447 und 432 der Unternehmer Kallikrates im Auftrage des Perikles den neuen Parthenon. Als Material diente pentelischer Marmor. Der Architekt Iktinos erstellte die Pläne. Phidias (500–432) hatte die Oberaufsicht über alle Baumaßnahmen einschließlich der künstlerischen Ausgestaltung; er schuf auch die berühmte Goldelfenbeinstatue der Athena, die 438 v. Chr. bei der Einweihung des »Naos« – so nannten die Athener damals den Parthenon – aufgestellt wurde. Das lange, goldene Gewand der Statue soll 1150 kg gewogen haben; die unbekleideten Körperteile waren mit Elfenbein ausgelegt. Giebelskulpturen und Friese, deren Entwürfe möglicherweise ebenfalls Phidias zu verdanken sind, waren erst 432 v. Chr. vollendet. Und in diesem Jahr starb Phidias, im Gefängnis, weil man ihn des Sakrilegs bezichtigt hatte: auf dem Schild der Athena soll er seinen Freund Perikles und sich selbst dargestellt haben.

Der Parthenon blieb tausend Jahre unversehrt, bis er im 6. Jahrhundert in eine christliche Kirche umgewandelt wurde. Im Jahre 1687 traf ein venezianisches Geschoß das Pulvermagazin, das die Türken in dem Tempel eingerichtet hatten; der Tempel wurde schwer beschädigt.

Der Parthenon ist ein dorischer Peripteros mit je siebzehn Säulen an den Langseiten und je acht an den Schmalseiten (Oktostylos). Er mißt am Säulenfuß 69,51 mal 30,88 m. Drei hohe Stufen bilden den Unterbau des Tempels. Die 10,43 m hohen Säulen haben unten einen Durchmesser von 1,905 m. Der Säulenabstand beträgt 4,296 m. Durch eine feine Kurvatur – 6 cm an den Fassaden und 11 cm an den Langseiten – gewinnt der schwere, gedrungene dorische Bau an Leichtigkeit und scheinbar auch an Höhe. Je sechs dorische Säulen unterstützen das Dach der außergewöhnlich kurzen Vorhallen im Osten und Westen (Pronaos und Opisthodomos). Die Cella, ein rechteckiger, fensterloser Bau von 59 m Länge und 21,72 m Breite, war durch eine Mauer in zwei Räume geteilt: im Osten der Hekatompedos (= 100 Fuß lang) mit der über 11 m hohen Goldelfenbeinstatue der Athena Parthenos des Phidias; im Westen der Parthenon im engeren Sinne, der Saal der Jungfrauen, in dem die Vorbereitungen für die Panathenäen stattfanden, die spätere Schatzkammer Athens, das »Fort Knox« des Attisch-Delischen Seebundes.

Der um das Gebälk laufende Skulpturenschmuck bestand aus 92 Marmor-Metopen, von denen nur noch neunzehn leidlich erhalten sind, fünfzehn davon sind in London, eine in Paris. Die Ostmetopen stellen den Kampf der Götter gegen die Giganten dar, die Südmetopen den der Lapithen gegen die Kentauren, die Westmetopen zeigen eine Amazonomachie, die Nordmetopen haben den Kampf um Troja zum Inhalt.

Die Skulpturengruppe im Ostgiebel zeigt die Geburt der Athena im Beisein der olympischen Götter, die im Westgiebel den Streit zwischen Athena und Poseidon um den Besitz Attikas. Die wenigen Reste dieser Giebelgruppen befinden sich hauptsächlich in London.

Der 160 m lange, 1,06 m hohe ionische Fries am oberen Außenrand der Cella läßt den panathenäischen Festzug vor dem Betrachter erstehen. Die Großen Panathenäen waren das Hauptfest der Athener. Sie fanden seit Peisistratos alle vier Jahre im Hochsommer statt und waren von sportlichen, literarischen und musikalischen Wettkämpfen begleitet. Die Sieger erhielten eine Amphora mit Öl vom heiligen Ölbaum der Athena. Höhepunkt der Festlichkeiten war eine Prozession zum Kultbild der Göttin im Parthenon.

Das *Erechtheion* ist das kleine, anmutige Gegenstück zum massig ernsten Parthenon. Es liegt genau an jener Stelle, wo sich Athena und Poseidon einst um die göttliche Schutzherrschaft über Attika stritten. Poseidon, Stadtgott von → Eleusis, schlug seinen Dreizack auf den Felsen der Akropolis, und salziges Wasser sprudelte aus dem Gestein. Daraufhin stieß Athena, Stadtgöttin von Athen, ihre Lanze in den Boden, und ein Ölbaum sproß empor. Die olympischen Götter sprachen Athena den Sieg zu, denn mit dem Ölbaum erhielt die Menschheit ein kostbares Geschenk. Diese Sage symbolisiert den Kampf der mächtigen

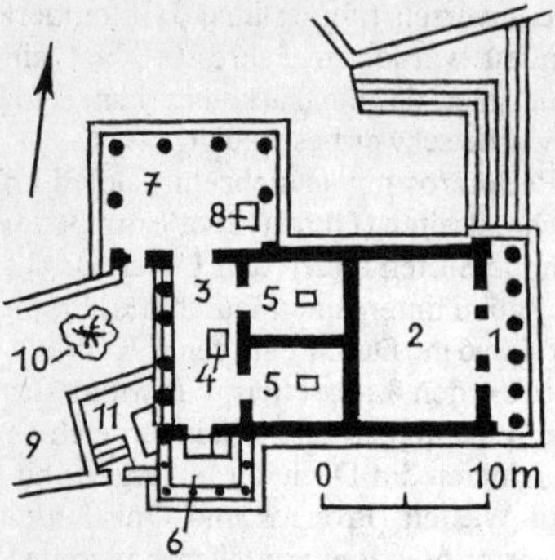

Athen: Erechtheion

1 Osthalle 2 Haus der Athena 3 Haus des Poseidon-Erechtheus 4 »Salzmeer« 5 Kultraum 6 Korenhalle 7 Nordhalle 8 »Dreizackmal« 9 Pandroseion 10 Ölbaum 11 Heiligtum und Grab des Kekrops

Stadtstaaten Eleusis und Athen um die Vorherrschaft in Attika im 7. Jahrhundert v. Chr.

Das Erechtheion wurde von 421 bis 406 an der Stelle eines gemeinsamen Tempels der Athena und des Poseidon erbaut, den die Perser im Jahre 480 v. Chr. niedergebrannt hatten. Nach den Vorstellungen des Perikles sollte dieser neue Bau nicht nur den beiden Göttern geweiht sein, sondern auch der Verehrung der athenischen Heroen Erechtheus, Kekrops, Pandrosos und Butis dienen. Er sollte außerdem den heiligen Ölbaum der Athena sowie die Spuren des Dreizacks und die Salzwasserquelle des Poseidon mit einschließen. Seine Anlage auf dem stark abfallenden Gelände weicht daher völlig von den anderen griechischen Tempelbauten ab. Perikles starb 429 v. Chr. an der Pest und erlebte daher nicht mehr den Baubeginn. Das Erechtheion war im ionischen Stil gehalten. Sein Baumeister ist nicht bekannt.

Die Südseite des Erechtheion schmückt die Halle der Koren, deren Dach sechs Karyatiden oder Koren, sechs überlebensgroße marmorne Mädchenfiguren tragen. Das Original der zweiten Kore von links befindet sich in London. Auch die anderen Koren sollen durch Kopien ersetzt werden und einen geschützten Platz im Akropolis-Museum erhalten. Vor rund hundert Jahren bauten die Archäologen das eingestürzte Erechtheion wieder auf und verwendeten zum Zusammenhalten der Marmorblöcke Eisenklammern. Diese Klammern sind inzwischen durchgerostet, so daß man den Bau abtragen und die Blöcke unter Verwendung rostfreier Titanklammern neu zusammenstellen muß. In der Cella der Athena Polias war das uralte hölzerne Kultbild der Göttin aufgestellt, das in dem südlich angrenzenden archaischen Tempel der Athena Polias aus dem 6. Jahrhundert v. Chr. und davor vermutlich in einem Tempel der geometrischen Epoche – wahrscheinlich an der Stelle des Königspalastes aus mykenischer Zeit – gestanden hatte.

Zum Erechtheion gehörte auch das Pandroseion, das Heiligtum der Pandrosos, die eine Tochter des Kekrops und erste Priesterin der Athena war. Hier stand der heilige Ölbaum der Athena und ein Altar des Zeus Herkeios (des »Schirmherrn«).

Der *archaische Tempel der Athena Polias* (»Schützerin der Stadt«) wurde um 525 v. Chr. von den Peisistratiden erbaut. Der dorische Peripteros, ein Tuffsteinbau, hatte je zwölf Säulen an den Langseiten und je sechs an den Schmalseiten. Skulpturen aus parischem Marmor, darunter eine 2 m große Darstellung der Athena, schmückten den Giebel. Die Cella im Ostteil des Tempels barg das Kultbild der Göttin. Der westliche Opisthodomos gliederte sich in einen großen Vorraum und zwei dahinterliegende kleinere Räume, in denen die Weihgeschenke aufbewahrt wurden.

480 v. Chr. zerstörten die Perser den Tempel. Nur der westliche Teil des Bauwerks blieb erhalten. Kurz nach der Einweihung des Erechtheion im Jahre 406 v. Chr. brannte dieser Rest nieder, vielleicht beabsichtigt, denn nun erst kam die Schönheit des Erechtheion voll zur Geltung. Von dem archaischen Tempel blieben nur die Fundamente.

In einem Graben, der östlich von Parthenon und Erechtheion verlief, fand man zahlreiche *Koren* des 6. Jahrhunderts v. Chr., die einst im archaischen Tempel der Athena Polias oder in seinem Umfeld standen und vor dem Einzug der Perser in Athen (480 v. Chr.) vergraben worden waren. Die meisten dieser marmornen Koren, die vermutlich die Athena darstellen, sind von ionischer Beschwingtheit, sie haben etwas schräge Augen und das »archaische Lächeln« auf den Lippen. Die Skulpturen befinden sich heute im Akropolis-Museum.

Die *Propyläen* bilden den monumentalen Eingang zur Akropolis. Mnesikles war ihr Architekt. Die Bauarbeiten begannen nach Fertigstellung des Parthenon im Jahre 438 v. Chr. Durch den Beginn des Peloponnesischen Krieges mußte der Bau 432 v. Chr. kurz vor seiner Vollendung abgebrochen werden.

Das Baumaterial der Propyläen ist pentelischer Marmor. An den zentralen Hauptbau, der auf den Fundamenten kleinerer Propyläen aus der Zeit der Peisistratiden (6. Jahrhundert v. Chr.) steht, lehnen sich zwei vorgezogene Seitenflügel. Der Hauptbau war durch eine Querwand in zwei Säulenhallen unterteilt. Fünf Durchgänge mit schweren Holztüren verbanden beide Hallen: der mittlere Durchgang war 4,18 m breit, die seitlichen Durchgänge maßen jeweils 2,92 und 1,47 m in der Breite. Durch das Mitteltor zogen einst die Prozessionen mit Wagen und Opfertieren. Je sechs dorische Säulen bildeten die Front der beiden Hallen. Den breiten Mitteldurchgang begleiteten sechs ionische Säulen. Der Nordflügel, bekannt als Pinakothek, bestand aus einem 10,76 mal 8,97 m großen Saal und einer Vorhalle mit drei dorischen Säulen. Fresken und Gemälde des Polygnot, die der griechische Reiseschriftsteller Pausanias noch im 2. Jahrhundert n. Chr. bewunderte, schmückten den Saal.

In der äußersten Südwestecke der Akropolis erhebt sich der zierliche ionische *Tempel der Athena Nike* (der »siegreichen Athena«). Um 432 v. Chr. begann Kallikrates mit dem Bau des Tempels auf den Fundamenten eines älteren Nike-Tempels, den die Perser, wie alle anderen Heiligtümer der Akropolis, im Jahre 480 v. Chr. zerstört hatten. In mykenischer Zeit sicherte hier eine Festung den Zugang zur Akropolis. Der neue Tempel wurde als Amphiprostylos aus pentelischem Marmor in ionischem Stil erbaut. Je vier monolithische Säulen stützen die Architrave der beiden Fronten. Ein 25,30 m langes Friesband schmückte den Tempel: der Ostfries zeigt eine Versammlung der olympischen Götter, die Friese der anderen Seite stellen Kämpfe gegen die Perser dar, darunter auch die Schlacht bei Platää. Die Cella öffnet sich nach Osten; sie enthielt ein hölzernes Kultbild der Athena. Mit dem Bau des Tempels dankten die Athener ihrer Göttin für die siegreichen Schlachten gegen die Perser.

Im *Heiligtum der Artemis Brauronia* stand einst die berühmte Artemis-Statue des Praxiteles. Das anschließende *Heiligtum der Athena Ergane* war den Handwerkern Athens vorbehalten, die der Göttin Weihgeschenke darbrachten.

An der höchsten Stelle der Akropolis zeugen polygonale Fundamente und Tuffsteinmauern von dem *heiligen Bezirk des Zeus Polieus*. Im 3. Jahrtausend hatten hier die ersten Siedler ihre Wohnstätten erbaut.

Von den vielen Standbildern zwischen den Bauwerken der Akropolis ist vor allem die 7,50 m hohe Bronzestatue der *Athena Promachos* zu erwähnen. Die Statue, ein Werk des Phidias, wurde um 454 v. Chr. aufgestellt.

Die vermutlich erste Mauer der Akropolis errichteten im 13. Jahrhundert v. Chr. die Achäer. Es war eine Kyklopenmauer wie in → Mykene und → Tiryns, 4,50 bis 6 m dick und 10 m hoch. Diese Mauer aus mächtigen, unbehauenen Steinblöcken nannten die alten Griechen *Pelasgische Mauer,* weil sie annahmen, daß die Pelasger, die vorgriechischen Bewohner von Attika, ihre Erbauer waren. Im 10. Jahrhundert v. Chr. erhielt die Pelasgische Mauer im Westen eine Erweiterung, die auch die Quelle Klepsydra und den Aufgang zur Akropolis umschloß. Nach der Zerstörung Athens durch die Perser im Jahre 480 v. Chr. ließ Themistokles auch die Akropolis-Mauer erneuern. Teile dieser Mauer mit eingebauten Säulentrommeln, Metopen usw. sind noch im nördlichen Bereich der Akropolis erhalten. 468 v. Chr. errichtete Kimon eine neue Mauer im Süden und Osten der Akropolis. Diese *Kimonische Mauer* war 18 m hoch und 7,50 m (unten) bis 5,40 m (oben) dick. Den Raum zwischen der alten und der neuen Mauer füllte er mit »Perserschutt«, mit Trümmern der zerstörten Tempel und Skulpturen.

An den Südhang der Akropolis schmiegt sich das *Dionysos-Theater.* Das Theater gehörte einst zum heiligen Bezirk des Dionysos Eleuthereus, dessen Kult im 6. Jahrhundert v. Chr. nach Athen gelangte. Aus den Festspielen der Großen Dionysien mit Tänzen und Chören entwickelte sich im späten 6. und im 5. Jahrhundert die Tragödie. Aischylos (525–456), Sophokles (496–406) und Euripides (480–406) waren die drei großen Dramatiker jener Epoche. Im späten 5. Jahrhundert v. Chr. kamen die Komödien des Aristophanes (um 445–385) dazu. Aus der kreisrunden Tanzfläche wurde eine Orchestra, der Zuschauerraum erhielt Sitzreihen aus Holz, später aus Stein, Kulissen wurden erforderlich, ein Bühnenhaus entstand. In römischer Zeit fanden hier Gladiatorenkämpfe und Naumachien (»Seeschlachten«) statt. Das Theater in seiner heutigen baulichen Gestalt stammt weitgehend aus römischer Zeit. Etwa 16000 Zuschauer, nach Platon (427–347) sogar 30000, konnten auf den 78 Sitzstufen der drei halbkreisförmigen Ränge Platz nehmen. Das Theater wurde in Zusammenarbeit mit dem Deutschen Archäologischen Institut in Athen teilweise wieder aufgebaut.

An das Theater lehnte sich das *Odeion des Perikles* an, der wohl größte und schönste Vortrags- und Konzertsaal der griechischen Welt. Der Bau wurde 443 v. Chr. vollendet, 86 v. Chr. von Sulla zerstört und zwischen 65 und 52 wieder aufgebaut. Auf das Odeion weisen nur noch geringe Ruinenreste hin.

Unmittelbar am Fuße der Akropolis liegt das *Asklepieion,* das Heiligtum des Asklepios, des Gottes der Heilkunst. Der Asklepios-Kult kam um 420 v. Chr. aus dem großen Kurzentrum → Epidauros nach Athen. Das Heiligtum bestand aus Tempel, Altar und Portikus; ein Brunnenhaus aus polygonalem Mauerwerk lieferte das Badewasser. Im 4. Jahrhundert v. Chr. entstand neben dem alten Asklepieion ein neues, größeres, ebenfalls mit Tempel, Altar und Portikus ausgestattetes Kurheiligtum. Der langgezogene Portikus hatte siebzehn dorische Säulen; im Obergeschoß suchten die Kranken heilenden Schlaf.

Das *Odeion des Herodes Atticus* ließ der wohlhabende Athener zwischen 160 und 174 n. Chr. erbauen. 32 mit Marmor verkleidete Sitzstufen boten 5000 Zuschauern Platz. Das Bühnenhaus besteht aus einem zweistöckigen Mittelbau und zwei dreistöckigen Seitenflügeln. In diesem Odeion finden alljährlich während der Athener Festspielwochen Konzerte und Theateraufführungen statt.

Den *Portikus des Eumenes* stiftete der pergamenische König Eumenes II. (197–159) als Wandelhalle für die Besucher des Dionysos-Theaters. Später wurde die zweigeschossige Säulenhalle bis zum Odeion des Herodes Attikus verlängert.

Etwa einen halben Kilometer südöstlich der Akropolis erhob sich einst das *Olympieion,* der größte Tempel Griechenlands. Er war dem olympischen Zeus geweiht. Unter dem Seleukidenkönig Antiochos IV. wurde er zwischen 175 und 164 auf den Fundamenten eines archaischen Zeus-Tempels aus dem 6. Jahrhundert v. Chr. begonnen und unter Kaiser Hadrian bis 132 n. Chr. vollendet. Der römische Architekt Cossutius lieferte den Entwurf. Der aus pentelischem Marmor errichtete Tempel steht auf einer riesigen Terrasse von 205,60 mal 129,90 m. Die Temenos-Mauer rings um die Terrasse verstärkten 100 Bastionen. Der Tempel war ein Dipteros mit 104 korinthischen Säulen, von denen heute noch sechzehn Säulen erhalten sind. Sie waren 17,25 m hoch.

Der *Hadriansbogen* vor dem Olympieion wurde im 2. nachchristlichen Jahrhundert an der Stelle eines Stadttores aus dem 6. Jahrhundert v. Chr. aus pentelischem Marmor erbaut. An der Akropolis-Seite trägt das Tor die Inschrift »Hier ist Athen, die alte Stadt des Theseus«; an der dem Olympieion zugewandten Seite heißt es: »Hier ist Hadrians Stadt und nicht mehr die des Theseus«. Eine Schmeichelei der Athener für den großen römischen Kaiser, der sich um die Stadt sehr verdient gemacht hatte.

Das *Lysikrates-Denkmal* erinnert an den Choregen (Finanzier und Leiter eines Chors) Lysikrates, dessen Chor um 335 v. Chr. bei den Dionysischen Spielen einen Sieg errang. Der Siegespreis, ein Dreifuß aus Bronze, krönte das 6,50 m hohe Monument. Ähnliche Choregen-Denkmäler säumten einst die Odos Tripodon, die »Straße der Dreifüße«.

Einen halben Kilometer nordwestlich der Akropolis liegt die *Agora* mit dem berühmten *Hephaistos-Tempel,* auch »Theseion« genannt, weil sein Metopenschmuck u. a. die Heldentaten des Theseus zeigt. Der dem Gott des Feuers und der Schmiede geweihte Tempel entstand zwischen 449 und 444 in dorischem Stil. Das Hephaisteion gilt als der am besten erhaltene griechische Tempel überhaupt. Der Grund hierfür mag darin liegen, daß der Tempel seit dem frühen 5. Jahrhundert als Kirche diente und auch von den Türken nicht angetastet wurde. Der Metopenfries zeigt neben den oben erwähnten Taten des Theseus auch die bekannten »zehn Arbeiten« des Herakles. Die Cella barg die Bronzestatuen des Hephaistos und der Athena Hephaistia, zwei Werke des Phidias-Schülers Alkamenes.

470 v. Chr. wurde das von den Persern zerstörte archaische Prytaneion (Sitz der Senatoren) durch einen Rundbau aus Backstein ersetzt. Von dieser *Tholos* sind nur noch die Fundamente erhalten.

Ebenfalls nur Fundamente und einige Mauerstücke weisen auf das *Buleuterion* (Rathaus) und auf das benachbarte *Metroon* (Tempel der Göttermutter) mit dem Staatsarchiv hin, beide aus dem späten 5. Jahrhundert v. Chr. mit archaischen Vorgängern.

Das *Odeion,* auch Agrippeion genannt, erbaute um 20 v. Chr. Agrippa, der Schwiegersohn des Kaisers Augustus. Der riesige Vortragssaal, in dem etwa 1000 Studenten Platz fanden, war eine Ergänzung des hellenistischen Gymnasion. Um 150 n. Chr. wurden vor dem Eingang des Odeion sechs Kolossalstatuen aufgestellt, von denen noch zwei Tritonen und ein Gigant als Torsen erhalten sind.

Weitere Bauwerke der Agora sind u. a. der Tempel des Apollon Patroos (4. Jahrhundert v. Chr.), die Halle des Zeus Eleutherios (5. Jahrhundert v. Chr.), der Ares-Tempel (5. Jahrhundert v. Chr.) und schließlich die 116 m lange *Stoa des Attalos,* die Attalos II., König von Pergamon, um 150 v. Chr. stiftete und die 1953 bis 1956 von amerikanischen Archäologen rekonstruiert wurde. Die neuerbaute Stoa dient heute als Agora-Museum.

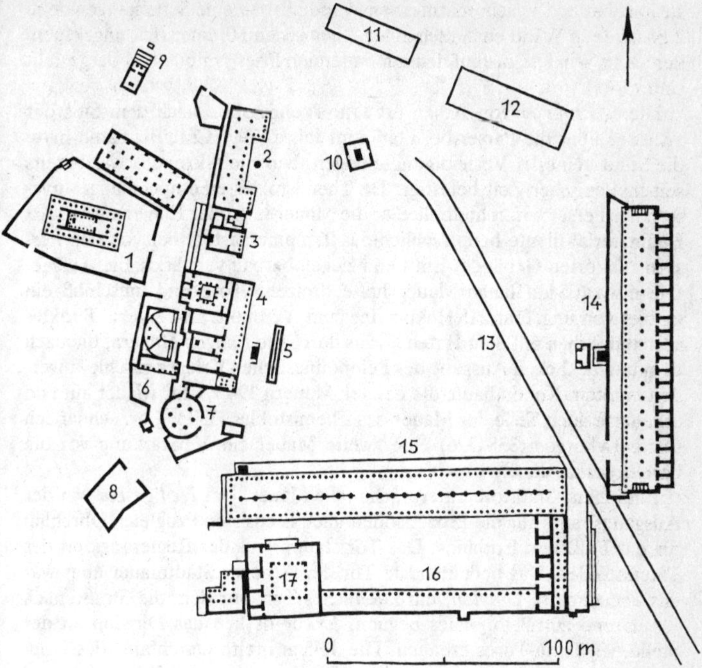

Athen: Griechische Agora (2.–1. Jahrhundert v. Chr.)

1 Hephaistos-Tempel (»Theseion«) 2 Stoa des Zeus 3 Tempel des Apollon Patroos 4 Metroon 5 Eponyme Heroen 6 Buleuterion 7 Tholos 8 Strategeion 9 Tempel der Aphrodite Urania 10 Altar der Zwölf Götter 11 Stoa des Hermes 12 Stoa Poikile 13 Panathenäen-Straße 14 Stoa des Attalos 15 Mittlere Stoa 16 Südstoa 17 Heliaia

Die *römische Agora* ist ein 112 mal 96 m großer Marktplatz aus dem 1. Jahrhundert v. Chr. Kurz vor der Zeitenwende entstand das prächtige Westtor der Agora, das Tor der Athena Archegetis, der »regierenden Athena«. Das 11 m breite Tor hatte drei Eingänge, die nach außen von vier dorischen Säulen abgegrenzt waren. Im 2. Jahrhundert n. Chr. wurde die Agora von Säulenhallen mit Läden umgeben, der 82 mal 57 m große Mittelhof erhielt ein Marmorpflaster. Das bemerkenswerteste Bauwerk der römischen Agora ist der *Turm der Winde*. Der 12,10 m hohe, achteckige Turm stammt vermutlich aus der Zeit um 40 v. Chr. und enthielt eine Wasseruhr, die der syrische Astronom Andronikos Kyrrhestes konstruiert hatte. Die acht marmornen Wände haben eine Seitenlänge von je 2,80 m. Jede Wand entsprach einer athenischen Himmelsrichtung, einem der »acht Winde«, die auf dem umlaufenden Fries symbolisiert dargestellt sind.

Die *Stadtmauer* von Athen erbaute Themistokles nach dem Sieg der Athener über die Perser bei Platää im Jahre 479 v. Chr. Bis dahin hatte die Stadt keinerlei Verteidigungsanlagen. Nur die Akropolis war bereits seit mykenischer Zeit befestigt. Da Themistokles eine nochmalige Invasion der Perser befürchtete, ließ er die Mauer in großer Eile erstellen. Als Baumaterial diente hauptsächlich das Trümmergestein der von den Persern zerstörten Gebäude. Ein Lehmziegeloberbau verstärkte die Anlage. Die etwa 6,5 km lange Mauer hatte dreizehn Tore und umschloß ein Gebiet von ungefähr 215 Hektar rings um Akropolis und Agora. Perikles verband Athen mit dem Hafen Piräus durch die *Langen Mauern,* die nach dem unglücklichen Ausgang des Peloponnesischen Krieges geschleift werden mußten. Konon baute die Langen Mauern 394 v. Chr. wieder auf und erneuerte auch Teile der Mauer des Themistokles. 330 v. Chr. schließlich setzte Lykurgos (338–326) eine zweite Mauer zur Verstärkung vor die bereits vorhandene.

Zahlreiche Stadttore unterbrachen die Mauer. Das *Heilige Tor* war der Ausgangspunkt für die Prozessionen nach Eleusis und zugleich Durchlaß für das Flüßchen Eridanos. Das Tor stammt aus der Regierungszeit des Themistokles. Das bedeutendste Tor der Athener Stadtmauer aber war das benachbarte *Dipylon,* ein zweifaches Tor, vor dem die Straße nach Piräus und zur Peloponnes begann. Lykurgos ließ das Dipylon an der Stelle des Thria-Tores erbauen. Die 3,45 m breite Durchfahrt des Doppeltores ermöglichte das gleichzeitige Passieren von zwei Fahrzeugen.

Vor der Stadtmauer am Dipylon lag der *Kerameikos* (griech. = Töpfermarkt), der größte und vornehmste Friedhof des antiken Athen, auch »Friedhof am Dipylon« oder »Friedhof am Eridanos« genannt. Hier fanden über anderthalb Jahrtausende die berühmten und die reichen Bürger der Stadt ihre letzte Ruhestätte. Die durch ihre einzigartigen Funde bedeutsamen Gräber reichen von der geometrischen Epoche (11.–8. Jahrhundert) über die archaische (7. und 6. Jahrhundert) und klassische Zeit (5. und 4. Jahrhundert) bis zum Sieg des Christentums. Der Kerameikos ist die bisher wichtigste Fundstätte geometrischer Vasen.

Literatur: G. Wachmeier, Athen. Zürich, München 1976.

Baalbek

Baalbek, heute eine libanesische Distrikthauptstadt, liegt etwa 70 km nordöstlich von Beirut in einem Hochtal zwischen den Gebirgszügen des Libanon und des Antilibanon. Die Stadt verdankt ihre Berühmtheit den gewaltigen Tempelbauten aus der römischen Kaiserzeit.

Geschichte

Baalbek wurde wahrscheinlich von den Phönikern gegründet. Assyrische Inschriften aus der Zeit um 800 v. Chr. erwähnen eine Stadt Ba'li, die mit Baalbek identisch sein dürfte. Der Name stammt von dem semitischen Gott Baal und dem Hochtal Bekaa her. Die Griechen nannten die Stadt Heliopolis (Stadt der Sonne), da sie ihren Gott Helios dem Baal gleichsetzten. Kaiser Augustus brachte römische Siedler in die Stadt, die den Rang einer Colonia erhielt (»Colonia Julia Augusta Felix Heliopolis«). Die Römer setzten Jupiter an die Stelle von Baal bzw. Helios und errichteten Tempel, die alle entsprechenden Bauten des Vorderen Orients an Schönheit und Größe übertrafen. Das römische Heiligtum auf der Akropolis von Baalbek entstand im 2. und 3. nachchristlichen Jahrhundert. Diese Zeit war zugleich die Blütezeit der Stadt.

Unter den byzantinischen Kaisern war das Christentum Staatsreligion geworden. Konstantin der Große (306–337) ließ die Tempel schließen. Theodosius der Große (379–395) befahl die Zerstörung der Altäre und Götterbilder und errichtete vor dem Jupiter-Tempel eine Kirche. Im 7. Jahrhundert kamen die Araber und verwandelten das Heiligtum in eine Festung. Im 13. Jahrhundert wüteten die Mongolen in der Stadt. Zwei schwere Erdbeben (1158 und 1759) verwandelten den mächtigen Tempelbezirk in eine Ruinenstätte.

Ausgrabungen

1898 besuchte Kaiser Wilhelm II. die Ruinenstätte von Baalbek und gab den Anstoß, das Heiligtum archäologisch zu erforschen. In den Jahren 1900 bis 1905 arbeiteten deutsche Archäologen unter Puchstein in dem Tempelbezirk.

Ausgrabungsstätte

Die *Akropolis* von Baalbek wird von einer Kyklopenmauer eingefaßt, die vielleicht von den Phönikern erbaut worden war. Die Mittelschicht des südlichen Mauerteils bilden gewaltige Monolithen (19,50 m lang, 4,35 m hoch, 3,65 m dick). Diese etwa 800 Tonnen (16000 Zentner) schweren Quader mußten auf das 7 m hohe Mauerfundament gehoben werden. Eine ursprünglich 43 m breite Freitreppe führt zu den *Propyläen,* einer 60 m breiten und 12 m tiefen Säulenvorhalle. Von den Säulen aus ägyptischem Rosengranit sind nur noch die Basen vorhanden. An die Propyläen schließt sich ein sechseckiger, 60 m langer, von Säulenhallen umgebener *Vorhof* an, übrigens der einzige Sechseckhof der Antike. Der Hof war mit weißem Marmor ausgelegt, die Säulenhallen hatten Mosaikfußböden. Drei Portale öffnen sich zu dem 135 mal 113 m großen *Altarhof,* der an drei Seiten von Arkaden im korinthischen Stil eingefaßt ist. In diesen Arkaden waren Statuen römischer Gottheiten aufgestellt. Die 84 monolithischen, 8 m hohen Rosengranitsäulen der Arkaden wurden später beim Bau von Kirchen und Moscheen verwendet.

An den Altarhof schließt sich der *Große Tempel* an, der dem Jupiter Heliopolitanus geweiht war. Eine 50 m breite Treppe führt zu einer 7 m

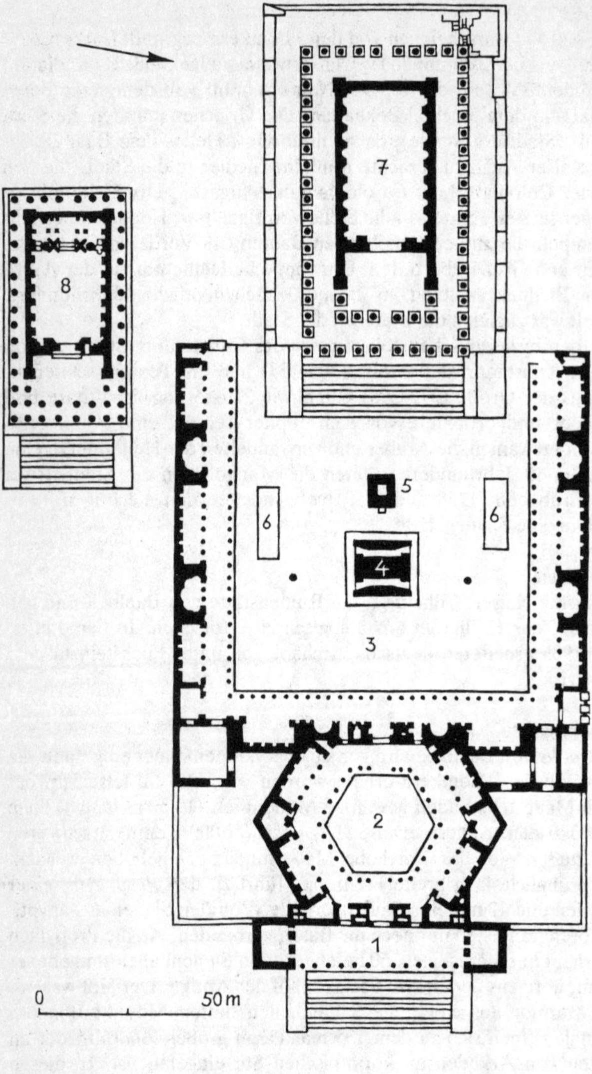

Baalbek

1 Propyläen 2 Vorhof 3 Altarhof 4 Monumentalaltar 5 kleiner Altar 6 Wasserbecken 7 Großer Tempel (Tempel des Jupiter Heliopolitanus) 8 Venus-Tempel (sog. Bacchus-Tempel)

hohen Terrasse empor, auf der sich der riesige Tempel, ein 106 mal 69 m großer korinthischer Pseudodipteros aus der Mitte des 1. Jahrhunderts n. Chr. erhebt. Von den 19 m hohen Säulen aus gelblichem Syenit stehen noch sechs aufrecht. Sie vermitteln einen Begriff von der einstigen gewaltigen Größe des Bauwerks. Von der Cella sind nur noch die Fundamente vorhanden. Der Tempelbau wurde unter Augustus (31 v. Chr.–14 n. Chr.) begonnen.

Südlich vom Jupiter-Tempel steht der kleinere, aber besser erhaltene *Venus-Tempel,* der irrtümlich auch Bacchus-Tempel genannt wird. Der korinthische Peripteros stammt aus dem 2. Jahrhundert n. Chr. Von den 46 etwa 16 m hohen korinthischen Säulen stehen noch 23. Durch ein hohes Portal betritt man die mit Reliefs reich geschmückte Cella mit dem Adyton, in dem das Kultbild stand.

Unweit der Akropolis erhebt sich im Nordwesten der Stadt ein zweiter *Tempel der Venus* (oder Fortuna) mit acht korinthischen Monolithsäulen. Dieser Tempel hat einen hufeisenförmigen Grundriß und beherbergte in frühchristlicher Zeit eine Kirche.

Unter Theodosius dem Großen (379–395) entstand im Altarhof des Tempelbezirks eine dreischiffige christliche *Pfeilerbasilika.*

Literatur: Th. Wiegand, Baalbek. Ergebnisse der Ausgrabungen und Untersuchungen in den Jahren 1898–1905. 3 Bde, Berlin 1921–25. – Hoyningen-Huene, Baalbek-Palmyra. New York 1946.

Babylon

Babylon (sumerisch: Kadingirra; akkadisch: Bab-ili = Tor Gottes) war die Hauptstadt des babylonischen Reiches und das kulturelle Zentrum des gesamten Nahen Ostens. Hier starb Alexander der Große, der Babylon zur Hauptstadt seines Weltreiches machen wollte. Die Ruinenstätte liegt etwa 125 km südlich von Bagdad am früheren Flußlauf des Euphrat. Bekannt ist Babylon vor allem durch die biblische Erzählung vom »Turmbau zu Babel« und durch die »Hängenden Gärten der Semiramis«, einem der Sieben Weltwunder des Altertums.

Geschichte

Die ältesten bisher gefundenen Siedlungsspuren stammen aus dem 3. Jahrtausend. Sumerer lebten hier in einer kleinen, unbedeutenden Ortschaft namens Kadingirra (= Tor Gottes). Auf akkadisch hieß das Bab-ili. Und unter diesem Namen wurde der Ort erstmals im 24. Jahrhundert erwähnt, als der akkadische Herrscher Šarkališarri (Schar Kali Scharri; etwa 2223–2198) hier einen Tempel für die Göttin Ischtar erbaute. Um 2200 vernichteten die Gutäer, Nomadenstämme aus dem westiranischen Zagros-Gebirge, die Akkader-Dynastie. Die Sumerer gewannen zum Teil ihre Unabhängigkeit zurück.

Im 21. Jahrhundert überschwemmten westsemitische Völkerschaften (Amoriter) aus dem syrisch-phönikischen Raum Mesopotamien; sie gründeten Dynastien in Larsa (2023), Isin (2022) und → Mari (um 2015). 1894 v. Chr. hatte sich auch in Babylon eine Dynastie der Amoriter gebildet.

Hammurabi (1792–1750), der bedeutendste Herrscher dieser Dynastie, stürzte nacheinander alle benachbarten Amoriter-Dynastien, schlug das mächtige Assyrien und machte aus dem kleinen Stadtstaat Babylon ein Großreich, dessen Gebiet sich vom Persischen Golf bis Aleppo und → Ninive erstreckte. Die Stadt Babylon wurde das glanzvolle Verwaltungszentrum dieses Reiches. Das großartigste Dokument dieser Epoche ist die in einen Dioritblock gemeißelte »Gesetzessammlung des Hammurabi«; sie wurde 1902 in → Susa entdeckt und befindet sich heute im Louvre, Paris. Der Stadtgott Marduk war zum Reichsgott avanciert.

1595 v. Chr. drangen die Hethiter unter ihrem König Muršili I. (1620–1590) in Babylonien ein. Sie plünderten die Hauptstadt, verschleppten u. a. die Statuen des Marduk und seiner Gemahlin Sarpanitu (Zarpanit) und führten durch ihren Überfall den Sturz der ersten babylonischen Dynastie herbei. Nach dem Abzug der Hethiter kamen aus dem Zagros die Kassiten. Sie übernahmen die Herrschaft in Babylon, ohne die politische und religiöse Ordnung des Reiches zu ändern. Die zentralistische Verwaltung blieb erhalten. Marduk wurde weiterhin als Reichsgott verehrt. Agum Kakrime (um 1580 v. Chr.), ein kassitischer König auf dem babylonischen Thron, holte sogar die von den Hethitern verschleppten Götterstatuen zurück. Aber die Bedeutung des Reiches war nur noch gering. Seit dem 14. Jahrhundert v. Chr. machte das wiedererstarkte Assyrien den Königen von Babylon sehr zu schaffen. 1160 v. Chr. endete die Kassitenherrschaft mit dem Einfall der Elamiter. Das babylonische Erbe trat bald darauf die 2. Dynastie von Isin an, deren bedeutendster Herrscher Nebukadnezar I. (Nabû–kudurri–usur; 1124–1103) das Land Elam eroberte.

Um 1100 v. Chr. nahm der Assyrerkönig Tiglatpileser I. (1115–1077) Babylon ein. Von da an stand Babylonien unter assyrischer Gewalt. Alle Versuche, sich von Assyrien zu lösen, schlugen fehl. Im Jahre 689 v. Chr. beendete der Assyrerkönig Sanherib einen Aufstand mit der völligen Zerstörung Babylons. »Ich werde in der Stadt schlimmer als die Sintflut wüten,« hatte er erklärt. Aber sein Sohn Asarhaddon, dessen Mutter eine babylonische Priesterin war, baute die Stadt wieder auf.

Nach dem Tode des letzten großen Assyrerkönigs Assurbanipal im Jahre 626 v. Chr. verbündete sich der Chaldäer Nabupolassar (626–606), Vizekönig von Babylon, mit den iranischen Medern und vernichtete das assyrische Reich. Er begründete die neubabylonische Dynastie. Sein Sohn Nebukadnezar II. (605–562), zu dessen Großreich nun auch Assyrien gehörte, eroberte im Jahre 586 v. Chr. Jerusalem und deportierte die Bevölkerung (»Babylonische Gefangenschaft der Juden«). Unter Nabupolassar und Nebukadnezar II. entstanden die prächtigsten Bauwerke Babylons.

Im Jahre 550 v. Chr. half Nabonid (555–539) dem Perserkönig Kyros II. (Kurauš), dessen Schwiegervater und Lehnsherrn, den Mederkönig Astyages (Istuwegu) zu stürzen. Als sich Nabonid 539 v. Chr. mit seinen Truppen auf einem Kriegszug in Arabien befand, dankte ihm Kyros die Hilfe mit dem Einmarsch seiner Truppen in Mesopotamien. Noch ehe Nabonid die Hiobsbotschaft erreicht hatte, stand Kyros vor den Toren Babylons. In der Nacht des Neujahrsfestes überquerten die Perser das trockengelegte Flußbett des Euphrat, überrumpelten die Wachen und nahmen die Stadt. Kyros sah von einer Plünderung Babylons ab, schonte die Bevölkerung und ließ die prächtigen Gebäude unversehrt. Babylon wurde Hauptstadt einer Satrapie des Achämenidenreiches, des Großreiches der Perser und Meder. Die von Nebukadnezar II. verschleppten Juden durften wieder nach Jerusalem zurückkehren. 479 v. Chr. ließ Xerxes I. nach der Niederschlagung eines Aufstandes die Stadtmauern schleifen und die Tempel zerstören.

Alexander der Große besetzte Babylon im Jahre 331 v. Chr. und wollte die Stadt zum Mittelpunkt seines Weltreiches machen. Doch er starb dort, bevor er seine Pläne verwirklichen konnte, im Jahre 323 v. Chr. an der Malaria. In der Diadochenzeit verlor Babylon durch die neue Residenzstadt Seleukeia, die Seleukos I. um 300 v. Chr. etwa 90 km nördlich von Babylon am Tigris gegründet hatte, seine Bedeutung. Im 1. nachchristlichen Jahrhundert war die einst größte Stadt der Welt nahezu verlassen.

Archäologie

Die eindrucksvollen Ruinen des Nebukadnezar-Palastes zogen schon immer interessierte Reisende an. 1616 entdeckte der Italiener Pietro della Valle die ersten Keilschrifttafeln. 1766 kam der deutsche Geometer Carsten Niebuhr nach Babylon, 1784 de Beauchamps, 1794 Olivier. In den Jahren 1811/12 und 1821 erstellte der Engländer C. J. Rich die erste genaue topographische Aufnahme der Ruinenstätte. 1824 arbeitete J. Keppel, 1834 B. Fraser, 1838 Chesney in Babylon. Es folgten 1841 Coste und Flandin und 1845 Lottin de Laval.

1852 erhielt Fulgence Fresnel, französischer Konsul in Bagdad, den Auftrag, Babylon auszugraben. Er fiel jedoch in Ungnade und wurde von J. Oppert und F. Thomas abgelöst, die bis 1855 in Babylon wirkten.

Die wesentlichen Ausgrabungen fanden in den Jahren 1899 bis 1917 im Auftrage der Deutschen Orient-Gesellschaft unter Leitung von Robert Koldewey statt. Freigelegt wurden vor allem die Bauten der neubabylonischen Epoche (7. und 6. Jahrhundert v. Chr.), während die älteren Bauwerksreste aus der Zeit des Hammurabi wegen ihrer Lage unterhalb des Grundwasserspiegels und wegen ihres hohen Zerstörungsgrades bislang noch nicht erforscht werden konnten.

Heute setzen irakische Archäologen die Ausgrabungen und Restaurierungen in Babylon fort. Die Regierung beabsichtigt, das riesige Ruinenfeld in ein einzigartiges Freilichtmuseum zu verwandeln. Dabei soll unter Leitung japanischer Wissenschaftler sogar der »Turm von Babel« wiedererstehen.

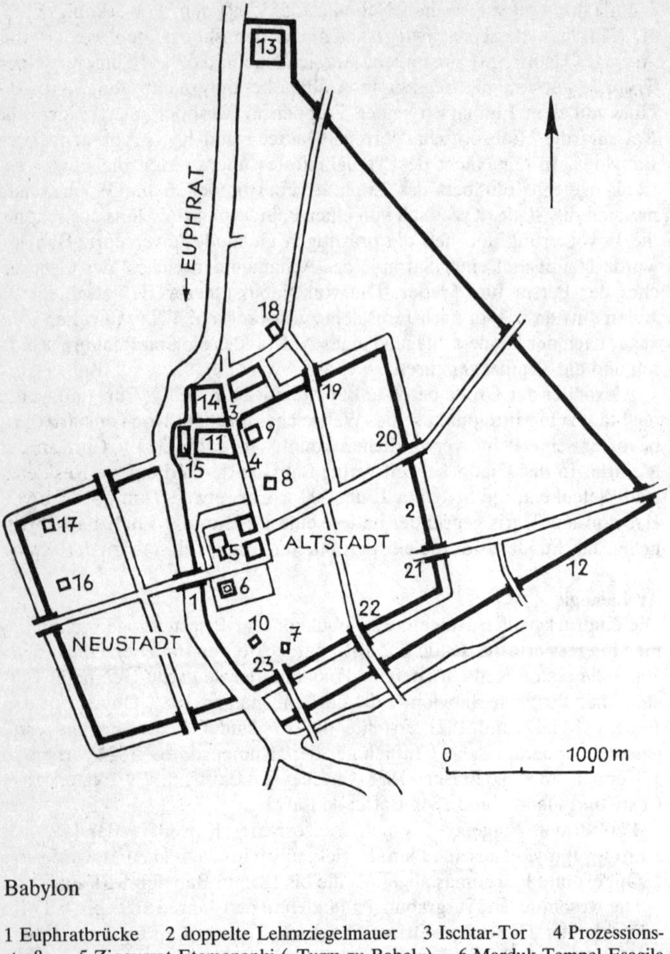

Babylon

1 Euphratbrücke 2 doppelte Lehmziegelmauer 3 Ischtar-Tor 4 Prozessionsstraße 5 Ziqqurrat Etemenanki (»Turm zu Babel«) 6 Marduk-Tempel Esagila 7 Ninurta-Tempel Epatutila 8 Ischtar-Tempel 9 Ninmach-Tempel Emach 10 Gula-Tempel (?) (Tempel Z) 11 Stadtpalast Nebukadnezars II. (»Südburg« mit den »Hängenden Gärten«) 12 Außenmauer 13 Sommerpalast Nebukadnezars II. 14 Nordburg 15 Zitadelle 16 Adad-Tempel 17 Belit-Nina-Tempel 18 Neujahrsfest-Tempel 19 Sin-Tor 20 Marduk-Tor (Gischu-Tor) 21 Ninurta-Tor (Zababa-Tor) 22 Enlil-Tor 23 Urasch-Tor

Ausgrabungsstätte

Das Stadtgebiet der neubabylonischen Epoche entspricht mit einer Fläche von rund 12 qkm dem des kaiserzeitlichen Rom. Die Kernstadt hatte die Form eines 2600 mal 1500 m großen Rechtecks. Die Altstadt mit den Tempeln und dem Palast Nebukadnezars II. lag östlich, die Neustadt westlich des Euphrat.

Eine *Brücke* aus der Zeit Nabopolassars verband Alt- und Neustadt. Sie war 123 m lang und 10,50 m breit. Die Brückenpfeiler aus gebrannten Ziegeln hatten eine Länge von 21 m, eine Breite von 9 m und waren 9 m voneinander entfernt. Palmenholzbalken verbanden die Pfeiler. Der Straßenbelag bestand aus Zedern- und Zypressenholz.

Die Kernstadt umschloß eine doppelte *Lehmziegelmauer* mit Graben. Die äußere Mauer war etwa 4 m, die innere 6,50 m dick. Beide Mauern lagen im Durchschnitt 7,20 m voneinander entfernt. Zum Euphrat hin schützte die Altstadt eine fast 8 m dicke Mauer.

Sechs Tore führten in die Altstadt, die nach Göttern benannt waren. Das prächtigste Tor ist das *Ischtar-Tor,* ein monumentales Doppeltor, dessen Fassaden farbige Glasurziegelreliefs schmückten. Die Reliefs stellen geheiligte Tiere dar: schlangenköpfige Drachen des Reichs- und Stadtgottes Marduk und Stiere des Wettergottes Adad.

Beim Ischtar-Tor begann die *Prozessionsstraße,* die zum heiligen Bezirk führte. Die 16 m breite, gepflasterte Straße war zu beiden Seiten von einer

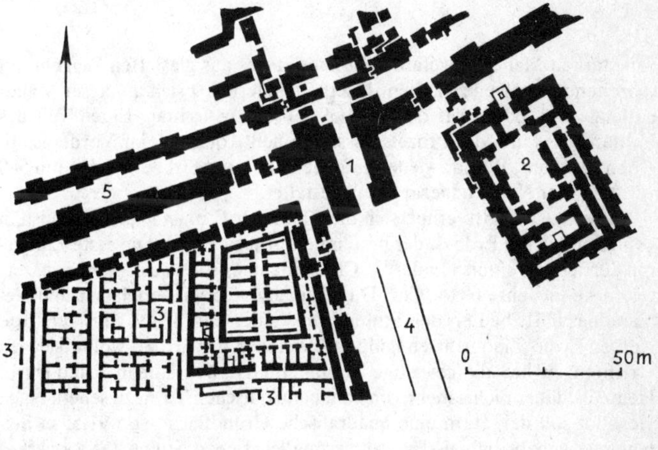

Babylon: Ischtar-Tor und Umgebung

1 Ischtar-Tor 2 Ninmach-Tempel 3 Südburg (Stadtpalast Nebukadnezars II.)
4 Prozessionsstraße 5 Doppelmauer

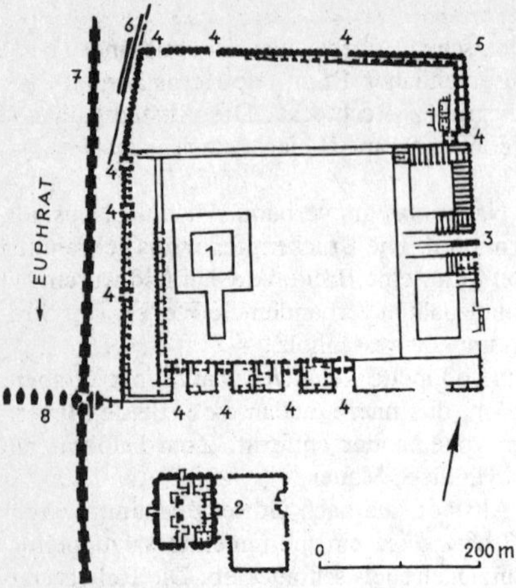

Babylon: Heiliger Bezirk

1 Ziqqurrat Etemenanki 2 Marduk-Tempel 3 Heilige Pforte 4 Tore zum Heiligen Bezirk 5 Prozessionsstraße 6 Mauer des Nebukadnezar 7 Mauer des Nabonid 8 Euphratbrücke

7 m starken Mauer eingefaßt. Ein hoher Fries aus glasierten Ziegeln mit schreitenden Löwen zwischen Rosettenbändern zog sich an dieser Mauer entlang. Der Löwe war das Symbol der Göttin Ischtar. Einen Teil des Ischtar-Tores und der Prozessionsstraße ließ Koldewey im Vorderasiatischen Museum, Berlin, wieder aufbauen. Tor und Straße wurden um 580 v. Chr. unter Nebukadnezar II. umgestaltet.

Im heiligen Bezirk erhob sich die *Ziqqurrat Etemenanki* (»Grundstein von Himmel und Erde«), der berühmte Turm zu Babel. Die erste Ziqqurrat dürfte im 18. Jahrhundert v. Chr. erbaut worden sein. Sanherib zerstörte sie im Jahre 689 v. Chr. Die Neubabylonier Nabopolassar und Nebukadnezar II. bauten den Stufenturm wieder auf. 479 v. Chr. zerstörte Xerxes I. die Ziqqurrat endgültig. Alexander der Große wollte sie neu errichten; er ließ die gewaltige Trümmermasse wegräumen – und starb. Heute ist daher nichts mehr von dem babylonischen Turm zu sehen. Nach Herodot soll der Turm eine quadratische Grundfläche von 91,55 m Seitenlänge gehabt haben. Er war vermutlich sieben Stufen (Stockwerke) hoch, die letzte Stufe trug einen Tempel.

Der *Marduk-Tempel Esagila* zählt zu den ältesten Bauwerken Babylons. Er bestand schon im 3. Jahrtausend. Seine Grundfläche maß 79,30 mal 85,80 m. Sein Inneres bestand u. a. aus einem 31,30 mal 37,60 m großen Hof, der Cella des Marduk, der Cella seiner Gemahlin Sarpanitu und den Cellae anderer Gottheiten.

Weitere religiöse Bauwerke sind der *Ninurta-Tempel Epatutila* mit 3 m dicken Mauern, die auf eine besondere Höhe des Gebäudes schließen lassen, der *Ischtar-Tempel,* eines der ältesten Heiligtümer der Stadt, der *Ninmach-Tempel Emach,* unter dem Assyrerkönig Assurbanipal (669–626) errichtet, heute rekonstruiert, und der *Gula-Tempel.*

Der *Stadtpalast Nebukadnezars II.,* die sog. Südburg, hat eine Gesamtgröße von 190 mal 322 m. Bemerkenswert ist der riesige Thronsaal (52 mal 17 m) mit 6 m dicken Wänden und einer tiefen Nische für den Königsthron. Die Wände zum Hof waren mit glasierten Ziegeln verkleidet. Eine große Terrassenanlage auf vierzehn überwölbten Räumen läßt vermuten, daß sich hier die berühmten »Hängenden Gärten zu Babylon« befanden, die die Griechen der sagenhaften Königin Semiramis zuschrieben. Semiramis aber war in Wirklichkeit die assyrische Königin Samuramat, die im 9. Jahrhundert v. Chr. lebte. Die Anlage, die erst im 6. Jahrhundert v. Chr., vermutlich von Nebukadnezar II., geschaffen wurde, gilt als eines der Sieben Weltwunder. Der Terrassenbau, der die Gärten trug, war hervorragend isoliert: Bleiplatten schützten die gemauerten Decken, darüber waren Schilfrohrmatten gebreitet und mit Asphalt wasserdicht ausgegossen. Von Sklaven oder Eseln betriebene Hebewerke sorgten für die Bewässerung der Gärten.

Nebukadnezar II. umgab die Außenstadt mit einer dreifachen, etwa 7,5 km langen Mauer. In der Nordecke dieser Außenstadt lag unmittelbar am Euphratufer der *Sommerpalast* des Königs. Die Trümmer dieses Palastes bilden einen Tell von 22 m Höhe, der noch heute den Namen Babil trägt.

Literatur: R. Koldewey, Das wieder erstehende Babylon. Leipzig 4. Aufl. 1925. – W. Andrae, Babylon. Die versunkene Weltstadt und ihr Ausgräber Robert Koldewey. Berlin 1952.

Bassai

Auf der westlichen Peloponnes, etwa 15 km vom Meer und 6 km von Phigaleia entfernt, steht in 1130 m Höhe der reizvolle Apollon-Tempel von Bassai (Bassä = Waldschlucht), vermutlich ein Werk des Iktinos, jenes Architekten, der den Parthenon auf der Akropolis von Athen schuf.

Geschichte.
Aus Dank dafür, daß sie im Peloponnesischen Krieg von der Pest verschont geblieben waren, erbauten die Bewohner von Phigaleia, einer alten, wohlhabenden Handelsstadt Arkadiens, um 420 v. Chr. unweit ihrer Stadt einen Tempel, den sie Apollon Epikurios (dem »Helfer«) weihten.

Archäologie

Im Jahre 1765 entdeckte der Franzose Bocher den Tempel. 1811/12 untersuchte ihn der englische Archäologe Charles R. Cockerell unter Mitarbeit des deutschen Architekten Haller von Hallerstein und des baltischen Barons Stackelberg und verkaufte Fries und Metopen an das Britische Museum in London. In den vergangenen Jahren hat die Griechische Archäologische Gesellschaft den Apollon-Tempel weitgehend restauriert. Griechische und amerikanische Archäologen sind neuerdings auf die Fundamente eines Vorgängerbaus des Apollon-Tempels gestoßen.

Ausgrabungsstätte

Der *Apollon-Tempel* besteht aus Kalkstein, der Skulpturenschmuck aus Marmor. Auf dem dreistufigen Sockel mit einer Grundfläche von 14,48 mal 38,24 m erheben sich 6 m hohe Säulen, je fünfzehn an den Langseiten und je sechs an den Schmalseiten. Die äußere Säulenordnung ist dorisch.

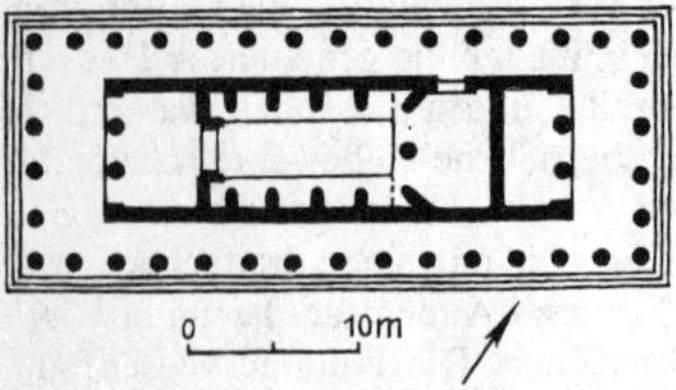

Bassai: Tempel des Apollon Epikurios

Die Cella schmücken zehn ionische Dreiviertelsäulen, die durch Zungenmauern mit der Wand verbunden sind. Die Mittelsäule der Cella trägt ein korinthisches Kapitell, das als ältestes Beispiel für die korinthische Säulenordnung gilt. Die Innenwand der Cella umzog ein Fries mit Amazonen- und Kentaurenkämpfen.

Literatur: H. Berve, G. Gruben, Griechische Tempel und Heiligtümer. München 1961.

Boğazköy (Hattušas)

Etwa 200 km östlich von Ankara liegt im bergigen Anatolien das Dorf Boğazkale (= Paßburg). Bis 1938 hieß der Ort Boğazköy (Boghazköy = Paßdorf), und unter diesem Namen ging er in die wissenschaftliche Literatur ein. Unmittelbar hinter dem Dorf beginnt die ausgedehnte Ruinenstätte des antiken *Hattušas*, der Hauptstadt des Hethiterreiches.

Geschichte

Der Ort wurde seit Beginn des 3. Jahrtausends, vielleicht schon früher, von Volksstämmen unbekannter Herkunft besiedelt. Er hieß damals Hattuš und war der Sitz eines Königshauses. Nach babylonischer Überlieferung soll Pamba, König von Hatti (Hattuš), im 23. Jahrhundert gegen den König Naramsîn von Akkad (etwa 2320–2284) gekämpft haben. Die belegte Geschichte der Stadt beginnt aber erst im 19. Jahrhundert v. Chr. Zu dieser Zeit bestand in Hattuš eine assyrische Handelsniederlassung.

Um 1720 v. Chr. eroberte Anitta, König von Kuššara und Neša, die Stadt und zerstörte sie. Anitta war ein Hethiter, ein Angehöriger jenes indogermanischen Volkes, das im späten 3. Jahrtausend über den Kaukasus gekommen war. Im 17. Jahrhundert v. Chr. machte der Hethiterkönig Labarna II. die inzwischen wiederaufgebaute Stadt zur Hauptstadt seines Reiches. Aus Hattuš wurde Hattušas. Labarna nannte sich Hattušili (= der von Hattušas). Ihren Höhepunkt erreichte die Stadt unter Muršili I. (1620–1590), der sogar Babylon eroberte, nach seiner Rückkehr aber ermordet wurde.

Nach einer langen Periode der inneren Zerrissenheit und ständiger Kämpfe mit Nachbarvölkern, wobei die Stadt auch einmal gebrandschatzt wurde, einigte König Šuppiluliuma (1370–1335) das Reich wieder und ließ es zur Großmacht aufsteigen, deren Einflüsse bis Ägypten reichten. Das hethitische Heer unter Muwatalli widerstand in der Schlacht bei Kadesch (Qadesch) im Jahre 1285 v. Chr. sogar den Truppen des Pharaos Ramses II.

Um 1200 v. Chr. endete die Geschichte der Stadt und des Hethiterreiches abrupt. »Seevölker« waren so überraschend von Nordwesten her in das Land eingedrungen, daß sich nicht einmal in den sorgfältig geführten und gut erhaltenen königlichen Archiven ein Hinweis auf diese Invasion findet. Hattušas fiel übrigens zur gleichen Zeit wie → Troja.

Von 1200 bis 660 v. Chr. lebten Phryger in Teilen der Stadt. 546 bis 334 folgten Perser. Aber nie mehr erreichte sie ihre alte Bedeutung als Metropole.

Archäologie

Am 28. Juli 1834 entdeckte der Franzose Charles Texier auf seiner Reise durch Kleinasien die Ruinenstätte, vermochte aber nicht ihr Geheimnis zu lüften. »Dieser großartige und eigenartige Charakter der Ruinen brachte mich in außerordentliche Verlegenheit, als ich versuchte, der Stadt ihren historischen Namen zu geben«, schrieb er 1839 in seiner ›Déscription de l'Asie Mineure‹. Erst der Engländer Archibald Henry Sayce ordnete die Stadt den Hethitern zu. 1882 fertigte Carl Humann den ersten brauchbaren Stadtplan. 1894 fand Ernest Chantre die ersten Keilschrifttafeln. In den Jahren 1906/07 und 1911/12 führten die deutschen Archäologen Hugo Winckler, Theodor Makridi und Otto Puchstein die ersten systema-

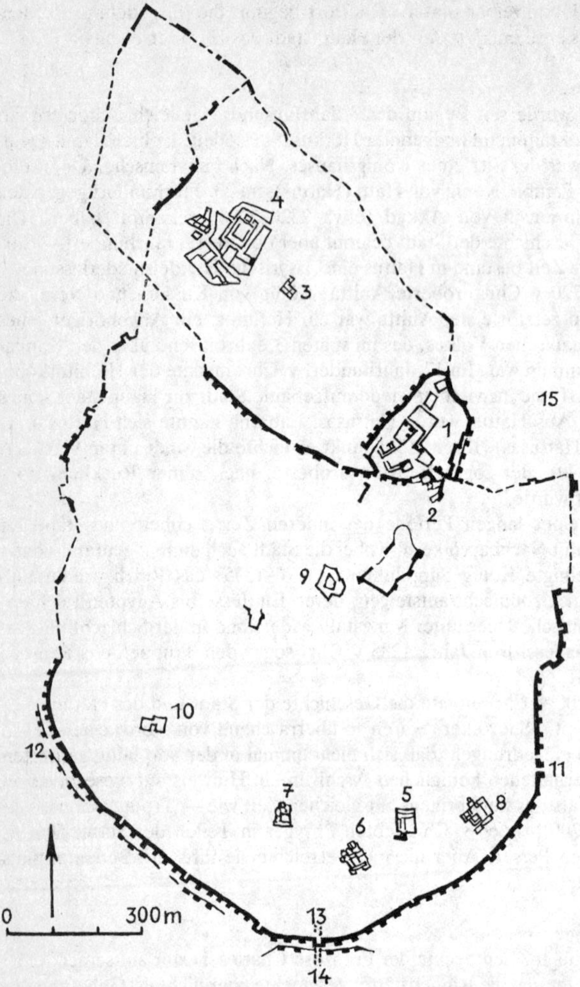

Boğazköy (Hattušas)

1 Büyükkale 2 Haupttor 3 Haus am Hang 4 Tempel I 5 Tempel II 6 Tempel III 7 Tempel IV 8 Tempel V 9 Nişantepe 10 Yenicekale 11 Königstor 12 Löwentor 13 Yerkapi 14 Poterne 15 Schlucht

tischen Grabungen durch. Sie fanden den Namen, den die Stadt einst getragen hatte, und erkannten, daß es die Metropole des Hethiterreiches war. 1907 entdeckte Winckler das Keilschriftarchiv, das die Erschließung der hethitischen Sprache und Überlieferung ermöglichte. Den nächsten Grabungsabschnitt leiteten 1931 bis 1939 Kurt Bittel und Rudolf Naumann. Seit 1952 führte wiederum Kurt Bittel im Auftrage des Deutschen Archäologischen Instituts und der Deutschen Orient-Gesellschaft umfangreiche Grabungen durch.

Ausgrabungsstätte
Hattušas war einst von einem 6 km langen Mauerring umgeben, der – wie das mittelalterliche Nürnberg – eine Fläche von 170 Hektar umschloß. Die kyklopische Grundmauer war bis 5 m breit und 6 m hoch. Zum Süden hin schützte eine Doppelmauer die Stadt. Alle 25 m verstärkten mächtige Türme die Mauer. Türme und Mauern trugen einen Zinnenkranz.

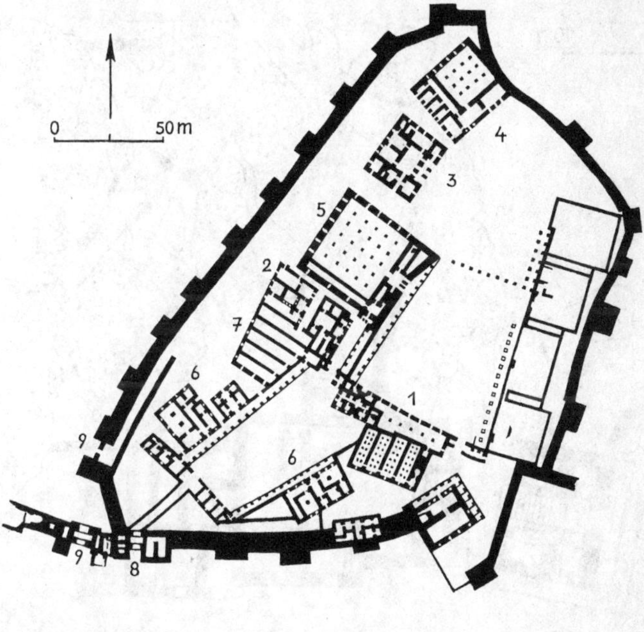

Boğazköy: Die Königsburg Büyükkale

1 Archiv 2 Kulträume 3 Palais 4 Palais 5 Audienzhalle 6 Wirtschaftsräume 7 Magazin 8 Haupttor 9 Tor

Mindestens sechs Tore führten in die Stadt. Das *Königstor* liegt zwischen zwei 10 mal 15 m starken Türmen und bestand aus einem 6 m hohen doppelten Portalbogen aus monolithischen Pfeilern. Steinerne Wächter schützten dieses Tor. Das *Löwentor* ist wie das Königstor konzipiert. Zwei aus den Torpfeilern herausgehauene Löwen symbolisieren die einstige Macht der Stadt. 12 m unter dem südlichsten und zugleich höchsten Abschnitt der Mauer verläuft genau unter dem *Sphinxentor* (Yerkapi) ein 71 m langer, enger Tunnel (Poterne), der in friedlichen Tagen dem Fußgängerverkehr diente, in Zeiten der Belagerung aber das offensive Vorgehen der Verteidiger ermöglichte.

In der Nordostecke der Stadt erhebt sich auf einem Felshügel, auf zwei Seiten von einer tiefen, steilen Schlucht umgeben, *Büyükkale* (= große Burg), der Hauptsitz der hethitischen Großkönige. Die nur in den Fundamenten erhaltenen Ruinen der Burg- und Palastanlage stammen aus der Endphase des Reiches. Die Anlage ist 250 mal 140 m groß. Eine gewaltige Mauer trennte die Burg von der Stadt. In dem Archiv fand man 3350

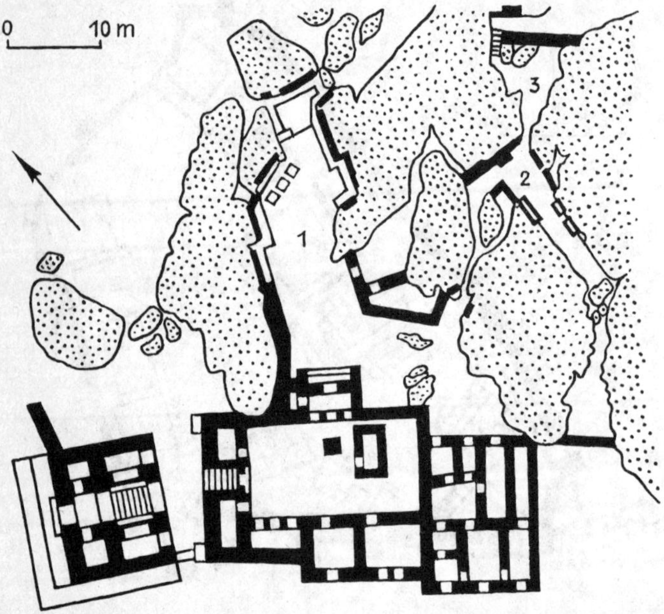

Felsenheiligtum von Yazilikaya

1 Kammer A 2 Kammer B 3 Kammer C

Tontafeln aus dem 2. Jahrtausend v. Chr. mit Verträgen, Berichten, Briefen; sogar die Taten des Königs Muršili I. waren hier verewigt.

Die Unterstadt wurde einst vom *Großen Tempel* (Tempel I) beherrscht, der dem Wettergott, der hethitischen Hauptgottheit, geweiht war. Innerhalb des ausgedehnten Tempelbezirks mit Lagerhäusern, Schatzkammern, Archiven und Wohntrakten erhob sich der eigentliche, 42 mal 64 m große Tempel.

Die Ausgrabungsfunde von Hattušas werden im Archäologischen Museum von Ankara, der reichsten hethitischen Sammlung der Welt, aufbewahrt.

2 km nordöstlich von Boğazköy versteckt sich in einer mächtigen Felsgruppe das hethitische *Heiligtum von Yazilikaya.* Der französische Forscher Charles Texier entdeckte Yazilikaya (= beschriebener Felsen) im Jahre 1834. Der Raum zwischen den Felsen erweitert sich zu Kammern. Aus den grob geglätteten Wänden der großen Westkammer ist ein Fries mit einer Götterprozession herausgearbeitet, links die Götter und rechts die Göttinnen. Sie alle streben der Kammerrückwand zu, auf der die Vermählung der hethitischen Hauptgottheiten Teschub und Hepatu dargestellt ist. Die schmale Ostkammer enthält weitere Wandreliefs, u. a. den Großkönig Tudhalija IV. (etwa 1250–1220), der von seiner Schutzgottheit umarmt wird. Den Eingang zu den Felskammern versperrte ein Tempel, von dem nur noch die Fundamente erhalten sind. Das Heiligtum stammt aus dem späten 13. Jahrhundert v. Chr.

Literatur: K. Bittel, Boğazköy-Führer. Ankara. – Ders., Die Hethiter. München 1976.

Byblos

Byblos, die uralte Hafen- und Handelsstadt an der phönikischen Küste, 27 km nördlich von Beirut (Libanon), hat eine 7000jährige Geschichte. Seine größte Bedeutung erreichte Byblos in der Epoche des ägyptischen Mittleren Reiches (2040–1659) und in der Amarnazeit (14. Jahrhundert v. Chr.). Heute liegt hier die kleine Ortschaft Dschebeil (Djebail).

Geschichte

Byblos (phönikisch-hebräisch: Gebal; assyrisch: Gubla) ist der Sage nach die älteste Stadt der Welt. Hier soll sich El, der Gott der Zeit, sein Haus erbaut haben.

Die ersten Siedlungsspuren (frühneolithische Töpferwaren) stammen aus dem 7. Jahrtausend. Im 4. Jahrtausend war Byblos Hauptstadt der Gibliten und bereits ein bedeutendes Handelszentrum. Zedernholz aus dem Libanon und Kupfer aus dem Kaukasus wurden von hier aus nach Ägypten verschifft. Ägyptische Kaufleute errichteten in der 2. Hälfte des 3. Jahrtausends einen Tempel, der der semitischen Göttin Balaat geweiht war. Um 2150 wurden Stadt und Tempel gründlich zerstört. Kurz nach 2000 erstand auf den Fundamenten des alten ein neuer Tempel, aber nicht mehr für Balaat, sondern für die ägyptische Göttin Isis. Der Isis-Kult machte die Stadt fortan zu einem religiösen Zentrum für den gesamten Nahen Osten, denn in Byblos fand Isis die Leiche ihres ermordeten Bruders und Gatten Osiris, dessen Tod sie so sehr beweinte, daß Osiris wieder zum Leben zurückkehrte. Diese Sage, von der es zahlreiche Varianten gibt, symbolisiert in Tod und Wiederauferstehung den Wechsel der Jahreszeiten, eine Vorstellung, die später vom Christentum übernommen wurde.

In Byblos regierten einheimische Fürsten, Vasallen der ägyptischen Pharaonen. Im 18. Jahrhundert v. Chr. überrannten die Hyksos ganz Phönikien. Doch die Ägypter behielten ihren Einfluß während des ganzen 2. Jahrtausends. Selbst der Einbruch der »Seevölker« im 12. Jahrhundert v. Chr. war nur von kurzer Dauer. Im 8. und 7. Jahrhundert v. Chr. stand Byblos unter der Herrschaft der Assyrer. Seit dem 6. Jahrhundert v. Chr. war die Stadt Hauptumschlagplatz für ägyptischen Papyrus, der vor allem nach Griechenland exportiert wurde. Dieser Papyrus war so berühmt, daß der Name der Stadt schließlich auf das Schreibmaterial überging (griech: Biblion = Schriftrolle, Buch) und bis heute in unserem Wort »Bibel« fortlebt.

Im Jahre 537 v. Chr. kam die Stadt unter persische Oberhoheit. Die Perser unterstellten die Fürsten von Byblos und den anderen phönikischen Städten einem persischen Satrapen. Den Persern folgten die Makedonier. Nach Alexanders Tod kam Byblos zum Seleukidenreich. In hellenistischer Zeit blühte in Byblos der Adoniskult, denn Adonis entsprach dem ägyptischen Gott Osiris. Der Feldherr Pompejus (106–48) brachte die syrisch-phönikischen Städte unter die Herrschaft Roms. Der Raubbau am Zedernholz des Libanon führte schließlich zum Niedergang der Stadt.

Archäologie

Seit 1921 graben französische Archäologen, zunächst unter Pierre Montet (1921–1924) und später unter Maurice Dunant (1926–1936), auf dem Gebiet der antiken Stadt.

Ausgrabungsstätte

Die Fundamente der *phönikischen Mauer* zeigen einen sechsfachen Mauerring, dessen einzelne Anlagen in verschiedener Zeit entstanden sind. Zwei Tore konnten freigelegt werden: eins im Nordosten der Stadt mit einem 50 m langen Gang und eins im Westen, von dem aus ein Stufenweg zum Hafen führte.

Von dem *Balaat-Tempel*, dem ältesten Zeugnis phönikischer Großarchitektur, sind nur noch ausgeglühte Steine erhalten. Der Tempel, der im 4. Jahrtausend erbaut wurde, brannte um 2150 nieder. Alabasterscherben stammen von Opfergaben der ägyptischen Pharaonen der 4. Dynastie (2723–2563) Cheops, Chephren und Mykerinos.

Der *Reschef-Tempel* entstand an der Stelle eines uralten Heiligtums,

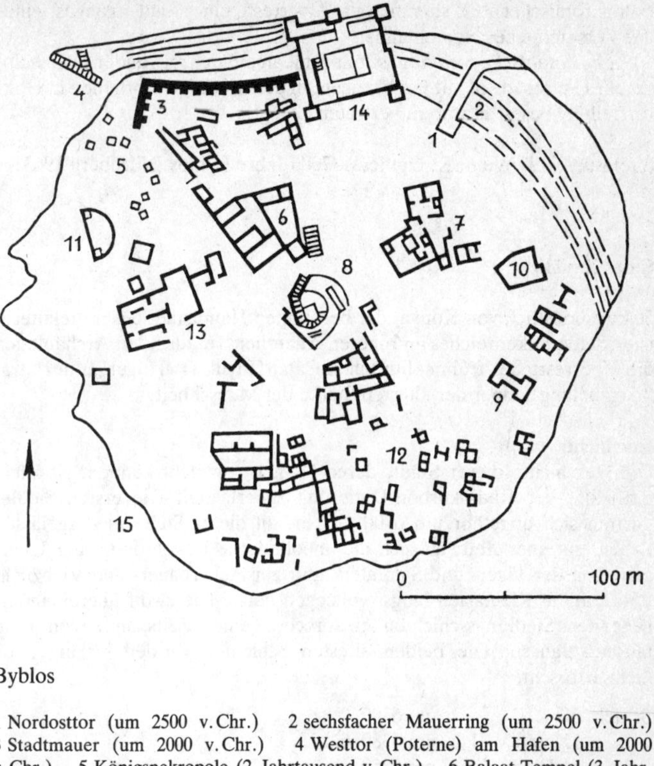

Byblos

1 Nordosttor (um 2500 v. Chr.) 2 sechsfacher Mauerring (um 2500 v. Chr.) 3 Stadtmauer (um 2000 v. Chr.) 4 Westtor (Poterne) am Hafen (um 2000 v. Chr.) 5 Königsnekropole (2. Jahrtausend v. Chr.) 6 Balaat-Tempel (3. Jahrtausend v. Chr.) 7 L-förmiger Tempel (3. Jahrtausend v. Chr.) 8 Heiliger See 9 Haus der Amoriter (20. Jahrhundert v. Chr.) 10 Obelisken-Tempel, später Reschef-Tempel 11 römisches Theater (Odeum?) 12 neolithische Siedlung 13 Amoriter-Residenz (20. Jahrhundert v. Chr.) 14 Kreuzfahrerburg (12. Jahrhundert n. Chr.) 15 Küste

das etwa zur selben Zeit abbrannte wie der Balaat-Tempel. Im Hof dieses Tempels fand man mehr als zwanzig kleine Obelisken, Reste des *Obelisken-Tempels* aus dem 19. Jahrhundert v. Chr.

Zur phönikischen *Nekropole* gehören neun unterirdische Grabkammern, darunter vier Königsgräber mit reichen Grabbeigaben. Der bedeutendste Fund ist der Steinsarg des Königs Achiram von Byblos (13./12. Jahrhundert v. Chr.) mit liegenden Löwen am Sockel und einem Fries opfernder und klagender Frauen. Die phönikische Inschrift auf dem Sarkophag gilt als ältestes Zeugnis der Alphabet-Schrift.

Aus römischer Zeit stammen die Überreste eines Säulenganges, eines Theaters und eines Nymphäums.

Eine *neolithische Siedlung* ist mit Fundamenten kreisrunder oder halbrunder Häuser sowie mit Grabkrügen, in denen die Verstorbenen in Hokkerstellung bestattet waren, vertreten.

Literatur: E. J. Wein, R. Opificius, 7000 Jahre Byblos. Nürnberg 1963.

Çatal Hüyük

50 km südöstlich von Konya, der berühmten Hauptstadt des mittelalterlichen Seldschukenreiches im Inneren Anatoliens, entdeckten Archäologen die Überreste des frühneolithischen Çatal Hüyük (= Hügel an der Straßengabelung), einer der ältesten Städte der Menschheit.

Geschichte

Die Geschichte dieser Stadt, deren Namen wir nicht kennen, ist allein mit Hilfe der Radiokarbon-Datierung zu erfassen. Die ersten Siedler dürften sich ungefähr um 6700 v. Chr. an dieser Stelle niedergelassen haben, zu einer Zeit, als sich die »neolithische Revolution«, der Übergang von der Jäger- und Sammlerkultur zur Ackerbauer- und Viehzüchterkultur, in Kleinasien längst vollzogen hatte. Die zwölf übereinanderliegenden Siedlungsschichten entsprechen einer Zeitspanne von rund tausend Jahren. Die beiden ältesten Schichten wurden bislang noch nicht erforscht.

Schicht X	um 6500
IX und VIII	um 6380–6280
VII	um 6050
VI A und B	um 6000–5880
V	um 5800
IV–II	um 5790–5720

Warum die Stadt schließlich nach 5600 v. Chr. aufgegeben wurde, wissen wir nicht. Zerstört wurde sie jedenfalls nicht, weder durch eine Eroberung noch durch Feuer oder Erdbeben. Jenseits des Flusses Çarsamba Çay gründeten die Bewohner von Çatal Hüyük einen neuen Ort, der mindestens weitere 700 Jahre bestand, bevor er von seinen Bewohnern aufgegeben wurde.

Archäologie

1958 entdeckte der britische Archäologe James Mellaart in der Nähe der Straßengabelung Çatal Hüyük einen gewaltigen Tell, dessen Spuren (luftgetrocknete Ziegel, Keramikscherben, Geräte und Waffen aus Obsidian sowie Menschenknochen) auf eine frühneolithische Großsiedlung schließen ließen. 1961 bis 1963 grub Mellaart einen Hektar der rund 14 ha

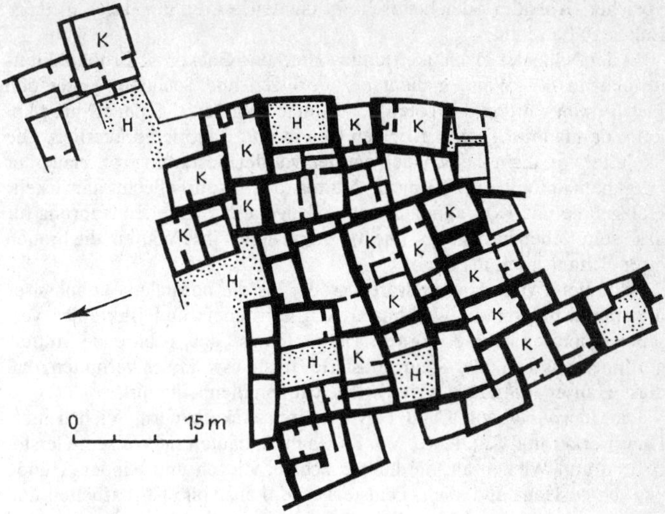

Çatal Hüyük: Schicht VIb

K Kultstätte H Hof

großen Siedlungsfläche aus und fand eine hochentwickelte Stadt, die etwa 10000 Einwohner gehabt haben könnte.

Ausgrabungsstätte

Der Haupthügel – ein kleiner Siedlungshügel jenseits des Flusses war erst später bewohnt – ist 450 m lang, 275 m breit und bedeckt eine Fläche von ungefähr 14 ha. Seine Höhe beträgt etwa 17,50 m; die Siedlungsschichten reichen aber noch mindestens 4 m unter das Niveau des Umlandes.

Die Anlage der Stadt sowie die Bauart der *Häuser* sind sich – soweit bisher festgestellt – in jeder Schicht gleich. Die rechteckigen Häuser schmiegen sich eng aneinander. Ihre Mauern bestanden aus luftgetrockneten Ziegeln. Die flachen Dächer wurden aus Holzbalken und Rohrgeflecht erbaut und mit einer dicken Lehmschicht abgedichtet. Außen- und Innenwände, Decken und Fußböden erhielten einen feinen, weißen Tonputz.

Die Häuser waren nur über das Dach zu erreichen, wie sich überhaupt der gesamte innerörtliche Verkehr mangels Straßen oder Wegen über die Dächer abwickelte. Haustüren fehlten also. So brauchte die Stadt nicht durch eine besondere Mauer geschützt zu werden. Nebenräume, die als

Speicher, Korridor oder Lichtschacht dienten, waren nur durch niedrige Luken zu betreten.

In der Nähe der Dachluke standen Herd und Backofen. Erhöhte Plattformen an den Wänden dienten zum Sitzen und Schlafen. Unter den Plattformen wurden die Toten der Familie beigesetzt, genauer ihre Skelette, da man die Toten zuvor den Geiern und Raubtieren überließ. Die Skelette, vor allem die Schädel, wurden vor der Bestattung rot, blau oder grün bemalt und mit Tüchern, Matten oder Rohrgeflecht umwickelt. Holzgefäße und Körbe, niemals aber Tongefäße, enthielten Nahrung für das Weiterleben im Jenseits. Die Männer nahmen ihre Waffen, die Frauen ihren Schmuck mit ins Grab.

Auffallend viele Häuser waren größer als die normalen Wohnhäuser und mit wunderbaren Wandmalereien, Gipsreliefs und Bukranien versehen. Tierschädel und -hörner, Tierköpfe aus Gips, gebärende Muttergöttinnen aus Ton oder Stein, stilisierte Brüste usw. lassen vermuten, daß diese Häuser *Kultstätten* waren, vielleicht Familienheiligtümer.

Die *Bewohner* von Çatal Hüyük waren Ackerbauern, Viehzüchter, Handwerker und Kaufleute. Vor 8000 Jahren bauten sie Weizen, Gerste, Erbsen und Wicken an. Sie hielten Schafe, Ziegen und Rinder. Hunde bewachten Haus und Vieh. Feinste Tuche, kunstvolle Korbarbeiten und Flechtwaren, meisterhaft polierte Obsidianspiegel, Stein-, Kupfer- und Bleiperlen, hochwertige Keramik zeugen von einem hohen technischen Niveau des Handwerks. Der Handel überbrückte bereits große Entfernungen: Feuerstein kam aus Syrien, Kaurimuscheln wurden vom Roten Meer importiert, weißen Marmor lieferte die Ägäis, Alabaster und Obsidian kamen aus dem Gebiet des Vulkans Erciyas Dağ (beim heutigen Kayseri). Dafür gingen hochwertige Obsidiangeräte und -waffen nach Zypern und vermutlich auch nach Mesopotamien.

Literatur: J. Mellaart, Çatal Hüyük – Stadt aus der Steinzeit. Bergisch Gladbach 1967.

Cerveteri (Caere)

40 km nordwestlich von Rom liegt auf einem rund 80 m hohen Tuffsteinplateau nahe der tyrrhenischen Küste das antike *Caere,* die wohl bedeutendste Etruskerstadt (heute Cerveteri = Alt-Caere). Die Nekropolen von Caere sind vor allem wegen ihrer großartigen Grabbauten berühmt.

Geschichte

Die etruskische Siedlung Caere (etruskisch: Chaisre) wurde im 8. Jahrhundert v. Chr., vielleicht auch schon früher gegründet. Im Laufe der folgenden Jahrhunderte legten die Bewohner Caeres drei Häfen an: Alsium (heute Ladispoli), Pyrgi (heute Santa Severa) und Punicum (heute Santa Marinella). Wohl schon im 7. Jahrhundert v. Chr. riß Caere den

Erzexport aus den Tolfabergen an sich und minderte damit die wirtschaftliche Bedeutung der benachbarten Etruskerstadt → Tarquinia.

Im 6. Jahrhundert v. Chr. unterhielt Caere gute Handelsbeziehungen zu Karthago. 535 v. Chr. zwangen Caere und Karthago mit je 60 Kriegsschiffen Kolonisten aus der mittelgriechischen Landschaft Phokis zum Verlassen ihrer um 562 v. Chr. gegründeten Niederlassung Alalia (Aleria) auf Korsika. Das hinderte die Caeretaner aber nicht daran, das Orakel von Delphi zu befragen – Delphi lag immerhin in Phokis – und dem delphischen Apollon kostbare Weihgeschenke zu stiften, die in einem eigenen Schatzhaus in Delphi aufbewahrt wurden. Möglicherweise wollten die Caeretaner damit nur den Mord an den phokaiischen Kriegsgefangenen nach der Schlacht von Alalia sühnen. Auch sonst bestanden intensive kulturelle Kontakte zu Griechenland. Die etruskische Kunst und Mythologie waren stark von griechischen Einflüssen geprägt. Die Herrschaft über das Tyrrhenische Meer gedachten die Etrusker aber nicht mit den Griechen zu teilen. So dehnten sie ihren Machtbereich bis Kampanien aus und eroberten nacheinander die griechischen Kolonialstädte mit Ausnahme von Kyme (→ Cumae), das sie 524 v. Chr. vergeblich belagerten.

Im 5. Jahrhundert v. Chr. bedrängten die Griechen von Syrakus Caere: 474 v. Chr. vernichtete Hieron I. vor Kyme die vereinigte Flotte der Etrusker. Damit begann der Niedergang der etruskischen Macht. → Syrakus beherrschte fortan das Tyrrhenische Meer und unterband die Handelsbeziehungen Etruriens mit dem Osten. 384 v. Chr. überfiel der Syrakusaner Dionysios I. Pyrgi, den Haupthafen von Caere, zerstörte die Hafenanlagen und plünderte das Heiligtum der Leukothea, um mit den Tempelschätzen den Krieg gegen Karthago zu finanzieren. Mit Rom, das 509 v. Chr. seinen etruskischen König vertrieben hatte, war Caere freundschaftlich verbunden. Als die Kelten 387 v. Chr. Rom einäscherten, nahm Caere einen Teil der rechtzeitig evakuierten römischen Bevölkerung, besonders die Priesterschaft, auf. 353 v. Chr. wurde Caere in die Auseinandersetzungen zwischen Rom und Tarquinia verstrickt und von Rom annektiert. Caere war die erste Stadt, die das römische Halbbürgerrecht (civitas sine suffragio = Stadtgemeinde ohne politische Rechte) erhielt.

Archäologie

1836 entdeckten der Erzpriester Regolini und der General Vicenzo Galassi gemeinsam das nach ihnen benannte Etruskergrab am südlichen Rande der heutigen Ortschaft Cerveteri. 1850 fand der Antiquitätenhändler Marquis G. P. Campana in einer Grabkammer auf dem nahen Monte Abetone den berühmten Tonsarkophag, der ein Ehepaar auf dem Totenbett darstellt (heute im Louvre, Paris). Ein weiterer Sarkophag dieser Art kam Ende des 19. Jahrhunderts in Cerveteri zum Vorschein (heute im Museo di Villa Giulia, Rom). Beide Sarkophage stammen aus der Zeit um 530 v. Chr.

1911 begann auf dem Tuffplateau Banditaccia die systematische Freilegung einer ausgedehnten Nekropole. 1957 bis 1979 untersuchte der italienische Archäologe Mario Moretti 260 Gräber dieses Bezirks. Bei den Arbeiten unterstützte ihn der Mailänder Ingenieur C. M. Lerici mit modernsten technischen Hilfsmitteln.

1957 bis 1964 wurde auf dem Gebiet der antiken Hafenstadt Pyrgi das Heiligtum der Leukothea, der etruskischen Muttergöttin Uni, ausgegraben. Dabei stießen die Archäologen auf die Fundamente zweier Tempel aus der Zeit um 500 und 470 v. Chr. 1964 fanden sie eine etruskisch-phönikische Bilingue, die aus drei Goldblechen besteht, von denen eines phönikisch und zwei etruskisch beschrieben sind. Die Inschrift berichtet, daß Thefarie Velianas, König von Caere, um 500 v. Chr. der phönikischen Göttin Astarte einen Tempel weihte und dem gegen Rom verbündeten Karthago gestattete, den Hafen als Flottenbasis zu benutzen.

Ausgrabungsstätte

Das Stadtgebiet des antiken Caere ist wie bei den meisten anderen etruskischen Städten noch kaum untersucht worden. Bis auf spärliche Überreste der Stadtmauer des 5. und 4. vorchristlichen Jahrhunderts sind keine sichtbaren Ruinen vorhanden. Dagegen legen die *Nekropolen* von Caere Zeugnis ab vom großen Reichtum und ausgeprägten Kunstsinn der Etrusker. Die Gräber stammen aus der Zeit vom 8. Jahrhundert v. Chr. bis zum 1. Jahrhundert n. Chr.

Die große *Nekropole auf dem Banditaccia* ist eine riesige Totenstadt mit Straßen, Plätzen und Gräbervierteln, vielleicht ein Abbild der Stadt Caere. 200000 Gräber vermuten die Archäologen hier, 700 Grabbauten wurden inzwischen freigelegt: die in den Tuffstein gehauenen Brunnen-

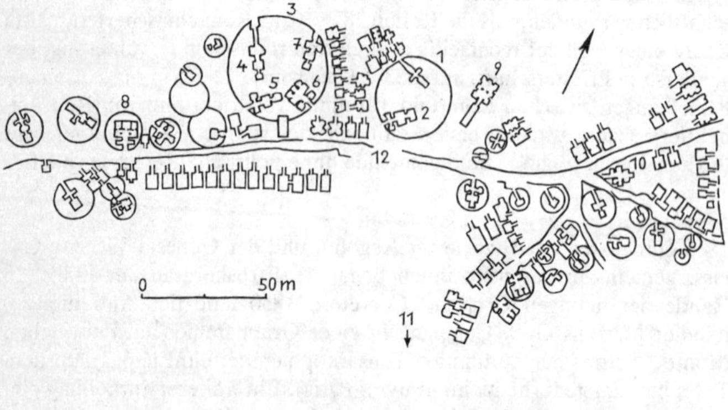

Cerveteri: Nekropole auf dem Banditaccia

1 Grande Tumulo I 2 Tomba dei Letti lapidei 3 Grande Tumulo II 4 Tomba della Capanna 5 Tomba dei Letti funebri 6 Tomba dei Vasi attici 7 Tomba dei Dolii 8 Tomba dei Capitelli 9 Tomba dei Rilievi 10 Tomba della Cassetta 11 Tomba degli Scudi e delle Sedie 12 Via sepolcrale principale

gräber des 8. und 7. Jahrhunderts v. Chr., bis zu 30 m hohe Grabhügel (Tumuli) des 7. und 6. Jahrhunderts v. Chr., kleinere runde, pyramiden- und würfelförmige Grabhügel des 5. und 4. Jahrhunderts v. Chr. und niedrige, langgestreckte Grabkammern des 4. und 3. Jahrhunderts v. Chr.

Die *Tomba dei Capitelli* aus der zweiten Hälfte des 6. Jahrhunderts v. Chr. erhielt ihren Namen von zwei mehreckigen Säulen mit äolischen Kapitellen, die die Decke der mittleren Grabkammer stützen. Die *Tomba dei Rilievi* (Grab der Reliefs) aus dem 4. bis 2. Jahrhundert v. Chr. ist mit farbigen Stuckreliefs ausgeschmückt, die Waffen, Werkzeuge und Haustiere darstellen. Der riesige *Tumulus II* enthält vier Grabanlagen aus der Zeit um 600 v. Chr.: die *Tomba della Capanna* (Grab der Hütte), die *Tomba dei Letti funebri* (Grab der Totenbetten), die *Tomba dei Vasi attici* (Grab der attischen Vasen) und die *Tomba dei Dolii* (Grab der Trauernden). Die *Tomba degli Scudi e delle Sedie* (Grab der Schilde und Sessel) aus dem Beginn des 6. Jahrhunderts v. Chr. ist mit steinernen Schilden, Thronsesseln und Totenbetten ausgestattet. Die *Tomba della Casa con Tetto Stramineo* hat die Form einer etruskischen Wohnhütte. Die *Tomba della Casetta* besteht aus sechs Kammern, die durch Rundbogentüren miteinander verbunden sind. Aus dem 4. und 2. Jahrhundert v. Chr. stammen die *Tomba dell' Alcova* (Grab der Alkoven) und die *Tomba dei Sarcofagi* (Grab der Sarkophage).

Das *Regolini-Galassi-Grab* in der Necropoli del Sorbo südlich von Caere ist berühmt wegen des unvorstellbar reichen Goldschmucks, den die beiden Entdecker darin fanden. Außerdem enthielt das Grab ein Bronzebett mit dem Skelett eines Königs (?), Waffen, Schilde, einen Wagen und einen Thronsessel, alles ebenfalls aus Bronze. Das Grab wurde um 675 v. Chr. angelegt.

Auf dem *Monte Abetone* erstreckt sich eine weitere Nekropole mit der großartigen *Tomba Campana,* vermutlich aus der Mitte des 7. Jahrhunderts v. Chr.

Die in den Gräbern vorgefundenen Grabbeigaben und Ausstattungsteile befinden sich im Museo di Villa Giulia, Rom, im Museo Gregoriano Etrusco im Vatikan und im Museum von Cerveteri.

Literatur: M. Pallottino, La necropoli di Cerveteri. Rom, 5. Aufl. 1960.

Cumae (Kyme)

Cumae (griech: Kyme), die älteste griechische Stadtgründung auf dem italienischen Festland (nordwestlich von Neapel), war bis zum 5. nachchristlichen Jahrhundert die bedeutendste Hafenstadt am Tyrrhenischen Meer. Berühmt war die Stadt als Orakelstätte der Sibylle und als Vermittlerin griechischer Kultur an die Etrusker und Römer. Hier könnte sich aus dem griechischen Alphabet die lateinische Schrift entwickelt haben.

Geschichte

Um 1050 v. Chr. soll eine Taube Apollons die beiden Griechen Megasthenes und Hippocles an die üppigen Gestade der Phlegräischen Felder geführt haben, um hier eine Siedlung zu gründen. Nach der Historie dürfte die Gründung der Kolonie *Kyme* jedoch erst gegen 750 v. Chr. stattgefunden haben. Ionische Griechen aus Chalkis (Euböa) verdrängten die einheimische Bevölkerung und schufen eine Stadt, die im 7. und 6. Jahrhundert v. Chr. die Küste Kampaniens beherrschte. Um 680 v. Chr. gründeten kymenische Siedler die Nachbarkolonie Parthenope, aus der das heutige Neapel hervorging. 524 und 504 v. Chr. wehrte die Stadt unter dem Tyrannen Aristodemos erfolgreich die andrängenden Etrusker ab. Bald nach der Ermordung des Aristodemos im Jahre 490 v. Chr. griffen die Etrusker erneut an. Mit Hilfe des Tyrannen Hieron I. von Syrakus gelang es Kyme im Jahre 474 v. Chr., die etruskische Flotte in der berühmten Seeschlacht bei Kyme zu vernichten. Dieser Sieg bedeutete das Ende der etruskischen Expansion in Italien.

Den allmählichen Niedergang der etruskischen Macht nutzten die Samniten, eine italische Völkerschaft im südlichen Apennin, um in Kampanien einzufallen und gegen 420 v. Chr. auch Kyme zu erobern. Zwar vermochte die Stadt ihr griechisches Erbe noch lange zu bewahren, aber sie blieb fortan in politischer Abhängigkeit. 338 v. Chr. kam sie unter römischen Einfluß und erhielt 334 das römische Halbbürgerrecht (civitas sine suffragio = Stadtgemeinde ohne politische Rechte). Mit der Entwicklung der Nachbarstadt Puteoli (heute → Pozzuoli) zum Hafen Roms verlor *Cumae* immer mehr an Bedeutung. 37 v. Chr. baute Agrippa, Feldherr Octavians, des späteren Kaisers Augustus, die Stadt zu einer gewaltigen Flottenbasis aus.

Archäologie

Erste Zufallsfunde tauchten auf dem Stadtgebiet von Cumae schon im 17. Jahrhundert auf. Die systematische Erforschung begann jedoch erst zu Beginn des 20. Jahrhunderts. 1925 gelang es, die verschüttete Krypta Romana freizulegen. 1932 stießen die Ausgräber auf die Höhle der Sibylle.

Ausgrabungsstätte

Auf der Akropolis von Cumae, wo noch Teile der griechischen Mauer zu sehen sind, erhebt sich der *Jupiter-Tempel.* Er stammt aus dem 5. Jahrhundert v. Chr., wurde mehrmals umgebaut und im 5. nachchristlichen Jahrhundert in eine fünfschiffige Basilika verwandelt. Von 532 bis 542 n. Chr. bewahrten hier die Ostgoten ihren Kronschatz auf. Der Tempel ist 29,60 m lang und 24 m breit. In griechischer Zeit war er Zeus geweiht.

Der *Apollon-Tempel* unterhalb der Akropolis entstand ebenfalls im 5. Jahrhundert v. Chr. und wurde unter Augustus (31 v. Chr.–14 n. Chr.) völlig neu erbaut.

Unter dem Apollon-Tempel befindet sich die *Höhle der Sibylle,* das bekannteste Orakelheiligtum auf italienischem Boden. Ein 131 m langer Gang, der im 5. Jahrhundert v. Chr. in den Tuffstein gehauen wurde, führt zu einem rechteckigen Raum, in dem die Sibylle das Orakel verkündete. Der Gang wird durch sechs Seitengalerien beleuchtet. Auf der anderen Seite des Ganges liegen drei Baderäume, in denen die Sibylle ihre rituelle Reinigung vollzog.

Die *Krypta Romana* ist ein 180 m langer Straßentunnel, den der Baumeister Cocceius im 1. Jahrhundert v. Chr. als strategisch wichtige Verbindung zum Meer schuf. Der in Windungen verlaufende Tunnel wurde durch Lichtschächte beleuchtet. In frühchristlicher Zeit diente der Tunnel als Begräbnisstätte (daher die Bezeichnung Krypta).

Forum, Amphitheater und Thermen sind nur als unscheinbare Ruinen erhalten. Der Tempel der Giganten, vermutlich ein öffentlicher Verwaltungsbau, ist heute ein Bauernhof.

Die *Grotta Pace,* ein etwa 1 km langer Tunnel, war ebenfalls Teil des ausgedehnten Verteidigungssystems, das Agrippa in den Nachfolgekämpfen nach Caesars Ermordung anlegen ließ. Der Tunnel, ebenfalls ein Werk des Cocceius, verband Cumae mit dem Averner See. Der Averner See wiederum wurde durch einen Kanal mit dem Meer verbunden. So konnte die römische Flotte unangreifbar in dem 3 km langen Kratersee auf ihren Einsatz warten.

Literatur: A. Maiuri, Die Altertümer der Phlegräischen Felder. Rom 4. Aufl. 1968.

Dahschur

Die fünf Pyramiden von Dahschur sind ein Teil der riesigen Nekropole von → Memphis. Besonders bekannt ist die einzigartige Knickpyramide des Snofru, erbaut vor rund 4700 Jahren.

Ausgrabungsstätte

Die *Knickpyramide* ließ Snofru, der erste König der 4. Dynastie (2723–2563) und Vater des Cheops, erbauen. Mit ihr erhielt die ägyptische Pyramidenanlage ihre endgültige Ausgestaltung mit Taltempel, Aufweg und Totentempel, mit Umfassungsmauer und Nebenpyramide. Snofru war einer der großen Pharaonen des Alten Reiches. Er regierte etwa 24 Jahre und unternahm erfolgreiche Feldzüge nach Nubien, Libyen und Sinai.

Das Einmalige am Grabbau des Snofru ist der in knapp halber Höhe stark veränderte Neigungswinkel der Seiten, der »Knick«. Vermutlich griffen die Architekten zu dieser bautechnischen Maßnahme, um das über der Grabkammer lastende Gewicht der Steinmasse zu verringern. Die Seitenlänge der Pyramide beträgt an der Basis 188,50 m, ihre Höhe 97,40 m. Der Neigungswinkel knickt von 54° 31′ auf 43° 21′ im oberen Teil. Die Pyramide ist vollständig von einem glatten Steinmantel umgeben. Zwei schräg abfallende Gänge führen zu den verschieden tief liegen-

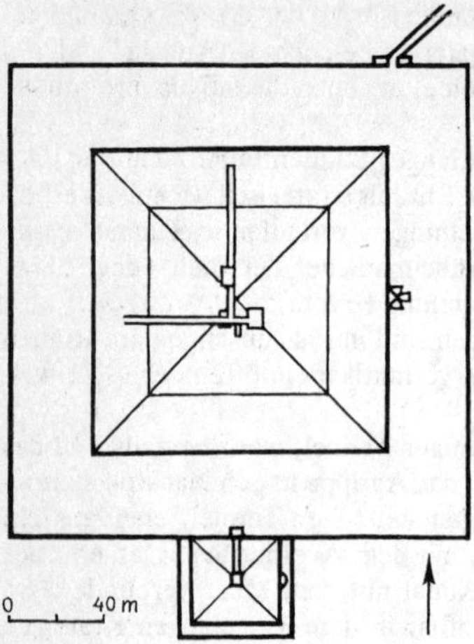

Dahschur: Knickpyramide des Snofru

den Grabkammern, die miteinander verbunden sind. In den Kammern fanden die Archäologen weder einen Sarkophag noch Grabbeigaben.

Die kleine, im Süden an die Umfassungsmauer grenzende Pyramide war vermutlich ein Grabmal für Hetepheres, die Gemahlin des Snofru und Mutter des Cheops. Ihre letzte Ruhestätte fand sie bei der Pyramide ihres Sohnes in →Gise.

Auch die *Rote Pyramide* ließ König Snofru für sich errichten. Sie ist der älteste Grabbau in reiner Pyramidenform, der unmittelbare Vorgänger der berühmten Cheops-Pyramide in Gise. Ihren Namen hat die Pyramide von dem rötlichen Kalkstein, aus dem sie erbaut wurde. Ihre Seitenlänge mißt an der Basis 213 m; ihre Höhe beträgt 104,40 m. Die Grabkammer, die von der Nordseite her durch einen Gang zu erreichen ist, hat eine Größe von 9,30 mal 4,50 mal 15 m. In welcher der beiden Pyramiden Snofru beigesetzt war, ist umstritten.

Die stark verfallene *Weiße Pyramide* des Königs Amenemhet II. aus der 12. Dynastie (1991–1786) wurde aus helleuchtendem Tura-Kalkstein erbaut. Ihr Inneres besteht aus Sand und ungebrannten Ziegeln. Die Grabkammer, in der die Ausgräber einen Sandstein-Sarkophag fanden, enthält vier Nischen. Amenemhet II. herrschte über ein Reich, das seine Vorgänger Amenemhet I. und Sesostris I. zu größter Macht geführt hatten. Nubien stand unter ägyptischer Kontrolle. Auf der Halbinsel Sinai erschlossen die Ägypter reiche Kupfervorkommen. Mit den asiatischen

Reichen pflegten sie gute Handelsbeziehungen. Das Kunsthandwerk blühte.

Schwarze Nilschlammziegel sind das Baumaterial der *Schwarzen Pyramide des Königs Sesostris III.* Der Grabbau hat eine Seitenlänge von 106,70 m und eine Höhe von etwa 30 m (ursprünglich 65,50 m). In der Grabkammer fand man den Granit-Sarkophag des Königs. Sesostris III. (Chakaure) bannte mit mehreren erfolgreichen Feldzügen nach Nubien die Gefahr aus dem Süden. Er kämpfte auch in Palästina und sicherte die Grenzen des Reiches nach Osten. Unter ihm erreichte das Ägypten des Mittleren Reiches seinen Höhepunkt.

Auch die *Schwarze Pyramide des Königs Amenemhet III.* war aus dunklen Nilschlammziegeln errichtet. Von der 104,40 m langen Basislinie stieg der Grabbau einst 81,50 m in die Höhe. Am Ende eines verwirrenden Gangsystems lag die Grabkammer mit dem Sarkophag des Königs aus rotem Granit. Amenemhet III. war ein Sohn Sesostris' III. Er regierte 45 Jahre lang. Seine bedeutendste Tat war wohl die Entwässerung und Kultivierung der riesigen Senke El-Fayum, der noch heute größten Oase Ägyptens. Hier lag neben seiner zweiten Pyramide der 300 mal 240 m große Totentempel, der mit seinen 3000 (?) Räumen im Altertum als Labyrinth berühmt war und möglicherweise als Vorbild für die minoischen Königspaläste diente. Für Herodot war der Tempel »großartiger als alle griechischen Bauwerke zusammen«. Heute ist das Bauwerk fast völlig verschwunden.

Literatur: E. Brunner-Traut, V. Hell, Ägypten. Stuttgart 2. Aufl. 1966.

Delos

Delos, eine winzige Kykladeninsel südwestlich von Mykonos, war im Altertum eine heilige, dem Gott Apollon geweihte Insel. Heute ist Delos die größte archäologische Stätte Griechenlands.

Geschichte

Der 113 m hohe Bergrücken Kynthos auf Delos war bereits im 3. Jahrtausend besiedelt. In mykenischer Zeit (14.–12. Jahrhundert) wurde die Insel religiöses Zentrum für alle Bewohner der Ägäis. Ihre Verehrung galt der großen Fruchtbarkeitsgöttin, der späteren Artemis. Als Kultzentrum diente Delos seit 1000 v. Chr. auch den ionischen Inselgriechen. Leto, eine der zahlreichen Geliebten des Zeus, versteckte sich vor der wütenden Hera auf Delos und gebar hier unter einer Palme Apollon und Artemis. Leto, Apollon, Artemis, Zeus und Hera, sie alle wurden hier verehrt, bis sich allmählich der Apollonkult durchsetzte. Seit dem 7. Jahrhundert v. Chr. feierten die Ionier auf Delos die »Apollonien-Delien«, ein Fest mit sportlichen und musischen Wettkämpfen.

Im 6. Jahrhundert v. Chr. gewann Athen Einfluß auf die reiche Insel, die zuvor Mittelpunkt der von Naxos geleiteten ionischen Amphiktyonie (kultisch-politischer Schutzverband) war. Gegen 525 v. Chr. kam Delos unter die Herrschaft von Samos. Die Perser verschonten die Insel, weil sich ihre Bewohner den neuen Eroberern rechtzeitig unterworfen hatten.

Nach den Perserkriegen wurde Delos 477 v. Chr. Mittelpunkt des ersten Attisch-Delischen Seebundes und kam damit wieder unter den Einfluß Athens. 454 v. Chr. ging die Bundeskasse, die bis dahin im Apollon-Tempel von Delos verwahrt wurde, angeblich aus Sicherheitsgründen nach Athen und wurde dort zum Wiederaufbau der Akropolis verwendet. Um zu verhindern, daß sich Delos zu einer mächtigen Metropole entwikkelt, bestimmte Athen im Jahre 426 v. Chr., daß künftig niemand mehr auf der Insel geboren und bestattet werden dürfe. Nach der Niederlage Athens im Peloponnesischen Krieg erhielt Delos um 401 v. Chr. von Sparta die Unabhängigkeit, doch schon sieben Jahre später kehrten die Athener wieder zurück. Ende des 4. Jahrhunderts v. Chr. kamen die Makedonier, dann die Ptolemäer, die Rhodier und 166 v. Chr. schließlich die Römer.

Seit der Mitte des 3. Jahrhunderts v. Chr. unterhielten italische und orientalische Kaufleute auf der Insel Handelsniederlassungen. Delos erlebte als Kultort wie als Warenumschlagplatz eine einzigartige wirtschaftliche Blüte. 166 v. Chr. wurde Delos Freihafen und entwickelte sich zum größten Sklavenmarkt des Altertums. An manchen Tagen wechselten hier bis zu 10000 Sklaven ihren Besitzer. Der Überfall des Mithridates, König von Pontos, im Jahre 88 v. Chr. leitete den Niedergang von Delos ein. Das letzte Opfer für Apollon brachte 362 n. Chr. Kaiser Julian dar.

Archäologie

Seit 1872 führen französische Archäologen systematische Ausgrabungen auf Delos durch.

Ausgrabungsstätte

Das *Apollon-Heiligtum* von Delos bestand aus drei Tempeln: Der *Porinos Naos* ist der älteste Tempel; er stammt aus dem 6. Jahrhundert v. Chr. Von ihm sind nur noch die Fundamente erhalten, deren Grundfläche 10,10 mal 15,70 m beträgt. In der Cella stand einst die 8 m hohe Bronzestatue des Apollon, ein Werk der Bildhauer Taktaios und Angelion aus Ägina. Den *Tempel der sieben Statuen,* einen dorischen Amphiprostylos, erbauten die Athener um 425 v. Chr. aus pentelischem Marmor. Von der Ostfassade stammt die Giebelskulptur (Firstakroter) »Boreas entführt Oreithyia« und von der Westfassade »Eos entführt Kephalos«. Der *Große Tempel* ist ein Peripteros mit je dreizehn Säulen an den Langseiten und je sechs an den Schmalseiten. Der Bau wurde nach 477 v. Chr. begonnen, unter den Makedoniern fortgesetzt, aber nie vollendet.

Die 20 mal 119 m große *Stoa des Antigonos* grenzte das Apollon-Heiligtum nach Norden ab. Das Hallendach trugen 47 dorische Säulen (Außenfront) und ebenso viele ionische Innensäulen. Antigonos II. Gonatas (283–239) stiftete dieses Bauwerk.

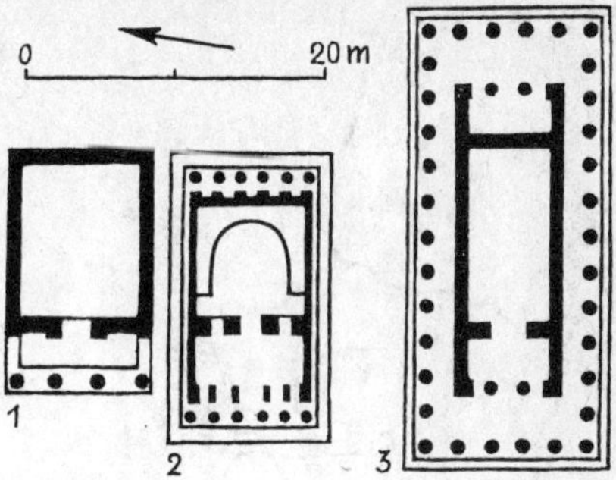

Delos: Apollon-Heiligtum

1 Porinos Naos 2 Tempel der sieben Statuen (»Tempel der Athener«) 3 Großer Tempel

Die Bronzepalme in der L-förmigen *Stoa der Naxier* (600–560) stiftete der athenische Staatsmann Nikias im Jahre 417 v. Chr. Nur der runde Granitsockel ist noch vorhanden. Die riesige Bronzeplastik sollte an die Palme erinnern, unter der Leto Apollon und Artemis gebar.

Von einer 9 m hohen Apollonstatue aus Marmor, dem sog. »Koloß der Naxier«, zeugen die mächtige Basis (5,10 mal 3,50 mal 0,80 m) und ein Torso. Die Statue aus der Zeit um 600 v. Chr. stifteten die Bewohner der Insel Naxos.

Im *Keraton* aus dem 4. Jahrhundert v. Chr. stand der berühmte *Hörner-Altar des Apollon,* den der Gott selbst aus den Hörnern erlegter Widder zusammengefügt hatte. Vor diesem Altar tanzten die Ionier bei den delischen Festen den aus Kreta stammenden Kranichtanz (Geranos). Nach einem Spruch des Orakels von Delos würde die Pest von den Griechen genommen, wenn es ihnen gelänge, den würfelförmigen Apollon-Altar genau noch einmal so groß zu machen. Dieses »Delische Problem«, den Rauminhalt eines Würfels mit den Mitteln der Geometrie zu verdoppeln, beschäftigte viele Mathematiker. Eine erste Lösung fand im 5. Jahrhundert v. Chr. Hippokrates von Chios, eine elegantere Lösung entwickelte Archytas von Tarent (um 430–345).

Die *Italiker-Agora* diente seit etwa 110 v. Chr. als Versammlungsstätte der italischen Kaufleute. Der riesige Innenhof (70 mal 100 m) war ringsum von dorischen Säulenhallen mit ionischem Obergeschoß umgeben.

Nördlich an die Agora schloß sich der *Heilige See* an, in dem einst die Schwäne des Apollon und die Gänse der Leto schwammen. Der See wurde 1926 trockengelegt.

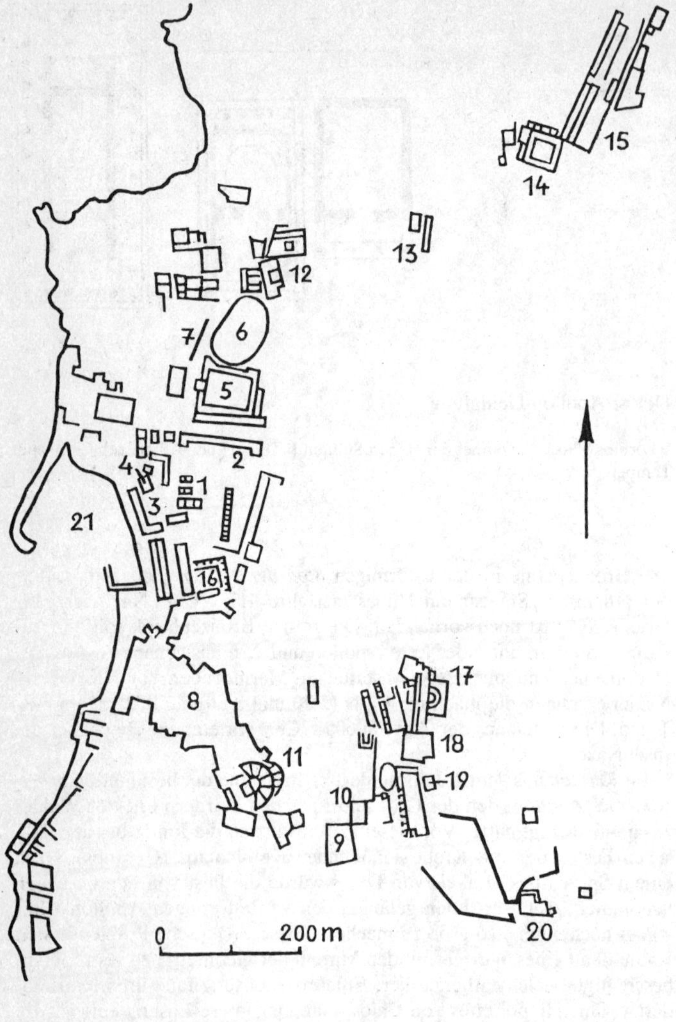

Delos

1 Apollon-Heiligtum 2 Stoa des Antigonos 3 Stoa der Naxier 4 Keraton 5 Italiker-Agora 6 Heiliger See 7 Löwen-Terrasse 8 Theaterviertel 9 Haus der Masken 10 Haus der Delphine 11 Theater 12 Palästra 13 Archegesion 14 Gymnasion 15 Stadion 16 Agora der Delier 17 Heiligtum der syrischen Götter 18 Serapieion C 19 Hera-Tempel (Heraion) 20 Kynthion 21 Hafen

Neben dem See erstreckt sich eine 50 m lange Terrasse mit den berühmten *Löwen von Delos*. Fünf archaische Marmorlöwen aus dem späten 7. Jahrhundert v. Chr. stehen noch an ihrer ursprünglichen Stelle. Sie säumten die Prozessionsstraße, die vom Letoon (Leto-Tempel) zum Heiligen See führte.

Die eindrucksvollsten Ruinen befinden sich im sog. Theaterviertel, der hellenistischen Wohnstadt von Delos. Sie wurden schon mit → Pompeji und → Timgad verglichen.

Das *Haus der Masken* aus der zweiten Hälfte des 2. Jahrhunderts v. Chr. ist mit herrlichen Mosaiken geschmückt. Raum A zeigt Dionysos, auf einem Panther reitend. Im Raum B sind Masken der griechischen Komödie zu sehen. Das Mosaik im Raum C stellt einen Musikanten und einen tanzenden Silen dar.

Das *Haus der Delphine* stammt ebenfalls aus der zweiten Hälfte des 2. Jahrhunderts v. Chr. Es hat seinen Namen von dem Bodenmosaik des Säulenhofes: Eroten reiten ein Delphingespann.

Das *Theater* wurde im 3. Jahrhundert v. Chr. erbaut. Auf den 43 Sitzstufen hatten 5500 Zuschauer Platz. Vom mehrstöckigen Bühnenhaus sind nur noch die Fundamente erhalten.

Zahlreiche weitere Tempel, Säulenhallen, Schatzhäuser, Weihmonumente, Gilde- und Wohnhäuser, Magazine, ein Gymnasion und ein Stadion, Hafenanlagen usw. zeugen von der Größe und Bedeutung des religiösen und wirtschaftlichen Zentrums.

Literatur: Ph. Bruneau, J. Ducat, Guide de Délos. Paris 1965.

Delphi

Delphi, wohl die berühmteste altgriechische Orakelstätte, liegt nahe am Golf von Korinth unterhalb der Phaidriaden (Phädriaden), zweier mächtiger Felswände des Parnaß.

Geschichte

Ursprung der Orakelstätte von Delphi war ein Erdspalt, aus dem berauschende Dämpfe stiegen. Schon in mykenischer Zeit (14.–12. Jahrhundert) verehrte man hier die Erdgöttin Gaia (Gäa). Den Wechsel in der göttlichen Herrschaft über Delphi erklärt die Sage: Eines Tages kam der Knabe Apollon mit seiner Mutter Leto zum Gaia-Heiligtum und beschloß, hier seinen Tempel zu bauen. Das wollte der Drache Python, der ein Sohn der Gaia war und das Heiligtum bewachte, verhindern. Da tötete ihn der Knabe mit Pfeil und brennender Fackel. Apollon, der Gott des Lichtes, hatte über die Götter der Finsternis gesiegt. Er war fortan der neue Herr der Orakelstätte. Seit der geometrischen Epoche (11.–8. Jahrhundert) traten als Weihgaben männliche Bronzeidole an die Stelle weiblicher Tonidole.

Delphi wurde Haupttheiligtum des Apollon, des friedlichen, versöhnenden, ausgleichenden Gottes. Pythia, eine ehrwürdige Frau aus Delphi, verkündete den Willen Apollons durch das Orakel, d. h., Priester deuteten die in Ekstase gestammelten Worte und versuchten, die herrschenden Sitten zu verbessern, Streitigkeiten beizulegen, die Gründung von Kolonien anzuregen. Dabei waren die Priester klug genug, sich gesellschaftlichen und politischen Strömungen nicht entgegenzustellen. Sie unterstützten die Aristokratie des Lykurg, die die Apolytarchie der Könige abgelöst hatte, und auch die Demokratie des Kleisthenes, die die aristokratischen Geschlechter abgeschafft hatte. Im Zweifel gaben sie ein mehrdeutiges Orakel, wie jener berühmte Spruch, den der lydische König Kroisos empfing: »Wenn du den Halys überschreitest, wirst du ein großes Reich zerstören.« Kroisos überschritt 546 v. Chr. mit seinen Truppen den Halys, um die Perser zu besiegen, wurde aber selber von Kyros II. vernichtend geschlagen. Das Großreich der Lyder war zerstört.

Im 7. und 6. Jahrhundert v. Chr. erlangte das Orakel von Delphi den Höhepunkt seiner Berühmtheit. Die Schatzhäuser des heiligen Bezirks waren mit kostbaren Weihgaben gefüllt. 590 v. Chr. verbanden sich zwölf griechische Stämme zu einer Amphiktyonie, einer Vereinigung zum Schutze der Orakelstätte. Die Amphiktyonie veranstaltete seit 582 v. Chr. alle vier Jahre in Delphi die Pythischen Spiele, die zuerst aus musischen Wettbewerben, später auch aus athletischen Wettkämpfen bestanden.

Obwohl sich Delphi in den Perserkriegen durch pessimistische Orakelsprüche auf die Seite der Aggressoren stellte, griffen die Perser 480 v. Chr. das Heiligtum an. Starke Regengüsse und herabstürzende Felsen bewegten die Perser jedoch zum Abzug. 448 v. Chr. eroberten die Phoker, selbst Mitglied der Amphiktyonie, die Orakelstätte. Spartaner und Athener vertrieben sie wieder. 356 v. Chr. nahmen die Phoker wiederum Delphi ein und verschleppten kostbare Weihgaben, darunter den goldenen Dreifuß, den die griechischen Stämme als Dank für ihren entscheidenden Sieg bei Platää über die Perser gestiftet hatten. Diesmal blieb die Hilfe der anderen Amphiktyonen aus, weil eine größere Gefahr im Norden drohte: Sparta und Athen verbündeten sich mit den Phokern gegen die erstarkenden Makedonier. Erst zehn Jahre später konnte Philipp von Makedonien die Phoker aus Delphi vertreiben. 279 v. Chr. wehrten die Ätoler einen Angriff der Kelten auf das Heiligtum ab.

191 v. Chr. kam Delphi unter römische Herrschaft. Von nun an hatte das Orakel keinen politischen Einfluß mehr. Heerführer und Kaiser bedienten sich der wertvollen Weihgeschenke: 86 v. Chr. verschleppte der römische General Sulla u. a. einen Silber-Pithos, ein Weihgeschenk des Kroisos für Apollon; 83 v. Chr. plünderten die Thraker das Heiligtum; Nero nahm 67 n. Chr. 500 Statuen nach Rom mit; Konstantin der Große entführte zahlreiche Kostbarkeiten, darunter die bekannte Schlangensäule, um seine Hauptstadt Byzanz zu schmücken. Nur Kaiser Hadrian, der mit dem griechischen Schriftsteller Plutarch, einem Priester des Apollon-Tempels, befreundet war und Delphi 125 und 129 n. Chr. besuchte, ließ mehrere vom Einsturz bedrohte Bauwerke wiederherstellen. Inzwi-

schen hatte das Christentum seinen Siegeslauf angetreten. Als Kaiser Theodosius I. im Jahre 391 alle heidnischen Kulte verbot, verstummte auch das Orakel von Delphi.

Archäologie

Erste bescheidene Untersuchungen wurden in den 30er und 40er Jahren des 19. Jahrhunderts vorgenommen. 1892 begannen Archäologen der École Française d'Athènes unter Théophile Homolle mit systematischen Grabungen im Heiligen Bezirk. Dazu mußte erst das kleine Dorf Kastri, das inmitten der Ruinen entstanden war, abgerissen und zwei Kilometer weiter westlich wieder aufgebaut werden. Die hierfür erforderlichen Geldmittel bewilligte das französische Parlament. 1902 wurde das Museum von Delphi eingeweiht. Zwischen 1939 und 1941 konnten die Archäologen mehrere Säulen des Apollon-Tempels und der Tholos in der Marmaria wieder aufrichten. Heute untersuchen die Franzosen u. a. einen polygonalen Wall nördlich der Stoa des Attalos.

Ausgrabungsstätte

Der heilige Bezirk von Delphi hatte eine Ausdehnung von 190 mal 135 m und war von einer Mauer umgeben. Beim Haupttor beginnt die *Heilige Straße,* die sich zum Apollon-Tempel hinaufwindet. Von den zahlreichen *Weihgeschenken* (Statuen) zu beiden Seiten der Straße sind nur noch die Sockel vorhanden. Aus den Berichten des Herodot, Plutarch und Pausanias, aus Sockelinschriften und aus anderen Quellen kennen wir die großartigen Statuen, die im 5. und 4. Jahrhundert v. Chr. fast ausschließlich als Dank für siegreiche Schlachten von einem Zehntel der Kriegsbeute finanziert und bereits im Altertum verschleppt worden waren. Da standen die Weihgeschenke der Arkader, der Spartaner, der Argiver, der Achäer, der Tarantiner. Die Athener hatten als Dank für ihren Sieg bei Marathon über die Perser im Jahre 490 v. Chr. sechzehn Statuen des Phidias aufgestellt.

Die *Schatzhäuser* am Rande der Heiligen Straße enthielten besonders wertvolle und empfindliche Weihgeschenke. Das *Schatzhaus der Sikyoner* (Bewohner der Stadt Sikyon), ein dorischer Bau mit zwei Säulen zwischen den Anten, entstand um 500 v. Chr. Die Fundamente weisen auf zwei frühere Bauten hin, auf einen Monopteros mit vierzehn kleinen dorischen Säulen aus dem Jahre 560 v. Chr. und auf einen Rundtempel mit dreizehn dorischen Säulen aus dem Jahre 580 v. Chr. Der Rundtempel wiederum erhob sich auf den Fundamenten des alten Heiligtums der Gaia. Das *Schatzhaus der Siphnier* gilt als das schönste und prächtigste Bauwerk des Heiligtums. Der ionische Bau wurde um 525 v. Chr. aus parischem Marmor errichtet. Zwei Karyatiden nahmen zwischen den Anten die Stelle von Säulen ein. Giebelskulpturen und ein umlaufender Fries schmückten das Schatzhaus, das aus den Erträgen der Goldminen auf der Insel Siphnos finanziert wurde. Das *Schatzhaus der Thebaner,* ein dorischer Bau, entstand nach 371 v. Chr. Das *Schatzhaus der Athener,* 490–489 v. Chr. erbaut, enthielt die kostbaren Weihgeschenke, die die Athener nach der

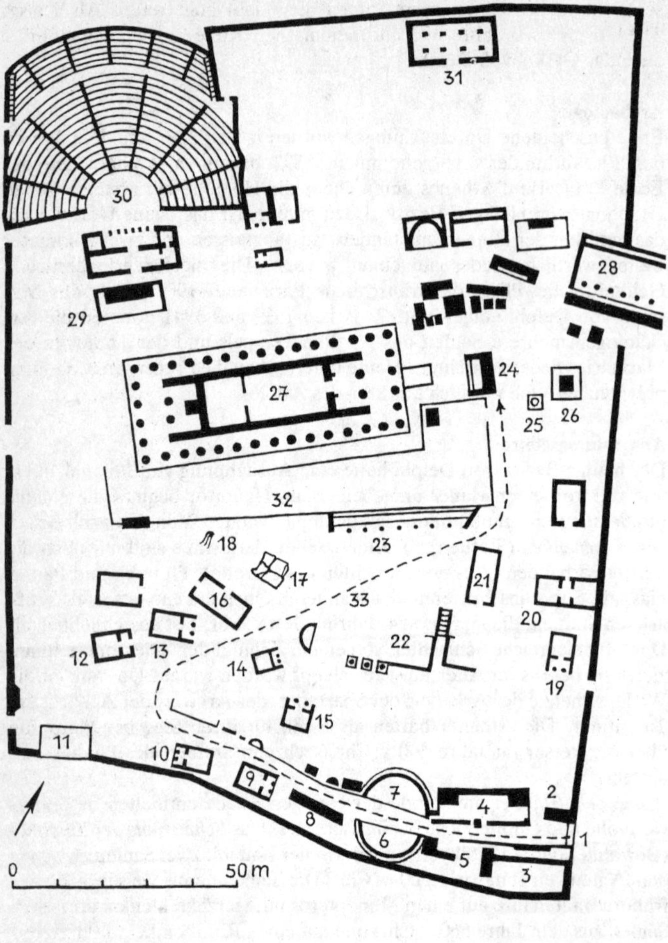

Delphi: Heiligtum des Apollon Pythios

1 Eingang zum Heiligtum 2 Sockel des Stiers von Kerkyra 3 Weihgeschenk der Arkader 4 sog. Weihgeschenk der Lakedämonier 5 Weihgeschenk der Argiver 6 Monument der Sieben Epigonen 7 Monument der Könige von Argos 8 Weihgeschenk der Tarantiner 9 Schatzhaus der Sikyoner 10 Schatzhaus der Siphnier 11 Schatzhaus der Thebaner 12 Schatzhaus der Poteidaiaten (?) 13 Schatzhaus der Athener 14 Schatzhaus der Knidier 15 Schatzhaus der Äolier (?) 16 Buleuterion 17 Fels der Sibylle 18 Quelle des Python 19 Schatzhaus von Kyrene 20 Prytaneion (?) 21 Schatzhaus der Korinther 22 Halos (»Dreschplatz«)

23 Stoa der Athener 24 Altar des Apollon 25 Sockel für die Schlangensäule 26 Weihgeschenk der Rhodier 27 Apollon-Tempel 28 Stoa des Attalos I. 29 Weihgeschenk des Krateros 30 Theater 31 Lesche der Knidier 32 polygonale Mauer 33 Heilige Straße

Schlacht bei Marathon Apollon verehrten. Das Gebäude wurde 1903 bis 1906 wiederhergestellt. Der dorische Bau ist 8,61 m lang, 6,52 m breit und 7,60 m hoch; er besteht aus parischem Marmor. Zwei Säulen zwischen den Anten stützen das Dach. Der gut erhaltene Fries (die Original-Metopen befinden sich im Museum von Delphi) zeigt u. a. die Taten des Theseus und des Herakles sowie eine Amazonomachie. Das *Schatzhaus der Knidier* stifteten die Bewohner von Knidos in der zweiten Hälfte des 6. Jahrhunderts v. Chr. Es ist in ionischem Stil gehalten. Neben dem Schatzhaus der Athener stand das *Buleuterion,* ein archaischer Bau aus Poros-Kalkstein. Dahinter erhebt sich der mächtige *Fels der Sibylle.* Er war in grauer Vorzeit von den Phaidriaden heruntergestürzt. Nach der Überlieferung verkündete die Sibylle Herophyle auf diesem Felsen die ersten delphischen Orakelsprüche; sie soll sogar den Trojanischen Krieg vorausgesagt haben. Das *Schatzhaus der Korinther* ließ der Tyrann Kypselos (657–628), der Vater des Periander, erbauen. Es ist das älteste Schatzhaus des Heiligtums.

Die berühmte *polygonale Mauer* wurde nach der Zerstörung des Apollon-Tempels im Jahre 548 v. Chr. errichtet, um die Terrasse, auf der der neue Tempel stehen sollte, zu stützen. Die Mauer enthält rund 800 Inschriften, zumeist Urkunden über die Freilassung von Sklaven. Vor einem Teil der Mauer erhob sich eine ionische Halle, in der die Athener nach 478 v. Chr. Trophäen aus ihren Seeschlachten mit den Persern aufbewahrten. Den großen *Altar* aus weißem und schwarzem Marmor weihten die Bewohner der Insel Chios um 475 v. Chr. Apollon. Dem Altar gegenüber steht noch der Sockel, der einst die Schlangensäule mit dem goldenen Dreifuß trug. Die Schlangensäule schmückt noch heute den Atmeydani (= Roßplatz) in → Istanbul, das einstige Hippodrom von Konstantinopel; der Dreifuß ist – wie die anderen Weihgeschenke auch – verschollen.

Das bedeutendste Bauwerk von Delphi ist der *Apollon-Tempel.* Nach der Sage soll der erste Tempel aus Lorbeer, der zweite aus Wachs und Flügeln, der dritte aus Bronze gewesen sein, bevor der vierte aus Poros-Kalkstein erstand. Archäologen fanden Reste dieses vierten Tempels. Er war ein dorischer Bau aus der Zeit um 650 v. Chr. Hundert Jahre später, 548, brannte der Tempel nieder. Die Alkmaioniden, adlige Athener, die hier im Exil lebten, bauten ihn bis 510 v. Chr. mit Hilfe von Spenden aus der ganzen griechischen Welt, auch von den Königen Kroisos (Lydien) und Amaris (Ägypten), wieder auf. Der ionische Bau war 58 m lang und 23 m breit. 373 v. Chr. wurde dieser Alkmaioniden-Tempel durch ein Erdbeben zerstört und bis 330 v. Chr. nach den alten Plänen wiedererrichtet. Die Giebelskulpturen schufen die Bildhauer Praxias und Androsthenes aus Athen. In die Wände des Pronaos waren Sprüche der Sieben Weisen Griechenlands (Pittakos, Solon, Kleobulos, Periander, Chilon, Thales, Bias) eingehauen, z. B. »Erkenne dich selbst«, »Nichts allzu sehr«. Im Adyton, dem heiligsten Teil der Cella, soll nach Pausanias eine goldene Statue des Apollon gestanden haben. Neben der Statue lag der delphische Omphalos (Nabel), ein halbeiförmiger Stein, der das Zentrum der Welt symbolisierte. Zeus hatte zwei Adler von den entgegengesetzten Enden des Alls aufeinander zufliegen lassen, um den Mittelpunkt der Welt festzustellen; sie trafen sich in Delphi.

Das *Theater* wurde im 4. Jahrhundert v. Chr. aus weißem Parnassosstein erbaut und im 2. Jahrhundert v. Chr. von König Eumenes II. von Pergamon restauriert. Auf den 35 Sitzstufen konnten 5000 Zuschauer Platz nehmen.

Die *Lesche der Knidier* war eine berühmte Versammlungs- und Diskussionshalle aus der Mitte des 5. Jahrhunderts v. Chr. Die einzigartigen Wandgemälde schuf Polygnot aus Thasos (um 460 v. Chr.), der erste große Maler Griechenlands.

Oberhalb des heiligen Bezirks liegt seit dem 5. Jahrhundert v. Chr. das *Stadion*. Es ist innen 178 m lang und 25 bis 28 m breit. Im 2. Jahrhundert v. Chr. wurde es mit steinernen Sitzstufen ausgestattet, zwölf auf der nördlichen Seite und sechs auf der südlichen. Das Stadion faßte bis zu 7000 Zuschauer.

Zwischen den beiden Felswänden der Phaidriaden entspringt die heilige *Kastalische Quelle*. Ein Brunnenhaus schützte sie. Das Wasser floß aus bronzenen Löwenköpfen und diente zur Reinigung und Erfrischung der Pilger. Nahe dem Brunnenhaus aus hellenistischer Zeit wurden vor wenigen Jahren zwei ältere Brunnenhäuser der archaischen und der klassischen Epoche freigelegt.

Unterhalb des heiligen Bezirks von Delphi liegt das Heiligtum der *Athena Pronaia* (Marmaria). Dieses Heiligtum hatte seinen Ursprung in mykenischer Zeit; damals wurde dort eine Vorgängerin der Athena verehrt. Der *Tempel der Athena* entstand in der Mitte des 7. Jahrhunderts v. Chr.; von ihm zeugen heute einige Säulentrommeln und zwölf wulstige Kapitelle. Um 500 v. Chr. entstand an derselben Stelle ein neuer Athena-Tempel. Der dorische Bau hatte 34 Säulen, je zwölf an den Langseiten und je sechs an den Schmalseiten sowie zwei im Pronaos. 1905 zerstörten herabfallende Felsblöcke die letzten fünfzehn aufrecht stehenden Säulen. Zum Heiligtum der Athena gehört auch die *Tholos*, eines der schönsten Bauwerke der Antike. Der Rundbau entstand um 370 v. Chr. 20 dorische Säulen stützten das Gebälk des Vordaches. Drei davon konnten mit dem zugehörigen Architrav wieder aufgerichtet werden.

Zwischen der Quelle Kastalia und dem Heiligtum der Athena Pronaia erstreckt sich über zwei Terrassen das *Gymnasion*. Die obere Terrasse diente dem Lauftraining: eine 185 m lange Halle, der Xystos, und davor die offene Bahn, die Paradromis. Auf der unteren Terrasse befinden sich die Palästra mit Umkleideräumen, Übungsräumen für Faustkämpfer usw. sowie das Badehaus.

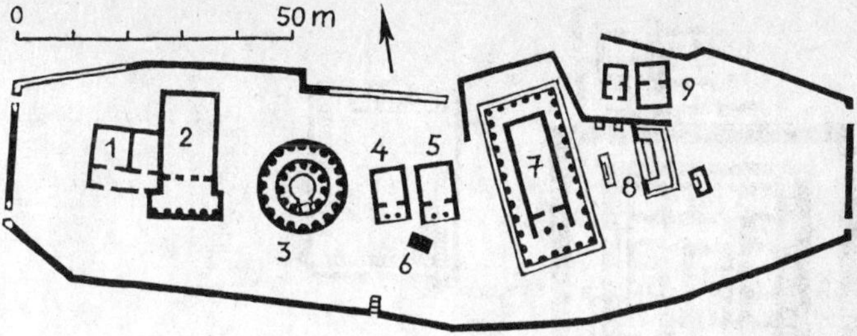

Delphi: Heiligtum der Athena Pronaia (Marmaria)

1 archaisches Bauwerk (»Haus des Priesters«) 2 neuer Athena-Tempel (Tempel III) 3 Tholos 4 Schatzhaus der Massalier 5 dorisches Schatzhaus 6 Basis einer Trophäe 7 Tempel der Athena Pronaia (Tempel II) 8 Athena-Altäre 9 Schatzhäuser oder Kapellen

Die Ausgrabungsfunde sind im Museum von Delphi ausgestellt, darunter die berühmte Bronzestatue des Wagenlenkers, die Giebel und Friese vom Schatzhaus der Siphnier, die Sphinx der Naxier und die Statue des Athleten Agias.

Literatur: B. C. Petrakos, Delphi. Athen 1971.

Dendera

Die altägyptische Stadt Dendera, vorher *Enet,* Kultzentrum der Göttin Hathor, lag etwa 50 km nördlich von Luxor auf dem linken Nilufer. Dendera ist bekannt durch seinen prächtigen Hathor-Tempel aus ptolemäischer und römischer Zeit.

Geschichte

Dendera war schon im Alten Reich eine bedeutende Stadt. Das Heiligtum der Ortsgöttin Hathor wird bereits in Schriften aus der Zeit des Cheops (um 2500) und des Pepi (Phiops) I. (23. Jahrhundert) erwähnt. Die Könige der 12. Dynastie (1991–1786), Thutmosis III. (1490–1436), Ramses II. (1290–1224) und Ramses III. (1184–1153) restaurierten die Tempelanlagen. Das heute sichtbare Bauwerk schufen die letzten Ptolemäer im 1. vorchristlichen Jahrhundert vermutlich an der Stelle des älteren Heiligtums. Die römischen Kaiser Augustus (31 v. Chr.–14 n. Chr.) und Tiberius (14–37) vollendeten den großartigen Bau.

Die älteste Darstellung der Göttin Hathor erscheint auf der Siegestafel des Narmer, der vermutlich mit Menes, dem Begründer der 1. Dynastie, identisch ist. Hathor zählt also zu den ältesten Gottheiten Ägyptens. Sie

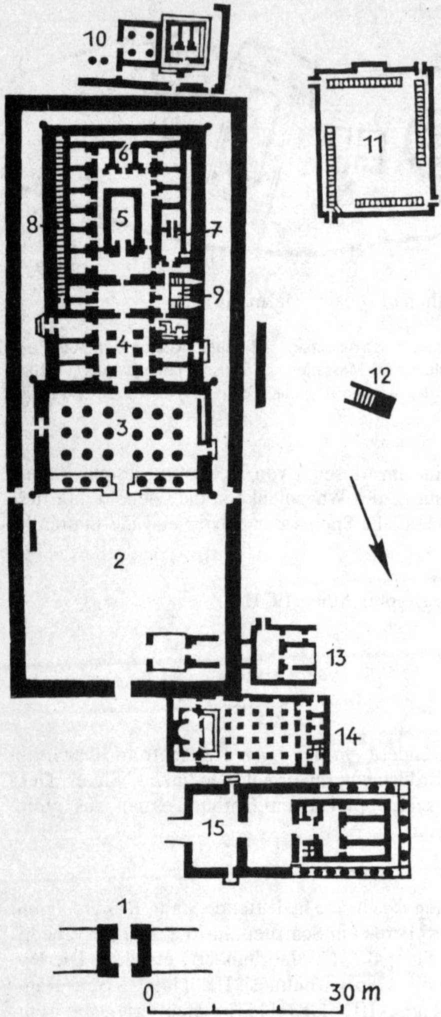

Dendera: Hathor-Tempel

1 Tor 2 Hof 3 Vorhalle 4 Säulensaal 5 Allerheiligstes 6 Hathor-Kapelle 7 Nut-Kiosk 8 Treppe zum Tempeldach 9 Treppe zur Krypta 10 Isis-Tempel 11 Heiliger See 12 Brunnen 13 Mammisi des Nektanebos 14 koptische Kirche 15 Mammisi des Augustus

wird die Geliebte und Gemahlin des *Himmelsgottes* Horus. Während Horus seinen Haupttempel in → Edfu hat, residiert Hathor (= Haus des Horus) in Dendera. Sohn von Hathor und Horus ist Ihi, der jugendliche Gott der Musik. So beherbergt der Tempel von Dendera schließlich auch eine Götterdreiheit, ähnlich wie die Triade Osiris, Isis und Horus in → Abydos. In ptolemäischer Zeit wird die Liebesgöttin Hathor mit Aphrodite gleichgesetzt, in römischer mit Venus.

Ausgrabungsstätte

Der *Hathor-Tempel* von Dendera geht auf Heiligtümer des Alten Reiches zurück. Welcher der ptolemäischen Pharaonen im 1. Jahrhundert v. Chr. den Entschluß faßte, der Liebesgöttin einen neuen Tempel zu errichten, ist nicht bekannt. Vielleicht war es Kleopatra VII., jene bekannte Kleopatra, die seit 51 v. Chr. auf dem ägyptischen Königsthron saß, zuerst gemeinsam mit ihrem ersten Gemahl Ptolemaios XIII., dann mit ihrem zweiten Gemahl Ptolemaios XIV., seit 44 v. Chr. als Alleinherrscherin, die Geliebte Caesars und des Antonius.

Den 290 mal 280 m großen Tempelbezirk umgibt eine dicke Ziegelmauer. Vom großen Hof aus trat der Gläubige in die Vorhalle des Tempels ein, deren Dach von 24 Hathor-Säulen gestützt wird. Jede Säule ist mit vier Gesichtern der Göttin geschmückt und mit einem Sistrum-Kapitell versehen. An den Innenwänden der Vorhalle erkennt man die römischen Kaiser Augustus, Tiberius, Caligula, Claudius und Nero, wie sie der Hathor Weihgeschenke darbringen. Diese Reliefs dürften aus der Zeit des Kaisers Domitian (81–96 n. Chr.) stammen. Die Decke der Vorhalle zeigt astronomische Bilder.

An die Vorhalle schließt sich ein kleiner Saal mit sechs Säulen an. Der Opferraum und ein kleiner Vorsaal liegen vor dem Allerheiligsten, das nur der König oder sein Oberpriester am Neujahrsfest betreten durften. Hier standen die Heiligen Barken mit den Götterbildern. Der winzige Mittelraum am Südende des Tempels war allein der Hathor vorbehalten; ein Schrein enthielt ihr Bild.

Das Tempeldach krönt ein kleines Osiris-Heiligtum mit dem berühmten »Tierkreis von Dendera« (Original im Louvre, Paris). Die südliche Außenwand des Tempels beherrscht ein gewaltiges Relief, das Kleopatra mit ihrem Sohn Caesarion zeigt, den sie von Julius Caesar empfangen hatte und der sein einziger leiblicher Sohn war. Caesars Adoptivsohn Octavian, der spätere Kaiser Augustus, ließ Caesarion nach seinem Sieg bei Actium (31 v. Chr.) ermorden, um sich selbst die Nachfolge zu sichern. Im Jahre darauf nahmen sich Kleopatra und Antonius das Leben.

Vor dem Hathor-Tempel liegen zwei Mammisi (= Geburtshäuser). Das ältere Mammisi stammt aus der Zeit des Königs Nektanebos I. (378–360), das jüngere wurde unter Kaiser Augustus erbaut. Diese kleinen Tempel symbolisieren die Geburtsstätte des Götterkindes. In den Mammisi von Dendera wurde alljährlich die Geburt des Ihi gefeiert.

Literatur: E. Chassinat, Le temple de Dendera. 5 Bde, Kairo 1934–52.

Didyma

Etwa 20 km südlich von → Milet und durch die Heilige Straße mit ihm verbunden, liegt die berühmteste griechische Orakelstätte in Kleinasien. Das Didymaion, der mächtige Tempel des Apollon, ist der größte Tempel der griechischen Welt überhaupt.

Geschichte

Schon vor der griechischen Einwanderung gab es hier über einem Erdspalt ein Orakelheiligtum der Karer, das den Namen Didyma trug. Die ionischen Griechen errichteten einen Tempel, den sie dem Apollon Philesios weihten. Didyma wurde bald so berühmt, daß es in Konkurrenz zu → Delphi trat. Im 6. Jahrhundert v. Chr. kam das Heiligtum in den Besitz von Milet. Nach dem mißglückten Aufstand der ionischen Städte wurde der Tempel 494 v. Chr. von den Persern zerstört. Erst um 300 v. Chr. begann unter dem Diadochen Seleukos I. der Wiederaufbau des Heiligtums. Die Pläne der beiden Architekten Paionios von Ephesos und Daphnis von Milet waren so gigantisch, daß der Tempel niemals vollendet werden konnte. Noch im 2. Jahrhundert n. Chr. beteiligten sich die römischen Kaiser Trajan und Hadrian an der Ausgestaltung des Didymaion. Im Jahre 256 n. Chr. wüteten die Goten im Tempelbereich. In frühbyzantinischer Zeit beherbergte der Tempel eine christliche Basilika und wurde später sogar zu einer Festung ausgebaut. Im 15. Jahrhundert schließlich wurde das Heiligtum durch ein Erdbeben zerstört.

Archäologie

Die Ruinen des Apollon-Tempels von Didyma beeindruckten schon 1834 den französischen Reisenden Charles Texier. Der Engländer Newton untersuchte in den Jahren 1857/58 den Tempelbezirk und brachte mehrere archaische Statuen und eine Löwenskulptur in das Britische Museum, London. 1872/73 führten die Franzosen O. Rayet und A. Thomas die ersten Grabungen durch. 1895/96 folgten die französischen Archäologen B. Haussoullier und E. Pontremoli. Im Auftrag der Berliner Museen grub Theodor Wiegand in den Jahren 1905 bis 1913, 1924 bis 1925, 1930 und 1938. Die Ausgrabungen in Didyma werden nach Evakuierung der Bewohner von Yenihisar, dem heutigen Dorf, das im Tempelbezirk liegt, fortgesetzt.

Ausgrabungsstätte

Der 118 m lange und 60 m breite *Apollon-Tempel* ruht auf einem siebenstufigen Sockel. Er ist ein Dipteros, d. h. ein Tempel, dessen Kernbau von einer doppelten Säulenreihe umgeben ist. Je zwei mal 21 Säulen standen an den Langseiten und je zwei mal zehn an den Schmalseiten. Zwölf Säulen stützten das Dach des Pronaos. Von den insgesamt 120 ionischen Säulen, die alle eine Höhe von 19,40 m hatten, stehen heute nur noch drei aufrecht.

Vom Pronaos aus gelangt man in das höher gelegene Chresmographei-

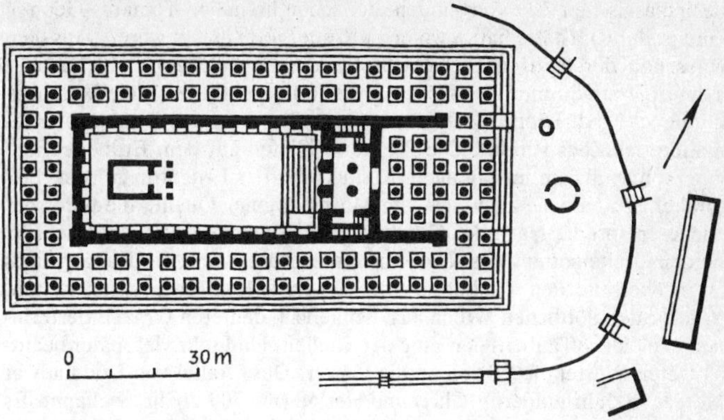

Didyma: Apollon-Tempel

on, das ist der Raum, in dem die Priester den von Exegeten gedeuteten Orakelspruch redigierten. Vom Chresmographeion führt eine 16 m breite Freitreppe zum 5,50 m tiefer liegenden Adyton. Dieses Allerheiligste ist ein 54 mal 24,50 m großer offener Hof mit einem Naiskos (Tempelchen) in der Mitte. In diesem Naiskos stand die berühmte Bronzestatue des Apollon, ein Werk des Bildhauers Kanachos aus Sikyon. Hier sprudelte auch die heilige Quelle, und hier wuchs der heilige Lorbeerstrauch.

Etwa 10 m vom Vordereingang des Tempels entfernt befand sich der runde Hauptaltar mit einem Durchmesser von annähernd 8 m.

Literatur: Th. Wiegand, Didyma. 2 Teile, Berlin 1941–1958.

Dodona

Dodona ist eine alte Kult- und Orakelstätte des Zeus und der Dione etwa 15 km südlich von Joannina (Nordwestgriechenland).

Geschichte

Das Gebiet der Kultstätte auf einer Anhöhe, die sich etwa 50 m über das Tal erhebt, war bereits im 3. Jahrtausend besiedelt. Im 13. Jahrhundert v. Chr., vielleicht auch schon viel früher, bildete sich rings um eine heilige Eiche die älteste Orakelstätte Griechenlands. Mit der Eiche war der Kult des pelasgischen Zeus verbunden, der schon im nahen Tomaros-Gebirge eine uralte Kultstätte hatte, wo er als Wettergott verehrt wurde. Aus dem Rauschen der heiligen Eiche deuteten die Orakelpriester (Selloi oder Tomuroi) die Stimme des Göttervaters. Bald gesellte sich die Erdgöttin Dione zu Zeus. Dione, Mutter der Aphrodite, wurde in Dodona als Gemahlin des Zeus verehrt. Die Priester schliefen auf dem Erdboden und gingen barfuß, um in ständigem Kontakt mit der Erdgöttin zu sein. Das Orakel deuteten sie auch aus dem Murmeln einer Quelle, die unter der Eiche entsprang. Nach der Quellgöttin Naia nannten die Gläubigen die beiden Orakelgötter Zeus Naios und Dione Naia. Selbst das Klingen eines Bronzekessels, den Wallfahrer von der Insel Kythera gestiftet hatten, drückte den göttlichen Willen aus. Schließlich deuteten Orakelpriesterinnen (Peleiai = Tauben) den Flug der Tauben. Und sehr viel später beantworteten Würfel die Fragen an die Götter. Das Orakel von Dodona war Homer (8. Jahrhundert v. Chr.) und Hesiod (um 700 v. Chr.) bekannt. Es erreichte aber nie die Bedeutung des delphischen Orakels.

Seine Blüte hatte Dodona in der makedonischen Epoche. Alexander der Große (336–323) stiftete einen größeren Geldbetrag, mit dessen Hilfe ein Heiliges Haus, umgeben von einer Mauer, errichtet wurde. Zu Beginn des 3. Jahrhunderts v. Chr. entstanden mehrere kleine Tempel, Schatzhäuser und ein großes Theater. Im Jahre 219 v. Chr. wurde Dodona während der Kämpfe der Ätoler mit dem achäischen Bund geplündert und verwüstet, bald jedoch wieder aufgebaut und 168/67 v. Chr. von den Römern zerstört. Das Orakel lebte aber fort, bis Theodosios der Große (379–395) das Christentum zur Staatsreligion erklärte und alle heidnischen Kulte verbot. Im Jahre 391 n. Chr. wurden die Tempel von Dodona abgebrochen und die heilige Eiche gefällt.

Archäologie

1878 begann der griechische Archäologe C. Carapanos mit ersten kleineren Ausgrabungen im Bereich des Zeus-Heiligtums. 1929 bis 1935 wurden die Arbeiten weitergeführt und 1952 in größerem Umfang wiederaufgenommen. 1974/75 legten griechische Wissenschaftler das Buleuterion frei.

Ausgrabungsstätte

Der eindrucksvollste Bau von Dodona ist das hellenistische *Theater*. Es wurde von Pyrrhos (306–302 und 297–273), dem König von Epirus, errichtet, im Jahre 219 v. Chr. von den Ätolern zerstört und sofort wieder aufgebaut. Dabei ersetzte man das hölzerne Bühnenhaus durch eine Steinkonstruktion. Die Römer trennten Orchestra (Bühne) und Zuschauerraum durch eine hohe Mauer, um Gladiatorenkämpfe und Tierhetzen durchführen zu können. Das Theater hatte zuletzt 18000 Sitzplätze. 1960 bis 1963 wurde das Bauwerk gründlich restauriert und ist seitdem Schauplatz der alljährlichen Festspiele von Dodona.

Neben dem Theater stand eine 32,50 mal 43,60 m große Säulenhalle:

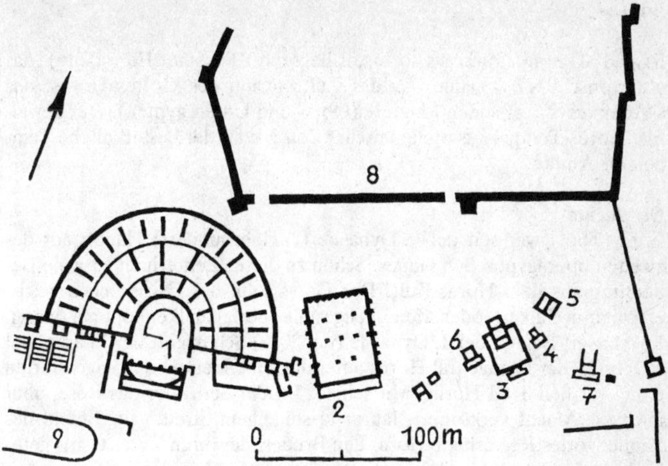

Dodona

1 hellenistisches Theater 2 Säulenhalle (Buleuterion) 3 Orakelheiligtum 4 älterer Dione-Tempel 5 jüngerer Dione-Tempel 6 Aphrodite-Tempel 7 Herakles-Tempel 8 Mauer der Akropolis 9 Stadion

das *Buleuterion.* Hier traten zwischen 343 und 232 v. Chr. die Stämme des epirotischen Bundes zur Beschlußfassung zusammen.

Das älteste Bauwerk des *Heiligtums* stammt aus dem 4. Jahrhundert v. Chr. Es war ein winziger, bescheidener Tempel unmittelbar neben der heiligen Eiche. In der zweiten Hälfte des 4. Jahrhunderts v. Chr. umschloß eine Mauer Eiche und Tempel. Pyrrhos vergrößerte den Tempel und versah den Hof mit einer Kolonnade. In unmittelbarer Nähe des Orakeltempels stand der Tempel der Dione, dem später ein zweiter Tempel folgte. Weitere Tempel waren Aphrodite und Herakles geweiht. Über dem Herakles-Tempel wurde im 6. Jahrhundert eine christliche Basilika erbaut.

Das Heiligtum mit Säulenhalle und Theater lag außerhalb der hellenistischen *Mauer,* die die Akropolis von Dodona umschloß. Diese Mauer hatte im Westen und Norden je vier Türme, im Osten ein Tor zwischen zwei Türmen, im Süden neben einem Turm eine Pforte, die zur Orakelstätte führte.

Literatur: H. P. Drögemüller, Berichte über die neuen Ausgrabungen in Griechenland. In: Gymnasium, 68 (1961).

Edfu

Etwa 100 km nilaufwärts von Luxor liegt die Kleinstadt Edfu (Idfu), das altägyptische *Tbot.* Hier war das Kultzentrum des Gottes Horus, des »Vereinigers der beiden Länder« (Ober- und Unterägypten). Der gewaltige Horus-Tempel aus ptolemäischer Zeit gilt als der besterhaltene Tempel der Antike.

Geschichte

Edfu (Tbot) war seit der 9. Dynastie (22. Jahrhundert) Hauptstadt des zweiten oberägyptischen Gaues. Schon zu dieser Zeit erhielt es seine Bedeutung aus dem Horus-Kult. Der Gott, Sohn des Osiris und der Isis, erschien in Falken- oder Menschengestalt oder als falkenköpfiger Mann. Er war seit Beginn der 1. Dynastie (um 3000) Schutzgott der Pharaonen. In Gestalt der Könige trat Horus unter die Lebenden. Die Könige führten daher oft den Titel Horus. Mit seinem Bruder Seth, der das Böse, aber auch die Macht verkörpert, lag er in ständigem Streit. Auf Befehl des Sonnengottes Re verjagte Horus den Bruder, der ihren Vater Osiris getötet hatte, aus Ägypten. Dieser letzte Kampf zwischen den beiden ungleichen Brüdern fand in Edfu statt. Die Liebesgöttin Hathor war die Gemahlin des Horus. Sie besuchte ihn in Edfu, er besuchte sie in →Dendera. Sie hatten zwei Kinder: Ihi in Dendera und Harsemtewe (Harsomtus) in Edfu.

Im Jahre 237 v. Chr. begann König Ptolemaios III. Euergetes I. in *Apollinopolis Magna,* wie die Stadt nun hieß, mit dem Bau eines neuen Horus-Tempels. Unter Ptolemaios IV. Philopator (221–204) stand der Rohbau. Nach längerer Unterbrechung begannen 180 v. Chr. die Bildhauer und Maler mit der künstlerischen Ausgestaltung des Tempels. Ptolemaios VIII. Euergetes II. (145–116) fügte das Mammisi (Geburtshaus) des Harsemtewe hinzu. Die Umfassungsmauer des Tempels, der Kolonnadenhof und der gewaltige Pylon wurden unter den Herrschern Ptolemaios IX. Soter II. (116–107) und Ptolemaios X. Alexandros I. (107–88) errichtet. Die letzten Reliefs kamen im Jahre 57 v. Chr. an die Wände des Tempels. Die Gesamtbauzeit betrug also 180 Jahre, während die rund 2500 Jahre ältere Cheops-Pyramide in nur 20 Jahren vollendet worden war.

Archäologie

Die Ausgrabung des Horus-Tempels von Edfu in den sechziger Jahren des vergangenen Jahrhunderts stand unter der Leitung des französischen Archäologen und Direktors der ägyptischen Altertümerverwaltung Auguste Mariette.

Ausgrabungsstätte

Der *Horus-Tempel* war genau in Nordsüd-Richtung angelegt. Den Eingang im Süden bildet ein gewaltiger Pylon, der nur noch von dem Torbau des Amun-Tempels in → Theben (Karnak) übertroffen wird. Er ist 36 m hoch und 34 m breit. Dahinter liegt der gepflasterte Hof mit Säulenhallen

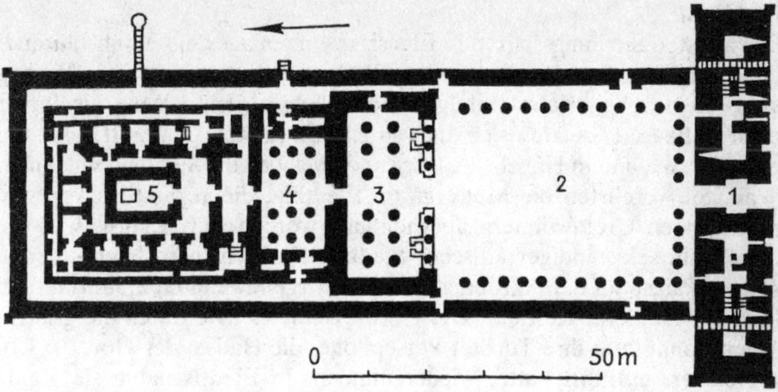

Edfu: Horus-Tempel

1 Großer Pylon 2 Hof 3 Vorhalle 4 Säulensaal 5 Allerheiligstes

an den Ost-, Süd- und Westseiten. Die 32 Säulen tragen Kapitelle in vielerlei Blatt- und Blütenformen (Kompositkapitelle). In der Mitte des Hofes stand einst ein großer Altar. An den Hof schließt sich die Vorhalle mit zwölf Säulen an. Sechs weitere, durch halbhohe Schranken verbundene Säulen stehen zu beiden Seiten des Eingangs, den zwei kolossale Falken aus schwarzem Granit bewachen. Eine dicke Mauer trennt die Vorhalle vom Säulensaal. Ein weiterer Vorraum folgt. Dann betritt man den Saal mit dem Allerheiligsten: eine Kapelle für Horus, aus Granit gefügt. Die Horus-Kapelle stand bereits in dem vorptolemäischen Tempel; König Nektanebos II. (359–341) hatte sie geweiht. Das Dach des Tempels ist vollständig erhalten. Alle Wände, Decken und Säulen sind überreich mit Reliefs geschmückt.

Westlich vor dem Pylon liegt das stark verfallene Mammisi, in dem die Zeremonie der Niederkunft der Muttergöttin stattfand. Die ringsum laufenden Säulen tragen Würfelkapitelle mit dem Bild des Bes, des Schutzgottes der Gebärenden.

Eleusis

Eleusis, 20 km westlich von Athen, am Saronischen Golf gelegen, war in der Antike eine der berühmtesten Städte Griechenlands. Es galt als heilige Stadt. Heute ist Eleusis nur mehr eine graue Industrievorstadt von Athen.

Geschichte

Die ältesten Siedlungsspuren in Eleusis stammen aus dem 3. Jahrtausend. Diese ersten Bewohner bauten ihre Wohnstätten am Süd- und Osthang eines 63 m hohen Kalksteinhügels. Im 2. Jahrtausend kamen die Ionier nach Attika und setzten sich auch in Eleusis (griech: Ankunft) fest. Sie errichteten auf dem Hügel eine Burg und umgaben die Siedlung mit einem Wall. Sie verehrten die Muttergöttin Eleuthia, die vermutlich von den pelasgischen Ureinwohnern übernommen worden war. Eleusis war wie Athen ein selbständiger attischer Stadtstaat mit eigenem König, der in seinem Palast auf der Akropolis residierte. Irgendwann im 2. Jahrtausend kam der Demeter-Kult auf: Die Göttin Demeter irrte durch die griechischen Lande, um ihre Tochter Persephone, die Hades, der Gott des Totenreiches, entführt hatte, wiederzufinden. In Eleusis nahm sie König Keleos gastfreundlich auf. Zum Dank dafür schenkte Demeter dem Sohn des Königs, Triptolemos, das erste Weizenkorn und lehrte ihn den Getreideanbau. Zur Erinnerung an dieses kostbare Geschenk entstanden die Eleusischen Mysterien, ein Kult um die beiden Göttinnen Demeter und Persephone, der sich bis ins 4. nachchristliche Jahrhundert hielt. Zweimal im Jahr fanden die Feierlichkeiten statt: die Kleinen Eleusinien im Frühjahr und die Großen Eleusinien im Herbst.

Im 7. Jahrhundert v. Chr. führte die Rivalität der beiden Nachbarstädte Eleusis und Athen um die Vorherrschaft in Attika zu einem Krieg, in dem Eleusis unterlag und seine Unabhängigkeit verlor. Es war jener mythische Streit zwischen Poseidon und Athena, den die Göttin für sich entschied (→ Athen). Eleusis behielt das Recht, die Mysterien zu leiten. Alljährlich im Herbst strömten Griechen nach Eleusis, um an den Prozessionen zwischen Eleusis und Athen teilzunehmen und in die Geheimnisse dieses Kults eingeweiht zu werden. In römischer Zeit erlebte der Kult eine besonders hohe Blüte: Sulla, Cicero, Antonius, Augustus, Hadrian, Mark Aurel erfuhren die Weihe und durften sich fortan »Mysten« nennen. Hadrians Gattin Sabina wurde sogar als »Neue Demeter« verehrt.

Im Jahr 170 n. Chr. legten die in Griechenland eingefallenen südrussischen Kostoboken das Heiligtum in Asche. Die Bauten wurden sofort wiederhergestellt. 391 n. Chr. verbot Theodosius der Große die Mysterien. Fünf Jahre darauf plünderten die Westgoten unter Alarich den Tempelbezirk. Eleusis, der Geburtsort des Aischylos (525–456), hatte aufgehört, eine heilige Stadt zu sein.

Archäologie

1859 fand man in Eleusis das berühmte »Eleusische Weihrelief«: Demeter überreicht Triptolemos die ersten Weizenähren. Das Marmorrelief entstand um 450 v. Chr. und befindet sich heute im Athener Nationalmuseum.

Der heilige Bezirk am Südosthang der Akropolis von Eleusis wurde von 1881 bis 1914 und dann wieder seit 1930 von griechischen Archäologen ausgegraben.

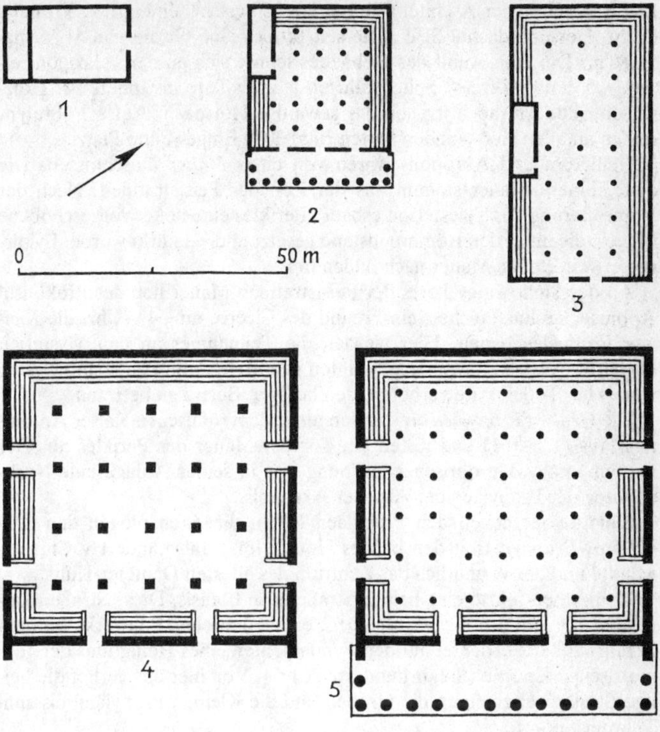

Eleusis: Entwicklung des Telesterion

1 Bau des Solon 2 Bau der Peisistratiden 3 Bau des Kimon 4 Bau des Perikles (Architekt: Iktinos) 5 Bau des Lykurgos

Ausgrabungsstätte

Mittelpunkt des Demeter-Heiligtums ist das *Telesterion,* in dem die Mysterienweihe stattfand. Hier erhob sich schon in der mykenischen Epoche (14.–11. Jahrhundert) ein Tempel der Demeter. Weitere Tempelbauten folgten. Unter den Söhnen des Peisistratos (528–510) erhielt das Telesterion einen quadratischen Grundriß mit Sitzstufen an drei Seiten. Nachdem die Perser 480 v. Chr. diesen Bau zerstört hatten, ließ Kimon von Athen ein wesentlich größeres Telesterion errichten, das Iktinos, der Architekt des Parthenon, unter Perikles vollendete. Unter dem Athener Staatsmann

Lykurgos fügte der Architekt Philon um 330 v. Chr. eine große Vorhalle hinzu. Der überdachte Saal hatte seit Iktinos eine Größe von 51,15 mal 51,80 m. Die Rückwand des Gebäudes lehnte sich an den Akropolisfelsen. An den drei freien Seiten führten je zwei Tore ins Innere. 42 Holzsäulen, jede 6 m hoch, trugen das gewaltige Holzdach. Auf acht Stufenreihen an allen vier Wänden hatten rund 3000 Eingeweihte Platz.

Heiligtum und Akropolis waren von einer *Mauer* umschlossen. Die erste, innere Mauer stammt aus der Zeit der Peisistratiden. Nach der Vergrößerung des Telesterion erbaute Perikles eine neue, vorgeschobene Mauer, die unter den Römern instand gesetzt und verstärkt wurde. Lykurgos erweiterte die Mauer nach Süden hin.

An der Stelle eines Tores der Peisistratiden-Mauer ließ der Prokonsul Appius Claudius Pulcher, ein Freund des Cicero, um 54 v. Chr. die *Kleinen Propyläen* bauen. Hier wurden die Teilnehmer an den Mysterien überprüft, ob sie zu den Eingeweihten gehörten, denn den Nicht-Mysten war es bei Todesstrafe verboten, den heiligen Bezirk zu betreten.

Die *Großen Propyläen* entstanden unter dem römischen Kaiser Antoninus Pius (138–161) und lösten ein Tor der Mauer des Perikles ab. Der monumentale Bau dorischer Ordnung war in seiner Anlage eine Nachahmung der Propyläen der Athener Akropolis.

Unmittelbar neben den Propyläen legten die Archäologen den *Kallichoros-Brunnen* frei, den bereits Homer im 8. Jahrhundert v. Chr. erwähnte und der vermutlich das Zentrum des ältesten Demeter-Kults war.

Von Athen führte eine heilige Straße nach Eleusis. Diese Straße mündete in den Hof des *Artemis-Tempels,* eines römischen Bauwerks aus dem 2. Jahrhundert, errichtet auf den Fundamenten eines Heiligtums der geometrischen Epoche (8. Jahrhundert v. Chr.). Von hier aus verlief die heilige Straße weiter durch die Großen und die Kleinen Propyläen bis zum Telesterion.

Literatur: G. Mylonas, Eleusis and the Eleusinian mysteries. Princeton, N.J. 1961.

Ephesos

Die antike Stadt Ephesos (lat. Ephesus) liegt etwa 55 km südlich von Izmir an der türkischen Westküste. Sie war im Altertum eine der bedeutendsten und größten Städte Kleinasiens und berühmt wegen ihres Artemis-Tempels (Artemision), den die alten Griechen zu den Sieben Weltwundern zählten.

Geschichte

Der Ajasoluk-Hügel, auf dem sich heute eine byzantinische Zitadelle erhebt, war schon in der Mitte des 2. Jahrtausends v. Chr. von Karern und Lelegern besiedelt. Am Fuße dieses Hügels lag ein Heiligtum der Fruchtbarkeitsgöttin und Göttermutter Kybele. Im späten 11. Jahrhundert v. Chr. ließen sich ionische Griechen unter der Führung des sagenhaften Androklos vermutlich am Fuße des Pion-Hügels (heute Panayir Daği) nieder. Ephesos, wie die griechische Siedlung hieß, entwickelte sich wegen seiner günstigen Lage am Endpunkt einer Haupthandelsstraße und an der Mündung des Kaystros (heute Küçük Menderes) zu einer blühenden Hafenstadt. Die Epheser errichteten im 7. Jahrhundert v. Chr. der »Großen Göttermutter«, die sie Artemis nannten, an der Stelle des uralten Kybele-Heiligtums einen Tempel. Ephesos wurde Mitglied des Ionischen Zwölfstädtebundes.

Um die Mitte des 6. Jahrhunderts v. Chr. gliederte der lydische König Kroisos (Krösus) die Stadt in sein Reich ein. Er zwang die Epheser, sich rings um den Artemis-Tempel, den er wesentlich vergrößerte, anzusiedeln. Diese Stadt ist bis heute unerforscht, weil sie tief im Schlamm des Kaystros begraben liegt. Im Jahre 546 v. Chr. besetzten die Perser unter Kyros dem Großen nach der Zertrümmerung des lydischen Reiches die Stadt. Als es den Griechen 479 v. Chr. gelang, die Perser zurückzudrängen (Siege bei Plataä und am Mykale), schloß sich Ephesos dem Attischen Seebund an. 412 v. Chr. trat es im Peloponnesischen Krieg an die Seite Spartas, kam aber 387 v. Chr. durch den »Königsfrieden« wieder in persische Gewalt. Alexander der Große gab der Stadt nach seinem Siege am Granikos im Jahre 334 v. Chr. die Selbständigkeit zurück.

Als im 3. Jahrhundert v. Chr. der Hafen von Ephesos durch die Schlammassen des Kaystros zu verlanden drohte, verlegte der Diadoche Lysimachos den Hafen, siedelte die Bewohner in das 2,5 km entfernte Tal zwischen den Hügeln Koressos (heute Bülbüldaği = Nachtigallenberg) und Pion um, errichtete eine 9 km lange Mauer um Hafen und Stadt und nannte die neue Metropole nach seiner Gemahlin *Arsinoeia*. Die Stadt entwickelte sich zum bedeutendsten Handelsplatz Kleinasiens. Nach Lysimachos' Tod nahm sie wieder den alten Namen an. Später kam Ephesos unter die Herrschaft der Seleukiden. Seit 189 v. Chr. gehörte es zum Pergamenischen Reich und nach dem Tode des letzten Königs von Pergamon im Jahre 133 v. Chr. zu Rom.

Von 88 bis 84 besetzte Mithridates, König von Pontus, die Stadt und erließ hier den bekannten Blutbefehl von Ephesos (Ephesische Vesper), der zur Ermordung von 80000 römischen Bürgern in Kleinasien führte. Nach siegreicher Rückkehr der Römer wurde Ephesos (jetzt Ephesus) Hauptstadt der Provinz Asia und gelangte erneut zu Wohlstand. Unter Augustus entstanden prächtige Bauwerke, die von einem Erdbeben im Jahre 17 n. Chr. zerstört und von Tiberius und Hadrian erneuert wurden. *Ephesus* hatte inzwischen 200000 Einwohner. Der Apostel Paulus gründete hier im Jahre 54 eine Christengemeinde. Die Plünderung der Stadt durch die Goten im Jahre 263, die zunehmende Verlandung des Hafens und die wachsende Bedeutung Konstantinopels führten zum allmählichen Niedergang der Stadt. Unter Justinian war nur noch der Ajasoluk-Hügel bewohnt. Am Fuße dieses Hügels liegt heute die kleine Stadt Selçuk.

Archäologie

Im Jahre 1863 begann der englische Ingenieur J. T. Wood, in Ephesos an der Stelle zu graben, wo er das Fundament des Artemis-Tempels (Artemision) vermutete. Tatsächlich fand er 1869 unter einer 8 m dicken Schlammschicht des Kaystros Reste des Tempels, die er 1871 bis 1874 freilegte. 1904 bis 1905 setzte der Engländer D. G. Hogarth die Ausgrabungen im Auftrag des Britischen Museums fort; zahlreiche Funde, vor allem Reliefs, kamen nach London. Von den 127 Säulen, die der Tempel einst hatte, konnte Hogarth die Stellung von 108 Säulen bestimmen.

Zwischen 1894 und 1913 untersuchten Wissenschaftler des Österreichischen Archäologischen Instituts einen großen Teil des lysimachischen Stadtgebietes. Weitere Grabungskampagnen der österreichischen Archäologen folgten 1926 bis 1935. Unter der Leitung von F. Miltner wurden die Arbeiten 1954 wiederaufgenommen und auch nach seinem Tod im Jahre 1959 bis heute fortgeführt. Dabei beschränkten sich die Forscher nicht nur auf das Ausgraben weiterer Stadtviertel, sondern versuchten, in mühsamer Kleinarbeit einige der interessantesten Bauwerke wieder aufzurichten, z. B. die Celsus-Bibliothek. Unter dem Artemis-Tempel kamen die Grundmauern eines Kultbaues aus dem 8. Jahrhundert v. Chr. zum Vorschein.

Ausgrabungsstätte

Der ältere *Artemis-Tempel* wurde im 6. Jahrhundert v. Chr. an der Stelle uralter Heiligtümer errichtet. Baumeister waren Chersiphron und Metagenes von Kreta sowie Theodoros von Samos. Er war ein Dipteros, d. h., seine Cella war von einer doppelten Säulenreihe umgeben. Auf einer Fläche von etwa 115 mal 55 m trugen 127 Säulen das gewaltige Dach. Im Jahre 356 v. Chr. steckte der Epheser Herostratos den Tempel in Brand, um seinen Namen unsterblich zu machen. Die Göttin – so meinten die Bürger von Ephesos später – vermochte ihren Tempel nicht zu schützen, weil sie in dieser Stunde in der makedonischen Königsresidenz Pella weilte, um die Geburt Alexanders zu beschirmen. Später wollte sich der 22jährige Alexander, inzwischen der Große, für die Hilfe der Artemis revanchieren und den Wiederaufbau des Artemision großzügig unterstützen. Die Epheser fürchteten jedoch, ihre Unabhängigkeit zu verlieren, und lehnten sein Angebot mit der Antwort ab: »Einem Gott geziemt es nicht, einem anderen Gott einen Tempel zu bauen.« Alexander war geschmeichelt und verzichtete großzügig auf die Abgaben der Stadt, die nun ungeschmälert dem Tempelneubau zugute kamen.

Der jüngere Artemis-Tempel wurde nach den Plänen des niedergebrannten erbaut, übertraf aber alles bisher Dagewesene an Pracht. Cheirokrates überwachte die Bauarbeiten, Praxiteles und Skopas sollen die Skulpturen und Reliefs geschaffen haben. Dieser neue Tempel der Artemis Ephesia war für die Griechen eines der Sieben Weltwunder. 263 n. Chr. beschädigten ihn die Goten. Als Theodosius im 4. Jahrhundert den Götzenkult in seinem Reich verbot, endete die Geschichte des Artemision. Der Tempel diente fortan als Steinbruch. Die Quader wurden im

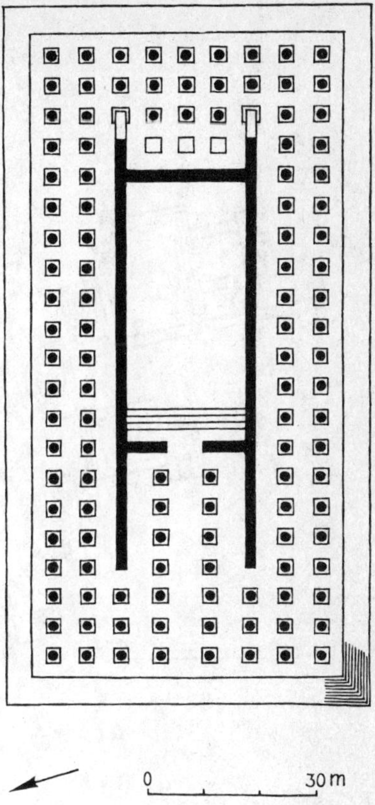

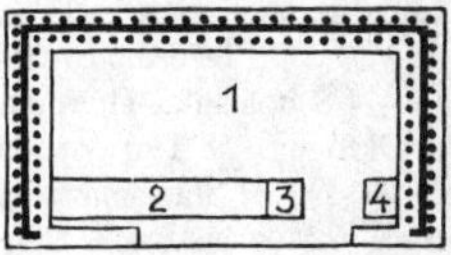

Ephesos: Artemision des Cheirokrates mit Altar (Rekonstruktion)

1 Altarhof 2 Rampe für die Opferstiere 3 »Herd« 4 Basis für die Kultstatue

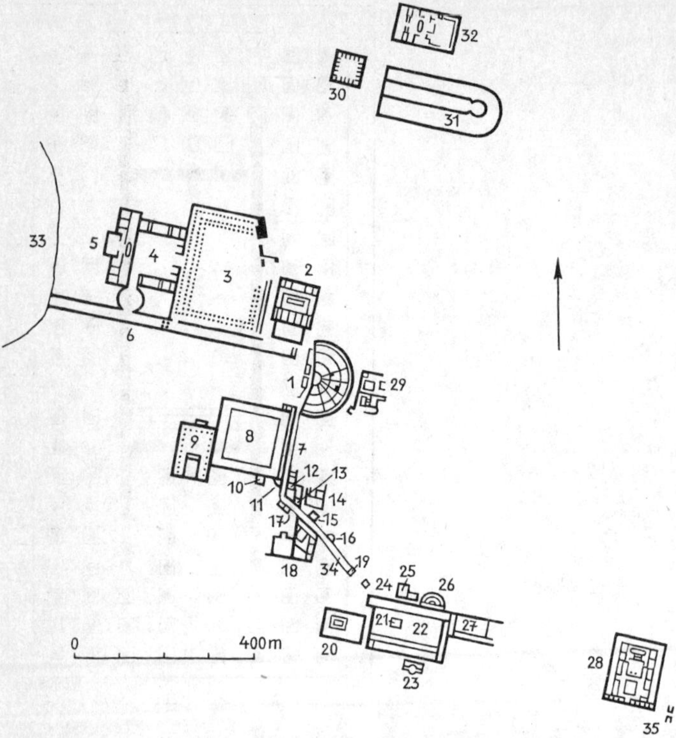

Ephesos

1 Großes Theater 2 Theatergymnasium 3 Verulanus-Hallen 4 Hafengymnasium 5 Hafenthermen 6 Arkadiane (Arkadenstraße) 7 Marmorstraße 8 Agora 9 Serapeion (?) 10 Celsus-Bibliothek 11 Auditorium 12 Freudenhaus 13 Latrine 14 Scholastika-Thermen 15 Hadrian-Tempel 16 Nymphäum des Trajan 17 Oktogon 18 Terrassenhäuser 19 Herakles-Tor 20 Domitian-Tempel 21 Isis-Tempel (?) 22 Staatsmarkt 23 Fontäne 24 Marktbasilika 25 Prytaneion 26 »Odeum« 27 Varius-Bad 28 Ostgymnasium 29 Palast über dem Theater 30 Macellum (?) 31 Stadion 32 Vedius-Gymnasium 33 Hafen 34 Kuretenstraße

6. Jahrhundert zum Bau der Johannes-Basilika in Ephesos verwendet, die unbeschädigten Säulen und Marmorplatten kamen nach Konstantinopel, um dort die einzigartige Hagia Sophia zu schmücken. Heute sind von dem Weltwunder nur noch wenige Steinblöcke und Säulenteile zu sehen.

Die eindrucksvollsten Ruinen der Stadt stammen aus dem 1. bis 3. nachchristlichen Jahrhundert, aus jener Zeit also, als Ephesus Hauptstadt der römischen Provinz Asia war.

Die Hauptverkehrsader der Stadt war die *Arkadiane*. Diese 530 m lange und 21 m breite, prachtvolle Säulenhallenstraße ließ der oströmische Kaiser Arcadius (395–408) erbauen. Sie verband den Hafen mit der Oberstadt. Allein die Fahrbahn war 11 m breit. An die Säulenhallen grenzten unzählige Geschäfte. Abends war die Straße von Öllampen erleuchtet.

Nördlich der Arkadiane erstreckt sich der riesige Komplex des *Hafengymnasiums* mit Thermen, Hallenbad, Vortrags- und Kultsälen und einem 200 mal 240 m großen Sportplatz. Diese Anlage stammt aus dem 2. Jahrhundert n. Chr. und wurde unter Konstantin dem Großen (306–337) restauriert.

Das *Vedius-Gymnasium* aus dem 2. Jahrhundert n. Chr. war der Göttin Diana und dem Kaiser Antoninus Pius (138–161) geweiht. Palästra, Thermen und marmorne Toilettenanlagen sind noch deutlich zu erkennen. Die gesamte Anlage besaß eine Fußbodenheizung.

Das *Stadion* wurde im 1. Jahrhundert n. Chr. über einem kleineren Stadion aus lysimachischer Zeit erbaut. Es ist 230 m lang und 30 m breit und wurde auch für Gladiatorenkämpfe und Tierhetzen benutzt, da Ephesus kein eigenes Amphitheater besaß.

Das am Hang des Pion gelegene, sehr gut erhaltene *Theater* wurde im 1. und 2. Jahrhundert n. Chr. – vor allem unter den Kaisern Claudius (41–54) und Trajan (98–117) – auf den Fundamenten mehrerer nacheinander gebauter griechischer Theater errichtet. Das dreistöckige Bühnenhaus war 18 m hoch. Die Orchestra hatte eine Ausdehnung von 14,50 mal 6 m. Auf drei Rängen zu je 22 Sitzstufen fanden 25000 Zuschauer Platz. Mit dem Kampfruf »Groß ist die Diana (Artemis) der Epheser!« sollen hier die Andenkenhändler den Tumult gegen den Apostel Paulus geschürt haben (Apostelgeschichte 19; 23–40).

Am Theater führt die sog. *Marmorstraße* vorbei, eine Säulenhallenstraße mit unterirdischer Kanalisation.

Die ursprünglich griechische *Agora* wurde im 3. nachchristlichen Jahrhundert umgebaut und auf 116 m Seitenlänge erweitert. Sie war von Kolonnaden mit Geschäften umgeben. Auf der Mitte des Platzes stand eine Wasseruhr (Klepsydra). Monumentale Tore bildeten die Zugänge zur Agora.

Neben der Agora erhebt sich die in den letzten Jahren wiederaufgebaute *Celsus-Bibliothek,* ein wundervoller Bau des frühen 2. Jahrhunderts n. Chr., der Tiberius Julius Celsus Polemaenus, Statthalter der Provinz Asia, gewidmet war. Der stützenfreie Büchersaal maß 11 mal 17 m und konnte etwa 12000 Schriften fassen.

An die Marmorstraße schließt sich in scharfem Knick die *Kuretenstraße* an, die dem »heiligen Weg« im Tal zwischen Pion und Koressos folgt und das rechtwinklige Straßensystem schräg durchschneidet (Kureten nannten sich die Priester der Artemis). Hier liegen die *Scholastika-Thermen,* be-

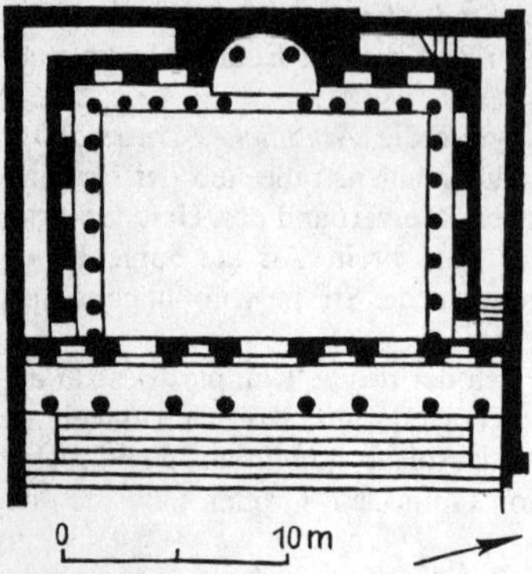

Ephesos: Celsus-Bibliothek

nannt nach ihrer Stifterin, einer reichen ephesischen Bürgerin. Sie enthielten im Erdgeschoß ein elegantes Bordell und ausgedehnte Toilettenanlagen. Daneben steht der zierliche *Hadrian-Tempel* aus dem 2. Jahrhundert n. Chr. Auf der gegenüberliegenden Seite lagen am Berghang *Miethäuser* mit Wasserleitung und Kanalisation. Sie dürften unseren modernen Terrassenhäusern sehr ähnlich gesehen haben. Das Erdgeschoß nahmen Läden, Handwerksbetriebe, Imbißstuben und Schankwirtschaften ein. Das darüberliegende Geschoß enthielt die Wohnungen der Pächter. Dahinter hausten in Galerien und Stollen die Beschäftigten der Betriebe. Das dritte Geschoß bildeten repräsentative Wohnungen, zum Teil mit Peristyl-Höfen und Bibliotheken, geschmückt mit Mosaikfußböden und Wandmalereien. Das vierte Geschoß bestand wiederum aus kleinen, bescheiden ausgestatteten Wohnungen, die von einer oberen Parallelstraße oder von Treppenwegen aus zu erreichen waren.

Das sog. *Odeum* aus dem 2. Jahrhundert n. Chr. faßte 2200 Zuschauer; sein tatsächlicher Verwendungszweck ist umstritten.

Über den Koressos-Hügel verläuft bis zu einer Höhe von 350 m die hellenistische Stadtmauer, die Lysimachos im 3. Jahrhundert v. Chr. erbauen ließ.

Literatur: F. Miltner, Ephesos. Wien 1958. – W. Alzinger, Die Ruinen von Ephesos. Berlin und Wien 1972. – A. Bammer, Die Architektur des jüngeren Artemision von Ephesos. Wiesbaden 1972.

Epidauros

Auf der Peloponnes, genauer am Saronischen Golf, liegt der bedeutendste Kurort der Antike: Epidauros. Berühmt ist die Ausgrabungsstätte heute vor allem wegen des Theaters, das als das besterhaltene griechische Bauwerk dieser Art gilt, und wegen der einzigartigen Anlagen des Asklepieion.

Geschichte

Epidauros war schon lange eine bedeutende Hafen- und Handelsstadt, als Ende des 6. Jahrhunderts v. Chr. etwa 10 km entfernt ein Heiligtum zu Ehren des Gottes Asklepios, das Asklepieion, errichtet wurde. Besonders seit dem Peloponnesischen Krieg (431–404 v. Chr.) suchten und fanden die Griechen in Epidauros Heilung von ihren körperlichen und seelischen Leiden. Arzneien wurden in jener Zeit nicht angewendet. Psychotherapeutische Methoden, Heilschlaf, Gymnastik, Musik, Theater, vor allem aber der Glaube an die Heilkraft des Gottes bewirkten die Wunder, von denen mehrere Stelen berichten.

Der Ruf des Kurzentrums verbreitete sich über die ganze griechische Welt. Über dreihundert Tochterheiligtümer des Asklepios entstanden: 420 v. Chr. in Athen, dann in Knidos, Sikyon, auf der Insel Kos, im 4. Jahrhundert v. Chr. in Pergamon, 293 v. Chr. sogar in Rom, danach in Tarent, Kyrene usw. Jedesmal, wenn ein neues Asklepieion gegründet werden sollte, ließ man sich aus Epidauros ein paar der großen, harmlosen, heiligen Schlangen kommen, die die Heilkraft des Gottes symbolisieren.

Schließlich ließen sich in Epidauros auch Ärzte nieder und ergänzten die göttliche Heilkraft durch medizinische Mittel. In römischer Zeit kamen Badekuren, Abführmittel, Diätkost und chirurgische Eingriffe hinzu. Noch im 5. nachchristlichen Jahrhundert, als sich das Christentum längst durchgesetzt hatte, war der Glaube an die Heilkraft des Gottes Asklepios (Äskulap) fast unerschüttert.

Archäologie

Seit 1881 führte der griechische Archäologe P. Kavvadias im Auftrag der Athener Archäologischen Gesellschaft umfangreiche Grabungen im Bereich des heiligen Bezirks durch. Nach seinem Tode im Jahre 1928 setzte der Grieche Papadimitriou die Erforschung des Asklepieion fort.

Ausgrabungsstätte

Der *Asklepios-Tempel* wurde um 380 v. Chr. von dem Architekten Theodotos erbaut. Der dorische Peripteros hatte eine Grundfläche von 24,50 mal 13,22 m. Er bestand aus weißgetünchtem Tuffstein. Die Säulen, je elf auf den Langseiten und je sechs auf den Schmalseiten, waren 5,20 m hoch. Der Tempel beherbergte das goldelfenbeinene Kultbild des Gottes Asklepios, ein Werk des Bildhauers Thrasymidis aus Paros.

Die *Tholos,* auch Themele genannt, ist ein von 26 dorischen Säulen

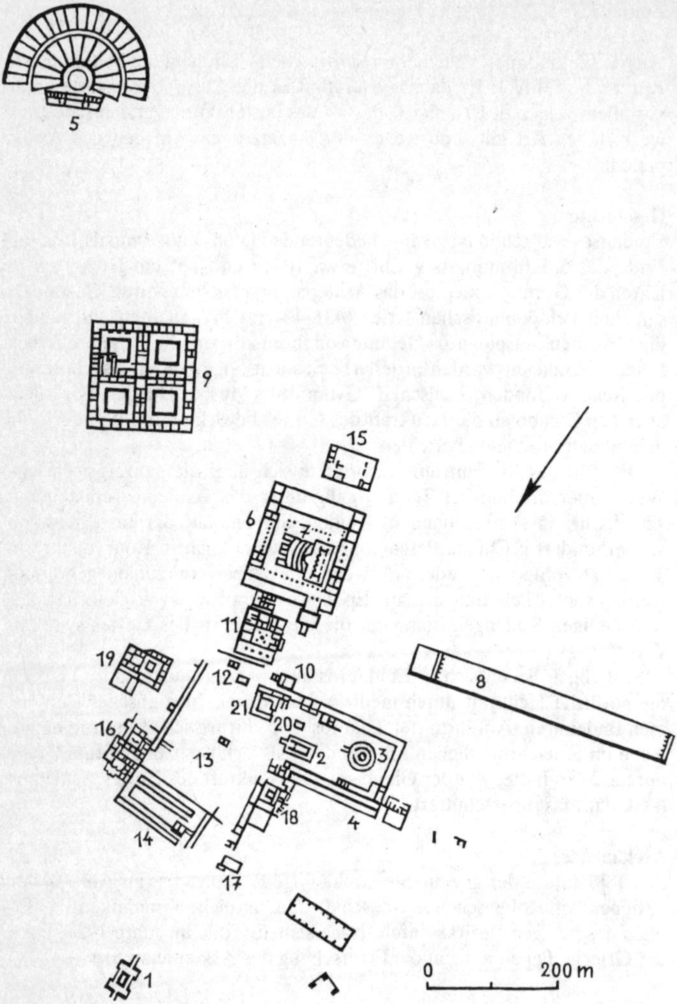

Epidauros: Asklepieion

1 Propyläen des Asklepieion 2 Asklepios-Tempel 3 Tholos (Themele) 4 Enkoimeterion (»Abaton«) 5 Theater 6 Gymnasion 7 Odeum 8 Stadion 9 Katagogeion 10 Artemis-Tempel 11 Palästra 12 Tempel der Themis 13 Heiliger Platz 14 nördliche Stoa 15 griechische Thermen 16 römische Thermen

17 Aphrodite-Tempel 18 Asklepios-Thermen und Bibliothek 19 Apollon- und Asklepios-Tempel 20 Asklepios-Altar 21 Ostbau (altes Enkoimeterion)

umgebener Rundbau mit einem Durchmesser von 21,70 m. Sie wurde zwischen 370 und 330 v. Chr. von Polyklet dem Jüngeren errichtet. Unterhalb der Tholos verlaufen labyrinthartige Gänge, von denen die Fremdenführer behaupten, daß dort die heiligen Schlangen gehalten wurden. Die Bedeutung des Bauwerks ist bis heute ungeklärt.

Im *Enkoimeterion,* fälschlich auch Abaton genannt, gaben sich die von Priestern vorbereiteten Kranken dem Heilschlaf hin. Der Tuffsteinbau wurde im 4. Jahrhundert v. Chr. begonnen und im 3. Jahrhundert zweistöckig erweitert. Zuletzt war er 70 m lang und 9,50 m breit. Im Enkoimeterion befand sich auch der heilige Brunnen.

Das *Theater* galt im Altertum als das schönste aller griechischen Theater. Es wurde in der Mitte des 4. Jahrhunderts v. Chr. von dem Architekten Polyklet dem Jüngeren erbaut und hatte ein Fassungsvermögen von etwa 14000 Zuschauern. Seine Lage am Hang des Kynortion bot eine herrliche Aussicht auf den heiligen Bezirk und die waldbedeckten Berge im Hintergrund. Es beeindruckt noch heute durch seine einzigartige Akustik. Seit 1954 werden hier wieder Tragödien und Komödien altgriechischer Dichter aufgeführt.

Das *Gymnasion* stammt aus der Zeit um 300 v. Chr. In der römischen Kaiserzeit wurde ein Odeum eingefügt, die Propyläen verwandelte man in

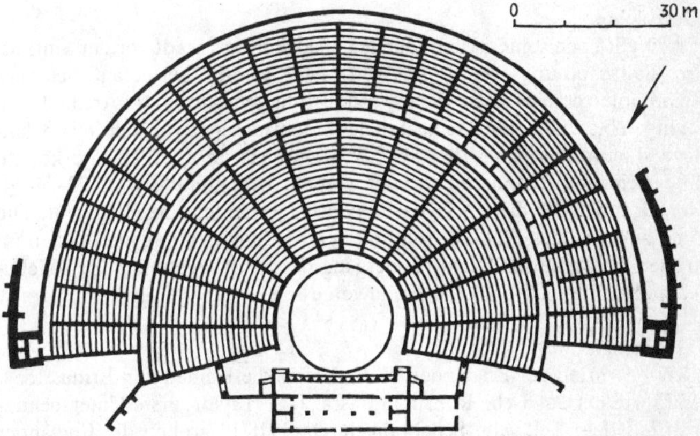

Epidauros: Theater

einen Tempel zu Ehren der Hygieia, der Tochter des Asklepios und Göttin der Gesundheit.

Das *Stadion* aus dem 5. Jahrhundert v. Chr. war ein langgestrecktes Rechteck von 196 m Länge und 23 m Breite. Der Zuschauerraum hatte nur wenige Stufen.

Das größte Gebäude von Epidauros war das *Katagogeion* (Gästehaus). Um vier Atriumhöfe waren je sechzehn Zimmer angeordnet und wahrscheinlich noch einmal so viele im Obergeschoß.

Oberhalb des Theaters auf dem Kynortion entdeckte man die Fundamente eines *archaischen Tempels,* der dem Apollon Maleatas geweiht war. Maleatas war ein einheimischer Heilkundiger, der hier zusammen mit Apollon verehrt wurde. Im 4. Jahrhundert v. Chr. verband man diese Verehrung mit dem Heiligtum des Asklepios.

Literatur: A. v. Gerkan, W. Müller-Wiener, Das Theater von Epidauros. Stuttgart 1961. – Th. Papadakis, Epidauros. Das Heiligtum des Asklepios. München 1971.

Eridu

Eridu, eine altorientalische Stadt im Süden Iraks, lag im Altertum an der Mündung des Euphrat, in einer Lagune des Persischen Golfs. Hier stießen Archäologen auf den ältesten bisher entdeckten Tempelbau der Menschheit. Das Heiligtum war dem sumerischen Gott Enki geweiht. Die Ruinenstätte heißt heute *Tell Abu Schahrain.*

Geschichte

Eridu gilt nach sumerischen Quellen als die älteste Stadt vor der Sintflut. Im Weltschöpfungsepos *Enuma elisch* heißt es: »Früher befand sich alles Land unter dem Wasser; dann wurde Eridu gemacht.« Die Archäologen drangen bis zu Siedlungsschichten des 6. Jahrtausends vor. Die Tempelanlage stammt aus der Mitte des 5. Jahrtausends; ihre Geschichte konnte über achtzehn Bauphasen verfolgt werden. Urnammu (etwa 2123–2106), der Gründer der dritten Dynastie von Ur, errichtete die Ziqqurrat. Die Veränderung des Flußlaufs und die Versandung der Lagune führten im frühen 2. Jahrtausend zum Niedergang der Stadt. Schon zur Zeit Nebukadnezars II. (605–562) war Eridu vergessen.

Archäologie

1852 beschrieb der Engländer W. K. Loftus die Ruinen von Eridu. 1854/55 führte der englische Konsul in Basra, J. G. Taylor, erste Untersuchungen auf dem Tell Abu Schahrain durch. 1918/19 gruben die Engländer C. Thomson und H. R. Hall auf dem Hügel. Ein amerikanisches Team fand bei Ausgrabungsarbeiten zwischen 1930 und 1936 zahlreiche Beterstatuetten aus dem Übergang vom 4. zum 3. Jahrtausend. 1946 bis 1949

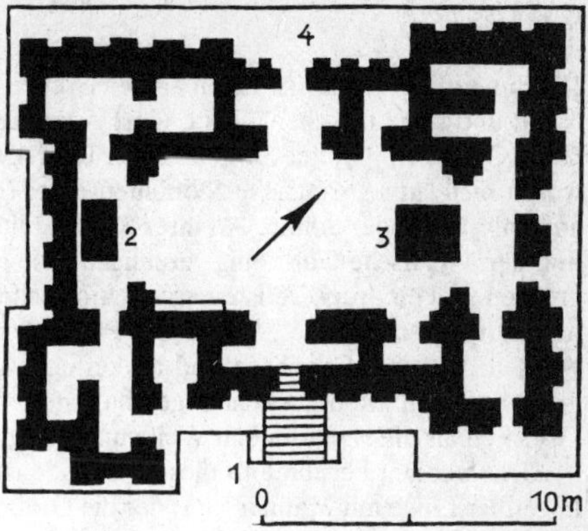

Eridu: Tempel in Schicht VII

1 Haupteingang 2 Altar 3 Opfertisch 4 Tempelterrasse

setzten irakische Archäologen mit britischer Unterstützung die Erforschung des Stadtgebietes fort.

Ausgrabungsstätte

Die Stadt Eridu hatte einen Durchmesser von etwa 500 m. Sichtbar ist noch die *Ziqqurrat,* die sich auf einer 180 mal 110 m großen Terrasse erhebt. Der Lehmkern des Stufenturms war mit Ziegeln verkleidet, die den Stempel des Erbauers Urnammu tragen. Der quadratische Grundriß der Ziqqurrat hat eine Seitenlänge von etwa 50 m. Drei Treppen führten auf die erste Stufe des Turms.

Von dem *Tempel Eapsu* sind nur noch geringe Spuren erkennbar. Der Tempel, in dem Enki, der sumerische Gott des Wassers, der Weisheit und der Heilkunst verehrt wurde, gilt in seiner ersten Bauphase als der älteste nachweisbare Tempel überhaupt. Auf einer künstlichen Terrasse erhob sich in der Schicht VII ein 24 mal 12,50 m großer Bau. Der Mittelraum mit Altar und Opfertisch war von zwei Seitentrakten flankiert. Eine elfstufige Mitteltreppe führte zum Tempel empor, der in seiner Bauart als Vorstufe der Ziqqurrat gilt.

Literatur: S. Lloyd, F. Safar, Eridu. In: Sumer 3 (1947), 4 (1948), 6 (1950).

Gise

13 km westlich von Kairo ragen an der Grenze zwischen dem fruchtbaren Niltal und der Libyschen Wüste die *Pyramiden von Gise* (Giseh, Gizeh, Gisa, Giza) zum Himmel empor. Diese rund 4500 Jahre alten Grabbauten waren nicht nur gigantische Monumente der Pharaonen, sondern galten auch als Thron der Sonne. An ihrer Spitze sollten sich der Sonnengott Re und der ägyptische Gottkönig vereinigen. Die drei Pyramiden, die zu den größten und eindrucksvollsten architektonischen Leistungen der Menschheit zählen, tragen die Namen der Pharaonen, die in ihnen beigesetzt wurden: Cheops, Chephren und Mykerinos. Die Cheops-Pyramide, das größte je von Menschenhand geschaffene Bauwerk, bezeichneten die Griechen als eines der Sieben Weltwunder.

Nicht weniger berühmt als diese Pyramide ist der gewaltige *Sphinx,* ein liegender Löwe mit Männerkopf, der die Gräber der Könige zu bewachen scheint.

Geschichte

Die drei Pyramiden von Gise entstanden in der 4. Dynastie (2723–2563). Sie sind der Höhepunkt einer Entwicklung, die von der tafelförmigen Grabmastaba ausging, über die Stufen- und Knickpyramide führte und in der »klassischen« Pyramidenform gipfelte. Es war die Zeit der einfachen, zierlosen Monumentalbauten, eine Epoche straffer Verwaltung und hoher wirtschaftlicher Blüte.

Archäologie

Man kann sicher nicht von einer Handlung im archäologischen Sinn sprechen, wenn die Pharaonen Amenophis II. (1438–1412) und Thutmosis IV. (1412–1402) den damals bereits über 1000jährigen Sphinx bei Gise aus dem Wüstensand graben ließen. Um 200 n. Chr. schaufelten nochmals die Römer das gewaltige Felsenmonument frei.

1818 öffnete der Italiener Giovanni Battista Belzoni die Chephren-Pyramide und drang bis zur Grabkammer des Pharaos vor. Seit 1902 widmeten sich deutsche, amerikanische und ägyptische Archäologen den Mastaba-Feldern östlich und westlich der Cheops-Pyramide. 1925 entdeckten sie in einem 25 m tiefen Schacht die Grabkammer der Hetepheres, der Mutter des Cheops. Die Grabbeigaben waren vorhanden, doch der Sarkophag war leer. 1947 fand man heraus, daß Hetepheres ursprünglich bei der Knickpyramide ihres Gatten Snofru bei → Dahschur beigesetzt war. Dieses Grab wurde schon damals ausgeraubt. Vermutlich verschwieg man Cheops, daß auch die Mumie fehlte, und bestattete den leeren Sarkophag mit neuen Grabbeigaben in Gise.

1925/26 wurde der Sphinx erneut vom Treibsand befreit. Da sein Kopf herabzustürzen drohte, brachte man unter dem Kopftuch Betonstützen an.

1954 stieß der ägyptische Konservator M. Zaki Nour am Südfuß der Cheops-Pyramide unter 83 mächtigen Kalksteinblöcken auf zwei Totenschiffe (Sonnenschiffe) aus libanesischem Zedernholz. Die Schiffe waren in je etwa 600 hervorragend erhaltene Teile zerlegt. Die größere Barke hatte eine Länge von 43 m, die Kajüte maß 9 mal 5,50 mal 3,20 m. Wahrscheinlich sollten die Schiffe dem toten König zu Fahrten im Jenseits dienen. Drei leere Gruben für Totenschiffe waren schon vorher am Ostfuß der Pyramide entdeckt worden.

1972 stießen amerikanische und ägyptische Physiker etwa 20 m über der Sargkammer der Cheops-Pyramide auf einen weiteren Raum, dessen Bestimmung noch unklar ist. 1974 scheiterte eine Radardurchleuchtung der Chephren-Pyramide an der Undurchlässigkeit des Baumaterials; die Wissenschaftler vermuteten auch hier weitere Räume und Gänge. Im selben Jahr stieß man westlich der Chephren-Pyramide auf eine ausgedehnte Bauarbeitersiedlung.

1980 begannen umfangreiche Restaurierungsarbeiten am Sphinx. Man versucht, das Gestein zu entsalzen und wird danach ein dauerhaftes, »unsichtbares« Stützkorsett um den Hals des Sphinx legen.

Ausgrabungsstätte

Jede der drei Pyramidenanlagen besteht aus vier Baugliedern: An der Grenze zwischen Fruchtland und Wüste liegt der Taltempel (Tortempel). Von hier aus führt ein geradliniger, überdeckter Aufweg (Rampe) zum Wüstenplateau hinauf und endet im Totentempel (Verehrungstempel). An den Totentempel schließt sich der eigentliche Grabbau, die Pyramide mit der Grabkammer des Pharaos, an. Nahe Familienangehörige des Königs fanden ihre letzte Ruhestätte in kleinen Pyramiden am Fuße der großen. Und ringsum drängten sich die Mastabas der entfernteren Verwandten und der hohen Würdenträger.

Die *Cheops-Pyramide,* die größte der fast 70 Pyramiden, die sich westlich des Nil am Wüstensaum aneinanderreihen, wurde um 2690 errichtet. Der Pharao Cheops, zweiter König der 4. Dynastie, gab den Bau in Auftrag.

Die Grundfläche des Bauwerks war ein fast vollkommenes Quadrat mit 230,38 m (heute ohne Steinmantel nur noch 227,50 m) Seitenlänge. Diese Fläche betrug 53075 qm, also mehr als 5 ha. Man hat ausgerechnet, daß auf dieser Fläche die Dome von Florenz und Mailand, die Peterskirche, die Westminster-Abbey und die St.-Pauls-Kathedrale in London gemeinsam Platz hätten. Würde man die Steinquader der Pyramide in Würfel von 25 cm Kantenlänge zerschneiden, so könnte man sie einmal um den Äquator legen. Die Höhe bis zur Spitze betrug 146,60 m (heute nur noch 137,20 m). Die vier Seitenflächen sind um 51° 52′ geneigt. Der ganze Bau besteht aus Kalksteinblöcken, die im Durchschnitt 2,5 t schwer sind und aus einem 10 km entfernten Steinbruch herangeschafft wurden. Insgesamt mußten rund 2,5 Millionen Kubikmeter Gestein aufeinandergeschichtet werden, eine Arbeit, die durchaus 100000 Männer – wie Herodot behauptete – 20 Jahre lang (jeweils während der Nilüberschwemmungen, wenn die Feldarbeit ruhte) beschäftigte.

Durch eine von Grabräubern geschaffene Öffnung auf der Nordseite

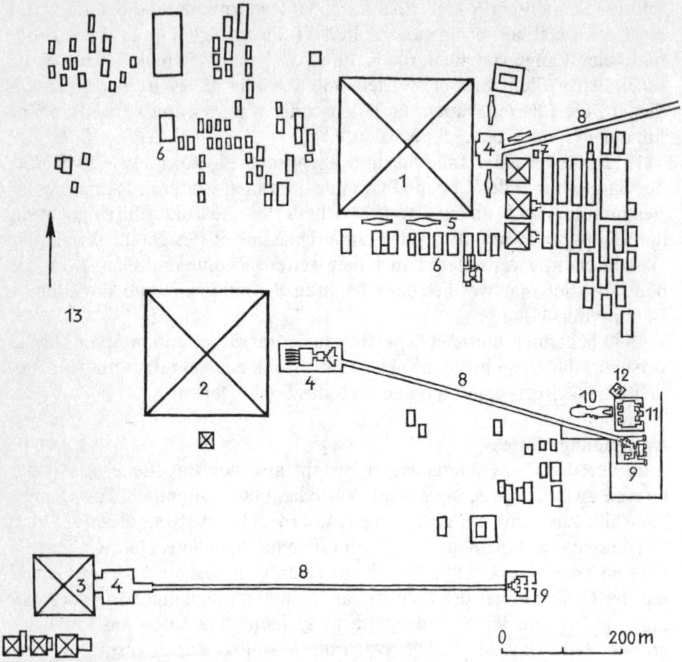

Gise: Pyramiden

1 Cheops-Pyramide 2 Chephren-Pyramide 3 Mykerinos-Pyramide 4 Verehrungstempel 5 Gruben mit Sonnenschiff 6 einige Mastabas der 4. und 5. Dynastie 7 Grab der Hetepheres 8 Aufweg 9 Taltempel 10 Sphinx 11 Sphinx-Tempel 12 Haus Amenophis' II. 13 Arbeiterquartiere

betritt man 15 m über der Basis das Innere der Pyramide. Der ursprüngliche Eingang lag höher. Ein 97 m langer Gang führt abwärts zur ersten, nie vollendeten Grabkammer. Etwa 20 m vom Eingang entfernt, zweigt ein aufwärts führender Gang ab, der in die Große Galerie mündet. Die Galerie ist 47 m lang und 8,50 m hoch. Unmittelbar vor der Galerie beginnt ein waagerechter Gang, der in der sog. Königinnenkammer endet. Diese Kammer sollte ursprünglich den Sarkophag des toten Pharaos aufnehmen. Die eigentliche Grabkammer aber liegt hinter der Großen Galerie. Sie ist 10,45 mal 5,20 mal 5,80 m groß und mit schwarzem Granit ausgekleidet. Zwei Luftschächte ermöglichten es der Seele des Toten, ins Jenseits zu fliegen. Vom Sarkophag des Cheops ist nur noch der granitene Unterteil vorhanden. Die Mumie und sämtliche Grabbeigaben wurden vermutlich schon vor Jahrtausenden geraubt. 20 m über der Grabkammer entdeckten die Forscher eine Geheimkammer, deren Bedeutung noch unbekannt ist.

Am Ostfuß der Pyramide liegen drei kleine Pyramiden, in denen vermutlich die Königin Henutsen, die Geliebte Merit-ites und, in der Mitte, die Tochter des Cheops beigesetzt waren. Nach Herodot (5. Jahrhundert v. Chr.) verkuppelte Cheops seine attraktive Tochter an reiche Ägypter, um den Bau seiner Pyramide zu finanzieren. Sie brachte so viel Gold zusammen, daß auch für sie eine kleine Pyramide abfiel, größer noch als die Grabbauten der Königin und der Geliebten des Pharaos.

Die *Chephren-Pyramide* ließ der Pharao Chephren, ein Sohn des Cheops erbauen. Diese Pyramide ist kleiner, wirkt aber größer, weil sie auf einem höheren Plateau angelegt wurde. Die Seiten der Grundfläche maßen 215,25 m (heute nur noch 210,50 m). Die Höhe des Bauwerks betrug 143,50 m (heute noch 136,40 m). Die Spitze der Pyramide trägt noch den ursprünglichen weißen Kalksteinmantel. Die Seitenflächen haben einen Neigungswinkel von 52° 20′. Auch hier legten die Erbauer zuerst eine unterirdische Grabkammer an, bevor sie weiter oben die endgültige Grabkammer schufen. Zwar fand man hier den Sarkophag des Pharaos mit einem zertrümmerten Deckel, aber die Mumie und die Grabbeigaben fehlten.

Die *Mykerinos-Pyramide* ist die dritte und kleinste Grabanlage in diesem Bereich. Die quadratische Grundfläche mißt 108,50 m. Die Höhe betrug einst 66,50 m (heute noch 62 m). Menkaura (griech. Mykerinos) folgte als Pharao seinem Vater Chephren. Die Grabkammer dieser Pyramide war ebenfalls ausgeraubt worden. Nur den leeren Sarkophag fanden die Archäologen noch vor. Im Totentempel des Mykerinos fanden die Ausgräber mehrere einzigartige Schieferstatuen, die den König mit der Göttin Hathor und einer Gaugottheit bzw. mit seiner Gemahlin Chamerernebti zeigen. Die Bildwerke befinden sich heute in Boston (Museum of Fine Arts) und in Kairo.

Der *Taltempel des Chephren* ist ein schlichter, wuchtiger Bau, 45 mal 45 m im Grundriß und 13 m hoch. Die beiden einst von je einem Sphinxenpaar flankierten Eingänge vereinigen sich in einem Querkorridor. Vom Querkorridor erreicht man die »Breite Halle«, an die sich die »Tiefe Halle« anschließt. Die Decke der beiden Hallen trugen sechzehn 4,10 m hohe monolithische Granitpfeiler. Die Wände waren mit polierten Rosengranit- und Alabasterplatten ausgekleidet. In den Wandnischen standen 23 Dioritstatuen des Pharaos. Die Hallen erhielten durch Schrägluken Tageslicht. In der Nordwestecke der Breiten Halle beginnt der Zugangskorridor zum 494,60 m langen Aufweg zum Toten- oder Verehrungstempel. Im sog. »Brunnenschacht« dieses Tempels fanden die Ausgräber neben acht anderen Statuen des Königs die berühmte Dioritstatue des sitzenden Chephren mit dem Horus-Falken (heute in Kairo).

Der *Totentempel des Chephren* grenzt an die äußere Umfassungsmauer der Pyramide. Er war ebenfalls aus mächtigen Steinquadern gefügt. Die »Breite Halle« verengt sich stufenweise und führt durch die »Tiefe Halle«

in den »Großen Hof«, der mit Statuen des Königs geschmückt war und den Opferhandlungen diente. An den Großen Hof schlossen sich fünf Kapellen und das Allerheiligste an.

Tal- und Totentempel der Cheops-Pyramide sind nur noch in ihren Fundamenten und einigen Mauerresten erhalten. Die Tempel der Mykerinos-Pyramide blieben unvollendet.

Das kolossale Felsbild des *Sphinx von Gise* stellt einen liegenden Löwen mit Königskopf dar; ein Kopftuch umrahmt das Gesicht. Das Felsbild schlugen die ägyptischen Steinmetzen aus dem Rest des Kalkfelsens, der als Steinbruch für den Bau der Cheops-Pyramide diente. Die Pranken und die Außensteine des Löwenkörpers setzten sie aus Hausteinen an. Die Monumentalfigur ist 73,50 m lang und rund 20 m hoch. Das Gesicht ist 4,15 m, der Mund 2,32 m breit. Rotbraune Farbreste an der Wange zeigen, daß die Figur einst bemalt war. Die Uräus-Schlange auf der Stirn symbolisiert die Macht des Sonnengottes Re. Die Schäden am Gesicht des Sphinx verursachten um 1380 islamische Bilderstürmer und später schießwütige Mamelucken. Es ist umstritten, ob das Monument unter Cheops oder unter Chephren entstanden ist. Manche Forscher halten die löwenähnliche Gestalt für den Sonnengott Harmachis, andere sehen in seinem Gesicht eine Ähnlichkeit mit König Chephren.

Literatur: G. Reisner, A history of the Giza Necropolis. 2 Bde, Cambridge, Mass. 1942–1955.

Gordion

Etwa 100 km südwestlich von Ankara liegt bei dem heutigen Dorf Yassi Hüyük, am Ufer des Sangarios (heute Sakarya), die Ruinenstätte von Gordion, der einstigen Hauptstadt des phrygischen Reiches.

Geschichte

Die Stelle des antiken Gordion war schon in der Mitte des 3. Jahrtausends (frühe Bronzezeit) besiedelt. Zu Beginn des 2. Jahrtausends kamen die Hethiter. Um 1200 v. Chr. übernahmen Phryger, die wahrscheinlich an dem Einfall der »Seevölker« und an der Zerschlagung des Hethiterreiches beteiligt waren, die Siedlung und gründeten unter ihrem sagenhaften Anführer Gordios die Stadt Gordion. Nachdem der legendäre phrygische König Midas fast das gesamte westliche Kleinasien unterworfen hatte, machte er Gordion zur Metropole seines Reiches. Als sich Midas im Jahre 717 v. Chr. mit → Karkemisch, einem hethitischen Reststaat, gegen die Assyrer verbünden wollte, marschierte der Assyrerkönig Sargon II. in Karkemisch ein und schloß mit Midas Frieden. 684 v. Chr. überrannten die Kimmerer, ein südrussisches Reitervolk, das Phrygerreich und zerstörten die Hauptstadt. Midas beging Selbstmord.

Aus den Trümmern des phrygischen Reiches entstand das mächtige

Reich der Lyder mit der Hauptstadt → Sardes. Gordion wurde auf einem benachbarten Hügel neu erbaut und hielt sich bis zum Einfall der Perser im Jahre 546 v. Chr. in bescheidenem Wohlstand. Im späten 6. Jahrhundert v. Chr. errichteten die Perser ein neues Gordion an der Stelle der ersten Stadt. Um 400 v. Chr. wurde die Stadt vermutlich durch ein Erdbeben zerstört, aber sofort wieder aufgebaut.

333 v. Chr. ließ Alexander der Große auf seinem Feldzug gegen die Perser die Stadt in Flammen aufgehen. Hier löste er auch den »gordischen Knoten«: Gordios, der sagenhafte Gründer der Stadt, hatte das Joch seines Wagens mit der Deichsel durch einen so kunstvollen Knoten verbunden, daß niemand ihn zu lösen vermochte. Der Wagen stand im Zeus-Tempel zu Gordion, und Weissager verkündeten, daß der, der den Knoten lösen werde, zur Weltherrschaft berufen sei. Alexander durchschlug den Knoten mit dem Schwert. Der griechische Historiker Aristobulos von Kassandreia (um 300 v. Chr.) nannte eine andere Lösung: Alexander habe den Pflock, der die Deichsel festhielt, herausgezogen, woraufhin er den Knoten leicht lösen konnte.

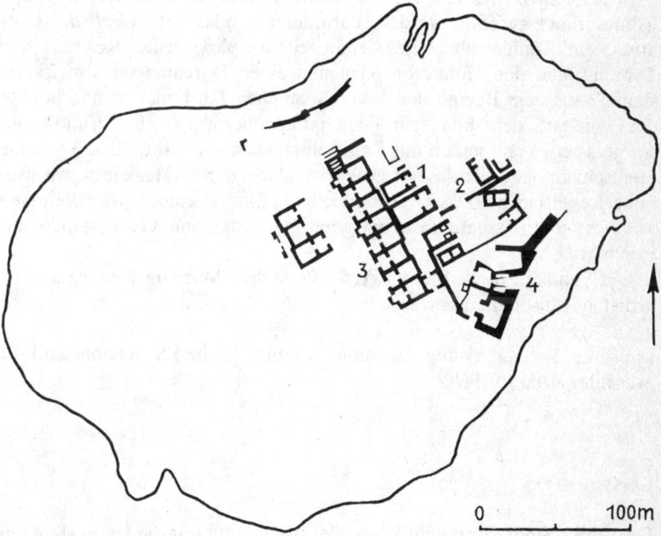

Gordion: Akropolis (um 800 v. Chr.)

1 Megara des Palastes 2 Palasthof 3 Wirtschaftsräume 4 Stadttor (Palasttor)

Im Jahre 189 v. Chr. zogen keltische Galater plündernd und sengend durch die Stadt. Gordion sank von da an zu einem bedeutungslosen Ort herab und wurde bald nach Beginn der Römerherrschaft 129 v. Chr. aufgegeben.

Archäologie

Seit 1900 legten A. und G. Körte im Auftrag des Deutschen Archäologischen Instituts Teile der Stadtanlage frei. 1950 begann die University of Pennsylvania unter Leitung des amerikanischen Archäologen Rodney S. Young mit umfangreichen Ausgrabungen. Man fand zahlreiche Bronzegegenstände (Gefäße, Fibeln usw.) aus phrygischer Zeit, nicht aber den berühmten »phrygischen Schatz« des Königs Midas, der wohl von den Kimmerern weggeschafft worden war. Die Ausgrabungen dauern noch an.

Ausgrabungsstätte

Von der Hauptstadt des phrygischen Reiches sind bisher zwei *Megaron-Häuser* mit buntem Kieselmosaikboden von 9,50 mal 17,50 m Größe ausgegraben worden, die vermutlich Teil der Palastanlage des Midas waren. Ferner wurde ein *Stadttor* aus dem 8. Jahrhundert v. Chr. freigelegt, das eine Höhe von mehr als 10 m hatte.

In der näheren Umgebung von Gordion konnten mehrere phrygische Königsgräber geöffnet werden, darunter das mächtige *»Grab des Gordios«*, ein Königsgrab aus der Blütezeit des phrygischen Reiches. Der Tumulus hat eine Höhe von 53 m und einen Durchmesser von 250 m, stammt aus dem Beginn des 7. vorchristlichen Jahrhunderts und könnte die Grabstätte des Midas sein. Die Grabkammer war aus Kiefernholzbohlen gearbeitet und außen mit Kalksteinblöcken verstärkt. Eine 3 m hohe Steinschicht bedeckte das hölzerne Satteldach, darüber lag eine etwa 40 m hohe Lehmschicht. Das Grab enthielt das Skelett eines etwa 60jährigen Mannes und kostbare Grabbeigaben, jedoch keine Gegenstände aus Edelmetall.

Die Fundstücke werden im Archäologischen Museum Ankara und im örtlichen Museum aufbewahrt.

Literatur: R. S. G. Young, Gordion. A Guide to the Excavations and the Museum. Ankara 1968.

Gortyn

Die antike Stadt Gortyn im Süden der Insel Kreta war die Hauptstadt der römischen Provinz Creta et Cyrenae (Kyrenaika).

Geschichte

Die ersten Siedler im späteren Stadtgebiet von Gortyn waren Minoer, die dort einen Gutshof unterhielten. Nach der Zerstörung des minoischen Reiches zu Beginn des 14. Jahrhunderts v. Chr. legten Achäer in Gortyn eine befestigte Siedlung an. Im 9. Jahrhundert v. Chr. kamen die Dorer ins Land. Im 7. Jahrhundert v. Chr. zerstörten Truppen aus Gortyn die uralte Nachbarstadt → Phaistos. Gortyn wurde Hauptort der fruchtbaren Mesara-Ebene.

Im 4. Jahrhundert v. Chr. kämpfte die Stadt mit → Knossos vergeblich um die Vorherrschaft auf der Insel. Sie war mit den Makedoniern verbündet und stellte sich später auf die Seite der Seleukiden in deren Kampf gegen die Lagiden (Ptolemäer). Um 220 v. Chr. konnte sich Gortyn endlich gegen Knossos durchsetzen und wurde erste Stadt der Insel. Doch schon 70 Jahre später mußte es diese Rolle wieder an Knossos abtreten. 69 bis 67 besetzte der Römer C. Metellus, genannt »der Kreter«, die Insel und machte Gortyn zur Residenzstadt der römischen Provinz Creta et Cyrenae.

Archäologie

Erste archäologische Untersuchungen in Gortyn begannen im Jahre 1884. Fabricius und Halbherr entdeckten das berühmte »Recht von Gortyn« (s. unten). Seit 1939 wird die archaische Akropolis von italienischen Wissenschaftlern ausgegraben.

Ausgrabungsstätte

Das Stadtgebiet des antiken Gortyn zieht sich in etwa 1700 m Breite zu beiden Seiten des Flusses Lethaios (heute Mitropolitanos) hin.

Das römische *Odeum* stammt aus der Regierungszeit des Kaisers Trajan (98–117). Es wurde aus Steinen einer archaischen Tholos erbaut. Die Orchestra war mit Fliesen aus weißem und schwarzem Marmor ausgelegt. Auf 42 Blöcken des Bauwerks fand man eine Inschrift mit dem berühmten *Recht von Gortyn,* eingemeißelt in der 2. Hälfte des 5. Jahrhunderts v. Chr. Dieses »Gesetzbuch« teilte die Bevölkerung in vier Klassen: Freie, die einer Hetärie (politischen Partei) angehören, andere Freie, Bauern mit beschränkten Rechten auf Privateigentum und Sklaven. Ferner enthielt das Gesetz Paragraphen über die Unantastbarkeit des Menschenlebens und über die Freiheit sowie Regelungen des Erb- und Familienrechts.

Das *Pytheion,* der Tempel des Apollon Pythios, wurde in hellenistischer Zeit über einem archaischen Apollon-Tempel des 7. Jahrhunderts v. Chr. erbaut, der wiederum auf den Fundamenten eines minoischen Bauwerks ruhte. Die Römer restaurierten den Tempel und fügten in die Cella zwei Säulenreihen ein.

Im *Prätorium* residierte der Statthalter der römischen Provinz Creta et Cyrenae. Der Backsteinbau wurde unter Trajan errichtet.

Literatur: E. Kirsten, Das dorische Kreta. Bd 1, Leipzig 1942. – J. Kohler, E. Ziebarth, Das Stadtrecht von Gortyn. Göttingen 1912.

Habuba Kabira

80 km östlich von Aleppo (Syrien) stießen Archäologen am rechten Euphratufer in der Nähe des heutigen Dorfes Habuba Kabira auf die Reste einer über 5000 Jahre alten Stadt. Diese Stadt unbekannten Namens bestand nur rund 150 Jahre. Ihre Mauer gilt als die älteste bisher erforschte Stadtumwallung ihrer Art.

Geschichte

Der weit nach Westen ausholende Euphratbogen bot die kürzeste Landverbindung zum Mittelmeer. Hier wurden schon in ältester Zeit Metalle, Steine und Bauhölzer auf Schiffe umgeschlagen, um die großen Städte in Südmesopotamien mit den wichtigen Rohstoffen zu versorgen. Einer dieser Umschlagplätze war in der Mitte des 4. Jahrtausends Habuba Kabira. Schon nach 100 bis 150 Jahren wurde diese Stadt wie auch alle anderen (Siedlungen am Euphratbogen aus unbekannten Gründen wieder aufgegeben. Da das Kultzentrum abbrannte, könnte die Stadt erobert und zerstört worden sein.

Archäologie

Mit dem Bau des Euphrat-Staudammes (1968–1974) im Norden Syriens begann für die Forschungsteams vieler Länder ein Wettlauf mit der Zeit. Es galt, das archäologisch interessante Gebiet am Euphratknie zu untersuchen, ein Gebiet, das nach Erreichen des höchsten Stauniveaus zum größten Teil für immer unter den Wassern des Euphrat liegen wird.

Im Frühjahr 1969 begann die Deutsche Orient-Gesellschaft mit den Ausgrabungen. In neun Kampagnen unter der Leitung von Einar von Schuler (1969), Ernst Heinrich (1969–1971) und Eva Strommenger (1971–1975) wurde das Gebiet der frühgeschichtlichen Stadt systematisch untersucht. Als das Wasser des Stausees 1976 die Ausgrabungsstätte erreichte, waren die Untersuchungen im wesentlichen abgeschlossen.

Das Kult- und Verwaltungszentrum auf dem Tell Qannas wurde von belgischen Archäologen unter der Leitung von André Finet erforscht.

Ausgrabungsstätte

Die Stadt Habuba Kabira erstreckte sich als schmaler Streifen auf einer hochwassergeschützten Uferterrasse des Euphrat. Das Stadtgebiet hatte eine Fläche von etwa 18 ha. Davon konnten 20000 qm (also 2 ha) Wohnfläche eingehend untersucht werden. Man schätzt die Einwohnerzahl der altorientalischen Stadt auf 6000 bis 8000 Menschen.

Auf den drei Landseiten war die Stadt von einer 3 m breiten *Mauer* umgeben, die außen durch Vor- und Rücksprünge gegliedert war. Türme

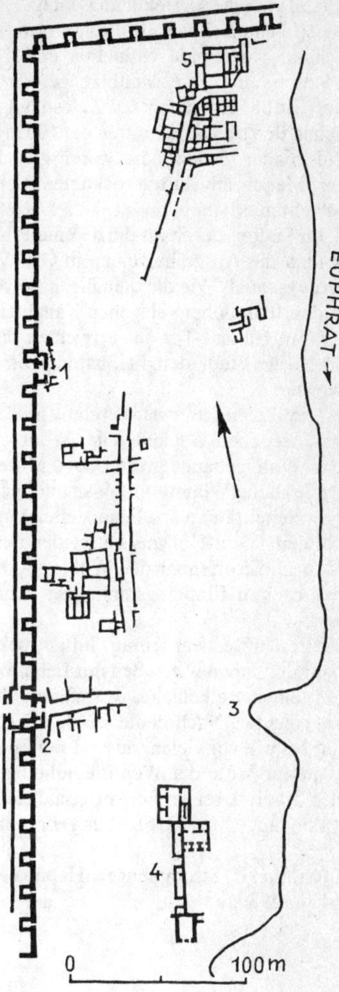

Habuba Kabira

1 Habuba-Tor 2 Qannas-Tor 3 Flußhafen 4 Tell Qannas (Kult- und Verwaltungszentrum) 5 sog. Osthaus

verstärkten die Verteidigungsanlage. Eine kleinere Vormauer bot zusätzlichen Schutz. Zwei Tore führten in die Stadt, das Habuba-Tor und das Qannas-Tor. Beide enthielten eine Kammer für die Wachtposten und konnten durch eine zweiflügelige Tür verschlossen werden. Bewundernswert ist das Ebenmaß des Befestigungssystems: Je neun Türme erhoben sich in den drei Abschnitten der 600 m langen, schnurgerade verlaufenden Westmauer. Beide Tore waren genau spiegelverkehrt konstruiert. Von der Mauer aus luftgetrockneten Lehmziegeln sind nur die untersten Schichten erhalten.

Im Südteil der Stadt dürfte eine Pflanzung bestanden haben, denn hier fanden die Ausgräber einen in Ost-West-Richtung verlaufenden Bewässerungskanal. Wie die damaligen Bewohner das Wasser aus dem Euphrat in den 10 m höher gelegenen Kanal leiteten, ist nicht bekannt.

Vom Qannas-Tor aus erreichten die Karawanen auf kürzestem Wege durch die Stadt den Flußhafen. Die Hauptstraßen waren mit Kies gepflastert.

Die *Wohnhäuser* waren relativ groß. Um einen Hof gruppierten sich die verschiedenen Gebäudeteile: Wohn-, Empfangs- und Wirtschaftstrakte. Die Wohngebäude waren sog. Mittelsaalhäuser. In der Mitte lag der große, hohe Wohnraum; links und rechts davon lehnten sich kleine, niedrige Nebenräume an. Feuerstellen fanden sich nur in den großen Wohnräumen. Vom Hof aus betrat der Besucher durch eine besonders dicke Mauer, die offenbar den Wohlstand des Besitzers dokumentieren sollte, den breiten Empfangsraum, der ebenfalls mit Feuerstellen ausgestattet war.

Die Häuser wurden aus luftgetrockneten Ziegeln mit Lehmmörtel erbaut und innen wie außen mit Lehm verputzt. Die Flachdächer bestanden aus einer Balkenlage, verbunden durch Schilfmatten und mit Lehm abgedichtet. Noch heute werden die Wohnhäuser am Euphrat und auch am Nil wie vor vielen tausend Jahren gebaut.

In der Mitte der Wohnsiedlung lag das *Kult- und Verwaltungszentrum* der Stadt. Drei große Mittelsaalhäuser könnten Tempel gewesen sein. 15 cm lange Mosaikstifte aus gebranntem Ton schmückten die Wände.

Literatur: E. Strommenger, Habuba Kabira. Eine Stadt vor 5000 Jahren. Mainz 1980.

Hadrianswall (Roman Wall)

Der von Kaiser Hadrian angelegte Grenzwall sollte die römische Provinz Britannia gegen Überfälle der keltischen Pikten sichern. Teile des ursprünglich fast 120 km langen Walles sind zwischen Brampton und Hexham noch sehr gut erhalten bzw. rekonstruiert worden. Die interessantesten Kastelle dieses »Limes« sind Housesteads und Chesters.

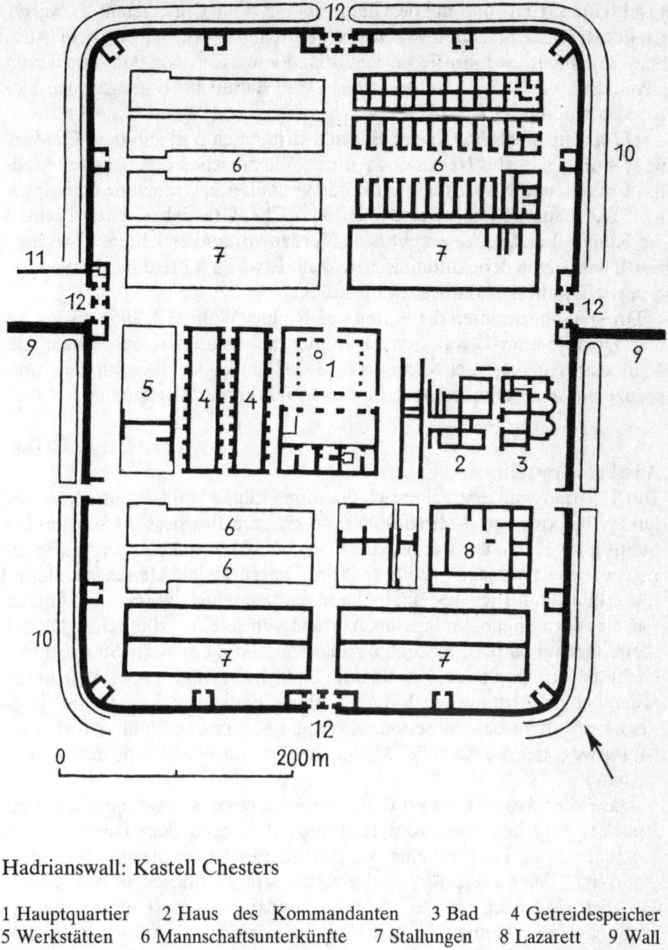

Hadrianswall: Kastell Chesters

1 Hauptquartier 2 Haus des Kommandanten 3 Bad 4 Getreidespeicher 5 Werkstätten 6 Mannschaftsunterkünfte 7 Stallungen 8 Lazarett 9 Wall 10 Graben 11 Aquädukt 12 Tor

Geschichte

55 v. Chr. überquerte Julius Caesar mit zwei Legionen den Kanal, mußte aber seinen Feldzug gegen die keltischen Bewohner Britanniens erfolglos abbrechen. Ein Jahr danach landete er nochmals an der südenglischen Küste, diesmal mit fünf Legionen, konnte sich jedoch trotz seines Vorstoßes bis Verulanum, dem heutigen St. Albans, wiederum nicht auf der

Insel halten. Erst rund hundert Jahre später, 43 n. Chr., gelang es Kaiser Claudius, England zu unterwerfen. Unter dem Gouverneur Agricola stießen die Römer im Jahre 78 bis Schottland vor und zogen vom Forth zum Clyde eine vorläufige Grenze, die sie bald darauf bis Stanegate zurückstecken mußten.

122 n. Chr. besuchte Kaiser Hadrian Britannien und gab dem Gouverneur Aulus Platorius Nepos den Auftrag, die zwischen den heutigen Städten Carlisle und Newcastle-upon-Tyne verlaufende Grenzlinie zu befestigen. Die Bauarbeiten dauerten bis 136 n. Chr. Drei Jahre später rückten die Römer ihre Grenze erneut nach Norden vor und errichteten zwischen Forth und Clyde den Antoninischen Wall. Etwa 20 Jahre danach zogen sie sich wieder auf den Hadrianswall zurück.

Dreimal überrannten die Pikten den Roman Wall: 197, 296 und 367 bis 369. Doch jedesmal eroberten die Römer die verlorenen Gebiete zurück. Nach dem Aufstand des Maximus (383–388) gaben sie die britische Nordgrenze auf und verließen noch im selben Jahrhundert Britannien.

Ausgrabungsstätte

Der Hadrianswall erstreckte sich über eine Länge von 80 römischen Meilen (= 117 km) von Wallsend-on-Tyne bis nach Bowness-on-Solway. Die Stein- bzw. Erdmauer war bis zu 3 m dick und 4,50 m hoch. In Abständen von je einer römischen Meile (1481 m) waren kleine Meilenkastelle mit Unterkünften für je 24 Mann in die Mauer eingefügt. Wachtürme ergänzten die Verteidigungsanlage im Abstand von je einer römischen Drittelmeile (knapp 500 m). Siebzehn große Kastelle dienten als Standorte für berittene Truppen oder Fußsoldaten. Südlich der Mauer zog sich in unterschiedlichem Abstand ein Vallum entlang, ein steiler Graben, mit je einem Erdwall zu beiden Seiten. Zwischen Mauer und Vallum verlief ein Militärweg, der die Kastelle, Meilenkastelle und Wachtürme miteinander verband.

Das *Römerkastell Chesters* (Cilurnum), eines der siebzehn großen Wallkastelle, liegt beiderseits des Hadrianswalls neben dem Durchfluß des Northern Tyne. Hier war eine Ala (Kavallerieschwadron) mit 500 Reitern stationiert. Vier Haupttore und zwei Nebentore führten in das Kastell. Deutlich sind noch die Ruinen bzw. Fundamente der Unterkünfte und Stallungen zu erkennen. Im Mittelteil des Lagers befanden sich die Werkstätten, Magazine, das Hauptquartier, das Haus des Kommandanten und ein Badehaus. Über einen gepflasterten Hof betritt man das Gebäude des Hauptquartiers, das aus einer Halle und fünf Räumen bestand. Der mittlere Raum war die Standartenkapelle. In den beiden westlichen Räumen residierte der Adjutant und in den beiden östlichen Räumen der Standartenträger (Zahlmeister), beide mit ihren Schreibern.

Neben dem Kastell liegt unmittelbar am Ufer des kleinen Flusses ein Badehaus, übrigens das schönste Beispiel eines militärischen Badehauses in Großbritannien. Im Fluß stehen noch zwei Pfeiler der römischen Brücke.

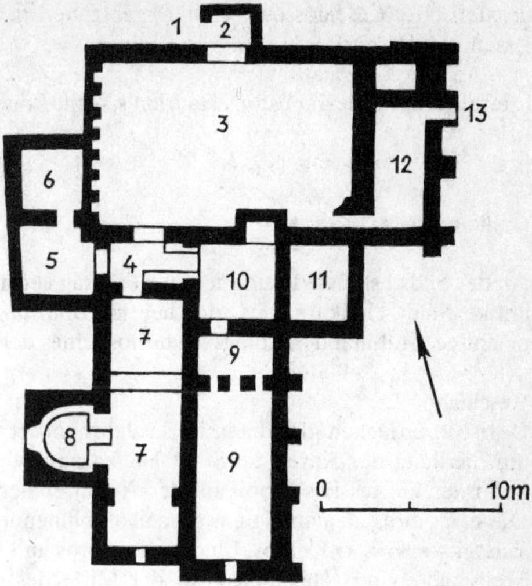

Hadrianswall: Militärbad von Chesters

1 Eingang 2 Vorhalle 3 Apodyterium 4 Durchgang 5 Vorraum 6 Laconicum 7 Sudationes 8 Caldarium 9 Tepidarium 10 Frigidarium 11 älteres Frigidarium 12 Latrine 13 Abfluß zum Northern Tyne

Auch das *Römerkastell Housesteads* (Vercovicium) ist eines der siebzehn großen Kastelle des Roman Wall. Hier lag eine Kohorte mit 1000 Fußsoldaten. Das Kastell war von einer 1,20 bis 1,50 m dicken und 3,60 bis 4,20 m hohen Steinmauer umgeben. Wachtürme flankierten die vier Lagertore. Besonders gut erhalten sind hier die Latrinen und das Wasserreservoir, dessen Wände vom Schleifen der Schwerter zernarbt sind. Im Getreidespeicher ist noch gut die Unterbodenlüftung zu erkennen.

Südlich des Kastells entstand im 3. Jahrhundert eine Siedlung für die Angehörigen der Soldaten, für Händler und für Veteranen, die hier im nördlichsten Teil des Römischen Reiches eine neue Heimat gefunden hatten.

Das *Römerkastell Corbridge* (Corstopitum) liegt fast 3 km südlich des Hadrianswalls. Es entstand vermutlich in den Jahren 78 bis 84, als Agricola nach Schottland vorstieß. Dank seiner günstigen Zentrallage gewann das Lager schnell an Bedeutung. Mit dem Ausbau des Hadrianswalls und seiner Kastelle entwickelte sich hier eine blühende Stadt, eine Art Las Vegas für die entlang des Walls stationierten Truppen. Riesige Getreidespeicher, zahlreiche Läden und Gastwirtschaften, vier Tempel sowie zwei hermetisch abgeschlossene Militärlager haben deutliche Spuren hinterlassen.

Literatur: J. Forde-Johnston, Hadrian's Wall. London 1978.

Halikarnassos

An der Südwestküste Kleinasiens liegt schräg gegenüber der Insel Kos die antike Stadt Halikarnassos, das heutige *Bodrum*. Hier stand einst das mächtige Grabmal des Königs Mausolos, eines der Sieben Weltwunder.

Geschichte

Dorische Griechen gründeten im 11. Jahrhundert v. Chr. neben einer alten Siedlung der Karer die Stadt Halikarnassos. Antaios (Antäus), ein Sohn des Gottes Poseidon, soll der Anführer der Siedler gewesen sein. Die dank ihres idealen Hafens schnell aufblühende Handelsstadt verband sich mit → Kos, → Knidos, Lindos, Kameiros und Ialyssos zum Dorischen Sechsstädtebund (Hexapolis). In der Mitte des 6. Jahrhunderts v. Chr. wurde Halikarnassos in das lydische Reich eingegliedert. Im Jahre 540 kamen die Perser, die die Stadt dem König von Karien unterstellten. Königin Artemisia I. beteiligte sich mit fünf halikarnassischen Schiffen innerhalb der persischen Flotte an der Seeschlacht bei Salamis (480 v. Chr.). Nach der Schlacht an der Mykale übernahm Athen die Stadt. Halikarnassos trat dem Attischen Seebund bei. In dieser Zeit lebte Herodot (484–425), der »Vater der Geschichtsschreibung« und Bürger von Halikarnassos.

Im Jahre 413 v. Chr. fiel die Stadt wieder an die Perser. 387 v. Chr. verlegte Mausolos, von den Persern eingesetzter Satrap, die Hauptstadt Kariens von Mylasa nach Halikarnassos. Im Satrapenaufstand des Jahres 362 v. Chr. gewann er eine gewisse Selbständigkeit gegenüber Persien, machte Karien zu einer der größten Seemächte der Ägäis und erbaute in Halikarnassos Tempel und Paläste. Nach seinem Tode im Jahre 353 v. Chr. ließ seine Schwester und Gemahlin, Artemisia II., das berühmte Grabmal, das »Mausoleion« (Mausoleum), errichten. 334 v. Chr. eroberte Alexander der Große auf seinem Feldzug gegen die Perser nach langer, verlustreicher Belagerung die Stadt und zerstörte sie weitgehend. Nach seinem Tod fiel die Stadt 301 an Lysimachos, 281 an Seleukos, 190 an Rhodos und 129 v. Chr. als Teil der Provinz Asia an Rom. Sie erreichte nie mehr die Bedeutung, die sie unter den karischen Königen gehabt hatte.

Archäologie

1846 entdeckte Lord Stratford, britischer Gesandter an der Hohen Pforte (Konstantinopel), im Ortskern von Bodrum Bruchstücke von Flachreliefs und vermutete, daß an dieser Stelle das von Plinius d. Ä. beschriebene

Grabmal des Königs Mausolos gestanden haben könnte. Er bat die türkische Regierung um die Erlaubnis, »einige alte Steine aus Bodrum entfernen zu dürfen«, und brachte eine ganze Schiffsladung großartiger Bauteile nach London. 1856 bis 1858 erforschte der englische Archäologe Ch. Th. Newton das Gebiet von Bodrum und fand geringe Spuren des Unterbaus, Skulpturen und weitere Reste des Grabmals. Die Vermutung Lord Stratfords war damit bestätigt.

Ausgrabungsstätte

Das *Grabmal des Königs Mausolos* wurde nach 351 v. Chr. errichtet und war noch im 12. Jahrhundert erhalten. Danach wurde es wahrscheinlich durch ein Erdbeben zerstört. Zwischen 1415 und 1437 verwendeten Johanniter die Steine des Grabmals für den Bau der Festung Sankt Peter. Heute ist das »Mausoleion« praktisch nicht mehr vorhanden. Nach Plinius d. Ä. bestand das 46 m hohe Grabmal aus einem hohen, rechteckigen Unterbau, einem Peripteros-Oberbau mit 36 ionischen Säulen und einer 24stufigen Dachpyramide, die eine Marmor-Quadriga des Bildhauers Pytheos krönte. Pytheos war auch – gemeinsam mit Satyros – der Architekt des Grabbaus. Die vier größten griechischen Bildhauer jener Zeit, Skopas von Paros, Bryaxis, Leochares und Timotheos von Athen, schmückten die vier Sockelseiten des Monuments mit einer Amazonomachie. Die Statue des Mausolos von der Quadriga sowie Reste des Sockelfrieses mit den Amazonenkämpfen befinden sich heute im Britischen Museum, London.

Literatur: E. Buschor, Mausolos und Alexander. München 1950.

Herculaneum

Die antike Stadt Herculaneum ging wie ihre berühmtere Nachbarstadt → Pompeji am 24. August des Jahres 79 n. Chr. bei dem furchtbaren Ausbruch des Vesuv unter. Die 20 m hohe versteinerte Schlammschicht, unter der das kleine, blühende Landstädtchen begraben wurde, bewahrte die Häuser, zum Teil sogar die Obergeschosse der zwei- bis dreistöckigen Wohnhäuser vor dem Zerfall.

Herculaneum gilt als die erste Ausgrabungsstätte überhaupt. Mit seinen »Sendschreiben von den herkulanischen Entdeckungen« begründete Johann Joachim Winckelmann 1762 die neue Wissenschaft der Archäologie.

Geschichte

Über die Geschichte von Herculaneum gibt es bis heute nur spärliche Quellen. Vermutlich war das Vorgebirge zwischen Küste und Vesuv im 8. Jahrhundert v. Chr. von italischen Oskern besiedelt. Im 6. Jahrhundert v. Chr. dürfte es als Nachbarort von Kyme und Parthenope, dem heutigen Neapel, unter griechischem Einfluß gestanden haben. Der Sage nach wurde die Stadt von Herakles gegründet. In der zweiten Hälfte des 6. Jahrhunderts v. Chr. kam *Herakleia* zum Machtbereich der Etrusker. Im 5. Jahrhundert v. Chr. fiel die Stadt zusammen mit ganz Kampanien unter die Herrschaft der Samniten, einer italischen Völkerschaft aus den Hochtälern der Abruzzen. 89 v. Chr. eroberten die Römer unter dem Legaten Titus Didius die Stadt. Fortan war *Herculaneum* römisches Municipium, d. h. eine selbständige Stadtgemeinde, deren Bewohner das römische Bürgerrecht genossen.

Herculaneum war ein Fischer- und Weinbauerstädtchen, andererseits wegen seines angenehmen Seeklimas ein bevorzugter Wohnsitz reicher Römer. Der Schwiegervater Caesars und Kaiser Tiberius (14–37 n. Chr.) hatten hier Villen.

62 n. Chr. wurde Herculaneum von einem schweren Erdbeben heimgesucht. Mitten im Wiederaufbau versank die Stadt am 24. August 79 in einem gewaltigen Schlammstrom aus Asche, Lava und Wasser, den der Ausbruch des Vesuv ausgelöst hatte. In Herculaneum nahm man die Gefahr von Anfang an ernster als in Pompeji, so daß vermutlich nur wenige Bewohner bei der Katastrophe ums Leben kamen. Hier gab es auch keinen tödlichen Bimssteinregen, und der Fluchtweg nach Neapel war frei. Der Schlammstrom bedeckte die Gebäude der Stadt und erstarrte zu einer steinharten Masse. Der Vesuvausbruch des Jahres 1631 verstärkte den Lavamantel bis zu einer Höhe von 20 m.

Archäologie

Im Jahre 1709 stieß Emanuel Fürst von Elboeuf beim Anlegen eines Brunnenschachtes auf das antike Theater. Er fand dabei mehrere Statuen, von denen er drei dem Prinzen Eugen von Savoyen zum Geschenk machte. Nach dem Tode des Prinzen im Jahre 1736 kamen die Statuen in den Besitz des Kurfürsten August von Sachsen. Dessen Tochter Maria Amalia Christina war von den antiken Kunstwerken, vor allem von der sog. »Kleinen Herculanenserin«, sehr beeindruckt. Als sie zwei Jahre später Karl III., König von Neapel und Sizilien, heiratete, veranlaßte sie erste Ausgrabungen in Herculaneum. Es war schwierig, durch die 15 bis 20 m hohe Lavaschlammschicht zu der antiken Stadt vorzustoßen, zumal darüber die neue Siedlung Resina entstanden war. Daher mußten Stollen in die steinharte Masse getrieben werden. Mit der Leitung der Ausgrabungsarbeiten beauftragte der König den spanischen Ingenieuroffizier Oberst Rocque Joaquin de Alcubierre. Alcubierre war zwar ein begabter Techniker, aber kein Archäologe. So zerstörten die als Arbeiter eingesetzten Zuchthäusler bei ihren Tiefgrabungen viele antike Kunstwerke.

1750 entdeckte der Schweizer Ingenieur Karl Weber, der zum Team Alcubierres gehörte, die »Villa der Papyri«. Er vermaß die Villa und fertigte den ersten erstaunlich genauen Grundriß eines ausgegrabenen Bauwerks. Das Besondere an dieser Entdeckung waren nicht die Bronzestatuen und Marmorbüsten, sondern eine Bibliothek mit über 1800 Schriftrollen, die der riesigen Villa den Namen gaben. Das schwierige Entrollen der verkohlten Papyri besorgte Pater Biaggio, Genueser Jesuit und Leiter der Miniaturensammlung in der Vatikanischen Bibliothek.

Aber die hohen Erwartungen an den Inhalt der Schriftrollen erfüllten sich nicht. Alle zumeist in Griechisch abgefaßten Manuskripte waren bereits bekannt bzw. waren Werke des Philodemus von Gadara, eines unbedeutenden Autoren. Johann Joachim Winckelmann verfaßte über Herculaneum und die Schriftrollen der Villa der Papyri die ersten archäologischen Publikationen überhaupt. 1755 wurde die Reale Accademia Ercolanense (Königliche Akademie von Herculaneum) gegründet, der fortan die wissenschaftliche Betreuung der Ausgrabungen oblag.

1755 wurden die Grabungen nach einer Erdgasexplosion vorübergehend eingestellt und die Stollen wieder zugeschüttet. Nur am Theater von Herculaneum führte Francesco La Vega im Jahre 1765 weitere Untersuchungen durch. Erst 1828 konnte der Architekt Carlo Bonucci die Ausgrabungen fortsetzen. In einem unbebauten Gebiet stieß er – diesmal im offenen Abbau der Lavaschicht – auf ein Wohnviertel.

Nach einer Unterbrechung zwischen 1855 und 1869 war bis 1875 das ganze Gebiet von Herculaneum, das nicht unter Resina lag, freigelegt. Von 1903 bis 1907 bemühte sich der amerikanische Archäologe Charles Waldstein vergeblich um die Genehmigung, einen Teil der Ortschaft zu verlegen. 1927 entsprach Benito Mussolini den Wünschen der Archäologen und ließ das südliche Ortsgebiet von Resina abreißen. Von da an konnte Amedeo Maiuri, seit 1924 der neue Soprintendente alle Antichità in Neapel, in mühsamer Kleinarbeit einen großen Teil von Herculaneum von den Lava- und Schlammassen befreien.

Zwischen 1942 und 1952 ruhten die Ausgrabungsarbeiten. Heute sind die Archäologen im Norden bis zum Bereich des Forums vorgedrungen. In den nächsten Jahrzehnten werden sich die Untersuchungen auf den antiken Stadtkern mit seinen öffentlichen Gebäuden konzentrieren. Bis heute ist wahrscheinlich erst ein Viertel von Herculaneum ausgegraben. Um das ganze antike Stadtgebiet erforschen zu können, müßten weitere Teile des heutigen Ercolano (Resina) enteignet und abgerissen werden.

Ausgrabungsstätte

Von den öffentlichen Gebäuden Herculaneums ist bisher noch nicht viel entdeckt worden, weder ein Tempel noch ein Macellum. Nur das *Theater* am Westrand der antiken Stadt war schon zu Beginn der Grabungen bekannt, ist aber noch immer nicht vollständig freigelegt worden. Der Architekt Numisius errichtete es zur Zeit des Kaisers Augustus (31 v. Chr.–14 n. Chr.). Das zweigeschossige Bauwerk stand völlig frei und hatte Platz für etwa 2500 Zuschauer. Es war seit seiner Wiederherstellung im Jahre 62 reich mit Marmorplatten sowie mit Bronze- und Marmorstatuen geschmückt.

Die *Palästra* im Osten der Stadt war eine erstaunlich große Anlage, größer noch und prächtiger als die in Pompeji. Die ringsum laufenden Säulenhallen mündeten an der Westseite in einen riesigen Apsidensaal. Die Mitte des Platzes beherrschte eine kreuzförmige Piscina (Wasserbekken), in deren Zentrum eine fünfköpfige Bronzeschlange Wasser spie.

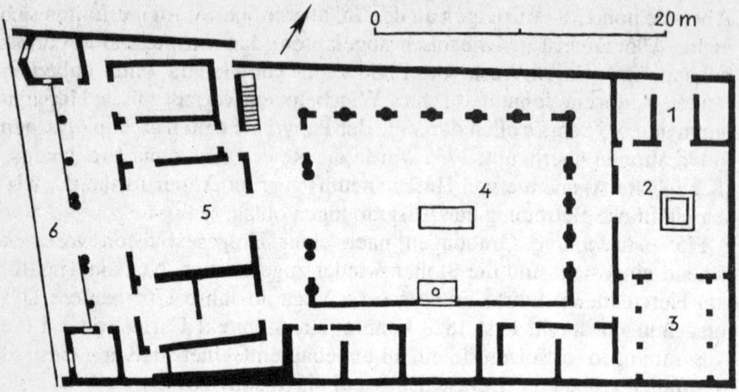

Herculaneum: Casa dell' Atrio a Mosaico

1 Eingang 2 Atrium 3 Tablinum (Empfangsraum) 4 Garten 5 Triclinium (Eßzimmer) 6 Solarium (Sonnenterrasse)

Vor der großen Loggia im Norden lag eine 30 m lange Natatio (Schwimmbecken).

Die *Zentralthermen* entstanden in der frühen Kaiserzeit. Die klar gegliederte Anlage war sehr schlicht ausgestattet. Nur das Tepidarium des Männerbades und das Apoditerium des Frauenbades waren mit figürlichen Mosaiken ausgelegt.

Die *unterirdischen Thermen* vor den Südtoren der Stadt wurden nach 62 erbaut, besonders aufwendig mit Marmor und Stuck versehen und mit der fortschrittlichsten Technik jener Zeit ausgestattet. Über neun Stufen stieg der Badegast zu einem wunderbaren Vestibulum (Vorhalle) hinab, von wo er in einem Rundgang die einzelnen Abteilungen erreichte. In den Warmbaderäumen waren nicht nur die Fußböden, sondern auch die Wände beheizt. Eine Zweiteilung in Männer- und Frauenbad entfiel; vermutlich waren die Thermen abwechselnd für jedes Geschlecht geöffnet.

Die bisher freigelegten Wohnhäuser von Herculaneum erreichen durchweg nicht die palastartige Größe und Ausdehnung der pompejanischen Wohnsitze. Die meisten von ihnen haben nicht einmal einen Garten, dafür oft Mietwohnungen im Obergeschoß mit separatem Eingang. Anders als in Pompeji ist hier das hölzerne Mobiliar zum Teil erstaunlich gut erhalten.

Das *Haus der Hirsche* (Casa dei Cervi) ist das größte der bisher ausgegrabenen Wohnhäuser. Es erhielt seinen Namen nach einer zierlichen Skulpturengruppe (zwei Hirsche, die von Hunden angefallen werden). Das 43 m lange, zweistöckige Gebäude erstreckt sich rings um einen Gartenhof.

Das *Haus mit dem Telephos-Relief* (Casa del rilievo di Telefo) ist einer der weitläufigsten Wohnsitze von Herculaneum. Einer der hocheleganten Räume war mit vielfarbigem Marmor ausgelegt.

Im *Haus mit der Gemme* (Casa della gemma) weilte einmal Apollinaris, der Arzt des Kaisers Titus. Das Atrium war in roten und schwarzen Farben gehalten.

Das *Samnitische Haus* (Casa sannitica) gilt als ein besonders eindrucksvolles Beispiel für den vorrömischen Baustil. Einzigartig ist das vornehme Atrium mit ionischen Säulen und einer Loggia. Als die Einwohner von Herculaneum nach dem schweren Erdbeben des Jahres 62 enger zusammenrücken mußten, wurde das Obergeschoß der Casa sannitica zu einer Mietwohnung umgebaut.

Weitere interessante Wohnhäuser sind u. a.: das *Haus mit dem mosaikgeschmückten Atrium* (Casa dell' atrio a mosaico); das *Haus mit der hölzernen Falttür* (Casa del tramezzo di legno); das *Haus der Zweihundertjahrfeier* (Casa del bicentenario), das 1938 ausgegraben wurde und im Obergeschoß ein geheimes christliches Oratorium (Kapelle) hatte; das *Haus des Mosaiks von Neptun und Amphritite* (Casa del mosaico di Nettuno e di Anfitrite); das *Haus mit dem großen Tor* (Casa del gran portale); das *Fachwerkhaus* (Casa a graticcio); das *Haus der verkohlten Möbel* (Casa del mobilio carbonizzato).

Nordwestlich von Herculaneum stieß Alcubierre im Jahre 1750 auf die überaus reich ausgestattete *Villa der Papyri* (Villa dei papiri), auch Villa der Pisoni genannt, von der z. Z. nur die über 1800 verkohlten Schriftrollen, zahlreiche Statuen und Büsten aus Bronze und Marmor und eine Grundrißzeichnung zeugen. 1765 wurden die Grabungsstollen wieder zugeschüttet. Seitdem ist die Villa nicht mehr zugänglich. Die Villa dei papiri ist mit einer Länge von 250 m weit größer als die größten pompejanischen Wohnsitze. Der imposanteste Teil der Anlage ist der 37 m breite und 100 m lange Säulenhof mit einem 7 mal 66 m großen Euripus (künst-

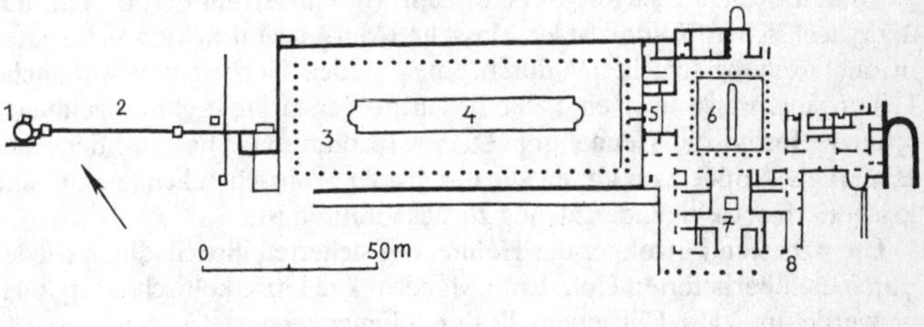

Herculaneum: Villa der Papyri

1 Turm 2 obere Terrasse 3 Garten 4 Fischteich 5 Tablinum 6 Peristyl 7 Atrium 8 Eingang

licher Wasserlauf). Die Villa entstand im 1. Jahrhundert v. Chr. Ihr Erbauer war vermutlich Lucius Calpurnius Piso Caesonius, der Schwiegervater Caesars. Piso lebte mit dem epikureischen Philosophen Philodemos von Gadara zusammen und hatte ihm wohl auch die umfangreiche Bibliothek eingerichtet.

Literatur: Th. Kraus, L. von Matt, Lebendiges Pompeji. Pompeji und Herculaneum. Köln 1973.

Heuneburg

Die Heuneburg bei Hundersingen an der oberen Donau (Baden-Württemberg) war in der späten Hallstattzeit ein bedeutender keltischer Fürstensitz, der rege Handelsbeziehungen zur griechischen Kolonie Massalia (Marseille) und zu Etrurien unterhielt.

Geschichte

Der steil aus dem Donautal aufragende Bergsporn der Heuneburg war vermutlich schon in der frühen Bronzezeit (etwa 1800 v. Chr.) besiedelt. Eine Holz-Erde-Mauer schützte damals den flachen Übergang zum Hinterland. In der mittleren Bronzezeit (etwa 1600–1300) ersetzten die Bewohner der Heuneburg die alte Verteidigungsanlage durch eine hölzerne Blockwerkmauer, die am besonders gefährdeten flachen Westhang auf einem 4 m hohen Erddamm verlief. Unmittelbar hinter der Mauer standen die kleinen Rechteckhäuser der Burgbewohner. Danach war der Hügel mehrere Jahrhunderte nicht bewohnt, bis sich um 1000 v. Chr. Leute der Urnenfelderkultur dort niederließen, von deren Architektur aber keine Spuren zurückgeblieben sind.

Um die Mitte des 6. Jahrhunderts v. Chr. kamen Hallstattzeitleute, möglicherweise Kelten, auf die Heuneburg. Eine mächtige Kastenmauer in Holz-Erde-Bauweise schützte ihre Siedlung, die aus großen Wohngebäuden bestand. Enge Kontakte zum Mittelmeerraum, vor allem mit der griechischen Kolonialstadt Massalia (Marseille) drückten sich später in der Siedlungsschicht IV durch eine für den Norden ungewöhnliche Festungsbauweise aus: eine durch Türme verstärkte Lehmziegelmauer schützte fortan die Heuneburg. Diese »mediterrane« Festung fiel einer Brandkatastrophe zum Opfer, die mit großer Wahrscheinlichkeit auf eine kriegerische Auseinandersetzung zurückzuführen ist.

Die nächsten Bewohner der Heuneburg sicherten ihre Siedlung wieder durch die überlieferten Holz-Erde-Mauern. Die letzte keltische Burganlage wurde um 400 v. Chr. ebenfalls durch Feuer zerstört.

Archäologie

Seit 1876 kamen die berühmten Hundersinger Fürstengräber (→ Keltische Fürstengräber) unweit der Heuneburg zum Vorschein. 1948 wandte sich das Interesse der Archäologen erstmals auch dem trapezförmigen Burgfelsen zu, der genau vermessen wurde. 1950 bis 1977 fanden systematische Grabungen statt, an denen sich auch Kurt Bittel, der Erforscher der Hethiterhauptstadt → Boğazköy, beteiligte. Die kostenaufwendigen Untersuchungen sind noch nicht abgeschlossen.

Ausgrabungsstätte

Die Heuneburg liegt in 600 m Höhe auf einem 300 m langen und 150 bis 200 m breiten Bergsporn. Zur Donau hin war die Burganlage durch einen Steilhang geschützt. Die anderen Seiten aber waren gefährdet und mußten durch eine Mauer gesichert werden. Solche Mauern bestanden damals in Mitteleuropa aus Holzpalisaden und Steinen. In der Siedlungsschicht IV (zweite Hälfte des 6. Jahrhunderts v. Chr.) wichen die Architekten jedoch von der üblichen Bauweise ab und setzten auf einen 3 m breiten und 60 cm hohen Kalksteinsockel eine 3 bis 4 m hohe Mauer aus luftgetrockneten Lehmziegeln. Die Lehmziegel hatten die Abmessungen 40 mal 40 cm und waren 6 bis 8 cm dick. Um die feuchtigkeitsempfindliche Ziegelmauer vor Witterungseinflüssen zu schützen, umgaben die Erbauer das Mauerwerk mit einem dicken, wasserabweisenden Lehmverputz. Ein höl-

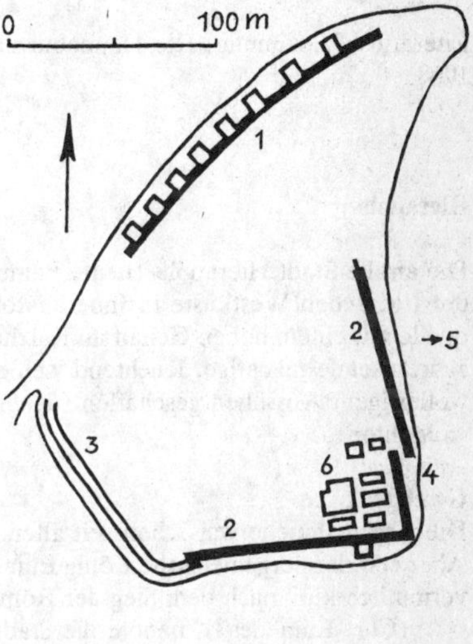

Heuneburg

1 Lehmziegelmauer mit acht Wohntürmen (?) 2 Lehmziegelmauer 3 Mauer in Holzrahmenbauweise mit Steinfüllung 4 Osttor (Donautor) 5 Donau 6 Handwerkerviertel (Bronzegießer)

zerner Wehrgang schloß die Mauer nach oben hin ab. Zehn Türme verstärkten die Verteidigungsanlage. So gilt die Heuneburg »als ein erstes Beispiel echter Festungsarchitektur« in Mitteleuropa. Die besonders gefährdete Westmauer ließen die Burgherren in der bewährten Holzrahmenbauweise mit Steinfüllung errichten. Vermutlich trauten sie der südländischen Lehmmauer doch keine allzu große Widerstandskraft zu.

Die Heuneburg des 6. vorchristlichen Jahrhunderts war mehr als ein befestigter Fürstensitz, sie wies bereits städtische Züge mit *Wohn- und Handwerkerquartieren* auf. Das zeigt zum Beispiel die Bebauung in der Südostecke der Heuneburg sehr deutlich. Unmittelbar neben dem Osttor (Donautor) lag das Viertel der Bronzegießer. Noch deutlich sind die meist D-förmigen Schmelzöfen in den Gebäuden zu erkennen. Vierpfostengerüste neben den Öfen trugen offensichtlich die Hauben der großen Rauchabzugluken im Hallendach. Die Größe der Wohn- und Werkstattgebäude schwankt in der Länge zwischen 10 und 13 m, in der Breite zwischen 3,60 und 7,30 m. Den Palast des Fürsten haben die Ausgräber bislang noch nicht finden können.

Die Ausbeute an Fundgegenständen ist außergewöhnlich mager. Nur beschädigte und zerbrochene Gebrauchsgegenstände kamen zum Vorschein; Waffen fehlen fast völlig. Daraus schließen die Archäologen, daß die letzten Bewohner die Heuneburg rechtzeitig vor der Zerstörung verlassen oder die Eroberer die Burg besonders gründlich geplündert haben.

Literatur: W. Kimmig, Die Heuneburg an der oberen Donau. Stuttgart 1968.

Hierapolis

Die antike Stadt Hierapolis (heute Pamukkale) liegt rund 180 km östlich der türkischen Westküste in Inneranatolien. Eine 33°C heiße Thermalquelle mit einem hohen Gehalt an Kalziumbikarbonat hatte im Laufe der Jahrtausende mächtige, leuchtend weiße Kalksinterterrassen von baumwollartigem Aussehen geschaffen (daher türkisch: Pamukkale = Baumwollschloß).

Geschichte

Die Thermalquelle war schon seit alters wegen ihrer Heilkraft bekannt. Aber erst der pergamenische König Eumenes II. gründete hier eine Stadt, vermutlich kurz nach dem Sieg der Römer über die Seleukiden im Jahre 190 v. Chr. Eumenes II. nannte die Stadt nach Hiera, der Gemahlin des pergamenischen Sagenhelden Telephos, Hierapolis, was zugleich »heilige Stadt« bedeutet, und richtete dort einen Militärstützpunkt ein. 133 v. Chr. fiel die Stadt zusammen mit dem Königreich Pergamon durch Erbschaft an Rom. Die Stadt wurde mehrmals durch Erdbeben zerstört, aber immer wieder aufgebaut. Eine große Judengemeinde ermöglichte das frühe Erscheinen des Christentums in Hierapolis. Im Jahre 87 starb hier der Apostel Philippus den Märtyrertod.

Seine Glanzzeit erreichte Hierapolis im 2. und 3. nachchristlichen Jahrhundert. Aus dieser Zeit stammen auch die meisten Bauwerke, die heute das Bild der Ausgrabungsstätte bestimmen. Vor allem die Wollindustrie verhalf der Stadt zum Wohlstand. Das heiße, mineralsalzhaltige Quellwasser wurde für die verschiedensten Bearbeitungsvorgänge verwendet. Daneben zog die heilkräftige Quelle Besucher und damit auch Händler aus ganz Kleinasien an.

Archäologie

1887 führten deutsche Archäologen unter der Leitung von Carl Humann Ausgrabungen und Untersuchungen durch. Seit 1957 arbeiten italienische Forscher unter P. Verzone in Hierapolis.

Ausgrabungsstätte

Fast alle antiken Bauwerke befinden sich in einem stark verfallenen Zustand. Das *Theater* östlich vom Quellteich hatte zweimal 26 Sitzstufen. Das zweistöckige Bühnengebäude ist zusammengestürzt. Eindrucksvoll erheben sich die bis zu 16 m hohen Gewölbe der *Großen Thermen.* Ihre Mauern waren einst mit Marmor verkleidet. Quer durch die Stadt führte eine 1200 m lange, von Säulenhallen eingefaßte Straße, die vor einem dreibogigen *Monumentaltor* aus den Jahren 82/83 n. Chr. endet. Nördlich der Stadt erstreckt sich auf 1 km Länge eine der größten und besterhaltenen *Nekropolen* aus römischer Zeit.

Literatur: G. Carettoni in: Annuario della Scuola di Archeologia di Atene 41/42 (1963/64).

Istanbul

Istanbul, das antike Byzanz, das byzantinische Konstantinopel, ist heute mit fast 3 Millionen Einwohnern die größte Stadt der Türkei. Ihre verkehrsgünstige Lage am Schnittpunkt des Seeweges vom Mittelmeer zum Schwarzen Meer und des Landweges vom Balkan zum Nahen Osten brachte der Stadt schon früh große Bedeutung, aber auch eine wechselhafte Geschichte.

Geschichte

Der Ursprung der Stadt ist in Dunkel gehüllt. Zwar bestand schon im 2. Jahrtausend v. Chr. auf der asiatischen Seite im heutigen Villenvorort Kadiköy eine Faktorei der Phöniker, aber die Landspitze zwischen Marmarameer, Bosporus und Goldenem Horn war – soviel wir heute wissen – noch nicht besiedelt. Im 9. Jahrhundert v. Chr. ließen sich Thraker auf der Saray-Spitze nieder; die Ortschaft hieß Lygos. Um 685 v. Chr. gründeten

Megarer unter ihrem Anführer Archias an der Stelle der phönikischen Niederlassung eine Siedlung, die sie Chalkedon nannten.

Gegen 658 v. Chr. kam Byzas mit megarischen Siedlern in den Bosporus. Das Orakel von → Delphi hatte ihm die Stelle der künftigen Kolonie gewiesen: »Den Blinden gegenüber!« Byzas entdeckte den einzigartigen Naturhafen des Goldenen Horns und gründete auf der Landspitze *Byzantion,* schräg gegenüber den »Blinden« von Chalkedon, die die Vorteile des Goldenen Horns nicht erkannt hatten. Allerdings waren die Phöniker und Archias nicht ganz so blind, denn ihre kleine Siedlung lag uneinnehmbar auf einem Bergvorsprung, der nur durch einen schmalen Streifen mit dem Festland verbunden war. Byzantion hingegen war vom Land aus sehr gefährdet. Nach 630 v. Chr. eröffneten Kaufleute aus → Milet in Byzantion eine Faktorei. Siedler aus → Argos kamen. Byzantion entwickelte sich schnell zu einer blühenden Handelsstadt.

Im Jahre 513 v. Chr. eroberte der Perserkönig Dareios I. Byzantion. Weil es sich am Ionischen Aufstand (→ Milet) beteiligt hatte, zerstörten die Perser 494 v. Chr. die Stadt. Nach der Schlacht bei Platää im Jahre 479 v. Chr. wurde Byzantion wieder frei. In den Auseinandersetzungen zwischen Athen und Sparta konnte die Stadt durch geschickte Bündnispolitik ihre Freiheit bewahren. Es gelang ihr sogar, 340 v. Chr. dem Ansturm des makedonischen Königs Philipp II. zu widerstehen. Der plötzlich aus den Wolken hervortretende Mond verriet den Bewohnern von Byzantion die Vorbereitungen zum nächtlichen Angriff; so wurde der Halbmond, Symbol der Göttin Hekate, zum Wahrzeichen der Stadt. Allerdings darf nicht unerwähnt bleiben, daß Philipp die Belagerung nur deshalb abbrach, weil er von den Athenern bedrängt wurde.

Unter Alexander dem Großen behielt Byzantion seine Selbständigkeit. Die Angriffe der Kelten (Galater) im Jahre 279 v. Chr. konnte die Stadt nur durch hohe Tributzahlungen abwehren. Seit 146 v. Chr. war Byzantion mit Rom verbündet. Unter Vespasian (69–79) wurde es römische Provinz. In den Kämpfen um die Herrschaft über das Imperium stellte es sich auf die Seite des Gegenkaisers Pecennius Niger. Kaiser Septimius Severus (193–211) eroberte die Stadt nach dreijähriger Belagerung (193–196). Auf Fürsprache seines Sohnes M. Aurelius Antonius, des späteren Kaisers Caracalla (211–217), baute Septimius Severus Byzantion wieder auf und bereicherte es mit prachtvollen Bauten.

Konstantin der Große (306–337) machte Byzantion wegen seiner strategischen und wirtschaftlichen Bedeutung zur zweiten Hauptstadt des Römischen Reiches und nannte es Nova Roma (Neu-Rom). Unter Konstantins Nachfolgern erhielt die Stadt den Namen *Constantinopolis* (Konstantinopel). Theodosius der Große (379–395) führte das Christentum als Staatsreligion ein und ließ die Stadt von allen heidnischen Relikten säubern. Nach Theodosius' Tod teilten sich seine beiden Söhne Honorius und Arcadius das römische Weltreich. Arcadius (395–408) erhielt Ostrom. Konstantinopel wurde Hauptstadt des Oströmischen Reiches. Im Jahre 476 endete das Weströmische Reich mit der Eroberung Italiens durch den Germanen Odoaker. Das Oströmische Reich hatte sich inzwischen völlig von Rom gelöst, es war byzantinisch geworden, d.h. griechisch. Unter Justinian (527–565) erreichte Konstantinopel seine höchste Blüte.

Ausgrabungsstätte

Wegen der dichten Bebauung des Stadtkerns stößt die archäologische Forschung in Istanbul auf größte Schwierigkeiten. Unter dem Topkapi-Saray, der ehemaligen Palaststadt der Sultane, dem ersten der sieben Hügel von Neu-Rom, der Akropolis von Byzantion, dürften noch unzählige Spuren aus griechischer Zeit zu finden sein, Fundamente eines Aphrodite-Tempels zum Beispiel, auf denen um 300 n. Chr. die Irenenkirche erbaut wurde. Notgedrungen muß sich unser Interesse auf die sichtbaren Relikte der Kaiserzeit und vor allem der frühbyzantinischen Epoche beschränken.

Mittelpunkt des byzantinischen Volkslebens war das *Hippodrom,* die Kampfbahn für Wagenrennen. Septimius Severus ließ die Anlage im Jahre 203 als ersten Neubau nach der Zerstörung der Stadt errichten. Konstantin der Große vergrößerte das Hippodrom auf 400 m Länge und 150 m Breite. Unter einem Teil der Kampfbahn entstanden Stallungen für Pferde, Käfige für wilde Tiere und Unterkünfte für Wagenlenker und Gladiatoren. 40 Stufenreihen säumten die beiden Landseiten und den nördlichen Halbkreis. An das südliche Ende der Bahn grenzten weitere Stallungen und Unterkünfte. Die Spina (Mittellinie der Bahn) war mit zahlreichen Denkmälern geschmückt, von denen heute noch der Theodosius-Obelisk, der sog. Gemauerte Obelisk und die Schlangensäule erhalten sind.

Der *Theodosius-Obelisk,* ein 20 m hoher Porphyrmonolith, stand ursprünglich in Karnak (Ägypten) vor dem Tempel, den Pharao Thutmosis III. (1490–1436) erbauen ließ. Im Jahre 390 stellte Theodosius der Große (379–395) den Obelisk im Hippodrom auf. Die bronzene *Schlangensäule* war ein Weihgeschenk der griechischen Städte für Delphi aus Dank für den Sieg bei Plataä (479 v. Chr.) über die Perser. Die ursprünglich 8 m hohe Säule trug einen goldenen Dreifuß, auf dem ein großes goldenes Becken ruhte. Den Dreifuß und das Becken raubten die Phoker. Die Säule ließ Konstantin nach Byzanz bringen. Die drei Schlangenköpfe zertrümmerten Christen im 9. und Mohammedaner im 18. Jahrhundert. Der 30 m hohe *Gemauerte Obelisk* wurde aus grob behauenen Steinblöcken errichtet. Entstehungszeit und Erbauer sind unbekannt. Konstantinos VII. Porphyrogennetos (912–959) ließ das Monument mit vergoldeter Bronze verkleiden.

Die Kaiserloge, ein auf der Südseite des Hippodroms mit dem Kaiserpalast verbundenes imposantes Bauwerk, war von einer *Quadriga* gekrönt, die Lysippos (4. Jahrhundert v. Chr.) zugeschrieben wird. Die Römer brachten sie aus Griechenland in ihre Hauptstadt, wo sie nacheinander den Triumphbogen des Nero und des Trajan schmückte. Theodosius II. (408–450) holte sie nach Konstantinopel. Auf dem 4. Kreuzzug (1201–1204) kam die Quadriga nach Venedig und wurde dort über dem Portal der Markuskirche aufgebaut. Napoleon nahm sie mit nach Paris und stellte sie auf den Arc de Triomphe. 1814 kehrte sie nach Venedig zurück.

Die sog. *Verbrannte Säule* ließ Konstantin der Große in der Mitte des Forums errichten. Die Säule besteht aus Porphyrtrommeln. Sie war ursprünglich 57 m hoch und trug ein Standbild Konstantins. Im Jahre 1105 wurde sie durch einen Sturm stark beschädigt. Nach dem großen Brand des Jahres 1779 ließ Sultan Abdül Hamit I. die nunmehr 40 m hohe, stark verrußte Säule mit Eisenringen festigen.

Der *Valens-Aquädukt* wurde unter Konstantin dem Großen begonnen und unter Valens (364–378) fertiggestellt. Das aus zwei übereinanderliegenden Rundbogenarkaden bestehende Bauwerk war einst 1000 m lang. Über den Aquädukt wurde Wasser von den Alibeyköy-Hügeln dem Nymphaeum Maximum zugeführt und von dort in den Byzantinischen Kaiserpalast und später auch in den Sultanspalast geleitet.

Von der 50 m hohen *Arcadius-Säule* auf dem gleichnamigen Forum ist nur noch der Unterbau erhalten. Kaiser Arcadius errichtete sie im Jahre 402. Ein Reliefband, das spiralförmig um den Säulenschaft lief, beschrieb die Taten der Kaiser Theodosius und Arcadius.

Im Gülhane-Park steht die *Gotensäule,* ein 15 m hoher Granitmonolith mit korinthischem Kapitell. Die Säule erinnert an den Sieg des römischen Kaisers Claudius II. (268–270) über die Goten im Jahre 269 und soll einst eine Statue des Byzas, des sagenhaften Gründers der Stadt, getragen haben.

Das *Museum für altorientalische Kunst* enthält sumerische, ägyptische, babylonische, assyrische, hethitische und andere Fundgegenstände. Das *Archäologische Museum* ist vor allem der griechischen, römischen und byzantinischen Epoche gewidmet.

Literatur: G. Wachmeier, Istanbul. Zürich, München 1977.

Izmir (Smyrna)

Izmir, das frühere Smyrna, ist heute der Haupthandelsplatz Kleinasiens. Die Großstadt am Ägäischen Meer zählt 530000 Einwohner. Die 4000jährige stete Aufwärtsentwicklung der Stadt hat nur spärliche Reste antiker Bauwerke bewahrt.

Geschichte

Auf dem Tepe Kule im heutigen Industrievorort Bayrakli bestand schon im 3. Jahrtausend eine Siedlung der Leleger. Wie → Troja entwickelte sich diese Ansiedlung im frühen 2. Jahrtausend v. Chr. zu einem bedeutenden Kulturzentrum. Auch unter den Hethitern setzte sich die Aufwärtsentwicklung bis um 1200 v. Chr. fort. Im 11. Jahrhundert v. Chr. gründeten hier äolische Siedler aus Lesbos eine Kolonie, der sie den Namen *Smyrna* (von Myrrhe) gaben. Die Äolier befestigten die Stadt mit einer Kyklopenmauer aus mächtigen Findlingen. Diese Mauer gilt als die älteste griechische Befestigungsanlage in Kleinasien. Zwischen 750 und 725 soll Homer in Smyrna seine Ilias, den Bericht vom Kampf um Troja, verfaßt haben.

Später kamen Ionier aus Kolophon, einer Nachbarstadt von Smyrna, in den Ort und verdrängten allmählich die Äolier. Seit dem späten 7. Jahrhundert v. Chr. war Smyrna ionisch und gehörte nach Pausanias als 13. Stadt dem Ionischen Bund an. Die kulturelle und wirtschaftliche Bedeutung Smyrnas nahm ständig zu. Um 575 v. Chr. zerstörten die Lyder unter ihrem König Alyattes III. die Stadt. 547 v. Chr. erschienen die Perser, nachdem sie das lydische Großreich zerschlagen hatten. Alexander der Große, der im Jahre 334 v. Chr. Smyrna einnahm, beauftragte seinen Feldherrn Lysimachos, auf dem 180 m hohen Pagos eine Zitadelle zu errichten und an den Hängen des Hügels die Stadt neu zu erbauen. Nach Alexanders Tod kam Smyrna unter die Herrschaft der Seleukiden und blühte und wuchs weiter.

Nach der Niederlage der Seleukiden gegen die Römer erreichte Smyrna 189 v. Chr. eine gewisse Selbständigkeit. Seit 27 v. Chr. unter römischem Einfluß, nahm die Bedeutung der Stadt noch zu. Die Kaiser Tiberius (14–37), Hadrian (117–138) und Caracalla (211–217) verliehen ihr große Privilegien und schmückten sie mit prachtvollen Bauwerken. Im 2. Jahrhundert n. Chr. hatte Smyrna bereits über 100000 Einwohner. In den Jahren 178 und 180 wurde die Stadt durch Erdbeben zerstört, aber von Mark Aurel (161–180) sofort wieder aufgebaut. In byzantinischer Zeit wuchs sie auf Kosten von → Ephesos, dessen Bedeutung wegen der Verlandung seines Hafens allmählich erlosch.

Archäologie

Seit 1947 untersuchen Wissenschaftler der Universität Ankara unter der Leitung von Ekrem Akurgal das Gebiet des archaischen Smyrna im Vorort Bayrakli. Die Funde bestätigen eine lückenlose Besiedlung dieses Gebietes vom 9. bis zum 4. Jahrhundert v. Chr. Tonscherben weisen ins 11. Jahrhundert v. Chr. und sogar ins 3. Jahrtausend zurück.

Ausgrabungsstätte

In Bayrakli sind die Fundamente eines *Tempels* aus dem 7. Jahrhundert v. Chr. sowie eine polygonale *Mauer* (Kyklopenmauer) aus derselben Zeit zu sehen.

Östlich des Basars von Izmir liegt die *Agora*, von der noch Reste einer Säulenhalle zeugen. Die Agora wurde in hellenistischer Zeit errichtet, unter den Römern vergrößert und nach dem Erdbeben des Jahres 178 n. Chr. unter Mark Aurel wieder aufgebaut.

Auf dem Pagos (heute Kadife Kale = Samtburg) lag unter der mittelalterlichen Zitadelle die Akropolis der lysimachischen Stadt. Die mächtige Burgmauer enthält noch Bauteile aus dieser Epoche. Am Abhang des Hügels weisen spärliche Reste auf das römische Theater und auf das Stadion hin. Auf dem 75 m hohen Değirmen Tepe nahe der Küste erhoben sich einst zwei Tempel, die dem Asklepios und der Vesta geweiht waren. Hier endete auch die 17 km lange römische Wasserleitung.

Das *Archäologische Museum* von Izmir beherbergt zahlreiche griechische und römische Funde aus westkleinasiatischen Ausgrabungsstätten, darunter eine Bronzestatue der Göttin Demeter (4. Jahrhundert v. Chr.) aus dem Meer bei Halikarnassos, eine vielbrüstige Artemis-Statue aus Ephesos und eine Göttin aus dem Tempel von Bayrakli (7. Jahrhundert v. Chr.).

Literatur: C. J. Cadoux, Ancient Smyrna. London 1938.

Jericho

Jericho (arabisch: Eriha), etwa 15 km nordwestlich der Jordanmündung in das Tote Meer, ist die älteste bisher bekannte Stadt der Erde.

Geschichte

Die ältesten Siedlungsspuren von Jericho gehen bis in das 9. Jahrtausend zurück. Die zum Teil schon seßhaften Bewohner gehörten der Kulturstufe des Protoneolithikum bzw. des Natoufien (Natufian) an, d. h., es waren Jäger und Sammler, die sich erstmals mit Landwirtschaft befaßten. Dieses erste Jericho lag an einer wasserreichen Quelle (Ain As Sultan, Elisaquelle). Im 8. Jahrtausend hatte Jericho bereits den Charakter einer befestigten Stadt, mit Mauer, Verteidigungsgraben und Türmen. Die Salz-, Bitumen- und Schwefelvorkommen am Toten Meer dürften sehr zur weiteren Entwicklung der Stadt beigetragen haben.

Um 5500 wurde Jericho aus unbekannten Gründen von seinen Bewohnern verlassen. Neue Siedler erschienen gegen 4500; sie verarbeiteten bereits Ton zu keramischen Erzeugnissen. Zwischen 1550 und 1400 war die Stadt wieder unbewohnt. Die im 13. Jahrhundert v. Chr. einwandernden Israeliten fanden eine unbedeutende Ortschaft mit verfallenen Mauern vor. Da waren weder Posaunen noch Feldgeschrei nötig, um die Mauern einer mächtigen Königsstadt zum Einsturz zu bringen (Josua 6. Kapitel). Eine befestigte Stadt war Jericho erst wieder im 7. Jahrhundert v. Chr. In hellenistisch-römischer Zeit erbaute Herodes der Große (37–4) etwa 2 km südwestlich der Quelle ein neues, prächtiges Jericho. Sein Winterpalast dokumentiert den Reichtum dieser Epoche. Während des jüdischen Aufstandes der Jahre 66 bis 70 wurde die Stadt von den Römern zerstört.

Archäologie

1868 führte Charles Warren erste Untersuchungen auf dem Tell es-Sultan, dem Siedlungshügel von Jericho, durch. 1907 bis 1909 gruben hier E. Sellin und C. Watzinger im Auftrag der Deutschen Orient-Gesell-

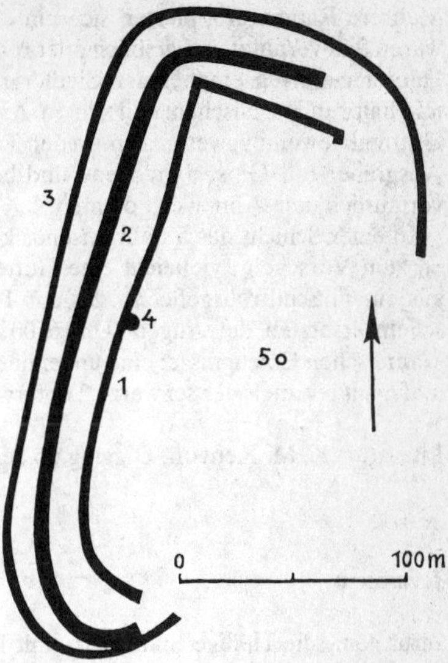

Jericho

1 neolithische Mauer (8. Jahrtausend v. Chr.) 2 frühbronzezeitliche Mauer (3. Jahrtausend v. Chr.) 3 mittelbronzezeitliche Mauer (erste Hälfte des 2. Jahrtausends v. Chr.) 4 Rundturm 5 Quelle

schaft. 1930 bis 1936 arbeitete der britische Bibelarchäologe John Garstang auf dem Tell. 1950 bis 1951 entdeckten J. L. Kelso und J. B. Pritchard auf dem nahen Hügel Tulul abu'l Alajik den Palast des Herodes. 1952 bis 1958 nahm Kathleen M. Kenyon die Ausgrabungen auf dem Tell es-Sultan wieder auf und stieß auf die ältesten Befestigungsanlagen der Menschheit.

Ausgrabungsstätte

Der 16 m hohe Tell es-Sultan bedeckt eine Fläche von 180 mal 180 m, also etwas mehr als 3 Hektar. In den untersten Siedlungsschichten kamen Befestigungsanlagen aus dem 8. Jahrtausend zum Vorschein: eine 2 m dicke und 6 m hohe Steinmauer (ursprünglich war sie erheblich höher), ein 9 m breiter und 3 m tiefer Graben vor der Mauer und ein aus Steinblöcken errichteter Rundturm. Der heute noch 9 m hohe Turm mit innen verlaufender Steinplattentreppe hatte einen Durchmesser von fast 10 m. Die Wohnhäuser dieser ältesten Stadt waren bienenkorbartig aus Lehmziegeln erbaut.

Die Wohnhäuser des 7. Jahrtausends hatten rechteckige Grundrisse.

Mehrere Räume gruppierten sich um einen Hof. Wände und Fußböden waren fein verputzt und gelblich oder rötlich bemalt. Die Bewohner dieser Häuser gehörten einer neuen Siedlergruppe an. Ein größeres Gebäude mit halbrunden Nischen und einem Aschebehälter könnte einer frühen Gottheit geweiht gewesen sein. In den Trümmern eines Hauses fanden die Ausgräber mit Gips überzogene und bemalte menschliche Schädel, die vermutlich dem Ahnenkult dienten.

In einer Schicht des 5. Jahrtausends kamen drei lebensgroße Tonstatuen zum Vorschein, vielleicht eine Götterfamilie. Die Figuren bestanden aus einem Schilfrohrgeflecht, das mit Ton ausgeformt worden war. Muscheln ersetzten die Augen. Um 6500 erschienen in Jericho die ersten keramischen Erzeugnisse: eine unverzierte, einfarbige, meist rote, manchmal auch braune oder schwarze Töpferware.

Literatur: K. M. Kenyon, Digging up Jericho. London 1957.

Jerusalem

Jerusalem, die Heilige Stadt, ist – mit längeren Unterbrechungen – seit 3000 Jahren die Hauptstadt Israels. Sie ist die Tempelstadt Davids und Salomos, die Passionsstätte Christi und der Ort der Himmelfahrt Mohammeds. In ihr befinden sich die heiligen Stätten dreier Religionen: die Klagemauer der Juden, die Grabeskirche der Christen und der Felsendom der Mohammedaner.

Geschichte

Der Hügel Ophel südlich der heutigen Altstadt von Jerusalem war schon im 3. Jahrtausend besiedelt. Mehrere Quellen in dieser sonst wasserarmen Gegend, vor allem die Gichon-Quelle (Marienquelle) am Fuße des Ophel im Kidrontal, waren vermutlich der Anlaß, auf dem Hügel eine Siedlung zu gründen. Ihre Bewohner waren die altkanaanäischen Jebusiter. Um 1850 v. Chr. wurde der Ort erstmals in ägyptischen Inschriften, den sog. »Ächtungstexten« erwähnt. Im 15. Jahrhundert v. Chr. kam der Ort unter die Herrschaft des Pharaos Thutmosis III. (1490–1436). Um 1360 v. Chr. schrieb ein König von *Urusalimmu* mehrere Briefe an Pharao Amenophis IV., auch Echnaton genannt, in denen er sich über die Verunsicherung des Landes durch semitische Nomaden beklagte. Urusalimmu (= möge Gott für Frieden sorgen) war der Name der Jebusiter-Siedlung, die sich inzwischen zu einem Stadtstaat entwickelt hatte.

Seit dem 14. Jahrhundert v. Chr. wanderten die Israeliten in Gruppen und Stämmen in Kanaan, dem Land zwischen Jordan und Mittelmeer, ein. Sie schlossen sich zu einem sakralen Stämmeverband zusammen, der den Gott Jahwe verehrte und sich Israel nannte. Nach 1180 v. Chr. ließen sich die Philister, die gemeinsam mit anderen »Seevölkern« das Hethiterreich in Kleinasien vernichtet und Ägypten in eine bedrohliche Lage gebracht hatten, im Küstenbereich Südpalästinas nieder. Um 1000 v. Chr. begannen die Philister, ganz Kanaan zu unterwerfen. Unter dem militärischen Druck der Invasoren schlossen sich die Stämme Israels zusammen. Saul wurde ihr Heereskönig, aber es gelang ihm nicht, die Stämme von der Philisterherrschaft zu befreien. Nach der verlorenen Schlacht in der Jesreel-Ebene gab er sich selbst den Tod.

Einer der Heerführer der Philister war David, ein ehemaliger Offizier Sauls, der nach einer Auseinandersetzung mit seinem König zu den Feinden übergelaufen war. Nach Sauls Tod wurde dessen Sohn Esbaal »König von Israel«. Daraufhin ließ sich David von den Südstämmen zum »König von Juda« ausrufen und war somit der Gründer der judäischen Dynastie. Nach der Ermordung Esbaals wurde David durch Vertrag mit den Nordstämmen auch König von Israel. David brach die Vorherrschaft der Philister und eroberte eine Stadt nach der anderen. Zuletzt fiel das stark befestigte *Urusalim,* nachdem der Söldnerführer Joab mit einer Schar ausgewählter Krieger durch den Gichon-Tunnel in die Stadt eingedrungen war. David erklärte die Stadt zu seinem persönlichen Besitz und machte sie unter dem Namen *Jeruschalajim* zur Hauptstadt und zum religiösen Mittelpunkt des Doppelreiches Israel und Juda.

Sein Sohn und Nachfolger Salomo (etwa 970–922) erweiterte die Stadt in nördlicher Richtung, beauftragte phönikische Architekten mit dem Bau eines Tempels und eines Palastes auf dem Moria-Hügel und umgab die gesamte Stadt mit einer mächtigen Mauer. Die prachtvolle Ausgestaltung der Stadt erforderte hohe Abgaben an den Hof, was zu Rebellionen und schließlich zum Auseinanderbrechen des Reiches nach Salomos Tod führte. Von da an war Juda in ständige Grenzkämpfe mit den Nachbarreichen verwickelt.

Im 8. Jahrhundert v. Chr. dehnte der Assyrerkönig Tiglatpileser III. (744–727) sein Reich bis nach Syrien und Palästina aus. 733 v. Chr. erkannte Ahas, König von Juda, die Oberherrschaft Assyriens an. Hiskia (etwa 727–698) dagegen versuchte, mit Nachbarstaaten ein antiassyrisches Bündnis zu schließen. Daraufhin belagerte der Assyrerkönig Sanherib im Jahre 701 v. Chr. Jerusalem, das er aber nach Zahlung eines hohen Tributs verschonte.

Der Niedergang des assyrischen Weltreiches in der zweiten Hälfte des 7. Jahrhunderts gab Josia (639–609) die Möglichkeit, das Abhängigkeitsverhältnis zu Assur zu lösen und weitreichende Reformen in Juda zu verwirklichen. Als die Ägypter 609 v. Chr. den Assyrern gegen die anrükkenden Babylonier zu Hilfe eilten, stellte sich Josia ihnen entgegen und verlor die Schlacht und sein Leben. 605 v. Chr. besiegte Nebukadnezar II., zunächst noch Kronprinz, die Ägypter bei → Karkemisch. Die Babylonier gewannen die Herrschaft über ganz Syrien, Phönikien und Palästina. Juda war vom Regen in die Traufe geraten. Ein Versuch, die babylonische Herrschaft abzuschütteln, endete 597 v. Chr. mit der Einnahme Jerusalems durch die Babylonier. Nebukadnezar nahm König Jojachin gefangen und setzte Zedekia als König von Juda ein. Als auch dieser einen Aufstand gegen Babylon unterstützte, eroberte Nebukadnezar 587 v. Chr. Jerusalem zum zweiten Mal, zerstörte Tempel und Palast und deportierte die jüdische Oberschicht nach Mesopotamien (babylonische Gefangenschaft). Das Königreich Juda war damit erloschen. Das Königreich Israel hatte schon 722 v. Chr. mit der Einnahme der Hauptstadt Samaria durch die Assyrer sein Ende gefunden.

539 v. Chr. zertrümmerte der Perserkönig Kyros der Große das babylonische Weltreich. Er befreite die Juden, rückte ein Jahr später in Jerusalem ein und veranlaßte den Wiederaufbau des Tempels. Innerhalb des Achämeniden-Reiches blieb die Tempelprovinz Juda relativ selbständig. Sie besaß sogar ein eigenes Münzrecht. An die Stelle der Könige traten Hohepriester.

Alexander dem Großen ergab sich Jerusalem kampflos. 301 bis 198 stand die Stadt unter ptolemäischer, danach unter seleukidischer Herrschaft. 168 v. Chr. provozierte der Seleukide Antiochos IV. Epiphanes durch die Plünderung des Tempels einen Aufstand. Er schlug den Aufstand nieder, nahm Jerusalem das Stadtrecht, gründete eine hellenistische Polis und weihte den Tempel dem Zeus Olympios. 143 v. Chr. gelang es dem Hohenpriester Simon Makkabi, die Herrschaft der Seleukiden abzuschütteln und den Jahwe-Kult wiederherzustellen.

63 v. Chr. nahm Pompejus Jerusalem ein und brachte es unter römische Oberhoheit. 37 v. Chr. begann mit Herodes dem Großen (37–4) die Blütezeit der Stadt. Er schaffte die Hierokratie (Priesterherrschaft) ab und machte sich mit Zustimmung des römischen Senats zum König von Judäa. Unter seiner Herrschaft entstanden großartige Bauwerke in griechisch-römischem Stil, z. B. der Herodes-Tempel. Die Mißwirtschaft der römischen Prokuratoren führte zur Entwicklung oppositioneller Gruppen und 66 n. Chr. schließlich zum Aufstand. Im Jahre 70 eroberte Titus nach fünfmonatiger Belagerung Jerusalem und zerstörte die Stadt und den Tempel.

Als Hadrian (117–138) in Jerusalem einen Jupiter-Tempel errichten wollte, brach im Jahre 132 unter Bar Kochba ein zweiter Aufstand aus, den die Römer 135 niederschlugen. Hadrian machte aus Jerusalem eine Militärkolonie (Aelia Capitolina). Er verbot den Juden die Beschneidung, die Sabbatfeier, vor allem aber das Betreten ihrer Hauptstadt. Sein Nachfolger Antoninus Pius (138–161) hob die hadrianischen Verbote wieder auf.

Nachdem Theodosius der Große (379–395) das Christentum zur Staatsreligion erklärt hatte, wurde Jerusalem eine blühende christliche Stadt, bis 614 die Perser einfielen und 637 der Kalif Omar I. die Stadt in das mohammedanisch-arabische Weltreich eingliederte.

Archäologie

1867 wurde der Palestine Exploration Fund gegründet, eine Vereinigung zur Förderung bibel-archäologischer Forschungen. Noch im selben Jahr begann Ch. Warren mit Grabungen auf dem Ophel-Hügel, wobei er jebusitisches Mauerwerk freilegen konnte. 1894 bis 1897 untersuchten F. J. Bliss und E. C. Dickie die Südmauer der Stadt des Herodes Agrippa

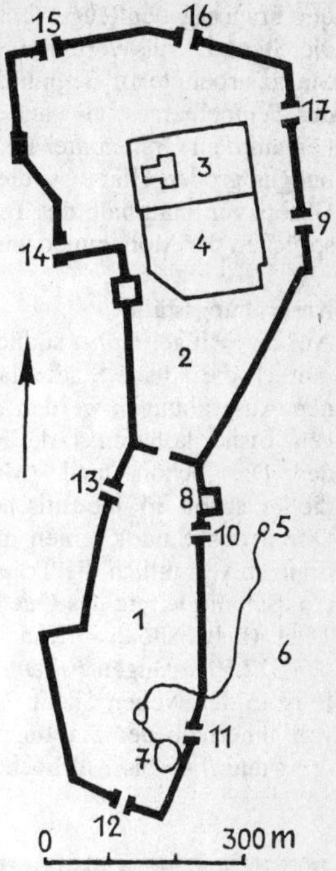

Jerusalem in alttestamentlicher Zeit

1 Stadt Davids 2 Stadt Salomos 3 Tempel Salomos (Jahwe-Tempel) 4 Palast Salomos 5 Gichon-Quelle 6 Kidron-Tal 7 Alter Siloah-Teich 8 Arsenal 9 Roßtor (?) 10 Wassertor 11 Quelltor 12 Misttor 13 Taltor 14 Ecktor 15 Fischtor 16 Schaftor 17 Wachttor (?)

(40–44 n. Chr.) 1909 bis 1911 arbeitete Parker im Bereich der Tunnelanlage an der Gichon-Quelle. 1913 bis 1914 und 1923 bis 1924 grub R. Weill auf dem Ophel. Zwischen 1923 und 1925 erforschten A. S. Macalister und J. G. Duncan den Palast des Herodes; das polygonale Mauerwerk des »Davidsturms« schrieb Macalister fälschlich der Königszeit zu. 1925 bis 1927 arbeiteten E. L. Sukenik und L. A. Mayer an der »Mauer des Josephus«, der dritten Nordmauer aus römischer Zeit. 1927 bis 1930 legte J. W. Crowfoot auf dem Westhang des Ophel hellenistisches Mauerwerk frei, von dem er annahm, daß es jebusitisch sei.

1961 bis 1967 untersuchten Kathleen M. Kenyon und R. de Vaux mit Wissenschaftlern der British School of Archaeology und der École Biblique Française den Hügel Ophel, auf dem die jebusitische Stadtanlage und die Stadt Davids vermutet wird. Eine Forschergruppe unter Benjamin Mazar arbeitete zu Beginn der siebziger Jahre am südwestlichen Rande des Tempelberges, also auf dem Gebiet der Stadt Salomos. 1978 begannen auf dem Ophel unter Leitung von Yigael Shilo systematische Ausgrabungen großen Umfangs, die die Lage der Stadt Davids beweisen sollen. Grabungen innerhalb des Tempelbezirks scheiterten bislang an den Einsprüchen der Mohammedaner bei der UNESCO.

Ausgrabungsstätte
Auf dem Hügel *Ophel* südlich der Altstadtmauer von Jerusalem lag vermutlich die älteste Stadtanlage von Jerusalem. Die bis 1983 vorgesehenen Ausgrabungen werden mit Sicherheit interessante Ergebnisse bringen. Bisher konnten starke Festungsmauern der Jebusiter freigelegt werden. Die Gichon-Quelle (Marienquelle, Umm ed Daradj) im Kidrontal diente schon in jebusitischer Zeit der Wasserversorgung der Stadt. Durch den Sinnor, einen mit Treppenstufen versehenen Schachtgang, drangen vermutlich die Truppen Davids von der Quelle her in die Stadt ein. Salomo leitete das Quellwasser am Hang entlang zum Alten Siloah-Teich (hebr. siloah = Kanal). Um 701 v. Chr. erbaute König Hiskia einen 512,50 m langen *Felsentunnel,* durch den das Wasser quer durch den Berg in den Neuen Siloah-Teich, ein ebenfalls künstliches Wasserreservoir innerhalb der Stadtmauern, strömte. Der Tunnel ist 58 bis 65 cm breit und 0,45 bis 3 m hoch. Die Tunnelbauer drangen gleichzeitig von

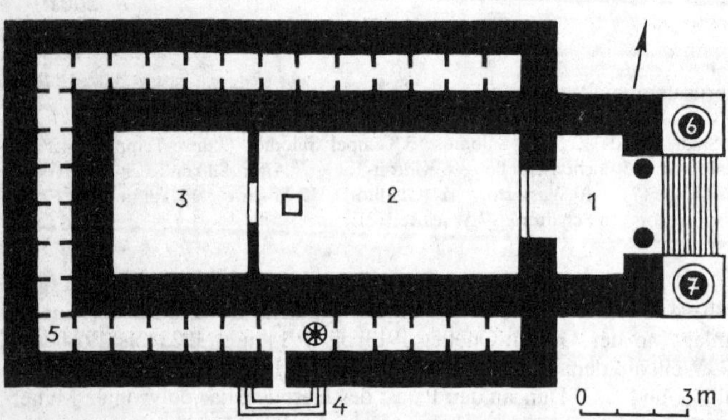

Jerusalem: Jahwe-Tempel

1 Vorhalle 2 Heiligtum (Hekal) 3 Allerheiligstes mit der Bundeslade (Debir) 4 Seiteneingang 5 Schatzkammern 6 Jachin 7 Boas

Norden und Süden in den Berg vor. Daß sie sich trotz zahlreicher Biegungen in der Mitte trafen – zahlreiche Korrekturen kennzeichnen die Schwierigkeiten des Unternehmens –, zeugt vom hohen technischen Niveau jener Zeit.

Mittelpunkt von Jerusalem ist der *Tempelplatz* (Haram esch Scherif) auf dem Hügel Moria nördlich des Ophel. Bis hierhin dehnte Salomo die Stadt Davids aus. Den Unterbau des riesigen Platzes (Westseite 490 m, Ostseite 474 m, Nordseite 321 m, Südseite 283 m) ließ Herodes der Große errichten. In der Mitte des Tempelplatzes erhebt sich der achteckige Felsendom (Qubbet es Sakhra), 687 bis 691 von dem Kalifen Abd el Malik erbaut. Der Felsendom, das schönste Wahrzeichen Jerusalems und das größte Heiligtum der Mohammedaner nach Mekka und Medina, bedeckt einen Felsen, auf dem David einen dem Gott Israels geweihten *Altar* errichten ließ. Unter dem Felsen öffnet sich eine Grotte, die der Jebusiter Orna zuvor als Tenne benutzt hatte. Seit David wurde in der Grotte die Asche der Tieropfer gesammelt.

Westlich vom Altar vermuten die Archäologen den *Jahwe-Tempel* Salomos, dessen Fundamente nicht freigelegt werden konnten. So ist man auf biblische Texte und vergleichbare Tempelbauten angewiesen, um eine Vorstellung vom Tempel Salomos zu erhalten. Das Bauwerk, ein Langhausbau, dürfte einen Grundriß von 31,50 mal 10,50 m gehabt haben. Es gliederte sich in Vorhalle, Heiligtum (Hekal) und Allerheiligstes (Debir). Die Lehmziegelmauern waren etwa 2,50 m dick. Das Tempeldach bildete eine Terrasse, die von Zedernholzbalken getragen wurde. Fußböden und Innenwände waren mit Zedernholz getäfelt. Flachreliefs von Cheruben, Palmetten und Blumengirlanden schmückten die Wände. Das Ganze war mit Gold überzogen. Den Haupteingang im Osten schmückten die von einem phönikischen Erzgießer geschaffenen ehernen Säulen Jachin und Boas. Im Allerheiligsten befand sich die Bundeslade, der Thron Jahwes. Später erhielt der Tempel einen dreistöckigen Umbau mit Schatzkammern und Priesterwohnungen. Dieser erste Tempel wurde 587 v. Chr. durch Nebukadnezar II. völlig zerstört. Nach dem Ende der babylonischen Gefangenschaft baute Serubbabel, Stadthalter von Juda und Enkel des nach Babylon verschleppten Königs Jojachin, den Tempel zwischen 520 und 516 nach den alten Plänen, aber ohne Anbauten wieder auf. 63 v. Chr. zerstörte Pompejus diesen zweiten Tempel. Herodes der Große errichtete auf den Trümmern ein neues, größeres und prächtigeres Gotteshaus. Der Tempel des Herodes hatte eine Grundfläche von 45 mal 9 m. Dieser Tempel wurde im Jahre 70 von Titus dem Erdboden gleichgemacht.

An der Stelle der heutigen Al-Aksa-Moschee (Djami el Aqsa) erbaute Salomo seinen *Königspalast* mit einem angeschlossenen Wohntrakt für angeblich 700 Fürstinnen und 300 Nebenfrauen. Auch von diesem Bauwerk hat man bisher keine Mauerreste gefunden.

In der Südostecke des Tempelplatzes liegen die sog. *Ställe Salomos:* ausgedehnte Gewölbe aus der Zeit Herodes' des Großen.

Die *Klagemauer,* vor der die Juden die Zerstörung ihres Tempels be-

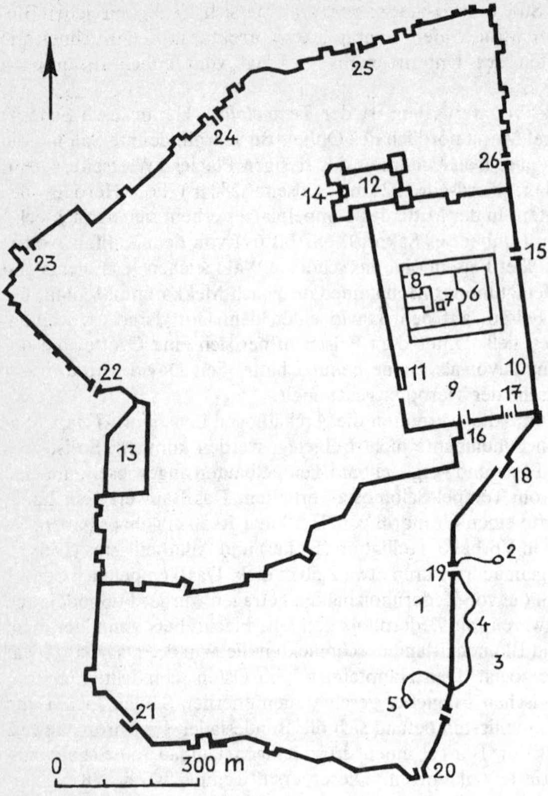

Jerusalem in neutestamentlicher Zeit

1 Hügel Ophel 2 Gichon-Quelle 3 Kidron-Tal 4 Felsentunnel 5 Neuer Siloah-Teich 6 Tempelplatz 7 Altar Davids 8 Jahwe-Tempel 9 Palast Salomos 10 Ställe Salomos 11 Klagemauer 12 Antonia 13 Palast des Herodes 14 Ecce-Homo-Bogen 15 Goldenes Tor 16 Doppeltor 17 Dreifachtor 18 Osttor 19 Wassertor 20 Südtor 21 Essener Tor 22 Jaffa-Tor 23 Neues Tor 24 Damaskus-Tor 25 Herodes-Tor 26 Stephans-Tor

weinten, ist ein Teil der gewaltigen herodianischen Stadtmauer. Der erhaltene Mauerabschnitt ist 48 m lang und 18 m hoch.

Nordwestlich vom Tempelplatz befand sich an der Stelle eines modernen Gebäudes die *Antonia,* Sitz der römischen Prokuratoren. Auch dieser Bau fiel wie die anderen öffentlichen Gebäude 70 v. Chr. der Vergeltungsaktion des Titus zum Opfer.

Der *Palast des Herodes* erhob sich an der Stelle der mittelalterlichen Zitadelle und der heutigen Polizeikaserne. Aus herodianischer Zeit stammt nur noch das Fundament eines Turmes. Der Palast wurde unter Kaiser Hadrian zerstört. Der sog. »Turm Davids« stammt vermutlich aus späterer Zeit.

Der *Ecce-Homo-Bogen* über der Via Dolorosa ist der mittlere Teil eines Triumphbogens, den Hadrian nach der Niederschlagung des zweiten jüdischen Aufstandes als Osttor zur Kolonie Aelia Capitolina errichten ließ.

Literatur: K. M. Kenyon, Jerusalem. Die heilige Stadt von David bis zu den Kreuzzügen. Ausgrabungen 1961–1967. Bergisch Gladbach 1968.

Kalabscha

Der Mandulis-Tempel von Kalabscha, rund 60 km südlich von Assuan (Ägypten), ist der größte der nubischen Tempel. Als er im Assuan-Stausee zu versinken drohte, ließ die Bundesrepublik den gewaltigen Tempel 1962/63 auf eine Granitkuppe über dem westlichen Nilufer versetzen.

Geschichte

Der erste Tempelbau entstand unter der Herrschaft des Königs Amenophis II. (1438/36–1412). Die Ptolemäer erneuerten und vergrößerten den Tempel. Seine heutige Gestalt erhielt er zur Zeit des Kaisers Augustus (31 v. Chr.–14 n. Chr.). Der Tempel war dem nubischen Gott Mandulis geweiht, der weitgehend dem ägyptischen Gott Horus entspricht. In frühchristlicher Zeit wurde der Tempel in eine Kirche umgewandelt und so vor der Zerstörung bewahrt.

Archäologie

Nachdem die Mauer des Assuan-Staudamms 1912 erhöht worden war, überflutete der Nil jeden Winter etwa neun Monate lang den Mandulis-Tempel von Kalabscha. Mit dem Bau des neuen Hochdamms Sadd el-Ali schien das Schicksal des Tempels, für immer in den angestauten Wassern des Nil zu versinken, besiegelt.

Da folgte die Bundesrepublik Deutschland einem Aufruf der UNESCO, den großartigen und noch gut erhaltenen Tempel »vor Überflutung zu bewahren und ihn künftigen Generationen zu erhalten«, wie eine Gedenktafel berichtet. 1962 wurde der Tempel Stein für Stein abgetragen. Schwimmkräne hoben die 13000 oft bis zu 20 Tonnen schweren Steinblöcke auf Lastkähne. Ein Jahr später war der Tempel etwa einen Kilometer südwestlich des Sadd el-Ali wieder aufgebaut.

Beim Abbau des Tempels entdeckten die deutschen Archäologen im Mauerwerk des Mandulis-Tempels 250 mit Reliefs und Hieroglyphen versehene Steinblöcke aus älteren Bauten. 1974/75 fügte das Deutsche Archäologische Institut rund 100 Blöcke auf der Nilinsel Elephantine zu einer kleinen Kapelle zusammen. Etwa 100 weitere Blöcke gehören zu einem großen Pylon, der als Geschenk Ägyptens in Westberlin wiedererrichtet wurde.

Archäologische Stätte

Den Tempelbezirk umschließt eine etwa 4 m dicke Mauer. Im Westen stieß der Bezirk ursprünglich an eine Felswand. Die Südwestecke nimmt das offene Mammisi (Geburtshaus) ein, das ursprünglich in den Felsen gehauen war. In der Nordostecke liegt etwas vertieft eine Kapelle aus ptolemäischer Zeit. Ein 37 m breiter Pylon im Osten bildet den Eingang zum Tempel. Er führt auf einen Hof, der an drei Seiten von Säulenhallen umgeben war. Acht Säulen mit verschiedenen Pflanzen- und Blumenkapitellen stehen noch aufrecht. Über eine Treppe, die von Säulen und Schranken flankiert wird, erreicht man die hohe Vorhalle des Tempels. Acht Säulen trugen einst die Decke dieser Halle. An die Vorhalle schließen sich drei Quersäle an, deren hinterster das Allerheiligste barg. Zwei Reliefs zeigen Kaiser Augustus, wie er einer Götterdreiheit Opfer darbringt. Auch die anderen Quersäle, die Vorhalle und die Außenwände des Tempels sind mit großartigen Reliefs geschmückt.

Literatur: K. G. Siegler, Kalabsha. Berlin 1970.

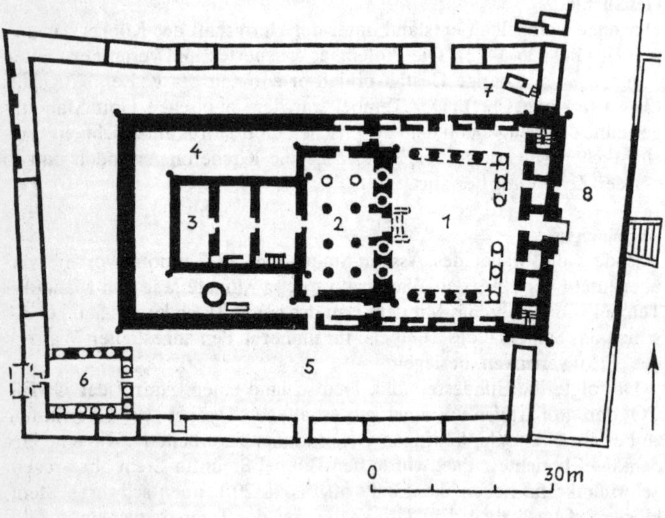

Kalabscha: Mandulis-Tempel

1 Hof 2 Vorhalle 3 Allerheiligstes 4 innerer Umgang 5 äußerer Umgang 6 Mammisi 7 ptolemäische Kapelle 8 Plattform

Kap Sunion

An der Südspitze der Halbinsel Attika liegt das steil ins Meer abfallende Kap Sunion. Auf dem Kap erhebt sich der berühmte Marmortempel des Meeresgottes Poseidon.

Der *Poseidon-Tempel* wurde zwischen 444 und 440 von demselben Architekten erbaut, der unmittelbar zuvor den Hephaistos-Tempel in → Athen geschaffen hatte. Der dorische Peripteros hatte je dreizehn Säulen an den Langseiten und je sechs an den Schmalseiten. Je zwei stützten das Dach zwischen den Anten des Pronaos und des Opisthodomos. Die besonders schlanken Säulen ließen den Tempel vom Meer aus höher erscheinen, als er in Wirklichkeit war. Sechzehn statt der sonst üblichen 20 Kanneluren gaben dem Säulenschaft eine größere Stabilität und erhöhten die Widerstandsfähigkeit der empfindlichen Marmorkanten gegen die aggressive Seeluft. Den Architrav des Tempels schmückte einst ein Skulpturenfries mit den Taten des Theseus, mit Kämpfen zwischen Lapithen und Kentauren und zwischen Göttern und Giganten. Der Poseidon-Tempel steht auf den Fundamenten eines archaischen Tuffsteintempels, der wahrscheinlich auch dem Poseidon-Kult gedient hatte.

Der heilige Bezirk war von einem Peribolos eingefaßt, von dem noch Mauerreste erhalten sind. 409 v. Chr., also während des Peloponnesischen Krieges, erbauten die Athener zur Landseite hin eine halbkreisförmige Mauer, um das Heiligtum vor Angriffen der Spartaner zu schützen.

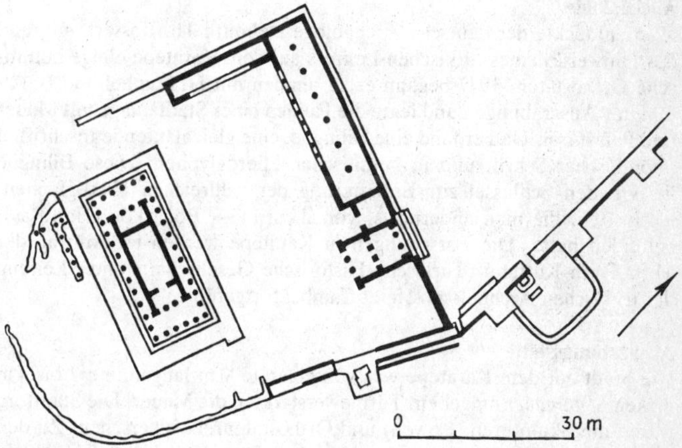

Kap Sunion: Heiligtum des Poseidon

Etwa 500 m nördlich des Poseidon-Tempels konnten Teile des *Tempels der Athena Sunias* freigelegt werden.

Literatur: Sp. Meletzis, H. Papadakis, Der Poseidontempel auf Kap Sunion. München, Zürich, 3. Aufl. 1976.

Karatepe

Karatepe (türkisch: schwarzer Berg) heißt ein 400 m hoher Hügel am Flusse Ceyhan Nehri (einst Pyramos) rund 80 km nordöstlich von Adana (Südtürkei). Auf diesem Hügel wurde eine späthethitische Stadt aus dem 8. vorchristlichen Jahrhundert freigelegt. In den Ruinen fanden die Ausgräber eine zweisprachige Inschrift, die die Entzifferung der hethitischen Hieroglyphen ermöglichte.

Geschichte

Vermutlich war der Hügel von Karatepe schon im 12. Jahrhundert v. Chr. bewohnt. In der zweiten Hälfte des 8. Jahrhunderts v. Chr. gründete hier Azitawadda (Asitawandas), späthethitischer König von Kizzuwatna (dem späteren Kilikien), eine befestigte Stadt, die er *Azitawaddija* nannte. Er schmückte die Stadt mit zahlreichen Orthostaten, die mit Reliefs und hethitischen Inschriften versehen waren. Wahrscheinlich um 680 v. Chr. wurde die Stadt von den Assyrern zerstört.

Archäologie

1946 entdeckte der deutsche Archäologe Helmuth Th. Bossert aufgrund des Hinweises eines türkischen Lehrers auf dem Karatepe einige hethitische Orthostaten. 1947 begann er zusammen mit H. Çambel und B. Alkim mit Ausgrabungen und legte die Ruinen einer Stadtanlage mit Mauer und Palast frei. Und er fand eine Bilingue, eine gleichlautende Inschrift in phönikischer Schrift und in hethitischen Hieroglyphen. Diese Bilingue lieferte den Schlüssel zur Entzifferung der zahlreichen Hieroglypheninschriften, die man andernorts, vor allem in → Boğazköy (Hattušas), gefunden hatte. Die Forschungen in Karatepe werden im Auftrag der Türk Tarih Kurumu (Türkische Historische Gesellschaft) unter Leitung der türkischen Archäologin Halet Çambel fortgeführt.

Ausgrabungsstätte

Die Stadt auf dem Karatepe war von einer 1000 m langen und 2 bis 4 m dicken *Steinmauer* umgeben. Türme verstärkten die Mauer. Die Stadttore waren mit Skulpturen (Löwen) und Orthostatenreliefs versehen. Zu den interessantesten Reliefgruppen zählt das »Festmahl des Azitawadda«. Auf dem Gipfel erhob sich der *Palast des Königs*, in dem mehrere Basaltstatuen gefunden wurden.

Literatur: H. Th. Bossert, Die Ausgrabungen auf dem Karatepe. Ankara 1950.

Karkemisch

Karkemisch – nach anderer Schreibweise Karkamiş, Karchemisch, Carchemish, Gargamisch – war eine bedeutende hethitisch-assyrische Stadt am rechten Ufer des Euphrat. Heute verläuft unmittelbar südlich der Ausgrabungsstätte, zwischen dem türkischen Ort Barak und dem syrischen Ort Djerablus, die türkisch-syrische Grenze.

Geschichte

Nach einer babylonischen Urkunde gab es schon um 1720 v. Chr. Könige von Karkemisch. Die günstige Lage an einer Furt des Euphrat ließ die Stadt schnell zu einem großen Handelsplatz aufsteigen, um den sich die benachbarten Reiche stritten. Der Hethiterkönig Hattušili I. (um 1640–1620) kämpfte vergeblich um die Stadt. Unter dem Pharao Thutmosis III. (1490–1436) gehörte Karkemisch zum Großreich der Ägypter. Im späten 15. Jahrhundert v. Chr. stand es unter der Herrschaft des Königreiches Mitanni. Im 14. Jahrhundert v. Chr. gelang es den Hethitern unter Šuppiluliuma (1370–1335), das Mitanni-Reich zu vernichten und Karkemisch zu erobern. Karkemisch wurde Residenz hethitischer Vizekönige, die von hier aus die ausgedehnten Besitzungen in Syrien kontrollierten.

Nach der Zerstörung des Hethiterreiches um 1200 v. Chr. durch die »Seevölker« löste sich Karkemisch aus dem Reichsverband und erklärte seine Selbständigkeit. Unter assyrischem Druck schlossen sich andere hethitische Nachfolgestaaten wie Sam'al und Kizzuwatna (Kilikien) Karkemisch an, das in den folgenden Jahrhunderten seine größte Bedeutung erlangte. Zeitweilig trugen die Herrscher von Karkemisch sogar den Titel Großkönig.

Luhis und Katuwas, zwei dieser Großkönige, errichteten im 9. Jahrhundert v. Chr. großartige Bauten. Araras folgte ihrem Beispiel im 8. Jahrhundert v. Chr. Dem zunehmenden Druck der Assyrer konnte Karkemisch schließlich nur noch durch Tributzahlungen begegnen. 717 v. Chr. eroberte der Assyrerkönig Sargon II. die Stadt und setzte den letzten König von Karkemisch ab. Das Reich wurde eine assyrische Provinz.

Im Jahre 605 v. Chr. stießen vor den Toren der Stadt die Heere der Babylonier und der Ägypter aufeinander. Die Babylonier unter dem Kronprinzen Nebukadnezar, dem späteren König Nebukadnezar II., siegten und konnten den Ägyptern Syrien, Palästina und Phönikien entreißen.

In griechisch-römischer Zeit war die Stadt unter dem Namen *Europos* ein bedeutendes Handelszentrum und zuletzt auch ein wichtiger Militärstützpunkt. Mit dem Niedergang Roms geriet sie in Vergessenheit.

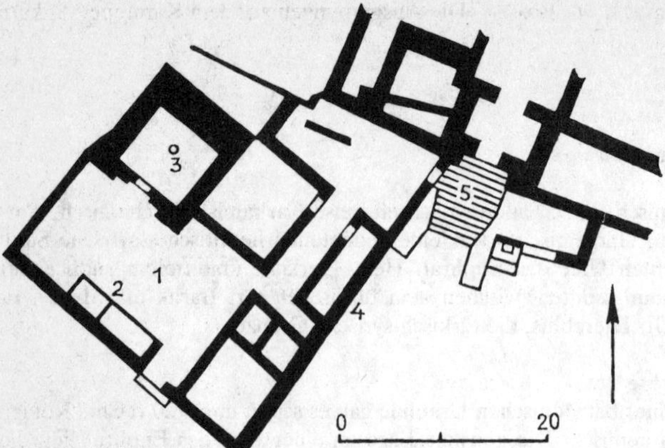

Karkemisch: Tempelbezirk des Wettergottes

1 Tempel 2 Altar 3 Thron 4 »Mauer der Skulpturen« (»Long Wall of Sculpture«) 5 Aufgang zur Akropolis

Archäologie
1876 besuchte der Engländer George Smith die Ruinenstätte bei Djerablus und erkannte sie als Karkemisch. 1878 bis 1881, 1911 bis 1914 und 1919 bis 1920 führten D. G. Hogarth, Th. E. Lawrence, R. Campbell Thompson und Ch. L. Woolley Ausgrabungen für das Britische Museum in London durch.

Ausgrabungsstätte
Von dem Glanz der einstigen späthethitischen Metropole zeugen nicht einmal mehr Ruinen, die sehenswert wären. Auf einem 40 m hohen Hügel lag die Zitadelle. Am Fuße des Zitadellenhügels erstreckte sich der Königspalast. Nahebei erhob sich im 10. und 9. Jahrhundert v. Chr. ein Tempel des Wettergottes mit dem reliefgeschmückten »Long Wall of Sculpture« und der südlich davon gelegenen Orthostaten-Mauer »Herald's Wall«. Die zahlreichen Bildwerke und Hieroglypheninschriften befinden sich heute im Archäologischen Museum von Ankara. Die 5 m starke Lehmziegelmauer der Innenstadt ruhte teils auf schweren Felsblöcken, teils auf einem Erdwall. Die äußere Stadt umzogen im Abstand von 9 m zwei 5 m dicke Mauerringe.

Auch aus der griechisch-römischen Epoche sind keine bemerkenswerten Bauwerke erhalten. Lediglich die Fundamente eines großen Tempels aus dem 2. oder 3. nachchristlichen Jahrhundert konnten auf dem Zitadellenhügel aufgedeckt werden.

Literatur: Ch. L. Woolley, Carchemish. Report on the Excavations at Djerabis. 3 Bde, London 1914–1953. Neudruck 1969.

Karthago

Karthago, die phönikische Kolonie in Nordafrika (im heutigen Tunesien), war die größte Handelsmetropole des Altertums. Bekannt sind die verzweifelten Versuche seines Feldherrn Hannibal, den Aufstieg Roms zur alles beherrschenden Weltmacht zu verhindern.

Geschichte

Die sagenhafte Gründerin von Karthago (phönikisch: Qart Hadašt = Neustadt) war Dido (Elissa), eine tyrenische Prinzessin, die mit Hilfe aristokratischer Gruppen den König von Tyros stürzen wollte und, als der Umsturzversuch mißlang, fliehen mußte. Dido kam nach Nordafrika und bat den libyschen König Iarbas um Land. Iarbas sagte ihr höhnisch so viel Land zu, wie sie mit einer Stierhaut bedecken könnte. Dido aber schnitt das Leder in dünne Streifen und umspannte damit einen Hügel, auf dem sie die Burg Byrsa (griech. Stierhaut), das spätere Karthago, erbaute. Eines Tages kam Aeneas (Aineias), der die Trojaner nach der Zerstörung Trojas in eine neue Heimat führte, nach Karthago. Dido verliebte sich in Aeneas und tötete sich, als die Trojaner nach Italien weitersegelten, wo Aeneas Ahnherr der Römer wurde. So berichtet die Sage.

Phönikische Kaufleute aus Tyros richteten vermutlich im 11. Jahrhundert v. Chr. an der Stelle des späteren Karthago einen Versorgungsplatz für ihre Fahrten nach Gades (Cadiz in Spanien) ein.

Nach antiken Angaben wurde Karthago erst 814 v. Chr., nach den bisherigen archäologischen Funden sogar erst um 750 v. Chr., vielleicht an der Stelle eines älteren phönikischen Stützpunktes von → Tyros gegründet. Karthago war zunächst nur eine Versorgungsbasis für die phönikischen Schiffe auf ihrem Weg zu den Gold, Silber und Zinn fördernden Ländern des Westens. Seine günstige Lage in der Straße von Sizilien und sein ausgezeichneter Hafen förderten Karthagos Aufstieg zur reichsten und mächtigsten der phönikischen Kolonien.

Als die Griechen im 6. Jahrhundert v. Chr. die Phöniker aus Sizilien vertreiben wollten und Tyros bereits zu schwach war, dies zu verhindern, übernahm Karthago den Schutz aller phönikischen Kolonien. Sein Einflußgebiet umfaßte im späten 6. und im 5. Jahrhundert den gesamten Westraum des Mittelmeeres, von der Kyrenaika bis jenseits von Gibraltar, einschließlich Südspanien, Sardinien, Westsizilien und die Insel Malta. Karthagische Schiffe fuhren südwärts bis zum Golf von Guinea und nordwärts bis nach Britannien.

Um 537 v. Chr. vertrieben die Karthager gemeinsam mit den Etruskern die Griechen aus Korsika. Auf Sizilien hatte sich inzwischen → Syrakus, eine Gründung der Korinther, zu einer mächtigen Stadt entwickelt.

480 v. Chr. vernichtete Gelon von Syrakus bei Himera ein karthagisches Expeditionsheer. Die phönikischen Kolonien auf Sizilien konnten sich zwar halten, doch mußte Karthago zunächst auf weitere Angriffe gegen die Griechen verzichten. Erst als es im Jahre 409 v. Chr. zu Spannungen zwischen den griechischen Städten Siziliens kam, nutzten die Karthager die Situation und eroberten alle griechischen Städte Siziliens mit Ausnahme von Syrakus. Die Pest zwang sie, im Jahre 405 v. Chr. die Belagerung von Syrakus abzubrechen.

Die Kämpfe zwischen Karthagern und Griechen setzten sich mit Unterbrechungen fort, bis es 264 v. Chr. zum Zusammenstoß mit → Rom kam. Rom hatte seit 500 v. Chr. zu Karthago gute, vertraglich abgesicherte Beziehungen, mußte aber die Überlegenheit der Karthager auf See anerkennen. Äußerer Anlaß für den Konflikt waren die Mamertiner, ehemalige italische Söldner von Syrakus, die plündernd durch das griechische Sizilien zogen und 265 v. Chr. von Syrakus besiegt wurden. Sie baten daraufhin Rom und Karthago um Unterstützung. Rom sagte zu, weil es eine willkommene Gelegenheit sah, seinen Einfluß auf Sizilien auszudehnen, und Karthago versprach ebenfalls Unterstützung, weil es endlich eine Möglichkeit sah, die Griechen aus Sizilien zu vertreiben. Als sich Rom in Messina festsetzte und damit die Interessen Karthagos bedrohte, kam es zum Ersten Punischen Krieg (264–241 v. Chr.). Rom verbündete sich überraschend mit Syrakus, drängte die von den Römern Punier (= Phöniker) genannten Karthager fast völlig von der Insel, baute eine Flotte und landete 256 v. Chr. in Nordafrika, wo sich der römische Feldherr M. Atilius Regulus allerdings nur kurze Zeit halten konnte. In der Schlacht vor den Ägatischen Inseln errangen die Römer den entscheidenden Sieg. Karthago bat um Frieden und mußte auf Sizilien verzichten. 238 v. Chr. verlor Karthago auch Korsika und Sardinien an Rom.

Um einem Vordringen der Römer zu den reichen Silberminen der Sierra Morena zuvorzukommen, eroberte der Karthager Hamilkar Barkas Südspanien bis zum Ebro. 226 v. Chr. schloß er mit Rom einen Vertrag, der den Ebro als Grenze zwischen den Interessensphären der beiden Mächte festlegte. Sein Schwiegersohn Hasdrubal baute eine gewaltige Armee auf, zu der auch 200 Elefanten gehörten. 221 v. Chr. übernahm sein Sohn Hannibal den Oberbefehl über die karthagischen Truppen. Er eroberte 219 v. Chr. die griechische Kolonie Sagunt (Valencia) und löste dadurch den Zweiten Punischen Krieg (218–201 v. Chr.) aus. 218 v. Chr. überquerte Hannibal die Alpen und siegte in den Schlachten am Ticinus (218 v. Chr.), am Trasimenischen See (217 v. Chr.) und bei Cannae (216 v. Chr.). Fünfzehn Jahre lang zog Hannibal durch Italien, doch die Römer wichen geschickt jeder entscheidenden Schlacht aus. Sein Heer war zu klein, um die Stadt Rom einzunehmen. Inzwischen eroberten die Römer Spanien (bis 206 v. Chr.) und landeten 204 v. Chr. in Afrika. Hannibal wurde zurückbeordert, unterlag aber im Jahre 202 v. Chr. in der Schlacht bei Zama den Römern unter P. Cornelius Scipio Africanus maior. Rom hatte mit dieser Schlacht die Weltherrschaft errungen. Karthago verlor sämtliche Kolonien und seine Flotte bis auf zehn Schiffe.

Hannibal wählte 183 v. Chr. in Prusa (heute Bursa, Westtürkei) den Freitod, als ihn Prusias II., König von Bithynien, an die Römer ausliefern wollte. Die benachbarten Nubier entrissen Karthago mit Billigung Roms große Teile der ihm noch verbliebenen Gebiete in Nordafrika. Dennoch gelang es der Stadt, allmählich wieder zu einem gewissen Wohlstand zu kommen.

Das Auflehnen Karthagos gegen weitere nubische Landnahmen und die Angst der Römer vor einem Wiederaufstieg der alten Handelsmetropole führten zum Dritten Punischen Krieg (149–146 v. Chr.). Drei Jahre lang hielt sich die Stadt gegen die übermächtigen Römer, mußte dann aber den Widerstand aufgeben und wurde vollständig zerstört. Die Römer deportierten die Bevölkerung in das karthagische Hinterland, das sie zur römischen Provinz Africa machten.

Karthago wurde erst 44 v. Chr. unter Caesar wieder besiedelt. Nur das Zentrum der Stadt blieb unbebaut, da die Römer den Boden 146 v. Chr. formell verflucht hatten. Augustus hob 29 v. Chr. den Fluch wieder auf. Von da an stieg Karthago zu einer der bedeutendsten Städte des römischen Imperiums auf. Hadrian ließ 128 n. Chr. den 138 km langen Aquädukt bauen. Gegen 150 wurde die Stadt durch eine Feuersbrunst zerstört. Antoninus Pius befahl ihren Wiederaufbau. Commodus (180–192) verlieh der Stadt den Titel Colonia Alexandria Commodiana togata Carthago. Die Eroberung Karthagos durch die Vandalen im Jahre 439 leitete den unaufhaltsamen Niedergang der Stadt ein.

Archäologie

Die archäologische Erforschung Karthagos steckt noch immer in den Anfängen. Zwar wurden in der Zeit des französischen Protektorats über Tunesien (1881–1956) die wichtigsten Bauwerke der römischen und byzantinischen Epoche sowie eine punische Nekropole freigelegt, doch steht noch immer eine systematische Untersuchung des gesamten Stadtgebietes aus. 1978 rief die UNESCO ein internationales Forschungsprogramm ins Leben, an dem sich auch das Deutsche Archäologische Institut mit Ausgrabungsarbeiten beteiligt. Diese Ausgrabungen beschränken sich auf das Gebiet der punischen Stadt am Fuße der Burg Byrsa. Dabei wurden u. a. Wohnviertel aus dem 4. bis 2. Jahrhundert v. Chr. entdeckt.

Ausgrabungsstätte

Mittelpunkt des phönikischen Karthago war die Akropolis, die *Burg Byrsa.* Sie hatte einen Umfang von etwa 3 km. Am Fuße der Burg lag die Agora. Längs des Hafens erstreckte sich das sog. *Tophet,* das Heiligtum der Tanit (Tinnit), der Stadtgöttin von Karthago. Unweit der Burg erhob sich der *Tempel* der karthagischen Hauptgottheit *Baal-Chammon.* Dieser Gottheit sollen die Karthager sogar Menschenopfer, zumeist Kinder, dargebracht haben.

Der *Handelshafen* hatte eine Ausdehnung von etwa 200 mal 600 m. Ein kreisrunder *Kriegshafen,* mit einem Durchmesser von rund 200 m, konnte 200 Kriegsschiffe, also die gesamte punische Flotte, aufnehmen. Die

Wohnviertel Karthagos waren dicht bebaut; sie bestanden teilweise aus vier- bis sechsstöckigen Häusern. Nach dem Geographen Strabo (64 v. Chr.–20 n. Chr.) soll die nur 262 Hektar große Stadt in ihrer Blütezeit 700000 Einwohner gehabt haben. Heute schätzt man die Zahl auf höchstens 400000. Ein rechtwinkliges Straßennetz verband die einzelnen Stadtviertel.

Die Römer bezogen bei ihrem Wiederaufbau der Stadt das phönikische *Straßennetz* in ihre Planung mit ein. 33 Nordsüdstraßen und dreizehn Ostweststraßen teilten das Stadtgebiet in längliche Rechtecke. Die beiden Hauptstraßen Cardo maximus und Decumanus maximus schnitten sich genau auf dem Byrsa. Auf dem Burgberg drängten sich mehrere Tempel und eine 88 mal 32 m große Säulenhalle. Nördlich des Byrsa lagen Thermen, ein *Theater* aus der Mitte des 2. Jahrhunderts n. Chr. und ein *Odeum* aus der Zeit um 205 n. Chr. Die prachtvollen *Thermen des Antoninus Pius* (erbaut um 160 n. Chr.) an der römischen Kaimauer waren die größten ihrer Zeit. Ein 138 km langer *Aquädukt* versorgte die Thermen und mehrere große Zisternen mit Quellwasser aus dem Djebel Zaghouan. Der Aquädukt aus der Zeit Hadrians ist noch relativ gut erhalten. Im Westen der Stadt lag das *Amphitheater,* im Südwesten erstreckte sich der *Circus.* Unmittelbar am Kai stand der Palast des römischen Statthalters aus dem 4. Jahrhundert n. Chr. Die stellenweise erkennbaren Reste der *Stadtmauer* stammen aus dem Jahre 425 n. Chr. Die Mauer wurde unter Theodosius II. als Schutz vor den anrückenden Vandalen erbaut. Die meisten ausgegrabenen Funde kamen in die Sammlungen des Musée National du Bardo in Tunis.

Literatur: G. Charles-Picard, Das wiederentdeckte Karthago. Paris 1957.

Keltische Fürstengräber

Unter mächtigen Tumuli kamen vor allem in Südwestdeutschland, aber auch in Burgund, in der Schweiz und in Böhmen die Grabstätten keltischer Fürsten zum Vorschein, deren Grabbeigaben eine einzigartige, hochstehende Kultur bezeugen. Die Hallstattzeit (um 750–400 v. Chr.) und die Latènezeit (um 450–Ende des 1. Jahrhunderts v. Chr.) waren die beiden großen keltischen Kulturepochen.

Geschichte

Die Kelten, eine indogermanische Völkergruppe unbekannter Herkunft, traten erstmals in der Hallstattzeit in Erscheinung. Seit dem 6. vorchristlichen Jahrhundert förderten sie auf zahlreichen Fürstensitzen in Süddeutschland (→ Heuneburg) die Herstellung von Bronze- und Eisenwaren und betrieben einen umfangreichen Handel mit der griechischen Kolonie Massalia (Marseille) und mit etruskischen Städten. Die kostbaren

Beigaben in den Gräbern ihrer Fürsten lassen auf einen großen Reichtum und ein hohes Kunstempfinden schließen.

Von Süddeutschland aus eroberten die keltischen Stämme Frankreich, Nordspanien, Großbritannien, Norditalien, Böhmen und den Donauraum, ohne aber jemals einen Staat zu gründen oder sich zu einer Nation zu vereinigen. In kraftvollen Feldzügen (bzw. Raubzügen) bedrängten sie die Mittelmeervölker: 387 v. Chr. äscherten sie → Rom ein, 279 v. Chr. standen sie vor → Delphi, kurz danach erschienen sie in Kleinasien, wo sie 275 v. Chr. von Antiochos I. Soter in der berühmten Elefantenschlacht geschlagen und in Phrygien angesiedelt wurden.

In den beiden letzten Jahrhunderten v. Chr. entwickelten die Kelten die sog. Oppidazivilisation: sie schufen stadtartige, befestigte Siedlungen als Stammeszentren von Verwaltung, Handel und Gewerbe. Im 1. Jahrhundert v. Chr. erlagen sie dem Ansturm römischer Legionen, wurden romanisiert oder vermischten sich mit anderen Völkern. Nur in Schottland, Irland und Wales sowie in der Bretagne konnten sie bis heute ihre Eigenart bewahren.

Archäologie

1851 wurden bei Weiskirchen im Saarland mehrere Tumuli mit Fürstengräbern erforscht. 1869 entdeckten Archäologen das Fürstengrab von Waldalgesheim bei Bingen. 1876 stießen Bauarbeiter in der Nähe der → Heuneburg bei Hundersingen an der oberen Donau auf mehrere Grabstätten keltischer Fürsten. Drei Jahre darauf wurde das Fürstengrab Kleinaspergle geöffnet. 1890 legten Archäologen das Fürstengrab Magdalenenberg bei Villingen im Schwarzwald frei.

1921 kamen bei ersten Versuchsgrabungen auf der Heuneburg Keramikscherben der späten Hallstattzeit und der frühen Latènezeit zum Vorschein. 1934 entdeckten Bauarbeiter in Steinhaldenfeld ein Fürstengrab. 1936 fand man in Sirnau bei Eßlingen das Grab einer Prinzessin. 1937/38 untersuchte der Archäologe Gustav Rieck den gewaltigen Grabhügel Hohmichele bei Hundersingen.

1951 entdeckten Bauarbeiter in Schöckingen bei Leonberg das Grab einer Prinzessin. 1954 stieß der Besitzer einer Sandgrube bei Reinheim im Saarland auf das Grab einer keltischen Fürstin. 1954 und 1956 wurde der Grabhügel Hohmichele wieder in seinen ursprünglichen Zustand gebracht, 1962 fanden Archäologen bei der Untersuchung eines flachen Tumulus bei Hirschlanden, Kreis Ludwigsburg, die lebensgroße Statue eines nackten Kriegers: die in der späten Hallstattzeit aus Stubensandstein gearbeitete Großplastik krönte einst den Grabhügel. 1964/65 leitete Hartwig Zürn die Ausgrabungen auf dem Grafenbühl bei Ludwigsburg.

1978 führten Grabungen in Hochdorf bei Ludwigsburg zur Entdeckung eines außergewöhnlich reich ausgestatteten keltischen Fürstengrabes. Den Hinweis erhielten die Archäologen von einer Hausfrau, der eine unscheinbare, mit Steinen durchsetzte Erhebung in einem Maisfeld aufgefallen war.

Ausgrabungsstätten

Hochdorf

In Hochdorf an der Enz, nahe Ludwigsburg, legten Archäologen des Landesdenkmalamtes Baden-Württemberg unter Leitung von J. Biel 1978 und 1979 ein vollständig erhaltenes keltisches Fürstengrab aus der Zeit um 500 v. Chr. frei. 17000 Kubikmeter Erdreich bedeckten einst bis zu einer Höhe von vielleicht 10 m die unterirdische Grabanlage. Die 7,40 mal 7,50 m große äußere Grabkammer umfaßte die aus schweren Holzbohlen erbaute, 4,80 mal 4,20 m große und 1,20 m hohe innere Kammer. Der Zwischenraum war mit Lehm, Gestein und mehreren Balkenlagen ausgefüllt. Schon wenige Jahre nach der Beisetzung brachen die Balken unter der ungeheuren Last des Erdhügels.

Der Fürst – sein Skelett weist ihn als einen 1,83 m großen Hünen von etwa 40 Jahren aus – lag auf einem bronzenen Ruhebett von 3 m Länge und 40 cm Breite. Acht 23 cm hohe weibliche Bronzefiguren auf drehbaren Rädern bildeten die Beine des Bettes. Es ist das einzige Totenbett dieser Art, das bisher gefunden wurde. Der Tote trug einen goldenen Halsring und einen goldenen Armreif. Zwei goldene Schlangenfibeln und ein goldenes Gürtelblech zierten seine Kleidung, die zum Teil noch relativ gut erhalten ist. Mit dem gleichen feinkarierten Tuch war auch die innere Grabkammer ausgeschlagen. Neben dem Skelett lag ein sog. Antennen-

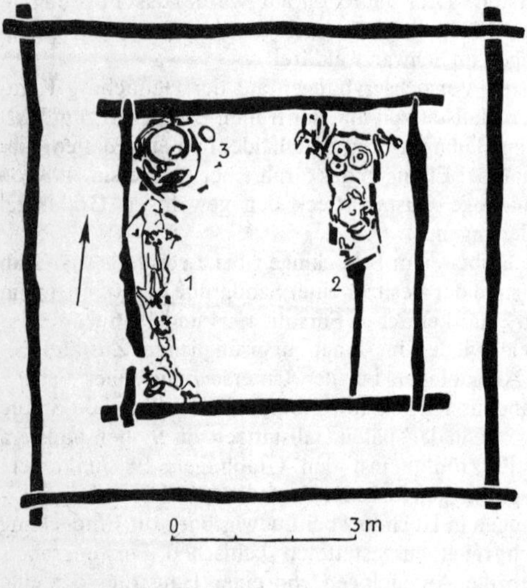

Keltisches Fürstengrab von Hochdorf

1 Skelett auf Bronzebett 2 vierrädriger Wagen 3 Bronzekessel

dolch, ein Eisendolch mit goldplattiertem Gabelgriff und goldener Scheide, das Herrschaftsymbol des Fürsten. Die Füße steckten in goldbeschlagenen Schnabelschuhen.

Neben dem Totenbett stand ein mit Eisenblech überzogener vierrädriger Wagen; die zehnspeichigen Räder lehnten an der Kammerwand. Ein fellüberzogenes Gestell trug einen Bronzekessel von 1 m Durchmesser und 70 cm Höhe. Zwischen den drei massiven Bronzehenkeln schmückten drei liegende Löwen den Kesselrand. Der Kessel war bei der Bestattung mit Wein gefüllt gewesen. Eine Schale aus Elektron (Gold-Silber-Legierung) lud den toten Fürsten zum Trinken ein.

Hohmichele

Bei Hundersingen an der oberen Donau, etwa 2 km von dem keltischen Fürstensitz → Heuneburg entfernt, liegt eines der mächtigsten Keltengräber Mitteleuropas, der Hohmichele. Der Grabhügel aus dem 6. Jahrhundert v. Chr. war ursprünglich 13,50 m hoch und hatte einen Durchmesser von etwa 50 m. Unter dem Hügel stießen die Archäologen auf die 3,50 mal 5,50 m große und 1 m hohe Grabkammer. Leider war die mit Holzbohlen ausgekleidete Kammer schon in vorgeschichtlicher Zeit ausgeraubt worden. Dazu hatten die Grabräuber einen fachgerecht gesicherten Stollen in das Hügelinnere getrieben. Lediglich ein abseits liegendes Doppelgrab war noch unangetastet. Hier fanden die Ausgräber Reste eines vierrädrigen Wagens, Pferdegeschirr, Bronzefibeln, zwei Ketten – die eine aus 351 Bernsteinkugeln, die andere aus 2360 grünen Glasperlen –, einen eisernen Halsreif, ein Hiebmesser, einen 2,10 m langen Bogen und einen Lederköcher mit 51 Pfeilen.

Von den rund 200 keltischen Fürstengräbern, die bisher in Mitteleuropa untersucht wurden, seien hier noch kurz erwähnt:

Steinhaldenfeld mit Resten eines vierrädrigen Wagens und reichem Goldschmuck (5. Jahrhundert v. Chr.).

Grafenbühl bei Ludwigsburg ebenfalls mit Resten eines Wagens, mit zwei Löwenfüßen aus Bronze, die zu einem Kesselgestell gehörten, einem Löwenfuß und zwei Sphinxen aus Elfenbein, alles Gegenstände aus dem Mittelmeerraum. Das Grab war bereits kurz nach der Bestattung des Fürsten geplündert worden.

Magdalenenberg bei Villingen mit Resten eines Wagens. Die Holzteile des Wagens waren mit Leder umkleidet und mit Bronzebeschlägen versehen. Die Räder mit Speichen aus Apfelbaumholz trugen eiserne Radreifen. Das Grab stammt aus dem 6. Jahrhundert v. Chr. und war rund 50 Jahre nach der Bestattung ausgeraubt worden.

Reinheim bei St. Ingbert im Saarland. Die kostbaren Grabbeigaben, darunter ein goldener Halsreif (Torques) und ein bronzener Spiegel, deuten auf das Grab einer Fürstin hin. Ferner enthielt die 3,46 mal 2,70 m große Eichenholzgrabkammer eine sog. Röhrenkanne aus vergoldeter Bronze, auf deren Deckel ein pferdeähnliches Wesen mit bärtigem Männerkopf dargestellt ist (um 400 v. Chr.).

Kleinaspergle bei Asperg, etwa 20 km nördlich von Stuttgart, mit einem

Fürstengrab der frühen Latènezeit. In der hölzernen Grabkammer fand man ein etruskisches Bronzegefäß, eine bronzene Schnabelkanne, Goldfassungen für zwei Trinkhörner sowie zwei attische Trinkschalen aus dem 5. Jahrhundert v. Chr.

Waldalgesheim, 5 km westlich von Bingen. Die unter einem Tumulus gelegene Grabkammer enthielt ein Fürstengrab mit Doppelbestattung aus der Mitte des 4. Jahrhunderts v. Chr. Ein mit Palmetten verzierter Bronzeeimer stammt aus der griechischen Kolonie Tarent in Süditalien.

Literatur: Kurt Bittel, Die Kelten in Württemberg. Berlin, Leipzig 1934.

Khorsabad (Dur Scharrukin)

20 km nördlich von Mosul (Irak) liegt die Ausgrabungsstätte der altorientalischen Stadt Dur Scharrukin (Dursarra'ukin), heute Khorsabad, auch Chorsabad, Haursabad, Horsabad geschrieben. Dur Scharrukin (= Burg des Sargon) war nur zwei Jahre lang (707–705) Hauptstadt des assyrischen Reiches, neben → Assur, Kalach (→ Nimrud) und → Ninive eine der vier Königsresidenzen in der Geschichte Assyriens.

Geschichte

Sargon II. (721–705) war einer der mächtigsten Herrscher Assyriens. Er eroberte Samaria, vernichtete den Staat Israel, nahm → Karkemisch ein, löschte das Reich von Urartu aus und eroberte Babylonien. Seine Macht reichte bis nach Zypern und Phrygien. Um sich ein Denkmal zu setzen, beschloß er, seinem Reich eine neue Hauptstadt zu geben. Nach nur sechsjähriger Bauzeit zog er im Jahre 707 v. Chr. in die neue Residenz um. Aber schon zwei Jahre darauf starb er. Sein Nachfolger Sanherib kehrte in die alte Hauptstadt Ninive zurück. Dur Scharrukin wurde 612 v. Chr. verwüstet, als die vereinigten babylonisch-medischen Truppen das Reich der Assyrer zerschmetterten.

Archäologie

1843 glaubte P. E. Botta, französischer Konsul in Mosul, in Khorsabad das alte Ninive entdeckt zu haben. Der Irrtum konnte schon nach kurzer Zeit berichtigt werden: die Ruinen von Khorsabad waren Dur Scharrukin, die Hauptstadt Sargons II. 1851 bis 1855 führten die französischen Archäologen V. Place und F. Thomas die Ausgrabungen fort. Leider versanken 1852 viele herrliche Reliefplatten und Skulpturen aus dem Palast Sargons II. auf dem Transport nach Paris im Schatt el-Arab. Sie konnten bis heute nicht wiedergefunden werden. 1928 nahmen Archäologen des Oriental Institute, Chicago, unter H. Frankfort und G. Loud die archäologische Arbeit in Khorsabad wieder auf.

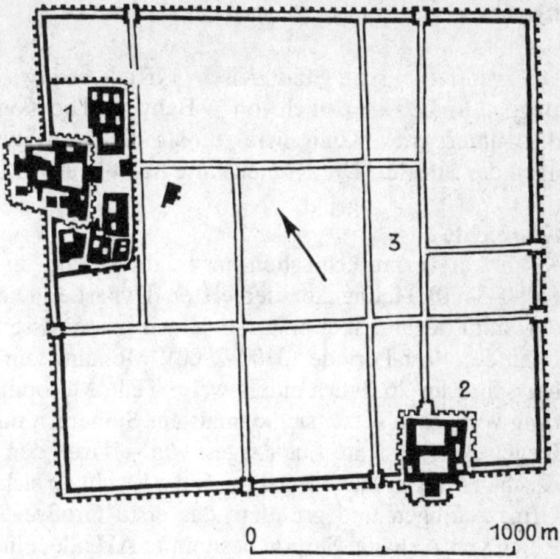

Khorsabad (Dur Scharrukin)

1 Palast Sargons II. 2 Palast F (Arsenal ?) 3 Markt

Ausgrabungsstätte

Das fast quadratische Stadtgebiet von Dur Scharrukkin bedeckte eine Fläche von rund 3 qkm. Es war von einer mächtigen Mauer mit 183 Türmen und sieben Toren umgeben. Der riesige *Königspalast,* den Sargon II. von 713 bis 708 auf einer 15 m hohen Terrasse erbauen ließ, enthielt zahlreiche Repräsentations- und Wohnräume, Wirtschaftstrakte und Tempelanlagen. Eine vermutlich siebenstufige Ziqqurrat von 42,60 m Höhe beherrschte die größte orientalische Residenz, die je geschaffen wurde. Den Palast schmückten einzigartige Basreliefs mit Darstellungen der Kriegszüge Sargons sowie gewaltige Torhüterstatuen (menschenköpfige Stiere und geflügelte Mischwesen). Die Funde sind heute in den Museen in Paris (Louvre), London (Britisches Museum), Bagdad, Chikago und Leningrad (Eremitage).

Literatur: G. Loud, B. Altman, Khorsabad. 2 Bde, Chicago 1936, 1938.

Kisch

Die altorientalische Stadt Kisch (Kiš) liegt etwa 80 km südöstlich von Bagdad und 20 km östlich von → Babylon. Die Könige von Kisch bildeten der sumerischen Königsliste zufolge die erste Dynastie Mesopotamiens nach der Sintflut. Die Ruinenstätte heißt heute el Oheimir.

Geschichte

Kisch war vermutlich schon im 4. Jahrtausend, in der El-Obeid-Periode (4000–3400) Hauptstadt der ersten Dynastie. Die eigentliche Blütezeit der Stadt begann aber erst – soviel wir heute wissen – nach dem Ende der Djemdet-Nasr-Periode (3100–2900). Mesalim, ein König von Kisch, beherrschte im 26. Jahrhundert weite Teile Mesopotamiens. Die Bevölkerung von Kisch setzte sich damals aus Sumerern und Semiten zusammen. Gegen 2400 besiegte Lugalzagesi von → Uruk den König Ur Zababa von Kisch. Wenig später riß Sargon I. die Macht an sich, nahm den König von Uruk gefangen und gründete das erste Großreich der Geschichte, das Reich von Akkade. Sargon bestimmte Akkade, eine noch nicht lokalisierte Stadt unweit von Kisch, zu seiner Residenz. Kisch wurde aber nicht aufgegeben, im Gegenteil, Sargon ließ die Stadt gründlich wiederherstellen. Auch die babylonischen Herrscher, die die Dynastie von Akkade ablösten, kümmerten sich um Kisch. Hammurabi (1792–1750) erneuerte die Tempel und die Ziqqurrat.

Den Babyloniern folgten die Assyrer. Marduk Abal Idin II., Stadtfürst von Kisch, versuchte um 710 v. Chr. vergeblich, aus dem assyrischen Herrschaftsbereich auszubrechen. In neubabylonischer Zeit restaurierte Nebukadnezar II. die Tempel der Stadt. Sein Nachfolger Nabonid verschleppte die Götterstatuen der Tempel von Kisch nach → Babylon. Kyros der Große gab sie nach der Eroberung Babylons im Jahre 539 v. Chr. der Stadt zurück. Unter den Persern verlor Kisch allmählich seine Bedeutung, blieb aber bis in die Sassanidenzeit (224–642) bewohnt.

Archäologie

Die Tells von Kisch wurden 1818 von Ker Porter und 1852 von Fresnel und Oppert kurz untersucht. Eigentliche Ausgrabungen begannen aber erst 1912 unter dem Franzosen H. de Genouillac, nachdem im europäischen Antikenhandel interessante Funde aus dieser Stadt aufgetaucht waren. 1923 bis 1933 erforschten Archäologen der Universität Oxford und das Field Museum von Chikago das Stadtgebiet.

Ausgrabungsstätte

Auf dem Tell Inghara konnten Reste eines sumerischen Palastes freigelegt werden. Neben diesem Palast erhoben sich zwei neubabylonische Tempel aus dem 6. Jahrhundert v. Chr. Der größere von ihnen hatte eine Ausdehnung von 92 mal 83 m und war vermutlich der Göttin Ninlil geweiht. Nebukadnezar II. hatte die Tempel auf den Fundamenten älterer Heiligtümer erbauen lassen. Jedem war eine Ziqqurrat zugeordnet. 1912 waren

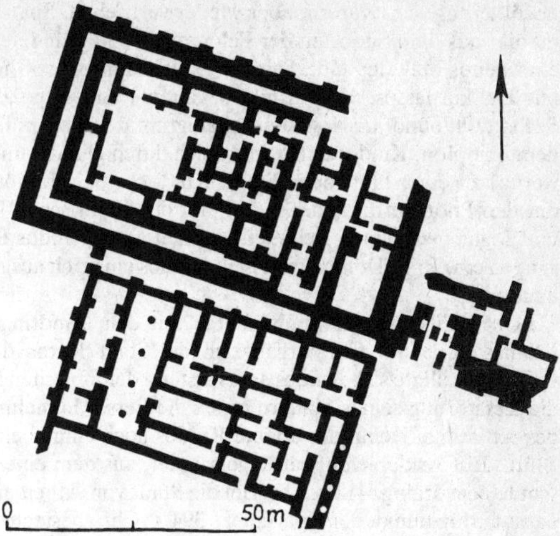

Kisch: Palast A

diese Stufentürme noch über 17 m hoch, während heute nur noch wenige Meter hohe Erdaufschüttungen von ihnen zeugen. Die Ziqqurrat des Zababa-Tempels stammt, zumindest in ihrer letzten Ausführung, aus der Zeit des Assyrerkönigs Sargon II. (721–705). Sie hatte einen Grundriß von 55,50 mal 62,70 m und ist noch immer etwa 19 m hoch.

Literatur: McG. Gibson, The City and Area of Kish. Miami 1972.

Knidos

Die Ruinenstätte von Knidos liegt auf der weit vorspringenden Südwestecke von Kleinasien, zwischen dem Golf von Kos und der Insel Rhodos. Zum Stadtgebiet gehörte das Kap Triopion (heute Deveboynu Burun), einst eine Insel, die aber schon im Altertum durch eine schmale Landenge mit dem Festland verbunden war. Zu beiden Seiten der Landenge befand sich ein größerer Handels- und ein kleinerer Kriegshafen.

Geschichte

Der Sage nach gründeten Kolonisten aus Thessalien unter Führung des Triopas die Stadt Knidos. Vermutlich wurden die Thessalier von der Urbevölkerung, den Karern, aber wieder vertrieben. Später kamen Lakedämonier aus dem Südosten der Peloponnes und gründeten unter Hippotas ein zweites Mal die Stadt. Seit dem 7. Jahrhundert v. Chr. gehörte Knidos mit Halikarnassos, Kos, Lindos, Kamiros und Ialyssos dem Dorischen Sechsstädtebund an; das Bundesheiligtum der Hexapolis befand sich auf dem Triopion. Knidos entwickelte sich durch Handel und Industrie (Tonwaren) zu einer blühenden Stadt. Knidische Schiffe konkurrierten sogar mit den Phönikern; an der Adria, auf den Liparischen Inseln bei Sizilien und sogar in Ägypten richteten Kaufleute aus Knidos Handelsniederlassungen ein. In → Delphi unterhielt Knidos ein reich ausgestattetes Schatzhaus.

Der Wohlstand der Stadt endete mit dem Eindringen der Perser in Kleinasien. 546 v. Chr. ergab sich die Stadt Kyros dem Großen. 498 v. Chr. beteiligte sich Knidos am Aufstand der ionischen Städte und mußte die Zerstörung seiner Mauern durch die Perser hinnehmen. Als Mitglied des Attischen Seebundes erlebte Knidos noch einmal eine kurze Zeit der Blüte. Ein Asklepieion wurde gegründet, aus dem eine berühmte Ärzteschule hervorging. 412 v. Chr. fiel die Stadt von Athen ab und wurde kurz darauf Stützpunkt der Spartaner. 394 v. Chr. besiegte der in persische Dienste getretene Athener Konon bei Knidos die spartanische Flotte. Im 4. Jahrhundert v. Chr. entwickelte sich die Stadt zu einem regen Kulturzentrum der griechischen Welt. Hier ersann der Astronom Eudoxos (409–356) sein Weltsystem. Um 340 v. Chr. erwarb die Stadt eine Aphrodite-Statue des Bildhauers Praxiteles aus der Zeit um 440 v. Chr., die leider nur in römischen Kopien überliefert ist.

334 v. Chr. zog Alexander der Große kampflos in die unbefestigte Stadt ein, deren politische, wirtschaftliche und kulturelle Bedeutung von da an ständig zurückging. Im 3. Jahrhundert v. Chr. erbaute der knidische Architekt Sostratos im Auftrag des Lagidenherrschers Ptolemaios II. Philadelphos den berühmten Leuchtturm von Alexandria, der als eines der Sieben Weltwunder galt. Bei der Auseinandersetzung der Römer mit den Seleukiden schlug sich Knidos auf die Seite der Römer. Ab 129 v. Chr. gehörte die Stadt zur römischen Provinz Asia.

Archäologie

1858–1859 führten Wissenschaftler des Britischen Museums, London, eingehende Untersuchungen in Knidos durch und erstellten den ersten Plan einer antiken Stadt. 1863 grub der britische Archäologe Ch. Th. Newton in Knidos. 1927 führte der Deutsche K. Sudhoff die Arbeiten fort. 1930 folgte A. von Gerkan. Seit 1952 arbeiten wieder britische Archäologen in Knidos.

Ausgrabungsstätte

Das eindrucksvollste Bauwerk von Knidos ist die fast unversehrte *Stadtmauer,* die vom Kriegshafen aus zur 284 m hohen Akropolis ansteigt; sie gilt als eines der schönsten Beispiele hellenistischer Befestigungsbauten. Die beiden Häfen mit ihren Molen sind noch deutlich zu erkennen. Von der Agora am Kriegshafen, je einem dorischen und korinthischen Tempel, dem Odeion, zwei Theatern und weiteren Bauwerken ist nur noch wenig erhalten. Im Demeter-Tempel, unterhalb der Akropolis, kam bei den Ausgrabungen die berühmte »Demeter von Knidos«, eine athenische Arbeit aus der Mitte des 4. Jahrhunderts v. Chr., zum Vorschein; die Statue befindet sich heute im Britischen Museum, London. In Knidos stand auch die nicht weniger berühmte Aphrodite-Statue des Praxiteles (um 440 v. Chr.), die allerdings nur in römischen Kopien überliefert ist.

Literatur: K. Sudhoff, Kos und Knidos. 1927. – G. E. Bean, J. M. Cook, The Cnidia. Annual of the British School at Athens 47 (1952) S. 171–212.

Knossos

Knossos, 5 km südöstlich von Iraklion (Heraklion) auf Kreta, war die Metropole des minoischen Reiches. Hier vermutete Heinrich Schliemann den riesigen Palast des sagenhaften Königs Minos, den Sir Arthur Evans dann in 35jähriger Arbeit freilegte. Knossos war der Schauplatz der Sage von Theseus und Ariadne.

Geschichte

Erste Siedlungsspuren in den bis 8 m dicken Ablagerungsschichten von Knossos weisen in das 4. Jahrtausend zurück. Im frühen 3. Jahrtausend kamen aus Kleinasien indogermanische Einwanderer nach Kreta, die bereits eine hochentwickelte Kultur mitbrachten. Diese Minoer pflegten zu Ägypten rege wirtschaftliche und kulturelle Beziehungen. Gegen Ende des 3. Jahrtausends bildeten sich auf Kreta kleinere Herrschaftsgebiete, die von Königen regiert wurden.

Nach 2000 entstanden in mehreren Orten Kretas die ersten größeren Palastanlagen, in → Phaistos z. B. und in → Mallia, besonders groß und prächtig aber in Knossos. Zwischen 1750 und 1700 zerstörte ein schweres Erdbeben sämtliche Paläste der Insel.

Bald darauf erhoben sich auf den alten Fundamenten neue, noch schönere Paläste. In dieser sog. »zweiten Palastzeit« (etwa 1630–1400) erlebte Knossos seine größte Blüte. Es stellte sich an die Spitze der kretischen Stadtstaaten und sandte Handelsschiffe nach Griechenland, Kleinasien, Ägypten, zu den Kykladen und in den Nahen Osten.

Im 16. Jahrhundert v. Chr. herrschte der sagenhafte König Minos von Knossos aus über fast ganz Kreta. Minos war ein Sohn des Zeus und der Europa, der Vater der Ariadne. Er erweiterte seinen Palast zu einem riesigen Bauwerk, das in mehreren Stockwerken rund 1300 Räume enthielt. Die Stadt dürfte in dieser Zeit vielleicht 100000 Einwohner gehabt haben.

Als um 1500 v. Chr. der gewaltige Ausbruch des Vulkans von → Thera (Santorin) mit einer riesigen Flutwelle die an der Nordküste gelegenen minoischen Paläste Kretas verwüstete, blieb Knossos unbeschädigt. Auch ein schweres Erdbeben, etwa fünfzig Jahre danach, konnte die Stadt fast unversehrt überstehen. Dennoch war die Macht der Minoer durch den Verlust ihrer Schiffe und die Zerstörung fast aller kretischen Häfen erheblich gemindert. Dazu kam die ständige Zuwanderung von Festlands-Achäern, die die mykenische Kultur auf der Insel verbreiteten.

Zu Beginn des 14. Jahrhunderts v. Chr. vollendete eine Invasion der Achäer, vielleicht in Verbindung mit einem Aufstand der bereits auf Kreta ansässigen Achäer, den Untergang des minoischen Reiches. Die Achäer zerstörten jedenfalls alles, was Vulkan und Erdbeben verschont hatten, so auch den Palast des Minos. Diese Version des Untergangs ist allerdings nur zum Teil bewiesen und wird seit Jahren heftig diskutiert.

Die Achäer hinterließen auf Kreta keine nennenswerten Spuren. Nach Homer soll die Insel um 1200 v. Chr. die meisten Schiffe für Agamemnons Zug gegen Troja gestellt haben. Im 11. Jahrhundert v. Chr. ließen sich dorische Stämme auf Kreta nieder. Was in den folgenden siebenhundert Jahren geschah, wissen wir nicht. Erst im 4. Jahrhundert v. Chr. taucht der Name Knossos wieder auf: 343 v. Chr. sandte Sparta Truppen nach Kreta, weil sich Knossos mit Makedonien verbündet hatte.

323 v. Chr. kam Kreta unter die Herrschaft der Ptolemäer, 220 v. Chr. verlor Knossos seine Führungsposition auf der Insel an → Gortyn. 189 v. Chr. erschienen die Römer. Seit 150 v. Chr. war Knossos wieder die erste Stadt Kretas. 67 v. Chr. wurde Kreta Teil der römischen Provinz Creta et Cyrenae (Kreta und Kyrenaika) mit Gortyn als Hauptstadt.

Archäologie

Die Vermutung Schliemanns, daß der märchenhafte Palast des Königs Minos unweit von Iraklion liegen müsse, bestätigte 1878 der kretische Kaufmann Minos Kalokairinos, der die Lage des alten Knossos lokalisieren konnte. 1899 begann der englische Archäologe Sir Arthur Evans auf eigene Kosten mit Ausgrabungen im Palastbereich von Knossos. Er grub 35 Jahre lang und legte den größten und eigenwilligsten aller Königspaläste frei. Seine kühnen Restaurierungen wurden vielfach angegriffen.

Seit 1958 richten sich die archäologischen Forschungen der Britischen Archäologischen Schule in Knossos auf die neolithischen Siedlungsschichten.

Ausgrabungsstätte

Der letzte *Palast von Knossos* entstand im 16. Jahrhundert v. Chr. Der gewaltige Gebäudekomplex, der bis zu fünf Stockwerke hatte, bedeckte eine Fläche von 21000 qm. 800 Räume konnte man bisher nachweisen, doch dürfte der Palast etwa 1300 gehabt haben. Diese Räume waren in einer solch verwirrenden Planlosigkeit aneinandergefügt, daß sich der Palast wie ein dreidimensionales Labyrinth darstellte. Hier könnte Theseus den schrecklichen Stiermenschen Minotauros getötet haben.

Nach der Sage hatte Poseidon dem König Minos einen herrlichen Stier geschenkt. Minos' Gemahlin Pasiphaë verliebte sich in den Stier und ge-

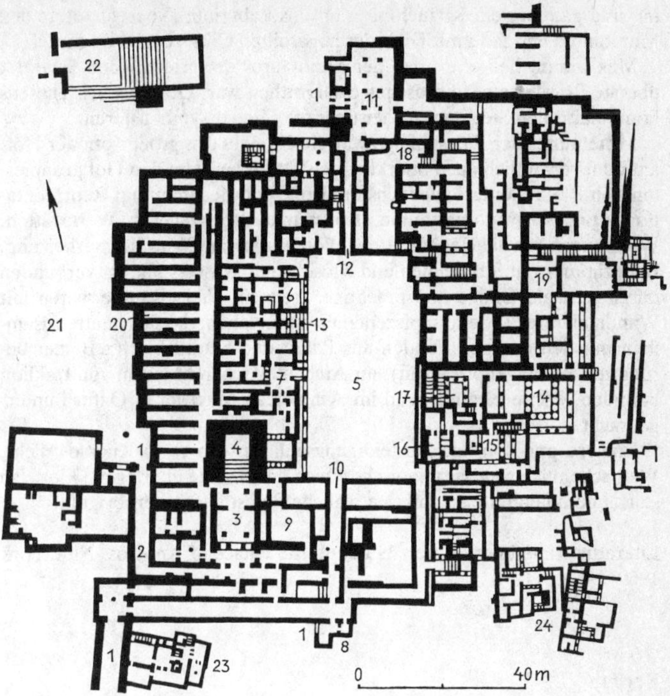

Knossos: Minoischer Palast

1 Palasteingänge 2 Prozessionskorridor 3 inneres Propylon 4 mehrstöckige Treppenhalle 5 Zentralhof 6 Thronsaal 7 Kultbereich 8 Südpropylon 9 Palastwache 10 Südkorridor 11 Hypostyl-Saal 12 Nordkorridor 13 Treppenhaus 14 »Megaron« des Königs 15 »Megaron« der Königin 16 Wasserklosett 17 Treppenhaus des Wohntraktes 18 Wohnungen des Personals 19 Werkstätten 20 Magazine 21 Westhof 22 Theater 23 »Haus des Oberpriesters« 24 Privathäuser

bar den Stiermenschen Minotauros. Der König beauftragte Daidalos (Dädalus), den Ahnherrn aller Künstler, mit dem Bau einer sicheren Behausung für das menschenfressende Ungeheuer. So entstand das Labyrinth. Als des Königs Sohn Androgeos in Attika ermordet wurde, zwang Minos die Athener, jährlich sieben Jünglinge und sieben Mädchen nach Kreta zu schicken, die dem Minotauros geopfert wurden. Um diesen grausamen Tribut zu beenden, nahm Theseus den Platz eines der zu opfernden Jünglinge ein. In Knossos verliebte sich Ariadne, die Tochter des Königs, in ihn und gab ihm ein Knäuel Garn mit ins Labyrinth. Theseus tötete den Minotauros und fand mit Hilfe des abgerollten Garns den Weg zurück.

Man nimmt heute an, daß der Minotauros der griechischen Sage der oberste Priester einer kretischen Stiergottheit war. Der Sieg des Theseus könnte also den Sieg der Achäer über die Minoer symbolisieren.

Mittelpunkt der Palastanlage war ein 28 mal 60 m großer offener Hof, auf dem vermutlich auch Stierkämpfe stattfanden. Um den Hof gruppierten sich Räume unterschiedlichster Größe und Bestimmung: Repräsentations- und Verwaltungsräume, Kulträume, Vorratslager, Werkstätten, Wohnungen für die Bediensteten, Wohnräume mit Warmwasserheizung, Badezimmer mit Sitzwannen und Klosetts mit Wasserspülung, verbunden durch schmale Gänge und prächtige Treppen. Viele Räume waren mit Wandmalereien (Stierkampfszenen usw.) versehen, die sich heute, zusammen mit den anderen Funden aus Palast und Stadtgebiet (z. B. der berühmten Schlangenpriesterin), im Archäologischen Museum von Iraklion befinden. Weitere Funde sind im Ashmolean Museum in Oxford untergebracht.

Mauern und sonstige Verteidigungsanlagen gab es in Knossos nicht. Wahrscheinlich war das minoische Reich durch seine überlegene Flotte so stark und unangreifbar, daß sich jegliche Befestigungen erübrigten.

Literatur: L. Palmer, A new Guide to the Palace of Knossos. New York 1969.

Korinth

Korinth war wegen seiner günstigen Lage an der einzigen Landverbindung vom griechischen Festland zur Peloponnes, zwischen dem Ionischen und dem Ägäischen Meer, eine der bedeutendsten Städte der Antike.

Geschichte

Seit 5000 v. Chr. war das Gebiet am Fuß des 575 m hohen Kalksteinfelsens von Akrokorinth besiedelt. In mykenischer Zeit war Korinth bereits eine blühende und mächtige Handelsstadt. Nach der Sage soll Sisyphos, Sohn des thessalischen Königs Aiolos, diese Stadt gegründet haben und ihr erster König gewesen sein. Weil er mehrmals den Tod zu überlisten vermochte, verurteilten ihn die Götter, einen schweren Felsblock auf den Akrokorinth zu wälzen, von wo er aber immer wieder herabrollte.

Die schmalste Stelle des Isthmus sperrten die äolischen Korinther durch eine 6 km lange Mauer und erhoben für alle Waren, die zwischen der Peloponnes und Mittelgriechenland auf dem Landweg transportiert wurden, Zollgebühren. Zwei Häfen, Lechaion am Korinthischen Golf und Kenchreai am Saronischen Golf, dienten dem Güterumschlag zwischen dem Ionischen Meer und der Ägäis. Eselkarawanen beförderten die Waren über die Landenge.

Um 1000 v. Chr. wurden die Äoler von den Dorern aus der Argolis vertrieben. Korinth stand lange Zeit unter der Herrschaft der dorischen Könige von → Argos. 747 v. Chr. gelang es dem korinthischen Adelsgeschlecht der Bakchiaden, die Unabhängigkeit der Stadt zurückzugewinnen. 657 v. Chr. stürzte der korinthische Volksführer Kypselos die Bakchiaden, errichtete eine Tyrannis (Alleinherrschaft) und förderte Handel und Gewerbe. Korinthische Kaufleute segelten bis nach Sizilien und Ägypten und gründeten die Kolonien → Syrakus (um 750 v. Chr.), Kerkyra (734 v. Chr.), Kephallenia (7. Jahrhundert v. Chr.), Poteidaia (auf der Halbinsel Kassandra; 7. Jahrhundert v. Chr.) und Epidamnos (heute Durrës in Albanien; 625 v. Chr.). Korinthische Gewebe, Töpferwaren und Bronzen waren im ganzen Mittelmeerraum begehrt. Korinth zählte jetzt 40000 Einwohner. Kypselos' Sohn Periander (um 627–586), einer der »Sieben Weisen Griechenlands«, ließ quer über den Isthmus einen Steinplattenweg mit Radspuren – eine Art Schienenweg – bauen, auf dem die Schiffe auf Wagen von einem Meer zum anderen gezogen werden konnten. Spuren dieses »Diolkos« sind noch am heutigen Kanal von Korinth zu sehen. Außerdem plante Periander schon damals den Bau einer Wasserstraße zwischen dem Ionischen Meer und der Ägäis.

An den Perserkriegen nahm Korinth auf seiten Spartas teil. Nachdem sich → Athen zu einer Seemacht entwickelt hatte, stiftete Korinth Sparta, das ebenfalls die Vorherrschaft Athens fürchtete, zum Peloponnesischen Krieg (431–404) an. Äußerer Anlaß für den Ausbruch dieses Krieges war der Streit zwischen Korinth und dem mächtig gewordenen Kerkyra um die gemeinsame Kolonie Epidamnos. Athen mußte sich beugen. Da nun Sparta das Übergewicht in Griechenland hatte, verbündete sich Korinth mit Athen, Theben und Argos. Im Korinthischen Krieg (395–387) verlor Sparta seine Führungsposition.

337 v. Chr. kam Korinth unter makedonische Herrschaft. 243 v. Chr. schloß sich die Stadt dem Achäischen Bund an, der seit 196 v. Chr. seinen Sitz in Korinth hatte. Nach wie vor war Korinth eine blühende Handelsstadt, die den imperialistischen Bestrebungen Roms Widerstand entgegensetzte. Erst 146 v. Chr. gelang es den Römern, den Achäischen Bund zu zerschlagen; der römische Konsul Lucius Mummius vernichtete die Stadt übrigens im selben Jahr, in dem auch der andere große Widersacher Roms, Karthago, fiel. Damit war das letzte Bollwerk Griechenlands gegen die römische Expansion gefallen.

44 v. Chr. ließ Julius Cäsar Korinth wieder aufbauen und erhob es zur Colonia Laus Julia Corinthus. Die Stadt blühte schnell auf und wurde 27 v. Chr. Hauptstadt der römischen Provinz Achaia. 51 n. Chr. gründete hier Paulus eine Christengemeinde. 66 n. Chr. proklamierte Nero in Korinth die Freiheit Griechenlands, natürlich innerhalb des Römischen Reiches. Im selben Jahr gab er den Befehl zum Bau des Kanals von Korinth. Vespasian (69–79) ließ hierzu 6000 jüdische Gefangene aus Judäa herbeiholen. Aber erst über 1800 Jahre später, 1893, durchfuhr das erste Schiff den Kanal.

Im 2. nachchristlichen Jahrhundert statteten Kaiser Hadrian und der reiche Athener Herodes Atticus Korinth mit prächtigen Bauwerken aus. 267 plünderten die gotischen Heruler die Stadt. 375 zerstörte ein Erdbeben Korinth. 396 wüteten die Westgoten unter Alarich in der Stadt. Seitdem verlor Korinth immer mehr an Bedeutung.

Archäologie

Seit 1895 graben Archäologen der American School of Classical Studies, Athen, im Stadtgebiet des antiken Korinth, auf dem Akrokorinth und in Isthmia.

Ausgrabungsstätte

146 v. Chr. hatten die Römer das griechische Korinth so gründlich zerstört, daß heute fast nur Ruinen römischen Ursprungs, also aus der Zeit nach 44 v. Chr., die antike Stadt repräsentieren.

Der dorische *Apollon-Tempel* ist eines der wenigen griechischen Bauwerke von Korinth. Zwischen 550 und 525 v. Chr. wurde er an der Stelle eines Heiligtums aus dem 7. Jahrhundert v. Chr. errichtet. Von den ursprünglich 38 gedrungenen Monolithsäulen aus Kalkstein stehen noch sieben aufrecht; sie tragen Reste des Architravs. Die Grundfläche des Tempels beträgt 21,50 mal 54 m.

Die 165 m lange *Süd-Stoa* stammt aus dem 4. Jahrhundert v. Chr. Vermutlich diente dieser gewaltige zweistöckige Bau als Unterkunft für die Delegierten des panhellenischen Bundes. Die Stoa wurde, wie alle anderen Bauwerke, 146 v. Chr. zerstört und nach Gründung der Colonia wieder aufgebaut.

Die römische *Agora* hatte eine Ausdehnung von 255 mal 127 m und war im Norden und Westen von Säulenhallen mit Läden eingefaßt. Den Abschluß nach Süden bildete eine Ladenreihe mit einer monumentalen Rednertribüne (Bema). Im Westteil der Agora konnten Reste mehrerer römischer Tempel freigelegt werden; sie waren Hermes, Apollon Klarios, Poseidon, Herakles und Aphrodite geweiht. Dazwischen erhoben sich einst ein kleines Pantheon und der zierliche Rundbau des Babbius. Unter dem römischen Straßenpflaster kamen Teile der griechischen Agora zum Vorschein, sogar zwei Startlinien für leichtathletische Wettkämpfe.

Die um 45 n. Chr. unter Kaiser Claudius errichtete *Basilica Julia* war das älteste römische Gerichtsgebäude von Korinth.

Das *Brunnenhaus der Peirene,* ein riesiges, unterirdisches Wasserreservoir, hatte ein Fassungsvermögen von etwa 400 Kubikmetern. Von zwei 150 bzw. 600 m entfernten Quellen strömte das Wasser durch überwölbte Kanäle in das Reservoir und von da aus in sechs Schöpfbecken. Die Ur-

Korinth

1 Apollon-Tempel 2 Nordmarkt 3 Halbrundbau 4 römische Basilika 5 Peribolos des Apollon 6 Bäder des Eurykles 7 Straße nach Lechaion 8 Tempel C (Tempel der Hera Akraia?) 9 Brunnen der Glauke 10 Tempel E (Tempel der Octavia?) 11 Theater 12 Odeum 13 Nordwest-Stoa 14 Nordwest-Läden

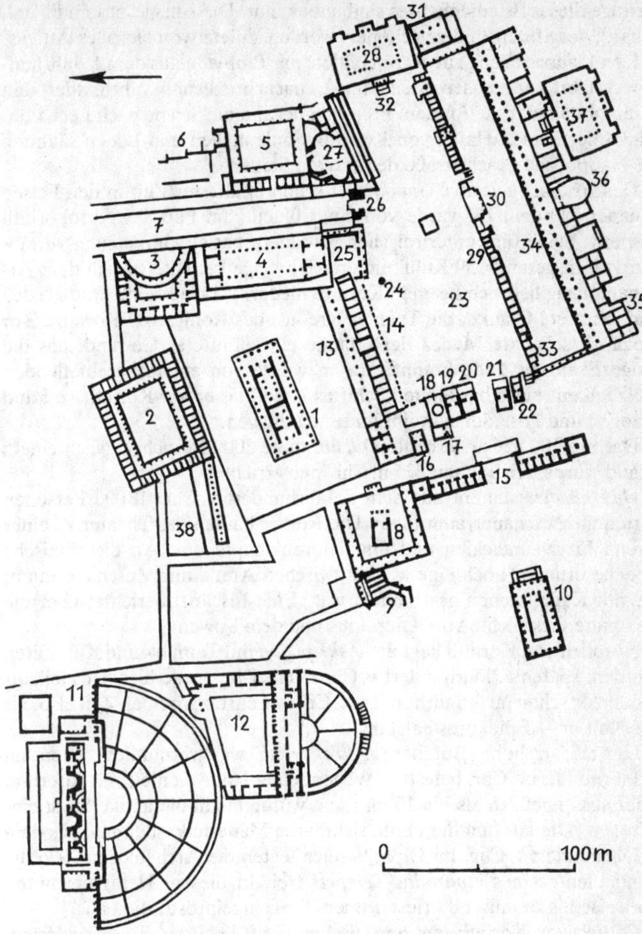

15 West-Läden 16 Hermes-Tempel 17 Tempel des Apollon Klarios 18 Babbius-Monument 19 Neptun-Tempel 20 Herkules-Tempel 21 Pantheon 22 Tempel der Venus Fortuna 23 römische Agora 24 Heilige Quelle 25 Portikus 26 Propylon 27 Brunnen der Peirene 28 Basilica Julia 29 Zentral-Läden 30 Bema (Rednertribüne) 31 Südost-Gebäude 32 Startlinie des griechischen Stadion 33 Dionysos-Heiligtum 34 Süd-Stoa 35 Läden 36 Curia 37 Süd-Basilika 38 Nord-Stoa

sprünge dieses Brunnenhauses sind unbekannt. Die Anlage ist ständig umgebaut, vergrößert und verschönert worden, zuletzt von Herodes Atticus.

Den Haupteingang zur Agora bildete ein *Propylon* aus dem 1. Jahrhundert v. Chr., an dessen Stelle im 1. nachchristlichen Jahrhundert ein Triumphbogen trat. Vor dem Propylon begann die Straße nach Lechaion, einem der beiden Häfen von Korinth. Säulenhallen und Läden säumten die Haupt- und Prachtstraße der antiken Stadt.

Das *Brunnenhaus der Glauke* war schon in ältester Zeit in den Felsen gehauen worden. Es wurde von einer Quelle am Fuß des Akrokorinth gespeist. Seine fünf unterirdischen Kammern hatten ein Fassungsvermögen von insgesamt 250 Kubikmetern. Die Sage berichtet: Nach dem Argonautenzug ließ sich Iason in Korinth nieder, verstieß seine Frau Medea und heiratete Glauke, die Tochter Kreons, des Königs von Korinth. Zur Hochzeit schenkte Medea der Glauke ein vergiftetes Gewand, das die junge Braut zu Tode brannte. Iason wurde von einem herabfallenden Holzbalken seines berühmten Schiffes Argo, das er vor Korinth an Land gezogen und Poseidon geweiht hatte, erschlagen.

Das um 100 n. Chr. erbaute *Odeum* faßte 3000 Besucher. Nach einem Brand wurde der Bau um 225 n. Chr. neu errichtet.

Das *Theater* stammt aus dem 5. Jahrhundert v. Chr. 18000 Personen hatten im Zuschauerraum Platz. Die Römer bauten das Theater zu einer Arena für Naumachien und Gladiatorenkämpfe um. An die römische Epoche erinnert noch eine Mauer zwischen Arena und Zuschauerraum, die mit Kampfszenen geschmückt war. Eine Inschrift berichtet über die berühmte Geschichte von Androklus und dem Löwen.

Nördlich von Korinth liegt das *Asklepieion* mit Tempel- und Kurbauten aus dem späten 4. Jahrhundert v. Chr. Vielleicht wurde hier der Heilgott Asklepios schon im 6. Jahrhundert v. Chr. verehrt, zur selben Zeit also, als der Kult in → Epidauros entstand.

Der 575 m hohe Burgberg *Akrokorinth* war vermutlich schon im 7. Jahrhundert v. Chr. befestigt. Wegen seiner Höhe diente er im Altertum wohl ausschließlich als Fluchtburg und wurde nie in die antike Stadt einbezogen. Die ältesten der heute sichtbaren Mauerteile stammen aus dem 4. Jahrhundert v. Chr. Im Gipfelbereich legten die Archäologen 1926 die Fundamente eines *Aphrodite-Tempels* frei. In diesem Heiligtum übten zeitweise bis zu tausend Priesterinnen die Tempelprostitution aus.

Östlich von Korinth, am Saronischen Golf, liegt das *Poseidon-Heiligtum von Isthmia.* Hier fanden seit 582 v. Chr. alle zwei Jahre unter der Regie von Korinth die Isthmischen Spiele (Isthmien), die nach den olympischen Spielen berühmtesten griechischen Sportwettkämpfe statt. Der Poseidon-Tempel, von dem nur noch die Grundmauern erhalten sind, wurde um 475 v. Chr. an der Stelle eines archaischen Bauwerks errichtet. Das Stadion entstand im 4. Jahrhundert v. Chr. Es löste eine ältere Anlage am Poseidon-Tempel ab. 336 v. Chr. wurde hier Alexander der Große zum Heerführer aller Griechen gegen die Perser ernannt. Seit 228 v. Chr. nahmen auch Römer an den Wettkämpfen teil. Zwischen 146 und 44 oblag der Nachbarstadt Sikyon die Durchführung der Isthmien. 66 n. Chr.

beteiligte sich sogar Nero an den Wettbewerben. Das Theater stammt aus dem frühen 4. Jahrhundert v. Chr. und wurde später mehrmals umgebaut. Unter den Ruinen der römischen Thermen entdeckten die Ausgräber eine Mauer, die seit dem 13. Jahrhundert v. Chr. Korinth mit dem Hafen Kenchreai verband.

Literatur: Ancient Corinth Guide to the Excavations. Athen 1964.

Kos

Kos, eine griechische Insel der südlichen Sporaden, unmittelbar vor der türkischen Südwestküste, war in der Antike berühmt wegen seines dem Gott Asklepios geweihten Heilzentrums. Hier begründete Hippokrates zu Beginn des 4. Jahrhunderts v. Chr. die bedeutendste Ärzteschule Griechenlands und schuf die Grundlagen der klassischen Medizin.

Geschichte

Achäer waren vermutlich die ersten Siedler auf Kos. Sie kamen in der 2. Hälfte des 14. Jahrhunderts v. Chr. aus der Argolis. Ende des 13. Jahrhunderts v. Chr. nahm Kos am Zug des Agamemnon nach Troja teil. Im 10. oder 9. Jahrhundert v. Chr. übernahmen die Dorer die Herrschaft auf der Insel. Die neuen Herren schlossen sich im Dorischen Sechsstädtebund (Hexapolis) zusammen, dem außer Kos nach Knidos, Halikarnassos sowie Lindos, Kameiros und Ialyssos auf Rhodos angehörten.

Gegen Ende des 6. Jahrhunderts v. Chr. besetzten die Perser die Insel. Nach dem Seesieg der Athener bei Mykale im Jahre 479 v. Chr. gelang es Kos, die Herrschaft der Perser abzuschütteln. 477 trat es dem Attisch-Delischen Seebund bei. Seit 412 lösten sich mehrmals Sparta und Athen als Herren über die Insel ab.

Um 400 v. Chr. übernahm Kos von Epidauros den Asklepios-Kult und richtete ein religiöses Heilzentrum ein. Der um 460 v. Chr. auf Kos geborene Arzt Hippokrates, wahrscheinlicher noch seine Schüler, die »Koischen Hippokratiker«, gliederten dem Asklepieion eine Ärzteschule an, die bald zu den berühmtesten der Antike zählte.

366 v. Chr. wurden Stadt und Asklepios-Heiligtum vom westlichen Ende der Insel an die Nordostküste verlegt. Wenig später kam Kos unter die Herrschaft Kariens, das König Mausolos zur stärksten Seemacht in der Ägäis aufgebaut hatte. 333 v. Chr. besetzten die Makedonier die Insel. Nach Alexanders Tod stellte sich Kos auf die Seite der Ptolemäer, die hier einen Flottenstützpunkt unterhielten. 190 v. Chr. verbündete sich Kos mit den Römern und wurde später als Teil der Provinz Asia in das römische Imperium eingegliedert.

Ein begehrter Exportartikel der Insel waren die »koischen Gewänder«, Kleidungsstücke aus hauchfein gewebten Seidenstoffen.

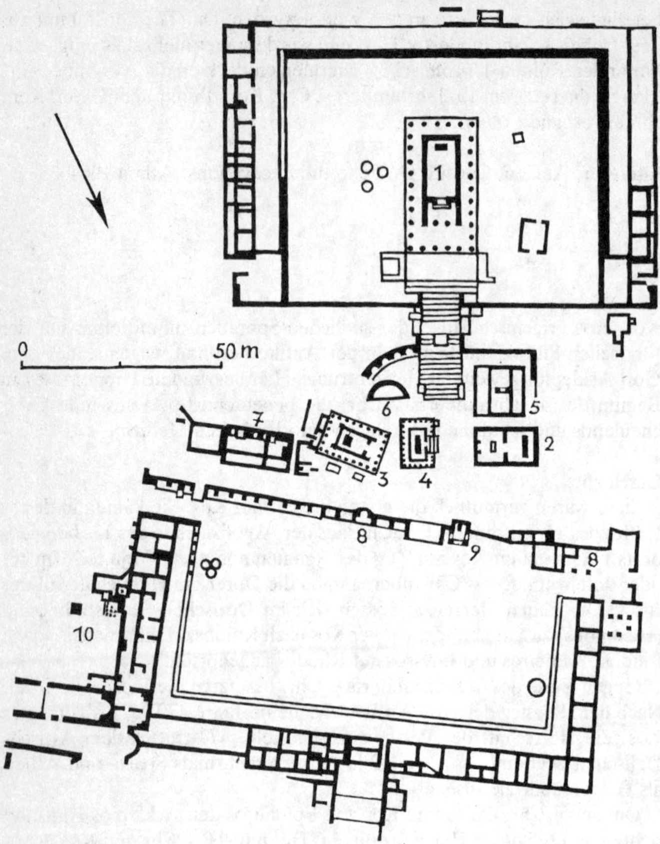

Kos: Asklepieion

1 Tempel A 2 Tempel B 3 Tempel C 4 Altar des Asklepios 5 Gebäude D (»Haus des Priesters«) 6 Exedra 7 Gebäude E (Lesche?) 8 Heilquellen 9 Naiskos 10 Thermen

Archäologie

Das Asklepieion von Kos wurde 1898 bis 1907 im Auftrag des Deutschen Archäologischen Instituts von dem Altphilologen R. Herzog ausgegraben. Nach dem Zweiten Weltkrieg arbeiteten italienische Archäologen auf der Insel. Die Arbeiten sind noch nicht abgeschlossen.

Ausgrabungsstätte

Das Asklepios-Heiligtum liegt etwa 4 km südwestlich der Stadt Kos auf vier ausgedehnten Terrassen, die durch breite Freitreppen bzw. eine Rampe verbunden sind. Die Bauwerke des *Asklepieion* entstanden in der Zeit vom 4. Jahrhundert v. Chr. bis zum 1. Jahrhundert n. Chr. Auf der obersten, ersten Terrasse erhob sich der Tempel A, ein dorischer Peripteros aus weißem Marmor mit je elf Säulen an den Langseiten und je sechs an den Schmalseiten. Der Tempel, der im 2. Jahrhundert v. Chr. erbaut wurde, ist an drei Seiten von Säulenhallen umgeben. Die zweite Terrasse bildet den kultischen Mittelpunkt des Heiligtums, mit dem Altar des Asklepios aus dem 4. Jahrhundert v. Chr. Der Tempel B, ein ionischer Antentempel, entstand im späten 4. Jahrhundert v. Chr. Er enthielt ein Gemälde des Malers Apelles aus Sikyon. Vom Tempel C, einem korinthischen Peripteros, konnten einige Säulen wieder aufgerichtet werden. Die dritte Terrasse war von Säulenhallen mit dahinterliegenden Räumen eingerahmt. Hier entsprangen heilkräftige Eisen- und Schwefelquellen. Und hier stand auch der winzige Tempel (Naiskos), den der Leibarzt des römischen Kaisers Claudius im 1. Jahrhundert n. Chr. errichten ließ. Auf der untersten, vierten Terrasse wurden Thermen aus dem 1. Jahrhundert n. Chr. freigelegt.

Von der antiken Stadt Kos sind nur geringe Mauerreste erhalten: römische Thermen, eine hellenistische und eine römische Agora, eine hellenistische Stoa, ein Demeter-Tempel, ein Theater, kleine Abschnitte der Stadtmauer aus dem 4. Jahrhundert v. Chr., römische Villen usw.

Literatur: R. Herzog, P. Schazmann, Kos. Berlin 1932.

Kültepe (Kanisch)

Der große Ruinenhügel Kültepe erhebt sich etwa 20 km nordöstlich von Kayseri in der Zentraltürkei. Hier lag die uralte hethitische Handelsmetropole *Kanisch* (Kaniš, Kanesch, Kaneş). Hier hatte aber auch die Zentrale der altassyrischen Handelsniederlassungen in Kleinasien ihren Sitz. Tausende von Geschäftsurkunden, die berühmten »Kappadokischen Tafeln«, vermitteln ein genaues Bild des Handelsverkehrs im 19. und 18. vorchristlichen Jahrhundert.

Geschichte

Wahrscheinlich entstand die Ansiedlung schon in der Mitte des 3. Jahrtausends, jedenfalls lange vor der Ankunft der Hethiter. Im 24. Jahrhundert mußten die Bewohner vorübergehend die Oberherrschaft des akkadischen Königs Sargon I. anerkennen. Im 23. Jahrhundert trat Zipani, König von Kanisch, einem Bündnis mit sechzehn anderen Königen bei, um einen erneuten Angriff der Akkader, diesmal unter Naramsîn, einem Enkel des Sargon, abzuwehren.

Im 19. Jahrhundert v. Chr. siedelten sich vor den Toren der Stadt assyrische Kaufleute an. Dieser Stadtteil hieß *Kârum* und wuchs bald zur doppelten bis dreifachen Größe der eigentlichen Stadt. Kârum wurde zur Zentrale der zahlreichen assyrischen Faktoreien in Kleinasien. Es wurde Schalt- und Kontrollstelle für den gesamten Handel mit Mesopotamien. Die assyrischen Kaufleute genossen wichtige Privilegien, darunter auch das Recht auf eigene Gerichtsbarkeit.

Wann die indogermanischen Hethiter nach Kanisch kamen, ist nicht bekannt. In der zweiten Hälfte des 18. Jahrhunderts v. Chr. machte der hethitische König Anitta Kanisch zu seinem Regierungssitz. Er nannte sich König von Kuššara und Neša. *Neša* war nichts anderes als Kanisch. Im 17. oder 16. Jahrhundert v. Chr. ging Kârum, vermutlich bei einer kriegerischen Auseinandersetzung zwischen Hethiterfürsten, in Flammen auf und wurde danach nicht mehr bewohnt.

Um 1200 v. Chr. zerbrach das hethitische Großreich unter dem Ansturm der »Seevölker«. Die Phryger zerstörten Kanisch, bauten die Stadt aber sofort wieder auf. Im 8. Jahrhundert v. Chr. gehörte Kanisch zum ostkleinasiatischen Königreich Tabal und erlebte noch einmal eine Blütezeit. In hellenistischer Zeit wurde die Stadt von dem benachbarten Mazaka (dem römischen Caesarea und heutigen Kayseri) überflügelt und verlor jede Bedeutung.

Archäologie

1881 tauchten im Antikenhandel Tontafeln mit altassyrischen Keilschrifttexten des 20. und 19. Jahrhunderts v. Chr. auf. Diese sog. »Kappadokischen Tafeln«, von denen andere Exemplare inzwischen auch in → Alaça Hüyük und → Boğazköy gefunden wurden, enthielten Hinweise auf die Handelszentrale Kanisch. Daraufhin begann der Franzose E. Chantre 1893/94 mit Ausgrabungen auf dem Hügel Kültepe, die aber keine besonderen Ergebnisse brachten. Auch die Untersuchungen der deutschen Archäologen H. Winckler und H. Grothe im Jahre 1906 enttäuschten. 1925 fand der tschechische Assyriologe und Hethitologe B. Hrozný auf einer Terrasse des Assyrerviertels Kârum 930 Tontafeln: ein Handelsarchiv mit Geschäftsbriefen, Verträgen usw. in altassyrischem Dialekt. Seit 1948 führt die Türk Tarih Kurumu (Türkische Historische Gesellschaft) unter Tahsin Özgüç umfassende Ausgrabungen durch, wobei bisher über 12000 assyrische Tontafeln ans Tageslicht kamen.

Ausgrabungsstätte

Der 20 m hohe Ruinenhügel von Kültepe (Kanisch) hat einen Durchmesser von 500 m und ist damit der größte Tell Kleinasiens. Zu Füßen dieses Bauschutthügels erstreckt sich das Assyrerviertel Kârum; es hat eine Ausdehnung von 1000 mal 700 m.

Auf dem Hügel wurde ein *Tempel* (?) ausgegraben; in dem großen Hauptraum stand ein runder, von Säulen umgebener Herd. Ein etwa 2000 qm *großes Bauwerk* besaß Säulenhallen, Wohn- und Vorratsräume. Auch die Fundamente des *Königspalastes* konnten die Archäologen frei-

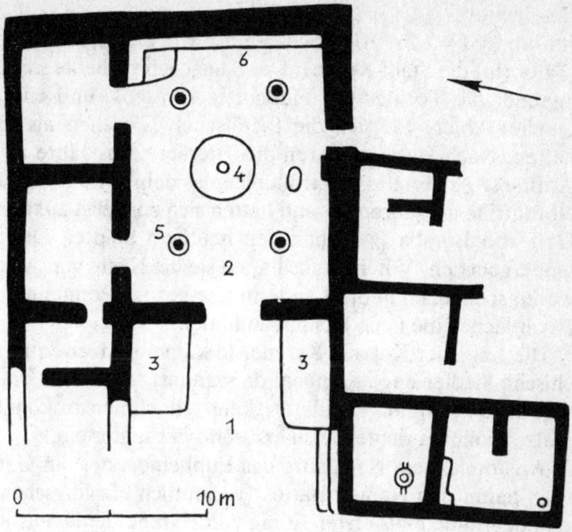

Kültepe: Tempel (?) um 2000 v. Chr.

1 Vorhalle 2 Hauptraum 3 Podest 4 Herd 5 Stütze 6 Bank

legen. In einem anderen Gebäude kam ein *Bronzedolch* mit dem Keilschrifttext »Palast des Anitta, des Königs« zum Vorschein.

Das Assyrerviertel war dicht besiedelt. Die meist zweistöckigen Häuser schmiegten sich eng aneinander. Die Schicht II (etwa 1850–1770) enthielt die Keilschriftarchive sowie kunstvolle Vasen, Kannen, Rhyta (Trinkgefäße in Form von Tieren) usw.

Die Funde der Ausgrabungsstätte Kültepe befinden sich in den Archäologischen Museen von Ankara und Kayseri.

Literatur: T. Özgüç, Kültepe-Kaniş. Ankara 1959.

Kyrene

Kyrene war die antike Hauptstadt der Cyrenaica (Kyrenaika), einer Küstenlandschaft im heutigen Libyen. Berühmt wurde die Ausgrabungsstätte von Kyrene (heute Ain Schahat = Ewige Quelle) vor allem durch sein Apollon-Heiligtum und eine riesige Nekropole.

Geschichte

Im Jahr 631 v. Chr. gründeten Siedler von der griechischen Insel → Thera (Santorin) die Stadt Kyrene. Der Sage nach verliebte sich einst Apollon in Kyrene, die Tochter des Flußgottes Hypseus, und entführte sie in das Quellengebiet, das sich die theräischen Griechen als Siedlung erwählt hatten. Nach Herodot waren die Theräer sechs Jahre zuvor unter ihrem Anführer Aristoteles in Erfüllung eines delphischen Orakelspruches nach Nordafrika aufgebrochen und hatten sich zunächst auf der Insel Platea im Golf von Bomba (zwischen den heutigen Städten Derna und Tobruk) niedergelassen. Von hier aus hatten sie die Küste von Aziris besiedelt und waren schließlich in das Landesinnere gezogen, um auf einer fruchtbaren Hochfläche eine neue Heimat zu finden.

Die Lage der Kolonie Kyrene, 15 km vom Meer entfernt, war für griechische Siedler ungewöhnlich, da sie sonst fast immer die Nähe des Meeres suchten, um am Handelsverkehr teilnehmen zu können. Den Hafenplatz Apollonia richteten sie erst sehr viel später ein.

Aristoteles, ein Nachfahre des Euphemos, der ein Gefährte des Iason war, nahm den Namen Battos (vermutlich ein libyscher Königstitel) an und begründete als erster König von Kyrene die Dynastie der Battiaden. Er starb um 600/590. Sein Sohn und Nachfolger Arkesilas (Arkesilaos) I. regierte bis 580/579. Dann folgte Battos II., der Reiche, auf dem Königsthron. Er förderte die Zuwanderung griechischer Siedler aus der Peloponnes, der Ägäis und aus Kreta, um die Stellung der Kyrenäer gegenüber den einheimischen Libyern zu stärken. Der libysche König Adikran bat die Ägypter um Hilfe, doch die Kyrenäer vernichteten das ägyptische Heer um 570 v. Chr. bei Irasa.

Unter Arkesilas II., dem Harten, (etwa 565/560–555/550) erlebte Kyrene seine erste Blüte. Es exportierte die berühmten kyrenäischen Vasen, Getreide und Silphion (Silphium), einen Pflanzensaft, der als kostbare Fleisch- und Fischwürze sowie als Heilmittel begehrt war. Aus dieser Zeit stammen auch die ältesten kyrenäischen Münzen. Streitigkeiten mit dem Adel führten zur Gründung weiterer Siedlungen in der Kyrenaika: Barka mit dem Hafen Ptolemais, Teuchiria (Arsinoë), Euphesperidae (Hesperides, Berenike) und Apollonia. Auch unter Battos III., dem Lahmen, und Arkesilas III. dauerte der Verfassungsstreit an. Arkesilas wurde vertrieben, warb auf → Samos ein Söldnerheer an und eroberte Kyrene und die anderen Städte des Landes zurück. 525 v. Chr. drang der Perserkönig Kambyses II. in Ägypten ein und besetzte Libyen und die Kyrenaika. Arkesilas erkaufte sich eine gewisse Unabhängigkeit seines Königreiches durch hohe Tributzahlungen. 522 v. Chr. ernannte sich der Priester Gaumata zum König von Persien und Babylonien und erzwang damit die Rückkehr von Kambyses. Auf dem Marsch durch die libysche Wüste kam das persische Heer in einem Sandsturm um. Eine Expedition fand 1977 am Fuße des Abu Ballassa im »großen Sandmeer« Tausende von Stichwaffen persischer Herkunft und zahllose Skelette. Kambyses verunglückte in Syrien tödlich. Arkesilas wurde nach dem Abzug der Perser ermordet.

Battos IV., der Schöne, schüttelte kurz nach 480 v. Chr. das Joch der

Perserherrschaft ab und führte Kyrene zu großem Wohlstand. Wohl schon in seiner Herrschaftszeit schlossen sich die fünf Städte der Kyrenaika zu einer Pentapolis (Fünfstädtebund) unter der Führung Kyrenes zusammen. Arkesilas IV. war der letzte König von Kyrene. Er siegte 462 v. Chr. in → Delphi und 460 v. Chr. in → Olympia im Wagenrennen. Nach seiner Ermordung im Jahre 456 v. Chr. riefen die Kyrenäer die Demokratie aus.

Im 4. Jahrhundert v. Chr. erreichte Kyrene seine höchste Blüte. Gegen 390 v. Chr. begründete der Philosoph Aristippos die berühmte Kyrenäische Schule. Um 350 stifteten die Kyrenäer ein Schatzhaus in Delphi. 330 linderten sie mit großzügigen Getreidespenden eine Hungersnot in Griechenland.

331 v. Chr. unterwarf sich die Pentapolis Alexander dem Großen und ging 322 an die Ptolemäer über. Aus Kyrene stammen der Dichter Kallimachos (um 305–240), der Mathematiker, Geograph und Dichter Eratosthenes (um 295/280–200) und der Philosoph Karneades (214–129). 96 v. Chr. erbte Rom Kyrene mit der gesamten Kyrenaika. 74 v. Chr. wurde das Gebiet römische Provinz und im Jahre 67 v. Chr. mit Kreta zur Provinz Creta et Cyrenae zusammengefaßt.

Dem Judenaufstand 114–117 n. Chr. fielen nahezu alle öffentlichen Bauten, vor allem die Tempel, zum Opfer. Kaiser Hadrian (117–138) ließ die Stadt nach Unterdrückung des Aufstandes wieder aufbauen. Daher stammen die heutigen Ruinen fast ausschließlich aus hadrianischer Zeit.

Archäologie

Das Stadtgebiet von Kyrene erforschen seit 1924 italienische Archäologen. Die Ausgrabungen sind noch nicht abgeschlossen.

Ausgrabungsstätte

Das Ruinenfeld von Kyrene liegt am Rande des zweiten Djebelplateaus und umfaßt das Gebiet zweier Hügel mit dem dazwischenliegenden Tal, durch das die *Via principalis,* die Hauptstraße der Stadt, verlief.

Kristallisationspunkt der ersten Siedlung dürften die wasserreichen Grottenquellen unterhalb der sog. Akropolis gewesen sein. Hier entstand schon bald nach der Gründung der Siedlung das *Apollon-Heiligtum* (Apollonion), denn war es nicht der Lichtgott Apollon, der die Quellnymphe Kyrene auf einem goldenen Wagen hierher gebracht hatte? Das Zentrum dieses Heiligtums bildete der *Apollon-Tempel,* dessen ältester Steinbau um 600 v. Chr. errichtet wurde. Die beiden Reihen zu je fünf Säulen des Hauptraumes blieben im Fundament der späteren Anlage erhalten. Vier Säulen stützten das Dach des Adyton. Eine Vorhalle hatte es noch nicht gegeben. Um 340 v. Chr. wurde der Tempel durch einen Neubau, einen dorischen Peripteros, ersetzt. Für den alten Tuffsteinaltar stiftete ein gewisser Philon eine Umkleidung aus parischem Marmor.

Der kleine *Artemis-Tempel* wurde um 400 v. Chr. auf den Fundamenten eines Kultbaus des 6. Jahrhunderts errichtet, der von Schatzhäusern umringt war. Im 4. Jahrhundert v. Chr. weihten drei kyrenäische Feldherrn dem Apollon ein *Strategeion.* Im 3. Jahrhundert v. Chr. entstand ein

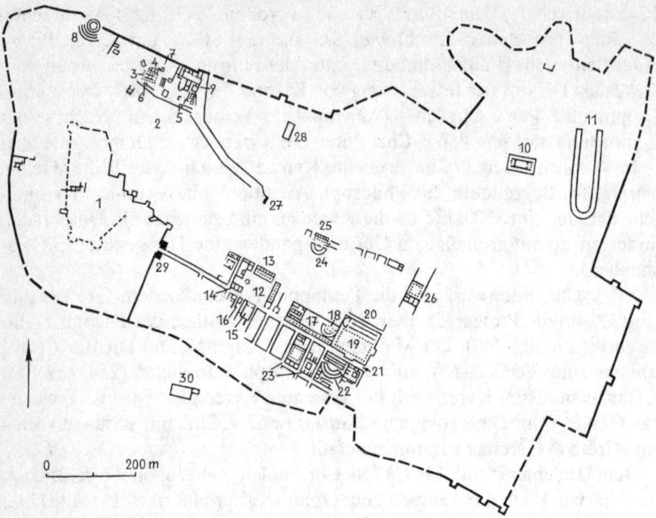

Kyrene

1 Akropolis 2 Apollon-Heiligtum (Apollonion) 3 Apollon-Tempel 4 Artemis-Tempel 5 Strategeion 6 Isis-Tempel 7 Hekate-Tempel 8 griechisches Theater (später: Amphitheater) 9 Trajans-Thermen 10 Tempel des Zeus Lykaios 11 Circus 12 Agora 13 Zeus-Stoa (Nord-Stoa) 14 Demeter-Tempel 15 Prytaneion 16 Kapitol 17 Stoa der Hermen (Hermenhalle) 18 Odeion (Theater II) 19 Forum Proculi (Caesareum) 20 Basilika 21 Via principalis (Straße des Battos) 22 römisches Theater 23 Haus des Jason Magnus 24 Theater IV 25 Trajans-Markt 26 römisches Haus 27 Mark-Aurel-Bogen 28 Tempel 29 Akropolis-Tor 30 Demeter-Heiligtum

Isis-Tempel, zu dem wenig später ein *Persephone-Tempel* und ein *Hekate-Tempel* hinzukamen. Über dem alten Eingang zum Heiligtum erhebt sich das Propylon Kaiser Trajans. Das griechische *Theater* wurde unter Hadrian in ein Amphitheater umgewandelt. Ein gewisser Nikodamos stiftete in der frühen Kaiserzeit die Mauer, die das Theater vom heiligen Bezirk trennte. Die *Thermen* wurden unter Trajan und Hadrian erbaut.

Der *Tempel des Zeus Lykaios* auf dem gegenüberliegenden Hügel stammt aus dem 5. Jahrhundert v. Chr. Der dorische Bau bedeckte eine Fläche von 69,50 mal 32 m und hatte je siebzehn Säulen an den Langseiten und je acht an den Schmalseiten. Unter den Kaisern Tiberius (14 – 37) und Mark Aurel (161 – 180) wurde der Tempel erneuert.

Die *Agora* von Kyrene schmückten zahlreiche Ehren- und Siegesmonumente, so die Darstellung eines Schiffsbugs, über dem einst eine Nike schwebte, das sog. Battos-Grab und ein römischer Rundbau, das sog. Grab des Onomastos. Die Agora war von Säulenhallen umgeben: West-Stoa, Ost-Stoa, Zeus-Stoa, Die *Zeus-Stoa* stammt aus dem 5. Jahrhundert v. Chr. und wurde im 4. Jahrhundert v. Chr. erneuert. Auf der tieferliegenden Talseite waren Läden eingerichtet. In römischer Zeit war die Zeus-Stoa dem Augustus und der Roma geweiht. Auf der Südseite erhob sich der *Demeter-Tempel* aus hellenistischer Zeit. Und jenseits der Straße lag das *Prytaneion,* der Gerichtshof, in dem die Ausgräber 5000 Siegel für Gesetzesrollen fanden. Zwischen beiden befand sich das *Kapitol* aus dem Jahre 138 n. Chr.

Die Römer erweiterten das griechische Stadtzentrum nach Osten. Im 1. Jahrhundert n. Chr., bauten sie an der Via principalis (Straße des Battos) eine Hermenhalle. Der theaterähnliche Bau dahinter könnte ein Buleuterion oder ein Odeion gewesen sein. An die Hermenhalle schließt sich das *Forum Proculi,* auch Caesareum genannt, aus der Zeit um 10 n. Chr. an. Ein gewisser Proculus hatte dieses Forum zu Ehren des Kaisers gestiftet. Es war an drei Seiten von Säulenhallen umgeben. Die Säulen wurden inzwischen wieder aufgerichtet. Die Nordseite begrenzte eine Basilika. Die Mitte des Forums nahm seit 130 n. Chr. ein Tempel des Liber Bacchus ein.

Jenseits der Via principalis entstand im 2. Jahrhundert n. Chr. ein kleines Theater oder ein Ekklesiasterion, ein Versammlungsplatz für die Bürgerschaft. Der Hermenhalle gegenüber liegen zwei kleine Tempel, von denen der westliche Hermes geweiht war. Das riesige Privathaus neben dem Hermes-Tempel, erbaut zwischen 176 und 180, gehörte dem Apollon-Priester Jason Magnus.

Besonders erwähnenswert sind die *Nekropolen* entlang der Straße nach Apollonia: die Felskammergräber aus dem 6. Jahrhundert v. Chr., die frühhellenistischen Rundgräber, die freistehenden Sarkophage (meist aus dem 4. Jahrhundert v. Chr.) und die Kammergräber des 4. und 3. Jahrhunderts v. Chr.

Literatur: R. G. Goodchild, Kyrene und Apollonia. Zürich 1971.

Lagasch

Das Ruinengebiet der sumerischen Stadt Lagasch (Lagaš; heute el-Hiba) und der zugehörigen Residenz Girsu (heute Tello) liegt im südlichen Irak zwischen den Flüssen Tigris und Euphrat. Die archäologische Bedeutung dieser Ausgrabungsstätte beruht hauptsächlich auf den einzigartigen Funden: bildhauerische Werke und Schriften aus dem 3. Jahrtausend.

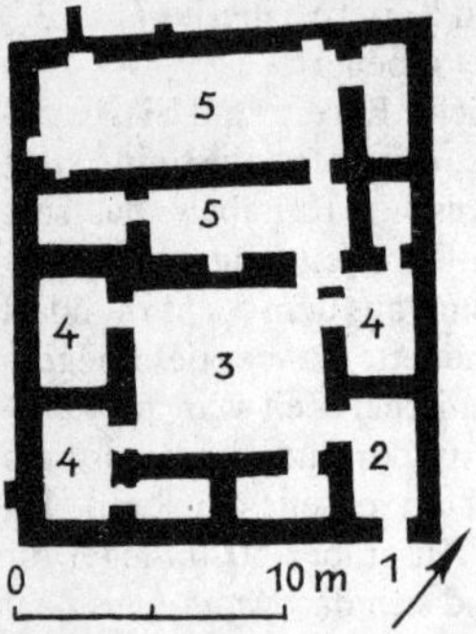

Lagasch: Wohnhaus (Anfang 2. Jahrtausend v. Chr.)

1 Eingang 2 Vorraum 3 Hof 4 Wirtschaftsräume 5 Wohnräume

Geschichte

Erste Siedlungsspuren gehen bis in das 4. Jahrtausend zurück. Im 25. Jahrhundert löste ein Stadtfürst namens Urnansche Lagasch aus dem Herrschaftsbereich von Ur und nahm den Königstitel an. Eannatum, ein späterer König dieser Dynastie, besiegte die Truppen der Nachbarstadt Umma und des akkadischen → Kisch. Er eroberte → Ur und → Uruk und herrschte schließlich über das ganze Land Sumer. Die berühmte »Geierstele« (heute im Louvre, Paris) ist das Dokument seiner Größe. Sein Nachfolger Entemena festigte die führende Stellung von Lagasch. Um 2425 beendete Lugalzagesi, König von Umma, die erste große Epoche der Stadt. Er nahm Lagasch ein, verwüstete die Tempel und machte sich zum neuen Herrscher über Sumer.

Etwa 75 Jahre später ging Sumer im Großreich von Akkade auf, das im 22. Jahrhundert dem Ansturm der Gutäer erlag. Die lockere Herrschaft dieses iranischen Nomadenvolkes ermöglichte das Wiedererstarken der sumerischen Stadtstaaten, vor allem der Städte Uruk und Lagasch. Nach der Vertreibung der Gutäer hatte Lagasch seine zweite und letzte große Epoche. Der Stadtfürst Urbau leitete diese Epoche ein, die unter seinem Nachfolger Gudea ihren Höhepunkt erreichte. Gudea förderte die Künste. Statuen aus Diorit, einem dunkelgrünen Gestein, gehören zu den bedeutendsten Schöpfungen der sumerischen Bildhauerei. Aber mit der dritten Dynastie von Ur (um 2050) verlor Lagasch jegliche politische Bedeutung. Bewohnt war das Stadtgebiet noch bis ins 2. nachchristliche Jahrhundert.

Archäologie

Die Ausgrabungen in Lagasch und in der benachbarten Residenz Girsu leiteten die französischen Archäologen E. de Sarzec (1877–1900), G. Cros (1903–1905 sowie 1909), H. de Genouillac (1929–1931) und A. Parrot (1931–1933). Seit 1968 werden die Arbeiten fortgeführt.

Ausgrabungsstätte

Lagasch hatte eine Ausdehnung von etwa 4 mal 1,5 km und war von einer Mauer umgeben. Eindrucksvolle Ruinen sind nicht mehr vorhanden.

Die Fundamente eines Ovaltempels aus dem 25. Jahrhundert und eines noch älteren Kultbaus sind die einzigen wesentlichen Architektur-Relikte aus altsumerischer Zeit.

Im nahen Girsu wurde der sog. *Palast des Gudea* freigelegt, eine weiträumige Anlage mit mehreren getrennten Bauwerken, die der aramäische König Adad Nadin Akhe im 2. Jahrtausend v. Chr. erheblich veränderte. Ob die ursprüngliche Anlage als Palast diente, ist umstritten. Sie könnte auch ein Tempel des Gottes Eninnu gewesen sein. Im Palast fanden die Archäologen u. a. die einzigartigen Statuen des Gudea, die »Geierstele« des Eannatum, eine Reliefplatte des Urnansche, mehrere tausend Keilschrifttafeln aus dem 3. Jahrtausend sowie zwei Zylinderinschriften, die als die bisher ältesten Zeugnisse der sumerischen Literatur gelten.

Die meisten Funde, darunter Statuen des Gudea, die »Geierstele« und das Relief des Urnansche, werden im Louvre, Paris, aufbewahrt.

Literatur: A. Parrot, Tello. Vingt campagnes de fouilles. Paris 1948.

Leptis Magna

Leptis Magna (Lepcis Magna) war eine der größten und bedeutendsten römischen Städte Nordafrikas. Seine Ruinen im heutigen Libyen, östlich von Al Chums, beeindrucken durch ihren außerordentlich guten Erhaltungszustand.

Geschichte

Leptis Magna wurde um 700 v. Chr. von phönikischen Kolonisten gegründet. Die Hafenstadt an der Mündung des Wadi Lebda war Endpunkt einer wichtigen Karawanenstraße. Im 6. Jahrhundert v. Chr. kam die vorher selbständige Stadt unter den Einfluß Kathagos. Seit 111 v. Chr. war Leptis Magna mit Rom verbündet. Seit 25 v. Chr. gehörte es zum Imperium Romanum.

Leptis Magna wurde Hauptausfuhrort für Elefanten, Löwen und andere afrikanische Tiere, die in den zahlreichen Amphitheatern des Imperiums zu Schaukämpfen benötigt wurden, für Sklaven und für Halbedelsteine. Trajan verlieh der aufblühenden Stadt im Jahre 110 n. Chr. den Status einer Colonia Ulpia Traiana. Ihre größte Blüte erreichte sie unter

Kaiser Septimius Severus, der 146 in Leptis Magna geboren wurde, und unter seinem Sohn Caracalla. Gleich nach seiner Thronbesteigung sprach Septimius der Stadt das »ius italicum« zu, das heißt u. a. das Recht, keine Steuern an Rom entrichten zu müssen. Diokletian (284–305) machte Leptis Magna zur Hauptstadt der Provinz Tripolitania. Im Jahre 455 eroberten die Vandalen die Stadt. 533 brachte der byzantinische Feldherr Belisar Leptis Magna unter die Herrschaft Konstantinopels. 643 kamen die Araber. Im 11. Jahrhundert wurde die Stadt aufgegeben.

Archäologie

Seit 1921 schaufeln italienische Archäologen das antike Leptis Magna aus dem Wüstensand. Gleichzeitig bemühen sie sich, die interessantesten Bauwerke sorgsam zu restaurieren. Seit 1960 arbeiten auch amerikanische Forschungsteams auf dem ausgedehnten Ruinenfeld.

Ausgrabungsstätte

Aus phönikischer Zeit konnten bisher nur Gräber des 4. und 3. vorchristlichen Jahrhunderts freigelegt werden.

Der augusteischen Epoche gehört der *Tempel des Liber Pater* an; vermutlich stand zuvor an seiner Stelle ein dem Fruchtbarkeitsgott geweihtes phönikisches Heiligtum. Neben dem Tempel des Liber Pater erhoben sich seit Tiberius (14–37) die *Tempel der Ceres Augusta und der Dei Augusti* sowie der *Magna-Mater-Tempel.* Gleichzeitig entstanden das *Forum* mit *Curia* und *Basilika.* Schon um 8 v. Chr. richteten die Römer in Leptis Magna einen Markt mit zwei Tholoi ein. Dieser Markt zählt zu den besterhaltenen antiken Marktplätzen Afrikas. Das *Chalcidicum* (um 12 n. Chr.) war wohl ein Handelshof. Der *Ehrenbogen des Tiberius* aus dem Jahre 36 schloß das römische Straßennetz dieser Zeit nach Süden ab. Weitere Ehrenbögen, von denen nur noch Reste vorhanden sind, hatten die Kaiser Titus und Vespasian.

Mit der Erhebung der Stadt zur Colonia im Jahre 110 setzte eine rege Bautätigkeit ein. Aus demselben Jahr stammt der *Ehrenbogen des Trajan,* ein Tetrapylon oder Quadrifrons (vierseitiger Bogen). 127 entstanden die großen *Hadriansthermen,* die ein Aquädukt mit Wasser versorgte. Das augusteische *Theater* über der phönikischen Nekropole wurde ausgebaut und mit reichem Säulenschmuck versehen.

Gegen Ende des 2. Jahrhunderts drohte der von Klippen eingefaßte Naturhafen zu verschlammen. Der Fluß versumpfte und wurde zur Brutstätte der Malariamücke. Die Stadt schien dem Untergang geweiht. Da wurde Septimius Serverus, ein Bürger dieser Stadt, Kaiser von Rom. Er befahl sofort den Ausbau des Hafens und der Stadt.

Die dem *Hafen* vorgelagerten Inseln und Klippen wurden durch breite Molen mit dem Festland verbunden. Der Flußlauf wurde begradigt und etwas nach Westen verlegt, um so das Hafenbecken tiefzuspülen. Auf den Molen wuchsen Speicheranlagen und Stallungen. Kolonnaden führten zu einem kleinen dorischen Tempel an der Spitze des Ostmole. Zwei Leuchttürme markierten die Hafeneinfahrt. Unmittelbar am Hafen erhob sich

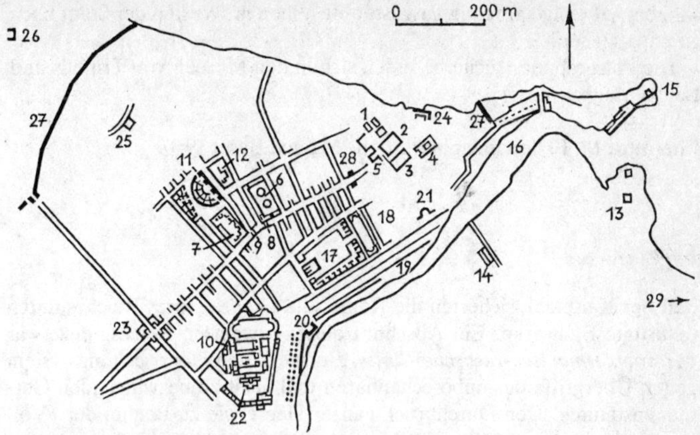

Leptis Magna

1 Tempel des Liber Pater, der Ceres Augusta, der Dei Augusti und der Magna Mater 2 Forum 3 Basilika 4 Curia 5 Trajans-Tempel 6 Agora mit Tholoi 7 Chalcidicum 8 Tiberius-Bogen 9 Trajans-Bogen 10 Hadrians-Thermen 11 Theater 12 »Foyer« mit Kaisertempel 13 dorischer Tempel 14 Tempel des Jupiter Dolichenus 15 Leuchtturm des Severus 16 Hafen 17 Kaiser-Forum 18 Basilika 19 Arkadenstraße 20 Großes Nymphäum 21 Kleines Nymphäum 22 »Palästra« 23 Severus-Bogen 24 Hafen-Thermen 25 Orpheus-Villa 26 Jagd-Thermen 27 Stadtmauern (4. Jh. n. Chr.) 28 byzantinisches Tor 29 Amphitheater und Circus

ein *Tempel des Jupiter Dolichenus,* des Kriegsgottes und Schutzpatrons der römischen Legionäre.

Am Flußufer entstand bis 216 das *Kaiser-Forum,* ein 60 mal 100 m großer Arkadenhof mit einem Podiumtempel, der der Gens Septimia geweiht war, also der Vergöttlichung des Kaisers diente. Eine 92 m lange dreischiffige *Basilika* schloß sich östlich an das Forum an. Eine von Arkaden flankierte *Prachtstraße* führte von einem *Großen Nymphäum* aus am Fluß entlang zum Hafen. Die Hadriansthermen ergänzte der Kaiser durch eine riesige *»Palästra«.* 203 errichtete die Stadt ihrem berühmten Sohn zu Ehren den *Severus-Bogen,* einen weiteren Tetrapylon mit wundervollem Reliefschmuck.

Im Westen der Stadt lagen die sog. *Jagd-Thermen,* die vermutlich zum Wohnsitz des Statthalters gehörten. Das Frigidarium war mit herrlichen Fresken geschmückt (Leoparden-Jagd, Nil-Landschaften).

Am östlichen Stadtrand legten die Ausgräber das Amphitheater und den 450 mal 100 m großen Circus frei. Die Wohnviertel von Leptis Magna sind bis auf einige prächtig ausgestattete Villen im Westen der Stadt noch zu untersuchen.

Die Ausgrabungsstücke befinden sich in den Museen von Tripolis und Leptis Magna.

Literatur: M. F. Squarciapino, Leptis Magna. Basel 1966.

Limes

Seit der Kaiserzeit sicherten die Römer die Grenzen ihres Reiches durch befestigte Bauwerke. Ein Abschnitt dieser bewehrten Reichsgrenze war der *obergermanisch-raetische Limes,* Bollwerk und Überwachungssystem gegen Übergriffe der unberechenbaren und nicht zu bezwingenden Germanenstämme. Den Durchbruch ganzer Heere wie zu Beginn der »Völkerwanderung« vermochte der Limes freilich nicht zu verhindern.

Geschichte

Nachdem Caesar Gallien erobert hatte (58–51), war der Rhein die Grenze zwischen dem Römischen Reich und den germanischen Stämmen. Um die Gefahr aus dem Norden zu bannen, plante Kaiser Augustus, die Reichsgrenze bis zur Elbe vorzuverlegen. 15 v. Chr. überquerten römische Legionen unter Tiberius und Drusus, den beiden Stiefsöhnen des Kaisers, die Alpen und besetzten das Alpenvorland bis zur Donau. 12 v. Chr. setzte Drusus über den Rhein und stieß nach Germanien vor. Doch zwangen ihn Aufstände im Balkan, die Truppen wieder zurückzunehmen. Schließlich stellte die schwere Niederlage im Teutoburger Wald im Jahre 9 n. Chr. die römischen Eroberungspläne in Frage. Arminius, Cheruskerfürst und ehemals römischer Offizier, hatte drei Legionen unter dem Kommando des Varus in einen Hinterhalt gelockt und völlig aufgerieben. Nachdem weitere Vorstöße des römischen Feldherrn Germanicus erfolglos verlaufen waren, beendete Kaiser Tiberius 16 n. Chr. kurzentschlossen die Germanenkriege.

Die Legionen ließen sich in befestigten Militärlagern (Castra) am linken Rheinufer nieder. Unter Kaiser Claudius (41–54) wurde die Donaulinie mit Kastellen (Castella) bestückt. Noch dachte die römische Führung keineswegs an eine Verteidigungslinie. Die Castra und Castella waren vielmehr Ausgangsstellungen für neue Feldzüge.

Unter Vespasian (69–79) überschritten die Römer den Oberrhein und besetzten das Neckargebiet, um die lange Rhein-Donau-Linie abzukürzen. Von Mainz aus stießen sie im Jahre 83 nach Norden vor. Dabei kam es zum Zusammenprall mit den Chatten, der aber zu keiner Entscheidung führte, weil die Chatten den römischen Legionen geschickt auswichen und ein Aufstand der Daker im heutigen Rumänien die Römer zur Zurücknahme ihrer Truppen zwang.

Nach dem Chattenkrieg begannen die Römer, die Reichsgrenze auszubauen. An der Grenzlinie und auch im grenznahen Hinterland richteten sie weitere befestigte Lager für ihre Hilfstruppen ein (Auxiliarkastelle). Hölzerne Wachtürme und Postenwege verstärkten die Linie. 98 n. Chr. verwendete der römische Historiker Tacitus erstmals den Begriff »Limes« (= Weg, Besitzgrenze) in der Bedeutung von »Reichsgrenze«.

Nun darf man nicht annehmen, daß das Verhältnis zwischen Römern und Germanen stets gespannt war. Im Gegenteil: Zwischen den Königssitzen der Germanenstämme und den römischen Provinzhauptstädten bestanden rege wirtschaftliche und diplomatische Beziehungen. Trotzdem geschah es immer wieder, daß plündernde Germanentrupps den Limes überschritten. Daher wurde der Limes unter Kaiser Trajan (98–117) nochmals verstärkt, um den römischen Territorien Germania superior und Raetia ein ungestörtes wirtschaftliches Wachstum zu ermöglichen.

Zur Zeit Hadrians (117–138) sicherte ein Palisadenzaun den Postenweg. Unter Antoninus Pius verlegten die Römer den obergermanischen Limes weiter nach Osten und stellten bei Lorch an der Rems die Verbindung zum raetischen Limes her. Die Kastelle wurden fortan nicht mehr aus Holz, sondern in Steinbauweise erstellt.

In der Mitte des 2. Jahrhunderts kam Unruhe in den germanischen Raum. 162 und 170 stürmten die Chatten gegen den obergermanischen Limes an. 167 drangen die Markomannen in die östlichen Provinzen Noricum und Pannonia ein, überrannten den raetischen Limes und stießen bis Oberitalien vor. Nur unter größten Anstrengungen konnte Mark Aurel die Markomannen zurückdrängen und 170/71 die Grenze nördlich der Donau wieder festigen. 179 gründete er das Legionslager Castra Regina (Regensburg). Unter Mark Aurels Sohn und Nachfolger Commodus wurden die zerstörten Grenzanlagen instand gesetzt und vermutlich schon in dieser Zeit durch Wall bzw. Mauer und Graben verstärkt.

Zu Beginn des 3. Jahrhunderts bedrohte der Stammesbund der Alamannen die Provinzen Obergermanien und Raetien. 213 griff Kaiser Caracalla seinerseits die Alamannen an und konnte die Ruhe an der Reichsgrenze wiederherstellen. Aber als die römischen Truppen unter Severus Alexander im Osten gegen die Parther kämpften, überrannten die Alamannen den Limes, zerstörten die entblößten Kastelle und verwüsteten die beiden Provinzen. Severus kehrte sofort nach Germanien zurück und wurde 235, als er mit den Alamannen verhandeln wollte, in Mogontiacum (Mainz) von den enttäuschten Legionären ermordet. Sein Nachfolger Maximinus Thrax schlug zwar die Alamannen zurück, vermochte aber dem Reich keinen dauerhaften Frieden zu geben. Bürgerkriege und Grenzkämpfe erschütterten fortan das Imperium. Als Kaiser Valerian 260 in die Gefangenschaft der Parther geriet, fiel der Limes endgültig in die Hand der Alamannen. Rhein und Donau wurden wieder zur Grenze des Römerreiches. Die Limes-Kastelle verfielen.

Archäologie

1748 stellte die Preußische Akademie der Wissenschaften die Preisaufgabe, wie weit die Römer wohl über den Rhein und die Donau nach Deutschland vorgedrungen seien. Dies führte zu ersten wissenschaftlichen Forschungen auf breiter Basis.

Anfang des 18. Jahrhunderts befaßte sich Graf Franz zu Erbach mit dem Odenwald-Limes. Altertumsvereine begannen sich für die »Teufelsmauer« und den »Heidenwall« zu interessieren und gründeten 1852 eine »Kommission zur Erforschung des limes imperii Romani«. 1892 bewilligte der Reichstag endlich ausreichende Mittel für die zahlreichen Forschungsvorhaben. Unter der Leitung des Historikers Theodor Mommsen setzte die Kommission ein ganzes Team von Archäologen ein, um den Verlauf des Limes und die Lage der Kastelle zu ergründen.

Der Limes wurde in fünfzehn Streckenabschnitte aufgeteilt. Für jeden Abschnitt leitete ein Streckenkommissar die Ausgrabungen und Untersuchungen. Die Streckenbezeichnungen 1 bis 15 werden noch heute in der Fachliteratur verwendet.

Bis 1901 waren 34 von über 80 Limes-Kastellen freigelegt. Zwei Jahre später stellte man die Ausgrabungen ein, um erst einmal die umfangreichen Grabungsergebnisse auszuwerten. Zwischen 1894 und 1937 erschienen die Forschungsberichte in vierzehn Bänden des Limeswerkes (ORL = Obergermanisch-Raetischer Limes).

Zwischen den beiden Weltkriegen fanden kaum Ausgrabungen statt. Erst nach 1945 wurde die Feldarbeit mit verbesserten Methoden fortgesetzt, wobei nun auch die Grundrisse von Holzbauten und sogar der Verlauf der Palisaden zum Vorschein kamen.

Die heutigen Grabungen führen die Landesämter für Bodendenkmalpflege, die Römisch-Germanische Kommission des Deutschen Archäologischen Instituts in Frankfurt a. M. sowie verschiedene Museen, vor allem das Saalburg-Museum, und Universitätsinstitute durch.

Ausgrabungsstätten

Der obergermanisch-raetische Limes war in seiner letzten Linienführung 548 km lang. Der obergermanische Limes begann an der Mündung des Vinxtbaches in den Rhein (zwischen Bad Hönningen und Rheinbrohl), führte zum Taunus, umschloß die Wetterau und verlief südwärts bis Lorch an der Rems. Seine Länge betrug 382 km. Bei Lorch schloß sich der 166 km lange raetische Limes an, der in Ostrichtung über Gunzenhausen führte und bei Kelheim die Donau erreichte.

Die Bauwerke des Limes

Rückgrat des obergermanisch-raetischen Limes waren die *Kastelle*, die im Abstand von meist 10 bis 20 km die Reichsgrenze zu sichern hatten. Sie waren keine Festungen, sondern befestigte Truppenlager. Ihre Größe schwankte je nach Bedeutung und Aufgabe zwischen 0,6 und 6,0 ha. Die 1000 Mann starken Reitereinheiten (Alae milliariae) benötigten eine Fläche von 5,2 bis 6,0 ha. Die kleineren, 500 Mann starken Alen, die 1000 Mann starken Fußeinheiten (Cohortes milliariae) und die gemischten Einheiten (Cohortes quingenariae equitatae) waren in Kastellen von 3,1 bis 4,2 ha Größe stationiert. Die 500 Mann starken Kohorten (Cohortes

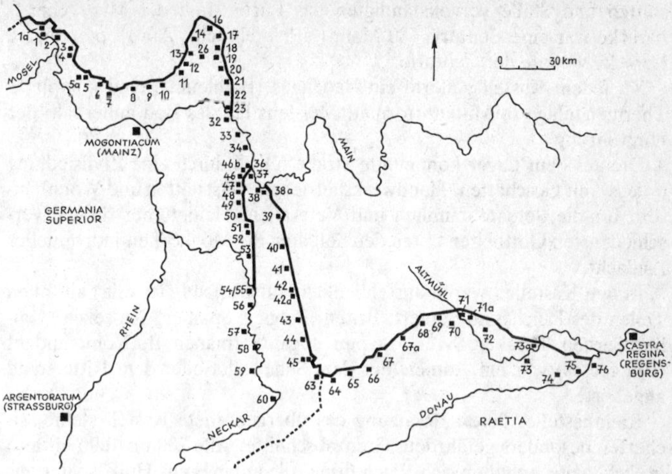

Der obergermanisch-raetische Limes

Nummer des Kastells nach dem Limeswerk (ORL)

quingenariae) lagen in 1,4 bis 3,2 ha großen Kastellen. Die kleinen Kastelle der 100 bis 200 Mann starken Numeri hatten meistens eine Größe von 0,6 bis 0,8 ha.

Die Kastelle glichen in ihrem Aufbau den großen Legionslagern (Castra). Sie hatten einen rechteckigen Grundriß und waren von einer Wehrmauer umgeben, die anfangs aus Holz, Gestein und Erde, später aus Steinen, die mit Mörtel verbunden waren, bestand. Die Mauer stützte innen ein Erddamm. Vor der Mauer verliefen ein, zwei oder mehr wasserlose Gräben. Das Kastell hatte vier Tore: das Haupttor (Porta praetoria), das gegenüberliegende Tor (Porta decumana) und die beiden Seitentore (Porta principalis dextra und sinistra).

Die Mitte des Lagers nahm die *Kommandantur* (Principia) ein. Eine große Vorhalle führte zu einem offenen Hof mit Altar und Brunnen. Dahinter lag eine Querhalle, von der aus man das Fahnenheiligtum (Aedes) erreichte, das den Reichsgöttern geweiht war und dem Kaiserkult diente. Zu beiden Seiten des Fahnenheiligtums schlossen sich Schreibstuben (Tabularia) an. Versammlungsräume (Scholae) und Waffenkammern (Armamentaria) flankierten den Hof. Weitere wichtige Gebäude waren das Wohnhaus des Kommandanten (Praetorium), das Magazin (Horreum) und das Lazarett (Valetudinarium). Mannschaftsbaracken, Werkstätten und Ställe vervollständigten das Lager. In jeder Mannschaftsbaracke war eine Centurie (80 Mann) untergebracht. Am Kopfende der Baracke wohnte der Centurio.

Zu jedem Kastell gehörte ein Badehaus (Balineum), eine komplette Thermenanlage in Miniaturformat. Meistens lag das Bad außerhalb der Umwehrung.

Die aus dem Lager kommende Straße führte durch eine Zivilsiedlung (Vicus) mit Geschäften, Handwerksbetrieben, Gaststätten und Wohnhäusern für die Soldatenfamilien und Veteranen. Heiligtümer für die verschiedensten Gottheiten boten den Soldaten die Möglichkeit individueller Andacht.

In den Kastellen waren ausschließlich Hilfstruppen (Auxilia) aus allen Teilen des Reiches stationiert: Briten, Belgier, Spanier, Schweizer, Gallier, Serben, Thraker, Syrer, Ägypter, sogar Germanen. Ihr Kommandant (Praefectus) war ein Römer, der dem Senatsadel oder dem Ritterstand angehörte.

Kleinkastelle, deren Besatzung das übergeordnete Kastell stellte, sicherten besonders gefährdete Grenzabschnitte. Alle 200 bis 1000 m, also in Sichtweite, erhoben sich Wachtürme, die anfangs aus Holz, später aus Stein erbaut waren. Sie waren durch einen Postenweg verbunden, der seit Hadrian durch eine Palisade geschützt war. Gegen Ende des 2. Jahrhunderts verstärkten Wall und Graben die Palisade. Den raetischen Limes bildete auf großen Streckenabschnitten eine von Turm zu Turm verlaufende Steinmauer. Sie war 1 bis 1,20 m stark und 2,50 bis 3 m hoch.

Der Limes diente ausschließlich zur Überwachung der Reichsgrenze. Er sollte unerlaubte Grenzübertritte und kleinere Raubüberfälle verhindern. Im Krieg hatte er keine Bedeutung.

Die Limeskastelle

Im Bereich des obergermanisch-raetischen Limes wurden bisher rund 80 Kastelle – die Kleinkastelle nicht eingeschlossen – festgestellt und wissenschaftlich untersucht. Da sich der Verlauf der Reichsgrenze mehrmals änderte, waren nie alle Kastelle zu gleicher Zeit mit Auxiliartruppen besetzt.

Von den meisten Limeskastellen sind heute kaum noch Spuren zu erkennen. Sie wurden im Mittelalter oder in der Neuzeit überbaut oder im landwirtschaftlichen Betrieb eingeebnet. Das Holz vermoderte, die Steine dienten zum Bau neuer Häuser. Nur noch wenige Kastelle geben eine Vorstellung von ihrem einstigen Aussehen. Das Kastell Saalburg wurde weitgehend wieder aufgebaut und bietet daher die beste Möglichkeit, ein typisches Limeskastell kennenzulernen.

Zur Liste der Kastelle sei vermerkt: Die in Klammern gesetzte Zahl gibt die Nummer des Kastells nach dem Limeswerk (ORL) an. Dann folgt die Größenangabe in Hektar, die Zeit der Errichtung und die im Kastell stationierte Truppeneinheit. Das Zeichen 0 bedeutet, daß von dem Kastell nichts oder kaum etwas zu erkennen ist.

Kastell Niederbieber (1a): 5,2 ha, um 185. Numerus Exploratorum Germanicorum Divitiensium, später Numerus Brittonum. 0

Kastell Heddesdorf (1): 2,8 ha, Ende 1. Jahrhundert. Cohors XXVI Voluntariorum civium Romanorum, später Cohors II Hispanorum equitata. 0

Kastell Bendorf (2): zweite Hälfte des 1. Jahrhunderts. Cohors I Thracum. 0

Kastell Niederberg (2a): 2,8 ha, um 90. Cohors VII Raetorum equitata. 0

Kastell Arzbach (3): 0,7 ha. 0

Kastell Ems (4): 1,3 (?) ha, Anfang 2. Jahrhundert. 0

Kastell Marienfels (5a): 1 ha, vermutlich Ende 1. Jahrhundert. 0

Kastell Hunzel (5): 0,7 ha. 0

Kastell Holzhausen (6): 1,4 ha, vermutlich um 190. Cohors II Antoniniana Treverorum. Sehr gut erhalten.

Kastell Kemel (7): 0,7 ha.0

Kastell Zugmantel (8): Mehrere Bauphasen: Holzkastell 0,7 ha, um 90; Holzkastell 1,1 ha, unter Hadrian; Steinkastell 1,7 ha, Mitte 2. Jahrhundert; Steinkastell, 1,7 ha, um 223. Letzte Besatzung: Cohors I Treverorum equitata. Geringe Spuren.

Kastell Alteburg-Heftrich (9): 0,7 ha, Mitte 2. Jahrhundert. Numerus Cattharensium. 0

Kastell am Kleinen Feldberg (10): 0,7 ha, Mitte 2. Jahrhundert. Exploratio Halicanensium. Sichtbare Reste.

Kastell Saalburg (11): siehe besondere Beschreibung.

Kastell Kapersburg (12): Mehrere Bauphasen: Holzkastell 0,8 ha, unter Trajan; Steinkastell 1,3 ha, unter Antoninus Pius; Steinkastell, 1,6 ha, zweite Hälfte des 2. Jahrhunderts. Numerus Nidensium. Sehr gut erhalten.

Kastell Langenhain (13): 3,2 ha, vermutlich um 100. Cohors I Biturigum. 0

Kastell Butzbach (14): Mehrere Bauphasen: Holzkastell, nach 90; Steinkastell 2,8 ha, um 135; Steinkastell 3,3 ha, Mitte 2. Jahrhundert. Cohors II Raetorum civium Romanorum, später Cohors II Augusta Cyrenaica equitata. 0

Kastell Arnsburg (16): 2,9 ha, um 90. Cohors II Aquitanorum, danach Cohors I Aquitanorum. Geringe Spuren.

Kastell Inheiden (17): 0,7 ha. 0

Kastell Echzell (18): 5,2 ha, um 95. Eines der größten Limeskastelle. 0

Kastell Ober-Florstadt (19): 2,8 ha, um 100. Cohors XXXII voluntariorum civium Romanorum. 0

Kastell Altenstadt (20): Mehrere Bauphasen: Holzkastell 0,3 ha, um 90; Holzkastell 0,9 ha, unter Hadrian; Steinkastell 1,5 ha, Mitte 2. Jahrhundert. 0

Kastell Marköbel (21): 3,3 ha. 0

Kastell Rückingen (22): 2,5 ha. Cohors III Dalmatarum pia fidelis. 0

Kastell Groß-Krotzenburg (23): 2,2 ha, um 110. Cohors IV Vindelicorum. Teile der Wehrmauer sind erhalten.

Kastell Friedberg (26): vermutlich schon unter Augustus ein Militärlager. 1. und 4. Aquitanerkohorte bis 90 n.Chr., danach Cohors I Flavia Damascenorum milliaria equitata sagittariorum. 0

Kastell Seligenstadt (32): 3 ha, um 100. Cohors I civium Romanorum. 0

Kastell Stockstadt (33): 3,2 ha, um 100. Cohors III Aquitanorum equitata civium Romanorum, danach Cohors II Hispanorum equitata, danach Cohors I Aquitanorum veterana equitata. 0

Kastell Niedernberg (34): 2,2 ha, nach 100. Cohors I Ligurum et Hispanorum civium Romanorum. 0

Kastell Obernburg (35): 2,9 ha, um 90. Cohors IV Aquitanorum equitata civium Romanorum. 0

Kastell Wörth (36): 0,8 ha. 0

Kastell Trennfurt (37): 0,6 ha. 0

Kastell Miltenberg-Altstadt (38): 2,7 ha. Cohors I Sequanorum et Rauracorum equitata. Zu sehen sind noch Teile der Mauerfundamente.

Kastell Miltenberg-Ost (38a): 0,6 ha. Numerus exploratorum Seiopensium. 0

Kastell Walldürn (39): 0,8 ha. Reste des Kastellbades sind freigelegt worden.

Kastell Osterburken (40): 2,1 ha, Mitte des 2. Jahrhunderts. Cohors III Aquitanorum equitata. Der 1,3 ha große Anbau am steilen Hang stammt aus der Zeit des Kaisers Commodus (180–192). Reste der Wehrmauer mit Toren und Türmen sind noch zu sehen.

Kastell Jagsthausen (41): 2,8 ha. Cohors I Germanorum (equitata) civium Romanorum. 0

Kastell Westernbach (41a): 1,0 ha. 0

Kastelle Öhringen (42 und 42a): Westkastell: 2,4 ha, Mitte des 2. Jahrhunderts. Letzte Besatzung: Cohors I Septimia Belgarum. 0 – Ostkastell: 2,2 ha. 0 – Neben den beiden Kastellen lag die Siedlung Vicus Aurelianus, einer der bedeutendsten Plätze für den Handelsverkehr mit den Germanen.

Kastell Mainhardt (43): 2,4 ha. Cohors I Asturum equitata. Teile der Westmauer des Kastells sind noch erhalten.

Kastell Murrhardt (44): 2,2 ha. Cohors XXIV voluntariorum civium Romanorum. 0

Kastelle Welzheim (45): Westkastell: 4,2 ha. 0 – Ostkastell: 1,6 ha, um 200. 0

Kastell Seckmauern (46b): 0,6 ha, um 100. 0

Kastell Lützelbach (46): 0,6 ha. Geringe Spuren.

Kastell Hainhaus (47): 0,6 ha. Erdwall erkennbar.

Kastell Eulbach (48): 0,6 ha. 0

Kastell Würzberg (49): 0,6 ha. Umwehrung und römisches Bad sind gut erkennbar.

Kastell Hesselbach (50): 0,6 ha, um 100. Die Anlage des Kastells ist gut erkennbar.

Kastell Schlossau (51): 0,6 ha. Numerus Brittonum Triputiensium. 0 – Unweit des Kastells erhebt sich der besterhaltene Wachtturm des Odenwald-Limes; das untere Stockwerk und Reste einer Außentreppe sind noch vorhanden.

Kastell Oberscheidental (52): 2,1 ha. Cohors III Dalmatarum, später Cohors I Rauracorum et Sequanorum equitata. Erhalten sind noch die Grundmauern des Südtors.

Kastell Neckarburken (53), bestehend aus dem West- und dem Ostkastell: Westkastell: 2,2 ha. Cohors III Aquitanorum equitata civium Romanorum. Ostkastell: 0,6 ha. Numerus Brittonum Elantiensium. Nur die Fundamente vom Westtor des Ostkastells sind noch sichtbar.

Kastell Wimpfen im Tal (54/55): Cohors II Hispanorum equitata, später Cohors I Germanorum (equitata) civium Romanorum. 0

Kastell Heilbronn-Böckingen (56): 2,0 ha. Cohors V Dalmatarum, später Cohors I Helvetiorum. Die Fundamente des Nordtors sind sichtbar.

Kastell Walheim (57): 2,1 ha. Cohors I Asturum equitata. 0

Kastell Benningen (58): 2,2 ha. Cohors XXIV voluntariorum civium Romanorum. 0

Kastell Stuttgart-Bad Cannstatt (59): Mehrere Bauphasen: Holzkastell 3,1 ha, unter Domitian; Steinkastell 3,7 ha. Vermutlich Ala I Scubulorum. 0

Kastell Köngen (60): 2,4 ha, unter Domitian. Der Eckturm des Steinkastells ist rekonstruiert.

Kastell Lorch (63): 2,5 ha. 0

Kastell Schirenhof (64): 2,0 ha. Cohors I Raetorum. Das Kastellbad ist sehr gut erhalten.

Kastell Unterböbingen (65): 2,0 ha. Vermutlich Cohors VI Lusitanorum. Die Porta decumana und die Südostecke der Umwehrung mit Eckturm wurden rekonstruiert.

Kastell Aalen (66): 6,0 ha. Das größte Kastell am obergermanisch-raetischen Limes beherbergte die Ala II Flavia pia fidelis milliaria, ein t send Mann starkes Reiterregiment. Vom Nordwesttor sind die Func mente erhalten.

Kastell Buch (67): 2,1 ha. Vermutlich Cohors III Thracum veterana. D archäologischen Arbeiten sind noch nicht abgeschlossen.

Kastell Halheim (67 a): 0,7 ha. Die Wälle des quadratischen Kastells sir noch zu erkennen.

Kastell Ruffenhofen (68): 3,7 ha, vermutlich um 100. 0

Kastell Dambach (69): 1,0 ha, später 2,2 ha. Vielleicht Cohors II Aquitanorum equitata. 0.

Kastell Gnotzheim (70): 2,2 ha, um 90. Vielleicht Cohors V Bracaraugustanorum, später Cohors III Thracum civium Romanorum equitata bis torquata. Spuren der Umwehrung sind zu erkennen.

Kastell Gunzenhausen (71): 0,7 ha, vermutlich Mitte des 2. Jahrhunderts. 0

Kastell Theilenhofen (71 a): 2,7 ha, vermutlich Beginn des 2. Jahrhunderts. Cohors III Bracaraugustanorum (equitata). 0

Kastell Weissenburg (Biriciana) (72): 3,1 ha, Ende des 1. Jahrhunderts. Ala I Hispanorum Auriana. Die Anlage des Kastells ist durch Platten

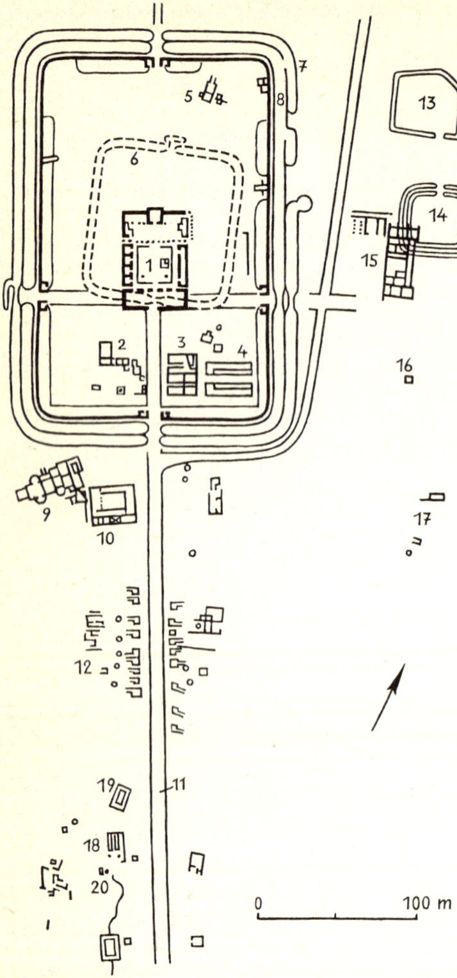

Limes: Kastell Saalburg

1 Principia (Kommandantur) 2 Quaestorium (Verwaltung) 3 Horreum (Magazin) 4 Mannschaftsbaracken 5 Badehaus 6 Holzkastell (88–89 n. Chr.) 7 Graben 8 Wall 9 Militärbad 10 Mansio (militärisches Gästehaus) 11 Römerstraße nach Nida 12 Canabae (Siedlung) 13 Schanze A 14 Schanze B 15 sog. Forum 16 Dolichenus-Heiligtum 17 gallische Kultstätte

kenntlich gemacht. Die Lagerthermen gelten als die größten, die bisher in Süddeutschland gefunden wurden.

Kastell Böhming (73a): 0,7 ha. Ein flacher Erdwall weist auf die Umwehrung des Kastells hin.

Kastell Pfünz (Vetoniana) (73): 2,7 ha, um 90. Cohors I Breucorum civium Romanorum equitata. Das Südtor und das Westtor sowie die Lagerthermen wurden restauriert.

Kastell Kösching (74): 4 ha. Zwei Bauphasen: Holzkastell um 80. Ala I Augusta Thracum; Steinkastell um 141. Ala I Flavia Gemelliana. 0

Kastell Pförring (75): 3,9 ha, um 100. Ala I Flavia Singularium civium Romanorum pia fidelis. Das Mauerwerk des Nordosttors und des nördlichen Eckturms ist noch zu sehen.

Kastell Eining (Abusina) (76): 1,8 ha. Zwei Bauphasen: Holzkastell um 80; Steinkastell Mitte des 2. Jahrhunderts. Cohortis II Tungrorum milliariae vexillatio; später Cohors III Britannorum equitata. Die Anlage des Kastells ist gut erkennbar, einige Abschnitte wurden restauriert.

Kastell Saalburg

Das Limeskastell Saalburg liegt im Hochtaunus, 6 km nordwestlich von Bad Homburg v. d. H. Es kontrollierte eine wichtige Paßstraße, die zur römischen Stadt Nida (heute Frankfurt-Heddernheim) führte. 1898 bis 1917 wurde das Kastell auf den zum Teil gut erhaltenen Grundmauern rekonstruiert.

Die beiden kleinen Schanzen A und B östlich der Saalburg stammen vermutlich aus der Zeit des Chattenkrieges (83–85). 88 bis 89 entstand ein 0,7 ha großes Kastell aus Palisadenwänden, in dem eine kleine britische Abteilung stationiert war. Um 135 errichtete die Cohors II Raetorum Romanorum (equitata) an der Stelle des Holzkastells ein 3,2 ha großes Lager. In der zweiten Hälfte des 2. Jahrhunderts wurde die ursprüngliche Holz-Stein-Mauer durch eine gemörtelte Steinmauer ersetzt. Das Kastell wurde 260 aufgegeben.

Die Saalburg hatte vier Tore; das Haupttor lag im Süden, dem Limes abgewandt. Je zwei Türme flankierten die Tore. Die Mauer war durch einen angeschütteten Erdwall verstärkt. Davor verlief ein doppelter Spitzgraben.

Die wichtigsten Gebäude innerhalb des Kastells waren die Principia (Kommandantur), das Horreum (Magazin) und das Praetorium (Wohnhaus des Kommandanten). Die heute freien Flächen dazwischen füllten aus Holz gebaute Mannschaftsunterkünfte, Werkstätten, Ställe usw. Vor dem Haupttor lag das Badehaus und eine Mansio (militärische Unterkunft).

Zu beiden Seiten der Römerstraße nach Nida erstreckte sich eine Siedlung. An einer Quelle fanden die Ausgräber ein Mithräum (Mithras-Tempel), an anderer Stelle ein Dolichenus-Heiligtum und eine gallische Kultstätte. Dolichenus war ein syrischer Kriegsgott; sein Kult war seit Vespasian (69–79) unter den römischen Legionen verbreitet.

Literatur: D. Baatz, Der römische Limes. Berlin 1974.

Magnesia am Mäander

In der weiteren Umgebung von Izmir (West-Türkei) gab es zwei antike Städte gleichen Namens: Magnesia am Sipylos und Magnesia am Mäander. – Magnesia am Sipylos, die heutige Provinzhauptstadt Manisa, rund 40 km nordöstlich von Izmir, weist nur geringe Spuren seiner Vergangenheit auf. Im Jahre 190 v. Chr. entschied sich hier das Schicksal des Griechentums: römische Legionen schlugen das Heer des Seleukiden-Herrschers Antiochos III., des Großen. – Die Ausgrabungsstätte des anderen Magnesia findet man rund 100 km südöstlich von Izmir an der Einmündung des Lethaios (heute Derbend Çayi) in den Mäander (griech. Maiandros; heute Büyük Menderes Nehri). Dieses Magnesia war durch sein Artemis-Heiligtum (Artemision) berühmt.

Geschichte

Magnesia am Mäander dürfte im 2. Jahrtausend v. Chr. von Kolonisten aus Magnesia in Thessalien (Nordostgriechenland) gegründet worden sein. Im 7. Jahrhundert v. Chr. gehörte die Stadt zum lydischen Reich. Um 650 v. Chr. wurde sie von Kimmerern zerstört, danach von dem befreundeten → Milet aber wieder aufgebaut. Im Jahre 530 v. Chr. besetzten die Perser Magnesia. Hier ließ der persische Satrap Oroites um 522 v. Chr. Polykrates, den berühmten Tyrann von → Samos, kreuzigen. 460 v. Chr. erhielt der athenische Staatsmann und Feldherr Themistokles, der im Jahre 480 v. Chr. in der Seeschlacht bei Salamis die persische Flotte entscheidend besiegt hatte, später aber aus Athen verbannt worden war, den Posten des persischen Satrapen von Magnesia. Ein Jahr darauf starb er. Im späten 5. Jahrhundert v. Chr. kam die Stadt unter die Oberhoheit der mit Persien verbündeten Spartaner.

Um 400 v. Chr. erbaute der spartanische Feldherr Thibron wenige Kilometer entfernt eine neue Stadt am Fuße des Thorax (griech: Brustkorb) und am Lethaios, da die alte Stadt allmählich in den Schlammassen des Mäander versank. Hippodamos von Milet war der Baumeister dieser Neugründung. Im Jahre 334 v. Chr. ergab sich Magnesia kampflos Alexander dem Großen.

Magnesia, das immer im Schatten der beiden Großstädte Milet und → Ephesos stand, erlebte unter den Seleukiden seine große Zeit. Es war so wohlhabend und stark geworden, daß es im späten 2. Jahrhundert v. Chr. sogar gegen Milet erfolgreich Krieg führte. 190 v. Chr. kam die Stadt zum Pergamenischen Reich und gehörte seit 129 v. Chr. zur römischen Provinz Asia. Als Mithridates, König von Pontos, 88 v. Chr. die Städte Kleinasiens zum Kampf gegen Rom aufrief, blieb Magnesia auf der Seite Roms. Sulla (138–78) besiegte Mithridates und belohnte die Stadt mit weitreichenden Privilegien. Magnesia am Mäander zählte in den folgenden Jahrhunderten zu einer der bedeutendsten Städte des römischen Kleinasien. Auf einer Münze des 3. Jahrhunderts n. Chr. bezeichnete sich Magnesia stolz als »die siebente Stadt Asiens« (Asien = römische Provinz Asia, heute Kleinasien).

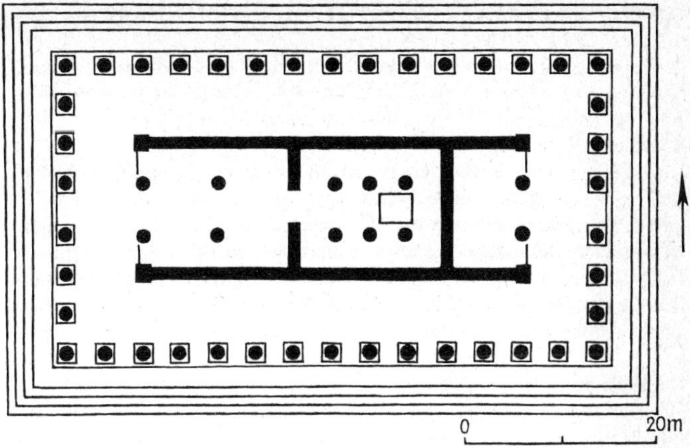

Magnesia: Tempel der Artemis Leukophryene

Archäologie

1842/43 bargen die Franzosen Clerget und Texier Teile vom Fries des Artemis-Tempels und untersuchten mehrere Grabhügel der Neustadt. 1891 bis 1893 legten die deutschen Archäologen Humann, Heyne und Kern die Agora mit dem Zeus-Tempel und dem Artemis-Tempel frei. Die Altstadt konnte bislang noch nicht aus dem Schlamm gegraben werden.

Ausgrabungsstätte

Von Magnesia am Fuße des Thorax zeugen nur geringe Ruinenreste. Der berühmte *Tempel der Artemis Leukophryene* ist ein Werk des Baumeisters Hermogenes von Alabanda aus dem 3. Jahrhundert v. Chr. Er ist ein ionischer Pseudodipteros von 67 m Länge und 41 m Breite, erbaut auf den Fundamenten eines älteren Artemision. Je acht Säulen erhoben sich an den Schmalseiten und je fünfzehn an den Langseiten. Die Cella war durch zwei Säulenreihen dreigeteilt. Der Tempel zählte zu den größten Kleinasiens und trug der Stadt den Titel »Neokora« (= Tempelhüterin) ein.

Ein ionischer Propylon (Torbau) verband den Tempelbezirk mit der 95 mal 188 m großen *Agora,* die von Säulenhallen umgeben war. An der Westseite der Agora stand ein Athene-Tempel, auf der Agora selbst ein kleiner Tempel des Zeus Sosipolis aus dem 3. Jahrhundert v. Chr.

Aus römischer Zeit stammen ein Theater mit 3000 Sitzplätzen, ein Gymnasium und eine Kaserne.

Literatur: C. Humann, Magnesia am Mäander. Bericht über die Ergebnisse der Ausgrabungen der Jahre 1891–1893. Berlin 1904.

Mallia

18 km östlich von Iraklion liegt an der Nordküste Kretas die Ausgrabungsstätte der minoischen Stadt Mallia mit einem großen Königspalast.

Geschichte

Nach 2000 v. Chr. entstanden auf Kreta die ersten größeren Königspaläste, so in → Knossos, in → Phaistos und auch in Mallia. Zwischen 1750 und 1700 zerstörte ein schweres Erdbeben den Palast von Mallia. Schon wenige Jahrzehnte darauf erhob sich an derselben Stelle ein noch größerer Palast. Dieser Palast fiel möglicherweise der riesigen Flutwelle zum Opfer, die der gewaltige Ausbruch des Vulkans von → Thera (Santorin) um 1500 v. Chr. ausgelöst hatte.

Archäologie

1915 untersuchte der griechische Archäologe J. Hazzidakis die minoische Fundstätte. Seit 1921 werden Palast und Stadtgebiet von Mallia im Auftrag der École française d'Athènes von J. Charbonneaux, P. Demargne und H. van Effenterre ausgegraben.

Ausgrabungsstätte

Das Stadtgebiet von Mallia hat einen Durchmesser von etwa 600 m. Freigelegt wurden bisher der Palast und einige Wohnviertel mit dem Marktplatz.

Wie in Knossos bildet auch beim *Palast* von Mallia ein großer Hof den Mittelpunkt der Anlage, um den sich zahlreiche Räume gruppieren. Die Anordnung der Räume ist hier aber übersichtlicher, klarer, nicht so labyrinthhaft. Die Ausstattung ist bescheidener, was auf eine geringere Bedeutung der Könige von Mallia schließen läßt. Vorhanden ist nur das Untergeschoß des Palastes.

Die gefundenen Gegenstände, vor allem ein großes Bronzeschwert und eine Streitaxt in Form eines Leoparden, sind im Archäologischen Museum in Iraklion untergebracht.

500 m nördlich des Palastes wurde in unmittelbarer Nähe der Küste die *Nekropole von Chrysolakkos* ausgegraben, ein 30 mal 38 m großes Bauwerk mit Königsgräbern aus dem 19. und 18. Jahrhundert v. Chr. Die einzelnen Räume (Grabkammern) hatten keine Türen. Die Minoer setzten die Verstorbenen von oben her bei und verschlossen die Öffnungen mit schweren Steinplatten. Die Gräber waren bei ihrer Freilegung bereits geplündert, doch fand man einen Goldanhänger, der zwei Bienen auf einer Honigwabe zeigt.

Literatur: C. Tiré, H. van Effenterre, Guide des fouilles françaises en Crète. Paris 1966.

Malta

Da die maltesische Inselgruppe südlich von Sizilien das Zentrum des Mittelmeeres bildet, haben fast alle Völker, die einst dieses Meer beherrschten, auch auf Malta ihre Spuren hinterlassen. Die großartigsten Zeugnisse alter Kulturen stammen aber nicht von den Phönikern, Karthagern und Römern, sondern von unbekannten Völkerschaften des 4. und 3. Jahrtausends.

Geschichte

Wir kennen die Siedler nicht, die sich zu Beginn des 4. Jahrtausends, vielleicht auch schon im 5. Jahrtausend, auf Malta niederließen, um von hier aus die Verbindung zwischen dem östlichen und dem westlichen Mittelmeer, zwischen Europa und Afrika zu kontrollieren. Vermutlich kamen diese ersten Völker vom nahen Sizilien, obwohl dort bisher keine ähnlichen Bauten gefunden wurden.

Die prähistorischen Siedler bauten aus gigantischen Steinplatten einzigartige Tempel, deren Grundriß die Form eines Kleeblatts hat, d.h., drei runde Kammern umgeben einen viereckigen Mittelraum. Diese Tempel dienten wahrscheinlich dem Totenkult. In den folgenden anderthalb- bis zweitausend Jahren wuchsen die Tempel, die Zahl der Kammern vergrößerte sich, die Räume wurden kunstvoll ausgestaltet.

Um 2000 v. Chr. brach die Tempelkultur unvermittelt ab. Ein neues, kriegerisches Volk hatte von dem Archipel Besitz ergriffen. Diese sog. Brandgräberkultur hielt sich bis zur Mitte des 15. Jahrhunderts v. Chr. Die daran anschließende Zeitspanne bis zum Erscheinen der Phöniker ist fast völlig in Dunkel gehüllt.

Die geschichtliche Zeit Maltas begann mit den Phönikern, die etwa um 1000 v. Chr. von → Tyros aus die Inselgruppe erreichten. Malta dürfte zunächst nur ein Stützpunkt der phönikischen Kaufleute auf ihren Fahrten nach Westen gewesen sein. Im 9. oder 8. Jahrhundert v. Chr. übernahmen die Phöniker die Herrschaft über die Inselgruppe und bauten auf der höchsten Erhebung Maltas die Stadt Melite (heute Mdina). Im 8. oder 7. Jahrhundert v. Chr. gründeten die Bewohner von Melite eigene Kolonien an der tunesischen Küste und auf Pantelleria. Die Griechen, die sich seit dem 8. Jahrhundert v. Chr. auf Sizilien niederließen, haben wohl nie versucht, die Phöniker von Malta zu vertreiben. Um 500 v. Chr. dürfte das phönikische → Karthago die Herrschaft über Malta angetreten haben. Im 4. und 3. Jahrhundert v. Chr. war Malta eine reiche Insel und wegen ihrer weichen Gewebe, die sogar mit den Tuchen von → Kos konkurrieren konnten, berühmt.

257 v. Chr. plünderte der römische Konsul M. Atilius Regulus Malta während des Ersten Punischen Krieges. Zu Beginn des Zweiten Punischen Krieges, im Jahre 218 v. Chr., besetzte der römische Konsul Tiberius Sempronius Longus die Insel, deren karthagische Garnison sich kampflos ergab. Von da an gehörten Malta und seine Nachbarinsel Gozo zur römi-

schen Provinz Sicilia. Während der Kaiserzeit stand Malta wieder in hoher wirtschaftlicher Blüte.

Im Jahre 60 strandete vor Malta das Schiff, das den Apostel Paulus von Kleinasien nach Rom bringen sollte, wo Paulus ein Gerichtsverfahren erwartete. Der Apostel rettete sich schwimmend an Land und blieb drei Monate auf der Insel, bis er nach Rom weiterreiste.

Archäologie

Schon in der Mitte des 17. Jahrhunderts existierte in Valetta eine kleine Sammlung maltesischer Altertümer. Im 18. Jahrhundert erweiterte der Franzose de Rohan die Sammlung. 1824 begannen Archäologen mit der Ausgrabung der gigantischen Tempelanlage Gigantija auf der Nachbarinsel Gozo. 1865 entdeckte der deutsche Forscher Issels die Höhle Ghar Dalam mit den ältesten Zeugnissen einer neolithischen Kultur: Fragmente dickwandiger Keramikkrüge sowie Terrakottaköpfe von Haustieren aus der Zeit von 3800 bis 3600.

Zu Beginn des 20. Jahrhunderts versank bei Ausschachtungsarbeiten südlich der Hauptstadt ein Bauarbeiter in der Erde. Dieser Sturz, den der Arbeiter unverletzt überstand, führte zur Entdeckung des Hypogäums von Paola. Die Erforschung des unterirdischen Heiligtums leitete der Archäologe P. E. Magri. 1914 bis 1919 wurde der Tempelkomplex von Hal Tarxien freigelegt.

Ausgrabungsstätte

Nordwestlich der heutigen Hauptstadt Valetta trifft der Reisende in der *Minsija,* einer einsamen Gegend, auf geheimnisvolle Doppelspuren, auf parallel laufende, halbmetertiefe Rinnen im Felsenuntergrund, die vermutlich von schlittenartigen Gleitkarren herrühren. Auch an anderen Stellen Maltas und auf der Nebeninsel Gozo, dem »Land der Kalypso«, sind solche »Schienenstränge« mit »Weichen« und »Kreuzungen« zu finden. Man nimmt an, daß dieses »Verkehrsnetz« in vorphönikischer Zeit, vielleicht sogar im Neolithikum entstand.

Malta und Gozo beherbergen die ältesten Steintempel der Menschheit, rund dreißig megalithische Kultbauten aus dem 4. und 3. Jahrtausend. Besonders eindrucksvoll ist die *Gigantija* auf Gozo, die wohl im letzten Viertel des 4. Jahrtausends erbaut und in den folgenden Jahrhunderten erweitert wurde. Die Bedeutung dieser Bauwerke ist noch immer umstritten. Es könnte sich um Heiligtümer handeln, die dem Totenkult dienten. Charakteristisch für alle diese Bauten ist die mehr oder weniger stark abgewandelte Kleeblattform des Innenraums. Gewaltige, aufrecht stehende Kalksteinblöcke – der größte mißt 5,50 mal 4,50 m – bilden die Außenwand der Gigantija, die noch heute eine Höhe von über 5 m hat. Der Raum zwischen Außen- und Innenwand ist mit kleineren Steinen und mit Erde gefüllt. Die erste Bauphase bestand aus den Räumen 1 und 2, denen sich in der zweiten Bauphase der ovale Raum 3 anschloß. In der dritten Bauphase entstand der Komplex 4, 5, 6. Die Innenräume waren mit Mörtel verputzt und rot gestrichen.

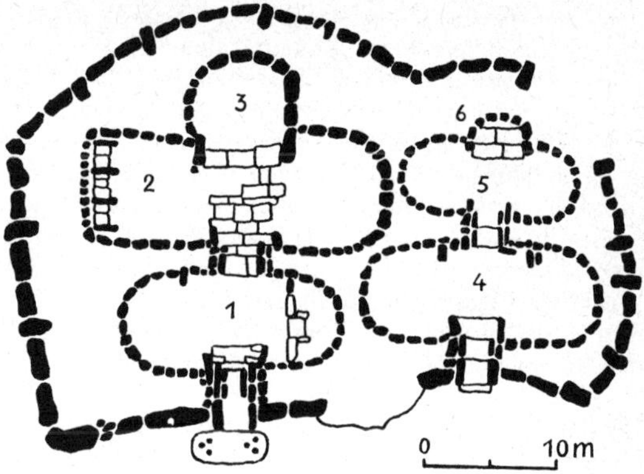

Malta: Gigantija

Die Tempelruinen von *Hagar Kim* (Hagar Qim) erheben sich unweit der Südküste von Malta auf einem 130 m hohen Hügel. Es sind mehrere Heiligtümer, die an dieser Stelle nacheinander errichtet, erweitert und umgebaut wurden, so daß der heute sichtbare Grundriß wirr und planlos erscheint. Als Baumaterial verwendeten die Inselbewohner den weichen und daher wenig beständigen goldfarbenen Globigerinen-Kalkstein. In einer Kultnische fanden die Ausgräber sieben Kalkstein-Statuen von etwa einem Drittel Lebensgröße. Die eindrucksvolle Tempelfassade war ursprünglich 10 bis 12 m hoch. Die mächtigen Steinplatten wiegen bis zu 30 Tonnen (600 Zentner).

Die benachbarte Tempelgruppe von *Mnaidra* (Minajdra) besteht wiederum aus einem älteren kleeblattförmigen Heiligtum, zu dem später zwei größere, vielräumige Anlagen hinzukamen. Das Innere des Südwest-Tempels war mit einem Wabenmuster bedeckt, von dem gut erhaltene Teile noch am Eingang zur »Kammer der Pfeiler-Tabernakel« zu sehen sind; den Eingang bildet eine sog. Türlochplatte, die von einem Trilithon eingerahmt wird.

Südlich von Valetta liegt *Hal Tarxien,* die größte megalithische Tempelgruppe Maltas: Vier Kultbauten erstrecken sich über eine Fläche von mehr als einem Hektar. Das kleine, fast völlig zerstörte Heiligtum im Osten stammt vermutlich aus dem frühen 3. Jahrtausend, während die drei anderen Tempel um das Jahr 2400 und später zu datieren sind. Im Tempel II, dem jüngsten der Kultbauten, stießen die Ausgräber auf besonders interessante Funde: Steinblöcke mit wundervollen Spiralreliefs, naturalistische Darstellungen von Opfertieren, ein Opfermesser mit scharfer Feuersteinklinge, den Torso einer ursprünglich etwa zweieinhalb Meter großen, fettleibigen Kolossalstatue.

Das *Hypogäum* von Paola (Halsaflieni), südlich der Hauptstadt, ist ein riesiges, unterirdisches Heiligtum aus der Mitte des 3. Jahrtausends. Ein Labyrinth von Gängen und Räumen erstreckt sich über drei Stockwerke. Die Bedeutung der einzelnen Kammern und Hallen ist noch weitgehend ungeklärt. Etliche Räume enthalten faszinierende Wand- und Deckenmalereien. In einem dieser Räume fanden die Ausgräber zwei Kleinplastiken aus Terrakotta: schlafende Priesterinnen mit entblößtem Oberkörper. Nach dem Eindringen einer neuen Bevölkerung um 2000 diente die unterirdische Anlage als Begräbnisstätte (lat. Hypogäum), denn man fand in den Kammern die Gebeine von rund 7000 Menschen.

Literatur: J. D. Evans, Malta. Köln 1963.

Mari

Die altorientalische Stadt Mari liegt am rechten Euphratufer in Syrien unweit der Grenze zum Irak. Mari war im 3. Jahrtausend und in altbabylonischer Zeit (1950–1700 v. Chr.) ein bedeutender Stützpunkt auf der Handelsstraße zum Mittelmeer. Die Ruinenstätte heißt heute *Tell Hariri.*

Geschichte

Erste Besiedlungsspuren in Mari stammen aus dem späten 4. Jahrtausend. Durch ihre günstige Lage kam die Stadt schnell zu wirtschaftlicher und politischer Bedeutung. Um 2700 drangen Truppen aus Mari bis nach Südmesopotamien vor. Andererseits brandschatzten Truppen aus → Lagasch die große Stadt am mittleren Euphrat. Im Gegensatz zu den sumerischen Städten lebten in Mari vorwiegend Semiten.

Als Sargon um 2350 das akkadische Großreich gründete, verlor auch Mari seine Unabhängigkeit. Einen Aufstand gegen die Akkader schlug Naramsîn (um 2320–2284), ein Enkel des großen Sargon, nieder. Gegen Ende des 3. Jahrtausends erneuerte Schulgi (Dungi; um 2105–2058), König von Ur, die Stadt. Wenige Jahrzehnte darauf erhob sich der Amoriter Ischbi Irra, Stadtfürst von Mari, gegen die Herrscher in → Ur und löste damit den Zusammenbruch der dritten Dynastie von Ur aus. Ischbi Irra gründete im Jahre 2022 in Isin eine neue Dynastie und teilte sich mit dem König von Larsa die Herrschaft über Sumer und Akkad. Mari, jetzt vorwiegend von Amoritern bewohnt und regiert, steigerte seine Bedeutung als Handelsmetropole zwischen Mesopotamien und dem Mittelmeer.

Im 18. Jahrhundert v. Chr. eroberte der Assyrerkönig Schamschi Adad I. die Stadt und setzte seinen Sohn als Stadtoberhaupt ein. Aber Zimrilim, dem Kronprinzen von Mari, gelang es, die Assyrerherrschaft wieder abzuschütteln. Er verbündete sich mit Rimsîn, dem König von Larsa, gegen den Babylonier Hammurabi. Nach dem Tode von Rimsîn konnten

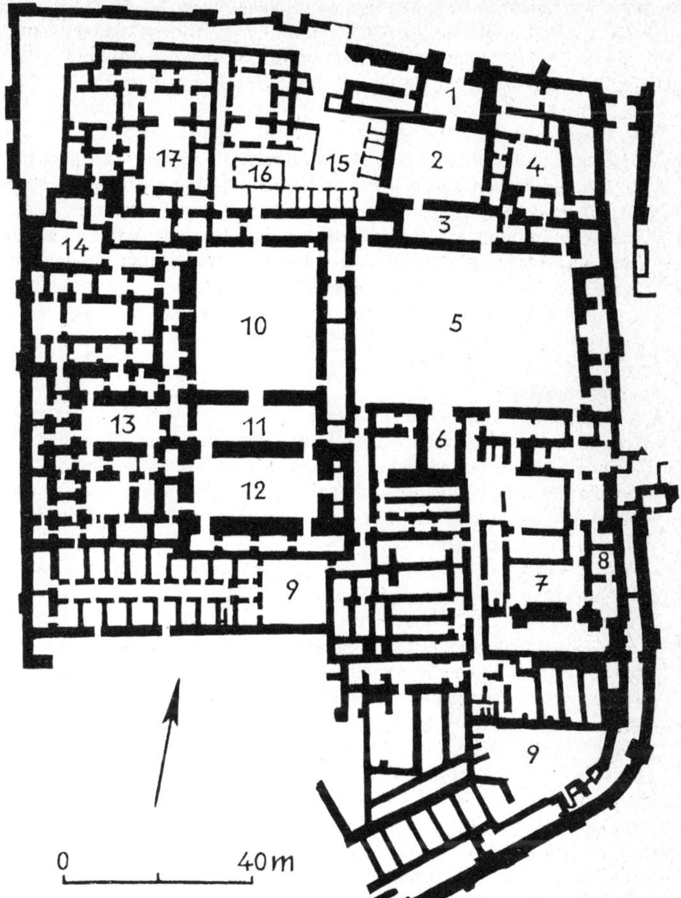

Mari: Palast

1 Torhalle 2 Torhof 3 Verbindungshalle 4 Palastwache und Gästetrakt 5 Großer Hof 6 Audienzsaal 7 Repräsentationsräume 8 Tempel 9 Wirtschaftsräume, Magazine 10 Quadratischer Hof 11 Thronsaal 12 Festsaal 13 Verwaltungstrakt 14 Schreiberschule 15 Wirtschaftshof 16 Hauskapelle 17 Wohntrakt des Königs

die Babylonier Mari bezwingen. Bald darauf töteten die Bewohner von Mari die babylonische Besatzung. Hammurabi schlug den Aufstand blutig nieder; er ließ die Mauern schleifen und die Stadt plündern und brandschatzen. Von dieser Zerstörung erholte sich Mari nie mehr.

Archäologie

1933 entdeckte der in Abu Kamal stationierte französische Leutnant Cabane auf dem nahen Tell Hariri eine kopflose Statue mit Keilschriftzeichen. Noch im selben Jahre begann ein französisches Team unter André Parrot mit Grabungen auf dem Tell, die bis 1939 andauerten und 1951 fortgesetzt wurden. 1965 stießen die Archäologen unter dem altbabylonischen Königspalast auf einen weiteren Palast aus dem 3. Jahrtausend. Außerdem konnten sie einen Ischtar-Tempel aus der Zeit um 2500 v. Chr. freilegen.

Ausgrabungsstätte

Das ovalförmige Stadtgebiet hatte eine Ausdehnung von etwa 1000 m in der Länge und 800 m in der Breite. In der Mitte der Stadt erhob sich auf einer rechteckigen Grundfläche von 42 mal 25 m die *Ziqqurrat* von Mari. Dieser Stufenturm wurde über einer rotsteinigen Ziqqurrat aus dem frühen 3. Jahrtausend errichtet, die wiederum einen uralten Vorgänger aus grau-grünen Lehmziegeln hat.

An die Ziqqurrat lehnt sich der sog. *Löwentempel,* ein heiliger Bezirk mit zahlreichen Tempeln aus vorsargonischer Zeit.

Weitere Tempel im Stadtgebiet waren den Gottheiten Ninhursag, Schamasch, Nini Zaza und Ischtar geweiht. Im Ischtar-Tempel fanden die Archäologen zahlreiche Weihtafeln, eine Statue des Königs Lamgi Mari sowie eine des Oberaufsehers Ebih Il.

Der weitläufige *Königspalast* ist die größte orientalische Residenz des 2. Jahrtausends v. Chr., die bisher entdeckt wurde. Zimrilim, der letzte König von Mari, gilt als sein Erbauer. Auf einer Fläche von fast drei Hektar drängen sich, mehr als 300 Räume und Höfe. Der Palast war eine Stadt für sich, mit Tempel, Thronsaal, Repräsentationsräumen, Wohn- und Verwaltungstrakten, Vorratsgebäuden, Küchen, Schulräumen. Im Verwaltungstrakt stießen die Ausgräber auf ein Archiv mit fast 25000 Tontafeln des ausgehenden 18. Jahrhunderts v. Chr. Der Palast war mit herrlichen Wandmalereien versehen. Unter dem Palast des Zimrilim kam ein Vorgängerbau aus dem 3. Jahrtausend zum Vorschein, in dem zahlreiche Beterstatuetten, Perlmutter-Intarsien und der berühmte »Schatz im Tonkrug« gefunden wurden.

Die Ausgrabungsstücke befinden sich im Pariser Louvre und im Archäologischen Museum von Aleppo.

Literatur: A. Parrot, Mari. München 1953.

Masada

Am Ostrand der judäischen Wüste ragt dicht am Toten Meer ein Felsmassiv steil empor. Auf dem rund 400 m hohen Plateau liegt Masada, eine einzigartige Ruinenstätte aus der Zeit des 1. Jahrhunderts n. Chr. Hier zerbrach im Jahr 73 n. Chr. der jüdische Widerstand gegen die Römer. Heute gilt Masada als Symbol der israelischen Freiheit.

Geschichte

Schon vor rund 6000 Jahren lebten in einigen Höhlen von Masada Menschen. Tonscherben zeugen von einer Besiedlung des Plateaus zwischen 1000 und 700 v. Chr. In den Jahren 36 bis 30 baute Herodes der Große das Plateau zu einer königlichen Festung aus. Aus dieser Zeit stammen die eindrucksvollsten Bauwerke. Später wurde Masada römische Garnison. 66 n. Chr. eroberten Zeloten (Anhänger der jüdischen Nationalpartei Palästinas) die Garnison und verteidigten den mächtigen Felsen als letztes Bollwerk gegen die Römer. 72 n. Chr. begann der römische Statthalter Flavius Silva mit der Belagerung der Bergfeste und ließ eine Rampe bis zum Gipfel des Felsens aufschütten. Als es der 10. Legion gelang, am Ende der Rampe eine Bresche in die Mauer zu schlagen und die Lage für die Verteidiger damit hoffnungslos geworden war, setzten die Eingeschlossenen – 960 Männer, Frauen und Kinder – unter ihrem Anführer Eleazar ben Yair ihrem Leben selbst ein Ende.

Archäologie

1838 beschrieben die beiden amerikanischen Reisenden Edward Robinson und E. Smith die sichtbaren Ruinen auf dem Felsplateau. Smith erkannte in der Stätte das antike Masada. Die erste genauere Beschreibung lieferte der amerikanische Missionar S. W. Wolcott, der die Festung aufgrund der Angaben Robinsons untersuchte. 1851 zeichnete der französische Archäologe F. de Saulcy den ersten Plan von Masada. Zahlreiche Archäologen, wie E. Guillaume Rey, H. B. Tristram, Warren, A. von Domaszewski, Christopher Hawkes, Adolf Schulten, vervollständigten in den folgenden hundert Jahren das Bild von der Wüstenfestung.

Im Auftrag der Israel Exploration Society, der Hebräischen Universität von Jerusalem und der Altertümerverwaltung folgten 1955/56 unter J. Aviram und 1963/64 sowie 1964/65 unter Yigael Yadin drei bedeutende Grabungskampagnen.

Ausgrabungsstätte

Das Felsplateau von Masada ist von einer 1300 m langen *Kasemattenmauer* umgeben, also von einer doppelten Mauer, deren Zwischenraum durch Trennwände in zahlreiche Kammern unterteilt ist. Dieser Mauertyp war im 1. vorchristlichen Jahrhundert sehr beliebt, da sich Truppenunterkünfte, Vorratsräume und Arsenale bequem in dem Verteidigungswerk unterbringen ließen. Die Festungsmauer von Masada enthielt über 110 verschieden große Räume.

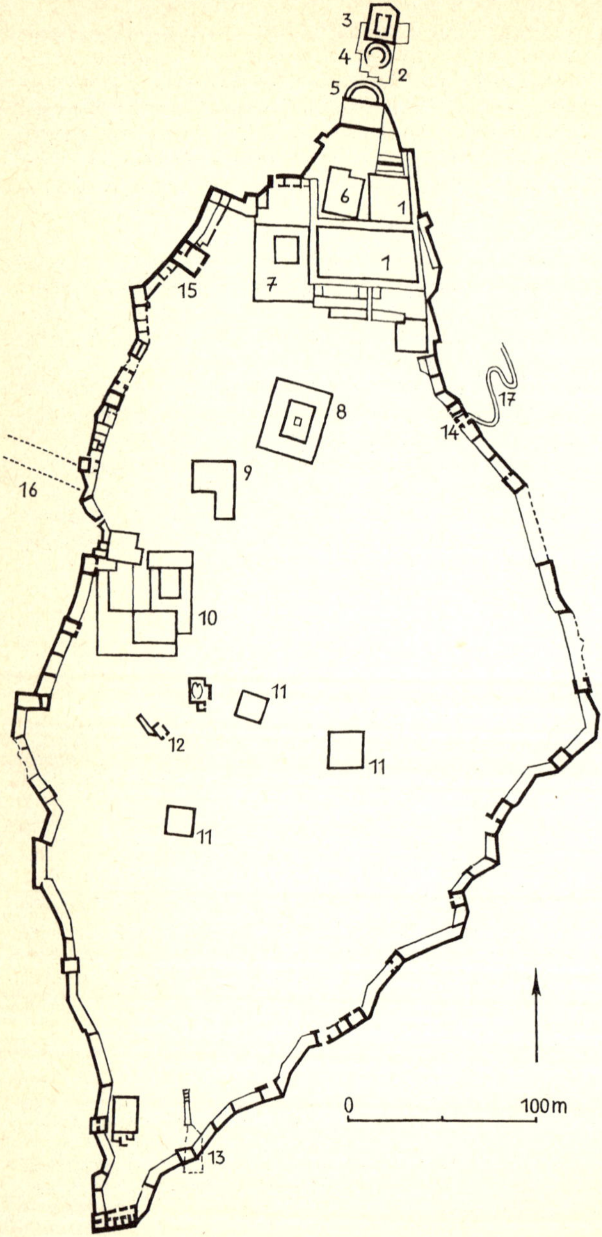
3
4
2
5
6
1
1
7
15
17
8
14
9
16
10
11
12
11
11
0
100m
13

In der Nordecke des Plateaus schwebt außerhalb der Mauern der großartige *Terrassenpalast* des Herodes. Er wurde erst 1955 entdeckt. Die obere Terrasse enthält die Wohnräume des Palastes und einen großen, halbrunden Balkon. Die mittlere Terrasse besteht aus einem Säulenpavillon. Auf der unteren Terrasse befindet sich eine Halle mit gut erhaltenen Wandmalereien. Die drei Terrassen sind durch eine überdachte Treppe miteinander verbunden. Südlich an die obere Terrasse schließen sich eine Thermenanlage römischen Stils, ausgedehnte Vorratshäuser und ein Verwaltungsgebäude an.

Eine Besonderheit Masadas ist das *Wohnhaus* mit seinen neun Apartments, die aus je zwei kleinen Räumen und einem großen Hof bestehen. Hier dürften Beamte oder Offiziere gewohnt haben. In einem der Apartments fand man eine größere Anzahl israelischer Silbermünzen, zum Teil noch in prägefrischem Zustand.

Am Westtor der Mauer erhebt sich auf einer Fläche von fast 4000 qm der *Hauptpalast des Herodes* mit Wohn-, Wirtschafts-, Vorrats- und Verwaltungstrakten sowie einem prächtigen Thronsaal. Fünf Villen liegen um diesen Palast; in ihnen wohnten wahrscheinlich Angehörige des Königshauses.

Literatur: Y. Yadin, Masada. Der letzte Kampf um die Festung des Herodes. Hamburg 1967.

Medum

Rund 80 km südlich von Kairo steht die Ruine der großen Pyramide des Königs Huni wie ein Riesenturm im Wüstensand. Die Pyramide von Medum (Meidum) zählt zu den eindrucksvollsten Bauwerken des Alten Reiches.

Geschichte

Huni, der letzte König der 3. Dynastie (2778–2723) begann mit dem Bau der Pyramide von Medum. Vollendet wurde der Grabbau vermutlich von Snofru, seinem Sohn, dem ersten König der 4. Dynastie. Da seine Mutter Meresanch eine Nebenfrau des Königs war, sicherte sich Snofru die Nachfolge auf dem Thron, indem er seine Halbschwester Hetepheres heiratete.

Masada

1 Vorratsräume 2 Palast des Herodes 3 untere Terrasse 4 mittlere Terrasse 5 obere Terrasse 6 Thermen 7 Verwaltungsgebäude 8 Wohnhaus 9 byzantinische Kapelle 10 Westpalast des Herodes 11 Villen 12 Schwimmbecken 13 unterirdische Zisterne 14 Tor zum Schlangenpfad 15 Synagoge 16 römische Rampe 17 Schlangenpfad

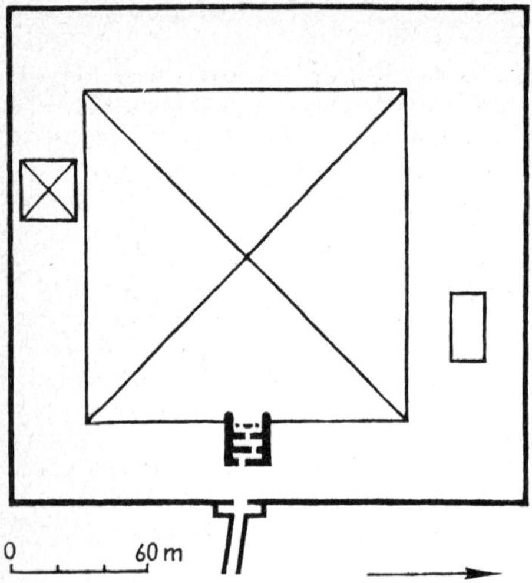

Pyramide von Medum

Ausgrabungsstätte
Die Pyramide von Medum hat eine quadratische Grundfläche mit etwa 135 m Seitenlänge. Sie dürfte bei einem Neigungswinkel von 51° 52′ eine Höhe von rund 92 m haben. Die Außenverkleidung aus Tura-Kalksteinblöcken wurde vor langer Zeit entfernt und als Baumaterial verwendet.

Die Pyramide steht auf einem natürlichen Felsen. Der Kern ist ein achtstufiger Steinbau. Der Eingang liegt im Norden, 30 m über der Basis. Ein 57 m langer Gang führt in den Felsen hinunter und endet in einem Schacht, der senkrecht zur Grabkammer des Huni aufsteigt. Die 2,65 mal 5,90 m große Grabkammer hat ein Kraggewölbe. An die Ostseite der Pyramide lehnt sich der Totentempel an.

In einer nahen Mastaba fand der französische Archäologe Mariette die großartigen farbig bemalten Kalksteinstatuen des Prinzen Rahotep und seiner Frau Nofret. In dem Grab des Nefermaat entdeckte Vassali die berühmte Wandmalerei der »Gänse von Medum«. Die Funde werden im Museum in Kairo aufbewahrt.

Megiddo

Die Ausgrabungsstätte von Megiddo liegt am Südwestrand der Jesreel-Ebene im Norden Israels. Eine 4000jährige durchgehende Besiedlung bot den Archäologen reichhaltiges Material, vom Neolithikum bis ins 4. nachchristliche Jahrhundert.

Geschichte

Die ältesten Siedlungsspuren von Megiddo stammen aus dem 4. Jahrtausend. Die strategisch wichtige Lage am Paß über das Karmel-Massiv begünstigte schon um 3000 die Entwicklung der Siedlung zu einer stark befestigten Stadt. Um 1480 v. Chr. eroberten die Ägypter unter Thutmosis III. Megiddo, um den Landweg nach Syrien zu öffnen. Bis Ende des 12. Jahrhunderts v. Chr. blieb die Stadt unter ägyptischem Einfluß. Die alte Kanaanäerstadt wird in mehreren Schriften erwähnt, u. a. auch in den berühmten Amarnabriefen des 14. Jahrhunderts v. Chr. Von dem Reichtum der Stadt im 13. und 12. Jahrhundert zeugen die Schätze, die man im Palast von Megiddo fand: Gegenstände aus Gold und Lapislazuli und vor allem großartige Elfenbeinschnitzereien.

Nach 1000 v. Chr. eroberte David die Stadt. Sein Sohn und Nachfolger Salomo baute Megiddo aus, ließ einen neuen Palast und eine Zitadelle errichten. Nach der Teilung des salomonischen Reiches kam Megiddo zu Israel. König Ahab (871–852) schuf die berühmten Pferdeställe, die früher Salomo zugeschrieben wurden. 733 v. Chr. kam die Stadt unter die Herrschaft der Assyrer. 609 v. Chr. stellte sich hier Josia, König von Juda, den Truppen des Pharaos Nechos entgegen, um ein Zusammengehen der Ägypter und Assyrer gegen die Babylonier zu verhindern. Josia verlor die Schlacht und fand auf rätselhafte Weise den Tod. Seit der persischen Zeit hatte Megiddo seine Bedeutung verloren.

Archäologie

1903 bis 1905 arbeiteten auf dem *Tell el-Mutesellim,* dem Siedlungshügel von Megiddo, deutsche Archäologen. 1925 bis 1939 führte das Oriental Institute of Chicago umfangreiche Ausgrabungen durch, die 1960 und seit 1966 von israelischen Wissenschaftlern fortgesetzt wurden.

Ausgrabungsstätte

Der riesige Tell von Megiddo barg 20 Siedlungsschichten. Zu den bedeutendsten Funden des 3. Jahrtausends gehört der konisch gebaute, freistehende *Rundaltar*. Er ist 125 cm hoch und hat einen Durchmesser von etwa 7 m. Stufen führen zu ihm hinauf. Rings um den Altar standen mehrere schlichte Tempel des späten 3. und frühen 2. Jahrtausends.

Ein in den Fels gehauener Schacht mit einem anschließenden 70 m langen *Tunnel* ermöglichte schon den Kanaanäern den ungehinderten Zugang zu einer Quelle außerhalb der Stadtmauer.

Die Stadt Ahabs (9. Jahrhundert v. Chr.) war mit starken Kasemattenmauern, einer großen Toranlage, Palast und mehreren Pferdeställen aus-

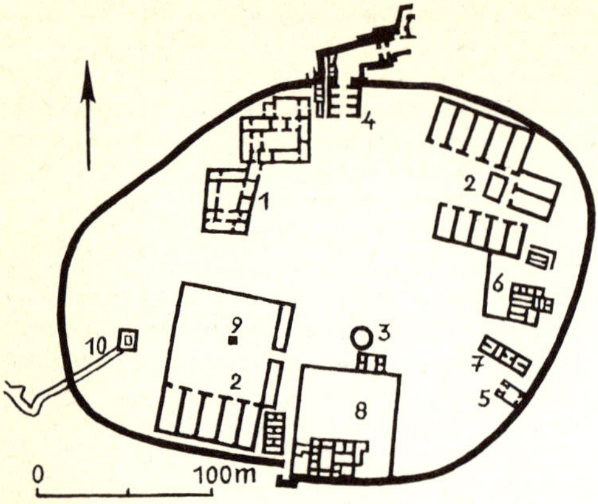

Megiddo

1 Palast Salomos 2 Stallungen 3 Getreidesilo 4 Tor 5 kanaanäischer Tempel 6 Tempel (?) 7 Schatzhaus 8 Südfort mit Kommandantenwohnung 9 Zisterne

gestattet. In den Ställen konnten 450 Pferde untergebracht werden. Die Könige von Israel betrieben – wie auch schon Salomo – einen regen Pferdehandel. Sie importierten die Pferde aus Kleinasien und tauschten sie in Ägypten gegen Streitwagen ein, die sie wiederum in nördlichen Ländern absetzten.

Literatur: R. S. Lemon, G. Shipton, Megiddo I. Seasons of 1925–34. Chicago 1939. – G. Loud, Megiddo II. Seasons of 1935–39. Chicago 1948.

Memphis

Memphis, 20 km südlich von Kairo, war die Hauptstadt des Alten und Mittleren Reiches und bis zur Gründung von Alexandria die kulturelle und wirtschaftliche Metropole Ägyptens. Von der antiken Stadt künden heute nur noch spärliche Ruinen, während ihre Nekropolen in → Gise, → Abusir, → Sakkara und → Dahschur einzigartige Zeugnisse altägyptischer Kultur darstellen.

Geschichte

Um 3000 vereinigte ein König namens Menes (Horus Aha ?, Narmer ?) Ober- und Unterägypten zu einem Reich. Mit diesem Ereignis begann die geschichtliche Zeit Ägyptens. Menes, oberägyptischer König aus Thinis (bei → Abydos) und erster Pharao, gründete die erste Hauptstadt des gesamtägyptischen Reiches, die etwa um 2800 den Beinamen »Waage der beiden Länder« erhielt. Der griechische Name Memphis geht auf das altägyptische Wort »Mennefru« (Men-nefer) zurück, auf den Namen der Pyramidenanlage Pepis I. (= Men-nefer), nach der die Ägypter seit dem Mittleren Reich auch ihre Hauptstadt benannten.

Nach Herodot soll Menes das Gebiet seiner neuen Residenz durch Deichbauten trockengelegt und mit einer gewaltigen, weiß getünchten Mauer aus Nilschlammziegeln umgeben haben. Die Stadt bildete sich rings um den Tempel des Ptah, des Weltenschöpfers und Schutzgottes von Memphis. Während die Pharaonen der 1. und 2. Dynastie noch zeitweise in Thinis residierten – dort wurden sie auch beigesetzt –, verlegte Djoser, der erste Pharao der 3. Dynastie, seine Residenz endgültig nach Memphis. Mit Djoser begann die Zeit der Steinbauten. Sein Baumeister Imhotep schuf die erste Pyramide, die Stufenpyramide des Djoser (→ Sakkara) und die Paläste des Pharaos. Unter Cheops (4. Dynastie; 2723–2563) entstand bei → Gise die großartigste aller Pyramiden. In der 5. Dynastie (2563–2423) wurde der Kult des Sonnengottes Re zur Staatsreligion erhoben.

In der 6. Dynastie (2423–2263) verstärkte sich die Macht der Gaufürsten. Die politische und religiöse Ordnung zerbrach. Die erste Zwischenzeit (2263–2133) wurde von Bürgerkriegen erschüttert. Erst dem Fürsten Mentuhotep Nebhepet-Re aus Theben (11. Dynastie; 2133–1992) gelang wieder die Einigung des Reiches. Er verlegte die Residenz nach → Theben. Doch schon die starken Könige der 12. Dynastie (1991–1786) kehrten wieder nach Memphis zurück. Nubien wurde bis zum zweiten Katarakt ägyptische Kolonie. Palästina kam unter die Herrschaft der Pharaonen. Ägypten erlebte eine hohe Blüte.

Danach folgte wieder eine Epoche des Niedergangs: die zweite Zwischenzeit (13.–17. Dynastie; 1785–1551). Hunderttausende von asiatischen Arbeitern und Handwerkern hatten sich in Ägypten niedergelassen und ebneten den semitischen Hyksos, die mit Pferd, Wagen und neuen Kriegstechniken in das Niltal einfielen, den Weg. Die Hyksos eroberten die Hauptstadt Memphis und setzten eigene Pharaonen ein. Ihre Residenz schufen sie sich in Avaris im nordöstlichen Nildelta. Memphis blieb aber nach wie vor eine wirtschaftlich und kulturell bedeutende Stadt. Nach der Vertreibung der Hyksos (seit 1600 v. Chr.) wurde → Theben die neue, glanzvolle Hauptstadt Ägyptens.

Im 4. nachchristlichen Jahrhundert ließ Kaiser Theodosius die Tempel von Memphis zerstören. In islamischer Zeit dienten die Ruinen der alten Hauptstadt als Steinbruch für das aufstrebende Kairo.

Archäologie

1888 entdeckten Ausgräber die zweite Kolossalstatue Ramses II.; 1954 kam das Kalksteinbildwerk nach Kairo und wurde dort auf dem Bahnhofsvorplatz aufgestellt. 1912 stieß man auf den Alabaster-Sphinx. Nach dem Zweiten Weltkrieg führten amerikanische Archäologen im Bereich des Ptah-Tempels systematische Ausgrabungen durch.

Ausgrabungsstätte

Von der Hauptstadt des Alten Reiches, die der arabische Schriftsteller Abdellatif als sinnverwirrend und unbeschreiblich schön beschreibt, ist nur noch wenig geblieben, was an den Glanz der einstigen Pharaonen-Metropole erinnert. Die Ausgrabungsstätte liegt rings um das kleine Dorf *Mit Rahina* (Mit Rahineh).

Der *Tempelbezirk des Ptah,* vor fast fünftausend Jahren von der berühmten »Weißen Mauer« umgeben, zeigt sich nur noch als grandiose Anhäufung von Ziegelschutt. Einzelheiten des Ptah-Tempels sind nicht mehr feststellbar. Lediglich ein mächtiger Alabastertisch, 5,40 m lang, 3,07 m breit und 1,20 m hoch, konnte in der Südwestecke des Tempelbezirks freigelegt werden. Der etwa 50 Tonnen schwere Stufentisch diente zum Einbalsamieren der heiligen Apis-Stiere. Er stammt vermutlich aus der 26. Dynastie (663–525).

Die *Kolossalstatue Ramses' II.* ließ der große Pharao vor dem Südtor des Tempelbezirks aufstellen. Die ursprünglich 13,50 m hohe Kalksteinstatue ist umgestürzt und mißt nur noch 10,30 m. Brust, Gürtel und rechte Schulter sind mit Königskartuschen geschmückt, der Dolch zeigt zwei Falkenköpfe. Das Pendant zu der Statue steht heute vor dem Kairoer Hauptbahnhof. Ramses II. regierte von 1290–1224.

Der *Alabastersphinx* stand ebenfalls vor dem Südeingang des Tempelbezirks. Er ist 8 m lang und 4,25 m hoch; sein Gewicht schätzt man auf rund 80 Tonnen. Der Königskopf auf dem Löwenkörper stellt wahrscheinlich den Pharao Amenophis II. (1438–1412) dar.

Nur noch Steintrümmer weisen auf die Paläste der Pharaonen Merenptah (1224–1204) und Apries (588–568) sowie auf den Siamun-Tempel hin.

Literatur: R. Anthes, Mit Rahineh 1955. Philadelphia 1959. – Ders., Mit Rahineh 1956. Philadelphia 1965.

Milet

Die Ruinenstätte von Milet (Miletos), der berühmten antiken Handelsstadt und größten der ionischen Städte, liegt an der Westküste der Türkei, etwa 130 km südlich von Izmir.

Geschichte

Die Halbinsel, die damals in die Mündungsbucht des Mäander (griech. Maiandros; heute Büyük Menderes Nehri), in den Latmischen Golf, hinausragte, war schon um 1600 v. Chr. von Kretern bewohnt. Sie hatten dort eine minoische Kolonie gegründet. Im 13. Jahrhundert v. Chr. unterhielten die Achäer in Milet eine Faktorei. Zwei Jahrhunderte später er-

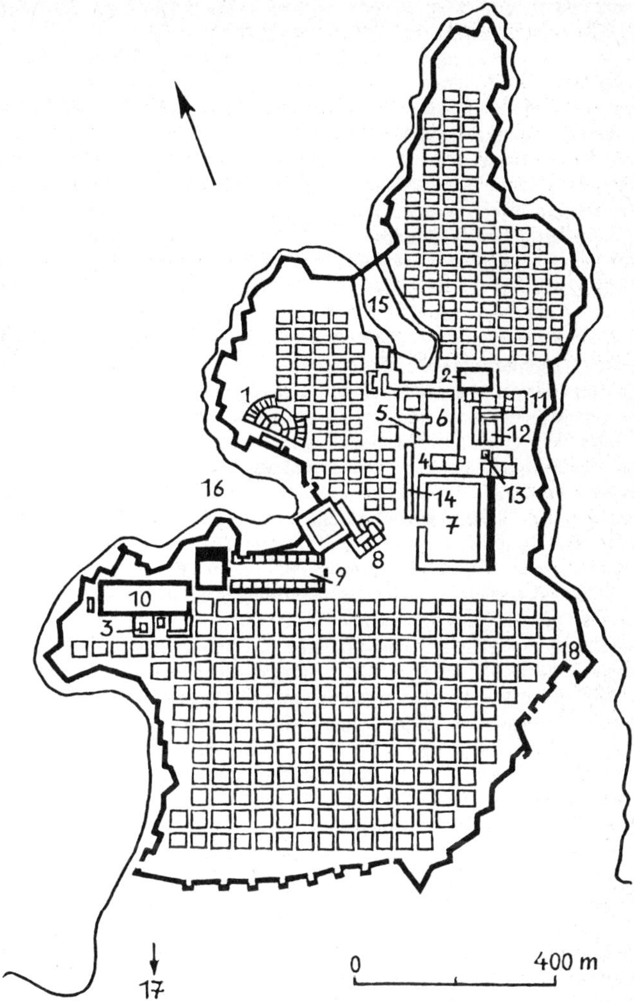

Milet

1 Theater 2 Delphinion 3 Athena-Tempel 4 Buleuterion 5 Prytaneion 6 Nord-Agora 7 Süd-Agora 8 Faustina-Thermen 9 Stadion 10 West-Agora 11 Thermen des Capito 12 Gymnasion 13 Nymphäum 14 Magazinhalle 15 Löwenbucht 16 Theaterbucht 17 alte Akropolis 18 Löwentor

schienen die Ionier unter dem sagenhaften Neleus und verdrängten die inzwischen zugewanderten Karer.

Seit dem 8. Jahrhundert v. Chr. entwickelte sich die Stadt zu einer der größten Handelsmetropolen der griechischen Welt. Vier Häfen dienten der Ausfuhr von Webwaren und Getreide. Milet gehörte dem Ionischen Zwölfstädtebund an. Milesische Kaufleute drangen seit 630 v. Chr. in das Marmarameer und in das Schwarze Meer vor (Argonautensage) und gründeten mehr als 80 Niederlassungen, z. B. Abydos, Kyzikos, Byzantion, Sinope, Olbia, Istros, Odessos. Zu Beginn des 6. Jahrhunderts v. Chr. erschütterten schwere innere Unruhen die mächtige Stadt, bis es dem Tyrannen Thrasybulos gelang, die Ordnung wiederherzustellen.

Im Jahre 546 v. Chr. stürzten die Perser unter Kyros dem Großen das lydische Reich, dessen Druck Milet als einzige ionische Stadt standgehalten hatte, mit dem es aber seit 602 v. Chr. vertraglich verbunden war. Die Stadt kam unter die Herrschaft der Perser. Von 499 bis 494 versuchte der Zwölftstädtebund unter Milets Führung, das persische Joch abzustreifen. Aber die Perser unterdrückten den Aufstand. Als letzte ionische Stadt fiel Milet 494 v. Chr., nach der Seeschlacht bei der Insel Lade vor den Toren der Stadt, in die Hände der Perser und wurde von Dareios völlig zerstört. Nach den Siegen der Griechen bei Plataä und Mykale im Jahre 479 v. Chr. mußten sich die Perser zurückziehen. Milet wurde nach den Plänen des Hippodamos wiederaufgebaut und trat dem Attischen Seebund bei. Unter dem Schutz Athens folgte eine lange Periode des Friedens und des Wohlstandes. Die Stadt hatte jetzt 80000 Einwohner. 412 v. Chr. kam Milet wieder unter fremde Herrschaft: erst Sparta, dann Persien, schließlich Karien und wieder Persien. Im Jahre 334 v. Chr. nahm Alexander der Große die Stadt ein. Um 300 v. Chr. erschienen die Seleukiden, 190 v. Chr. fiel Milet an das Pergamenische Reich, 133 v. Chr. trat Rom das Erbe Pergamons an. Milet blühte noch einmal auf, vor allem unter den Kaisern Augustus (31 v. Chr.–14 n. Chr.) und Hadrian (117–138).

In Milet wirkten die Philosophen Thales (um 600 v. Chr.), Anaximander (611–546) und Anaximenes (zweite Hälfte des 6. Jahrhunderts v. Chr.), die Historiker Kadmos (erste geschichtliche Aufzeichnungen in Prosa) und Hekataios, der »Vater der Erdkunde« (um 550–480), der Städteplaner Hippodamos (5. Jahrhundert v. Chr.) und Aspasia, die Dichterin, Hetäre und zweite Gemahlin des Perikles (um 450 v. Chr.).

Archäologie

1899 begann der deutsche Archäologe Theodor Wiegand im Auftrag der Königlichen Museen Berlin mit der Freilegung des hellenistisch-römischen Stadtkerns. Vor und nach dem Zweiten Weltkrieg konzentrierten sich die Untersuchungen der deutschen Archäologen vor allem auf die minoische und mykenische Epoche.

Ausgrabungsstätte

Das eindrucksvollste Bauwerk von Milet ist das römische *Theater,* das zu Beginn des 2. Jahrhunderts n. Chr. unter Trajan an der Stelle eines grie-

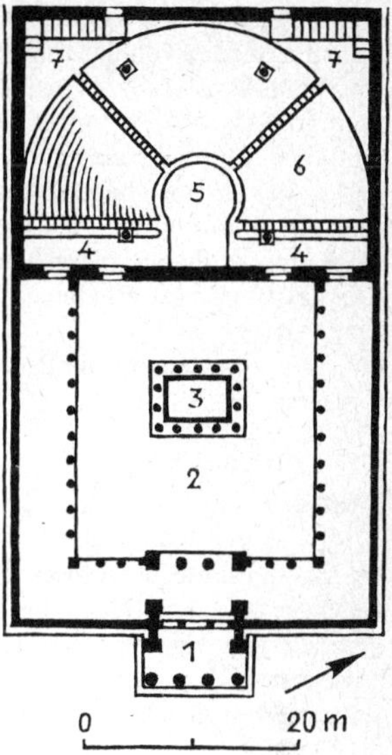

Milet: Buleuterion

1 Propylon 2 Hof mit Säulenhalle 3 »Ehrengrab« 4 »Verteilerflur« 5 »Orchestra« 6 achtzehn Stufenreihen 7 hintere Aufgänge

chischen Theaters aus dem 4. Jahrhundert v. Chr. errichtet und im 3. und 4. Jahrhundert n. Chr. weiter ausgebaut wurde. Seine 3 mal 18 Sitzreihen faßten bis zu 30000 Zuschauer. Es gilt als das schönste Theater Kleinasiens.

An der Löwenbucht, dem Haupthafen der Stadt, entstand im 5. Jahrhundert v. Chr. das *Delphinion,* das dem Apollon Delphinion geweihte Zentralheiligtum der Stadt. Ebenfalls aus dem 5. Jahrhundert v. Chr. stammt der ionische *Athena-Tempel,* unter dem ein Heiligtum der geometrischen Epoche (8. Jahrhundert v. Chr.) entdeckt wurde.

Von dem *Buleuterion* (Sitz der Ratsversammlung) ist heute nur noch wenig zu sehen. Das Bauwerk war zwischen 175 und 164 v. Chr. errichtet und dem Seleukidenherrscher Antiochos IV. Epiphanes gewidmet worden. In dem 35 m breiten Gebäude hatten etwa 500 Personen Platz.

Milet hatte zwei Marktplätze: die 90 m lange und 43 m breite *Nord-Agora,* die im Norden und Westen von Säulenhallen und Läden umgeben war, und die Süd-Agora. Die *Süd-Agora* ist mit 197 mal 164 m der größte bisher bekannte griechische Marktplatz. Die Anlage wurde im 2. Jahrhundert v. Chr. fertiggestellt. Das 29 m breite Nordtor dieser Agora ließ Marcus Aurelius (161–180) errichten.

Die *Faustina-Thermen* stammen aus dem 2. nachchristlichen Jahrhundert. Sie wurden von der römischen Kaiserin Faustina, der Gemahlin des Antoninus Pius (138–161), gestiftet. Die großartigen Ruinen dieser Badeanlage lassen noch immer sehr deutlich die typische Gliederung der römischen Thermenanlagen erkennen.

Das *Stadion* am Theaterhafen war über 230 m lang und 74 m breit. Es wurde im 3. Jahrhundert v. Chr. erbaut und im 3. Jahrhundert n. Chr. von den Römern erheblich vergrößert. Leider sind von dieser Anlage nur noch geringe Mauerreste erhalten.

Literatur: G. Kleiner, Die Ruinen von Milet. Berlin 1968.

Mykene

Die Ruinenstätte der bronzezeitlichen Stadt Mykene (Mykenae, Mykenai) liegt auf einem Hügel der Peloponnes zwischen Korinth und Argos. Mykene gab einer großen Kulturepoche seinen Namen. Es war im 2. Jahrtausend v. Chr. der mächtigste Stadtstaat Griechenlands und Schauplatz großer Dichtungen.

Geschichte

Der Burghügel von Mykene war schon um 3000, also in der frühen Bronzezeit, bewohnt. Die Sage berichtet von König Danaos, der einst das Gebiet der nordöstlichen Peloponnes eroberte. Nach seinem Tode teilten seine beiden Söhne das Reich: Akrisios residierte in Argos, sein Bruder Proitos in Tiryns. Perseus, der Enkel des Akrisios, gründete Mykene. Bald nach 2000 v. Chr. kamen die indogermanischen Achäer ins Land und machten Mykene zu einer blühenden Stadt, die bald die Argolis beherrschte und ihre Vorrangstellung über die ganze Peloponnes ausdehnte.

Im 16. Jahrhundert v. Chr. entwickelte sich unter dem Einfluß des minoischen Kreta die einzigartige mykenische Kultur. Im 15. Jahrhundert v. Chr. überflügelte Mykene die kretische Metropole Knossos, dehnte seinen Herrschaftsbereich über ganz Kreta aus und kontrollierte fortan den Seehandel mit Zypern, Syrien, Palästina und Ägypten. Mykene wurde zum bedeutendsten achäischen Stadtstaat Griechenlands.

Der *Sagenkreis* um Mykene: König Pelops, nach dem die griechische Halbinsel Peloponnes benannt ist, begründete die Dynastie der Pelopiden. Ihm folgte sein Sohn Atreus als König von Mykene. Der zweite Sohn Thyestes verführte die Frau des Atreus. Atreus tötete die aus dem Ehebruch hervorgegangenen Söhne und setzte ihr Fleisch Thyestes als Mahl vor. Durch diese schreckliche Tat zog er den Fluch der Götter auf sich und sein Geschlecht. Nach dem Tod seiner Frau heiratete Atreus Pelopeia, eine Tochter seines Bruder Thyestes, ohne ihre Herkunft zu kennen. Pelopeia gebar Aigisthos, den sie von ihrem Vater Thyestes empfangen hatte. Aigisthos tötete Atreus und machte sich zum König von Mykene.

Doch Agamemnon, ein Sohn des Atreus, vertrieb ihn vom Thron. Wenig später entführte der trojanische Prinz Paris Helena, die Frau des Menelaos. Menelaos, der jüngere Bruder des Agamemnon, war König von Sparta. Daraufhin versammelte Agamemnon die Heere der Achäer, um nach Troja zu ziehen und seine schöne Schwägerin zurückzuholen. Damit der Kriegszug gelänge, opferte er seine Tochter Iphigenie der Göttin Artemis. Als Agamemnon zehn Jahre später siegreich nach Mykene zurückkehrte, ließ ihn seine Frau Klytämnestra durch Aigisthos, der inzwischen ihr Geliebter geworden war, töten. Klytämnestras Tochter Elektra rächte den Tod des Vaters, indem sie ihren Bruder Orestes zum Muttermord anstiftete. Auch Aigisthos fiel der Rache zum Opfer. Damit war genug Blut geflossen, und die Götter nahmen den Fluch zurück. Historischer Hintergrund für diesen Sagenkreis dürften Bürgerkriegswirren im 12. Jahrhundert v. Chr. und die Zerstörung der Sperrfestung → Troja durch die mächtigen Achäer gewesen sein.

In der zweiten Hälfte des 12. Jahrhunderts kamen die Dorer auf die Peloponnes und schleiften die mykenischen Burgen der Argolis.

In geschichtlicher Zeit war Mykene nur noch eine unbedeutende Ansiedlung. Als sich die Bewohner von Mykene der Herrschaft von Argos widersetzten, zerstörten die Argiver im Jahre 468 v. Chr. die Stadt. Von Mykene blieben nur Ruinen, aber die Stadt Agamemnons lebt in Sage und Dichtung weiter.

Archäologie

1874 begann Heinrich Schliemann mit ersten Grabungen auf dem Burghügel. Er suchte den Palast des Agamemnon. 1876 gelang es ihm, sechs Königsgräber mit Skeletten und außergewöhnlich reichen Grabbeigaben freizulegen. 1877 bis 1878 arbeitete der Grieche Stamatakis in Mykene. 1886 bis 1902 führte die Griechische Archäologische Gesellschaft unter Tsountas Untersuchungen durch. 1920 bis 1939 betätigte sich die Britische Archäologische Schule von Athen (British School of Athens) auf dem Gelände der achäischen Metropole. 1950 nahmen die Briten die Grabungen wieder auf und legten 1951 den »äußeren Plattenring« frei, einen Kreis von Schachtgräbern, der in seiner Anlage dem »Plattenring« innerhalb der Burg entsprach.

Ausgrabungsstätte

Das rund 30000 qm große Burggelände ist von einer mächtigen *Mauer* aus grob behauenen Kalksteinblöcken umgeben. Diese Kyklopenmauer wurde um 1350 bis 1330 erbaut und ist bis 17 m hoch und zwischen 3 und 8 m stark. Argivier erneuerten im 3. Jahrhundert v. Chr. einige Mauerabschnitte mit polygonal behauenen Steinblöcken.

Um 1250 v. Chr. entstand das berühmte *Löwentor.* Drei mächtige Monolithen rahmen das Tor, dessen Öffnung 3,25 m hoch ist. Um den liegenden Block zu entlasten, sparten die mykenischen Baumeister ein 3 m hohes Dreieck aus, das sie mit einem steinernen Löwenrelief füllten.

Hinter dem Löwentor fand Schliemann die *Königsgräber,* einen

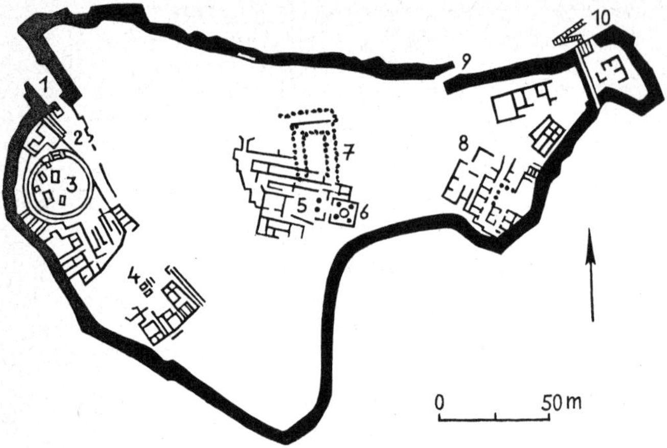

Mykene

1 Löwentor 2 Rampe 3 Königsgräber 4 Häuser 5 Königspalast 6 Megaron 7 Hellenistischer Tempel 8 Haus mit den Säulen 9 Ausfallpforte

26,50 m breiten Schachtgräberring mit sechs Grabstätten aus der Zeit zwischen 1600 und 1500. Hier vermutete Schliemann das Grab Agamemnons und seiner Familie, doch dürfte Agamemnon wesentlich später gelebt haben, wohl um 1200 v. Chr. Dennoch sind es königliche Gräber, denn bei den neunzehn Skeletten fand Schliemann einzigartige und wertvolle Grabbeigaben: goldene Gesichtsmasken, Trinkgefäße, Silberschalen, kostbaren Schmuck, Bronzewaffen usw.

Eine Rampe führt zum *Königspalast* auf der höchsten Stelle des Hügels. Der Palast stammt in seiner jüngsten Bauphase aus dem 13. Jahrhundert v. Chr. Über eine breite, 22stufige Freitreppe gelangt man durch den Torbau in einen 25 mal 12 m großen Hof, an den der Thronsaal und ein Megaron grenzen. Den nördlichen Teil des Palastes nimmt ein hellenistischer Athena-Tempel aus dem 3. Jahrhundert v. Chr. ein, dessen Vorgänger aus dem 8. Jahrhundert an der Stelle des mykenischen Palasttempels erbaut wurde.

Das *Haus mit den Säulen* war ein kleiner, dreistöckiger Palast, der eine verblüffende Ähnlichkeit mit dem von Homer beschriebenen Palast des Odysseus hat.

Ein ursprünglich *überdeckter Stufenweg* (101 Stufen) führt außerhalb der Burgmauern zu einer unterirdischen Zisterne, die durch eine Tonröhrenleitung aus der 360 m entfernten Perseia-Quelle gespeist wurde. Diese

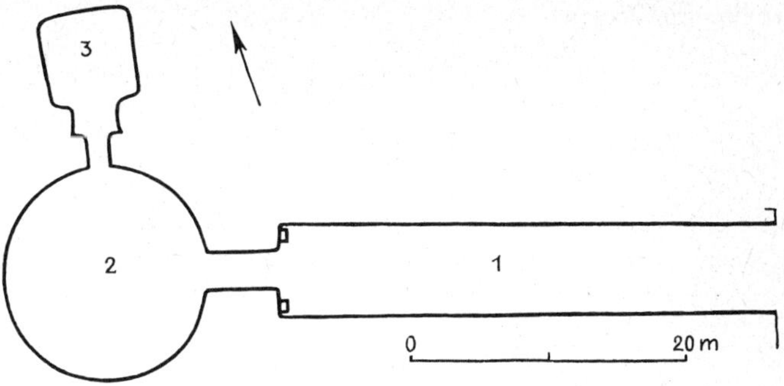

Mykene: »Schatzhaus des Atreus«

1 Dromos 2 Tholos 3 Grabkammer

eindrucksvolle Anlage aus dem 14. Jahrhundert v. Chr. sicherte bei Belagerungen die Wasserversorgung der Burg.

Vor dem Löwentor wurden ein zweiter Schachtgräberring aus dem 16. Jahrhundert v. Chr. und neun spätmykenische *Kuppelgräber* freigelegt, u. a. das »Grab des Aigisthos« (um 1500 v. Chr.), das »Löwengrab« (um 1450 v. Chr.) und das »Grab der Klytämnestra« (um 1300 v. Chr.).

Das großartigste Kuppelgrab aber ist das etwa 500 m vom Löwentor entfernte sog. *Schatzhaus des Atreus,* auch »Grabmal des Agamemnon« genannt. Der Bau entstand um 1330 v. Chr. Ein 35 m langer und 6 m breiter Dromos (Eingangsweg) führt zu dem 5,50 m hohen Grabtor, das oben durch einen gewaltigen Monolithen abgeschlossen wird. Der eigentliche Kuppelbau ist 13,20 m hoch und hat einen Durchmesser von 14,50 m. Die Kuppel ist aus 33 übereinanderliegenden vorkragenden Steinringen gefügt (Kraggewölbe). Sie wurde einst von Bronzerosetten geschmückt. An den Kuppelbau grenzt die eigentliche Grabkammer, die in den Felsen gehauen wurde. Wie die anderen Kuppelgräber war auch das »Schatzhaus des Atreus« bei seiner Öffnung bereits ausgeraubt.

In der Unterstadt sind u. a. die Fundamente von drei *mykenischen Wohnhäusern* aus dem 13. Jahrhundert v. Chr. freigelegt worden: das »Haus der Schilde«, das »Haus des Ölhändlers« und das »Haus der Sphinxe«.

Die Funde aus Mykene befinden sich fast ausschließlich im Nationalmuseum, Athen.

Literatur: H. Schliemann, Mykenae. Leipzig 1878. Nachdruck Darmstadt 1964.

Nîmes (Nemausus)

Die südfranzösische Großstadt Nîmes, das alte keltisch-römische *Nemausus,* ist die an antiken Bauwerken reichste Stadt Frankreichs. Bekannt sind vor allem das Amphitheater, die sog. Maison Carrée und der 24 km entfernte Aquädukt Pont du Gard.

Geschichte

Nemausus war die Hauptstadt des keltischen Volksstammes der Volcae Arecomici, bis Kaiser Augustus um 15 v. Chr. griechisch-ägyptische Veteranen hier ansiedelte und der Stadt den Rang einer Colonia verlieh: Colonia Augusta Nemausus. Ihre Blütezeit erlebte die Stadt, an der die große Heeres- und Handelsstraße von Italien nach Spanien vorbeiführte, unter Antoninus Pius (138–161).

Archäologische Stätte

Von der 6 km langen augusteischen *Stadtmauer,* die ein Gebiet von 223 Hektar umschloß, sind noch bemerkenswerte Reste erhalten, z. B. die nach Arelate (→ Arles) führende Porte d'Auguste. Die Tour Magne (= Großer Turm) dürfte schon vor der Mauer erbaut worden sein. Der mächtige Turm war ursprünglich etwa 40 m (heute noch 30 m) hoch und stellte vielleicht ein Siegesmonument dar. Mit seinen drei jeweils nach innen versetzten Stufen ähnelt er dem berühmten Pharos (Leuchtturm) von Alexandrien.

Das *Amphitheater* (Arènes) von Nîmes gleicht fast völlig dem entsprechenden Bauwerk in Arles. Es entstand ebenfalls zu Beginn des 1. Jahrhunderts n. Chr. Seine größte Länge beträgt 133 m, seine größte Breite 105 m. Zwei Arkadengeschosse mit je 60 Bogen erreichen eine Höhe von 21 m. Im Untergeschoß flankieren Pilaster die Bogen, im Obergeschoß verwendete der Baumeister T. Crispius Reburrus dorische Halbsäulen. 120 Konsolen am oberen Rand des Bauwerks hielten die Holzmaste für die Sonnensegel. Die 34 Sitzreihen boten 21 000 Zuschauern Platz. Über 162 Treppen und durch 124 Ausgänge konnten die Besuchermassen das Theater in kürzester Zeit verlassen. Im 5. Jahrhundert bauten die Westgoten das Amphitheater zu einer Festung aus. Später diente es als Ritterburg, danach als Wohnviertel für etwa 2000 Menschen. Heute finden hier Theateraufführungen und Stierkämpfe statt.

Die *Maison Carrée* (= rechteckiges Haus) ist ein römischer Podiumtempel, den Agrippa, Schwiegersohn des Kaisers Augustus, von 20 bis 12 v. Chr. erbauen ließ. Der Tempel, ein Pseudoperipteros, ist 26 m lang und 13 m breit. Seine Höhe beträgt 15 m. Die korinthischen Säulen sind allein 9 m hoch. Das Gebälk schmückt ein Akanthusrankenfries. Zunächst diente der Tempel der Verehrung von Roma und Augustus. Im Jahre 4 n. Chr. wurde er Agrippas jung verstorbenen Söhnen Cajus und Lucius Caesar geweiht. Ludwig XIV. wollte den wunderbar erhaltenen Tempel in die Gärten von Versailles umsetzen.

Die antiken Ruinen eines Quellenheiligtums – der Quellgott Nemausus

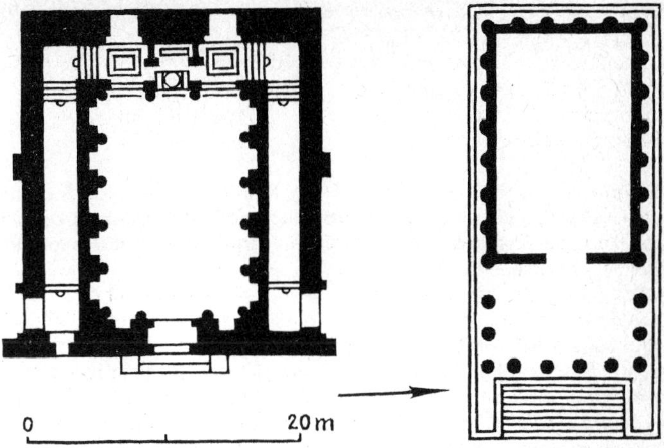

Nîmes

Links: »Diana-Tempel« Rechts: »Maison Carrée«

gab der Stadt seinen Namen – bezog Ludwig XV., der »Vielgeliebte«, um 1750 in die großartigen *Jardins de la Fontaine* mit ein. Zum Heiligtum gehörten Thermen, ein Theater, ein Tempel und ein Nymphäum, von dem der sog. Diana-Tempel übriggeblieben ist. Dieser »Tempel«, ein Saalbau mit Tonnengewölbe, stammt aus dem 2. Jahrhundert n. Chr.

Um das aufstrebende Nemausus mit Trinkwasser zu versorgen – die Quelle des Heiligtums war nicht ergiebig genug –, ließ Agrippa um 15 v. Chr. eine 41 km lange Wasserleitung bauen. In Nemausus strömte das herangeführte Wasser in das *Castellum Divisorum,* ein rundes Verteilerbecken, um von hier aus in die fünf Stadtbezirke geleitet zu werden.

Die Wasserleitung des Agrippa überquerte das Tal des Gard auf einer hohen Brückenkonstruktion, die zu den größten und besterhaltenen römischen Aquädukten zählt. Das unter dem Namen *Pont du Gard* weltbekannte Bauwerk ist 49 m hoch. Die unterste Bogenreihe hat eine Länge von 155 m, ist 6,70 m stark und besteht aus sechs Arkaden. Die mittlere Bogenreihe ist 265 m lang, 5 m stark, 21 m hoch und setzt sich aus elf Arkaden zusammen. Die oberste Bogenreihe schließlich hat eine Länge von 277 m, eine Stärke von 3 m, eine Höhe von 8 m und wird aus 35 Bogen gebildet. Darüber floß das Wasser durch einen gedeckten Kanal. Die Steinquader des Aquädukts wiegen bis zu 6 Tonnen und sind ohne Mörtel und Eisenklammern zusammengefügt.

Literatur: R. Dugrand, Villes et campagnes en Bas-Languedoc. Paris 1963.

Nimrud (Kalach)

Die altorientalische Stadt Kalach (Kalah, Kelach; assyrisch: Kalchu, Kalhu; heute Nimrud) wurde 40 km südöstlich von Mosul (Irak) am Ostufer des Tigris ausgegraben. Kalach war im 9. Jahrhundert v. Chr. Hauptstadt des neuassyrischen Reiches.

Geschichte

Das Stadtgebiet von Kalach war bereits im späten 4. Jahrtausend besiedelt. Der Assyrerkönig Salmanassar I. gründete die Stadt um 1270 v. Chr. Um 879 v. Chr. bestimmte Assurnasirpal II. Kalach zur neuen Hauptstadt Assyriens. 612 v. Chr. wurde die Stadt von den Medern zerstört. Ihre Geschichte endete mit dem Untergang des assyrischen Reiches.

Archäologie

Die erste gründliche Untersuchung des weiträumigen Ruinenfeldes von Nimrud führte 1811 der Engländer C. J. Rich durch. Er lieferte damit die Grundlagen für die erfolgreichen Ausgrabungen seines Landsmannes A. H. Layard in den Jahren 1845 bis 1847 und 1849 bis 1851. Schon in der ersten Kampagne entdeckte Layard fünf assyrische Paläste, glaubte aber, hier das alte → Ninive gefunden zu haben. Dieser Irrtum klärte sich erst mit der Entzifferung der babylonischen Keilschrift durch Rawlinson im Jahre 1857 auf. 1852 setzte H. Rassam Layards Arbeit fort.

1949 nahm der britische Archäologe M. E. L. Mallowan die Ausgrabungen wieder auf. Er fand die Festung des Königs Salmanassar III., mit Magazinen, zahlreichen Statuen, Elfenbeinarbeiten, einem reliefierten Thronsessel und der sog. »Gastmahl-Stele« Assurnasirpals II. Die umfangreichen Arbeiten führte später ein britisches Team unter Oates fort. Die Grabungen sind noch nicht abgeschlossen.

Ausgrabungsstätte

Das Stadtgebiet von Kalach hatte eine Ausdehnung von 2100 mal 1670 m und war von einer 8 km langen Mauer umgeben. Vorspringende Türme verstärkten die Mauer. Im Westen boten der Tigris, im Süden der Zab-Kanal (9. Jahrhundert v. Chr.), im Norden und Osten tiefe Gräben zusätzlichen Schutz. Im Südwesten der Stadt erhob sich die Akropolis mit den Tempeln und Palästen. Eine gewaltige, bis zu 13 m hohe Mauer schützte die Akropolis.

Das großartigste Bauwerk von Nimrud ist der sog. *Nordwestpalast.* Der Assyrerkönig Assurnasirpal II. (883–859) errichtete den Palast um 879 v. Chr. an der Stelle einer älteren Palastanlage. Im 8. Jahrhundert v. Chr. wurde der Palast mehrfach umgebaut. Zuletzt wohnte hier der Assyrer-

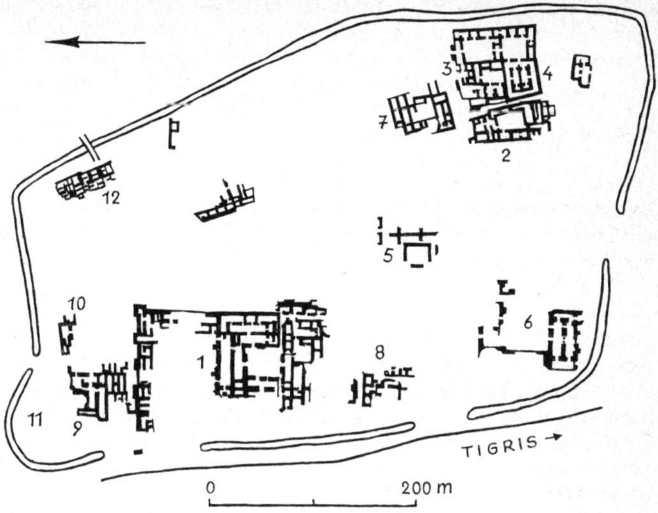

Nimrud: Akropolis

1 Nordwestpalast 2 »Abgebrannter Palast« 3 E Zida 4 Nabû-Tempel 5 Mittelpalast 6 Südwestpalast 7 Statthalterpalast 8 Palast Adadniraris III. 9 Ninurta-Tempel 10 Ischtar-Tempel 11 Ziqqurrat 12 Wohnhäuser (7. Jahrhundert v. Chr.)

könig Assurbanipal (669–626). Die Fassade mit zwei Monumentaleingängen wurde inzwischen wieder aufgerichtet. Im Nordwestpalast kam ein Archiv mit assyrischen Keilschrifttafeln zum Vorschein.

Der sog. *Abgebrannte Palast* (Burnt Palace) stammt in seinen älteren Teilen aus dem 13. Jahrhundert v. Chr. Gegen 800 v. Chr. brannte er nieder, wurde von Asarhaddon (680–669) wieder aufgebaut und 612 v. Chr. von den Medern zerstört.

An den Abgebrannten Palast lehnt sich der größere Gebäudekomplex *E Zida* mit Nabû-Tempel, Thronsaal, mehreren Höfen und zahlreichen Räumen. König Adadnirari III. (808–782) hatte diese Anlage, die nur einen einzigen Zugang im Norden hat, errichtet.

Zwei Tempel waren den Gottheiten Ischtar und Ninurta geweiht.

Weitere Paläste sind u. a. der Mittelpalast, der Südwestpalast, der Statthalterpalast und ein weitläufiger Palast in der Unterstadt, der seit dem 7. Jahrhundert v. Chr. als Kaserne diente. Um 845 v. Chr. erbaute der Assyrerkönig Salmanassar III. an der Südostecke der Unterstadt die 6 ha große *Salmanassar-Festung,* gleichzeitig Palast der Könige, Arsenal, Kaserne und Verwaltungszentrale. Sogar Tiglatpileser III. (744–727), der

Gründer der neuassyrischen Großmacht, residierte zeitweise in dieser Festung. Hier fanden die Ausgräber u. a. Tausende von kostbaren Elfenbeinarbeiten, einen Thronsitz und eine Stele, auf der ein Gastmahl des Königs Assurnasirpal II. dargestellt ist, an dem 70000 Gäste teilgenommen haben sollen. Die Stele stammt aus dem Jahre 879 v. Chr.

Die Ausgrabungsstücke befinden sich heute im Britischen Museum, London, und im Nationalmuseum des Irak in Bagdad.

Literatur: M. E. L. Mallowan, Nimrud and its Remains. 3 Bde, London 1966.

Ninive

Am Ostufer des Tigris, gegenüber der modernen Großstadt Mosul (Irak), erstreckt sich die Ausgrabungsstätte der altorientalischen Stadt Ninive (Ninewe, Ninua), der Hauptstadt des assyrischen Reiches in seiner letzten Blüte, berühmt vor allem durch die Bauwerke des Sanherib und des Assurbanipal, dessen Palast mit einzigartigen Reliefplatten geschmückt war, die zu den großartigsten Schöpfungen der Menschheit zählen.

Geschichte

Das Stadtgebiet von Ninive war schon im 5. Jahrtausend bewohnt. Keramik der Tell-Halaf-Epoche weist auf eine Siedlung des 4. Jahrtausends hin. Im späten 3. Jahrtausend baute hier Manichtusu (um 2335–2321), Sohn des Akkaderkönigs Sargon, einen Tempel. Um 1800 v. Chr. wurde der Name Ninive auf den »Kappadokischen Tafeln« erwähnt, jenen berühmten altassyrischen Geschäftsurkunden, die vor allem in → Kültepe gefunden wurden. Zur Zeit des babylonischen Königs Hammurabi (1792–1750) stand in Ninive ein Tempel der Göttin Ischtar.

Im 16. Jahrhundert v. Chr. kam das assyrische Ninive unter die Herrschaft der Kassiten. Im 14. Jahrhundert gelang es den Assyrern, sich aus dem kassitischen Herrschaftsbereich zu lösen. Um 1280 v. Chr. wurde Ninive durch ein Erdbeben verheert. Der Assyrerkönig Salmanassar I. (etwa 1272–1243) baute die Stadt wieder auf. Einen großen Aufschwung nahm Ninive unter Tiglatpileser I. (1115–1077), der um 1100 v. Chr. → Babylon eroberte.

Im 9. Jahrhundert v. Chr. erhob Assurnasirpal II. (883–859) Ninive zur Hauptstadt des assyrischen Reiches. Auch sein Nachfolger Salmanassar III. (858–824) residierte hier. Sanherib (705–681) baute Ninive zur Weltstadt aus und errichtete einen grandiosen Palast. Sanheribs Nachfolger Asarhaddon (680–669) unterwarf im Jahre 671 v. Chr. Ägypten. Aus Memphis schaffte er die Statuen des Pharaos Taharka nach Ninive und stellte sie vor seiner Residenz auf. Sein Sohn Assurbanipal (669–626) eroberte 648 v. Chr. Babylon und baute einen prächtigen Palast mit herrlichen Parkanlagen und einer umfangreichen Bibliothek.

Nach dem Tode Assurbanipals verbündete sich der chaldäische Vizekönig von Babylon, Nabopolassar, mit den Medern und Skythen und griff das mächtige Assyrien an. Im Jahre 612 v. Chr. fiel Ninive und wurde vollständig zerstört. Als Xenophon, griechischer Schriftsteller und Heerführer, nach der Schlacht bei Kunaxa im Jahre 401 v. Chr. mit seiner 10000 Mann starken griechischen Hilfstruppe durch Ninive zog, sah er nichts mehr, was an die einstige Weltstadt erinnerte. So erfüllte sich die Verkündigung des Propheten Zephanja: »Ninive wird er (der Herr) öde machen, dürre wie eine Wüste« (Zph 2,13). Sogar Assyriens Todfeinde, die Ägypter, versuchten, den Vormarsch der babylonischen Truppen zu stoppen. Bei Karkemisch wurden sie im Jahre 605 v. Chr. vom babylonischen Kronprinzen, dem späteren König Nebukadnezar II., vernichtend geschlagen. Ägypten verlor Syrien, Palästina und Phönikien. Das assyrische Weltreich war erloschen.

Archäologie

Im Jahre 1820 identifizierte der Engländer C. J. Rich die beiden Tells gegenüber Mosul als das alte Ninive. Im Dezember 1842 untersuchte der französische Konsul in Mosul, P. E. Botta, den Tell Kujundschik. Botta suchte altorientalische Kunstwerke und war enttäuscht, als er bei einer kleinen Ausgrabung »nur« Tontafeln mit Keilinschriften und einige Relieffragmente fand. 1845 bis 1851, 1854 und 1876 gruben die Engländer A. H. Layard, H. C. Rawlinson und H. Rassam in Ninive. Sie fanden die Friese und die Keilschriftbibliothek. Weitere Ausgrabungen führten 1873 G. Smith, 1888 und 1903 bis 1905 E. A. Budge, 1903 bis 1905 L. W. King, 1927 bis 1932 M. E. L. Mallowan und R. C. Thompson und seit 1965 T. Madhloum durch.

Ausgrabungsstätte

Das Stadtgebiet von Ninive war von einer 12 km langen *Stadtmauer* umgeben, deren Verlauf noch an den teils mächtigen Erdwällen zu erkennen ist. Im Westen lehnte sich die Mauer an den Tigris, dessen Flußbett heute etwa 1,5 km weiter westlich verläuft. Im Osten war die Stadt durch eine vorgelagerte zweite Mauer geschützt. Sümpfe schirmten die Stadt nach Norden und Süden ab. Fünfzehn Tore führten durch die Mauer, die heute nur noch als Lücken im Erdwall zu erkennen sind. Lediglich das Nergal-Tor wurde inzwischen rekonstruiert; es wird von zwei Türmen flankiert.

Innerhalb des Stadtgebietes erheben sich zwei Tells: Kujundschik (Quyundzhiq) und Nebi Junes. Im größeren *Kujundschik* (= Lämmchen) legten die Archäologen den Palast des Sanherib und den Palast des Assurbanipal frei. Die außergewöhnliche Pracht und Schönheit dieser Paläste läßt sich aus den Grundrissen und aus den Funden nur noch erahnen. Assurbanipal schmückte seinen Palast mit kilometerlangen Reliefplatten aus Alabaster, von denen das »Bankett in der Weinlaube« und die »Verwundete Löwin« die bekanntesten sind. Geflügelte Stiermenschen (menschenköpfige Stiere) beschützten die Eingänge. Seine Tontafelbibliothek, die sog. »Kujundschik-Bibliothek«, umfaßte 25000 Keilschrifttexte, be-

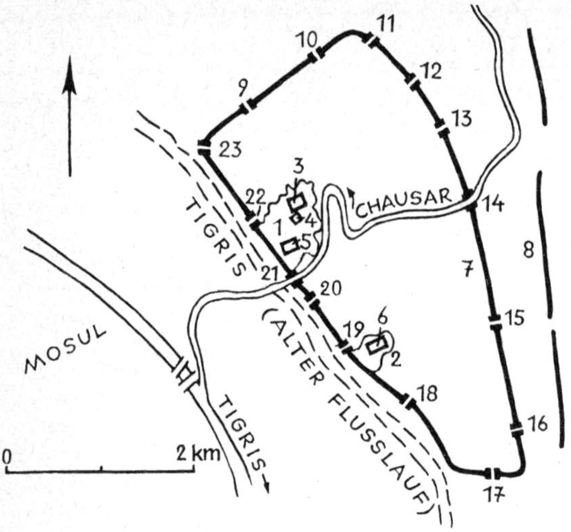

Ninive

1 Tell Kujundschik 2 Tell Nebi Junes 3 Palast des Assurbanipal 4 Nabû-Tempel 5 Palast des Sanherib 6 Palast des Asarhaddon 7 innere Mauer 8 äußere Mauer 9 Nergal-Tor 10 Adad-Tor 11 Halahhi-Tor (Chalachchi-Tor) 12 Schibaniba-Tor 13 Muschlal-Tor 14 Ninlil-Tor 15 Schamasch-Tor 16 Sanherib-Tor (Halzi-Tor) 17 Assur-Tor 18 Chanduri-Tor 19 Arsenal-Tor 20 Wüsten-Tor 21 Kai-Tor 22 Wasserstellen-Tor 23 Sin-Tor

deutende Werke der babylonisch-assyrischen, aber auch der sumerischen Literatur.

Auf dem Hügel Kujundschik kamen noch Reste eines Tempels der Hauptgöttin Ischtar und der Gottheit Nabû ans Tageslicht.

Der kleinere Tell *Nebi Junes* ist heute besiedelt und kann daher nur begrenzt untersucht werden. Hier stand der Palast Asarhaddons, und hier fanden irakische Archäologen 1954 drei ägyptische Statuen, die Asarhaddon von seinem Ägyptenfeldzug mitgebracht hatte.

Die Funde werden im Britischen Museum, London, und im Nationalmuseum des Irak in Bagdad aufbewahrt.

Literatur: R. C. Thompson, R. W. Hutchinson, A Century of Exploration at Niniveh. London 1929. – A. H. Layard, Auf der Suche nach Ninive. München 1975.

Nippur

150 km südöstlich von Bagdad liegt die Ruinenstätte der altorientalischen Stadt Nippur, heute *Niffer*. Nippur war im 3. Jahrtausend religiöses Zentrum der sumerischen Stadtstaaten.

Geschichte

Die untersten Siedlungsschichten von Nippur reichen bis in das 5. Jahrtausend zurück. Ende des 4. Jahrtausends entstand das Heiligtum des sumerischen Hauptgottes Enlil, das sich im 3. Jahrtausend zum religiösen Mittelpunkt Sumers entwickelte. Alljährlich zogen Prozessionen aus allen sumerischen Städten zum Heiligtum in Nippur. Seit der ersten babylonischen Dynastie (ab 1894 v. Chr.) verlor Nippur an Bedeutung, da der babylonische Hauptgott Marduk nun an die Stelle des sumerischen Enlil trat. In der zweiten Hälfte des 7. Jahrhunderts v. Chr. beherbergte die Stadt eine assyrische Garnison. Die Neubabylonier (7.–6. Jahrhundert) restaurierten die Tempelanlagen des Enlil-Heiligtums. Nippur war zu dieser Zeit ein blühendes Handelszentrum. Auch unter den Achämeniden und den Seleukiden spielte es noch eine bedeutende Rolle. Die Parther, unter deren

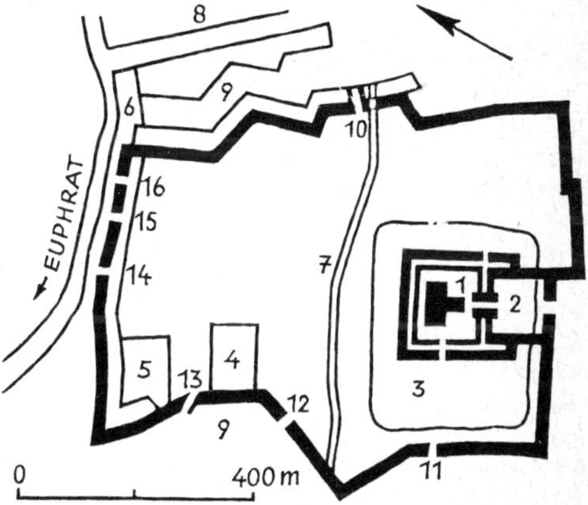

Nippur

1 Ekur (Tempel des Enlil mit Ziqqurrat) 2 Kiur (Tempel des Nergal?) 3 Inanna-Tempel 4 Einfriedung unbekannter Bestimmung 5 Kirischauru (»Stadtmittepark«) 6 Eschmah, eine Kulthöhe 7 Kanal Idschauru 8 Kanal Nunbirdu 9 Verteidigungsgraben 10 Nergal-Tor 11 Ur-Tor 12 Uruk-Tor 13 Nanna-Tor 14 Großes Tor 15 Hohes Tor 16 Tor der Unreinen

Herrschaft die Stadt vom 2. Jahrhundert v. Chr. bis zum 3. Jahrhundert n. Chr. stand, errichteten in Nippur einen Palast.

Archäologie

Die Ausgrabungen der Universität von Pennsylvania unter H. V. Hilprecht, J. P. Peters und I. H. Haynes in den Jahren 1888 bis 1900 richteten sich vor allem auf das Gebiet um die Ziqqurrat und den Tempel des Enlil. In Schulen und Privathäusern des alten Nippur fanden die Archäologen 50000 Tontafeln, die die Erschließung der religiösen Literatur der Sumerer ermöglichten. Darunter befand sich auch das älteste medizinische Rezeptbuch der Welt.

1948 nahmen die Amerikaner unter D. E. MacCown und D. P. Hansen die Arbeiten in Nippur wieder auf. 1955 konnten sie den Inanna-Tempel über mehrere Bauphasen bis ins 3. Jahrtausend zurückverfolgen. 1960/61 stießen sie im dritten »Nachfolgebau« des Tempels auf zahlreiche guterhaltene Beterstatuetten, Weihplatten, Alabastergefäße, Steatitvasen und Schminkdosen.

Ausgrabungsstätte

Die *Ziqqurrat* ist nur noch ein gewaltiger Haufen von zertrümmerten Lehmziegeln. Die Parther errichteten darüber einen Palast. Am Ostfuß der Ziqqurrat erhob sich der Tempel *Ekur* des sumerischen Hauptgottes Enlil, der im 7. Jahrhundert v. Chr. erneuert wurde.

Der *Inanna-Tempel* westlich der Ziqqurrat wurde um 2700 erbaut und im 21. Jahrhundert von König Schulgi von Ur restauriert. Das Heiligtum nahm eine Fläche von 84 mal 24 m ein und bestand aus zwei Kulträumen und drei Höfen. Die Funde (Keilschrifttafeln, frühdynastische Beterstatuetten, altbabylonische Weihreliefs usw.) werden heute in Philadelphia, Jena, Istanbul und Bagdad aufbewahrt.

Literatur: D. E. MacCown, R. C. Haines, D. P. Hansen, Nippur. Temple of Enlil, Scribal Quarter, and Soundings. Chicago 1967.

Olympia

Im Westen der Peloponnes, etwa 12 km von der Küste entfernt, liegt in der antiken Landschaft Elis die Altis, das Heiligtum von Olympia. Es lehnt sich an die Abhänge des Kronion an und wird von dem wasserreichen Alpheios und dessen Nebenfluß Kladeos umschlossen. Hier fanden über ein Jahrtausend lang die berühmten sportlichen Wettkämpfe statt, an denen sich die gesamte griechische Welt beteiligte.

Geschichte

Im Gebiet von Olympia wachsen seit Jahrtausenden Platanen, Eichen, Pappeln und wilde Olivenbäume. Daher nannte man es Altis (griech. alsos

= Hain). Hier bestand schon zur Zeit des sagenhaften Königs Pelops ein Kult zu Ehren des Kronos, dessen letztgeborener Sohn Zeus war. Die Gräber des Pelops und seiner Gemahlin Hippodameia wurden zum Mittelpunkt des Kultes. Vermutlich fanden schon zu dieser Zeit erste Wettkämpfe von zunächst örtlicher Bedeutung statt. Bald kamen Sportler von der gesamten Peloponnes hinzu.

Um 1100 v. Chr. erschienen die dorischen Ätoler in der Elis. Sie führten die Verehrung des olympischen Zeus und des Herakles ein und machten die Altis, die den Namen Olympia erhielt, zu einem bedeutenden religiösen Zentrum. Alle vier Jahre fanden nun die Olympischen Spiele statt, an denen Athleten aus allen griechischen Staaten teilnahmen.

Im Jahre 776 v. Chr. schlossen die Könige Iphitos von Elis und Lykurgos von Sparta einen Vertrag, nach dem während der Wettkämpfe jede Feindseligkeit verboten war. Zugleich wurde eine Siegerliste eingeführt, so daß das Jahr 776 v. Chr. als Beginn der geschichtlichen Zeit Griechenlands gelten darf. Zum Wettkampf des Laufes über ein Stadion (= 192,28 m) traten nach und nach weitere Sportarten: seit 724 v. Chr. der Lauf über zwei Stadien, seit 720 v. Chr. der Langstreckenlauf über 24 Stadien, seit 708 v. Chr. der Fünfkampf (Lauf über ein Stadion, Diskuswurf, Speerwurf, Weitsprung, Ringkampf), seit 688 v. Chr. der Faustkampf, seit 680 v. Chr. das Wagenrennen mit Viergespann über acht Runden des Hippodroms, seit 648 v. Chr. das Pankration (Mischung aus Faust- und Ringkampf) und das Pferderennen, seit 520 v. Chr. der Lauf mit voller Bewaffnung usw. Die Sieger erhielten einen Kranz aus den Zweigen des heiligen Ölbaumes. Seit der 15. Olympiade (720 v. Chr.) kämpften die Athleten nackt.

676 v. Chr. übernahmen die Pisaten, die südlichen Nachbarn von Elis, gewaltsam die Schutzherrschaft über das Heiligtum. In dieser Zeit kam der Hera-Kult nach Olympia; der Göttin wurde ein Tempel erbaut. Um 570 v. Chr. gewann Elis mit Unterstützung Spartas die Herrschaft über Olympia zurück und behielt sie mit kurzen Unterbrechungen bis zum Ende der römischen Zeit. Dank seiner abseitigen Lage, seiner ländlichen Struktur und seiner Neutralität blieb Elis und damit auch das Heiligtum von den Wirren der griechischen Bürgerkriege und der Perserkriege verschont. Das änderte sich erst, als Elis am Ende des 5. Jahrhunderts v. Chr. seine Neutralität aufgab und sich mit anderen griechischen Staaten meist glücklos verbündete. Die religiöse Bedeutung des Heiligtums und der Spiele schwand. Olympia wurde zur Wettkampfstätte der griechischen Stadtstaaten, die mit Bestechung, Erpressung und anderen Mitteln versuchten, möglichst viele Siege zu erringen und dadurch ihren Einfluß in der griechischen Welt zu stärken.

146 v. Chr. kam Griechenland und damit auch Olympia unter die Herrschaft der Römer. Elis wurde ein Teil der römischen Provinz Achaia. Im 1. nachchristlichen Jahrhundert beteiligten sich sogar zwei römische Kaiser, Tiberius (14–37) und Nero (54–68), an den Spielen, nachdem sie ihre griechische Abstammung bewiesen hatten; sie gingen als Sieger aus den Wettkämpfen hervor.

Vom 3. Jahrhundert n. Chr. an konnte jeder Bürger des Römischen Reiches an den Spielen teilnehmen. 267 wurde das Innere des Heiligtums zu einer Festung ausgebaut, um den Ansturm der Goten abzuwehren. Dabei lieferten zahlreiche Bauwerke Olympias das Material für die Verteidigungsmauer. Im Jahre 394, ein Jahr nach der 291. Olympiade, hob Kaiser Theodosius der Große das Heiligtum auf und verbot die Spiele wegen ihres heidnischen Charakters. Die schweren Erdbeben der Jahre 522 und 551 n. Chr. zerstörten die Bauwerke Olympias. Der Kronos begrub die Ruinen unter einer mehrere Meter dicken Schicht von Erde und Gestein. Der Alpheios spülte Teile des Heiligtums fort oder bedeckte sie mit Schlamm.

Archäologie

1766 identifizierte der Engländer Richard Chandler Olympia auf Grund der Angaben des griechischen Reiseschriftstellers Pausanias und fand Teile des verschütteten Zeus-Tempels. 1768 – kurz vor seiner Ermordung – teilte Johann Joachim Winckelmann dem Göttinger Altphilologen Christoph Gottlob Heyne seine Absicht mit, in Olympia zu graben. 1787 beschrieb der Franzose Fauvel die sichtbaren Reste des Zeus-Tempels, von dem die Engländer Edward Dodwell und William Gell 1806 einen Grundriß zeichneten. 1813 fertigte der britische Architekt Allason einen ersten genauen Plan der antiken Stätte.

1819 erhoben sich die Griechen gegen die türkische Herrschaft. Zehn Jahre später wurde Griechenland in London zur erblichen Monarchie erklärt. Im Frühjahr 1829 gruben Archäologen der Expédition Scientifique de Morée, die mit dem französischen Hilfskorps des Marschalls Maison auf der Peloponnes an Land gegangen war, sechs Wochen lang im Bereich des Zeus-Tempels. Die Franzosen fanden mehrere Metopen, die sie nach Paris brachten.

1875 begann Ernst Curtius, das Gebiet des Heiligtums systematisch von den bis zu 8 Meter hohen Schlamm- und Geröllmassen zu befreien. Der junge Architekt Wilhelm Dörpfeld hatte die örtliche Grabungsleitung. Adolf Furtwängler war einer seiner zahlreichen Mitarbeiter. Das Deutsche Reich förderte das Olympia-Projekt mit 800000 Goldmark. Bis 1881 hatte die erste wissenschaftliche Ausgrabung im modernen Sinn das antike Olympia wieder erstehen lassen. 1896 fanden in Athen die I. Olympischen Spiele der Neuzeit statt, ein Ereignis, das wesentlich von den großartigen Grabungsergebnissen initiiert worden war.

1906 bis 1929 ergänzte Wilhelm Dörpfeld die ersten Grabungen. Er konnte nachweisen, daß Olympia schon in prähistorischer Zeit, also lange vor dem 8. Jahrhundert v. Chr., Heiligtum und Wettkampfstätte gewesen war. Die Olympischen Spiele in Berlin waren der äußere Anlaß, die Grabungen 1936 unter Emil Kunze und Hans Schleif fortzusetzen. 1942 erzwang der Krieg den Abbruch dieser Forschungen. 1952 wurden die Grabungen von Emil Kunze und Alfred Mallwitz wieder aufgenommen.

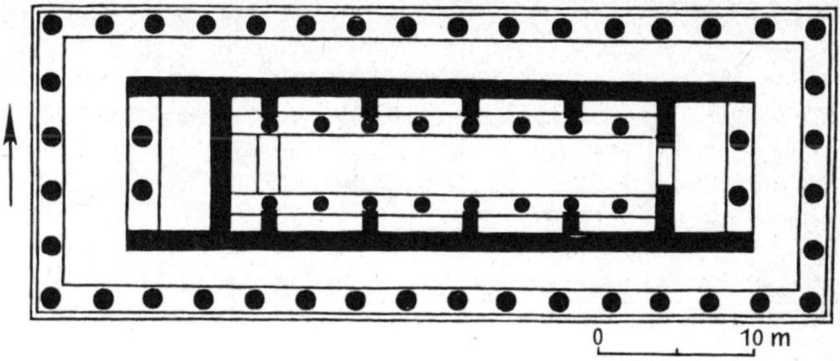

Olympia: Hera-Tempel

Ausgrabungsstätte

Der *Hera-Tempel* (Heraion) ist der erste monumentale Bau in Olympia und zugleich einer der ältesten Tempel Griechenlands. Er entstand um die Mitte des 7. Jahrhunderts v. Chr. in dorischem Stil, 39,50 mal 10 m groß und nur mit einem Pronaos versehen. Um 600 v. Chr. erhielt der Tempel einen Opisthodomos und eine ringsum laufende Säulenreihe, je sechzehn Säulen an den Langseiten und je sechs an den Schmalseiten. Die Grundfläche maß jetzt 50 mal 18,75 m. Die Cella war aus gewaltigen Muschelkalk-Orthostaten erbaut. Die Säulen waren anfangs aus Holz und wurden nach und nach durch Steinsäulen ersetzt.

Der *Zeus-Tempel* ist der größte der Peloponnes und einer der vollendetsten Tempel dorischer Ordnung. Er ist ein Peripteros von 64,10 mal 27,70 m Größe und hat je dreizehn Säulen an den Langseiten und je sechs an den Schmalseiten. Säulen und Cellawände bestehen aus Muschelkalk, für Dach und Gesims wurde Marmor verwendet. Der Architekt Libon von Elis erbaute den Tempel von 470 bis 456. Einzigartig sind die Skulpturen der beiden Giebel (Ostgiebel: Vorbereitung des Wagenrennens zwischen Pelops und Oinomaos vor Zeus; Westgiebel: Kampf der Lapithen mit den Kentauren bei der Hochzeit des Peirithoos, mit Apollon in der Mitte) sowie die zwölf Metopen mit den Arbeiten des Herakles. Die Giebelskulpturen befinden sich im Museum von Olympia, die Metopen in Olympia und im Louvre, Paris. Um 435 v. Chr. wurde in der Cella die 12,40 m hohe Goldelfenbeinstatue des thronenden Zeus, ein Werk des Phidias, aufgestellt. Sie war eines der Sieben Weltwunder. Abbildungen auf antiken Münzen und die genaue Beschreibung des Pausanias vermitteln uns einen Eindruck von dem berühmtesten Kultbild der Antike. In byzantinischer Zeit kam die Zeus-Statue nach Konstantinopel, wo sie bei einem großen Brand vernichtet wurde.

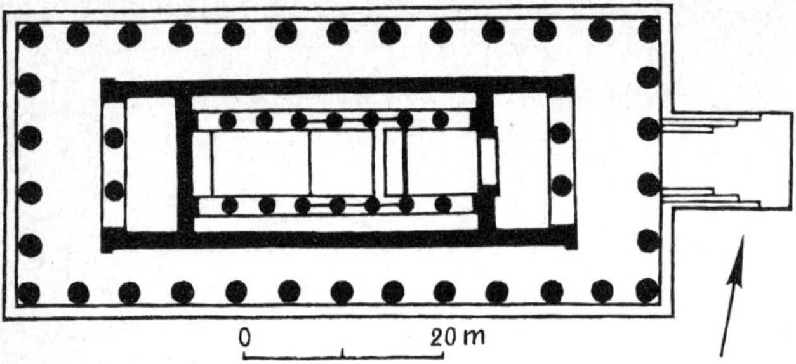

Olympia: Zeus-Tempel

Phidias schuf seine berühmte Statue in einer eigens für diesen Zweck erbauten *Werkstatt,* die genauso groß wie die Cella des Zeus-Tempels war. Hier fanden die Archäologen einen Becher mit der Gravierung »Ich gehöre dem Phidias«. Im 6. Jahrhundert n. Chr. wurde die Werkstatt in eine christliche Basilika umgewandelt.

Das *Pelopion,* der Grabhügel des sagenhaften Königs Pelops, stammt aus der Zeit um 1100 v. Chr. In dem Grab fand man u. a. Statuetten von Pferden und Gespannen mit Wagenlenkern, die das mythologische Wagenrennen zwischen Pelops und Oinomaos bestätigen könnten. Im 6. Jahrhundert v. Chr. erhielt das ursprünglich kreisförmige Pelopion eine fünfeckige Form. Im 5. Jahrhundert v. Chr. wurde dem Grabbau ein Propylon angefügt.

Das *Prytaneion* aus dem späten 6. Jahrhundert v. Chr. war der Sitz der Würdenträger des Heiligtums. Hier stand der heilige Herd der Hestia. Und hier wurden die Sieger und Ehrengäste bewirtet. Im Prytaneion entdeckte man die Fundamente eines rautenförmigen Altars aus dem 8. Jahrhundert v. Chr., der vermutlich der Göttin Hestia geweiht war.

Das *Stadion* lag im 7. und 6. Jahrhundert v. Chr. unterhalb der Schatzhausterrasse, wurde im 5. Jahrhundert etwa 100 m nach Osten verlegt und im 4. Jahrhundert v. Chr., nachdem die Wettkämpfe ihre religiöse Bedeutung verloren hatten, außerhalb des heiligen Bezirks erbaut. Die Laufbahn ist 212,50 m lang. Die steinernen Start- und Ziellinien sind 1 Stadion (= 600 Fuß = 192,28 m) voneinander entfernt. Der Maßunter-

Olympia

1 Pelopion 2 Zeus-Altar 3 Hera-Altar 4 Ölbaum 5 Hera-Tempel (Heraion) 6 Prytaneion 7 Buleuterion 8 Stadion 9 Hippodrom 10 Zeus-Tempel 11 Schatzhäuser 12 Werkstatt des Phidias 13 Heroon 14 Theokoleon (?) 15 Kladeos-Thermen 16 Ufermauer am Kladeos 17 Altar des Kronos

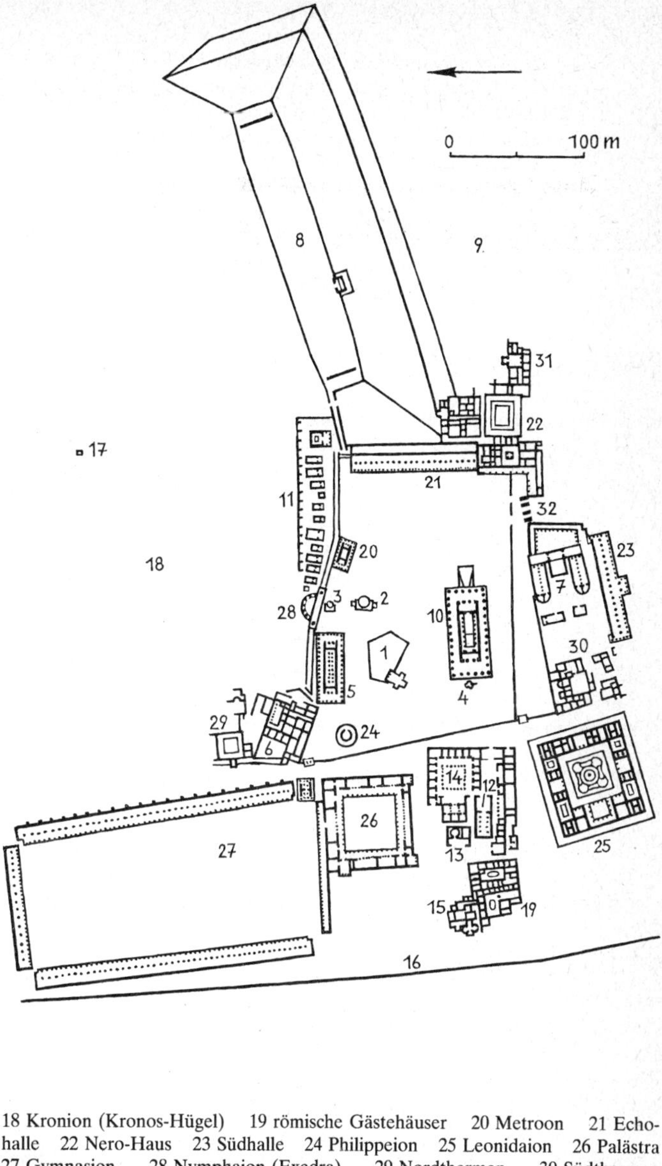

18 Kronion (Kronos-Hügel) 19 römische Gästehäuser 20 Metroon 21 Echohalle 22 Nero-Haus 23 Südhalle 24 Philippeion 25 Leonidaion 26 Palästra 27 Gymnasion 28 Nymphaion (Exedra) 29 Nordthermen 30 Südthermen 31 Südostthermen 32 Festtor

schied zum klassischen Stadion (= 186 m) soll daher rühren, daß Herakles mit seinen großen Füßen die Laufbahn vermaß. Das Stadion bot auf Erdwällen 45000 Zuschauern Platz. Sitzstufen gab es nicht, nur den Ehrengästen stand eine kleine Tribüne zur Verfügung. Ein schmaler Korridor verband das Stadion mit dem heiligen Bezirk.

Östlich des Hera-Tempels entstanden im 6. und 5. Jahrhundert v. Chr. vierzehn *Schatzhäuser* für die Weihgeschenke griechischer Städte. Das Schatzhaus der Sikyoner konnte inzwischen wieder aufgerichtet werden.

Die *Echohalle* schloß den heiligen Bezirk nach Osten ab. Sie wurde 330 bis 320 v. Chr. erbaut und maß 98 mal 12,50 m. Zwei Säulenreihen, eine innere ionische und eine äußere dorische, trugen das Dach der Halle, deren Wände mit Malereien geschmückt waren. Sie war ein beliebter Aufenthaltsort und Treffpunkt der Besucher des Heiligtums. 1976 fand man hier die Bronzeskulptur eines blitzeschleudernden Zeus aus dem frühen 5. Jahrhundert v. Chr.

Im 4. Jahrhundert v. Chr. entstand das *Metroon,* der Tempel der Göttermutter, ein dorischer Peripteros mit einer Ausdehnung von 62 mal 20,70 m und je elf Säulen an den Langseiten sowie je sechs an den Schmalseiten. Seit Augustus diente das Metroon der Verehrung römischer Kaiser.

Das *Philippeion* ließ Philipp II., König der Makedonier, nach seinem Sieg bei Chaironeia (Chäronea) über die Athener im Jahre 338 v. Chr. errichten. Sein Sohn Alexander der Große vollendete den zierlichen Rundbau. In dem korinthischen Monopteros waren fünf Goldelfenbeinstatuen der Familie Philipps aufgestellt, Werke des griechischen Bildhauers Leochares.

Außerhalb des heiligen Bezirks lag das *Buleuterion* (Sitz der Ratsversammlung) aus dem 6. Jahrhundert v. Chr. Im 5. Jahrhundert v. Chr. wurde es auf die doppelte Größe erweitert. Im 4. Jahrhundert v. Chr. kam eine ionische Halle dazu.

Die *Palästra* aus dem 3. Jahrhundert v. Chr. diente den Ring- und Faustkämpfern als Übungsstätte. Der quadratische Bau, dessen Säulen inzwischen wieder aufgerichtet wurden, enthielt Umkleideräume, Bäder, Sandabreibungsräume, Lehrsäle usw. Südwestlich der Palästra stießen die Ausgräber auf eine Badeanlage des 5. Jahrhunderts v. Chr. mit Freibad, Sitz- und Schwitzbädern. Dabei entdeckten sie die älteste bekannte Hypokaustenanlage.

An die Palästra schließt sich im Norden das *Gymnasion* an, in dem das Training für die anderen Sportarten wie Laufen, Speer- und Diskuswurf stattfand. Den westlichen Teil des Gymnasion spülte der Kladeos fort.

Das *Leonidaion* schuf im 4. Jahrhundert v. Chr. der Architekt Leonidas aus Naxos. Es war mit einer Grundfläche von 75 mal 80 m nach dem Katagogeion von → Epidauros das größte Gästehaus der Antike. In römischer Zeit wurde der Gebäudekomplex umgebaut.

Die Römer errichteten in Olympia zahlreiche Thermen, Villen und Herbergen. Regilla, Priesterin der Göttin Demeter in Olympia und Ehefrau des reichen Atheners Herodes Atticus, stiftete um 160 v. Chr. das

Nymphaion, auch »Exedra des Herodes Atticus« genannt. Es nimmt den Platz von zwei der ursprünglich vierzehn Schatzhäuser ein.

Fast alle Ausgrabungsfunde – mit Ausnahme mehrerer Metopen vom Zeus-Tempel, die sich im Louvre befinden – werden im Museum von Olympia aufbewahrt.

Literatur: A. Mallwitz, Olympia und seine Bauten. München 1972.

Orange (Arausio)

Das römische Theater von Orange gilt als das besterhaltene Theater der römischen Antike auf europäischem Boden. Die großartige Bühnenrückwand bezeichnete der französische König Ludwig XIV. als die schönste Mauer seines Reiches. Orange liegt im unteren Rhônetal, 27 km nördlich von Avignon.

Geschichte

Orange war schon in vorrömischer Zeit vom keltischen Stamm der Kavaren besiedelt. 121 v. Chr. wurde die Siedlung unter dem Namen Arausio römisch. Um 36 v. Chr. erhob Octavian, der spätere Kaiser Augustus, die Stadt zur Colonia und siedelte hier Veteranen seiner 2. Legion an. Offiziell hieß die Stadt nun »Colonia Firma Julia Secundanorum Arausio«.

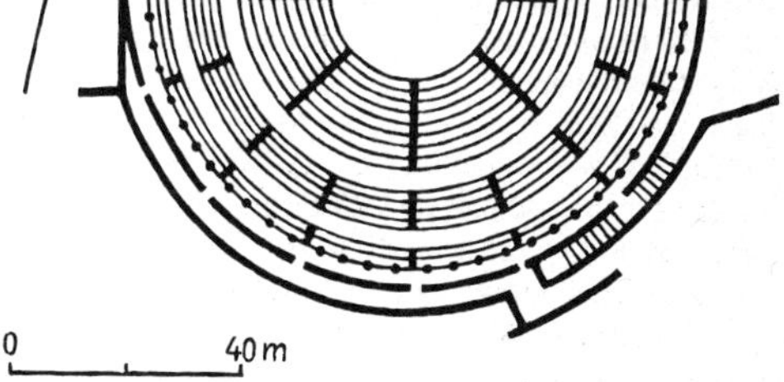

Orange: Römisches Theater

Archäologische Stätte

Die römische *Stadtmauer* von Arausio, von der keine sehenswerten Reste mehr vorhanden sind und deren genauen Verlauf die Archäologen bis heute nicht kennen, umschloß ein Gebiet von etwa 70 ha. Auf Marmortafeln fand man einen Katasterplan der Colonia aus dem Jahre 77 n. Chr.

Das *Theater* entstand zu Beginn der Kaiserzeit und wurde vermutlich im 2. Jahrhundert erneuert. Auf den Sitzreihen, die sich an einen Hang lehnen, konnten etwa 7000 Zuschauer Platz nehmen. Nirgendwo anders zeigt sich die alles beherrschende Bühnenrückwand in solcher Großartigkeit. Sie ist 103 m breit und 38 m hoch. 76 Säulen und ein Fries mit Amazonen und Kentauren, mit Perseus und Aphrodite (Venus) schmückten einst das Bühnenhaus, die Scaena. Die Akustik ist hervorragend.

Neben dem Theater erheben sich die spärlichen Ruinen eines großen römischen *Tempels* unbekannter Bestimmung. Der Tempel bildete den Abschluß eines »Hémi-cycle«, der als Circus oder als Gymnasium zu deuten wäre.

Der *Triumphbogen* nördlich der antiken Stadt verherrlicht u. a. die Siege Caesars über die Gallier im Jahre 49 v. Chr. sowie die Niederschlagung des Gallieraufstandes im Jahre 21 n. Chr. Drei Bogen mit Kassettenwölbung bilden die Durchgänge. Der Bau ist 20 m breit und 19 m hoch. Trotz starker Verwitterung sind die militärischen und nautischen Darstellungen deutlich zu erkennen. Der Triumphbogen dürfte um 26 n. Chr. unter Kaiser Tiberius errichtet worden sein.

Literatur: A. Piganiol, Les documents cadastraux de la colonie romaine d'Orange. Paris 1963.

Ostia

Ostia, der Hafen Roms an der Tibermündung, gewann seine Bedeutung als Welthafen erst in der Kaiserzeit. Die Ausgrabungen der antiken Stadt brachten ein geschlossenes Gemeinwesen zum Vorschein, das mit seinen Straßenzügen, den Villen und Wohnblöcken ein eindrucksvolles Bild einer typisch römischen Stadt der Kaiserzeit vermittelt.

Geschichte

Die Gründung des Hafens Ostia (lat. ostium = Mündung) schreibt die Sage Ancus Marcius (etwa 642–617), dem vierten König Roms, zu. Nach den bisherigen Forschungsergebnissen dürfte die Siedlung allerdings erst in der zweiten Hälfte des 4. Jahrhunderts v. Chr. auf dem linken Tiberufer entstanden sein, also nach der Zerstörung der etruskischen Städte durch die Gallier, und zwar als Castrum bei den Salinen des Mündungsgebietes und zur Sicherung des beginnenden römischen Seehandels.

266 v. Chr., kurz vor Beginn der Punischen Kriege, wurde Ostia zu einem römischen Flottenstützpunkt ausgebaut. Ostia gilt als älteste »Co-

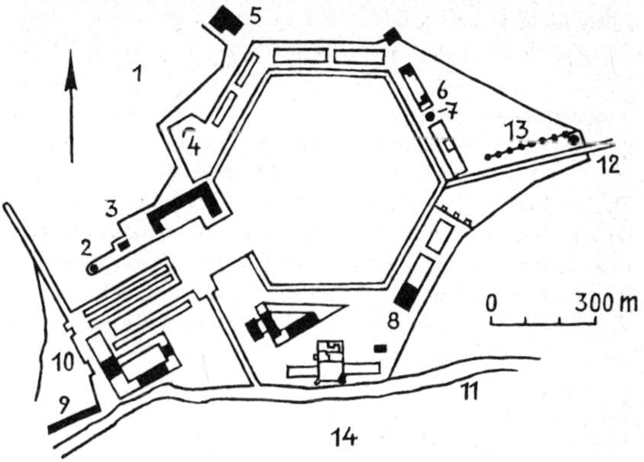

Ostia: Hafen des Trajan

1 Hafen des Augustus 2 Leuchtturm 3 Thermen 4 Theater 5 Thermen 6 Tempel des Liber Pater 7 Kolossalstatue des Trajan 8 Horrea 9 Porticus Placidiana 10 Porticus Claudii 11 Kanal Trajans 12 Via Portuense 13 Aquädukt 14 Isola Sacra

lonia«. 87 v. Chr. wurde die aufstrebende Hafenstadt im Bürgerkrieg von Marius zerstört, von Sulla aber sofort wieder aufgebaut. Als der Hafen um die Zeitenwende zu versanden drohte, baute Kaiser Claudius (41–54) 3 km weiter nördlich einen neuen, durch Molen geschützten Hafen, den *Portus Romae,* der unter Trajan (98–117) um ein künstliches sechseckiges Becken mit 650 m Seitenlänge erweitert wurde. 113 entstand die *Fossa Traiana,* der noch heute benutzte Tiberkanal.

Mit dem Aufstieg Ostias zum Welthafen verlor der bisherige Haupthafen Roms, Puteoli (→ Pozzuoli), seine Bedeutung. Puteoli, seit dem 6. Jahrhundert v. Chr. eine griechische, später eine samnitische Hafenstadt, war 338 v. Chr. unter römischen Einfluß gekommen. Noch unter Augustus wurde hier ägyptisches Getreide umgeschlagen. Domitian (81–96) ließ Puteoli durch eine Straße mit Rom verbinden und plante sogar den Bau eines Schiffahrtskanals. Aber seit Trajan war Ostia der Haupthafen Roms. In dieser Zeit hatte die Stadt 80000 bis 100000 Einwohner.

Als Konstantin der Große im Jahre 330 den Kaisersitz von Rom nach Byzanz (Konstantinopel) verlegte, begann der Niedergang Ostias. Die Hafenbecken versandeten, die Malaria vertrieb die Einwohner.

Archäologie

1802 begannen Archäologen im Auftrag des Papstes Pius VII. mit ersten Ausgrabungen in Ostia Antica. Systematische Untersuchungen setzten jedoch erst im Jahre 1909 ein. Bis heute konnte etwa die Hälfte des 66 ha großen Stadtgebietes freigelegt werden.

Ausgrabungsstätte

Im Mittelalter diente das antike Ostia als »Steinbruch«. Sarkophage, Reliefs, Säulen und sonstige Bauteile kamen nach Pisa, Salerno und Amalfi.

Ostia war an der Landseite von einer 2,8 km langen *Mauer* geschützt, die quadratische Türme verstärkten. Drei Tore führten in die Stadt: die Porta Romana, die Porta Laurentina und die Porta Marina. Die Befestigungsanlagen ließ Sulla nach der Zerstörung Ostias im Jahre 87 v. Chr. errichten. Der Stadtplan entwickelte sich schon in republikanischer Zeit aus der Anlage des alten Castrum: der parallel zum Tiber verlaufende 1200 m lange und 10 m breite *Decumanus maximus* und der rechtwinklig dazu verlaufende *Cardo maximus.* Ihr Schnittpunkt lag beim Castrum, dem späteren Forum. Beide Hauptstraßen knicken im Süden der Stadt jeweils nach links ab, um den vorrömischen Landstraßen folgen zu können.

Mittelpunkt der Stadt war das *Forum,* das einst eine Säulenhalle umgab. An das Forum schließt sich das *Capitolium* an, der Tempel der Göttertrias Jupiter, Juno und Minerva. Der wuchtige Tempel auf einem hohen Podium, zu dem eine breite Treppe hinaufführt, stammt aus dem 2. Jahrhundert. Außerdem liegen am Forum eine zweischiffige *Basilika,* die *Curia,* der *Roma- und Augustus-Tempel* aus dem 1. Jahrhundert sowie die ausgedehnten *Forums-Thermen.*

Die *Thermen des Neptun* entstanden im 2. Jahrhundert v. Chr. Ein Mosaik stellt Poseidon (Neptun) und seine Gattin Amphitrite dar, umgeben von Tritonen, Nereiden und anderen Seewesen.

Das *Theater* wurde von Agrippa (64–12), dem Feldherrn und Schwiegersohn des Kaisers Augustus, errichtet und unter Septimius Severus und Caracalla restauriert. Die Bühne ist noch gut erhalten. Die Sitzreihen hat man erneuert, um hier in den Sommermonaten klassische Schauspiele aufführen zu können. Die benachbarte *Piazzale delle Corporazioni* war das wirtschaftliche Zentrum Ostias. Den Platz umgab eine Säulenhalle, in der 70 Handelsunternehmen aus allen Teilen des Reiches ihre Agenturen hatten. Der Hallenumgang diente den Theaterbesuchern als Wandelhalle. In der Mitte des Platzes erhob sich der *Ceres-Tempel.*

Im Hause des Apulejus entdeckten die Archäologen ein *Mithraeum,* ein Heiligtum des orientalischen Sonnengottes Mithras. An der Via dei Molini lagen Mühlen und die *Horrea,* ein riesiger Getreidespeicher mit 64 Kammern. Das *Thermopolium* war ein Restaurant aus dem 4. Jahrhundert. Die Theke ist eindeutig zu erkennen; ein Fresko zeigt Speisen und Früchte. Die *Casa di Amore e Psiche* (Haus von Amor und Psyche) war ein Patrizierhaus des 4. Jahrhunderts, einstöckig, mit kleinem Peristyl und Nymphäum. Die *Casa di Diana,* ein typisches Mehrfamilienhaus des 2. Jahrhunderts, hatte vier Stockwerke. Die beiden untersten sind noch gut erhalten. Charakteristisch ist der schmale, durchgehende Balkon an der Straßenseite. Die *Casa dei Dipinti* war ein feudales Apartmenthaus

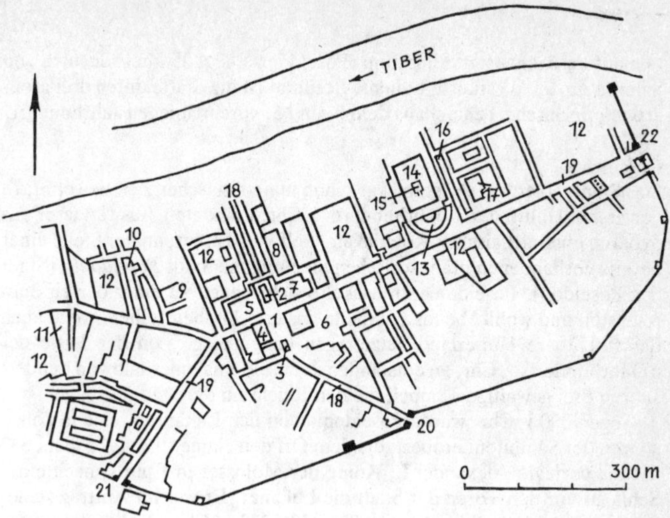

Ostia

1 Forum 2 Capitolium 3 Roma- und Augustus-Tempel 4 Basilika 5 Curia 6 Forums-Thermen 7 Casa di Diana 8 Casa dei Dipinti 9 Casa di Amore e Psiche 10 Mithras-Thermen 11 Serapis-Tempel 12 Horrea 13 Theater 14 Piazzale delle Corporazioni 15 Ceres-Tempel 16 Mithräum 17 Neptun-Thermen 18 Cardo maximus 19 Decumanus maximus 20 Porta Laurentina 21 Porta Marina 22 Porta Romana

mit großen Fenstern, erlesenen Wandmalereien und prachtvollen Fußbodenmosaiken.

Die *Thermen der Sieben Weisen* (Terme dei Sette Sapienti) haben ihren Namen von Fresken, die vier der Sieben Weisen Griechenlands darstellen. Der große Kuppelsaal enthält ein Fußbodenmosaik mit Jagdszenen.

Die *Isola Sacra* in der Nähe der Tibermündung war die Nekropole Ostias. In mehr oder weniger reich mit Marmor, Wandmalereien und Mosaiken versehenen Ziegelbauten bestatteten die Bewohner Ostias ihre Toten.

Die ersten Funde sind in alle Welt verstreut. Seit 1909 kamen die Ausgrabungsstücke in das örtliche Museo Ostiense.

Literatur: R. Meiggs, Roman Ostia. Oxford, New York, 2. Aufl. 1974.

Paestum

Die antike Ruinenstätte Paestum (Poseidonia) liegt 35 km südöstlich von Salerno an der Westküste Italiens. Berühmt ist die Stätte durch drei großartige griechische Tempel aus dem 6. und 5. vorchristlichen Jahrhundert.

Geschichte

Das Stadtgebiet von Paestum war schon in neolithischer Zeit bewohnt. In der ersten Hälfte des 7. Jahrhunderts v. Chr. gründeten Auswanderer aus Sybaris, einer achäischen Kolonie am Golf von Tarent, an der Stelle einer bereits vorhandenen prähistorischen Siedlung die Stadt *Poseidonia* (Stadt des Poseidon). Poseidonia entwickelte sich schnell zu einer der einflußreichsten und wohlhabendsten Städte des griechischen Italien, wozu auch das fruchtbare Hinterland beigetragen haben mag. Von der Mitte des 6. Jahrhunderts v. Chr. an entstanden in Poseidonia innerhalb von hundert Jahren drei gewaltige Tempel, die den Reichtum der Stadt bezeugen.

Gegen 390 v. Chr. wurde Poseidonia von den Lukanern, einem Volksstamm der Samniten, erobert, die dem Ort den Namen *Paistos* gaben. 332 v. Chr. verjagte Alexander I., König der Molosser in Epirus, nach einer Schlacht vor den Toren der Stadt die Lukaner. Er war im Auftrag seines Schwagers, Alexanders des Großen (336–323 v. Chr.), nach Italien gekommen, um den Westen zu hellenisieren. Den Vorwand hierfür lieferte der Hilferuf der griechischen Kolonie Tarent, die von apulischen Völkerschaften angegriffen wurde. Doch die griechischen Städte Unteritaliens fürchteten um ihre Unabhängigkeit und ließen Alexander I. 330 v. Chr. ermorden. Die Lukaner kehrten wieder nach Paistos zurück und verboten den griechischen Bewohnern, ihre Muttersprache zu sprechen.

273 v. Chr. kamen die Römer und errichteten in *Paestum* – wie sie die Stadt nannten – eine latinische Kolonie. Von da an war die Stadt römisch. Paestum wurde römischer Flottenstützpunkt und Umschlagplatz für Öl und Getreide. Da die Stadt fortan treu zu ihrer Schutzmacht Rom stand, erhielt sie das Recht, ihre eigenen Münzen zu prägen.

Archäologie

Nachdem Paestum im 11. Jahrhundert von den Normannen verwüstet worden war, verschwand die verödete Stadt inmitten einsamer Sümpfe. Als Karl III. von Bourbon im 18. Jahrhundert die Küstenstraße, die heutige »Untere Thyrrena Nr. 18«, baute, entdeckten Ingenieure die antike Stadt, die inzwischen völlig in Vergessenheit geraten war. Daß man nicht schon vorher auf die großartigen Tempel aufmerksam geworden war, verwundert um so mehr, als die außergewöhnlich gut erhaltenen Bauwerke den Seeleuten schon immer als Landmarke gedient hatten.

Seit dem Jahre 1700 suchte man vergeblich nach dem berühmten Heraion von Paestum, das nach Strabo an der Mündung des antiken Flusses Silaris liegen sollte. Erst 1934 stieß der italienische Archäologe Umberto Zanotti-Bianco auf zerbrochene Pflugscharen, die ihm den Weg zu dem mit Erdreich bedeckten Heiligtum wiesen.

1943 stießen Bauarbeiter beim Planieren eines Feldflugplatzes in *Gaudo,* nahe Paestum, auf eine prähistorische Nekropole mit Schachtkammergräbern aus dem Chalkolithikum.

Seit 1968 kamen bei Ausgrabungen im Süden und Westen der Stadt zahlreiche Steinkistengräber zum Vorschein, deren Innenwände griechische und lukanische Malereien zeigen, darunter die großartigen Alltagsszenen aus der Tomba del Tuffatore (Grab des Tauchers; 490–480 v. Chr.).

Ausgrabungsstätte

Paestum war seit dem 6. Jahrhundert v. Chr., vielleicht auch schon früher, von einer 4,7 km langen *Mauer* umgeben. Die Mauer hatte eine Stärke von 5 bis 7 m und ist zum Teil noch sehr gut erhalten, zumindest die im frühen 3. Jahrhundert v. Chr. entstandene Westmauer der römischen Stadterweiterung. Ein 6,50 m breites Glacis, ein 20 m breiter und 7 m tiefer Wassergraben und 28 Türme verstärkten die Mauer der in der Ebene liegenden und daher überaus gefährdeten Stadt. Vier Tore öffneten sich nach allen Himmelsrichtungen: im Westen die Porta Marina, im Norden die Porta Aurea, im Osten die Porta della Sirena und im Süden die Porta della Giustizia.

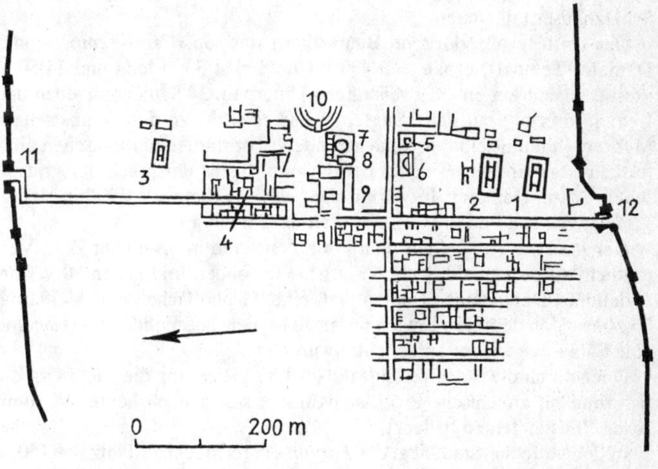

Paestum

1 »Basilika« 2 »Poseidon-Tempel« 3 »Ceres-Tempel« 4 Heroon 5 Macellum 6 Curia/Comitium 7 Buleuterion 8 Friedenstempel 9 Gymnasium 10 Amphitheater 11 Porta Aurea 12 Porta della Giustizia

Die sog. *Basilika* (richtig: Hera-Tempel) ist der älteste Tempel von Paestum. Er entstand um 540 v. Chr. Auf einer Grundfläche von 24,50 mal 54,30 m erhebt sich der noch gut erhaltene dorische Bau. Je achtzehn Säulen an den Langseiten und je neun an den Schmalseiten tragen das Gebälk des archaischen Tempels. Die Cella war durch eine Reihe von acht Säulen, von denen noch drei aufrecht stehen, in zwei Schiffe geteilt. Der hintere Teil der Cella diente als Schatzkammer. Bei seiner Entdekkung hielt man das Bauwerk wegen seiner Abweichungen von der üblichen Bauart griechischer Tempel (ungerade Zahl der Frontsäulen, extrem breite Wandelgänge an den Seiten) für ein weltliches Gebäude und nannte es daher Basilika (= Markthalle, Gerichtsstätte, Behördensitz). Heute weiß man, daß es ein Tempel war, in dem die Göttin Hera verehrt wurde.

Der *Poseidon-Tempel,* auch Neptun-Tempel genannt, ist der bedeutendste Bau von Paestum. Er wurde um 450 v. Chr. aus gelbem Muschelsandstein errichtet und galt lange Zeit als der schönste griechische Tempel überhaupt, bis man die künstlerische Größe des Parthenon in Athen erkannte. Der Tempel ist 60 m lang und 24,30 m breit. Er hat einen zweistufigen Unterbau. Je vierzehn dorische Säulen erheben sich an den Längsfronten und je sechs an der Vorder- und Rückfront. Zwei Reihen von je zwei Pfeilern und sieben Säulen teilen die Cella in drei Schiffe. Der Tempel war nicht, wie man ursprünglich annahm, Poseidon, dem Gott der Meere und Namensgeber der Stadt geweiht, sondern ebenfalls der Hera. Beide Hera-Tempel sind von zahlreichen kleineren Tempeln, Altären und Schatzhäusern umgeben.

Das dritte große dorische Bauwerk ist der sog. *Ceres-Tempel* (oder Demeter-Tempel), erbaut um 490 v. Chr. Er ist 33 m lang und 14,50 m breit und ruht auf einem zweistufigen Unterbau. 34 Säulen umgeben den Bau, je dreizehn an den Langseiten und je sechs an den Schmalseiten. Mehrere in unmittelbarer Nähe gefundene Tonstatuen der italischen Göttin Ceres gaben dem Tempel den Namen. Ceres entsprach der griechischen Göttin Demeter. In Wirklichkeit war das Bauwerk aber ein Heiligtum der Athena und in römischer Zeit der Minerva.

Der *Italische Tempel* auf dem Forum entstand in römischer Zeit. Vermutlich wurde er bald nach 273 v. Chr. begonnen und gegen 80 v. Chr. vollendet. Der kleine Tempel hat eine Grundfläche von 14,50 mal 26,50 m. Von dem Bau zeugen nur noch Mauer- und Fundamentreste und eine Säule, die wieder aufgerichtet wurde.

Quer durch die Stadt verläuft in Nord-Süd-Richtung die *Via sacra,* die ursprünglich griechische Prozessionsstraße; sie ist noch heute mit römischen Pflastersteinen bedeckt.

In der Mitte der Stadt liegt das *Forum,* ein rechteckiger Platz von 150 m Länge und 57 m Breite. Hier befand sich in griechischer Zeit die Agora. Das Forum war von Säulenhallen und öffentlichen Gebäuden umgeben.

Die Via sacra verlief durch die Porta Aurea 12 km weiter bis zum *Heiligtum der Hera Argiva* an der Mündung des Flusses Silaris (heute Sele). Hier soll schon Iason, der Führer der Argonauten, einen Tempel für Hera errichtet haben. Das ausgegrabene Heraion stammt aus dem späten

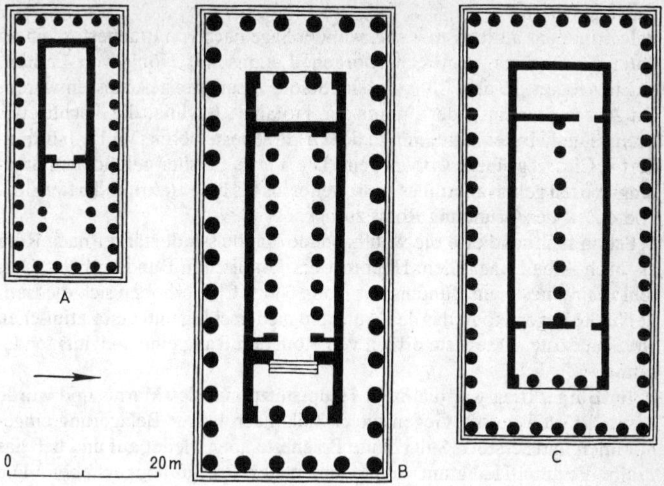

Paestum: Die drei großen Tempel

A Athena-Tempel (»Ceres-Tempel«) B Hera-Tempel II (»Poseidon-Tempel«)
C Hera-Tempel I (»Basilika«)

6. Jahrhundert v. Chr. und wurde an der Stelle eines älteren Heiligtums, das wahrscheinlich schon vor der Gründung Poseidonias bestand, errichtet. Der Hera-Tempel, von dem nur die Grundmauern erhalten sind, hatte eine Größe von 19 mal 39 m. In der Nähe des Tempels stießen die Archäologen auf einen *Thesauros* aus dem 6. Jahrhundert v. Chr., ein 9 mal 13 m großes Schatzhaus zur Aufbewahrung von Weihgeschenken, mit einem archaischen Fries. Der fast vollständig erhaltene Fries befindet sich heute zusammen mit den Funden aus Paestum im modern gestalteten örtlichen Museum.

Literatur: C. Lamb, L. Curtius, Die Tempel von Paestum. Leipzig 1951.

Palestrina

Palestrina, eine Kleinstadt 40 km östlich von Rom, ist berühmt wegen seines Heiligtums der Fortuna Primigenia, eine der kühnsten und eindrucksvollsten römischen Bauschöpfungen.

Geschichte

Palestrina, das antike *Praeneste,* war der Sage nach von Praenestes, einem Sohn des Latinus, gegründet worden. Latinus war König von Latium, einem Gebiet, in dem 30 latinische Städte zusammengeschlossen waren. Da Äneas (Aineias), der Führer der Trojaner, Lavinia, die Tochter des Latinus, geheiratet hatte, müßte der Ort Praeneste bereits im 12. Jahrhundert v. Chr. gegründet worden sein. Die ältesten bisher gefundenen Siedlungsspuren gehen allerdings nicht weiter als bis ins 8. Jahrhundert v. Chr., in die Zeit der Gründung Roms zurück.

Schon früh tendierte die wohlhabende Handelsstadt stärker nach Rom als nach Alba Longa, dem Hauptort des Latinischen Bundes. 499 v. Chr. schloß Praeneste ein Bündnis mit Rom. 340 v. Chr. erhoben sich die Latinerstädte gegen Rom, das den Aufstand niederschlug und den Latinischen Bund auflöste. Praeneste erhielt von Rom den Rang einer »civitas foederata«.

Im Bürgerkrieg war die Stadt Hauptstützpunkt des Marius und wurde 82 v. Chr. von dessen Gegenspieler Sulla nach langer Belagerung eingenommen und zerstört. Sulla baute Praeneste aber wieder auf und ließ das uralte Fortuna-Heiligtum in monumentaler Pracht neu erstehen. Die Stadt entwickelte sich zu einer beliebten Sommerresidenz der vornehmen Römer.

Archäologie

Im 16. Jahrhundert war das Fortuna-Heiligtum noch in seiner ganzen Größe und Pracht erkennbar. 1546 studierte Andrea Palladio, der große Baumeister der Hochrenaissance, die einzigartige Terrassenanlage. Der italienische Kirchenmusiker Giovanni Pierlugi, genannt Palestrina, wurde um 1525 hier geboren. Zu Beginn des 17. Jahrhunderts wurden im Tempelbereich die beiden großen Mosaiken entdeckt: die »Meeresfauna« und der »Nil«. Das Nilmosaik kam 1630 zur Restaurierung nach Rom und befindet sich heute im örtlichen Museum.

Danach überwucherte die moderne Stadt das Heiligtum, so daß systematische Ausgrabungen größeren Stils nicht mehr möglich waren. 1909 führte der deutsche Archäologe von Delbrück Tiefgrabungen an einigen freien Stellen durch.

Von Januar bis Juni 1944 legten alliierte Luftangriffe die Kleinstadt Palestrina in Schutt und Asche. Unter 10000 Kubikmetern Bautrümmern kamen die relativ gut erhaltenen antiken Bauwerke zum Vorschein: eine einzigartige Tempelanlage auf künstlichen Terrassen mit breiten Rampen und monumentalen Treppen. Erst jetzt erkannte man die Großartigkeit und die Geschlossenheit des ganzen Komplexes. Obwohl das ganze Tempelgebiet zur »archäologischen Zone« erklärt wurde, verschwindet das Ausgrabungsgelände allmählich wieder unter Hochhäusern und Villen.

Ausgrabungsstätte

Mittelpunkt der antiken Stadt war das *Forum,* die heutige Piazza Regina Margherita. An der Stelle des Doms S. Agapito erhob sich seit dem

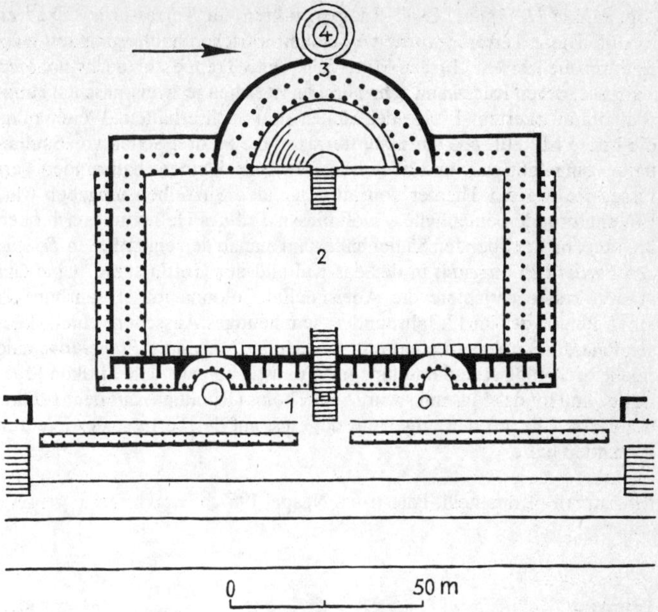

Palestrina: Heiligtum der Fortuna Primigenia

1 Terrasse der Exedren 2 Haupttterrasse 3 halbrunde Säulenhalle 4 Tempel der Fortuna Primigenia

3. Jahrhundert v. Chr. das *Junoarium,* ein Tempel der Göttertrias Juno, Jupiter und Fortuna. Hier begann die Area Sacra, der heilige Bezirk der Fortuna Primigenia. Jupiter war noch ein Knabe, als er Fortuna zeugte; sie war seine erstgeborene (primigenia) Tochter.

Hinter dem Dom versteckt sich die *Orakelgrotte* (Antro delle Sorti). In dieser Grotte entdeckten die Bewohner von Praeneste in uralter Zeit Lostäfelchen. Um das Orakel zu befragen, ließ man das Kind, dessen Schicksal man erfahren wollte, die Täfelchen mischen und eines ziehen. Fortuna Primigenia war die Glücks- und Schutzgöttin der Kinder. Hier fielen keine hochpolitischen Entscheidungen wie z. B. im griechischen → Delphi. Das Fortuna-Heiligtum war eine Orakelstätte für das Volk.

Aus dem sog. *Apsissaal* stammt das berühmte Nilmosaik, eine Arbeit der alexandrinischen Schule aus dem 2. Jahrtausend v. Chr.

An den dahinterliegenden Hang des Monte Ginestro schmiegt sich das sog. *Obere Heiligtum.* Zwei Rampen führen zur Terrasse der Exedren hinauf. Diese Terrasse wurde von einem dorischen Säulengang mit zwei Exedren beherrscht. In der Mitte führt eine Treppe zur nächsthöheren Terrasse, deren Rückwand zehn Nischen zwischen je zwei ionischen Halbsäulen auflockerten. Einige der Säulen sind noch erhalten. Weiter führt die breite Mitteltreppe zur Hauptterrasse, die an drei Seiten von Säulenhallen eingefaßt war, und noch höher zu einer kleinen, halbrunden Terrasse, die wie ein Theater von aufsteigenden Sitzreihen umgeben war. Eine halbrunde Säulenhalle schloß diesen Teil des Heiligtums nach oben hin ab. Von der obersten Säulenhalle kam man in den eigentlichen *Tempel der Fortuna Primigenia,* in der das Kultbild der Göttin stand. Über der Hauptterrasse errichtete die Adelsfamilie Colonna im 11. Jahrhundert einen Palast, der im 17. Jahrhundert sein heutiges Aussehen erhielt. Dieser Palazzo Barberini beherbergt das *Museo Nazionale Prenestino,* eine reiche archäologische Sammlung mit Fundstücken aus dem antiken Praeneste. Im Hof des Museums wurde ein Tholos (Rundbau) aus dem 1. Jahrhundert v. Chr. wieder aufgebaut, der einst auf der Terrasse der Exedren gestanden hatte.

Literatur: P. Romanelli, Palestrina. Neapel 1967.

Palmyra

Die antike Oasenstadt Palmyra (heute *Tadmor*) liegt im Norden der syrischen Wüste. Ihre günstige Lage am Karawanenweg zwischen dem mittleren Euphrat und Damaskus machte sie in den ersten drei nachchristlichen Jahrhunderten zu einer bedeutenden Handelsstadt. Die Ruinen ihrer Bauwerke zählen zu den imposantesten des Vorderen Orients.

Geschichte

Die Oase wurde schon von den Kanaanitern, später von den Aramäern bewohnt. Sie nannte sich damals – wie heute – *Tadmor.* Vor allem der Handel mit Seide führte die Stadt zu Wohlstand.

Marcus Antonius, der nach der Ermordung Caesars (44 v. Chr.) die östliche Hälfte des Römischen Reiches übernommen hatte, versuchte 41 v. Chr. vergeblich, Tadmor zu erobern. Um 17 n. Chr. schloß sich die Stadt, die nunmehr *Palmyra* (von lat. palma = Palme) hieß, freiwillig an Rom an. Kaiser Hadrian (117–138) gewährte ihr im Jahre 129 eine gewisse Selbständigkeit auf finanziellem und militärischem Gebiet. 211 wurde Palmyra eine römische Colonia.

Um gegen die erstarkende Perserdynastie der Sassaniden ein Bollwerk zu errichten, verlieh Kaiser Gallienus (253–268) dem Stadtfürsten Odenathus (Odainath) den Titel »corrector totius orientis« (Korrektor des gesamten Orients). Odenathus gründete daraufhin das Palmyrenische Reich, das sich vom Roten Meer bis zum Taurus in Kleinasien erstreckte.

Nach seiner Ermordung im Jahre 267 übernahm seine Frau Zenobia für ihren unmündigen Sohn Vabalatus (Wahballat) die Herrschaft und erweiterte das Reich bis Ägypten. Für Palmyra begann nun eine Zeit der wirtschaftlichen und kulturellen Blüte. Prächtige Bauwerke entstanden. Als die ehrgeizige Königin ihre Macht auch auf Syrien und Mesopotamien ausdehnte, sich gar den Titel Augusta gab und die völlige Loslösung von Rom betrieb, kam es zur Katastrophe. Kaiser Aurelian (270–275) vernichtete 271 ihr Heer in der Schlacht bei Emesa (Homs) und brachte Zenobia nach Rom, wo sie in der Gefangenschaft starb. Als sich die Palmyrener daraufhin gegen die Römer erhoben, ließ Aurelian Palmyra zerstören. Zwar wurde die Stadt später wieder aufgebaut, doch erreichte sie nie mehr den Glanz und Wohlstand, den sie als Metropole des Palmyrenischen Reiches gehabt hatte. Unter Diokletian (284–305) wurde Palmyra Legionslager.

Archäologie

1678 wurde Palmyra von Angehörigen der englischen Faktorei in Aleppo wiederentdeckt. 1812 erschien ein Forschungsbericht der Engländer Robert Wood und Dawkins. In den Jahren 1902 und 1917 untersuchte der Deutsche Theodor Wiegand die Ruinenstätte. Ab 1929 führte der französische Service des Antiquités in der Oasenstadt Ausgrabungen durch. Dabei fanden die Franzosen zahlreiche Inschriften in aramäischer Sprache und palmyrenischer Schrift. 1930 wurden mehrere tausend Einwohner aus dem Tempelbezirk in die neue Ortschaft Tadmor außerhalb der Ruinen umgesiedelt, um weitergehende Untersuchungen zu ermöglichen. Heute arbeiten polnische Archäologen in Palmyra.

Ausgrabungsstätte

Das eindrucksvollste Bauwerk von Palmyra ist der mächtige *Baal-Tempel* (Sonnentempel), der 32 n. Chr. den drei westsemitischen Hauptgottheiten Baal (Bel), Yarhibol und Aglibol geweiht wurde. Der Tempel erhebt sich inmitten eines quadratischen Hofes, dessen Seiten 225 m lang sind. Der Hof ist von einer hohen Mauer umgeben, an die sich auf drei Seiten eine Kolonnade mit doppelter Säulenreihe anlehnt. Vor der westlichen Mauer mit dem Eingang zum Hof stand eine Reihe höherer Säulen. Die Propyläen wurden im 12. Jahrhundert von den Arabern zu einer Festung umgebaut. Der Baal-Tempel selbst ist ein Pseudodipteros, 60 m lang und 31 m breit. Die Säulen der Ostseite stehen noch. Nur ihre Kapitelle aus vergoldeter Bronze wurden im Mittelalter geraubt.

Vom Baal-Tempel aus zieht sich eine 1100 m lange *Säulenstraße* aus dem Anfang des 3. Jahrhunderts n. Chr. quer durch die Stadt. Die Säulen sind 9,50 m hoch und haben korinthische Kapitelle. Auf Konsolen an den Säulen standen bronzene Statuen. Zu beiden Seiten der 11 m breiten Straße verlief ein 6 m breiter, überwölbter Gang. Die Säulenstraße führt durch eine triumphbogenartige *Toranlage* aus der Zeit um 220, die von den Archäologen wieder aufgerichtet wurde. Ein kleines *Theater* stammt

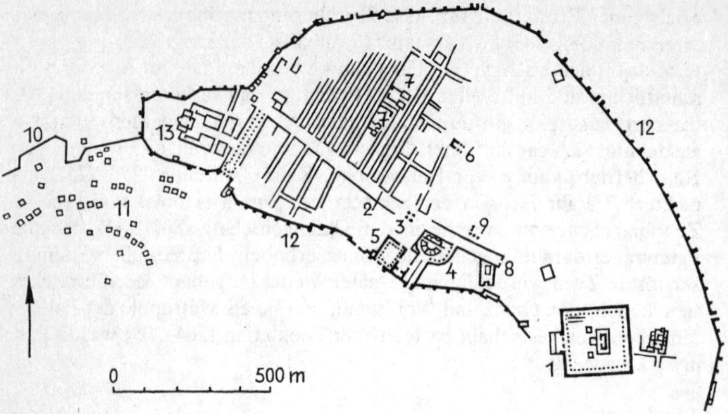

Palmyra

1 Baal-Tempel 2 Säulenstraße 3 Toranlage (Tetrapylon) 4 Theater 5 Agora 6 Tempel des Baal Schamin 7 byzantinische Kirchen 8 Triumphbogen 9 Diokletians-Thermen 10 Aquädukt 11 Nekropolen 12 Stadtmauer Justinians 13 Feldlager Diokletians

aus der ersten Hälfte des 2. Jahrhunderts. Das Bühnenhaus ist restauriert. Von der *Agora* stehen zum Teil noch die Säulen der ringsum laufenden Halle. Besonders gut erhalten ist der *Tempel des Baal Schamin,* der um 130 entstand und sich in byzantinischer Zeit in eine christliche Basilika verwandelte.

Von großer archäologischer Bedeutung sind die *Nekropolen* von Palmyra. Die Toten wurden unterschiedlich bestattet: in unterirdischen Grabkammern (Hypogäen), in Grabhäusern (mit bis zu 380 Grabnischen) und in Grabtürmen. Die Grabtürme sind persischen oder phönikischen Ursprungs; in ihnen konnten die Sarkophage in mehreren Stockwerken untergebracht werden.

Literatur: K. Michalowski, A. Dziewanowski, Palmyra. Wien, München 1968.

Pergamon

Pergamon, das heutige Bergama an der türkischen Westküste, war im 3. und 2. vorchristlichen Jahrhundert die Hauptstadt des Pergamenischen Reiches und das Kulturzentrum der hellenistischen Welt. Berühmt war seine Bibliothek, die mit einem Bestand von 200000 Schriften als größte

Sammlung der Antike galt. Der Zeus-Altar von Pergamon wurde mitunter auch zu den Sieben Weltwundern des Altertums gezählt.

Geschichte

Auf dem mehr als 300 m hohen, steilen Bergkegel der späteren Akropolis befand sich schon im 7. Jahrhundert v. Chr. eine befestigte Ansiedlung. Später unterhielten die Perser dort eine Garnison.

Die eigentliche Geschichte Pergamons begann aber erst unter dem Diadochen Lysimachos, der auf dem Burgberg eine Zitadelle baute, um darin den von Alexander dem Großen stammenden Kriegsschatz zu verwahren. Als Lysimachos 281 v. Chr. bei Kurupedion im Kampf gegen Seleukos I. fiel, riß Philetairos aus Tios, Kommandant der Zitadelle, den gewaltigen Schatz an sich und verteidigte ihn erfolgreich gegen die Ansprüche von Seleukos und dessen Sohn Antiochos. Nach dem Tode des Philetairos im Jahre 263 v. Chr. trat sein Neffe Eumenes I. (263–241) die Nachfolge an. Eumenes besiegte Antiochos I. in der Schlacht bei Sardes und gründete 262 v. Chr. das Pergamenische Reich. Sein Sohn und Nachfolger Attalos I. (241–197) wehrte mehrere Angriffe der Seleukiden und der keltischen Galater ab, festigte das junge Reich durch die Anlehnung an Rom und nahm schließlich den Königstitel an. Attalos' Sohn Eumenes II. (197–159) verleibte dem Reich große Teile Anatoliens ein, nachdem im Jahre 190 v. Chr. römische Legionen das Heer des Seleukiden Antiochos III. vernichtet hatten.

Unter Eumenes II. erreichte das Pergamenische Reich seine größte Macht und Ausdehnung. Die Hauptstadt Pergamon wurde ein blühendes Wirtschafts- und Kulturzentrum. Prächtige Bauten entstanden: der Zeus-Altar, das Theater, der Palast, eine neue Stadtmauer und die Bibliothek. Als die ägyptischen Ptolemäer die Ausfuhr von Papyrus stoppten, um der Bibliothek von Alexandria die geistige Vormachtstellung zu verschaffen, sollen die pergamenischen Schreiber das Pergament als Schriftträger erfunden haben. Auf Eumenes II. folgte sein Bruder Attalos II. (159–138). Eumenes' Sohn Attalos III., eine zwielichtige Persönlichkeit, setzte Rom als Erben ein. Nach seinem Tode im Jahre 133 v. Chr. ging das Pergamenische Reich in der römischen Provinz Asia auf.

Unter den Römern begann für Pergamon, jetzt *Pergamus* genannt, eine neue Epoche der Pracht und des Wohlstandes. Riesige Theater und ein weiträumiger Circus sorgten für Unterhaltung der 160000 Einwohner. Mit dem Aufstieg → Palmyras zur Handelsmetropole des Orients begann im 3. nachchristlichen Jahrhundert der Niedergang Pergamons.

Die heutige Stadt Bergama hat etwa 22000 Einwohner.

Archäologie

Im Winter 1864/65 besuchte der deutsche Ingenieur Carl Humann die Stätte des antiken Pergamon und fand in einer byzantinischen Mauer ein Marmorrelief, das er den Königlichen Museen in Berlin zum Geschenk machte. Es gelang ihm, den Direktor der Antiken-Sammlung, Alexander Conze, für seine Grabungspläne zu gewinnen. 1878 begannen Humann

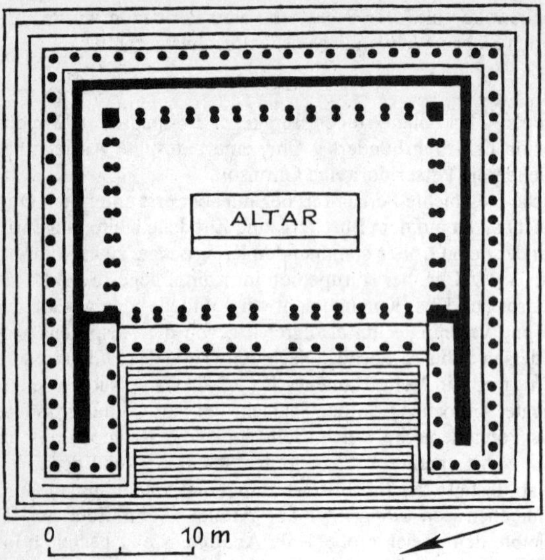

Pergamon: Zeus-Altar

und Conze mit der Erforschung Pergamons. Bis 1886 wurden der Zeus-Altar, der Athena-Tempel, das Traianeum, die Theaterterrasse und der obere Markt auf der Akropolis ausgegraben. Zwischen 1900 und 1913 legten Conze und Wilhelm Dörpfeld die Mittel- und die Unterstadt frei. Von 1927 bis 1938 untersuchte Theodor Wiegand die Oberburg und die sog. »Rote Basilika« und entdeckte das Asklepieion. 1957 begann unter Erich Böhringer die vierte Phase der archäologischen Erforschung Pergamons. 1973 übernahm Wolfgang Radt die Leitung der Ausgrabungen, die sich nun vor allem auf die Erforschung der Lebensbedingungen in einer antiken Großstadt konzentrierten.

Ausgrabungsstätte

Der *Zeus-Altar* auf der Akropolis, bekannter unter der Bezeichnung »Pergamon-Altar«, war den beiden Stadtgöttern Zeus und Athena geweiht. Er wurde um 180 v. Chr. von Eumenes II. errichtet. An Ort und Stelle sind nur noch die gewaltigen Fundamente zu sehen. Die erhaltenen Teile des Altars, insbesondere die großartigen Friese, befinden sich im Pergamon-Museum, Berlin-Ost. Auf dem 36,44 mal 34,20 m großen Unterbau ruht ein Podium, das mit einem 120 m langen und 2,30 m hohen Relieffries geschmückt ist. Der Fries stellt eine Gigantomachie dar,

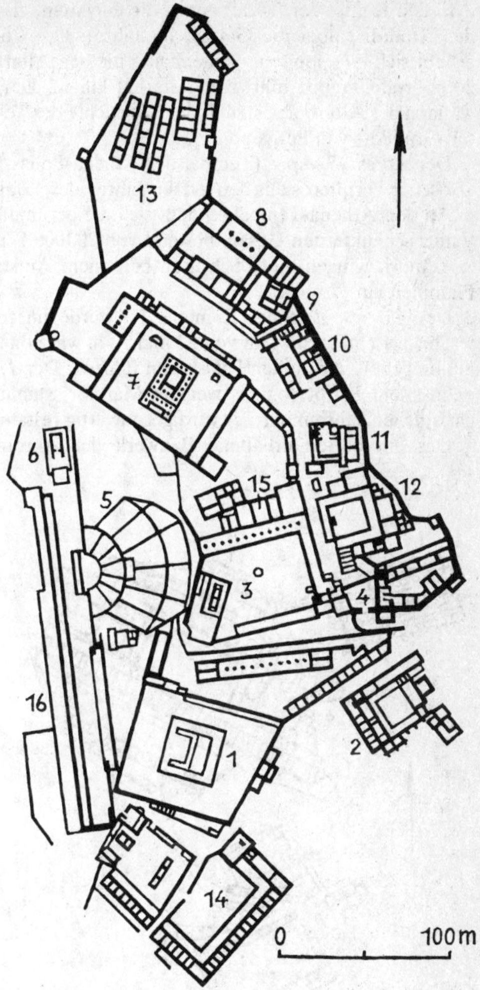

Pergamon: Akropolis

1 Zeus-Altar 2 Temenos für den Herrscherkult 3 Athena-Tempel 4 Burgtor 5 Theater 6 Dionysos-Tempel 7 Trajans-Tempel (Traianeum) 8 Palast I (Kaserne) 9 Palast II 10 Palast III 11 Palast IV 12 Palast V 13 Arsenale 14 oberer Markt 15 Bibliothek 16 Theaterterrasse

d.h. den Kampf der Götter gegen die Giganten, als Symbol für den Sieg der Attaliden über die Galater im Jahre 230 v. Chr. Auf dem Podium erhebt sich eine ionische Säulenhalle, die den Altarhof einschließt. Eine 20 m breite Treppe führt zum Altarhof hinauf. Der Fries an den Innenwänden des Altarhofes erzählt die Geschichte des Telephos, des sagenhaften Gründers von Pergamon.

Der *Athena-Tempel* (Tempel der Athena Polias Nikephoros) war ein dorischer Peripteros aus den letzten Jahren des 4. Jahrhunderts v. Chr.

An den Athena-Tempel schließt sich die berühmte *Bibliothek* an. Antonius schenkte den Gesamtbestand von 200000 Schriften Kleopatra. In Alexandria gingen diese Schriften bei einem Aufstand im Jahre 389 in Flammen auf.

Der *Königspalast* des Eumenes II. wurde im frühen 2. Jahrhundert v. Chr. errichtet. Ein Hof von 22 mal 22 m war von dorischen Säulenhallen umgeben, die zu den Palastsälen führten. Der *Trajan-Tempel* (Traianeum), ein Peripteros aus weißem Marmor, stammt aus dem 2. nachchristlichen Jahrhundert; er wird gegenwärtig restauriert.

Das am besten erhaltene Bauwerk der Akropolis ist das *Theater*

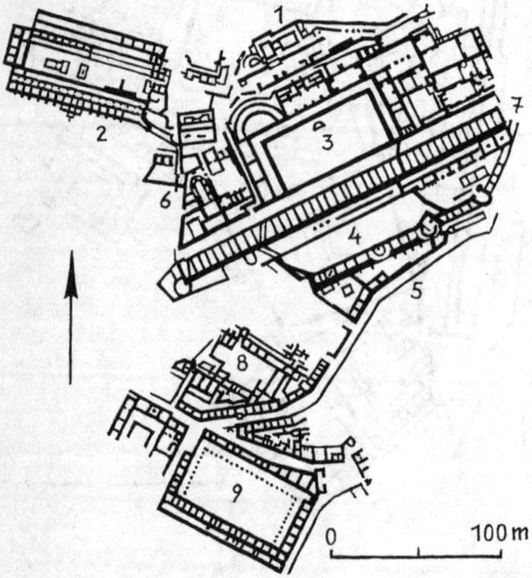

Pergamon: Gymnasien und untere Agora

1 Hera-Heiligtum 2 Demeter-Tempel 3 oberes Gymnasion 4 mittleres Gymnasion 5 unteres Gymnasion 6 Westthermen 7 Ostthermen 8 Haus des Attalos (römischer Konsul um 200 n. Chr.) 9 unterer Markt

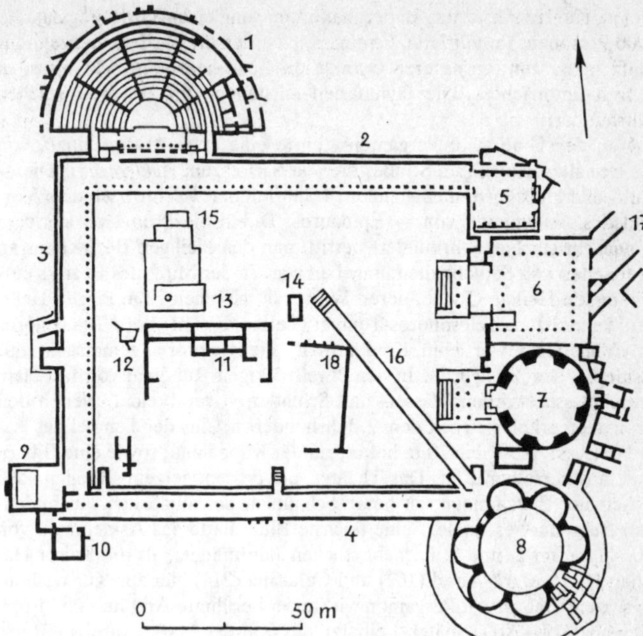

Pergamon: Asklepieion

1 Theater 2 Nordhalle 3 Westhalle 4 Südhalle (unterirdisch) 5 Bibliothek 6 Propyläen 7 Äskulap-Tempel (Zeus-Asklepios-Tempel) 8 Telesphoros-Tempel 9 Westhallensaal 10 Latrine 11 Inkubationsbezirk 12 Brunnen 13 Tempel des Asklepios Soter 14 Heilige Quelle 15 Badebrunnen 16 Heiliger Tunnel (unterirdischer Gang) 17 Heilige Straße 18 hellenistische Mauer

(2. Jahrhundert v. Chr.). Auf den 87 Sitzreihen fanden 15000 Zuschauer Platz. Hinter der Bühne erstreckte sich die 216 m lange Theaterterrasse, die zum *Dionysos-Tempel,* einem ionischen Prostylos aus derselben Epoche, führt.

Der *Demeter-Tempel* entstand im 3. Jahrhundert v. Chr. unter Attalos I. Hier wurden die eleusinischen Mysterien zu Ehren der Demeter gefeiert, die einst dem Triptolemos das erste Weizenkorn gegeben und ihn und damit die Menschheit den Ackerbau gelehrt hatte.

Über drei Terrassen erstrecken sich die *Gymnasien* von Pergamon, die größte Lehranstalt der griechischen Welt. Das obere Gymnasion war den Jünglingen über fünfzehn Jahren vorbehalten; es enthielt u. a. Sporthallen, Kunstwerkstätten, Bäder, Kulträume und einen Vorlesungssaal für 1000 Personen. Im mittleren Gymnasion wurden die Knaben von zehn bis fünfzehn Jahren, im unteren Gymnasion die Kinder von sechs bis neun Jahren unterrichtet. Die Gymnasien entstanden im 2. vorchristlichen Jahrhundert.

Von der Unterstadt Pergamons führte eine etwa 1000 m lange, von Säulenhallen eingefaßte Straße, die Via Sacra, zum *Asklepieion*. Dieses Kult- und Heilzentrum entstand im 4. Jahrhundert v. Chr. nach dem Vorbild des Asklepieion von → Epidauros. Durch die Propyläen aus dem 2. nachchristlichen Jahrhundert betritt man den Heiligen Bezirk, der an drei Seiten von Säulenhallen umgeben war. In der Mitte des Bezirks entsprang die Heilige Quelle, deren Wasser durch einen 72 m langen Heiligen Tunnel zum Telesphoros-Tempel (Telesphoreion) floß. Telesphoros (= Vollender) war eine Kindgottheit, die vielerorts gemeinsam mit Asklepios verehrt wurde. In dem zweistöckigen Rundbau von fast 50 m Durchmesser wurden Wasser- und Schlafkuren verabreicht. Neben den Propyläen erhob sich seit dem 2. Jahrhundert n. Chr. der Tempel des Äskulap (Asklepios), ein 20 m hoher, runder Kuppelbau, sowie eine Bibliothek aus derselben Zeit. Das Theater, auf dessen vierzehn Rängen 4500 Zuschauer Platz fanden, ist heute Schauplatz der alljährlich stattfindenden Bergama-Festspiele. Seine höchste Blüte hatte das Asklepieion von Pergamon im 2. und 3. nachchristlichen Jahrhundert, als die Kaiser Hadrian (123), Mark Aurel (162) und Caracalla (214) hier zur Kur weilten. In seinem Geburtsort Pergamon wirkte der berühmte Arzt und Philosoph Galenos (131–201), später Leibarzt des Kaisers Mark Aurel in Rom; seine Schriften beeinflußten bis ins 16. Jahrhundert die medizinische Wissenschaft.

Die wichtigsten Bauwerke der *Römerstadt* sind ein großes Theater für 30000 Zuschauer, ein Amphitheater mit 50000 Sitzplätzen, ein weiträumiger Circus für Wagenrennen und vor allem die *Rote Basilika* (Rote Halle). Kaiser Hadrian (117–138) ließ diesen wuchtigen Ziegelbau vermutlich für den ägyptischen Gott Serapis errichten. Die Byzantiner bauten den Tempel in eine Kirche um. An die Basilika schließt sich ein 260 mal 110 m großer, von Kolonnaden gesäumter Hof an, der, auf zwei gemauerten Gewölben ruhend, den Fluß Selinos (heute Bergama Çayi) überspannt.

Literatur: H. Kaehler, Pergamon. Berlin 1949. – E. Rohde, Der Altar von Pergamon. Berlin 1968.

Perge

Die Ruinenstätte der hellenistisch-römischen Stadt Perge liegt 18 km nordöstlich von Antalya an der Südküste der Türkei.

Geschichte

Die Lage der Stadt ist für die griechischen Kolonialstädte charakteristisch: ein Tafelberg inmitten einer fruchtbaren Ebene und ein schiffbarer Fluß unweit des Meeres. Wann und von wem Perge gegründet wurde, ist nicht bekannt. Es könnten Achäer gewesen sein, die zu Beginn des 1. Jahrtausends nach Pamphylien kamen.

Erwähnt wird der Ort erst im 4. Jahrhundert v. Chr., als Alexander der Große auf seinen Eroberungszügen mehrmals durch Perge kam, das zu den Makedoniern in guten Beziehungen stand. Die Seleukiden unterhielten in der Stadt eine Garnison. In dieser Zeit hatte Perge – wahrscheinlich auf der Akropolis – ein berühmtes Artemis-Heiligtum, das bisher noch nicht lokalisiert werden konnte. 188 v. Chr. besetzten die Römer Perge, nachdem sie die Truppen des Seleukiden Antiochos III. in der Schlacht bei Magnesia am Berge Sipylos geschlagen hatten. Die Römer gliederten die Stadt in das Pergamenische Reich ein. Durch Erbschaft fiel sie 133 v. Chr. an Rom. Als Teil der Provinz Asia gewann sie an Wohlstand. Der Apostel Paulus gründete in Perge eine der ersten Christengemeinden Kleinasiens (»Wort zu Perge«; Apg. 14,25). In byzantinischer Zeit sank der Ort zur Bedeutungslosigkeit herab.

Ausgrabungsstätte

Die westliche und östliche *Stadtmauer,* von der noch bedeutende Reste vorhanden sind, stammt aus hellenistischer Zeit; sie wurde wahrscheinlich

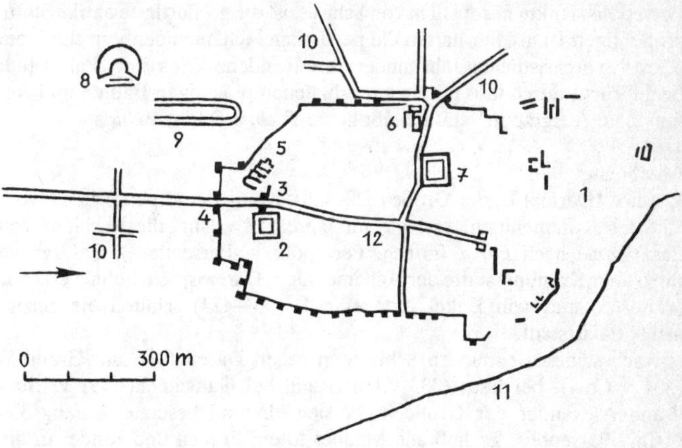

Perge

1 Akropolis 2 Agora 3 Altes Tor 4 Neues Tor 5 Thermen (?) 6 Thermen 7 Palästra 8 Theater 9 Stadion 10 Gräber 11 Küste 12 Arkadenstraße

unter den Seleukidenherrschern errichtet. Die römische Mauer im Süden erweiterte das ursprüngliche Stadtgebiet. Von der hellenistischen Südmauer zeugt nur noch das *Alte Tor,* das von zwei mächtigen Türmen flankiert wird. Vom Alten Tor aus verlief in nördlicher Richtung eine Arkadenstraße mit 10 m breiter Fahrbahn und mit je 5 m breiten Säulenhallen. Kurz vor dem einzigen Zugang zur Akropolis wurde diese Hauptstraße von einer zweiten Arkadenstraße gekreuzt, die das Westtor mit dem Osttor verband.

Außerhalb der Stadtmauer liegt das römische *Stadion.* Die hufeisenförmige Anlage ist 234 m lang. Die Laufbahn hat eine Breite von 34 m. Auf den zwölfrängigen Sitzstufen hatten 27000 Zuschauer Platz.

Das in einen Berghang gebaute römische *Theater* faßte auf 40 Rängen etwa 15000 Zuschauer. Das Bühnenhaus war 56 m lang, 4,40 m breit und mehrere Stockwerke hoch. Noch im Jahre 1835, als der Franzose Charles Texier Kleinasien bereiste, war das Theater fast vollständig erhalten. Nach 1920 benutzten die Bewohner der umliegenden Dörfer das Bühnenhaus als Steinbruch.

Literatur: A. M. Mansel, A. Akarca, Excavations and Researches at Perge. Ankara 1949.

Persepolis

Persepolis, 60 km nordöstlich von Schiras, ist die großartigste antike Stätte im heutigen Iran. Hier hatten die persischen Achämenidenherrscher vom 6. bis 4. vorchristlichen Jahrhundert ihre Residenz. Die riesige Palaststadt beeindruckt durch ihre relativ gut erhaltenen prächtigen Bauten und Reliefs. Die Ausgrabungsstätte heißt heute *Tacht e Dschamschid.*

Geschichte

Dareios (Darius) I., der Große (522–486), König der altpersischen Dynastie der Achämeniden, verlegte im Jahre 518 v. Chr. die Residenz von Pasargadae nach *Parsa* (griech. Persepolis = Perserstadt). Pasargadae blieb aber Krönungsstätte der Achämeniden. Dareios, sein Sohn Xerxes I. (486–465) und sein Enkel Artaxerxes I. (464–424) schufen die einzigartige Palaststadt.

Nach seinen siegreichen Schlachten gegen Dareios III. am Granikos (334 v. Chr.), bei Issos (333 v. Chr.) und bei Gaugamela (331 v. Chr.) drang Alexander der Große in Persien ein und besetzte Anfang 330 v. Chr. Persepolis. Er ließ alle Männer töten, Frauen und Kinder in die Sklaverei verschleppen und äscherte die Stadt mit Ausnahme der Palastanlagen ein. Nachdem Alexander auch Pasargadae erobert hatte, kehrte er nach Persepolis zurück und quartierte sich in den Palästen ein. Warum kurze Zeit später auch die Palaststadt in Flammen aufging, blieb bislang ungeklärt. Über die Ursache des Brandes gibt es nur Vermutungen: So könnten die Perser das Feuer gelegt haben, um Alexander aus der Achämeniden-Residenz zu vertreiben. Oder der Brand war durch Fahrlässigkeit bei einem der orgiastischen Dionysosfeste des Makedoniers entstanden. Möglicherweise ließ Alexander bewußt die Palaststadt einäschern, um die mißtrauisch gewordenen Athener zu beruhigen, die Vergeltung für die Brandschatzung Athens durch Xerxes im Jahre 480 v. Chr. forderten. Die Forschung folgt heute mehr der letzten Vermutung. Auf jeden Fall trug die Einäscherung der Palaststadt – so paradox es klingen mag – wesentlich zur Erhaltung der einzigartigen Kunstschätze bei, die eine hohe Schutt- und Ascheschicht über zwei Jahrtausende vor Plünderungen und Witterungseinflüssen bewahrte.

Archäologie

Im Jahre 1765 besuchte der deutsche Geometer Carsten Niebuhr Persepolis. Er fertigte hervorragende Kopien der altpersischen Keilschrift, Texte der Könige Dareios und Xerxes, die dem deutschen Gymnasialprofessor Georg Friedrich Grotefend im Jahre 1802 eine erste Entzifferung der Keilschrift ermöglichten.

1931 bis 1939 legten die deutschen Archäologen E. Herzfeld und E. F. Schmidt im Auftrag des Oriental Institute of Chicago und unter der Schirmherrschaft des Schahs von Persien die Palaststadt frei. Seit 1960 stehen die Forschungen unter der Leitung des Iranischen Altertümerdienstes.

Ausgrabungsstätte

Die Palaststadt von Persepolis liegt auf einer künstlichen Terrasse. Der einzige Zugang führte über eine doppelte *Monumentaltreppe*. Die Stufen waren so breit und flach angelegt, daß man die Treppe hinaufreiten konnte (daher auch die Bezeichnung »Reiterstiege«).

Die Treppe endet vor den *Xerxes-Propyläen,* einem quadratischen Bau mit drei Toren. West- und Osttor bewachen je zwei riesige Mischwesen: geflügelte, menschenköpfige Stiere.

Die gewaltige *Halle der Hundert Säulen* ließen Xerxes und sein Sohn Artaxerxes errichten. Das quadratische Bauwerk hat eine Seitenlänge von 75 m. Zehn mal zehn Säulen, jede 9 m hoch, trugen das mit einer dicken Erdschicht bedeckte Zedernholzdach. Eine 11 m tiefe Vorhalle mit zwei mal acht Säulen war dem Hauptbau im Norden vorgelagert. Die acht Eingangstore (zwei auf jeder Seite) sind mit großartigen Flachreliefs geschmückt. In der Halle der Hundert Säulen soll der Brand ausgebrochen sein, der zur Einäscherung der Palaststadt führte.

Der *Palast des Dareios,* auch Taschara genannt, besteht aus einer Mittelhalle mit drei mal vier Säulen; die Steinwände sind hochglanzpoliert, so daß man diesen Saal auch »Spiegelhalle« nennt. Im Gegensatz zu den anderen Bauwerken liegt die Eingangshalle nicht im Norden, sondern im Süden. Wohn- und Repräsentationsräume umschließen die Mittelhalle.

Den *Palast des Xerxes,* auch Hadisch genannt, erreicht man über eine Treppe und durch drei hintereinanderliegende Vorhallen. Der Palast hat

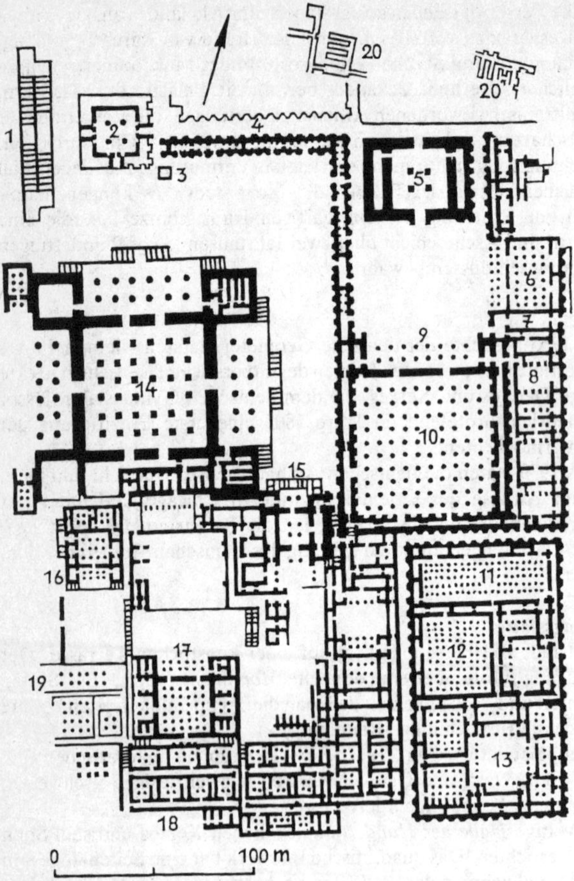

Persepolis: Palaststadt

1 Monumentaltreppe (Große Treppe) 2 Xerxes-Propyläen (»Tor aller Länder«) 3 Monolithbecken 4 Prozessionsweg 5 Monumentaltor (unvollendet) 6 Saal mit 32 Säulen 7 Wagenkammer 8 Pferdeställe 9 Vorhalle 10 Halle der Hundert Säulen (Thronsaal) 11 Hundertsäulensaal (Teil des Schatzhauses) 12 Neunundneunzigsäulensaal (Teil des Schatzhauses) 13 Magazine des königlichen Schatzhauses 14 Apadana (Audienzhalle?) 15 Tripylon 16 Palast des Dareios (Taschara) 17 Palast des Xerxes (Hadisch) 18 Wohntrakt (Harem) 19 Palast des Artaxerxes III. (unvollendet) 20 Bibliothek

einen quadratischen Grundriß. Sechs mal sechs Säulen tragen das Dach. Auch hier bildet eine Vorhalle mit zwei mal sechs Säulen den imposanten Eingang. An den Palast schließen sich die ausgedehnten Anlagen des Harems, also der Wohntrakt an.

Das eindrucksvollste Bauwerk von Persepolis ist die *Apadana.* Ob sie als Audienzhalle diente wie in → Susa, weiß man noch nicht, doch läßt die gleiche architektonische Konzeption darauf schließen. Die Apadana wurde unter Dareios begonnen und unter Xerxes vollendet. Die Mittelhalle mit sechs mal sechs Säulen hat eine Seitenlänge von 75 m und wurde in etwa 18 m Höhe von einer Dachterrasse bedeckt. Im Norden, Osten und Westen der Mittelhalle waren offene Vorhallen mit je zwei mal sechs Säulen vorgelagert. Einige der 18 m hohen Säulen sind noch erhalten. Im Süden schlossen sich Nebenräume an. Zu der nördlichen und östlichen Vorhalle führen breite Treppen, deren Randmauern mit einzigartigen Flachreliefs geschmückt sind. Die Reliefs stellen die »Unsterblichen« (Soldaten der königlichen Leibgarde) und lange Züge von Tributpflichtigen dar.

Östlich der Palaststadt fand das Archäologen-Team die aus dem Felsen gehauenen Gräber der letzten Achämeniden Artaxerxes II. (404–358) und Artaxerxes III. (358–338) sowie ein für Dareios III. Kodomannos (336–330) bestimmtes Grab, der aber auf der Flucht vor Alexanders Truppen ermordet und an unbekanntem Ort beigesetzt wurde.

Literatur: D. N. Wilber, Persepolis. The Archaeology of Parsa. London 1969.

Phaistos

Der minoische Palast von Phaistos (Phästos) liegt am Hang eines Hügels, der die herrliche Mesara-Ebene im Süden Kretas beherrscht. Die Palastanlage ist nicht so gewaltig wie die von Knossos, aber klarer in ihrem Aufbau. Die Ruinen sind noch relativ gut erhalten.

Geschichte

Das Gebiet von Phaistos war bereits im Neolithikum besiedelt. In minoischer Zeit war Phaistos ein bedeutendes Handelszentrum. Der erste Palast entstand etwa zur gleichen Zeit wie der Palast von → Knossos, also kurz nach 2000 v. Chr. Er wurde durch Feuer zerstört. Der Neubau fiel einem Erdbeben zum Opfer. Der nächste Neubau erstand auf den Trümmern, die mit einer dicken Erdschicht planiert worden waren. Dieser Palast wurde etwa um 1650 v. Chr. ein Raub der Flammen. Bald darauf erhob sich an gleicher Stelle ein neuer, wesentlich größerer Palast, der sog. »zweite Palast«. Zu Beginn des 14. Jahrhunderts v. Chr. endete das minoische Reich, dem auch Phaistos angehörte, vermutlich durch eine

Invasion der Achäer. Zu dieser Zeit wurde auch der »zweite Palast« von Phaistos zerstört.

Anschließend siedelten Achäer im Gebiet von Phaistos; sie nahmen nach Homers Ilias unter Idomeneus, einem Enkel des kretischen Königs Minos, an dem Zug Agamemnons gegen Troja teil. Später siedelten Dorer in Phaistos. Auch in hellenistischer Zeit war der Ort bewohnt. Im 2. Jahrhundert v. Chr. wurde Phaistos von → Gortyn zerstört.

Archäologie
Der Palast von Phaistos wurde zwischen 1900 und 1909 von italienischen Wissenschaftlern unter L. Pernier ausgegraben. 1950 nahm Doro Levi die Forschungsarbeiten wieder auf.

Ausgrabungsstätte
Wie in Knossos bildete auch hier ein großer, offener Hof (22 mal 46 m) den Mittelpunkt des sog. *»zweiten Palastes«*. Der Hof war ringsum von Säulenhallen umgeben, von wo aus die Gäste des Königs den Stierkämpfen beiwohnen konnten. Nördlich des großen Hofes befanden sich die Wohnräume des Königs und der Königin. Rechts schlossen sich ein Waschhaus und Werkstätten an. Östlich des Hofes lagen die Wohnräume der Königskinder, westlich des Hofes Vorratsräume. Den Haupteingang bildeten die Großen Propyläen, zu denen eine Monumentaltreppe hinaufführte. Von den Propyläen gelangte man in einen großen Empfangs- und Festsaal.

Südwestlich des »zweiten Palastes« stießen die Ausgräber auf Mauern des allerersten Königspalastes von Phaistos. Es sind die ältesten Relikte der kretischen Palastarchitektur überhaupt. Hier fanden sie im Jahre 1908 den berühmten »Diskos von Phaistos«, eine Tonscheibe von etwa 16 cm Durchmesser, die beidseitig mit einer spiralförmig angeordneten Schrift versehen ist. Die Schriftzeichen konnten noch nicht entziffert werden. Der Diskos stammt aus der Zeit um 1600 v. Chr.

3 km westlich von Phaistos liegt die Ausgrabungsstätte *Agia Triada* (Hagia Triada) mit einem kostbar eingerichteten, palastartigen Landhaus, das aus derselben Zeit wie der »zweite Palast« von Phaistos stammt, und mit einer Siedlung aus der Zeit nach dem Untergang des minoischen Reiches. Die Wände mehrerer Räume des Landhauses waren mit Fresken geschmückt bzw. mit Alabasterplatten verkleidet. Im Magazin des Landhauses entdeckten die Ausgräber neunzehn Barren Bronze von je 29 kg Gewicht.

Literatur: D. Levi, The recent Excavations at Phaistos. Lund 1964.

Philae

Philae (altägypt. Pilak), die »Perle Ägyptens«, eine winzige Nilinsel zwischen dem alten und dem neuen Assuan-Staudamm, war in ptolemäischer und römischer Zeit ein vielbesuchter Wallfahrtsort, die heilige Stätte der Göttin Isis, die hier ihren Sohn Horus geboren haben soll.

Da die großartigen Bauwerke des Tempelbezirks nach der Fertigstellung des neuen Hochdammes im Nil versanken, wurden die Heiligtümer in einer gewaltigen internationalen Rettungsaktion auf die ungefährdete Nachbarinsel *Agilkia* verlegt.

Geschichte

Die ältesten Tempelbauten auf Philae stammen aus der Zeit der 30. Dynastie. Nektanebos I. (378–360) errichtete hier den Göttinnen Isis und Hathor ein Hallenheiligtum, das aber bei einer Nilüberschwemmung weggerissen wurde. Ptolemaios II. Philadelphos (285–246) baute der Isis einen neuen Riesentempel. Ptolemaios III. Euergetes I. vollendete den Bau. Römische Kaiser, von Augustus bis Mark Aurel, bereicherten die Insel mit weiteren Bauten, erneuerten und ergänzten die alten Bauwerke. 391 n. Chr. verbot Theodosius der Große die heidnischen Kulte, mußte aber den Nubiern aus politischen Gründen das Wallfahrtsheiligtum Philae belassen. 451 n. Chr. sah sich der byzantinische General Maximinus gezwungen, der nubischen Bevölkerung in einem Vertrag den freien Zugang zum Isis-Heiligtum zuzugestehen. Erst Kaiser Justinian I (527–565) verbot den Isis-Kult. Sein General Narses schloß das Heiligtum, verschleppte die Tempelstatuen nach Konstantinopel und richtete im Hypostyl des Tempels die christliche Anbetungsstätte St. Stephanus ein.

Archäologie

1828 besuchte Jean François Champollion, der Entzifferer der ägyptischen Hieroglyphen, die Insel, um die dortigen Tempelinschriften zu übersetzen.

1899 bis 1902 entstand der Assuan-Staudamm, die damals größte Talsperre der Welt. 1907 bis 1912 und 1929 bis 1934 wurde die Mauer bis auf 51 m erhöht, so daß die Insel Philae den größten Teil des Jahres von den Nilfluten bedeckt war. Das Nilwasser entsalzte den Sandstein der Mauern und machte ihn dadurch besonders hart und widerstandsfähig. Nach dem Bau des Hochdammes (Sadd el-Ali) in den Jahren 1960 bis 1971 wurde der alte Stausee zum Speichersee für ein Großkraftwerk, wodurch die Insel immer wieder im Wasser versank. Die vom Kraftwerk verursachten täglichen Wasserschwankungen drohten die aus dem See ragenden Pylone des Isis-Tempels zu zerstören.

Den ursprünglichen Plan, die Insel einzudeichen, ließen die ägyptischen Behörden aus Kostengründen wieder fallen. Dann erbot sich der amerikanische Bankier J. P. Morgan, die ganze Tempelstadt auf eigene Kosten nach den Vereinigten Staaten zu schaffen.

1969 entschloß sich die ägyptische Regierung schließlich, die Bauwerke mit finanzieller Unterstützung der UNESCO abzubauen und auf der 500 m entfernten Nachbarinsel Agilkia wieder zusammenzusetzen.

1973 begannen die Arbeiten. Ein Jahr später war der 732 m lange »Kofferdamm« fertig, und die 5,6 ha große Baugrube konnte leergepumpt werden. Das italienische Bauunternehmen Condotte Mazzi Estero entfernte 22000 Tonnen Nilschlamm von den Böden und Wänden der Heiligtümer, zerlegte die Bauwerke in rund 44000 Blöcke, jeder eine halbe Tonne bis 25 Tonnen schwer, und stellte die Tempel auf Agilkia wieder zusammen, nachdem die Nachbarinsel mit Dynamit in die Form der Insel Philae gesprengt worden war.

Gleichzeitig rissen Taucher ein Steintor des Kaisers Diokletian (284–305) ab, das seit 1970 am Rande der Insel überflutet war. Mit einem Schwimmkran wurden die 2000 Steinblöcke gehoben und ebenfalls auf Agilkia wieder zusammengefügt.

Im Frühjahr 1980 konnte Präsident Sadat das wiedererstandene Philae der Öffentlichkeit übergeben. Es liegt jetzt überschwemmungssicher zweieinhalb Meter über dem höchsten Wasserstand. Nur der Augustus-Tempel, das Diokletian-Tor und zwei koptische Kirchen blieben auf dem alten Philae zurück.

Archäologische Stätte

Der *Große Isis-Tempel* war der Göttin Isis und ihrem Sohn Horus (griech: Harpokrates) geweiht. Zwei Säulenhallen säumten den Vorplatz des Tempels. Die westliche Halle wird von zweiunddreißig 5,10 m hohen Pflanzensäulen mit unterschiedlichen Kapitellen gestützt. Von den ursprünglich sechzehn Säulen der östlichen Halle stehen noch sechs aufrecht. Der Vorplatz endet im Norden vor dem ersten Pylon, der 45,50 m breit und 18 m hoch ist. Ein Riesenrelief am Ostturm zeigt Ptolemaios XII. Neos Dionysos (80–51), den Vasallenkönig Roms, in großsprecherischer Pose.

Ein Tor im Westturm des ersten Pylon führt in das Mammisi, das an die Geburt des Göttersohnes Horus erinnert und die Gestalt eines Peripteros hat. Die Ostseite des Vorhofes schließt eine Säulenhalle mit mehreren Räumen für die Priester ab. Eine Treppe führt zum Tor des zweiten Pylon hinauf, der bei 32 m Breite eine Höhe von 12 m hat. Über zwei Säulenhallen, die 557 n. Chr. in eine Kirche umgewandelt wurden, und mehrere Vorräume erreicht der Besucher das Allerheiligste. Hier steht noch der Sockel, auf dem die Barke mit dem Kultbild der Isis ruhte. Ptolemaios III. Euergetes I. und seine Gemahlin Berenike II. stifteten den Sockel. Das Tempeldach krönt ein kleines Osiris-Heiligtum, deren schöne Reliefs den Mythos vom Tod des Osiris erzählen.

Westlich vom Isis-Tempel erhebt sich das *Tor des Hadrian* aus dem 2. nachchristlichen Jahrhundert. Ein Relief an der Nordseite des Vorraums zeigt eine allegorische Darstellung der Nilquelle.

Der kleine *Hathor-Tempel* entstand unter den Herrschern Ptolemaios

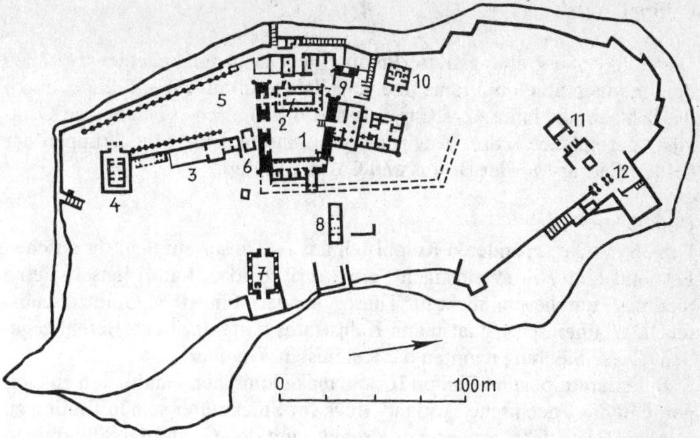

Philae

1 Großer Isis-Tempel 2 Mammisi 3 Asklepios-Tempel 4 Harensnuphis-Tempel 5 Tempelvorplatz 6 Tor Ptolemaios' II. 7 Kiosk des Trajan 8 Hathor-Tempel 9 Tor des Hadrian 10 Tempel des Harendotes 11 Augustus-Tempel 12 römisches Stadttor

VI. Philometor (180–145) und Ptolemaios VIII. Euergetes II. (145–116). Die Säulen der Vorhalle sind mit anmutigen Reliefs geschmückt.

Der *Kiosk des Trajan,* erbaut unter Kaiser Trajan (98–117), besticht durch die Schönheit seiner Proportionen und den Reichtum der Blumenkapitelle seiner sechzehn Säulen.

Den *Asklepios-Tempel* ließ Ptolemaios II. Philadelphos erbauen. Er diente der Verehrung des griechischen Heilgottes Asklepios und des vergöttlichten Imhotep (griech. Imuthes), Priester, Architekt und Arzt unter Pharao Djoser (um 2750 v. Chr.).

Weitere Tempel waren dem Harensnuphis (Erihemsnufer = guter Lebensgefährte), dem Harendotes und Kaiser Augustus geweiht. Schließlich sei noch ein römisches Stadttor erwähnt, durch das die Prozessionen die Insel betraten.

Literatur: G. Bénédite, Le temple de Philae, Paris 1893–1895. – H. Junker, Der große Pylon des Tempels der Isis in Philae. Wien 1958.

Philippi

Die antike Ausgrabungsstätte Philippi liegt in Ostmakedonien zwischen den heutigen Städten Drama und Kavalla. Berühmt wurde Philippi durch die Schlacht im Jahre 42 v. Chr., als hier die römischen Feldherren Octavian (der spätere Kaiser Augustus) und Antonius über die Truppen der beiden Caesar-Mörder Brutus und Cassius siegten.

Geschichte

Um 365 v. Chr. gründeten Kolonisten aus → Thasos auf dem thrakischen Festland hinter ihrer einstigen Peraia (griech. das [Land] jenseits) eine Siedlung, um diesmal nicht für Thasos, sondern für Athen Gold zu schürfen. Der athenische Staatsmann Kallistratos hatte dazu den Befehl gegeben. Diese Siedlung nannten die Kolonisten *Krenides*.

Bald darauf begann Philipp II., die makedonischen Gaufürsten zu einigen und das griechische Festland Stück für Stück unter seinen Einfluß zu bringen. 356 v. Chr. eroberte er Krenides mit den Gold- und Silberminen des Pangaion-Gebirges. Kurz danach nahm er den Königstitel an. Aus Krenides wurde Philippi. Kampferprobte Makedonier übernahmen den Schutz der Minen und der Stadt.

148 v. Chr. wurde Makedonien römische Provinz. Nach der Schlacht des Jahres 42 v. Chr. siedelten die Römer Veteranen in Philippi an und erhoben die Stadt zur Colonia: »Colonia Augusta Julia Philippensium«. In Philippi gründete der Apostel Paulus die erste Christengemeinde auf europäischem Boden.

Archäologie

Schon um die Mitte des 16. Jahrhunderts beschrieb der Franzose Pierre Belon die Ruinen von Philippi. Französische und griechische Archäologen erforschten die antike Stadt. 1977 fanden die Griechen eine Uhr, die aus dem 4. oder 5. Jahrhundert v. Chr. stammt und vermutlich zur Messung der Dauer von Tag, Jahr und Jahreszeiten diente. Der Makedonier Andronikos soll dieses Wunderwerk konstruiert haben.

Ausgrabungsstätte

Aus makedonischer und hellenistischer Zeit stammen nur wenige Ruinen.

Einige Abschnitte der byzantinischen *Stadtmauer* weisen noch einen Unterbau der Mauer Philipps II. auf. Sie wurde durch viereckige Türme aus dem 4. Jahrhundert v. Chr. verstärkt.

Das *Theater* entstand ebenfalls in der Gründungszeit der Stadt. Die Römer bauten es im 3. nachchristlichen Jahrhundert zu einer Gladiatoren-Arena um. Zuletzt hatten 8000 Zuschauer auf den Stufenreihen Platz. Heute werden hier antike Tragödien aufgeführt.

Die meisten Bauten, deren Ruinen noch zu sehen sind, stammen aus der Zeit nach 170. In dieser Zeit wurde das römische *Forum* erbaut. Das Forum war mit Marmorplatten gepflastert und an drei Seiten von Säulenhallen umgeben. An seiner Nordseite führte die Via Egnatia vorbei, die

Römerstraße, die Byzanz mit Dyrrachium (die korinthische Kolonie Epidamnos, heute Durrës in Albanien) verband. Weitere Gebäude aus römischer Zeit sind eine Markthalle, ein Gymnasium und Thermen.

Literatur: P. Collart, Philippes. Paris 1937.

Pompeji

Am 24. August des Jahres 79 n. Chr. verschüttete ein gewaltiger Ausbruch des Vesuv die blühende römische Stadt Pompeji. Eine 6 m hohe Schicht aus Asche und Bimsstein hielt das Geschehen im Augenblick der Katastrophe fest. Keine Ausgrabungsstätte vermittelt solche erschütternden Eindrücke und schildert so anschaulich die Lebensweise der Menschen vor 1900 Jahren wie Pompeji, die besterhaltene Stadt des Altertums.

Geschichte

Das Stadtgebiet von Pompeji auf einem Lavaplateau im Südosten des Vesuv war seit dem 8. Jahrhundert v. Chr. von italischen Oskern besiedelt. Das oskische Zahlwort »pompe« (= fünf) gab vermutlich der Siedlung den Namen, allerdings weiß man bis heute nicht, welche Bedeutung dieser Zahl zukam.

In der ersten Hälfte des 6. Jahrhunderts v. Chr. ließen sich hier griechische Kaufleute aus Kyme (→Cumae) nieder. Von da an stand die Stadt unter hellenischem Einfluß. Der dorische Tempel legt hierfür ein eindrucksvolles Zeugnis ab.

524 v. Chr. dehnten die Etrusker ihren Machtbereich bis Kampanien aus. Sie übernahmen die griechische Götterwelt, vor allem den Apollon-Kult, schufen aber in Pompeji – soweit bisher bekannt – keine eigenen Bauwerke. Nach dem Seesieg der vereinigten Flotten von Kyme und → Syrakus über die Etrusker im Jahre 474 v. Chr. gewannen die Griechen ihre Herrschaft über die kampanische Küste zurück.

Zwischen 424 und 420 v. Chr. eroberten die Samniten, eine italische Völkerschaft aus den Gebirgstälern der Abruzzen, ganz Kampanien und somit auch Pompeji. Diese Samniten prägten fortan das Gesicht der lebhaften Handelsstadt, auch wenn griechische Einflüsse nach wie vor erkennbar blieben. Das Stadtgebiet wuchs zur siebenfachen Größe. Die neuen Stadtteile wurden schachbrettartig nach dem System des Architekten Hippodamos von Milet angelegt. Pompeji erhielt erstmals eine Stadtmauer.

290 v. Chr. mußten sich Pompeji und die anderen samnitischen Städte dem römischen Bündnissystem anschließen. Zu Beginn des letzten vorchristlichen Jahrhunderts erhoben sich die italischen Stämme gegen Rom, weil die Lasten in keinem Verhältnis zu den Rechten standen. Es kam zum Bundesgenossenkrieg. Der römische Feldherr Lucius Cornelius Sulla

schlug den Aufstand zwischen 89 und 87 v. Chr. nieder und eroberte nach längerer Belagerung auch Pompeji. 80 v. Chr. siedelte Sulla Veteranen in Pompeji an und verlieh der Stadt den Titel »Colonia Veneria Cornelia Pompeianorum«. Nach jahrzehntelangen Reibereien zwischen den römischen Neubürgern und den samnitischen Altbürgern entwickelte sich Pompeji zu einer zwar kleinen, aber überaus mondänen Provinzstadt. Seit Kaiser Augustus (31 v. Chr.–14 n. Chr.) war Pompeji einer der bevorzugten Treffpunkte der römischen Gesellschaft.

Im Jahre 62 (oder 63) n. Chr. wurde Pompeji von einem schweren Erdbeben heimgesucht. Noch bevor die zahlreichen eingestürzten oder beschädigten Gebäude wieder aufgebaut oder instand gesetzt waren, versank die Stadt am 24. August 79 in einem unvorstellbaren Bimsstein- und Aschenregen. Der Ausbruch des Vesuv kam so überraschend, daß mehr als 2000 der etwa 20000 Einwohner den Tod fanden.

Archäologie

1592 entdeckte der italienische Architekt Domenico Fontana beim Bau eines unterirdischen Kanals zwischen dem Oberlauf des Sarno und der Ortschaft Torre Annunziata das verschüttete Pompeji. Aber er fand nur einige Inschriften, für die sich damals niemand interessierte.

1748 begann der spanische Ingenieuroffizier Oberst Rocque Joaquin de Alcubierre, mit Billigung des spanischen Königs Karl III., dem damals auch das Königreich Neapel und Sizilien gehörte, Pompeji auszugraben. Er hatte schon seit 1738 in → Herculaneum nach Schätzen gesucht und hoffte, an jener Stelle, die die Einheimischen »La Cività« (= die Stadt) nannten, auf noch wertvollere Funde zu stoßen. Doch seine Hoffnung wurde enttäuscht, so daß sich Alcubierre 1750 wieder Herculaneum zuwandte. Erst vier Jahre später nahm er die Ausgrabungen in der »Cività« unter Aufsicht der inzwischen gegründeten Akademie von Herculaneum wieder auf. 1763 erfuhr man aus einer Inschrift den Namen der bis dahin unbekannten Stadt. Von da an wurden die Grabungen ohne wesentliche Unterbrechungen fortgesetzt. 1780 starb Alcubierre. Francesco La Vega wurde sein Nachfolger. 1787 besuchte Goethe Pompeji und Herculaneum. Unter den französischen Königen von Neapel, Joseph Bonaparte (1806–1808), dem Bruder Napoleons, und Joachim Murat (1808–1815), wurden die Arbeiten in Pompeji stark gefördert. Murat setzte zeitweise bis zu 700 Arbeiter ein.

Nach dem Zusammenbruch des französischen Kaiserreiches und der Ermordung Murats im Jahre 1815 stockten die Ausgrabungen. Erst als 1860 Garibaldi das Königreich Neapel in das vereinigte Italien eingliederte, lebten auch die Arbeiten in Pompeji wieder auf. Giuseppe Fiorelli wurde von Victor Emanuel II. mit der Leitung der Ausgrabungen beauftragt. Mit ihm begann die wissenschaftliche Erforschung der antiken Stadt. Er führte die topographische Aufnahme der Ausgrabungsstätte ein, schuf ein Koordinatensystem, gab jeder Haustür eine Nummer. Die Hohlräume, die die zerfallenen menschlichen und tierischen Körper in der

Vulkanmasse zurückgelassen hatten, ließ er mit Gips ausgießen. So erhielt er erschütternde Abgüsse der sterbenden Pompejaner.

1875 bis 1893 leitete der Architekt Michele Ruggiero die Arbeiten. Unter ihm begann die Restaurierung der Stadt. Immer mehr der freigelegten Gegenstände und Malereien verblieben an Ort und Stelle. Die Bauwerke wurden sorgfältig ausgebessert, die Wandmalereien konserviert. Ruggiero folgte 1893 bis 1901 Giulio De Petra, der sogar die Bepflanzung der antiken Peristyl-Gärten untersuchte und einige Gärten wiederherstellte. 1889 stießen der deutsche Archäologe von Duhn und der Architekt Jacobi in tiefere Schichten vor, um die Vergangenheit Pompejis zu erkunden. Dabei fanden sie die Reste eines griechischen Tempels aus dem 6. Jahrhundert v. Chr. 1901 bis 1905 leitete Ettore Pais und 1905 bis 1910 Antonio Sogliano die Arbeiten in Pompeji. Längst interessierte die Wissenschaftler nicht mehr allein der kunstgeschichtliche Wert der gefundenen Gegenstände, sondern das Leben, die Menschen in ihrer damaligen Umwelt. 1907 und 1911 entdeckten A. Sogliano und seine Mitarbeiter vor den Mauern der Stadt zwei samnitische Nekropolen aus dem 5. Jahrhundert v. Chr. 1910 bis 1924 legte Vittorio Spinazzola die Via dell'abbondanza, eine der bedeutendsten Geschäftsstraßen Pompejis, frei.

1924 übernahm Amedeo Maiuri die archäologische Leitung in Pompeji. Er grub die berühmte »Villa dei Misteri« aus und versuchte seit 1926, durch Tiefbohrungen größeren Umfangs die Frühgeschichte Pompejis zu erhellen. Zur Aufbesserung des Grabungsetats verkaufte er die abgetragenen Lavabrocken an die Straßenbauverwaltung. 1961 löste Alfonso de Franciscis Maiuri ab. Er stellte die Erhaltung der bis dahin freigelegten Gebäude in den Vordergrund seines Schaffens. Erst in den letzten Jahren widmete er sich der weiteren Erforschung Pompejis.

Bis heute wurden etwa zwei Drittel des Stadtgebietes freigelegt. Da die Forschungsarbeiten mit immer größerer Genauigkeit durchgeführt werden, könnten nach Ansicht des jetzigen Leiters der Ausgrabungen, Stefano de Caro, noch mehr als hundert Jahre vergehen, bis Pompeji restlos ausgegraben ist.

Ausgrabungsstätte

Pompeji liegt am Fuße des Vesuv auf einem nach Süden abfallenden Lavaplateau, das einst den Unterlauf und die Mündung des Sarno beherrschte. Die Entfernung zur Küste betrug im Altertum etwa 700 m.

Das ovale Stadtgebiet von Pompeji hat eine Größe von 66 ha. Es war seit dem 4. Jahrhundert v. Chr. von einer Kalksteinmauer umgeben, die um 95 v. Chr. durch Türme verstärkt wurde. Sieben Tore, vermutlich sogar acht, führten in die Stadt. Die Straßen der neuen samnitischen Stadtteile verlaufen schachbrettartig. Sie sind mit großen, unregelmäßigen Steinen gepflastert. Die Gehsteige sind stark erhöht, weil Abflußleitungen für das Regenwasser fehlten. Trittsteine in der Art moderner Zebrastreifen ermöglichten den Fußgängern ein Überqueren der Fahrbahn, vor allem bei starkem Regen. Die Fahrbahnen sind zum Teil so schmal, daß möglicherweise Einbahnverkehr herrschte, zumal Ausweichstellen fehlen.

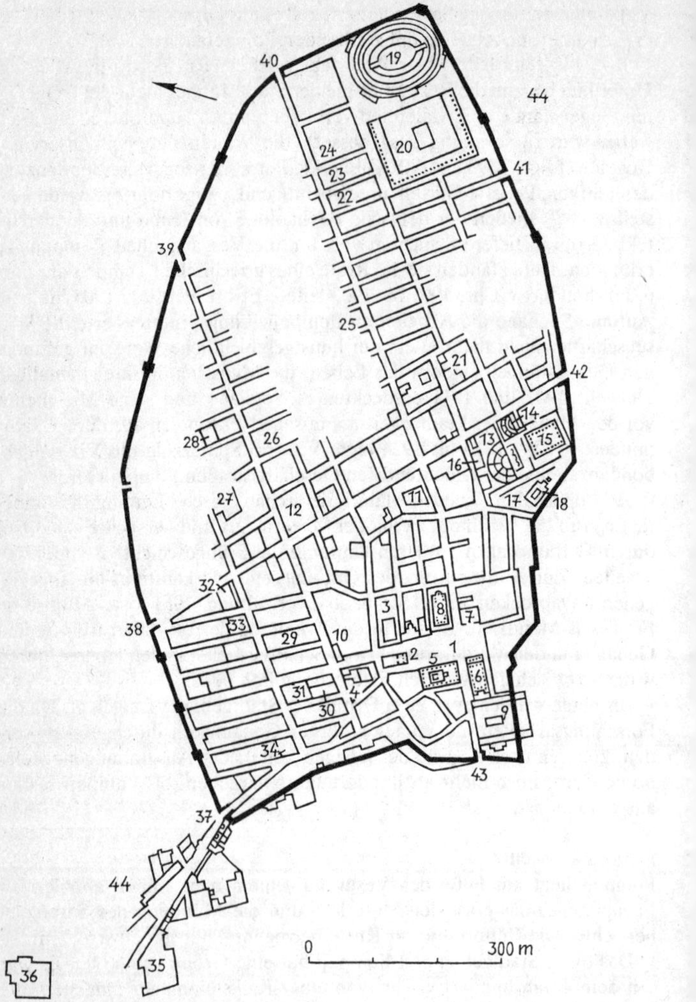

Pompeji

1 Forum 2 Jupiter-Tempel 3 Macellum 4 Forums-Thermen 5 Apollon-Tempel 6 Basilika 7 Comitium 8 Gebäude der Eumachia 9 Venus-Tempel 10 Fortuna- und Augustus-Tempel 11 Stabianer Thermen 12 Zentral-Thermen 13 Großes Theater 14 Kleines Theater (Odeum) 15 Wandelhalle (später

Gladiatoren-Kaserne) 16 Isis-Tempel 17 Forum triangulare 18 Dorischer Tempel 19 Amphitheater 20 Palästra 21 Haus des Menander 22 Haus des D. Octavius Quartio 23 Haus der Venus in der Muschel 24 Haus der Julia Felix 25 Haus des Gajus Julius Polybius 26 Haus der Jahrhundertfeier 27 Haus der silbernen Hochzeit 28 Haus des Marcus Lucretius Frontone 29 Haus des Fauns 30 Haus des Tragischen Dichters 31 Haus mit dem großen Springbrunnen 32 Haus der goldenen Amoretten 33 Haus der Vettier 34 Haus des Sallust 35 Villa des Diomedes 36 Villa der Mysterien 37 Porta Ercolano (Herkulaner Tor) 38 Porta Vesuvio 39 Porta di Nola 40 Porta di Sarno 41 Porta Nocera (Nuceriner Tor) 42 Porta di Stabia (Stabianer Tor) 43 Porta Marina 44 Nekropolen

An den Straßenkreuzungen versorgten öffentliche Brunnen die Bewohner mit Trinkwasser.

Die Ausgrabungsstätte wird seit Fiorelli in die Regionen I bis IX eingeteilt, die sich wiederum in Insulae (Wohnviertel) gliedern. Jeder Hauseingang hat eine Nummer. Auf diese Weise ist jedes Bauwerk genau zu lokalisieren. So liegt z. B. das Haus der Vettier in der Region VI, Insula 15, Hauseingang 1. Die Archäologen schreiben: VI 15, 1.

Das *Forum* im ältesten Teil der Stadt war der Mittelpunkt des städtischen Lebens von Pompeji. Hier fanden die großen Feierlichkeiten statt. Der 142 m lange und 38 m breite Platz war mit Travertinplatten gepflastert und an drei Seiten von Säulenhallen umgeben. Die Südhalle stammt aus samnitischer Zeit, die zweistöckige Westhalle aus dem 1. Jahrhundert n. Chr. Sperrmauern machten den Platz zur Fußgängerzone. Auf dem Forum stand eine Rednerbühne (Suggestum). Zahlreiche Ehrenstatuen, die den Angehörigen des Kaiserhauses und verdienten Bürgern Pompejis gewidmet waren, schmückten den Platz.

An der nördlichen Schmalseite des Forums erhob sich auf einem hohen Unterbau der *Jupiter-Tempel.* Er entstand um 150 v. Chr. in etruskisch-italischem Stil und war der höchsten römischen Götterdreiheit Jupiter, Juno und Minerva geweiht. Das Dach der Vorhalle trugen korinthische Säulen, deren Stümpfe noch heute aufrecht stehen. In der Cella fand man einen Kolossalkopf des Jupiter, der bereits beim Erdbeben des Jahres 62 (63) n. Chr. beschädigt worden war und zur Zeit der Katastrophe von 79 n. Chr. restauriert wurde. Im Unterbau des Tempels lagen die Schatzräume. Zwei Triumphbogen, vermutlich für Tiberius und Germanicus, flankierten den Tempel.

Der samnitische *Apollon-Tempel* steht auf den Fundamenten einer Kultstätte aus dem 5. Jahrhundert v. Chr. Eine Säulenhalle mit 48 korinthischen Säulen, die zum Teil wieder aufgerichtet wurden, umschließt den Tempelhof. Vor dem Treppenaufgang steht ein Altar. Durch eine Vorhalle mit korinthischen Säulen betritt man die Cella, die einst ein Standbild des Apollon barg. Neben der Treppe erhebt sich eine Marmorsäule mit einer Sonnenuhr, eine Stiftung der Duumviri L. Sepunius und M. Erennius (Duumvirat: eine aus zwei Männern bestehende römische Behörde).

Die *Basilika* war das wichtigste öffentliche Gebäude von Pompeji. Sie diente der Rechtsprechung und war zugleich Versammlungsort der Kaufleute. Der 55 m lange und 24 m breite Bau entstand um 120 v. Chr. 28 gemauerte Säulen unterteilten ihn in drei Schiffe. Im Hintergrund erhebt sich das Podium des Tribunals.

Das *Macellum* stammt aus dem Beginn der Kaiserzeit. In dem überdachten Markt wurden hauptsächlich Fleisch und Fisch verkauft. Eine monumentale Säulenhalle führte zum Forum. Das Macellum enthielt auch Räume für kultische Handlungen.

Ebenfalls kurz vor der Zeitenwende stiftete die Priesterin Eumachia den Färbern und Tuchhändlern ein imposantes Zunfthaus. Sie weihte dieses *Gebäude der Eumachia* der Concordia Augusta und der Pietas, den beiden Personifikationen Livias, der Gemahlin des Kaisers Augustus. Die Marmorfassade des Bauwerks schmückte eine zweistöckige Säulenreihe; das Marmorportal war mit Ranken- und Blütenornamenten verziert. Das Gebäude diente als Versammlungsort und Lager der einflußreichen Zunft.

Der zweite Mittelpunkt Pompejis war das *Forum triangulare.* Es entstand in der ältesten Epoche der Stadt. Man betrat es durch eine riesige Eingangshalle mit sechs ionischen Säulen. Eine dorische Säulenhalle umgab den dreieckigen Platz (lat. triangulus = dreieckig). Von den ursprünglich 95 Säulen wurden inzwischen rund ein Drittel wieder aufgerichtet.

Auf dem Forum triangulare fanden die Ausgräber Überreste eines *dorischen Tempels* aus dem 6. Jahrhundert v. Chr. Der archaische Bau war vermutlich Herakles geweiht und diente in römischer Zeit dem Kult der Minerva. Er besaß je sechs Säulen an den Schmalseiten und je elf an den Langseiten. Der Tempel ist das bisher älteste Bauwerk Pompejis.

Das *Große Theater* entstand vermutlich schon im 5. Jahrhundert v. Chr. am Hang eines natürlichen Hügels. Zwischen 200 und 150 wurde das Theater in hellenistischem Stil umgebaut und in augusteischer Zeit von dem Architekten M. Artorius erweitert. Es faßte in seiner letzten Bauphase 5000 Zuschauer. Heute finden hier Aufführungen antiker Dramen statt. An das Theater schloß sich ein viereckiger, von Säulenhallen umgebener Hof an, ein Quadriportikus, der als Wandelhalle für die Zuschauer diente. Nach dem schweren Erdbeben von 62 (63) n. Chr. waren hier die Gladiatoren untergebracht.

Das *Kleine Theater* (Odeum) wurde um 80 v. Chr. von den Duumviri C. Quinctius Valgus und Marcus Porcius gebaut und war für musikalische und mimische Darbietungen bestimmt. Das elegant eingerichtete Theater hatte eine hölzerne Dachkonstruktion und bot 900 Zuschauern Platz.

Der *Isis-Tempel* aus vorrömischer Zeit wurde durch das Erdbeben des Jahres 62 (63) n. Chr. völlig zerstört und sofort wieder aufgebaut. Er ist ausgezeichnet erhalten; seine herrlichen Wandmalereien sowie die vorgefundenen Kultgegenstände befinden sich heute im Museum von Neapel.

Die *Forums-Thermen* nördlich vom Jupiter-Tempel datieren etwa aus dem Jahr 80 v. Chr., als Pompeji römische Colonia wurde. Die kleine, vorzüglich erhaltene Anlage ist außergewöhnlich luxuriös eingerichtet. Herrliche Stuckarbeiten schmücken die Decken der Räume.

Die älteste Bäderanlage der Stadt sind die *Stabianer Thermen*. Der Baubeginn lag im 2. Jahrhundert v. Chr. Der modernste Teil der Anlage entstand in den letzten Jahren Pompejis. Den Thermen war eine Palästra angegliedert.

Das *Amphitheater* von Pompeji aus dem Jahre 80 v. Chr. ist das älteste Amphitheater überhaupt. Bei einer Länge von 135 m und einer Breite von 104 m faßte es 12000 Zuschauer. Ein riesiges Velarium (Plane) schützte die Zuschauer vor Sonne und Regen. Die Arena ist nicht unterkellert.

Westlich vom Amphitheater erstreckt sich die große *Palästra,* die in der frühen Kaiserzeit angelegt wurde. Sie nimmt eine Fläche von 130 mal 140 m ein und ist an drei Seiten von Säulenhallen, an der Ostseite von einer zinnengekrönten Mauer und drei Eingangstoren umgeben. In der Mitte des weiten Platzes war ein 22 mal 35 m großes Schwimmbecken eingelassen; zwei Reihen hoher Platanen spendeten Schatten.

Die *Wohnhäuser und Villen von Pompeji* vermitteln einen einzigartigen Eindruck vom Leben in einer samnitisch-römischen Stadt des ersten nachchristlichen Jahrhunderts. Nirgendwo läßt sich die Entwicklung des italischen Hauses vom 4. Jahrhundert v. Chr. bis zum 1. nachchristlichen Jahrhundert besser verfolgen als in Pompeji. Von den zahlreichen ausgegrabenen und mit großer Sorgfalt restaurierten Häusern können hier nur einige Beispiele vorgestellt werden.

Das *Haus des Fauns* (Casa del Fauno; VI 12) auf einem über 3000 qm großen Grundstück an der Via della Fortuna ist ein samnitischer Patrizierwohnsitz aus dem 2. Jahrhundert v. Chr. Seinen Namen erhielt es von der Bronzestatuette eines tanzenden Fauns im Atrium tuscanicum (= etruskische Halle). Herrliche Wandmalereien und Mosaiken schmückten die Räume, darunter das berühmte »Alexander-Mosaik« in der Exedra, das »königlichste Bild«, wie der große deutsche Archäologe Ludwig Curtius sagte. Das Original des tanzenden Fauns und die Mosaiken befinden sich heute in Neapel.

Das *Haus der Vettier* (Casa dei Vettii; VI 15,1) ist das typische Beispiel eines römischen Patrizierhauses. Es gehörte zwei reichen Kaufleuten, den Brüdern Aulus Vettius Conviva und Aulus Vettius Restitutus. Das Haus wurde nach dem Erdbeben von 62 (63) n. Chr. vollständig erneuert und zeigt den letzten Bau- und Einrichtungsstil (IV. Stil) vor dem Untergang Pompejis. Die einzigartigen Wandmalereien dieses Hauses zeugen vom erlesenen Geschmack seiner Besitzer. Springbrunnen plätscherten in dem großen, mit Bronze- und Marmorstatuen geschmückten Peristyl-Garten.

Das *Haus des Tragischen Dichters* (Casa del Poeta tragico; VI 8,5) hat seinen Namen von dem Mosaik »Probe eines Satyrspiels« aus der Epoche des Nero, das man im Tablinum fand und das heute in Neapel ist. Das Haus wurde bekannt als »Villa des Glaucus« in Bulwers Roman »Die letzten Tage von Pompeji«. Es gehörte einem Kaufmann, der an beiden

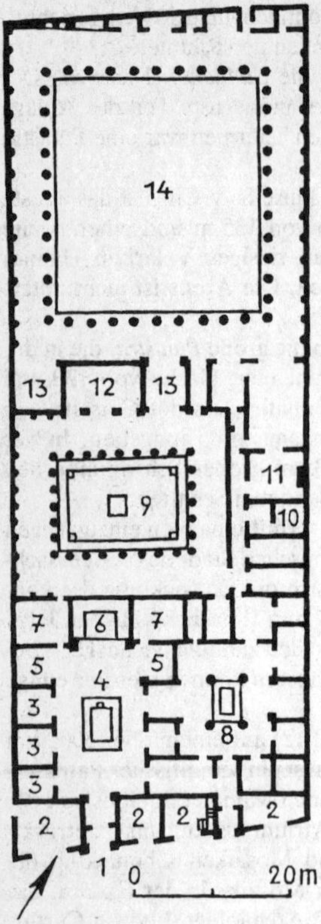

Pompeji: Haus des Fauns

1 Haupteingang 2 Tabernae 3 Cubicula (Schlafzimmer) 4 Atrium tuscanicum 5 Alae 6 Tablinum 7 Triclinia 8 Atrium tetrastylum 9 Peristyl 10 Bad 11 Küche 12 Alexander-Exedra 13 Sommer-Triclinia 14 Großes Peristyl

Seiten des Eingangs zwei Läden eingerichtet hatte. Im Eingang warnte das Mosaik mit dem Wachhund »cave canem« (Warnung vor dem Hunde!).

Das *Haus der silbernen Hochzeit* (Casa delle Nozze d'argento; V 2) stammt aus der samnitischen Epoche. Die Dekorationen wurden in der Kaiserzeit geschaffen. Besonders eindrucksvoll ist das gewaltigste Atrium tetrastylum Pompejis. Vier fast 7 m hohe korinthische Säulen stützen das Dach des 11,98 mal 16,53 m großen Atriums. Das Haus wurde 1893 ausgegraben, als das Königspaar von Italien seine Silberhochzeit feierte.

Weitere archäologisch interessante Wohnhäuser: Das Haus des *Gajus Julius Polybius* (IX 13, 1–3), eines der ältesten pompejanischen Wohnsitze. Es hatte ein großartiges Atrium, in dem die Ausgräber vor wenigen Jahren eine kostbare bronzene Ephebenstatue fanden. Das *Haus der Julia Felix* (II 4,3), dessen Einrichtung und Schmuck sich in Paris und Neapel befinden. Das *Haus des Menander* (I 10,4) ist eines der schönsten Häuser Pompejis mit eigener kleiner Thermenanlage und Stallungen; hier fanden die Ausgräber 115 Silbermünzen. Im *Haus mit dem großen Springbrunnen* (Casa della Fontana grande; VI 8,22) sprudelte der Brunnen in einer mit Glasmosaik ausgekleideten Nische. Das luxuriöse *Haus des Marcus Lucretius Frontone* (IX 3,5) hatte einen entzückenden Garten. Das *Haus der Venus in der Muschel* (Casa della Venere in conchiglia; (II 3,3) zeigt auf der Rückwand des Gartens die Göttin Venus, wie sie in einer Muschel über die Wellen gleitet. Das elegante *Haus der goldenen Amoretten* (Casa degli Amorini dorati; IV 16,7) war wunderbar mit Hermen und Masken ausgestattet. Das reiche *Haus des D. Octavius Quartio* (II 2,2), fälschlich Haus des Loreius Tiburtinus genannt, hatte einen prächtigen Garten, den ein 50 m langer Euripus (künstlicher Wasserlauf) durchzog. Das *Haus der Jahrhundertfeier* (Casa del Centenario; IX 8,3 und 6) wurde so benannt, weil es 1879, also genau 1800 Jahre nach dem Vulkanausbruch, ausgegraben wurde; in diesem sehr gut erhaltenen Haus fand man den »Satyr mit Weinschlauch«, eine bronzene Brunnenfigur (heute in Neapel).

Etwa 400 m nordwestlich der Stadtmauer von Pompeji liegt an einem Hang die *Villa der Mysterien* (Villa dei Misteri), eine der ältesten bisher bekannten »villae urbanae«, der luxuriösen Landhäuser. Die Villa stammt aus dem 2. Jahrhundert v. Chr. und wurde bis zum Vulkanausbruch mehrmals umgebaut. Ihre großartigen Wandmalereien entstanden um 60 v. Chr. Der 1,62 m hohe Fries im Südwestsaal der Villa ist das größte erhaltene Denkmal antiker Malerei; er zeigt vermutlich die einzelnen Phasen der Einweihung einer Braut in die Mysterien des Dionysos. Der Künstler und sein Auftraggeber sind uns nicht bekannt.

Die *Villa des Diomedes,* ebenfalls an der Straße nach Herculaneum gelegen, hat ihren Namen nach dem gegenüberliegenden Grab des Arrius Diomedes. Der große Garten auf einer tieferen Terrasse war von einer Pfeilerhalle eingerahmt. Das stattliche Landhaus entstand in vorrömischer Zeit und wurde später mehrmals umgestaltet.

Einen einzigartigen Einblick in das Alltagsleben einer antiken Stadt gewähren uns die zahlreichen *Handwerksbetriebe, Läden und Gaststätten.* Da ist z. B. eine Bäckerei in der Stabianer Straße (IX 1,3) oder im Haus des Sallust (VI 2,6), mit Mühlen und Backöfen, eine Schmiede (IX 1,5), eine Färberei und Wäscherei (I 6,7), eine Töpferei (II 6), eine Weinhandlung (V 6–7), eine Ölhandlung mit Ölpresse (VII 4,24–25), eine Garküche (I 8,8), Wirtshäuser (VII 10,1; I 12,3), Spiellokale mit Bordellbetrieb (VI 14,28; VI 14,36).

Nach römischem Recht mußten die Toten außerhalb der Stadtgrenze bestattet werden. Das geschah dann meistens an den Ausfallstraßen vor den Toren der Stadt. So befinden sich auch die *Nekropolen* von Pompeji vor den Stadttoren. Die eindrucksvollsten Gräberstraßen liegen vor dem Herkulaner Tor (Porta Ercolano) und vor dem Nuceriner Tor (Porta Nocera).

Die wertvollsten Funde aus Pompeji sind im Museo Acheologico Nazionale von Neapel untergebracht, viele Funde aus neuerer Zeit enthält auch das örtliche Antiquarium.

Literatur: Th. Kraus, L. von Matt, Lebendiges Pompeji. Köln 1973.

Pozzuoli (Puteoli)

Pozzuoli, ein malerisches Städtchen am gleichnamigen Golf und Zentrum der Phlegräischen Felder, kann auf eine über 2500jährige Geschichte zurückblicken. Es war die Vorgängerin des benachbarten Neapel und bis ins 1. nachchristliche Jahrhundert eine der bedeutendsten Hafenstädte auf dem italienischen Festland.

Geschichte

529 v. Chr. gründeten politische Flüchtlinge von der Insel Samos die Siedlung *Dikaiarcheia* in der Bucht vor den Phlegräischen (= brennenden) Feldern. Diese Felder sind ein Vulkangebiet mit unzähligen Kratern, Kraterseen, heißen Quellen und Fumarolen. Die Siedlung wurde von Anfang an von Kyme (→ Cumae) beherrscht. Und mit dem Fall Kymes um 421 v. Chr. kam auch Dikaiarcheia in den Herrschaftsbereich der Samniten, einer Völkerschaft aus dem Apennin.

338 v. Chr. geriet die Stadt unter den Einfluß Roms und wurde 194 v. Chr. unter dem Namen *Puteoli* römische Kolonie. Von da an begann für sie eine lange Periode wirtschaftlicher und kultureller Blüte. Ihre guten Handelsbeziehungen zu Griechenland, Ägypten und dem Nahen Osten förderten ihre Entwicklung zur bedeutendsten römischen Hafenstadt. Seit Augustus war Puteoli Haupteinfuhrplatz für ägyptisches Getreide. 63 n. Chr. verlieh Nero der Stadt den Titel »Colonia Claudia Neronensis Puteolana«. Von Kaiser Vespasian (69–79) erhielt sie den Titel »Colonia Flava Augusta Puteolana«, weil sie ihn bei den kriegerischen Auseinandersetzungen mit seinem Vorgänger, dem 8-Monate-Kaiser Vitellius (69), unterstützt hatte. Kaiser Domitian (81–96) verband Puteoli durch eine Straße mit Rom. Der Bau eines Schiffahrtskanals bis Rom blieb unvollendet.

Mit dem Ausbau des Hafens von → Ostia durch Kaiser Trajan (98–117) verlor Puteoli allmählich seine Bedeutung als wichtigster römischer Hafen.

Archäologie

Die Tatsache, daß das antike Puteoli in neuerer Zeit überbaut wurde bzw. zu einem großen Teil unter dem Meeresspiegel liegt, stellte die archäolo-

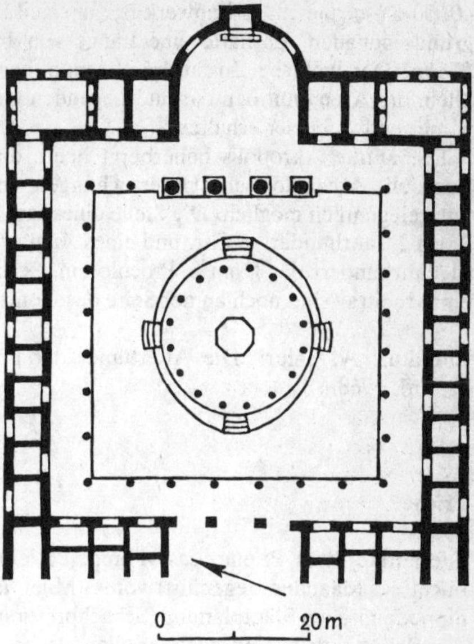

Pozzuoli (Puteoli): Macellum (»Serapis-Tempel«)

gische Forschung immer wieder vor fast unlösbare Probleme. Als sich 1970 bei einem Erdbeben die Küste um 1,40 m hob, konnte man endlich den antiken Marktplatz, das sog. »Serapeion«, zum Meer hin abschließen und die bauliche Anlage mit Hilfe von Pumpen freilegen.

Ausgrabungsstätte
Unmittelbar am Meeresufer, zum Teil noch immer im Wasser, erheben sich die Ruinen des sog. *Serapis-Tempels* aus der flavischen Kaiserzeit (69–96). Die weiträumige rechteckige Anlage war von Säulenhallen mit Läden umgeben. In der Mitte erhob sich auf einem Sockel ein Rundbau mit 16 Säulen. Innerhalb des Säulenkranzes waren ebenfalls Verkaufsstände eingerichtet. Das Serapeion war also nicht die Kultstätte des ägyptischen Gottes, sondern eine römische Markthalle (Macellum). Den Eingang zu der gesamten Anlage bildete eine hohe Halle mit vier Säulen, von denen noch drei aufrecht stehen. Die in 3,60 bis 5,70 m Höhe von Bohrmuscheln durchlöcherten Säulen lassen die Bewegung der Erdkruste durch vulkanischen Einfluß erkennen.

Das *Amphitheater* von Pozzuoli aus der zweiten Hälfte des 1. Jahrhunderts n. Chr. ist das drittgrößte Italiens (nach Rom und Capua). Es faßte

40000 Zuschauer. Das Bauwerk ist zum Teil in den Tuffstein des Untergrunds gehauen. Es hatte eine Länge von 149 m und eine Breite von 116 m. Der bauliche Zustand des Amphitheaters ist hervorragend, vor allem die Arena mit den darunterliegenden Gängen, Zellen und Käfigen ist nirgendwo besser erhalten.

Die antike Akropolis beherbergt heute die malerische Altstadt von Pozzuoli. Archäologische Untersuchungen sind daher in diesem Bezirk nur gelegentlich möglich. Die Stelle eines samnitischen Kultbaus aus dem 3. bis 2. Jahrhundert v. Chr. und eines *Augustus-Tempels* nimmt seit dem 11. Jahrhundert der Dom S. Proculo ein. Sechs korinthische Säulen und ein Architrav sind noch an der Seite des Doms zu sehen.

Literatur: A. Maiuri, Die Altertümer der Phlegräischen Felder. Rom, 4. Aufl. 1968.

Priene

Die antike Stadt Priene, das »Pompeji Kleinasiens« an der Mündungsbucht des Mäander, gegenüber von → Milet, ist ein typisches Beispiel der hippodamischen Stadtplanung (Schachbrettmuster). Von den ausgegrabenen Bauwerken beeindruckt vor allem das Buleuterion (Sitz der Ratsversammlung) durch seinen hervorragenden Erhaltungszustand.

Geschichte

Priene dürfte ursprünglich eine Ansiedlung der Karer gewesen sein. Als im 11. Jahrhundert v. Chr. die Ionier nach Kleinasien kamen, gründeten sie unter Aipytos, einem Nachkommen des Nestor, eine neue Siedlung. Priene wurde ein sehr einflußreiches Mitglied des Ionischen Zwölfstädtebundes. Auf seinem Stadtgebiet lag seit etwa 700 v. Chr. das Panionion mit dem großen Poseidon-Helikonios-Tempel, ein Kultbezirk, in dem alljährlich das Fest der Zwölf stattfand. Im 7. Jahrhundert v. Chr. kam Priene unter die Oberhoheit der lydischen Könige, was aber den wirtschaftlichen und kulturellen Aufschwung der Stadt kaum behinderte. Unter Bias (um 625–540), einem der Sieben Weisen, erlebte die Stadt eine Zeit großen Wohlstands.

546 v. Chr. besiegte Kyros der Große den Lyderkönig Kroisos. Damit kamen die ionischen Städte unter persische Herrschaft. Am ionischen Aufstand beteiligte sich auch Priene; es nahm 494 v. Chr. mit zwölf Kriegsschiffen an der unglücklichen Seeschlacht vor der Insel Lade teil. Vom ionischen Priene berichten nur schriftliche Quellen, denn die Stadt jener Epoche liegt vermutlich tief unter dem Schwemmland des Mäander begraben.

Um 350 v. Chr. gründeten die Athener ein neues Priene, als Konkurrenz zum benachbarten Milet. Die neue Stadt erbauten sie auf einer ansteigenden Felsterrasse am Südhang des Mykale (heute Samsun Daği).

Das Meer war inzwischen weit zurückgewichen. Eine Straße verband Priene mit dem 15 Kilometer entfernten Seehafen Naulochos. Auch Alexander der Große förderte die Stadt: 334 v. Chr. stiftete er den Athena-Tempel. 277 v. Chr. plünderten die keltischen Galater Priene. Ständige Kämpfe mit den Nachbarn ließen die Stadt nicht mehr zur Ruhe kommen. 190 v. Chr. kam Priene unter den Einfluß des Pergamenischen Reiches. Seit 129 v. Chr. gehörte es zur römischen Provinz Asia. Unter Augustus (31 v. Chr.–14 n. Chr.) erlebte es eine bescheidene Renaissance.

Archäologie
Im Jahre 1895 begann der deutsche Ingenieur und Archäologe Carl Humann im Auftrag der Königlichen Museen zu Berlin mit Ausgrabungen im Bereich der hellenistischen Stadt. Nach Humanns Tod setzte Theodor Wiegand die Arbeiten fort und konnte sie 1898 im wesentlichen abschließen. Fundstücke aus Priene befinden sich in Berlin-Ost, in London, Paris und Istanbul.

Ausgrabungsstätte
Das hellenistische Priene war nach dem Prinzip des Hippodamos erbaut worden, d. h., alle Straßen waren auf die vier Himmelsrichtungen ausge-

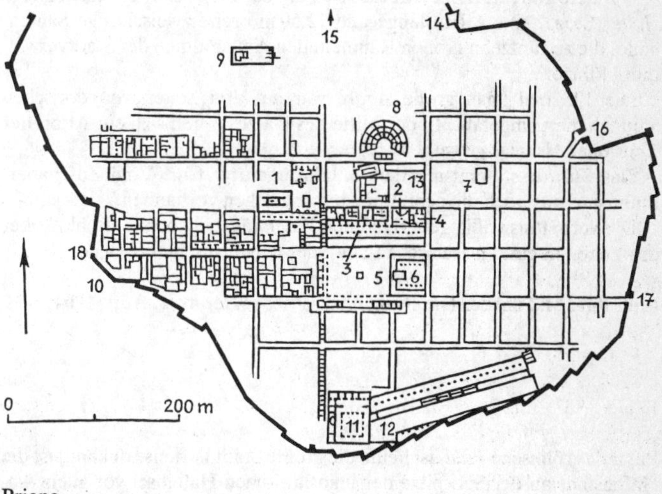

Priene

1 Athena-Tempel 2 Buleuterion 3 Heilige Halle 4 Prytaneion 5 Agora 6 Zeus-Heiligtum 7 Serapis (Isis)-Tempel 8 Theater 9 Demeter-Heiligtum 10 Kybele-Tempel 11 unteres Gymnasion 12 Stadion 13 oberes Gymnasion 14 Mauerturm 15 Akropolis 16 Nordosttor 17 Südosttor 18 Westtor

richtet und schnitten sich im rechten Winkel. Eine 2,5 km lange Mauer sicherte die Stadt einschließlich der Akropolis auf dem 370 m hohen Felsmassiv vor Angriffen. Lediglich ein Treppenpfad verband die eigentliche Stadt mit der Akropolis, die wohl nur als Zufluchtsort diente.

Der *Athena-Tempel* war das Stadtheiligtum von Priene. Alexander der Große hatte den Architekten und Bildhauer Pytheos, den Schöpfer des berühmten Mausoleums von → Halikarnassos, mit der Errichtung des Bauwerks beauftragt. Der Tempel war ein ionischer Peripteros mit je elf Säulen an den Langseiten und je sechs an den Schmalseiten. Je zwei weitere Säulen stützten den Pronaos und den Opisthodomos. Leider sind von dem Tempel, der in römischer Zeit auch dem Augustus-Kult diente, nur noch einige Säulen und der Unterbau erhalten. Die Säulen der Frontseite konnten inzwischen wieder aufgerichtet werden.

Das *Buleuterion* (Sitz der Ratsversammlung) entstand um 200 v. Chr. Es gilt als das am besten erhaltene griechische Rathaus. Der kubische Bau hatte eine Ausdehnung von etwa 18 mal 20 m. Der Architekt nutzte den ansteigenden Hang für die Anlage der Sitzstufen; je zehn Stufen ordnete er links und rechts vom Eingang an, sechzehn Stufen dem Eingang gegenüber. Insgesamt fanden im Buleuterion fast 650 Bürger Platz. Zwei Reihen von je sechs Stützen trugen eine umlaufende Galerie und das Holzdach, das den Mittelraum ohne Säulen und Pfeiler 15 m weit überspannte. In der Mitte des Saales stand der Altar.

Vor dem Buleuterion erstreckte sich die um 150 v. Chr. erbaute *Heilige Halle* (Stoa), eine 116 m lange und 12,50 m breite zweischiffige Säulenhalle, die zu fünfzehn großen Räumen, den Amtsräumen der Stadtverwaltung, führte.

Die 128 mal 95 m große *Agora* war auf drei Seiten von dorischen Säulenhallen eingefaßt. In der Mitte des Platzes erhob sich ein Altar, der Zeus oder Hermes geweiht war.

Das *Theater* stammt aus dem 3. Jahrhundert v. Chr. Vom Zuschauerraum sind nur noch die acht untersten Sitzreihen vorhanden.

Die verhältnismäßig gut erhaltenen *Wohnhäuser* geben Aufschluß über das Leben in einer griechischen Stadt der hellenistischen Epoche.

Literatur: M. Schede, Die Ruinen von Priene. Berlin, 2. Aufl. 1964.

Pula

Pula, das römische *Pola,* ist heute die größte Stadt Istriens. Bekannt ist die Hafenstadt an der Südspitze der jugoslawischen Halbinsel vor allem wegen ihres gut erhaltenen Amphitheaters.

Geschichte

Nach der Mythologie wurde Pula unter dem Namen »Polai« von Kolchern gegründet. Diese Kolcher hatten Iason und Medea vergeblich verfolgt, trauten sich daher nicht mehr nach Kolchis zurück und ließen sich auf Istrien nieder. Nach dem alexandrinischen Dichter Kallimachos (3. Jahrhundert v. Chr.) bedeutet Polai »Stadt der Verbannten«.

Tatsächlich hat man auf dem zentralen Hügel des heutigen Stadtgebietes Überreste einer Befestigungsmauer aus der Bronzezeit gefunden. Eine Nekropole mit Urnengräbern aus dem 6. und 5. Jahrhundert v. Chr. weist auf eine Siedlung der Illyrer hin. In der illyrischen Sprache aber bedeutet Pola »Quelle«, und in der Nähe des späteren Amphitheaters sprudelte noch in römischer Zeit eine Quelle besten Trinkwassers.

In den folgenden Jahrhunderten, zumindest seit der Invasion der Kelten im 4. Jahrhundert v. Chr., hatte die Stadt keine Bedeutung mehr. Selbst die Römer ließen sie auf ihren Feldzügen der Jahre 177 und 129 v. Chr. unbeachtet. Erst nachdem Octavian, der spätere Kaiser Augustus, im Jahre 40 v. Chr. die Ostküsten des Adriatischen Meeres in seine Gewalt gebracht hatte, entstand hier eine römische Kolonie unter dem Namen Pola, genau »Colonia Julia Pola Pollentia Herculanea«. Diese Colonia diente zunächst als Flotten- und Militärstützpunkt. Nach der Niederschlagung des Aufstandes der pannonischen Legionen begann für Pola eine lange Epoche wirtschaftlicher und kultureller Blüte. Sogar die Einfälle der Markomannen und Quaden in das römische Imperium (166 und 167 n. Chr.) sowie die Eroberungszüge der Hunnen (um 400–453) brachten der abseits aller Heeresstraßen gelegenen Stadt keine Gefahr, im Gegenteil, der Zustrom reicher Flüchtlinge führte die Stadt zu noch größerem Wohlstand.

Archäologie

Im 13. Jahrhundert verhinderte der Patriarch von Aquileia mit einem Plünderungsverbot die vollständige Verwüstung des Amphitheaters von Pula. Die ersten wissenschaftlichen Forschungen führten seit Mitte des 18. Jahrhunderts der Italiener Gian Rinaldo Carli und die Engländer Stuart und Revett durch. Auf Anregung von Kaiser Franz I. von Österreich unternahm der Architekt Pietro Nobile umfangreiche Ausgrabungen im Bereich des Amphitheaters. Es folgten die Österreicher Johannes Carrara und Franz Bruyn, die die Galerie unter der Arena entdeckten, und schließlich der Archäologe und Konservator Anton Gnirs.

Ausgrabungsstätte

Wohl schon zur Zeit des Augustus (31 v. Chr.–14 n. Chr.) wurde vor der Stadtmauer von Pula ein *Amphitheater* erbaut, das unter Claudius (41–54) erheblich erweitert wurde und unter Vespasian (69–79) seine heutige Größe erreichte. Ein auf der Seeseite dreistöckiger, rund 30 m hoher Mauermantel hüllt die ganze Anlage ein; die beiden untersten Stockwerke werden von 72 monumentalen Arkadenbögen gebildet. Charakteristisch für das Amphitheater von Pula sind vier in den Mauermantel eingefügte Türme mit Wasserreservoirs für die zahlreichen Springbrunnen. Der größte Durchmesser des Bauwerks beträgt 133 m. 30 umlaufende Sitzreihen boten Platz für 23000 Zuschauer. Die polyzentrische, also nicht elliptische Arena hat eine Länge von 68 m und eine Breite von 42 m. In ihr fanden die damals so beliebten Gladiatorenkämpfe und Tierhetzen statt.

Pula war ringsum von einer *Mauer* umgeben, die die Pulaner im 5. Jahrhundert n. Chr. wegen der Hunnengefahr erheblich verstärkten. Da die Zeit drängte, verwendeten sie auch Teile benachbarter Häuser für den Mauerbau; so erkennt man noch heute Säulenschäfte, Architrave, Kranzgesimse und sogar Grabsteine darin. Das älteste Stadttor ist die *Porta Herculea* (Herkulestor) aus dem 1. Jahrhundert v. Chr. Aus dem 2. nachchristlichen Jahrhundert stammt das sog. *Doppeltor.* Schmückender Teil der alten Stadtmauer war die *Porta Aurea,* auch Triumphbogen der Sergier genannt, erbaut um 30 v. Chr. zu Ehren der römischen Patrizierfamilie der Sergier.

An der Nordseite des ehemaligen Forums erhebt sich der sorgfältig restaurierte *Augustus-Tempel,* ein 17,65 mal 8,05 m großer Bau mit 8,12 m hohen Säulen. Er wurde irgendwann zwischen 2 und 14 n. Chr. geweiht. Von den beiden römischen *Theatern* sind nur noch die Fundamente erhalten. Das größere, außerhalb der Stadtmauer gelegene Theater gehört in das 1. Jahrhundert n. Chr., das kleinere, im Zentrum der Stadt, in das 2. Jahrhundert n. Chr.

Literatur: Stefan Mlakar, Das antike Pula. Pula 1972.

Pylos

An der Westküste der Peloponnes, nahe der kleinen Hafenstadt Kyparissia, glaubt man, den berühmten *Palast des Nestor* gefunden zu haben.

Geschichte

In mykenischer Zeit herrschte im südwestlichen Teil der Peloponnes der sagenhafte König Neleus, ein Sohn der Tyro und des Poseidon. Neleus' Sohn Nestor gründete Pylos, baute einen gewaltigen, prunkvoll eingerichteten Palast und beteiligte sich noch als Sechzigjähriger mit 90 Schiffen an Agamemnons Zug nach → Troja. Nach der Eroberung Trojas und der glücklichen Heimkehr regierte der weise, alte König noch einige Jahre sein kleines, aber wohlhabendes Reich.

Nicht lange nach 1200 v. Chr. zerstörten die Dorer Pylos und brannten den Palast des Nestor nieder.

Archäologie

1939 wurde der Palast von Pylos entdeckt, konnte aber noch nicht identifiziert werden. Von 1952 bis 1965 legten Archäologen der amerikanischen Universität Cincinnati die Palastanlage frei. Die Arbeiten standen zunächst unter der Leitung von William Taylor. 1956 folgte Carl W. Blegen, der in dem mykenischen Bauwerk den von Homer beschriebenen

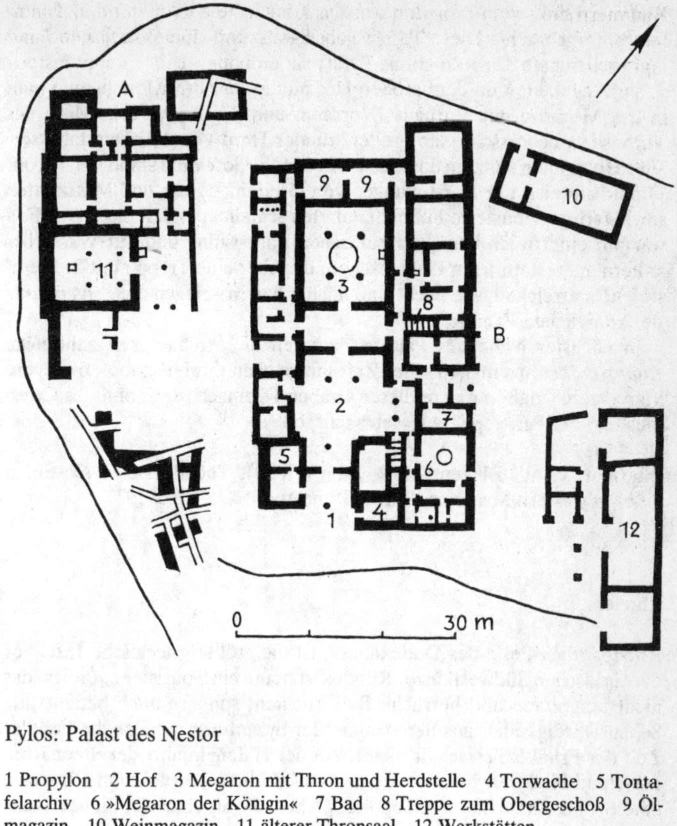

Pylos: Palast des Nestor

1 Propylon 2 Hof 3 Megaron mit Thron und Herdstelle 4 Torwache 5 Tontafelarchiv 6 »Megaron der Königin« 7 Bad 8 Treppe zum Obergeschoß 9 Ölmagazin 10 Weinmagazin 11 älterer Thronsaal 12 Werkstätten

Palast des Nestor erblickte. Der bedeutendste Fund waren 1200 Tontafeln, beschrieben mit der Linear B, einem Vorläufer der griechischen Schrift in mykenischem Dialekt. Diese und andere auf Kreta gefundene Tafeln verhalfen dem britischen Architekten M. Ventris und dem Gräzisten J. Chadwick in den fünfziger Jahren zur Entzifferung der Linear B.

Ausgrabungsstätte

Vom Palast, der aus der Zeit zwischen 1300 und 1200 v. Chr. stammt, sind nur noch die Grundmauern vorhanden. Trotzdem vermittelt die Anlage in ihrer Klarheit und Übersichtlichkeit einen hervorragenden Einblick in die Architektur der mykenischen Epoche.

Ein *Propylon* bildet den Haupteingang des Palastes. In den beiden

Kammern links vom Propylon war das königliche *Archiv* mit den Tontafeln untergebracht. Diese Tafeln geben Auskunft über Verwaltung und Agrarwirtschaft des Königtums Pylos; sie enthalten leider keine historischen Angaben. Von dem großen Hof hinter dem Propylon gelangt man in das Megaron mit Vorhalle, Vorraum und *Thronsaal*. Die Mitte des Thronsaals beherrschte ein großer, runder Herd von 4 m Durchmesser. Vier Holzsäulen stützten das Dach. An der Nordostwand stand der Thron. Wandmalereien mit Darstellungen von Greifen, Löwen und Musikanten sowie farbig gemusterte Fußbodenplatten schmückten den Saal. Das *Bad* war mit einer reich bemalten kultischen Badewanne und mit Wasserbehältern ausgestattet. Im Obergeschoß, das über eine Treppe mit 21 Steinstufen zu erreichen war – acht sind noch erhalten –, lagen die *Privaträume* der königlichen Familie.

In nächster Nähe des Palastes konnten die Archäologen zahlreiche *Kuppelgräber* aus mykenischer Zeit mit reichen Grabbeigaben freilegen. Man erzählt, daß in einem dieser Gräber Telemach, der Sohn des Odysseus und der Penelope, beigesetzt sein soll.

Literatur: C. W. Blegen, M. Rawson (Hrsg.), The Palace of Nestor at Pylos in western Messenia. 3 Bde, Princeton, N. J., 1966–1973.

Rhodos

Rhodos, die »Perle des Dodekanes«, ist die größte griechische Insel vor der türkischen Südwestküste. Rhodos ist heute ein Touristenparadies, das nicht nur Sonne und herrliche Badebuchten, sondern auch bedeutende Sehenswürdigkeiten aus der Antike, der byzantinischen Epoche und der Zeit der Frankenherrschaft bietet. An der Hafeneinfahrt der Stadt Rhodos stand im 3. Jahrhundert v. Chr. der berühmte »Koloß von Rhodos«, eine Bronzestatue des Sonnengottes Helios, die als eines der Sieben Weltwunder galt.

Geschichte

Nach dem griechischen Dichter Pindar (um 522–442) ist die Insel Rhodos ein Kind des Sonnengottes Helios und der Nymphe Rhoda. Der Name der Insel hat demnach nichts mit dem griechischen Wort rhodon = Rose zu tun. Gleichwohl ist es nicht falsch, das blumenduftige Rhodos als »Roseninsel« zu bezeichnen.

Im 2. Jahrtausend v. Chr. war die Insel Rhodos von kretischen und achäischen Siedlern bewohnt. Um 1100 v. Chr. gründeten dorische Griechen die drei Städte Ialyssos, Kameiros und Lindos, die sich zu blühenden Handelsstädten entwickelten und sich mit Halikarnassos, Knidos und Kos zum Dorischen Sechsstädtebund (Hexapolis) zusammenschlossen. Im 6. Jahrhundert v. Chr. standen Tyrannen (Alleinherrscher) an der Spitze der rhodischen Städte. Der berühmteste von ihnen war Kleobulos, Tyrann von Lindos und einer der Sieben Weisen Griechenlands. Gegen 546 v. Chr. kam die Insel unter persische Oberhoheit. Nach ihrer Befreiung durch Athen trat Rhodos 477 v. Chr. dem Attisch-Delischen Seebund bei und war damit den Weisungen Athens unterworfen. Als sich im Peloponnesischen Krieg (431–404) die Niederlage Athens abzuzeichnen begann, verließ Rhodos den Bund.

Um die Unabhängigkeit der Insel besser wahren zu können, beschlossen die drei rhodischen Städte 408 v. Chr., ihre Kräfte zu vereinen und an der Nordspitze der Insel eine neue Stadt zu gründen, eine Hauptstadt, die sie nach der Insel benannten. Die neue Stadt Rhodos entwickelte sich auf Kosten der drei alten Städte schnell zu einer großen, blühenden Metropole. Ab 396 v. Chr. wechselten sich Sparta, Athen und schließlich König Mausolos von Karien in der Herrschaft über Rhodos ab. 332 v. Chr. besetzte Alexander der Große die Insel. Nach seinem Tod im Jahre 323 behauptete Rhodos als »der letzte griechische Freistaat« seine Unabhängigkeit. 305/304 v. Chr. belagerte Demetrios I. Poliorketes erfolglos die rhodische Metropole. Er und sein Vater Antigonos bemühten sich nämlich, das Weltreich Alexanders unter ihrer Führung zusammenzuhalten. Als Dank für den Verteidigungssieg, den sie übrigens dem Eingreifen der befreundeten Ptolemäer verdankten, stellten die Rhodier an ihrem Hafen den »Koloß von Rhodos« auf.

Im 3. Jahrhundert v. Chr. begann der Aufstieg von Rhodos zu einer führenden Seemacht. Die Insel wurde zum Mittelpunkt des Handelsverkehrs zwischen Asien, Afrika und Griechenland. Rechtzeitig verbündete sich der Inselstaat mit Rom und nahm an mehreren römischen Feldzügen teil. Zeitweise dehnte Rhodos seinen Herrschaftsbereich über den ganzen Dodekanes und das südwestliche Kleinasien aus. Rhodische Münzen hatten im ganzen Mittelmeerraum ihren Wert. Das Seerecht von Rhodos übernahmen sogar die Römer. Unter Vespasian (69–79) wurde die Insel Teil des Römischen Reiches.

Ausgrabungsstätte

Es ist nicht leicht, bei der Fülle mittelalterlicher Bauten in der *Stadt Rhodos* auf Relikte der Antike zu stoßen.

Das antike Rhodos hatte drei Häfen. An der Molenspitze des nördlich gelegenen Mandraki-Hafens erhebt sich das Johanniter-Kastell Hagios Nikolaos aus dem 14. Jahrhundert. Dort dürfte die 32 bis 37 m hohe Bronzestatue des Sonnengottes, der *Koloß von Rhodos,* gestanden haben. Der Bildhauer Chares von Lindos, ein Schüler des Lysipp von Sikyon, schuf das Monument zwischen 304 und 292. 227 v. Chr. brachte ein Erdbeben die Kolossalstatue zum Einsturz. Weder aus antiken Beschreibungen noch aus Münzbildern wissen wir, wie der Koloß genau ausgesehen hat. Dennoch plant die griechische Regierung, einen neuen Koloß auf der Insel zu errichten, allerdings nicht aus Bronze, sondern aus Aluminium.

Als Überreste der Antike sind bis jetzt nur ein Apollon- (oder Aphrodite-?)Tempel, ein Odeion, das Stadion und die Fundamente zweier Tempel auf der Akropolis (heute Mount Smith) ausgegraben worden. Vom

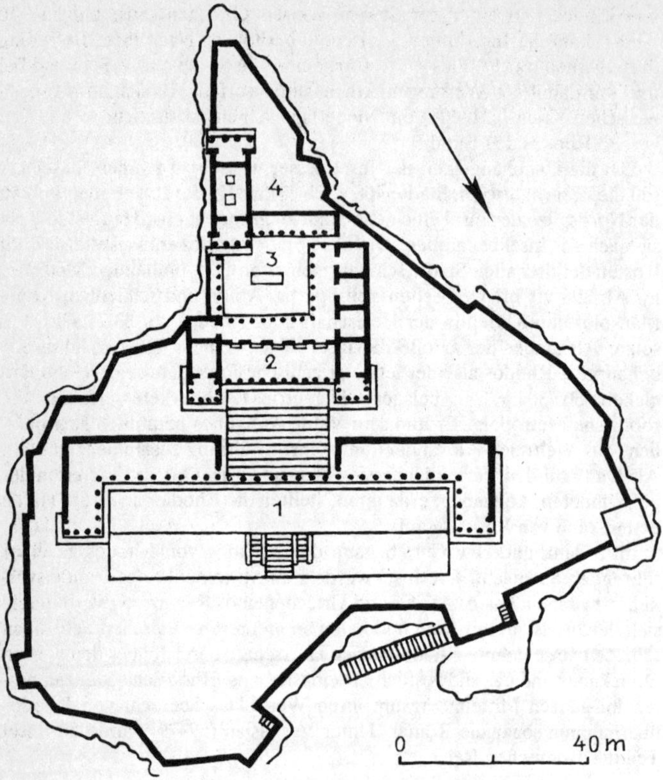

Rhodos: Akropolis von Lindos

1 Stoa 2 Propyläen 3 Altar 4 Tempel der Athena Lindia

Tempel des pythischen Apollon konnten drei dorische Säulen wieder aufgerichtet werden. Das Odeion (fälschlich Theater genannt) entstand im 2. Jahrhundert v. Chr. und wurde inzwischen gründlich restauriert. Auch das Stadion, ebenfalls aus dem 2. Jahrhundert v. Chr., wurde wiederhergestellt. Die beiden Tempel auf der Akropolis waren vermutlich Zeus Polieus und Athena Polias geweiht. Außerdem sind noch kleinere Teilstücke der hellenistischen Stadtmauer und das rechtwinklige Straßensystem des Hippodamos erkennbar.

Etwa 15 km westlich der Stadt Rhodos liegt die Ruinenstätte der dorischen Stadt *Ialyssos*. Ihre Akropolis trug einst den Namen Achaia, was auf eine vordorische Siedlung der Achäer schließen läßt. Auf der Akropolis konnten die Fundamente von zwei dorischen Tempeln aus dem 4. Jahrhundert v. Chr. freigelegt werden. Sie waren den Gottheiten Zeus und Athena zugedacht und standen an der Stelle älterer Heiligtümer.

Ungefähr 30 km südwestlich von Ialyssos lag, ebenfalls in der Nähe der Küste, die dorische Stadt *Kameiros*. Hier kamen bei den Ausgrabungsarbeiten u. a. die Mauerreste des Tempels der Athena Kameiria aus dem 6. Jahrhundert v. Chr., eines weiteren Tempels aus dem 3. Jahrhundert v. Chr. und einer Stoa ebenfalls aus dem 3. Jahrhundert v. Chr. sowie ein Opferbezirk mit zehn Altären ans Tageslicht. Von einem hellenistischen Wohnhaus wurden mehrere Säulen wieder aufgerichtet. Kameiros hatte keine Akropolis.

Auf der anderen Seite der Insel, an der Ostküste, lag *Lindos,* die bedeutendste der drei dorischen Städte auf Rhodos. Hier residierte im 6. Jahrhundert v. Chr. der große Tyrann Kleobulos. Und noch in hellenistischer Zeit entstanden in Lindos Bauwerke, die zu den großartigsten ihrer Epoche zählen. Auf der höchsten Stelle der Akropolis, genau über einer Felsgrotte, die vielleicht schon in vorgriechischer Zeit Kultzwecken diente, erhob sich der Tempel der Athena Lindia. Der Tempel hatte eine Grundfläche von 21,50 mal 7,80 m; je vier dorische Säulen begrenzten die Vor- und die Rückhalle. Er wurde im 4. Jahrhundert v. Chr. über einem niedergebrannten Tempel aus dem 6. Jahrhundert v. Chr. erbaut. Um 300 v. Chr. setzte man eine große Propyläen-Anlage davor, die den kleinen Athena-Tempel fast erdrückte. Eine 21 m breite Freitreppe führte zu den Propyläen empor. Um 200 v. Chr. entstand vor der Treppe eine 88 m breite Stoa mit vorspringenden Seitenflügeln und dorischen Säulen.

Literatur: Chr. Blinkenberg, Lindos, I–III. Berlin, Kopenhagen 1931–1960.

Rom

Rom, die »Ewige Stadt«, war im Altertum das glanzvolle politische, kulturelle und wirtschaftliche Zentrum eines Weltreiches, das in seiner Blütezeit von Spanien bis an den Persischen Golf und von Britannien bis nach Nordafrika reichte.

Die »Stadt auf den sieben Hügeln« – Palatin, Kapitol, Esquilin, Caelius, Viminal, Quirinal und Aventin – hat eine 3200jährige Geschichte. Die Etrusker gaben den latinischen Römern das Rüstzeug, um langsam, aber stetig das größte Reich, das drei Kontinente verband, zu erobern und zu beherrschen. Rom wurde zur Metropole der Superlative: mit 2 Millionen Einwohnern war es die größte Stadt der Antike, sein Kolosseum war das größte Amphitheater, die Konstantin-Basilika der höchste Gewölbebau, die Kuppel des Pantheon übertrifft sogar die Maße der Peterskirche.

die Diokletian-Thermen waren die ausgedehnteste und luxuriöseste Badeanlage aller Zeiten.

Fast alle antiken Bauwerke, die wir heute bewundern können, entstanden in der Kaiserzeit, der glanzvollsten Epoche Roms. Nur wenige Bauten stammen aus der republikanischen Ära. Von der Zeit der sieben sagenhaften Könige künden nur noch spärliche Mauerreste und Fundamente. Heute ist Rom die größte archäologische Stätte der Erde.

Rom beherbergt vier der bedeutendsten Antikensammlungen der Welt: die Musei Vaticani (Vatikanische Museen), das Museo Nazionale Romano (Römisches Nationalmuseum oder Thermenmuseum), das Museo Capitolino (Kapitolinisches Museum) mit dem Palazzo dei Conservatori (Konservatorenpalast) und das Museo Nazionale Etrusco di Villa Giulia (Etruskisches Nationalmuseum Villa Giulia).

Geschichte

Die Könige von Rom

Der Sage nach gründete *Romulus,* Sohn des Kriegs- und Frühlingsgottes Mars und der italischen Königstochter Rhea Silvia, im Jahre 753 v. Chr. die Stadt Rom. Sein Großvater mütterlicherseits war der König von Alba. Dessen Bruder vertrieb den König von seinem Thron und setzte Romulus und seinen Bruder Remus in einer Wiege auf dem Tiber aus. Am Palatinhügel wurden die beiden Knaben ans Ufer getrieben. Ein Hirt nahm sich ihrer an, und eine Wölfin säugte sie. Als sie erwachsen waren, kehrten sie nach Alba zurück, töteten den neuen König und setzten ihren Großvater wieder auf den Thron. Dieser befahl ihnen, dort, wo sie ans Land getrieben waren, eine Stadt zu gründen. Romulus baute um den Palatin eine Mauer, die den Hügel quadratisch umfaßte (Roma Quadrata). Als die Mauer fertig war, sprang Remus spottend über sie hinweg. Romulus erschlug ihn und rief: »So sollen alle zugrunde gehen, die über Roms Mauern springen!«

Erste Siedlungen auf dem Stadtgebiet von Rom sind schon seit dem 13. Jahrhundert v. Chr. nachgewiesen. Den Palatin bewohnten im 9. Jahrhundert v. Chr. Latiner, die vermutlich aus Alba Longa (heute Albano) kamen. Vom Palatin aus beherrschten sie eine Furt durch den Tiber, den hier eine uralte Salzstraße kreuzte. Auf dem Quirinal saßen seit etwa 800 v. Chr. Sabiner, ebenfalls Angehörige eines italischen Volksstammes, aus dem später die Samniten hervorgingen. Der sagenhafte »Raub der Sabinerinnen« beim Erntedankfest Consualia, einem Fest zu Ehren des Consus, des Gottes der Erde und des Ackerbaus, führte zu blutigen Auseinandersetzungen zwischen den latinischen Bewohnern des Palatin und den Sabinern, die mit dem Zusammenschluß der beiden Siedlungen endete.

Der Sabiner *Numa Pompilius* (etwa 715–673) wurde nach dem Latiner Romulus der zweite der sieben Sagenkönige Roms. Numa erwies sich als ein weiser und friedfertiger König. Er verteilte Äcker an die Bevölkerung, schuf Handwerkszünfte, regelte das Marktrecht und stiftete Tempel und Altäre.

Der dritte König Roms war *Tullus Hostilius* (etwa 672–642). Er unterwarf Alba Longa, die Hauptstadt des Latinischen Bundes, und siedelte dessen Bewohner auf dem Caelius an. Er kämpfte gegen die etruskischen Nachbarstädte Veji und Fidenae. In dem Tal zwischen Palatin und Kapitol errichtete er die Curia Hostilia, den ersten Sitz des Senats, und schuf das Comitium, den Versammlungsplatz der Römer. Da er unreligiös war, tötete ihn ein Blitz Jupiters.

Ancus Marcius (etwa 642–617), der vierte König Roms, führte Kriege mit Sabinern und Latinern der umliegenden Ortschaften und siedelte die besiegten Latiner auf dem Aventin an. Er baute den Pons Sublicius, die erste Tiberbrücke, eine Holzkonstruktion, und befestigte den Hügel Janiculum jenseits des Flusses. Möglicherweise gründete schon er den Hafen Ostia.

Gegen Ende des 7. Jahrhunderts v. Chr. dehnten die Etrusker ihren Machtbereich von der Toskana her auf Latium und Kampanien aus. Der fünfte römische König, *Tarquinius Priscus* (etwa 616–579) war ein Etrusker aus Tarquinii, eigentlich ein Grieche, denn sein Vater stammte aus Korinth. Mit Tarquinius »dem Alten« kamen die Etrusker auf den Palatin. Sie faßten die Siedlungen auf den Hügeln Roms zusammen und formten die so entstandene Großsiedlung zu einer Stadt. Die Stadt nannten sie nach dem etruskischen Geschlecht der Rumina *Ruma.* Davon – und wohl nicht von dem sagenhaften Stadtgründer Romulus – leitete sich der Name Roma (Rom) ab. Die Etrusker führten die Technik des Steinbaus ein. Tarquinius entwässerte das sumpfige Tal zwischen Palatin und Kapitol, um den Versammlungs- und Marktplatz, das Forum, zu vergrößern. Er schuf den Circus maximus und begann mit dem Bau des großen Jupiter-Tempels auf dem Kapitol.

Sein Schwiegersohn *Servius Tullius* (etwa 578–534) wurde sechster König von Rom. Er reorganisierte die Verwaltung und das Heer und erließ Gesetze zugunsten der Plebejer (Handwerker und Arbeiter). Er umschloß die sieben Hügel Roms mit einer ersten Mauer, was allerdings nicht bewiesen ist, und errichtete auf dem Aventin einen Diana-Tempel als Bundesheiligtum der Latiner.

Servius Tullius wurde von seiner Tochter Tullia ermordet, um ihren Mann *Tarquinius Superbus* (etwa 534–509) an die Macht zu bringen. Tarquinius Superbus (»der Hochfahrende«) war der Sohn des Tarquinius Priscus. Durch Verrat erlangte er die Vormachtstellung Roms im Latinischen Bund. Er war ein Tyrann im übelsten Sinne und nahm Plebs und Patriziern alle Rechte. Die Schändung der Frau des Patriziers Tarquinius Collatinus durch einen Sohn des Königs löste die Verschwörung der römischen Großgrundbesitzer aus, die zur Vertreibung des Königs und zur Ausrufung der Republik führte.

Die Republik

Im Jahre 508 v. Chr. sicherte Rom seine Unabhängigkeit durch einen Vertrag mit dem mächtigen Karthago. 507 v. Chr. weihten die Römer den inzwischen vollendeten Jupiter-Tempel. Um 500 v. Chr. konnte Porsenna, König von Clusium (heute Chiusi), Rom noch einmal für die Etrusker zurückerobern. Er verbot den Römern die Herstellung von Waffen, mußte die Stadt aber bald wieder aufgeben.

Nach neueren archäologischen Erkenntnissen wird der Abzug der etruskischen Herren aus Rom um 470 v. Chr. angesetzt, denn erst zu dieser Zeit endete der Import aus Griechenland, versiegte die Bautätigkeit in der Stadt und veränderte sich das religiöse Leben der Römer. Erst der Seesieg Hierons I. von Syrakus über die Etrusker und Karthager im Jahre 474 v. Chr. hatte die Etrusker so geschwächt, daß eine Verschwörung der römischen Patrizier erfolgreich sein konnte. Demnach hätten noch die Etrusker den Jupiter-Tempel geweiht und auch das Bündnis mit Karthago geschlossen. Dies alles zuzugestehen, war den antiken römischen Historikern offenbar unangenehm, und sie korrigierten daher ein wenig die Geschichte.

Für die junge Republik begann nun eine schwere Zeit: Rom mußte seine Unabhängigkeit gegenüber den benachbarten Etruskern bewahren, seine Führungsposition innerhalb des Latinischen Bundes behaupten und innere Unruhen infolge der Unterdrückung der Plebs durch die Patrizier bekämpfen. Diese Zeit, das 5. vorchristliche Jahrhundert, ist in tiefes Dunkel gehüllt, das bislang keinerlei Funde aufzuhellen vermochten.

396 v. Chr. eroberten die Römer unter ihrem Feldherrn Marcus Furius *Camillus* die mächtige Etruskerstadt Veji vor den Toren Roms. Wegen Unterschlagung der vejentischen Kriegsbeute mußte Camillus 391 ins Exil gehen. Um 390 v. Chr. drangen keltische Gallier in Italien ein, zerstörten die etruskischen Städte und vernichteten 387 v. Chr. an der Allia das römische Heer. Sie drangen kampflos in das rechtzeitig evakuierte Rom ein und brandschatzten die Stadt. Nur die Zitadelle auf dem Kapitol konnte sich halten. Die Sage berichtet von den heiligen Gänsen der Juno, die die schlafenden Posten des Kapitols beim Herannahen des Feindes durch ihr Geschnatter weckten und somit die Stadt Rom vor dem sicheren Untergang bewahrten. Jedenfalls zogen die Gallier nach Zahlung eines sehr hohen Lösegeldes (»Vae victis!« = Wehe den Besiegten!) wieder ab. Roms Archive mit allen geschichtlichen Aufzeichnungen aber waren verbrannt. Die Römer riefen Camillus zurück und ernannten ihn zum Diktator. Camillus jagte den Galliern das Lösegeld wieder ab und verhinderte die Übersiedlung der römischen Bürger nach Veji. Man nannte Camillus daher den zweiten Gründer Roms.

Der Gallierüberfall brachte für Rom die entscheidende Wende, denn die Etrusker hatten erst einmal mit sich selbst zu tun, und die latinischen Städte waren endlich bereit, sich Rom anzuschließen. Die eingeäscherten Stadtteile Roms wurden wieder aufgebaut, die Mauer des Servius Tullius verstärkt. Erfolgreiche Feldzüge gegen die benachbarten Samniter stärkten Roms Macht. 348 v. Chr. erneuerten Rom und Karthago den alten Nichtangriffspakt. Die Stadt beherrschte neben Latium bald auch Kampanien. Appius Claudius Caecus baute 312 v. Chr. die Via Appia, die berühmte Heer- und Handelsstraße von Rom nach dem kampanischen Capua, und bald darauf die Aqua Appia, den ersten Aquädukt, der Rom mit Trinkwasser von den Albaner Bergen versorgte. Bis 272 v. Chr. hatte

Rom nach wechselvollen Kriegen gegen Kelten, Etrusker, Makedonier usw. die Hegemonie über die ganze Halbinsel erlangt.

Von 264 bis 146 zertrümmerten die Römer in drei Punischen Kriegen die Seemacht → Karthago. Diese Kriege glichen einem Tanz auf dem Vulkan, denn mehr als einmal drohte Rom unter den Schlägen Hannibals zusammenzubrechen. Bis 168 v. Chr. zerschlugen die Römer das syrische und das makedonische Reich und dehnten ihren Einfluß auch auf Ägypten aus. Rom beherrschte nun fast den gesamten Mittelmeerraum. Die ständigen Kriege hatten den freien Bauernstand vernichtet und einen unermeßlichen Reichtum in den Händen der Nobilität angesammelt. Das Land fiel an Großgrundbesitzer, die ihre riesigen Ländereien von Sklaven bearbeiten ließen. Die besitzlosen Bauern vermehrten das städtische Proletariat. Parteien entstanden. 133 v. Chr. begann der hundertjährige Bürgerkrieg. Trotz aller innenpolitischen Schwierigkeiten gelang es den römischen Söldnerheeren unter Marius, 102 v. Chr. bei Aquae Sextiae (Aix-en-Provence) die Teutonen und 101 v. Chr. bei Vercellae (Vercelli in Piemont) die Kimbern zu vernichten. Das war der erste Ansturm germanischer Völkerschaften auf die römische Weltmacht. Im Bundesgenossenkrieg (90–88) setzten die italischen Völkerschaften (Osker, Samniter, Lukaner usw.) gegen Rom durch, daß alle freien Italiker südlich des Po die Rechte römischer Bürger erlangten. Zwischen 88 und 64 v. Chr. bezwangen die Römer in drei Kriegen Mithridates VI., König von Pontos, und beendeten damit die letzte Erhebung des Griechentums gegen Rom.

Inzwischen hatte Gajus Julius *Caesar* als Feldherr und Politiker Einfluß gewonnen. 60 v. Chr. schloß er mit Crassus und Pompejus das erste Triumvirat, das den drei Männern die Leitung des römischen Staates sicherte. 58 bis 51 unterwarf Caesar Gallien, machte 55 v. Chr. den Rhein zur Grenze des Römerreiches gegen die Germanen und setzte im selben Jahr nach Britannien über. 53 starb Crassus. 49 überschritt Caesar mit einer Legion den Rubikon und vertrieb Pompejus aus Rom. 48 schlug er in Pharsalos (Thessalien) die Truppen des Pompejus, der nach Ägypten floh und dort ermordet wurde. Caesar setzte Kleopatra als Königin von Ägypten unter römischer Oberhoheit ein. 45 v. Chr. wurde Caesar zum Imperator und Diktator auf Lebenszeit gewählt, doch schon im Jahre darauf von Brutus und Cassius ermordet.

Nun riß Marcus Antonius in Rom die Macht an sich, indem er Caesars Großneffen und Adoptivsohn Octavian (Gajus Octavianus) adoptierte und somit zum Erben eingesetzt wurde. 43 v. Chr. verband sich Antonius mit Octavian und Marcus Aemilius Lepidus zum zweiten Triumvirat. 40 v. Chr. teilten sie den Oberbefehl über das Reich auf: Octavian erhielt den Westen, Antonius den Osten und Lepidus Afrika. 36 v. Chr. setzte Octavian Lepidus ab und erklärte 32 v. Chr. den Krieg gegen Antonius, der, unter dem Einfluß Kleopatras, die alte Ptolemäerherrschaft wiedererrichten wollte. Octavians Feldherr M. Vipsanius Agrippa besiegte 31 v. Chr. bei Actium (Westgriechenland) die Flotte des Antonius. Die Seeschlacht bei Actium bezeichnet das Ende der hellenistischen Vorherrschaft im östlichen Mittelmeerraum. Octavian zog nach Alexandria und machte

Ägypten zur römischen Provinz. Antonius und Kleopatra verübten Selbstmord. Damit war Octavian Alleinherrscher über das Imperium Romanum und erhielt 27 v. Chr. den Ehrennamen Augustus, den später alle römischen Kaiser als Titel führten.

Die Kaiserzeit

Mit Augustus begann das goldene augusteische Zeitalter, die Epoche des römischen Kaisertums. Augustus förderte Wissenschaften und Künste und regte die Bautätigkeit im ganzen Reich an. In Rom wirkten die großen Dichter Virgil, Horaz und Ovid. Rom hatte mit Sklaven rund 1800000 Einwohner und war die größte Stadt, der Mittelpunkt der Welt geworden. 14 bis 37 n. Chr. saß *Tiberius* auf dem Kaiserthron. Er begnügte sich wie Augustus mit der Sicherung der Reichsgrenzen. Sein Nachfolger *Caligula* (»Stiefelchen«) fühlte sich als Gott und provozierte damit zahlreiche Aufstände. 41 fiel er einer Verschwörung der Prätorianer (kaiserliche Leibgarde) zum Opfer. *Claudius* eroberte Britannien. Auch Mauretanien (Nordwestafrika) und Thrakien (südlich des Balkangebirges) wurden römische Provinzen. 48 ließ Claudius seine Gemahlin Messalina wegen Teilnahme an einer Verschwörung hinrichten. Danach heiratete er seine Nichte Agrippina, eine geborene Kölnerin, die ihn 54 vergiftete, um ihren Sohn Nero aus erster Ehe auf den Thron zu bringen. *Nero* ließ 59 seine Mutter, 62 seine Gemahlin Octavia ermorden. 64 ging Rom in Flammen auf. Um den Verdacht der Brandstiftung von sich abzulenken, befahl Nero die Verfolgung der Christen in Rom. Sie starben als lebende Fackeln in den kaiserlichen Gärten. Das zerstörte Rom baute er noch prächtiger wieder auf. Aufstände mit Verschwörungen führten im Jahre 68 zur Absetzung des Kaisers. Nero floh aus Rom und beging Selbstmord. Mit ihm erlosch das julisch-claudische Kaiserhaus.

Die Prätorianer erhoben *Galba* zum neuen Kaiser, danach *Otho.* Die Rheinarmee wählte 69 ihren Feldherrn *Vitellius* zum Kaiser. Die syrischen Legionen riefen *Vespasian* zum Kaiser aus und marschierten nach Rom. Vitellius fiel im Straßenkampf. Vespasian, Sproß einer plebejischen Familie, begründete das flavische Kaiserhaus. Er stellte die Ordnung im Reich wieder her. In Rom erbaute er das Kolosseum. Nach Vespasian herrschte von 79 bis 81 sein Sohn *Titus,* der im Jahre 70 Jerusalem erobert und zerstört und den jüdischen Aufstand niedergedrückt hatte. Der Titus-Bogen auf dem Forum in Rom erinnert an diesen Sieg. *Domitian,* der Bruder des Titus, wurde sein Nachfolger. Er baute den Kaiserpalast und die Villa Albana und erneuerte den Jupiter-Tempel auf dem Kapitol. Sein Auftreten als Gottkaiser führte zu seiner Ermordung im Jahre 96. Bis 98 war *Nerva* römischer Kaiser. Ihm folgte *Trajan* (Traianus), unter dem das Römische Reich seine größte Ausdehnung erreichte. Er förderte die Bautätigkeit (Trajans-Forum), die Künste und die Literatur (Tacitus, Plutarch, Epiktetos). Im ganzen Reich entstanden neue Straßen, Brücken, Kanäle und Städte. Die Trajanssäule schildert seinen Kampf gegen die Daker. 117 starb er auf dem Rückmarsch nach der Zerschlagung des persischen Partherreiches.

Hadrian wurde in Antiochia zum Kaiser ausgerufen. Mit einem straff organisierten Beamtenapparat festigte er die Verwaltung. Die Grenzen des Reiches sicherte er durch Wälle und Kastelle (Hadrianswall in England, Limes in Germanien und an der Donau). Wie Trajan in Spanien geboren, widmete er sich besonders den Provinzen. Hadrian verbrachte den größten Teil seiner Herrschaftszeit auf ausgedehnten Inspektionsreisen durch das Reich. Er förderte die griechische Kultur und erbaute in Athen einen Zeus-Tempel. Er starb 138 und wurde in den Moles Hadriani, der heutigen Engelsburg, beigesetzt. Von 138 bis 161 regierte *Antoninus Pius,* ein friedliebender und gerechter Herrscher. Nach ihm teilten sich seine beiden Adoptivsöhne *Verus* und *Mark Aurel* (Marcus Aurelius Antoninus) den Kaiserthron. 169 starb Verus und Mark Aurel wurde Alleinherrscher. Der »Philosoph auf dem römischen Kaiserthron« kämpfte erfolgreich gegen die Parther und die Markomannen. Er starb 180 in Vindobona (Wien). Sein Sohn *Commodus* war ein Friedenskaiser. Tolerant allen Glaubensrichtungen gegenüber, forderte er jedoch für sich göttliche Verehrung. In der Nacht zum 1. Januar 193 wurde er von seinem Sklaven Narcissus im Bad erwürgt.

193 begründete *Septimius Severus,* in → Leptis Magna (Nordafrika) geboren und Befehlshaber an der Donau, das severische Herrscherhaus. Mit ihm begann die Ära der Soldatenkaiser. Severus entriß den Parthern Mesopotamien; der Triumphbogen auf dem Forum Romanum erinnert an seine Siege. Er baute eine straff zentralisierte Reichsverwaltung auf. Nach erfolgreichem Abschluß seines Britannienfeldzuges starb er 211 in Eburacum (York). Sein Nachfolger *Caracalla* wurde vor allem durch die von ihm erbauten Thermen in Rom berühmt. Er kämpfte gegen Alamannen, Goten und Parther und wurde 217 in Mesopotamien ermordet. 218 bestieg *Elagabal* (Heliogabal), ein Verwandter Caracallas und Oberpriester des syrischen Sonnengottes, den Kaiserthron. Elagabal führte den Sonnenkult in Rom ein und wurde 222 wegen seiner Mißwirtschaft erschlagen. Auch sein Vetter und Adoptivsohn *Alexander Severus,* der von 222 bis 235 herrschte, kam durch ein Attentat um. 235 erhob die Rheinarmee in Mogantiacum (Mainz) den thrakischen Heerführer *Maximinus Thrax,* den ersten Nichtrömer, zum neuen Augustus. Drei Jahre später wurde auch er erschlagen. Danach setzte der Senat den 13jährigen *Gordianus III.* als Kaiser ein. Für ihn regierte zunächst seine Mutter Maecia Faustina, später sein Schwiegervater, der Prätorianerpräfekt Timesitheus. 244 ermordete *Philippus Arabs,* Sohn eines nordafrikanischen Scheichs, den Kaiser und nahm selbst den Purpur. Am 21. April 248 richtete er in einzigartiger Pracht die Tausendjahrfeier Roms aus. Nach seiner Ermordung folgte 249 *Decius,* der die altrömische Götterreligion wieder einführte und die Christen verfolgte. 251 fiel er im Kampf mit den Goten. 251 wurde *Trebonianus Gallus,* 253 *Aemilian* Kaiser. Noch im selben Jahr kamen *Valerian* und sein Sohn *Gallienus* auf den Thron des zerbröckelnden Reiches. Valerian fiel 260 in die Hände des Perserkönigs Schahpur I. (Sapores). An allen Grenzen war nun das Imperium Romanum in Gefahr: die persischen Sassaniden bedrohten die östlichen Grenzen, die

gotischen Heruler fielen in Griechenland und Kleinasien ein, die Franken und Alamannen drangen bis Oberitalien vor, die Berber erstürmten Mauretanien.

Claudius II. (268–270) kämpfte siegreich gegen die Alamannen und Goten und starb an der Pest. *Aurelian* (270–275) drängte die Goten und Vandalen hinter die Donau zurück und vertrieb die in Italien eingefallenen Alamannen und Markomannen. In Rom baute er die Aurelianische Mauer, die letzte große Verteidigungsanlage der Hauptstadt. 273 eroberte er das Reich von → Palmyra. Er erhob den Sonnenkult zur Staatsreligion. Die nächsten Sodatenkaiser *Tacitus* (275–276), *Probus* (276–282) und *Carus* (282–283) hatten alle Hände voll zu tun, die immer heftiger andrängenden Germanen und Perser abzuwehren. 284 rief die Orientarmee *Diokletian* (Diocletianus) zum Kaiser aus. Er schuf eine neue Reichsverfassung und führte die sog. Tetrarchie ein, die Herrschaft zweier Augusti mit je einem Caesar (Unterkaiser), um den immer häufiger ausbrechenden Aufständen in dem Riesenreich wirksamer begegnen zu können. Er kämpfte erfolgreich gegen Franken und Alamannen und förderte zahlreiche Neubauten (z.B. Diokletian-Thermen in Rom). 305 dankte er ab und zog sich in seinen herrlichen Palast in Spalato (Split/Jugoslawien) zurück.

306 wurde *Constantin* in York zum Augustus proklamiert. 308 ergriff *Maxentius* in Rom die Macht. Die daraufhin nach Carnuntum in Niederösterreich einberufene Kaiserkonferenz übertrug jedoch einem Dritten, *Licinius,* die Kaiserwürde. 312 besiegte Constantin an der Milvischen Brücke nördlich von Rom Maxentius, der hier auf der Flucht im Tiber ertrank. 324 schaltete Constantin durch zwei Siege bei Adrianopel (Edirne) und Chrysopolis (Üsküdar, asiatischer Stadtteil von Istanbul) auch Licinius aus und wurde damit Alleinherrscher. *Konstantin der Große,* wie man ihn bald nannte, begünstigte das Christentum. 330 verlegte er die Hauptstadt des Römischen Reiches von Rom nach Byzanz (Konstantinopel). Auf dem Sterbebett ließ er sich noch taufen (337). Der Triumphbogen beim Kolosseum ist das bedeutendste Denkmal für den letzten großen Herrscher über das römische Imperium.

Nach Konstantins Tod übernahmen seine drei Söhne *Constantius II.*, *Constans* und *Constantin II.* das Reich. 340 fiel Constantin im Kampf gegen die Truppen seines Bruders Constantius. Nach dem Tode Constans' wurde Constantius 350 Alleinherrscher. Als auch Constantius starb, riefen die Truppen in Gallien 361 ihren Heerführer *Julian* (Julianus) zum neuen Augustus aus. Julian hatte 357 die Alamannen über den Rhein zurückgedrängt. Julian Apostata (»der Abtrünnige«) versuchte, die altrömische Religion neu zu beleben. 363 starb er auf einem Feldzug gegen die Perser an einer tödlichen Verwundung. 363/364 folgte der rangälteste Offizier der kaiserlichen Leibgarde, *Jovianus,* auf dem Kaiserthron. Schon 364 löste ihn *Valentinian I.* ab. Er übernahm den Westteil des Reiches, den Osten überließ er seinem Bruder *Valens.* Valentinian vertrieb 366 die Alamannen aus Gallien und baute die Grenzlinie an Rhein und Donau aus. 375 starb er auf einem Feldzug gegen die Quaden. Valens siedelte die

Westgoten in Thrakien an. 378 erhoben sich die Westgoten aus Verärgerung über den Bruch der Verträge und besiegten die Römer bei Adrianopel; Valens fand in dieser Schlacht den Tod.

Valentinians Sohn *Gratian* (375–383) setzte 379 *Theodosius I.* als Kaiser des Oströmischen Reiches ein. Dieser schloß 382 einen Frieden mit den Westgoten, siedelte sie auf Reichsgebiet an und verpflichtete sie zur Heeresfolge. 391 erklärte Theodosius das Christentum zur Staatsreligion und verbot alle heidnischen Kulte. 394 vereinigte er zum letzten Mal das gewaltige Reich unter einheitlicher Herrschaft. Kurz vor seinem Tode verfügte er die endgültige Teilung des Reiches, um dessen Grenzen besser verteidigen zu können. Theodosius der Große starb im Jahre 395.

Sein älterer Sohn *Arcadius* übernahm Ostrom, der jüngere Honorius Westrom. Der Vandale Stilicho regierte als Vormund für den 11jährigen Honorius. Der 18jährige Arkadius überließ die Regierungsgeschäfte seinen Ministern und später seiner Gemahlin Eudoxia. 404 verlegte Stilicho die Residenz seines Mündels in das leichter zu verteidigende Ravenna. Als 408 Arkadius starb, wollte er die Vormundschaftsregierung auch auf Ostrom ausdehnen. Das führte zu seinem Sturz und zu seiner Hinrichtung. In dieser Zeit fielen die Westgoten unter ihrem König Alarich in Griechenland und in Italien ein und eroberten im Jahre 410 Rom. Alarich starb auf dem Weiterzug nach Süditalien und wurde im Busento bei Consentia (Cosenza) beigesetzt.

Damit endet die Geschichte des antiken Rom. Mit der wachsenden Macht der Kirche und der Germanenherrschaft über ganz West- und Mitteleuropa begann eine neue Epoche: das Mittelalter. 476 n. Chr. eroberte der Germane Odoaker (Odwakar) Ravenna und setzte *Romulus Augustulus,* den letzten weströmischen Kaiser, ab.

Archäologie

Der Respekt vor den antiken Bauwerken war in Rom selbst zur Zeit des Humanismus nie sehr groß. Die Renaissancepäpste benutzten die zum Teil noch außerordentlich gut erhaltenen Tempel, Theater usw. als Steinbruch für ihre eigenen Bauten. Nur Pius II. (1458–1464) und Leo X. (1513–1521) waren da eine Ausnahme. Leo X. ernannte 1515 den großen Maler und Baumeister Raffael zum Beauftragten für die Altertümer. Raffael entwarf Pläne für die Inventarisierung der antiken Denkmäler und für ihre Erhaltung.

1536 wurden erste Ausgrabungen auf dem Palatin durchgeführt, als Papst Paul III. die Via di San Gregorio für den Einzug des Kaisers Karl V. in Rom begradigen ließ. 1552 zeichnete Pirro Ligorio den ersten Plan einer antiken Stätte Roms: das Stadion des Domitian. 1570 fand man achtzehn Torsi, die sog. »Amazonen«, die inzwischen aber wieder verschollen sind. 1772 ließ Franz I., Herzog von Parma, Ausgrabungen auf dem Gelände des flavischen Palastes durchführen und entdeckte zahlreiche Säle und Gänge, die sich über mehrere Stockwerke verteilen. 1776 kaufte der französische Antiquitätenhändler Abbé Rancoureil ein Grundstück auf dem Palatin, um dort nach römischen Schätzen zu suchen. Er fand den berühmten Apollon Sauroktonos (»Eidechsentöter«) des Praxiteles, der sich heute im Vatikan befindet.

Gegen 1788 veranlaßte der schwedische Gesandte von Freudenheim erste Ausgrabungsversuche auf dem Campo Vaccino (= Kuhweide), das als 10 bis 15 m hohe Schuttschicht das Forum Romanum bedeckte. Im Jahre 1803 setzte der Repräsentant Napoleons, der Präfekt Graf von Touron, den italienischen Kunsthistoriker Carlo Fea als Beauftragten für die Altertümer Roms ein. Fea grub dreißig Jahre lang auf dem Forum Romanum. Er legte die Tempel des Castor und Pollux, der Vesta und des Saturn frei und restaurierte sie so gut es ging. 1812 widmeten sich französische Archäologen dem Trajansforum.

Nach 1854 konzentrierten sich die Ausgrabungen auf den Palatin. Napoleon III. hatte einen großen Teil des Hügels, die Farnesischen Gärten, erworben und beauftragte Pietro Rosa mit den archäologischen Untersuchungen. Rosa entdeckte 1869 das »Haus der Livia«, von dem man heute annimmt, daß es ein Teil des Hauses des Augustus ist, in dem der Kaiser mehr als 40 Jahre gelebt haben soll. Bis 1880 konnte Rosa den Palatin und auch das Forum Romanum freilegen. Seine engsten Mitarbeiter waren A. Nibby, Chr. Bunsen und Rodolfo Lanciani, der nach Rosa Leiter der Ausgrabungen in Rom wurde. Lanciani dehnte seine Forschungen auf das ganze Gebiet der antiken Stadt aus. Er sammelte alle Nachrichten über antike Ruinen und erstellte eine erste Topographie Roms. P. Bigot schuf danach einen Reliefplan der alten Metropole. Zahlreiche ausländische archäologische »Schulen« und »Akademien« unterstützten die Arbeit Lancianis: die Französische Schule, das Deutsche Archäologische Institut, die Englische Schule, die Amerikanische Akademie, die Schwedische Schule, die Rumänische Schule usw.

1898 begann G. Boni mit ersten Tiefgrabungen auf dem Palatin. Unter den Kellergeschossen des Palastes der Flavier entdeckte er Spuren von Holzpfählen, die von Hütten der frühen Eisenzeit stammen. Ein Jahr später legte er unter dem Lapis Niger auf dem Forum Romanum einen Gedenkstein mit der ältesten lateinischen Inschrift aus dem 5. Jahrhundert v. Chr. frei. 1902 stieß Boni, inzwischen zum Direktor der Antiken auf dem Forum und Palatin avanciert, neben der Via Sacra in 5 m Tiefe auf eine Nekropole, deren älteste Gräber bis ins 8. Jahrhundert v. Chr. zurückgehen, also bis in die Zeit der legendären Gründung Roms. 1907 fand D. Vaglieri beim Kybele-Tempel auf dem Palatin Entwässerungskanäle einer frühgeschichtlichen Siedlung. Aus weiteren Siedlungsspuren schloß er, daß der Palatin im 8. Jahrhundert v. Chr. von Latinern bewohnt war.

1919 begannen die Ausgrabungen auf dem Kapitol. Nach dem Abbruch des Palazzo Caffarelli stießen die Ausgräber auf die Grundmauern des Jupiter-Tempels, des bedeutendsten Heiligtums von Rom.

Einen ungeheuren Aufschwung nahm die archäologische Erforschung Roms unter Mussolini, der sichtbare Zeugnisse für die große Vergangenheit Italiens brauchte. Ganze Häuserviertel wurden abgerissen, um antike Gebäudereste untersuchen zu können.

1924 begann man, die Kaiserforen freizulegen und die Mauerreste, die die Renaissancepäpste übriggelassen hatten, zu untersuchen. 1926 grub A. Bartoli am Hange des Palatin in Richtung des Circus maximus. In den Jahren 1926 bis 1930 kamen auf dem Marsfeld am Largo Argentina vier Tempel aus republikanischer Zeit zum Vorschein. 1927 wurde das Forum des Augustus ausgegraben. 1930 bis 1932 leitete Corrado Ricci die Ausgrabungen des Caesar-Forums. 1937 konnte die Ara Pacis des Augustus mit modernsten technischen Hilfsmitteln unter dem Fundament des Palazzo Fiano geborgen werden. Erste Reliefplatten des Altars waren schon 1568 in Rom aufgetaucht. 1859 hatte ein Architekt den Altar unter dem Palazzo entdeckt. 1903 mußte eine erste Ausgrabung wegen Einsturzgefahr wieder eingestellt werden.

1948 kamen bei Grabungen auf dem Palatin Hütten zum Vorschein, die in den Tuffstein gehauen waren. 1950 legte S. M. Puglisi eine ganze Wohnsiedlung mit ovalen Hütten aus dem 9. bis 7. Jahrhundert frei.

Ausgrabungsstätte

Der ganze Stadtkern des heutigen Rom, das Gebiet innerhalb der Aurelianischen Mauer also, ist eine einzige archäologische Stätte, unterbrochen allerdings von ausgedehnten mittelalterlichen und neuzeitlichen Wohn-, Palast- und Geschäftsvierteln, die wissenschaftliche Untersuchungen des Untergrundes nicht zulassen oder sie zumindest behindern. Trotzdem hat keine heutige Großstadt so zahlreiche und gut erhaltene antike Baudenkmäler, so ausgedehnte Grabungsfelder aufzuweisen wie Rom.

Palatin

Auf dem *Palatin,* am Ostknie des Tiber, bestand die älteste Siedlung Roms, denn von hier aus konnte man den Tiber und die ihn durchquerende Furt beherrschen. Ursprünglich bestand der Hügel aus den beiden etwa 50 m hohen Kuppen Germalus und Palatium. Auf dem Germalus fand man die ältesten Spuren menschlicher Besiedlung. Sie stammen aus dem 9. vorchristlichen Jahrhundert. Auf dem Germalus gründete Romulus im Jahre 753 v. Chr. sein sagenhaftes »Roma Quadrata«.

Im 3. und 2. Jahrhundert v. Chr. erhoben sich auf dem Palatin *Tempel der Kybele* (um 204 v. Chr. geweiht), *des Jupiter Stator* und *der Victoria.* Seit dem Ende des 2. Jahrhunderts v. Chr. entwickelte sich hier ein vornehmes Wohnviertel. Berühmt ist das *Haus der Greifen,* mit Wandmalereien aus der Zeit um 100 v. Chr.; es liegt unter der Domus Flavia. Das sog. *Privathaus des Augustus* entstand um 20 v. Chr. Zu diesem Gebäudetrakt gehörte das *Haus der Livia,* der Gemahlin des Augustus, mit wundervollen Fresken.

Von den *Kaiserpalästen des Tiberius und Claudius* sind nur die Unterbauten erhalten. Mauerreste weisen auf die *Domus Transitoria* Neros hin, die im Jahre 64 dem großen Brand zum Opfer fiel. Drei Jahre zuvor ließ Nero den Palast des Tiberius mit seiner Domus Transitoria durch einen *Kryptoportikus,* einem 130 m langen Gewölbegang, verbinden. Kaiser Caligula, der – wie man vielfach liest – in diesem finsteren Gang ermordet

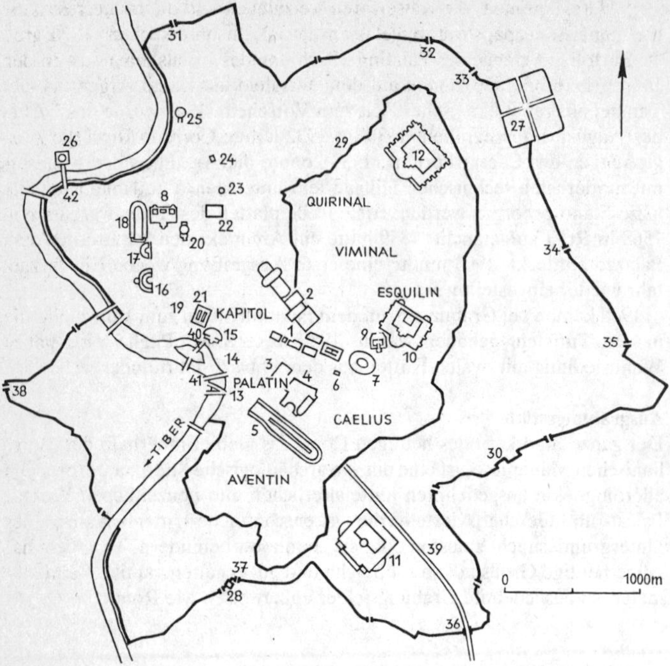

Rom zur Kaiserzeit

1 Forum Romanum 2 Kaiserforen 3 Palast des Tiberius 4 Palast des Domitian (Domus Flavia und Domus Augustus) 5 Circus Maximus 6 Konstantinsbogen 7 Kolosseum 8 Nero-Thermen 9 Titus-Thermen 10 Trajans-Thermen 11 Caracalla-Thermen 12 Diokletians-Thermen 13 Forum Boarium 14 Forum Olitorium 15 Marcellus-Theater 16 Pompejus-Theater 17 Odeum Domitians 18 Stadion Domitians 19 Area Sacra am Largo Argentina 20 Pantheon 21 Octavia-Portikus 22 Hadrians-Tempel 23 Mark-Aurel-Säule 24 Ara Pacis Augustae 25 Augustus-Mausoleum 26 Hadrians-Mausoleum (Engelsburg) 27 Castra Praetoria 28 Cestius-Pyramide 29 Servianische Mauer 30 Aurelianische Mauer 31 Porta Flaminia 32 Porta Salaria 33 Porta Nomentana 34 Porta Tiburtina 35 Porta Praenestina 36 Porta Appia 37 Porta Ostiensis 38 Porta Aurelia 39 Via Appia 40 Pons Fabricius 41 Pons Aemilius 42 Pons Aelius

worden sein soll, war zu dieser Zeit bereits seit zwanzig Jahren tot. Um 92 erbaute Kaiser Domitian seinen großartigen Palast, der fast den ganzen Palatin bedeckte.

Der *Domitianische Kaiserpalast* bestand aus der Domus Flavia mit Thronsaal, dreischiffiger Basilika, Lararium (Hauskapelle) usw. und aus der Domus Augustana. Unterhalb der Domus Augustana liegt das *Stadion des Domitian,* das privaten Pferderennen und zirzensischen Spielen vorbehalten war. Die 160 m lange und 47 m breite Anlage war von einer zweistöckigen Säulenhalle mit Kaiserloge umgeben. Hier erlitt der heilige Sebastian den Märtyrertod.

Nach der Brandkatastrophe des Jahres 64 ließ Nero eine riesige Parkanlage erstellen, die den Esquilin mit dem Palatin verband. Im Tal entstand ein großer See. Am Hang des Esquilin baute sich der Kaiser die *Domus Aurea,* das Goldene Haus, eine weitläufige Palastanlage, die alle bisherigen Paläste an Pracht übertreffen sollte. Mehrere wundervoll ausgemalte Räume wurden inzwischen freigelegt. Vespasian ließ den See wieder zuschütten und darüber das Kolosseum erbauen. Titus und Trajan errichteten über der Domus Aurea ihre Thermen.

Das *Kolosseum,* ursprünglich »Amphitheatrum Flavium« genannt, ist das Wahrzeichen Roms und das größte und prächtigste Bauwerk der antiken Stadt. Das Amphitheater wurde von 72 bis 80 unter Vespasian und seinem Sohn Titus erbaut. Der Name »Kolosseum« geht auf die Kolossalstatue Neros zurück, die einst neben dem Theater stand. Der viergeschossige Riesenbau ist 48,50 m hoch, 188 m lang und 156 m breit. Der Außenumfang beträgt 527 m. Die Außenwände sind mit Travertin verkleidet. Die drei unteren Geschosse bestehen aus Arkaden und Halbsäulen im dorischen, ionischen und korinthischen Stil (von unten nach oben). Das vierte, arkadenlose Geschoß ist mit korinthischen Pilastern geschmückt. Die 80 Arkaden des Untergeschosses dienten als Eingänge. Auf dem obersten Mauerring konnte an 240 Masten ein riesiges Zeltdach als Sonnen- und Regenschutz befestigt werden. Unter der 86 mal 54 m großen, hölzernen Arena befanden sich die Raubtierkäfige, Gladiatorenräume, Kammern für Geräte und Waffen, die sanitären Anlagen und die Hebemaschinen. Das Theater wurde im Jahre 80 n.Chr., also ein Jahr nach dem Untergang Pompejis, mit hunderttägigen Spielen eingeweiht, bei denen 5000 Tiere und eine unbekannte Anzahl von Gladiatoren ihr Leben ließen. Besonders glanzvolle Veranstaltungen fanden hier im Jahre 248 anläßlich der Tausendjahrfeier der Gründung Roms statt. Tierhatzen, Gladiatorenkämpfe, auch Naumachien (Seekämpfe) zogen regelmäßig 50000 bis 60000 Zuschauer an. Ob hier auch christliche Märtyrer Raubtieren vorgeworfen wurden, ist umstritten.

Den *Konstantinsbogen* am Anfang der Via Triumphalis ließ Konstantin der Große im Jahre 315 zur Erinnerung an den Sieg über seinen Nebenbuhler Maxentius errichten. Mit einer Höhe von 21 m und einer Breite von 26 m ist er der größte römische Triumphbogen überhaupt. Er besteht aus weißem Marmor und hat einen großen Mitteldurchgang sowie zwei kleinere Seitendurchgänge. Der Reliefschmuck stammt größtenteils von Bauwerken der Zeit Trajans (98–117), Hadrians (117–138) und Mark Aurels (161–180).

Im Tal zwischen den Hügeln Palatin und Aventin erstreckte sich an der Stelle der heutigen Parkanlage Valle Murcia der riesige *Circus maximus.* Er wurde wohl vom letzten Etruskerkönig Tarquinius Superbus angelegt.

Seit dem 4. Jahrhundert v. Chr. haben ihn die Römer mehrmals umgebaut und vergrößert, so daß er schließlich bis zu 385000 Zuschauer fassen konnte. Diese älteste und größte Arena Roms war 600 m lang, 150 m breit und von einem hufeisenförmigen, zweirängigen Zuschauerraum umgeben. Im Circus maximus fanden zirzensische Spiele (ludi circenses) statt: Wagenrennen, Wettläufe, Faust- und Ringkämpfe, militärische Vorführungen.

Kapitol

Der *Kapitolinische Hügel* ist mit etwa 50 m der niedrigste der sieben Hügel Roms. Auf der höchsten Stelle erhob sich einst die *Fluchtburg* (lat. Arx) der Stadt. 344 v. Chr. erstand an der Stelle der Arx der Tempel der Juno Moneta, der mahnenden Juno. Als 269 v. Chr. in der Nähe eine Münzprägestätte eingerichtet wurde, ging der Tempelname auf diese über (ad monetam). Schließlich nannte man die römischen Münzen Moneta, und auch wir verwenden für Geld gelegentlich die Bezeichnung »Moneten«. Heute steht an der Stelle der Fluchtburg und der Münzprägestätte die Kirche S. Maria d'Aracoeli (lat. ara coeli = Himmelsaltar), eine der ältesten Kirchen Roms. Das Jupiter-Heiligtum *Auguraculum* in der Nordostecke des Hügels diente der Deutung des Vogelfluges durch die Augu-

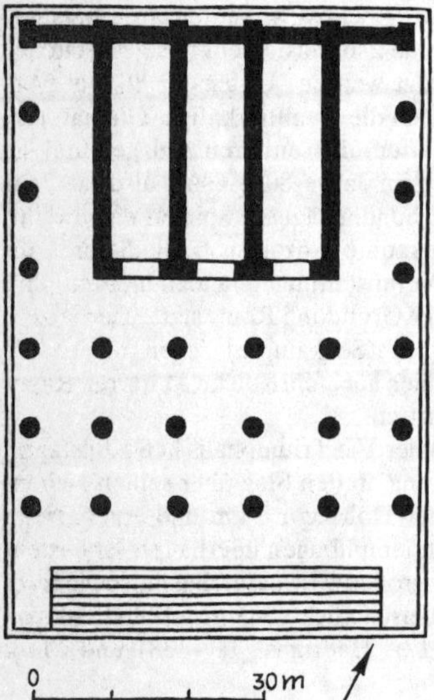

Rom: Tempel des Jupiter Capitolinus

ren, die bei wichtigen Staatshandlungen den Willen der Götter zu erforschen hatten.

Südlich der Arx errichteten die Etruskerkönige den großen *Jupiter-Tempel,* den Tempel des Jupiter Optimus Maximus, des Jupiter Capitolinus. Mit dem Bau begann Tarquinius Priscus. Sein Sohn Tarquinius Superbus führte die Arbeiten fort. Im Jahre 509 (507) v. Chr. wurde der Tempel der Göttertrias Jupiter, Juno und Minerva geweiht. Der Podiumtempel hatte einen Grundriß von 53 mal 62 m. Er bestand anfangs hauptsächlich aus Holz und war mit Terrakottaplatten verkleidet. Den Giebel krönte eine Quadriga aus gebranntem Ton. Er hatte drei nebeneinanderliegende Cellae, in denen die Kultbilder der Götterdreiheit standen, geschaffen von Künstlern aus der Etruskerstadt Veji. Münzbilder und Reliefs von Bauwerken Mark Aurels zeigen uns, wie der Tempel damals ausgesehen hat. Heute sind nur noch Mauerreste des Unterbaus vorhanden, die nach dem Abbruch des Palazzo Caffarelli zum Vorschein kamen. Sie sind im Braccio Nuovo des Konservatorenpalastes zu sehen. Der Tempel brannte 83 v. Chr., 69 und 80 n. Chr. ab und wurde jeweils sofort wieder aufgebaut. Die letzte Erneuerung begann unter Titus und wurde von Domitian vollendet. Der Jupiter-Tempel machte das Kapitol zum politischen und religiösen Zentrum des Römischen Reiches.

An den Abhang zum Forum schmiegte sich das *Tabularium,* das Staatsarchiv des antiken Rom. In dem mehrgeschossigen Arkadenbau aus dem Jahre 78 v. Chr. wurden die öffentlichen Urkunden aufbewahrt. Von der 70 m langen Arkadenfront sind noch große Teile unter dem Senatorenpalast (Palazzo Senatorio) zu sehen.

In der Mitte des von Michelangelo entworfenen Kapitolplatzes (Piazza del Campidoglio) steht das bronzene *Reiterstandbild des Mark Aurel.* Es wurde noch zu Lebzeiten des Kaisers geschaffen und im Jahre 1538 hier aufgestellt, weil man meinte, das Standbild stelle Konstantin den Großen, den Förderer des Christentums, dar. Die eindrucksvolle Statue – übrigens die einzige erhaltene antike Reiterstatue – zeigt noch Spuren der ursprünglichen Vergoldung. Das durch Umwelteinflüsse gefährdete Kunstwerk wird demnächst in eines der römischen Museen überwechseln und durch eine Kopie ersetzt werden.

Unter der Kirche S. Giuseppe dei Falegnami liegt das berüchtigte Staatsgefängnis aus der Zeit der Republik, der *Mamertinische Kerker.* Wohl schon im 4. Jahrhundert v. Chr. warteten hier die Häftlinge auf ihre Hinrichtung, die im unteren der beiden Geschosse stattfand. Im Carcer Mamertinus starben 104 v. Chr. der numidische König Jugurtha, 63 v. Chr. die Mitverschwörer des Catilina, 46 v. Chr. der Gallierherzog Vercingetorix. Im 15. Jahrhundert wurde der Kerker in die Kapelle S. Pietro in Carcere umgewandelt, weil man annahm, daß hier der Apostel Petrus gefangengehalten worden war.

Forum Romanum

Die Talsenke zwischen den Hügeln Palatin, Kapitol, Quirinal und Esquilin diente vom 9. bis 6. Jahrhundert v. Chr. als Begräbnisstätte. Aber

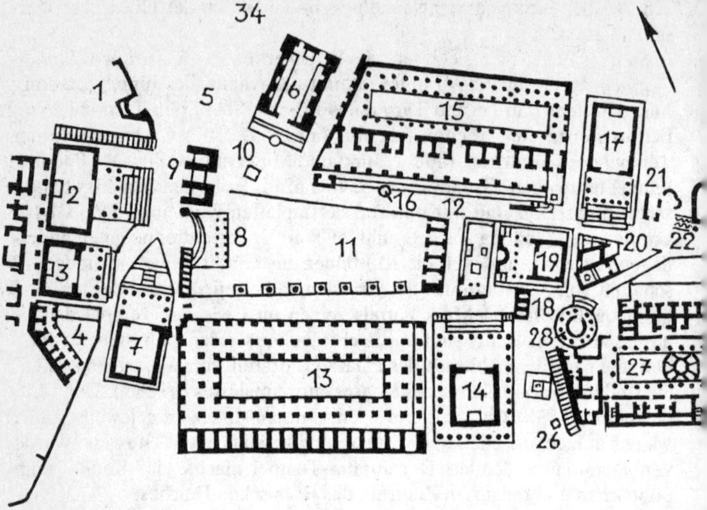

Rom: Forum Romanum

1 Mamertinischer Kerker 2 Concordia-Tempel 3 Tempel des Vespasian und Titus 4 Portikus der ratspendenden Götter 5 Comitium 6 Curia 7 Saturn-Tempel 8 Rostra 9 Bogen des Septimius Severus 10 Lapis Niger 11 Forumsplatz 12 Via Sacra 13 Basilica Julia 14 Tempel des Castor und Pollux (Dioskuren-Tempel) 15 Basilica Aemilia 16 Heiligtum der Venus Cloacina 17 Tempel des

schon frühzeitig entstanden hier die ersten öffentlichen Bauten der Siebenhügelstadt: die Regia zum Beispiel und die Curia. Tarquinius Priscus, der sagenhafte erste Etruskerherrscher in Rom, zwang den Bach, der die Wasser der Hügel sammelte, in ein Mauerbett und legte damit das größtenteils sumpfige Tal trocken. Ein ausgedehnter Versammlungs- und Marktplatz, das spätere *Forum Romanum* (forum = außerhalb [der bewohnten Hügel]), entstand. Das Comitium, der eigentliche Versammlungsplatz, erhielt ein Pflaster aus gestampftem Kies. In der Zeit der Republik füllten zahlreiche Tempel und Basiliken das Forum. Im 2. Jahrhundert v. Chr. wurde der regulierte Bach, die berühmte *Cloaca maxima,* in einen unterirdischen Kanal umgewandelt und stellenweise überbaut. Die Vieh- und Gemüsehändler erhielten neue Marktplätze am Tiber: das *Forum Boarium* (Rindermarkt) und das *Forum Olitorium* (Gemüsemarkt).

Das Forum Romanum war Mittelpunkt des königlichen und republikanischen Rom. Hier fielen die politischen Entscheidungen, hier begannen

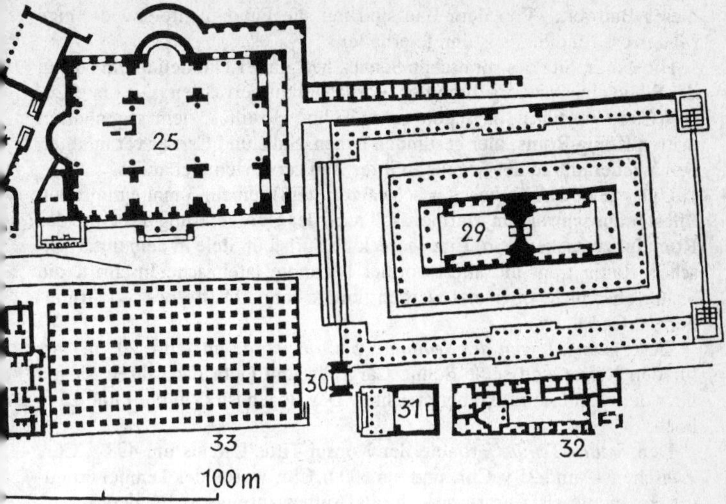

Antoninus und der Faustina 18 Augustus-Bogen 19 Julius-Caesar-Tempel 20 Regia 21 archaischer Begräbnisplatz 22 Häuser aus republikanischer Zeit 23 Romulus-Tempel 24 Bibliotheca Pacis 25 Konstantins-Basilika (Maxentius-Basilika) 26 Juturnische Quelle 27 Haus der Vestalinnen 28 Vesta-Tempel 29 Tempel der Venus und Roma 30 Titus-Bogen 31 Tempel des Jupiter Stator 32 Häuser mit Bädern 33 Porticus Margaritaria 34 Kaiserforen

die Prozessionen und endeten die Triumphzüge, hier wurden Geschäfte getätigt und Urteile verkündet. 264 v. Chr. fanden auf dem Forum Romanum die ersten Gladiatorenkämpfe statt.

Caesar und Augustus gestalteten das Forum Romanum zu einem repräsentativen Platz. Die Bauten wurden erneuert und prunkvoll ausgestattet. Neue Tempel kamen hinzu. Der Platz erhielt ein Travertinpflaster. Die Volksversammlungen fanden fortan auf dem Marsfeld statt. Den Namen Forum Romanum oder Forum magnum erhielt der Platz erst, nachdem weitere Foren (die Kaiserforen) entstanden waren.

Das Forum Romanum hat eine Ausdehnung von etwa 115 mal 60 m. Es wird von der Via Sacra, der heiligen Straße, der Länge nach durchzogen.

Die *Basilica Aemilia,* 179 v. Chr. von den Zensoren Aemilius Lepidus und Fulvius Nobilior errichtet, ist eine der ältesten römischen Basiliken. Der Mittelraum des etwa 100 m langen Bauwerks war durch Säulen in drei Schiffe geteilt. 410 n. Chr. plünderten die Westgoten unter Alarich dieses Bauwerk. Von dem Bau sind nur die Fundamente sowie einige Mauerreste und Säulenstümpfe erhalten.

Die *Curia,* Sitz des römischen Senats, ließ Kaiser Diokletian um 303 an der Stelle eines niedergebrannten Vorgängerbaus errichten. Die erste Curia (Curia hostilia) soll schon unter Tullus Hostilius, dem sagenhaften dritten König Roms, hier gestanden haben. Sulla und Caesar veranlaßten den Wiederaufbau des jeweils zu ihrer Zeit zerstörten Gebäudes.

Unter dem *Lapis Niger* (= schwarzer Stein), einem 3 mal 4 m großen Pflaster aus schwarzem Marmor, soll nach der Überlieferung das Grab des Romulus zu suchen sein. Eine viereckige Tuffstein-Stele in dem unterirdischen Raum trägt die älteste bisher bekannte lateinische Inschrift, die bisher aber nicht übersetzt werden konnte (erste Hälfte des 5. Jahrhunderts v. Chr.).

Der *Triumphbogen des Septimius Severus* wurde im Jahre 203 n. Chr. für den Kaiser und seine Söhne Caracalla und Geta nach ihren Siegen über die Parther und Araber errichtet. Der Bogen ist 25 m breit und 23 m hoch.

Den *Saturn-Tempel* erbaute der Konsul Titus Larcius um 498 v. Chr. Zwischen 42 und 25 v. Chr. und um 300 n. Chr. wurde der Tempel erneuert. Er diente als Aerarium, d. h. als Aufbewahrungsort für den Staatsschatz. Von dem Bauwerk sind noch acht ionische Granitsäulen mit einem Teil des Architravs der Vorhalle erhalten.

Mit dem Bau der *Basilica Julia* begann Caesar im Jahre 46 v. Chr. an der Stelle der früheren Basilica Sempronia (170 v. Chr.). Das 49 mal 101 m große dreischiffige Bauwerk war mit Marmor verkleidet und von einer zweistöckigen Pfeilergalerie umgeben. Unter Augustus wurde das gewaltige Gerichtsgebäude im Jahre 12 v. Chr. vollendet und unter Diokletian nach einem Brand wieder instand gesetzt.

Auf der *Rostra* hielten die römischen Politiker ihre Reden. Die in der Seeschlacht bei Antium im Jahre 338 v. Chr. erbeuteten Rammsporne (lat. rostrum) waren an der Rednerbühne als Schmuck angebracht und gaben dieser Einrichtung ihren Namen. Die von Caesar erneuerte Rostra war 24 m lang, 12 m breit und 3 m hoch.

29 v. Chr. ließ Augustus an der Stelle, an der der Leichnam Caesars verbrannt worden war, den *Julius-Caesar-Tempel* errichten. Sechs ionische Säulen schmückten den Eingang des kleinen Tempels.

Vom *Augustus-Bogen,* der an den Sieg Octavians, des späteren Kaisers Augustus, über Antonius erinnern sollte, stehen nur noch die Fundamente. Der Ehrenbogen entstand im Jahre 19 v. Chr.

Der *Tempel des Castor und Pollux,* auch Dioskuren-Tempel genannt, wurde im Jahre 484 v. Chr. von dem Sohn des Diktators Aulus Postumius zur Erinnerung an die siegreiche Schlacht am See Regillus über die Latiner (496 v. Chr.) errichtet. Als das römische Heer in der sagenhaften Schlacht zu unterliegen drohte, erschienen die Dioskuren Castor und Pollux (griech. Kastor und Polydeukes), die beiden Söhne des Zeus und der Leda, und wendeten das Kriegsglück wie schon in der Schlacht an der Sagra (560 v. Chr.), als die Truppen von Lokroi von den zahlenmäßig weit überlegenen Krotoniaten angegriffen wurden. Der Tempel hatte eine große Vorhalle und war von 38 Säulen umgeben. Die drei noch aufrechtstehenden korinthischen Säulen aus weißem Marmor stammen von einem Neubau aus dem Jahre 6 n. Chr.

In dem kleinen, runden *Vesta-Tempel* bei der Juturnischen Quelle – nicht zu verwechseln mit dem sog. »Vesta-Tempel« auf dem Forum Boarium am Tiberufer – hüteten die Vestalinnen (Priesterinnen der Göttin Vesta) das heilige Herdfeuer. Der Vesta-Kult ist in Rom wohl so alt wie die Stadt selbst. Da nach der Legende die Existenz Roms von dem Nichterlöschen des Herdfeuers abhing, wurde der Tempel nach jeder Zerstörung sofort wieder aufgebaut. Um 240 v. Chr. ersetzten die Römer den Holzbau durch einen Steinbau. Die heutige Tempelruine stammt aus dem Jahre 191 n. Chr. Drei der ursprünglich 20 korinthischen Säulen und das zugehörige Gebälk konnten inzwischen wieder aufgerichtet werden.

Das *Haus der Vestalinnen* (Atrium Vestae) diente den Tempelpriesterinnen als Wohnstatt und zur Aufbewahrung sakraler Gegenstände. Der große Atriumhof mit Wasserbecken war von einem zweigeschossigen Säulengang umgeben.

Die *Regia* war das alte Königshaus, die Residenz des Numa Pompilius, des sagenhaften zweiten Königs von Rom. Der Megaronbau war zugleich Heiligtum. Hier wurde Ops verehrt, die Göttin des Erntesegens, der Fülle, des Überflusses, des Reichtums. Und hier wurden die heiligen Schilde aufbewahrt. Später war die Regia Amtssitz des Pontifex Maximus, des obersten Priesters von Rom. Er und die Vestalinnen durften allein die Kultstätte der Ops betreten; so wurde sie zur geheimnisvollen Schutzgöttin Roms. Nach einem Brand im Jahre 36 v. Chr. ließ der Pontifex Domitius Calvinus den Bau in Marmor erneuern.

Der *Tempel des Antoninus und der Faustina* wurde 141 der Kaiserin Faustina (100–141) geweiht. Faustina war bekannt durch ihren lockeren Lebenswandel und ihre wohltätigen Stiftungen. Nach dem Tode ihres Gemahls Antoninus Pius im Jahre 161 diente der Tempel auch dem Kult dieses friedliebenden Kaisers. Von dem Bauwerk sind noch zehn Monolithsäulen aus Cipollin (glimmerhaltiger Marmor) zu sehen; sie gehörten zur Vorhalle des Tempels. Die Cella war mit Marmorplatten verkleidet und mit Friesen geschmückt.

Die folgenden Bauwerke liegen am Hang des Velia und gehören nicht mehr zum Forum Romanum im engeren Sinne.

Den *Romulus-Tempel* errichtete Kaiser Maxentius im Jahre 307 zu Ehren seines Sohnes Romulus. Der Tempel besteht aus einem Rundbau und zwei benachbarten Gebäuden mit Apsis. Zwei Porphyrsäulen und ein wunderbares Bronzetor bilden den Eingang.

Die gewaltige *Konstantins-Basilika,* auch Maxentius-Basilika genannt, ist der größte Gewölbebau des Altertums. Sie wurde unter Maxentius (306–312) begonnen und unter Konstantin dem Großen vollendet. Der 100 m lange und 76 m breite, dreischiffige Hallenbau war ganz aus Backstein ausgeführt. Das Mittelschiff erreichte eine lichte Höhe von 35 m. Drei Gewölbe des rechten Seitenschiffes sind noch heute erhalten; sie erreichen eine Höhe von 24,50 m und sind jeweils 20,50 m breit und 17,50 m tief. In einer Apsis stand jene 12 m hohe Kolossalstatue Konstantins, deren Überreste heute im Hof des Konservatorenpalastes (Palazzo dei Conservatori) zu sehen sind. Die Statue stellte den Kaiser sitzend dar. Die unbekleideten Partien waren aus Marmor, die bekleideten aus bronziertem Holz.

Von 135 bis 137 ließ Kaiser Hadrian den *Tempel der Venus und Roma* nach eigenen Entwürfen erbauen. Der Doppeltempel hatte zwei Cellae, die östliche war Venus, die westliche Roma geweiht. Jede Cella hatte eine Apsis; beide Apsiden stießen in der Mitte aneinander. Eine Säulenhalle umschloß den Tempelbau, von dem lediglich noch die Absiden stehen.

Der *Titusbogen* ist der älteste römische Triumphbogen. Er wurde im Jahre 81 zum Gedenken an die siegreichen Kämpfe des Titus in Judäa (70 n. Chr.) errichtet. Kassettendecke und Reliefs sind hervorragend erhalten.

Kaiserforen

Als das Forum Romanum den Bedürfnissen einer Weltstadt nicht mehr genügte, entstanden nördlich davon die *Kaiserforen* (Fori Imperiali), zuerst das Caesar-Forum (Forum Julium), dann das Forum des Augustus, das Forum des Vespasian mit dem Tempel der Friedensgöttin Pax, das Forum des Trajan und schließlich das Forum des Nerva. Da die Kaiserforen im Mittelalter als »Steinbruch« dienten, sind leider nur wenige antike Bauruinen übriggeblieben.

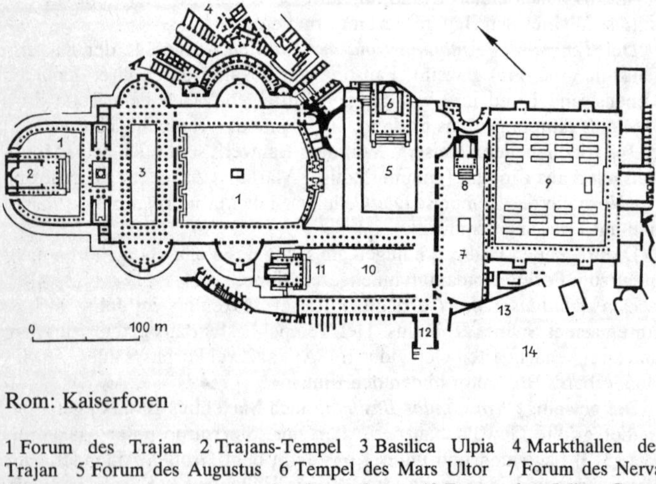

Rom: Kaiserforen

1 Forum des Trajan 2 Trajans-Tempel 3 Basilica Ulpia 4 Markthallen des Trajan 5 Forum des Augustus 6 Tempel des Mars Ultor 7 Forum des Nerva 8 Minerva-Tempel 9 Forum des Vespasian 10 Forum des Julius Caesar 11 Tempel der Venus Genetrix 12 Curia 13 Basilica Aemilia 14 Forum Romanum

Das *Forum des Julius Caesar* (Forum Julium) ist das älteste der Kaiserforen. Caesar hatte das Forum mehr als heiligen Bezirk konzipiert. Den Platz beherrschte daher der *Tempel der Venus Genetrix,* den Caesar 46 v. Chr. als Dank für seinen Sieg bei Pharsalos (Farsala in Griechenland) über Pompejus im Jahre 48 v. Chr. errichten ließ und der Stammutter des julischen Geschlechts weihte. Drei korinthische Marmorsäulen wurden inzwischen wieder aufgestellt. Weitere antike Bauwerke dieses Forums waren ein Triumphbogen und die *Basilica Argentaria,* die Börse der römischen Bankiers.

Das *Forum des Augustus* ließ der erste römische Kaiser zur Erinnerung an die Schlacht bei Philippi (42 v. Chr.) errichten. Mittelpunkt des Forums war der *Tempel des Mars Ultor.* In der Cella standen einst die Statuen des Mars und der Venus. Von den beiden Basiliken neben dem Tempel sind nur noch die Fundamente vorhanden.

Das *Forum des Trajan* (Forum Traianum) ist das schönste der Kaiserforen. 111 bis 114 wurde es von dem Baumeister Apollodorus von Damaskus errichtet. Blickfang der Anlage ist die vollständig erhaltene *Trajanssäule,* die an die Siege des Kaisers über die Daker (thrakischer Volksstamm) erinnert. Die Trajanssäule ist 29,60 m (= 100 römische Fuß) hoch, mit Schaft und Sockel sogar 42,40 m. Die Säule setzt sich aus achtzehn Marmortrommeln zusammen, deren Durchmesser 3,83 m (unten) und 3,65 m (oben) beträgt. Innerhalb der Säule führt eine Wendeltreppe empor. Das über 200 m lange, spiralförmig aufsteigende Reliefband enthält Darstellungen der Feldzüge mit rund 2500 Figuren. Auf dem dorischen Kapitell stand eine vergoldete Bronzestatue des Kaisers, die Papst Sixtus V. im Jahre 1587 durch eine Petrus-Statue ersetzen ließ. Die *Basilica Ulpia* war durch Säulenreihen in fünf Schiffe geteilt. Sie wurde inzwischen teilweise restauriert. Von den beiden *Bibliotheken* ist ein großer Saal mit zahlreichen Nischen für die Unterbringung der Schriftrollen erhalten. Der gewaltige, halbrunde Bau der *Markthallen des Trajan* (Mercati Traiani) barg in zwei Stockwerken Geschäfte und Banken.

Das *Forum des Nerva,* auch Forum Transitorium (Durchgangsforum) genannt, verband das Forum des Augustus mit dem Forum des Vespasian. Es wurde im Jahre 92 unter Domitian begonnen und sechs Jahre später von Kaiser Nerva geweiht. Der Minerva-Tempel beherrschte den langgezogenen Platz, an dessen Langseiten ein »falscher« Säulengang lief (die unmittelbar vor den Wänden stehenden Säulen hatten eine rein dekorative Funktion). Vom Minerva-Tempel zeugen noch die Fundamente und zwei korinthische Säulen mit Gebälk und einem Relieffries mit Darstellungen aus dem Mythos der Minerva.

Das *Forum des Vespasian,* auch Templum Pacis (Friedenstempel) genannt, wurde 1932 von der 30 m breiten Prachtstraße Via dei Fori Imperiali überdeckt, so daß der Tempel der Friedensgöttin Pax nur noch zum kleinen Teil erforscht werden kann. Die Via dei Fori Imperiali durchzieht übrigens auch die anderen Kaiserforen; sie verbindet die Piazza Venezia mit der Piazza del Colosseo.

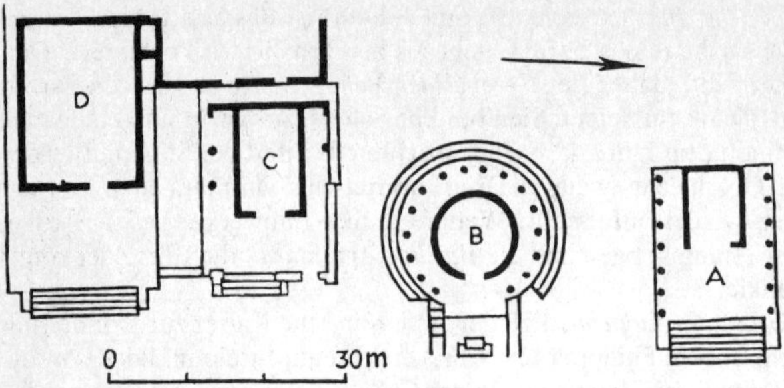

Rom: Area Sacra am Largo Argentina

Tempel A, B, C und D

Jenseits der Hügel

Das *Marsfeld* (Campus Martius), der Exerzierplatz der altrömischen Miliz, lag vor den Toren der Servianischen Mauer, zwischen den Hügeln und dem Tiber, im Nordwesten der Stadt. Hier versammelten sich auch die Zenturiatkomitien, um über Gesetze, über die Todesstrafe gegen römische Bürger, vor allem aber über Krieg und Frieden zu beschließen. Seit dem 1. vorchristlichen Jahrhundert wuchsen auf dem Marsfeld Tempel (z. B. das Pantheon), Thermen und Theater empor. Die heutige Piazza Navona entspricht in ihrer Größe und Anlage dem Stadion, das Domitian auf dem Marsfeld anlegen ließ. Den Obelisk vom Circus des Maxentius verband Bernini im Jahre 1651 mit seiner einzigartigen Fontana dei Fiumi (»Vierflüssebrunnen«).

Die *Area Sacra* am Largo Argentina ist der wohl bedeutendste Tempelbezirk des republikanischen Rom. Vier Tempel gehören zu diesem Bezirk. Der Tempel C aus dem 4. Jahrhundert v. Chr. ist der älteste. Der Tempel A entstand im 3. Jahrhundert v. Chr.; er war von einer Säulenhalle umgeben, von der noch fünfzehn Säulen mehr oder weniger vollständig erhalten sind. Der Tempel B war ein Rundtempel. Der Tempel D, ein Podiumtempel, entstand vermutlich im 2. Jahrhundert v. Chr. und liegt heute unter der Via Florida.

Die *Mark-Aurel-Säule* (Markussäule) auf der heutigen Piazza Colonna entstand zwischen 180 und 193 nach dem Vorbild der Trajanssäule. Commodus stiftete die Säule zu Ehren seines Vaters Mark Aurel. Der spiralförmig um die Säule gewundene Relieffries stellt die Kriegszüge des Kaisers gegen die Quaden, Markomannen und Sarmaten (172–175) dar. Die Statuen Mark Aurels und der Faustina auf der 42 m hohen Säule tauschte Papst Sixtus V. im Jahre 1589 gegen eine Bronzestatue des Apostels Paulus aus.

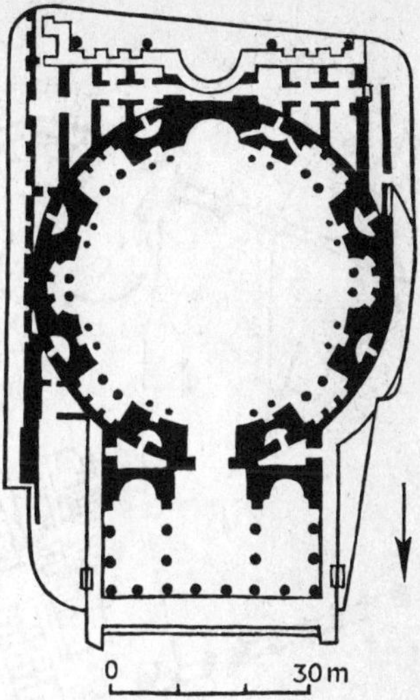

Rom: Pantheon

Das *Pantheon* im Marsfeld ist das besterhaltene Gebäude des antiken Rom. Es wurde 25 v. Chr. als rechteckiger Tempelbau von Agrippa, dem Feldherrn und Schwiegersohn des Augustus, gestiftet und war den sieben planetarischen Gottheiten geweiht. Nach einem Brand ließ Kaiser Hadrian den wuchtigen Tempel zwischen 118 und 128 als zylindrischen Ziegelbau neu erstellen. Die Vorhalle ist 33 m breit und 13 m tief. Sechzehn 12,50 m hohe monolithische Säulen aus rotem und grauem Granit tragen das Dach des Pronaos. Der gewaltige, kreisrunde Hauptraum wird von einer Kuppel überdacht, die einen Durchmesser von 43,20 m hat und ebenso hoch ist. Eine kreisrunde 8,90 m weite Öffnung in der Mitte der Kuppel ist die einzige Lichtquelle für den fensterlosen Bau. In den sieben Nischen des Tempels standen einst die Statuen der sieben Gottheiten. Heute befinden sich darin Altäre und die Gräber der italienischen Könige sowie das Grab Raffaels.

Das *Marcellus-Theater* wurde unter Caesar begonnen und unter Augustus vollendet, der es 13 v. Chr. dem Sohn seiner Schwester Octavia widmete. Der Bau hatte drei Geschosse mit je 52 Arkaden, deren Säulen der dorischen, ionischen und korinthischen Ordnung (von unten nach oben) zugehören. Das Theater faßte etwa 14000 Zuschauer. Die beiden unteren Geschosse sind heute ein Teil des Palazzo Orsini. Vor dem Theater stehen noch drei Säulen des *Apollon-Tempels,* der um 433 v. Chr. erbaut und 32 v. Chr. von Sosius erneuert wurde.

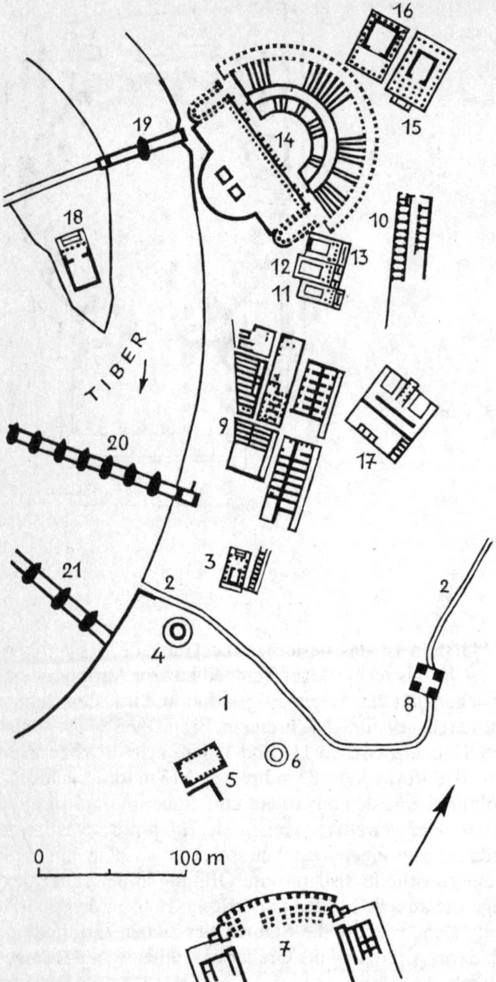

Rom: Forum Boarium und Umgebung

1 Forum Boarium (Rindermarkt) 2 Cloaca Maxima 3 Tempel der »Fortuna Virilis« (Tempel des Portunus) 4 sog. Vesta-Tempel (Tempel des Hercules Victor) 5 Altar des Herkules (Ara Maxima Herculis) mit Portikus 6 Rundtempel (Aedes Aemiliana Herculis) 7 Circus Maximus 8 Arcus Constantini (Tetrapylon) 9 Lagerhäuser (Horrea) 10 Forum Olitorium (Gemüsemarkt) 11 Tempel der

Spes (?) 12 Tempel der Juno Sospita (?) 13 Tempel des Janus (?) 14 Marcellus-Theater 15 Tempel der Bellona 16 Apollo-Tempel 17 Area Sacra bei S. Omobono mit den archaischen Kultstätten der Fortuna (westlich) und der Mater Matuta (östlich) 18 Äskulap-Tempel 19 Pons Fabricius 20 Pons Aemilius 21 Pons Sublicius

Der *Octavia-Portikus* stammt aus dem Jahre 149 v.Chr. 23 n.Chr. baute Augustus die Säulenhalle wieder auf und weihte sie seiner Schwester Octavia.

Der *Pons Fabricius* (heute Ponte Fabricio) ist die älteste noch benutzbare Brücke Roms. Sie entstand im Jahre 64 v.Chr. Etwas weiter stromabwärts ragt noch ein Bogen des *Pons Aemilius* (179 v.Chr.) aus dem Tiberwasser.

Der sog. *Tempel der Fortuna Virilis* auf dem Forum Boarium (Rindermarkt) am Tiber stammt aus dem Anfang des 1. vorchristlichen Jahrhunderts. Der gut erhaltene Bau besteht aus Tuff und Travertin. Im 9. Jahrhundert wurde der Tempel in eine Kirche umgewandelt.

Der sog. *Vesta-Tempel,* ein zierlicher Rundtempel auf dem Forum Boarium, wurde Ende des 2. Jahrhunderts v.Chr. im griechischen Stil erbaut. Er ist der älteste erhaltene Marmortempel Roms. Wessen Kult er diente, ist nicht bekannt. Den Namen verdankt er seiner Ähnlichkeit mit dem Vesta-Tempel auf dem Forum Romanum. Die Cella, die im Mittelalter zu einer Kirche umgestaltet wurde, ist von einem Portikus mit 20 (heute nur noch 19) korinthischen Säulen aus Carrara-Marmor umgeben.

Der Bau der *Caracalla-Thermen* begann im Jahre 206 unter Septimius Severus und wurde 217 von dessen Sohn Caracalla vollendet. Der Kernbau bedeckt eine Fläche von 220 mal 114 m und war von einem nahezu quadratischen Bezirk von 337 mal 328 m umgeben. 2000 Badegäste konnten gleichzeitig die Bäder benutzen. Zu den Thermen gehörten Bibliotheken, Vortragssäle, Geschäfte, Restaurants, sogar ein Stadion. Die kostbare Ausstattung (Marmorverkleidungen, Mosaike, Skulpturen) ist heute über zahlreiche Museen verstreut.

Die *Thermen des Diokletian* sind die größte und luxuriöseste römische Badeanlage überhaupt. Sie wurden im Jahre 305 von Diokletian und seinem Freund und Mitregenten Maximian der Öffentlichkeit übergeben. Die 376 mal 361 m große Anlage (Kernbau: 244 mal 144 m) konnte 3000 Badegäste aufnehmen. Michelangelo gestaltete die Thermen um: Das einstige 91 m breite, 27 m tiefe und 28 m hohe Tepidarium (Abkühlraum) wurde zur Kirche S. Maria degli Angeli; in die anderen Teile der Thermen kam ein Kartäuserkloster. Dieses Kloster beherbergt heute das Römische Nationalmuseum (Museo Nazionale Romano), auch Thermenmuseum (Museo delle Terme) genannt, eine bedeutende Sammlung antiker Kunstwerke.

Die *Engelsburg* (Antoniorum Sepulcrum) ließ Kaiser Hadrian von 135 bis 139 als Mausoleum für sich und seine Nachfolger errichten. Auf einem quadratischen Unterbau mit 89 m Seitenlänge erhebt sich der massige Rundbau aus Kalkstein mit Marmorverkleidung. Er hat einen Durchmes-

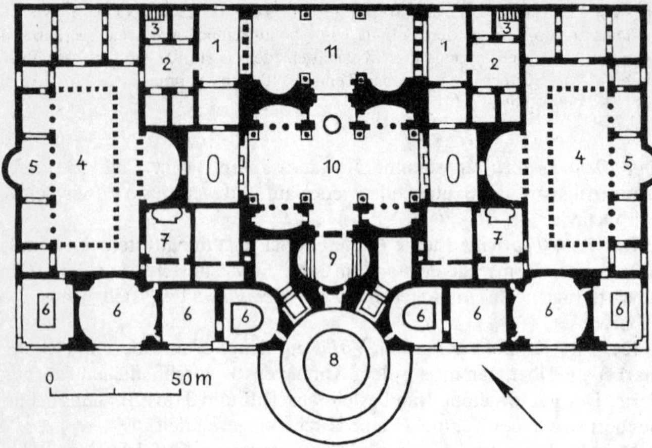

Rom: Caracalla-Thermen (Kernbau)

1 Eingang 2 Vorraum 3 Treppe zum Apodyterium (Umkleideraum) 4 Palästra (Sportanlage) 5 Aufenthaltsraum 6 Sudationes (Warmlufträume) 7 Laconicum (Schwitzbad) 8 Caldarium (Warmwasserbad) 9 Tepidarium (Abkühlraum) 10 Frigidarium (Kaltwasserbad) 11 Natatio (Schwimmbad)

ser von 64 m und ist 21 m hoch; das Dach krönte ein mit Zypressen bepflanzter Erdhügel und ein Standbild (vielleicht auch eine Quadriga) Hadrians. Der Rundbau umschloß die Grabkammer, in der die Kaiser Hadrian, Antoninus Pius, Mark Aurel, Pertinax und Septimius Severus sowie ihre Angehörigen beigesetzt wurden. Im Jahre 590 erschien Papst Gregor dem Großen bei einer Pestprozession der Erzengel Michael. Nach dem Abklingen der Epidemie ließ der Papst eine Statue des Erzengels als Dank für die Errettung auf dem Dach des Mausoleums aufstellen. So kam das Bauwerk zu seinem heutigen Namen. Seit dem Mittelalter diente die Engelsburg als Festung, Zufluchtsstätte der Päpste, Staatsgefängnis, Kaserne und Kanonengießerei. Der *Pons Aelius* entstand im Jahre 136 unter Hadrian. Im 17. Jahrhundert schmückte der italienische Bildhauer Lorenzo Bernini die Brücke mit Engelstatuen; seitdem wird sie »Engelsbrücke« genannt.

Das *Augustus-Mausoleum,* heute eine Ruine, wurde 28 v. Chr. errichtet. Auf einem kreisrunden Fundament von 89 m Durchmesser erhob sich ein etwa 44 m hoher Erdkegel, unter dem die Krypta lag. Den Eingang zur Krypta markierten zwei Obelisken; einer von ihnen steht seit 1587 auf der Piazza dell'Esquilino, der andere seit 1787 auf der Piazza del Quirinale zwischen den Dioskuren. In dem Mausoleum wurden die Kaiser Augustus, Tiberius, Claudius und Nerva beigesetzt.

13 v. Chr. stiftete der Senat von Rom die *Ara Pacis Augustae,* den marmornen Friedensaltar des Augustus. Nach der Befriedung aller Provinzen durch Augustus wurde der Altar auf dem Marsfeld errichtet und 9 v. Chr. geweiht. Einen 11,60 mal 10,60 m großen Hof umschließt eine 6 m hohe Mauer. Je ein Zugang im Osten und Westen führt in den Hof, in dessen Mitte sich der 6 mal 7 m große Opferaltar erhebt. Herrliche Reliefs mit mythologischen und allegorischen Darstellungen schmücken die Umfassungsmauer. Die Ara Pacis wurde 1938 in einem modernen Gebäude am Ufer des Tiber aufgestellt.

Über die ältesten Befestigungsanlagen der antiken Stadt ist noch wenig bekannt. Die *Servianische Mauer* (Servius-Mauer) wird Servius Tullius (578–534), dem sechsten der sieben sagenhaften Könige Roms, zugeschrieben. Die Mauer war 11,5 km lang und umfaßte die sieben Hügel der Stadt. Das Stadtgebiet hatte zu dieser Zeit eine Fläche von 385 ha. Nach der Plünderung Roms durch die Gallier im Jahre 387 v. Chr. wurde zwischen 378 und 352 v. Chr. das Mauerwerk verstärkt bzw. erneuert. Die gewaltige Ruine am Hauptbahnhof Termini zeigt einen besonders eindrucksvollen Teil der Servianischen Mauer. 87 v. Chr. wurde die Mauer letztmalig verstärkt und mit bogenförmigen Öffnungen für die Wurfmaschinen versehen. Viele Archäologen meinen allerdings, daß die Servianische Mauer überhaupt erst nach dem Einfall der Gallier erbaut wurde, daß Rom vorher also eine offene Stadt war. Vieles spricht für, manches auch gegen diese Meinung. Es steht zu hoffen, daß weitere Grabungen im Stadtgebiet eines Tages die endgültige Antwort bringen. Als Hannibal 211 v. Chr. vor Rom erschien (»Hannibal ante portas!«), hielt u. a. auch die gewaltige Mauer den Karthager von einem Angriff auf die Hauptstadt des Römischen Reiches ab.

Erst unter Kaiser Aurelian (270–275) erhielt die Stadt zum Schutz gegen die immer heftiger andrängenden Germanenstämme eine neue Befestigungsanlage, die unter Probus (276–282) fertiggestellt wurde. Diese *Aurelianische Mauer* (Aurelian-Mauer) war 18,8 km lang und umschloß auch die neuen Stadtteile auf dem westlichen Tiberufer, insgesamt ein Gebiet von 1372,5 ha. Sie war 6 m hoch und 3,50 m dick und alle 30 m durch Türme verstärkt. Mehr als zwanzig Tore führten in die Stadt, darunter die Porta Tiburtina und die Porta Praenestina, beide ursprünglich Teile eines Aquäduktes, die Porta Asinaria anstelle der servianischen Porta Caelimontana, die Porta Latina, die Porta Appia, die Porta Ardeatina, die Porta Ostiense.

Neben der Porta Ostiense (heute Porta S. Paolo) erhebt sich die *Cestius-Pyramide.* Diese Pyramide wurde 12 v. Chr. als Grabmal für den Prätor und Volkstribun Gajus Cestius errichtet. Der Bau besteht aus Ziegelsteinen mit einer Marmorverkleidung, ist fast 37 m hoch und am Sockel 30 m breit. 275 wurde die Pyramide in die Stadtmauer Aurelians einbezogen.

Die *Via Appia Antica,* die große römische Heer- und Handelsstraße, wurde 312 v. Chr. unter dem Zensor Appius Claudius Caecus begonnen. Sie führte von Rom nach Capua und wurde später bis Benevent und

Brindisi verlängert. Sie beginnt bei der Porta Appia (heute Porta S. Sebastiano) und ist von zahlreichen römischen Gräbern und Grabbauten sowie christlichen Katakomben gesäumt.

Etwa 3 km von der Porta S. Sebastiano entfernt steht das *Grabmal der Caecilia Metella.* Der 11 m hohe Rundbau hat einen Durchmesser von 20 m und ist teilweise noch mit Marmor verkleidet. Ein Bukranionfries zieht sich um das Grabmal herum. Der Zinnenkranz stammt aus dem Mittelalter. Caecilia war die Schwiegertochter des Triumvirn M. Licinius Crassus; sie starb im Jahre 53 v. Chr.

Unweit des Grabmals der Caecilia Metella erstreckt sich das Ruinenfeld des *Maxentius-Circus.* Hier begann Kaiser Maxentius (308–312) mit dem Bau eines Palastes, der allerdings – wie der Circus – nie vollendet wurde. Die Rennbahn war 470 m lang und 185 m breit. 18000 Zuschauer konnten die Wagenrennen verfolgen.

5 km weiter erhebt sich der *Casal Rotondo,* der größte Grabbau an der Via Appia. Auf einem quadratischen Sockel mit 35 m Seitenlänge sitzt der zylinderförmige Bau, der von einem Erdkegel gekrönt war. Das Grabmal entstand kurz vor der Zeitenwende.

Literatur: G. Wachmeier, Rom. Die antiken Denkmäler. Zürich, München 1975.

Sabratha

Die Ruinenstätte der antiken Stadt Sabratha, 70 km westlich von Tripolis (Libyen), ist berühmt wegen ihres römischen Theaters, das als das am besten erhaltene und zugleich schönste Bauwerk dieser Art gelten darf.

Geschichte

Phönikische Kaufleute von → Tyros gründeten um 800 v. Chr. die Hafenstadt Sabratha. Seit 46 v. Chr. ist die Stadt römisch. Ihre Blütezeit erlebte sie in der Kaiserzeit. Antoninus Pius (138–161) erhob sie zur Colonia. In der Mitte des 3. Jahrhunderts, spätestens im Jahre 253, wurde sie Bischofssitz.

Sabratha hatte keinen kaiserlichen Gönner wie → Leptis Magna und mußte sich daher mit einem bescheideneren Wohlstand begnügen. Der Export von Elfenbein aus dem Fezzan und der Oase Gadames war wohl die einzige Einnahmequelle der römischen Stadt.

Im 4. und 5. Jahrhundert mußte sich Sabratha der Anstürme berberischer Wüstenstämme erwehren. 455 fiel die Stadt, wie alle anderen nordafrikanischen Siedlungen, unter die Herrschaft der Vandalen. 533 begann die byzantinische Epoche, die 643 mit dem Vordringen der Araber unter der grünen Fahne des Propheten endete.

Archäologie
Seit 1920 graben italienische Archäologen auf dem Stadtgebiet von Sabratha. Es gelang ihnen, die fast vollzählig vorgefundenen Bauteile des römischen Theaters wieder aufzurichten.

Ausgrabungsstätte
Aus phönikischer (punischer) Zeit (5. Jahrhundert v. Chr.) stammen zahlreiche Wohnhäuser mit Läden und Ölpressen nahe am Meer.

In augusteischer Zeit entstanden rings um das *Forum* die *Curia,* die *Basilika,* der *Tempel der kapitolinischen Trias* mit einer Rostra (Rednertribüne) davor. Das phönikische Heiligtum wurde in einen *Tempel des Liber Pater* (altitalischer Gott der Fruchtbarkeit) umgestaltet. Neben den *Thermen* in der Nähe des Strandes stand eine 30sitzige *Latrine.*

Im 2. Jahrhundert, vor allem unter den Kaisern Antoninus Pius (138–161) und Mark Aurel (161–180), wurde die Altstadt modernisiert und das Forum mit Säulen geschmückt. Über abgerissenen Wohnhäusern wuchsen mehrere Tempel, deren Bestimmung noch unbekannt ist. Die Stadt dehnte sich nach Osten aus, wo eine Neustadt, wohl die Veteranensiedlung der Colonia, entstand. Hier liegt das um 180 erbaute *Theater* für 5000 Zuschauer. Das dreistöckige, säulengeschmückte Bühnenhaus und das Proszenium sind fast vollständig erhalten und bieten das schönste Beispiel römischer Theaterarchitektur. Ein *Hercules-Tempel* aus dem Jahre 186, ein *Isis-Tempel,* mehrere Thermen und kleinere Badehäuser, schließlich ein *Amphitheater* am Stadtrand ergänzten die antoninische Stadt. Ein gewisser Flavius Tullus stiftete im 2. Jahrhundert eine Wasserleitung, die von zwölf Tiefbrunnen versorgt wurde.

Literatur: K. D. Matthews, Cities in the Sand. Philadelphia 1957.

Sakkara

Bei dem kleinen Dorf Sakkara (Saqqara), 18 km südlich von Kairo, erstreckt sich die riesige Nekropole der altägyptischen Hauptstadt → Memphis. Hier liegen die Grabbauten von mehr als 20 Königen, darunter die einzigartige Stufenpyramide des Djoser (Zoser). Nahezu alle geschichtlichen Epochen vom Jahre 3000 v. Chr. bis zum koptischen Christentum sind in Sakkara vertreten.

Archäologie
1850 entdeckte der Franzose Auguste Mariette auf einer Reise durch Ägypten das Serapeum in Sakkara. Er begann mit Ausgrabungen auf dem Gebiet der Nekropole und sandte seine Funde an den Louvre in Paris. 1865 legte Mariette die Mastaba des Ti frei. 1893, zwölf Jahre nach Mariettes Tod, stießen Archäologen unter einem Hügel von Ziegeln, Steinen und Erde auf die Mastaba des Mereruka.

1950 begann die Wiederherstellung der Pyramidenanlage des Djoser. 1951 entdeckte der Archäologe M. Z. Goneim südwestlich von Djosers Grabanlage die unvollendete Pyramide des Sechemchet. 1953 gelang es ihm, die Pyramide zu öffnen.

Ausgrabungsstätte

Die Nekropole von Sakkara zieht sich etwa 7 km an der Grenze zwischen dem fruchtbaren Überschwemmungsgebiet des Nil und der Wüste entlang.

Das imposanteste Bauwerk der *Nekropole Sakkara-Nord* ist die *Stufenpyramide des Djoser* (Zoser). Um 2775 errichtete der geniale Baumeister Imhotep diesen ersten monumentalen Steinbau der Menschheit. Imhotep war ein Universal-Genie: Architekt, Arzt, Priester, Schriftsteller und hoher Beamter. Rund 2000 Jahre später erhoben ihn die Ägypter zum Gott der Gelehrten und Schreiber sowie der Heilkunst. Djoser (Dschoser = der Prächtige) war nach seinem Bruder Sanacht der zweite König der 3. Dynastie, jener Epoche, in der sich Memphis zur politischen und wirtschaftlichen Metropole eines vereinigten Ober- und Unterägypten entwickelte. Die Gesamtanlage des heiligen Bezirks bildet ein Rechteck von 545 mal 277 m. Eine ursprünglich 10,50 m hohe Kalksteinmauer mit einem einzigen Tor umgibt den Bezirk. In der Mitte erbaute Imhotep eine riesige Mastaba, einen tafelförmigen Grabbau, 63 mal 63 m groß und 8 m hoch. Ein 28 m tiefer Schacht führt zur Sargkammer des Königs, die mit Rosengranit ausgekleidet ist. Weitere 32 m tiefe Schächte mit 30 m langen Quergalerien enthielten die Gräber der königlichen Verwandten. Um dem toten König den Aufstieg zur Sonne, zum Göttervater Re zu erleichtern, errichtete Imhotep über der Mastaba drei gewaltige Stufen. Anschließend vergrößerte er sie auf insgesamt sechs Stufen, auf einer rechteckigen Grundfläche von 109,20 mal 121 m. Jede Stufe ist 2 m breit und zwischen 8,40 m und 10,10 m hoch. So entstand die erste Pyramide. Inwieweit die Bauform der mesopotamischen Ziqqurrat die Entstehung der Djoser-Pyramide beeinflußt hat, ist unbekannt. Imhotep vermochte sich nicht so schnell von der überlieferten Bauweise zu trennen. So hatten die Hausteine der Djoser-Pyramide noch die Größe der luftgetrockneten Ziegel. Holz, Papyrusbündel und Schilfmatten, das uralte Mantelmaterial für die Ziegelbauten, ahmte er durch entsprechendes Behauen und Bemalen der Steine nach. Er verwendete erstmals Steinsäulen, die er aber als Halbsäulen im Mauerwerk beließ, weil er noch ihrer Tragfähigkeit mißtraute.

An die Nordseite der Pyramide schließt sich der Totentempel an, in dessen Serdab die Ausgräber die berühmte Sitzstatue des Djoser fanden (heute in Kairo). Der Nordpalast (»Haus des Nordens«) und der Südpalast (»Haus des Südens«) symbolisierten die beiden Reichsteile. Scheinkapellen ermöglichten es den Göttern Unter- und Oberägyptens, dem Sed-Fest (Hebsed-Fest, Fest des Regierungsjubiläums) beizuwohnen. Das Südgrab, auch Ka-Grab genannt, nahm in einer 28 m tiefen, mit türkisfarbener Fayence ausgekleideten Kammer die zeugenden und bewahrenden

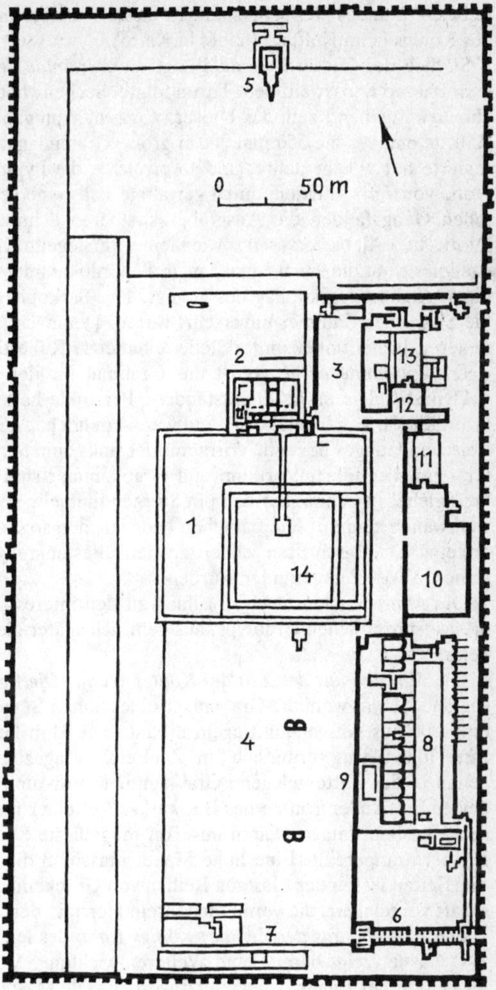

Sakkara: Grabbezirk des Königs Djoser

1 Stufenpyramide 2 Totentempel des Djoser 3 Hof mit Serdab 4 Großer Hof mit Altar 5 Altar 6 Eingangshalle 7 Südgrab 8 Festhof 9 kleiner Tempel 10 Hof des Südpalastes 11 Südpalast (»Haus des Südens«) 12 Hof des Nordpalastes 13 Nordpalast (»Haus des Nordens«) 14 ursprüngliche Mastaba

Lebenskräfte des Herrschers auf. In dieser Kammer fand man das Relief des Königs beim Kultlauf (heute in Kairo).

Südlich der Djoser-Pyramide liegt die *Pyramide des Sechemchet,* der dem Pharao Djoser auf dem Thron folgte. Sechemchets Pyramidenbezirk ähnelt weitgehend dem des Djoser. Auch hier umgab eine 1500 m lange Kalksteinmauer die 550 mal 200 m große Grabanlage. Aber Sechemchet regierte nur wenige Jahre, und so erreichte die Pyramide lediglich eine Höhe von 7 m. In einem durch gewaltige Fallsteine gesperrten unterirdischen Gang fanden die Ausgräber kostbaren Schmuck, Hunderte von Diorit- und Alabastervasen sowie kleine, versiegelte Krüge. In 40 m Tiefe stießen sie auf die 9 mal 5 mal 5 m große Grabkammer mit dem dünnwandigen Alabastersarkophag des Königs. Der Sarkophag war leer, obwohl die Siegel der Kammer unversehrt waren. Demnach fand der Pharao an anderer, bisher unbekannter Stelle seine letzte Ruhestätte.

Die *Pyramide des Unas* ist das Grabmal für den letzten König der 5. Dynastie. Die um 2420 entstandene Pyramide hatte ursprünglich eine Grundfläche von 67 mal 67 m und war 44 m hoch. Am Ende eines unterirdischen Ganges liegt ein Vorraum, der links zum Serdab und rechts zur Grabkammer führt. Vorraum und Grabkammer sind mit einem spitzen Steingiebel versehen, auf den ein Sternenhimmel gemalt war. Die Kalksteinwände sind mit Hieroglyphen bedeckt, den sog. »ersten Pyramidentexten«. Die Inschriften zählen zu den ältesten religiösen Texten, die bisher in Ägypten gefunden wurden.

Die *Mastabas von Sakkara* zählen zu den interessantesten Beispielen dieses frühzeitlichen Grabtyps, aus dem sich später die Pyramide entwikkelte.

Die *Mastaba aus der Zeit des Königs Wadji (Djet)* gehört der 1. Dynastie an. Sie war wohl die Grabanlage eines hohen Beamten. Die Mastaba, um 2900 aus Nilschlammziegeln erbaut, war 51 m lang und 21 m breit. Ihre Höhe betrug vermutlich 8m. Zahlreiche Magazinräume umgaben die genau in der Mitte gelegene Grabkammer. Vor- und Rücksprünge gliederten die Außenfronten des Bauwerks. Auf einer niedrigen Mauer, die den Kernbau umgab, waren aus Ton modellierte Stierköpfe mit echten Hörnern aufgereiht. Eine hohe Mauer umschloß die ganze Anlage. An drei Seiten waren der Mastaba Reihen von Grabkammern für die Dienerschaft vorgelagert, die vermutlich ihrem Herrn in den Tod folgen mußte.

Die *Mastaba aus der Zeit des Königs Ka-a,* des letzten Herrschers der 1. Dynastie, zeigt bereits eine Weiterentwicklung. Vermutlich war auch hier ein hoher Beamter beigesetzt worden. Die Mastaba wurde ebenfalls aus Lehmziegeln erbaut. Der Kernbau war 35,50 m lang, 24,50 m breit und 8,25 m hoch. Hier lag der Tote in einer 10 m langen, in den Felsen gehauenen Grabkammer, bedeckt mit Gesteinsschutt. Der Mastaba war bereits eine Art Totentempel mit Opferkammer angeschlossen. Die Gesamtanlage nahm eine Fläche von etwa 65 mal 39 m ein.

Die *Mastaba des Hesire* zeigt einen völlig anderen Grundriß. Mittelpunkt dieser Grabanlage aus der 3. Dynastie (2778–2723) ist ein 37 m langer Gang mit elf Nischen. Jede Nische enthielt ein Holzrelief mit einer

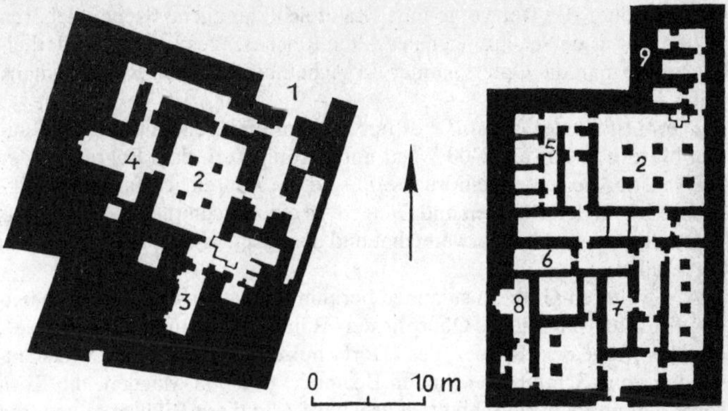

Sakkara: Mastaba des Ptahhotep (links) und des Mereruka (rechts)

1 Eingang 2 Pfeilerhalle 3 Grabteil für Ptahhotep 4 Grabteil für Ptahhoteps Sohn Achethotep 5 Magazine 6 Serdab 7 Grabteil für Mereruka 8 Grabteil für Mererukas Gemahlin Herwatetchet 9 Grabteil für Mererukas Sohn Meriteti

Darstellung des Hesire. Die sechs besterhaltenen Reliefs befinden sich heute im Museum von Kairo. Hesire war ein hoher Beamter aus der Zeit Djosers und führte die Titel »Großer des Südens« und »Bekannter des Königs«.

Der *Mastaba des Ti* entstand in der 5. Dynastie. Ti lebte um 2500. Er war ein hoher Hofbeamter und durfte daher in der Nekropole eine große Mastaba bauen. Der Kalksteinbau ist 33,90 m breit und 43,70 m lang. Von der Pfeilerhalle aus führt ein steil abfallender Schacht zur Grabkammer des Ti. Die 5 mal 7,20 m große Opferkammer ist mit großartigen farbigen Reliefs ausgeschmückt, die Szenen aus dem Alltag zeigen, wie Ti auf der Nilpferdjagd, Eseltreiber, Heimkehr der Herde usw. Vom anschließenden Serdab aus konnte der Tote die Opferhandlungen verfolgen. Drei Ka-Statuen standen ursprünglich in diesem Raum, eine 2 m hohe Kalkstein-Statue des Ti kam in das Museum von Kairo. Die Seitenkammer enthielt die Opfergeräte. In einem Schacht des Bauwerks war Tis Gemahlin Neferhotpes beigesetzt.

Die *Mastaba des Ptahhotep* stammt ebenfalls aus der 5. Dynastie. Ptahhotep, Wesir, Richter am Obersten Gericht und Freund des Königs Isesi, ließ diesen wuchtigen, 26,70 m breiten Grabbau für sich und seinen Sohn Achethotep errichten. Von der zentral gelegenen Halle mit den vier Pfeilern erreicht man über einen Vorraum die Opferkammer des Ptahhotep, die mit herrlichen Farbreliefs ausgekleidet ist. Da erkennt der Besucher Ptahhotep am Eßtisch. Auf einem anderen Relief werden Ochsen und

Geflügel dem Besitzer vorgeführt. Zahlreiche ländliche Szenen gehören zu den schönsten Schöpfungen des Alten Reiches. Westlich der Pfeilerhalle erreicht man die Opferkammer für Achethotep, dessen Reliefschmuck weniger gut erhalten ist.

Die *Mastaba des Mereruka* ist nur 21,10 m breit, enthält aber 31 Räume. Mereruka war um 2400 Wesir unter König Teti, dem Begründer der 6. Dynastie. Besonders eindrucksvoll sind die zahlreichen farbigen Kalksteinreliefs in den Räumen und Gängen. Je ein Abschnitt der Mastaba war Mererukas Gemahlin Herwatetchet und dem gemeinsamen Sohn Meriteti vorbehalten.

Aus weiteren Gräbern stammen berühmte Rundplastiken, wie die beiden Kalksteinstatuen des Oberpriesters Ranofer (mit und ohne Perücke), die Holzstatue des Ka-aper, des »Dorfschulzen«, die bemalten Kalksteinstatuen von »Schreibern« (hohen Beamten) und von Mägden, die Korn zerreiben und am Maischbottich arbeiten. Alle diese Bildwerke gehören der 5. Dynastie an und befinden sich heute in Kairo.

Das *Grab des Haremhab,* das sich der Reichsfeldherr vor seiner Krönung zum König von Ägypten (1334–1306) in Sakkara erbaute, ist leider nicht mehr genau zu lokalisieren. Der umfangreiche Reliefschmuck dieses Grabes aber gehört zu den vollendetsten Werken der 18. Dynastie; er ist von Ausgräbern und Händlern unserer Zeit in alle Welt verstreut worden: nach Leiden, Wien, Berlin, Bologna, Brooklyn, New York usw. Die großartigen Darstellungen mit der Vorführung von Gefangenen aus dem syrischen Feldzug z. B. kann man heute im Rijksmuseum van Oudheden in Leiden bewundern. Haremhab war vermutlich schon unter Echnaton (alias Amenophis IV., 1364–1347) oberster Militärbefehlshaber. Unter dessen Nachfolgern Tutanchamun (1347–1338) und Eje (1338–1334) stärkte er seine Stellung und vermochte das Reich, das während der religiösen Revolution Echnatons in schwere innen- und außenpolitische Krisen geriet, vor dem Zusammenbruch zu bewahren.

Das *Serapeum* in Sakkara ist die riesige unterirdische Begräbnisstätte für die heiligen Apis-Stiere. Der Apis-Mythos entstand zusammen mit der ägyptischen Kultur und endete erst mit der Herrschaft des Christentums. Der Apis-Stier war das Symbol der Fruchtbarkeit, das lebende Abbild des Ptah, des Stadtgottes von Memphis, des Schöpfers der Welt. Das Zentrum des Kultes lag in der alten Hauptstadt Memphis. Dort hielt man den Apis-Stier in einem heiligen Stall und verehrte ihn wie einen Gott. Nach seinem Tode bestattete man den Stier mit großem Zeremoniell und wählte aus den Kälbern auf den umliegenden Weiden einen würdigen Nachfolger, ein Tier mit schwarzem Fell und weißen Flecken auf Stirn, Hals und Rücken. Die ältesten Gräber im Serapeum stammen aus dem 15. Jahrhundert v. Chr. Die toten Stiere wurden mumifiziert und anfangs in Holzsarkophagen, später in Sarkophagen aus schwarzem oder rotem Granit oder aus Basalt in Einzelgrüften bestattet. Die Sarkophage sind 4 m lang, 2 bis 2,30 m breit und etwa 3,30 m hoch. Der größte Steinsarkophag wiegt fast 70 Tonnen.

Die in den Felsen gehauenen Gänge sind 3 m breit und 5,50 m hoch.

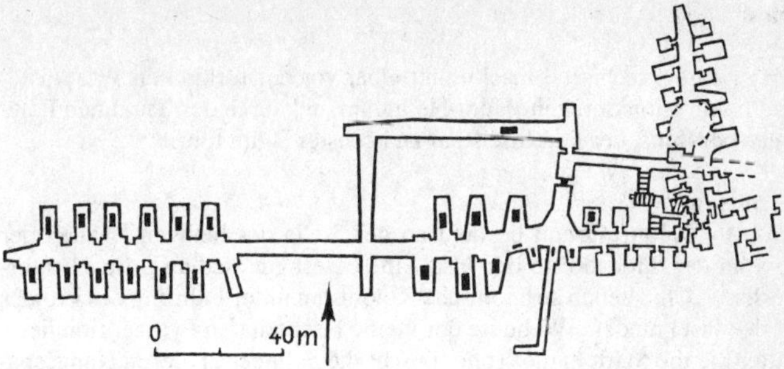

Sakkara: Serapeum

Ihre Gesamtlänge beträgt 340 m; die Große Galerie, die Pharao Psammetich I. um 600 v. Chr. anlegen ließ, mißt 200 m. Diese Galerie mit den angeschlossenen Grüften kann man heute besichtigen.

Nach der Bestattung vereinte sich Apis mit dem Totengott Osiris, er wurde zu Osiris-Apis bzw. Oserhape (griech. Osorapis), woraus in der Ptolemäerzeit Serapis entstand; Serapis, der Hauptgott des *hellenistischen* Ägypten und später ein überaus verehrter Gott der Römer. So erhielt die Begräbnisstätte den Namen Serapaion (Serapeum). Seit Ptolemaios I. (323–283) den Serapiskult förderte, ließen sich Katochoi, eine Art Mönche, vor dem Serapeum nieder und lebten von den Gaben der Pilger. In dieser Zeit entstand ein Halbrund mit Statuen griechischer Dichter und Philosophen. Kranke aus aller Welt reisten hierher, um sich von den Katochoi durch ein Wunder heilen zu lassen.

Die *Nekropole Sakkara-Süd* besteht hauptsächlich aus stark zerfallenen Pyramiden, die Schepseskaf, dem letzten König der 4. Dynastie, Pepi I., Merenre I. und Pepi II., Königen der 6. Dynastie, Ibi und Djedkare, Königen der 7. und 8. Dynastie, und Chendjer, vielleicht dem letzten über ganz Ägypten herrschenden König vor dem Eindringen der Hyksos, zugeschrieben werden.

Die *Mastaba des Schepseskaf,* auch Mastaba el-Faraun (Grab des Pharaos) genannt, gleicht einem Riesensarkophag; sie ist 100 mal 72 m groß und 18 m hoch. Die Wände bilden einen Pyramidenstumpf, das Dach ist tonnenförmig gewölbt. Die Innenräume sind unvollendet. König Schepseskaf ließ den gigantischen Grabbau für sich errichten, vermutlich in bewußter Abkehr von der Gewohnheit seiner großen Vorgänger Snofru, Cheops, Chephren und Mykerinos, die sich in einer Pyramide bestatten ließen. Aber als Schepseskaf starb, wurde er nicht in der Mastaba, sondern in der oben erwähnten Pyramide beigesetzt.

Literatur: J.-Ph. Lauer, Saqqara. Die Königsgräber von Memphis. Bergisch-Gladbach 1977.

Samos

Samos, eine griechische Insel unmittelbar vor der türkischen Westküste, war im Altertum durch ihr Hera-Heiligtum und durch den Tyrannen Polykrates berühmt, der den Inselstaat zu höchster Blüte führte.

Geschichte

Schon im 3. Jahrtausend bestand an der Stelle des heiligen Bezirks der Hera an der Südostküste der Insel eine befestigte Siedlung. Im 11. Jahrhundert v. Chr. ließen sich ionische Kolonisten unter Führung des Prokles auf der Insel nieder. Wo heute der kleine Fischerhafen Pythagorion liegt, bauten sie die Stadt Samos (phönikisch: die Erhobene), deren Name später auf die Insel überging. Die Ionier übernahmen den Kult der vorgriechischen Inselbewohner, übertrugen ihn aber auf ihre Göttin Hera.

Um 650 v. Chr. richteten Kaufleute aus Samos und Milet in Ägypten die Handelsniederlassung Naukratis ein. Im späten 7. Jahrhundert v. Chr. drangen samische Schiffe bis in den Atlantik vor. Um 600 gründete Samos an der Nordküste des Marmarameeres die Kolonie Perinth. Um 582 wurde auf Samos der Mathematiker Pythagoras geboren.

547/46 v. Chr. besetzten die Perser das ganze kleinasiatische Ionien und standen damit nur 2,4 km vor Samos. Die Insel konnte aber nicht nur ihre Unabhängigkeit bewahren, unter der Tyrannis (Alleinherrschaft) des Polykrates (etwa 538–522) entwickelte sie sich sogar zur stärksten Seemacht der Ägäis. Polykrates schuf ein schlagkräftiges Heer aus Samiern und Söldnern und baute eine mächtige Flotte, mit der er die Küsten Kleinasiens kontrollierte und hemmungslos Piraterie betrieb. Er zog berühmte Architekten, Ingenieure, Dichter, Maler und Bildhauer – zumeist Flüchtlinge aus den ionischen Städten Kleinasiens – an seinen Hof, ließ prächtige Bauwerke errichten, einen über 1000 m langen Stollen zur Wasserversorgung der Stadt durch den Ampelos-Berg treiben und den Hafen ausbauen. Nachdem Polykrates 524 v. Chr. eine 14tägige Seeblockade der Spartaner und Korinther abwehren konnte, lockte ihn der persische Satrap Oroites zwei Jahre darauf in Magnesia am Mäander in einen Hinterhalt, nahm ihn gefangen und kreuzigte ihn.

Von da an stand Samos unter persischer Herrschaft. 513 v. Chr. baute der samische Ingenieur Mandroklos für das Heer des Perserkönigs Dareios eine Brücke, wahrscheinlich eine Pontonbrücke, über den Bosporus. 499 v. Chr. beteiligte sich Samos am Aufstand des Ionischen Zwölfstädtebundes, dem es seit dem 9. Jahrhundert v. Chr. angehörte, gegen das persische Joch. Seit 477 v. Chr. gehörte es dem Attisch-Delischen Seebund an, den es aber 440 v. Chr. wieder verließ. Daraufhin belagerte Perikles die Stadt Samos und nahm sie 439 v. Chr. ein. Im Peloponnesischen Krieg zwischen Athen und Sparta stand Samos auf der Seite Athens. Nach dem Krieg kam die Insel unter die Herrschaft Spartas.

365 v. Chr. eroberten die Athener Samos und gründeten auf der Insel eine Militärkolonie (Kleruchie). 322 v. Chr. stellte der makedonische Feldherr Perdikkas die Unabhängigkeit von Samos wieder her. Seit 280

v. Chr. stand es abwechselnd unter der Herrschaft der Seleukiden und Ptolemäer. 190 v. Chr. kam die Insel zum Pergamenischen Reich und 129 v. Chr. als Teil der Provinz Asia zu Rom. Den Winter 40/39 v. Chr. verbrachten die beiden großen Liebenden, Antonius und Kleopatra, auf Samos.

Gegen Ende des 3. nachchristlichen Jahrhunderts verwüsteten die Heruler, ein gotischer Volksstamm, das Hera-Heiligtum.

Archäologie

Seit 1910 graben deutsche Archäologen auf Samos. Besonders wichtige Erkenntnisse erbrachten die Arbeiten der Jahre 1925 bis 1939, die unter der Leitung von Ernst Buschor standen. Buschor legte u. a. das Hera-Heiligtum frei. Die Forschungen im Bereich der antiken Stadt und des heiligen Bezirks wurden 1952 vom Deutschen Archäologischen Institut in Athen wiederaufgenommen. 1971 und 1972 untersuchte das DAI den Eupalinos-Tunnel.

Ausgrabungsstätte

Die 6,7 km lange *Stadtmauer* der antiken Stadt Samos ist streckenweise noch gut erhalten. Sie war durch 35 Türme verstärkt und hatte zwölf Tore bzw. Pforten. Vermutlich wurde sie von Polykrates erbaut und später mehrmals erneuert.

Der *Eupalinos-Tunnel* (Eupalineion) ist ein unterirdischer Aquädukt, den Polykrates in seiner Herrschaftszeit von dem Baumeister Eupalinos aus Megara anlegen ließ. Quellen außerhalb der Stadtmauer speisten ein Reservoir, aus dem das Trinkwasser 853 m durch Röhren strömte, dann in einem Tunnel den Ampelos-Berg durchfloß und schließlich über Abzweigungen die einzelnen Stadtteile erreichte. Der Durchstich des Berges war eine technische Meisterleistung der Antike. Von beiden Seiten trieb Eupalinos gleichzeitig Stollen in den Berg, die sich mit einer vertikalen Abweichung von 3 m und einer horizontalen Abweichung von 2 m trafen. Und das bei einer Gesamtlänge des Tunnels von 1045 m! Die Wasserleitung war noch im 7. nachchristlichen Jahrhundert in Betrieb.

Etwa 6 km westlich der antiken Stadt liegt dicht am Meer das *Heraion,* das Heiligtum der Hera. Hier wurde die Göttin geboren, und hier, beim »Lygos-Baum«, fand alljährlich die heilige Hochzeit mit dem Göttervater Zeus statt. Als die ersten ionischen Siedler im 11. Jahrhundert v. Chr. nach Samos kamen, betraten sie an dieser Stelle ein uraltes Heiligtum, dessen Mittelpunkt ein Xoanon war, ein hölzernes Kultbild einer unbekannten Göttin. Die Siedler setzten ihre Göttin Hera, die Schwester und Gemahlin des Zeus, den vorgriechischen Göttern gleich. In der ersten Hälfte des 8. Jahrhunderts v. Chr. errichteten sie der Hera einen 32,90 mal 6,50 m großen Tempel, einen »Hekatompedos« (= hundertfüßig, 100 Fuß lang). Dreizehn Holzsäulen stützten in der Mitte das Dach. Bei einer Überschwemmung des Imbrasos wurde dieser erste Hera-Tempel zerstört. Um 670 v. Chr. entstand ein neuer Tempel, 37,70 mal 11,70 m im Grundriß, mit je achtzehn Säulen an den Langseiten und je sechs an

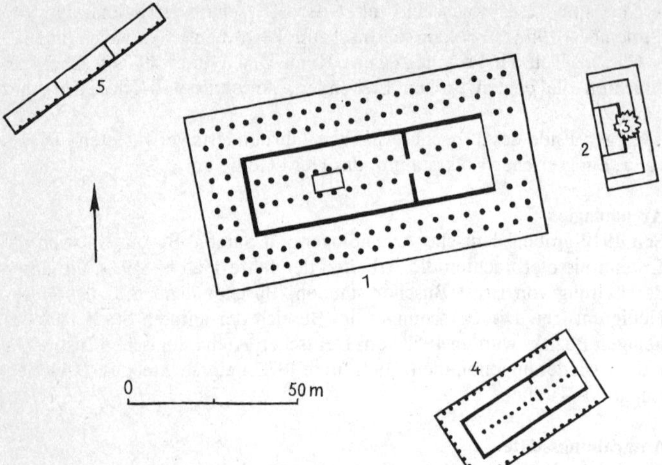

Samos: Heraion (um 550 v. Chr.)

1 Hera-Tempel des Rhoikos 2 Hera-Altar 3 Lygosbaum 4 Tempel des Hermes und der Aphrodite 5 Nordstoa

den Schmalseiten. Von 570 bis 560 schufen die samischen Architekten Rhoikos und Theodoros einen gewaltigen Neubau aus Kalkstein, den ersten Dipteros ionischer Ordnung. Theodoros baute anschließend den berühmten Artemis-Tempel in → Ephesos. Der neue Hera-Tempel maß 105 mal 52,50 m. Eine Halle mit doppelter Säulenreihe (insgesamt 104 Säulen) umzog den Kernbau. Das Dach der Cella stützten weitere 30 Säulen. Zu Beginn der Tyrannis des Polykrates, also ungefähr um 538 v. Chr., brannte dieser Riesenbau ab. Man munkelte, Polykrates habe den Tempel in Brand stecken lassen, um als Bauherr des größten und schönsten Tempels aller Zeiten in die Geschichte einzugehen. 42 m weiter westlich ließ er diesen vierten Hera-Tempel errichten, aus Marmor statt Kalkstein, in den Abmessungen 112,20 mal 55,20 m. Leider wurde er nie fertiggestellt. Heute ragt noch eine einzige unkannelierte Säule bis zur halben Höhe empor.

Vor dem Eingang zum Hera-Tempel des Rhoikos lag ein riesiger *Altar* (36,60 mal 16,60 m), den die Archäologen inzwischen restaurierten. Er wurde zusammen mit dem dritten Hera-Tempel erbaut und letztmalig um die Zeitenwende erneuert. Der Altar hatte sechs Vorgänger an dieser Stelle. 1963 entdeckte man in der untersten Schicht den Lygos-Baum, das vorgriechische hölzerne Kultbild.

Die Fundstücke aus Samos befinden sich heute in Berlin-Ost, zum Teil auch in West-Berlin und im Museum von Vathy (Samos).

Literatur: R. Tölle, Die antike Stadt Samos. Mainz 1969.

Samothrake

Die Insel Samothrake in der nördlichen Ägäis war im Altertum wegen ihres Mysterienheiligtums der Großen Götter berühmt. Bekannt ist sie heute vor allem durch die »Nike von Samothrake«, die überlebensgroße Marmorstatue der herabschwebenden Siegesgöttin, eine der Kostbarkeiten des Pariser Louvre.

Geschichte

Seit dem Neolithikum war Samothrake von Thrakern bewohnt. Dardanos, erster Sohn des Zeus und auf dieser Insel geboren, soll der Sage nach Troja gegründet haben. Im 8. Jahrhundert v. Chr. ließen sich Kolonisten aus Samos auf der Insel nieder (Samothrake = das samische Thrakien) und gründeten an der Nordküste eine Stadt. Die samischen Siedler dehnten ihren Einfluß allmählich auch auf das Festland aus und schufen sich an der Küste Thrakiens, zwischen der Mündung des Hebros und dem Berg Ismaros, eine Peraia (= das [Land] jenseits), eine Besitzung gewissermaßen.

Die Samier übernahmen den thrakischen Kult der Großen Götter, deren Heiligtum sich in einem Waldtal unweit der Stadt verbarg. Die Mysterien von Samothrake waren damals nicht weniger berühmt als die von → Eleusis. Die Bedeutung der samothrakischen Mysterien wuchs nach den Perserkriegen und zog Gläubige aus allen Teilen Griechenlands und Kleinasiens an. Seinen Höhepunkt erreichte der Kult unter den makedonischen Herrschern und vor allem in hellenistischer Zeit. Samothrake galt als heilige Insel, was die Makedonier, Seleukiden und Ptolemäer jedoch nicht hinderte, sie wegen ihrer strategisch günstigen Lage als Flottenstützpunkt zu benutzen. Dafür entschädigten sie das Heiligtum mit großzügigen Stiftungen.

167 v. Chr. nahmen die Römer auf Samothrake Perseus, den letzten König der Makedonier, gefangen. Von da an genoß die Insel eine gewisse Unabhängigkeit. Als 84 v. Chr. Seeräuber das Heiligtum plünderten, stellte sich Samothrake unter den Schutz des römischen Imperiums. Die Römer, die sich als Nachkommen des trojanischen Helden Aeneas betrachteten, der wiederum von Dardanos abstammte, kümmerten sich mit besonderer Sorgfalt um das Heiligtum der Großen Götter. Der Kult lebte fort, bis Theodosius der Große um 391 n. Chr. alle heidnischen Bräuche verbot.

Archäologie

1863 fand der französische Konsul in Adrianopel, Champoiseau, auf dem Gelände des Heiligtums der Großen Götter die Statue der »Nike von Samothrake«, die er nach Paris schaffen ließ. Daraufhin führten die Franzosen Deville und Coquart 1866 erste wissenschaftliche Untersuchungen der Ruinenstätte durch. Grabungen in größerem Maßstab erfolgten 1873 bis 1875 durch eine österreichische Expedition unter Leitung des deutschen Archäologen Alexander Conze. Conze veröffentlichte den ersten Ausgrabungsbericht im modernen Sinne, ergänzt durch fotografische Aufnahmen. 1923 bis 1927 setzten die Franzosen Salac und Chapouthier die Arbeiten fort. 1939 begannen Wissenschaftler der Universität New York mit der systematischen Erforschung des Heiligtums, die seit 1948 von den Amerikanern Karl Lehmann und Phyllis Williams Lehmann weitergeführt wurde.

Ausgrabungsstätte

Zuvor eine kurze Bemerkung über den aus vorgriechischer Zeit stammenden Kult der Großen Götter: Hauptgottheit war Axieros, die Große Mutter. Neben ihr stand Kadmilos, der Gott der Fruchtbarkeit. Die Kabiren (Kabeiroi) waren zwei mächtige Fruchtbarkeitsdämonen vielleicht phrygischer Herkunft. Sie galten als Beschützer der Seefahrt. Außerdem gehörten noch zum Kreis der Großen Götter Axiokersos und Axiokersa, die beiden Gottheiten der Unterwelt. An den Mysterien durfte jedermann teilnehmen, ohne Rücksicht auf Alter, Geschlecht, Nationalität oder gesellschaftliche Stellung.

Das *Hieron,* auch Neuer Tempel genannt, war der Mittelpunkt des Heiligtums der Großen Götter. In diesem Gebäude versammelten sich die Mysten, die Eingeweihten, um den zweiten Weihegrad zu erlangen. Der dorische Marmorbau hatte eine Ausdehnung von 40 mal 13 m und wurde zwischen 340 und 325 v. Chr. errichtet. Um 150 v. Chr. kam die Säulenvorhalle hinzu. Von den ursprünglich vierzehn dorischen Säulen wurden fünf wieder aufgerichtet. In der Mitte des Hieron stand ein Kultherd. Eine Besonderheit des Hieron ist die von außen nicht sichtbare Apsis.

Die 22,60 mal 16,70 m große *Halle der Weihgeschenke* entstand um 540 v. Chr. Sie öffnete sich in breiter Front nach Westen. Acht dorische Kalksteinsäulen trugen das Dach.

Den *Altarhof* stiftete Philipp III. Archidaios, der Halbbruder Alexanders des Großen. Der 17 mal 14 m große Bau bedeckte einen archaischen Opferplatz. Seine Mauern waren 8 m hoch. Vier dorische Säulen schmückten den Eingang im Westen.

Der *Temenos,* ein offener, gepflasterter Hof von etwa 25 mal 10 m Größe, war von 4 m hohen Mauern umgeben. In der nördlichen Hälfte des Hofes stand der heilige Herd. Das seitlich angeordnete monumentale Propylon aus Marmor war 12,30 m breit und 8 m hoch; es wurde um 340 v. Chr. erbaut. Auf der Innenseite des Temenos verlief ein Reliefries mit 80 tanzenden Mädchen.

Den zweigeschossigen, prächtigen Rundbau des *Arsinoeion* stiftete um

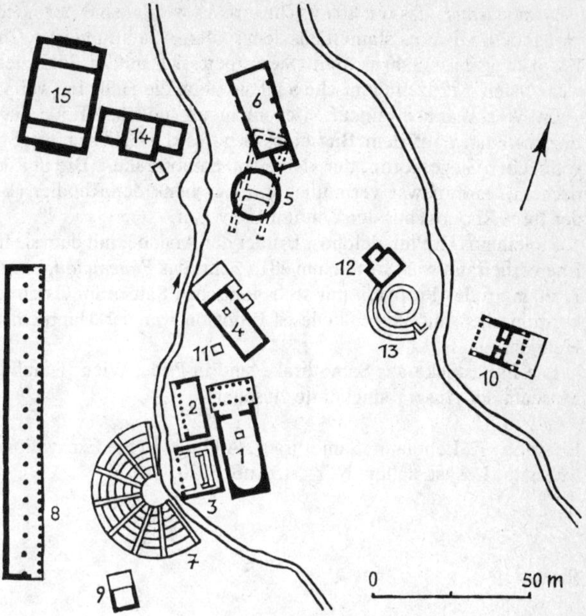

Samothrake: Heiligtum der Großen Götter

1 Hieron (»Neuer Tempel«) 2 Halle der Weihgeschenke 3 Altarhof 4 Temenos 5 Arsinoeion 6 Anaktoron 7 Theater 8 Stoa 9 Nike-Brunnen 10 Ptolemaion 11 archaischer Altar 12 Gebäude Philipps III. und Alexanders IV. 13 Versammlungsstätte (?) 14 Haus der Milesierin 15 mittelalterliches Bauwerk

285 v. Chr. Arsinoë II. (um 316–270 v. Chr.), Tochter des Königs Ptolemaios I. und Gemahlin des Königs Lysimachos von Thrakien. Dieser größte griechische Rundbau hatte einen Durchmesser von mehr als 20 m. Das Arsinoeion erhob sich an der ältesten Stelle des Heiligtums. Bei Grabungen stieß man auf Mauerreste klassischer, archaischer und sogar vorgriechischer Zeit.

Das 27 mal 11,60 m große *Anaktoron* (Palast der Herren, Haus der Götter) diente den Einweihungsriten des ersten Grades. Der Bau wurde im 1. Jahrhundert v. Chr. an der Stelle älterer Vorgänger, die bis in das 6. vorchristliche Jahrhundert zurückreichen, errichtet. Die Inschrift auf einer Stele verbot jedem Nichteingeweihten, das Allerheiligste des Anaktoron zu betreten.

Vom *Theater,* das um 200 v. Chr. erbaut wurde, sind nur noch Spuren vorhanden. Die *Stoa* stammt aus dem späten 3. Jahrhundert v. Chr. Sie ist 104 m lang und 13,40 m breit. Sie öffnete sich mit 35 dorischen Säulen nach Osten. Sechzehn ionische Säulen teilten die Halle in zwei Schiffe.

Im *Nike-Brunnen,* einem Nischenbau am südlichen Ende des heiligen Bezirks, stand auf dem Bug eines Schiffes die 2,45 m hohe Statue der geflügelten Siegesgöttin, der »Nike von Samothrake«. Die Statue aus parischem Marmor war vermutlich ein Geschenk der Rhodier (Bewohner der Insel Rhodos) aus der Zeit um 190 v. Chr.

Ptolemaios II. Philadelphos, Bruder der Arsinoë, mit dem sie in zweiter Ehe verheiratet war, stiftete um 281 v. Chr. das *Ptolemaion,* ein 17,20 mal 11,50 m großes Propylon mit sechs ionischen Säulen im Osten und sechs korinthischen im Westen. Dieses Propylon war der Haupteingang zum Heiligtum.

Die Fundstücke aus Samothrake sind in Paris, Wien, Istanbul und im Museum der Ausgrabungsstätte zu sehen.

Literatur: K. Lehmann, Samothrace. A Guide to the Excavations and the Museum. Locust Valley, N.Y., 4. Aufl. 1970.

Sardes

Die Ruinenstätte der Hauptstadt des Lyderreiches liegt etwa 95 km östlich von Izmir (Türkei) im Tal des Hermos (heute Gediz Nehri) und seines einst goldreichen Nebenflusses Paktolos. Sardes war im Altertum wegen seines Reichtums und seines Artemis-Heiligtums berühmt.

Geschichte

Wann und von wem das Gebiet am Fuße eines etwa 200 m hohen, steilen, zerklüfteten Felsmassivs zuerst besiedelt wurde, ist unbekannt. Die Archäologen vermuten, daß hier schon im 13. Jahrhundert v. Chr. Lyder lebten. Nach der Sage wurde Herakles von dem Götterboten Hermes an die lydische Königin Omphale verkauft. Omphale verliebte sich in Herakles. Aus dieser Verbindung ging die lydische Dynastie der Herakliden hervor. Im 9. Jahrhundert v. Chr. soll König Meles die Zitadelle auf dem Felsmassiv (Akropolis) erbaut haben.

Um 684 v. Chr., als die Kimmerer das mächtige Phrygerreich vernichteten, wurde der letzte Herakliden-Herrscher Kandaules von seinem Leibwächter Gyges ermordet. Kandaules hatte – so berichtet Herodot – dem Gyges seine schöne Gemahlin unbekleidet gezeigt. Daraufhin zwang die in ihrer Ehre verletzte Königin Gyges, Kandaules zu töten, sie zu ehelichen und die Herrschaft über das Lyderreich zu übernehmen. Mit Gyges begann die Dynastie der Mermnaden. Die Hauptstadt Sardes an der uralten Handelsstraße zwischen dem Orient und der Ägäis wurde ein blühendes Handelszentrum. Wiederholte Einfälle der

Kimmerer in sein Reich zwangen Gyges, Bündnisse mit Assyrien und Ägypten einzugehen. Um 652 v. Chr. fiel Gyges im Kampf mit den Kimmerern.

Der lydische König Alyattes, dessen Regierungszeit am Ende des 7. Jahrhunderts v. Chr. begann, kämpfte gegen die ionischen Städte an der Westküste Kleinasiens, schloß im Jahre 602 nach vergeblichen Bezwingungsversuchen ein Bündnis mit → Milet und eroberte bald darauf Smyrna (heute → Izmir). Als er 585 nach Osten vorstieß und auf die Truppen des Mederkönigs Kyaxares traf, verzichtete er unter dem Eindruck einer Sonnenfinsternis auf die Entscheidungsschlacht. Unter Alyattes erfanden die Lyder das Geld, indem sie aus Edelmetall die ersten Münzen des Abendlandes prägten.

Kroisos (Krösus, um 560–547 v. Chr.), Sohn des Alyattes, eroberte fast ganz West- und Zentralkleinasien zwischen der ägäischen Küste und dem Fluß Halys (heute Kizil Irmak), etwa 60 km östlich von Ankara, und häufte durch Bodenschätze und Tribute unermeßliche Reichtümer an. Den griechischen Städten an der Westküste beließ er eine gewisse Souveränität, förderte den Bau von Tempeln (z. B. das Artemision in → Ephesos) und stiftete in → Delphi, → Didyma und Ephesos kostbare Weihgeschenke. Als er sein Reich nach Osten ausdehnen wollte, stieß er auf den Widerstand der Perser. Im Jahre 546 v. Chr. wurde Kroisos von Kyros II. besiegt und in Sardes gefangengenommen. Ob er hingerichtet wurde oder in der Gefangenschaft starb, ist umstritten. Das Lyderreich wurde persische Satrapie. Damit hatte sich das delphische Orakel an ihm selbst erfüllt: Wenn Kroisos den Halys überschreite, werde er ein großes Reich zerstören.

Der Untergang des Lyderreiches bedeutete auch für die griechischen Kolonien in Kleinasien das Ende ihrer Freiheit. 499 v. Chr. nahmen die aufständischen Ionier zusammen mit athenischen Truppen Sardes ein, vermochten aber nicht, die Zitadelle auf der Akropolis zu erstürmen. Ein persisches Entsatzheer trieb sie in die Flucht. Die Athener verließen Kleinasien und überließen die Ionier ihrem Schicksal. Der Aufstand erstickte in Blut und Trümmern.

Im Jahre 334 v. Chr. nahm Alexander der Große nach seinem Sieg am Granikos über die Perser Sardes kampflos ein. Er gestand den lydischen Bewohnern das Recht zu, ihre alten Gesetze wieder einzuführen, setzte aber einen makedonischen Gouverneur ein und forderte nicht weniger Tribut als die Perser. Andererseits ließ er aber den lydischen Kybele-Tempel instand setzen und den 499 v. Chr. zerstörten Artemis-Tempel wieder aufbauen. Nach Alexanders Tod im Jahre 323 stritten sich die Diadochen um die Herrschaft über Lydien. Bis 301 v. Chr. gehörte Sardes zu den Besitzungen des Antigonos Monophthalmos. Danach zog Lysimachos in die Stadt ein. Seit 281 unterstand sie den Seleukiden. Kurze Zeit herrschte Attalos I., König von Pergamon, über die Stadt, bis sie ihm der Seleukide Antiochos III. im Jahre 213 v. Chr. wieder entriß. Dabei wurde Sardes zerstört, doch bald als hellenistische Stadt wieder aufgebaut. 188 v. Chr. kam es zum Pergamenischen Reich und wurde 133 v. Chr. Teil der

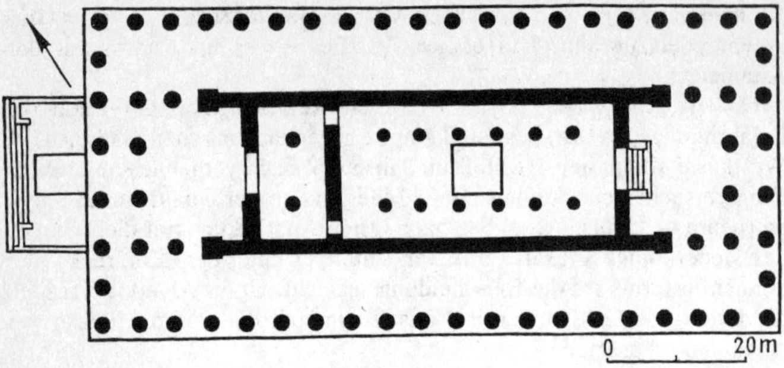

Sardes: Artemis-Tempel

römischen Provinz Asia. Unter den Römern erlebte die Stadt eine neue Blüte.

Archäologie

1911 bis 1914 untersuchten Archäologen der Universität Princeton (USA) die Ruinenstätte von Sardes. Weiter Grabungen führten seit 1958 das Fogg Art Museum und die Cornell University unter den Auspizien der American School of Oriental Research, Leitung G. M. Hanfmann, durch. Dabei gelang es u. a. auch, die bis in das 3. Jahrhundert v. Chr. lebendige lydische Sprache zu erforschen. Heute arbeiten Wissenschaftler der Havard University von Cambridge, Mass., in Sardes; ihre Untersuchungen richten sich vor allem auf die Königsresidenz von Kroisos und Kyros.

Ausgrabungsstätte

Der *Artemis-Tempel* wurde bald nach 334 v. Chr. von Alexander dem Großen wieder aufgebaut, nachdem die Griechen den von Kroisos im 6. Jahrhundert v. Chr. errichteten Kybele-Tempel während des ionischen Aufstandes im Jahre 499 v. Chr. zerstört hatten. Der Tempel ist ein ionischer Pseudodipteros, 98 m lang und 46 m breit. An den Langseiten standen je 20 Säulen, an den Schmalseiten je acht. Das mächtige Artemision wurde nie ganz vollendet. Im 2. nachchristlichen Jahrhundert wandelten die Römer den Artemis-Tempel in einen Doppeltempel für Artemis und Faustina um.

Aus der Römerzeit stammt das ausgedehnte *Gymnasium* mit mehreren Höfen, darunter ein mit Marmorfassaden versehener Säulenhof. Ferner wurden Thermen und ein Theater freigelegt und teilweise restauriert.

Den einstigen Reichtum von Sardes bestätigen mehr als 300 einfache *Metallschmelzöfen,* in deren Schutt die Ausgräber Goldkügelchen und

Goldplättchen fanden. Hier gewannen die Erzschmelzer jenes Elektron (Gold-Silber-Legierung), aus dem die lydischen Könige die ersten Münzen der Welt prägen ließen.

Nördlich der Ruinenstätte liegt die lydische *Nekropole* (türkischer Name: Bin Tepe = 1000 Hügel) mit Hunderten von unterschiedlich großen Grabhügeln (Tumuli). Der größte Tumulus ist 70 m hoch und hat einen Umfang von 355 m. Er barg – nach Herodot – das Grab des Alyattes. Die Grabkammer war bei ihrer Entdeckung bereits ausgeraubt.

Literatur: G. M. Hanfmann, Letters from Sardis. Cambridge, Mass., 1972.

Segesta

Die Ruinenstätte der antiken Stadt *Segesta/Egesta* im Westen Siziliens ist berühmt durch ihren unvollendeten Tempel aus dem 5. Jahrhundert v. Chr., der außergewöhnlich gut erhalten ist und ein einzigartiges Beispiel dorischer Baukunst darstellt.

Geschichte

Auf einer Hochebene, etwa 12 km von der sizilianischen Nordwestküste entfernt, gründeten die Elymer, ein Volksstamm unbekannter Herkunft – der griechische Historiker Thukydides (um 450 v. Chr.) hielt die Elymer für trojanische Flüchtlinge – vermutlich im 7. oder 6. Jahrhundert v. Chr. an der Stelle einer neolithischen Siedlung die Stadt Egesta.

Im 5. Jahrhundert v. Chr. war die Stadt mit Athen verbündet. Ständige Grenzstreitigkeiten mit den griechischen Nachbarstädten, vor allem mit dem verhaßten Selinus (→ Selinunt), veranlaßten Egesta, Athen um Hilfe zu bitten. Dazu muß man wissen, daß sich Athen gerade im Peloponnesischen Krieg mit Sparta und Korinth befand und die griechischen Städte auf Sizilien unter dem Einfluß von Syrakus, einer Gründung Korinths, standen. 415 v. Chr. begann Athen jene unglückliche Sizilien-Expedition, die zwei Jahre später zur völligen Vernichtung des Expeditionsheeres bei Syrakus führte.

Daraufhin wandte sich Egesta an Karthago, das 409 v. Chr. die Gelegenheit ergriff, um die Griechen aus Sizilien zu vertreiben. Die Karthager eroberten und zerstörten eine Griechenstadt nach der anderen: Agrigent, Gela, Himera und Selinus. Selinus zerstörten sie auf Betreiben Egestas besonders gründlich. 405 v. Chr. zwang die Pest die karthagischen Truppen zum Abbruch ihres Feldzuges. Egesta war seinen Todfeind Selinus losgeworden, aber es hatte auch seine Freiheit verloren. Fortan gehörte die Stadt zum karthagischen Machtbereich.

311 v. Chr. stieß der Tyrann Agathokles von Syrakus nach Westsizilien vor und brandschatzte neben anderen nunmehr karthagischen Städten auch Egesta. 263 v. Chr., also bald nach Beginn des Ersten Punischen

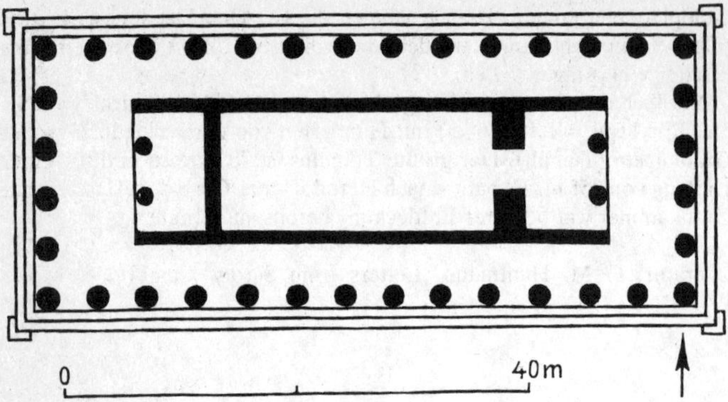

Segesta: Dorischer Tempel

Krieges zwischen Rom und Karthago, schloß sich die Stadt den Römern an und nannte sich fortan *Segesta.* Drei Jahre später fiel sie vorübergehend wieder in die Hände der Karthager. Seit 227 v. Chr. gehörte sie zur römischen Provinz Sicilia und erlebte noch einmal eine kurze Blütezeit. Im Jahre 104 v. Chr. flackerte in Segesta der Sklavenaufstand des Athenion auf.

Archäologie
Die archäologischen Untersuchungen in Segesta konzentrierten sich bislang vor allem auf den dorischen Tempel. Das Stadtgebiet wurde noch nicht ausgegraben.

Ausgrabungsstätte
Segesta lag auf einem Plateau, dem heutigen Monte Barbaro. Zwei *Mauerringe* verschiedener Entstehungszeiten umschlossen die antike Stadt.

Das hellenistische *Theater* entstand im späten 3. Jahrhundert v. Chr., wahrscheinlich unter den Römern. Es hat einen Durchmesser von 63 m. Die zwanzig Sitzstufen sind in den Fels gehauen. Das Theater ist sehr gut erhalten.

Der eindrucksvolle *Tempel* westlich der Stadt ist in dorischem Stil gehalten. Er ist ein Peripteros, d. h. ringsum von einer Säulenreihe umgeben. Je sechs Säulen stehen an der Vorder- und Rückseite und je vierzehn an den Langseiten. Der Grundriß des Tempels beträgt 23 mal 58 m. Der Bau wurde gegen 425 v. Chr. begonnen, aber nie vollendet. Die rings umlaufende Säulenhalle mit dem Gebälk ist vollständig und hervorragend erhalten. Dagegen fehlt die Cella und damit auch das Dach. Da die Griechen beim Bau eines Tempels üblicherweise zuerst die Cella errichteten, nahmen die Archäologen zunächst an, daß es sich bei dem Bauwerk um eine offene, nichtgriechische Kultstätte handele. Heute weiß man, daß die Cella ursprünglich vorhanden war, später aber wieder abgerissen wurde, weil die Elymer die Steinquader für andere Bauten benötigten. 406 v. Chr. mußten die Bauarbeiten am Tempel abgebrochen werden, weil Segesta unter die Herrschaft Karthagos kam. Daher fehlen auch die Halterungen für das Dach- und Deckengebälk und die Kanneluren an den 36 Säulen. Welcher Gottheit der Tempel dienen sollte, ist nicht bekannt.

Unterhalb der Stadt stießen die Archäologen auf die Umfassungsmauer eines 83 mal 47 m großen *archaischen Kultbezirks* aus dem 6. Jahrhundert v. Chr.

Literatur: H. Schläger, Beobachtungen am Tempel von Segesta. In: Mitteilungen des Deutschen Archäologischen Instituts, Römische Abteilung 75 (1968), S. 168.

Selinunt

Die Ausgrabungsstätte Selinunt (ital: Selinunte) liegt an der Südwestküste Siziliens. Eindrucksvolle Tempelruinen zeugen von der antiken Stadt *Selinus,* dem westlichsten Vorposten der Griechen auf der Insel.

Geschichte

Griechische Siedler aus der sizilianischen Stadt Megara Hyblaia gründeten in der Mitte des 7. Jahrhunderts v. Chr. die Stadt *Selinus* (= Sellerie). Sehr schnell kam die Stadt zu Wohlstand. Im 6. Jahrhundert v. Chr. prägte sie eigene Münzen, die das Sellerieblatt als Emblem führten. Der Handel mit landwirtschaftlichen Erzeugnissen band die Stadt an Karthago, auf dessen Seite Selinus an der Schlacht bei Himera (480 v. Chr.) gegen die griechischen Städte →Syrakus und Akragas (→ Agrigent) teilnahm.

Grenzstreitigkeiten mit → Segesta führten zum Eingreifen Athens, dessen Sizilische Expedition (415–413 v. Chr.) bei Syrakus ein tragisches Ende fand. Daraufhin griffen die Karthager, die an der Westküste Siziliens eigene Kolonien unterhielten, die griechischen Städte an. Selinus, das sich nach der Niederlage bei Himera von Karthago gelöst hatte, wurde 409 v. Chr. von karthagischen Truppen erobert und auf Betreiben der elymischen Nachbarstadt Segesta völlig zerstört. Dabei sollen 16000 Einwohner niedergemetzelt worden sein. Die Karthager besetzten das ganze griechische Sizilien bis auf Syrakus, das der Belagerung standhielt. 405 v. Chr. zwang eine Pestepidemie die Karthager zum Rückzug und verhinderte damit das Ende des Griechentums auf Sizilien.

Selinus aber blieb unter der Herrschaft Karthagos. Die Stadt wurde wieder aufgebaut und errang bald seine alte Bedeutung als Ausfuhrhafen zurück. 250 v. Chr. eroberten die Karthager im Ersten Punischen Krieg

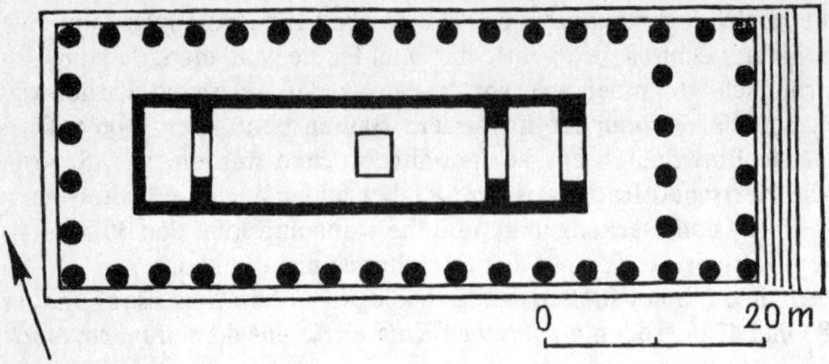

Selinunt: Tempel C

Selinus erneut und zerstörten es diesmal endgültig. Die Bewohner deportierten sie nach Lilybaion (heute Marsala).

Archäologie
Die ersten Ausgrabungen in Selinunt führte 1822/23 der Engländer Harris durch. Die systematische Untersuchung der antiken Stadt begann erst hundert Jahre später. Die Grabungen, die seit den zwanziger Jahren unter italienischer Leitung stehen, sind noch nicht abgeschlossen.

Ausgrabungsstätte
Die *Akropolis* von Selinus unmittelbar an der Küste hat einen birnenförmigen Grundriß von 450 mal 350 m. Zwei breite Straßen teilen sie in vier Abschnitte, die von schmaleren Straßen durchzogen werden. Diese Kernstadt war von einer Mauer umgeben, von der im Norden noch die Porta Principale (Haupttor) und Reste antiker Befestigungsanlagen erkennbar sind. Auf der Akropolis erhoben sich vier Tempel aus dem 6. und 5. Jahrhundert v. Chr. sowie ein Tempel aus hellenistischer Zeit. Die Tempel werden seit ihrer archäologischen Entdeckung durch Buchstaben unterschieden, weil bis heute nicht mit Sicherheit gesagt werden kann, welcher Gottheit sie geweiht waren.

Der *Tempel C* wurde zwischen 550 und 530 v. Chr. erbaut. Er ist 64 m lang und 24 m breit. An den Langseiten hatte er je siebzehn und an den Schmalseiten je sechs Säulen. Dreizehn Säulen stehen noch aufrecht bzw. wurden wieder aufgerichtet. Wahrscheinlich war der Tempel Herakles geweiht, denn man fand in seiner langgestreckten Cella einige hundert Siegel mit Darstellungen des griechischen Helden. Vom Tempel C stammen drei archaische Metopen, die heute zu den Kostbarkeiten des Museo Archeologico Nazionale in Palermo gehören: Quadriga; Perseus schneidet der Gorgo Medusa den Kopf ab; Herakles straft die Kerkophen.

Der *Tempel D* entstand zwischen 570 und 550 v. Chr. Auf einer Fläche von 24 mal 56 m erhoben sich je dreizehn Säulen an den Langseiten und je sechs an den Schmalseiten.

Aus der ersten Hälfte des 5. Jahrhunderts v. Chr. stammen die benachbarten *Tempel A und O*. Sie haben beide einen Grundriß von 16 mal 40 m sowie sechs mal vierzehn Säulen. Von diesen Tempeln sind nur noch der Unterbau und Säulentrommeln vorhanden.

Der hellenistische *Tempel B* wurde im 3. oder 2. Jahrhundert v. Chr. errichtet.

Nördlich der Akropolis erstreckt sich die *antike Wohnstadt,* die im Jahre 409 v. Chr. von den Karthagern völlig zerstört wurde und noch der archäologischen Erforschung harrt.

Auf einem Hügel östlich der Stadt liegen die drei Tempel E, F und G. Der *Tempel E,* zwischen 465 und 450 v. Chr. erbaut, hat eine Grundfläche von 25,33 mal 68 m. Der dorische Bau war von sechs mal fünfzehn Säulen gesäumt. Vermutlich diente dieses Heiligtum dem Hera-Kult.

Weniger gut erhalten ist der *Tempel F* aus der Zeit zwischen 560 und 540 v. Chr. Der 62 m lange und 24,40 m breite Unterbau wird von sechs mal vierzehn Säulen eingefaßt. Die Säulen sind etwa 9 m hoch und am Fuß durchschnittlich 1,80 m dick. Der archaische Tempel war wahrscheinlich der Athena, in römischer Zeit der Minerva geweiht.

Der *Tempel G* zählt nächst dem Zeus-Tempel von Agrigent zu den größten Bauwerken der griechischen Welt. Der Tempel wurde zwischen 520 und 480 v. Chr. errichtet, aber niemals vollendet. Der Bau ist 113 m lang und 54 m breit und hatte je siebzehn Säulen an den Langseiten und je acht an den Schmalseiten. Die gewaltigen Säulen entsprechen der Größe des Tempels: sie sind 16,27 m hoch und am Fuß 3,40 m dick. Die Säulentrommeln wiegen bis zu 100 t. Man nimmt heute an, daß der Tempel G Apollon geweiht war.

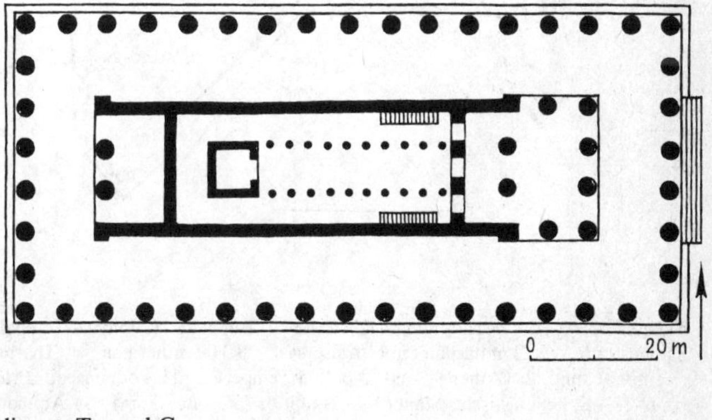

Selinunt: Tempel G

In dem *Heiligtum der Demeter Malophoros,* der Apfel tragenden Demeter, westlich der Stadt jenseits des Flusses Selinon (heute Modione), stießen die Archäologen auf reiche Funde aus archaischer Zeit.

Literatur: Maria Santangelo, Selinunt. Dt. Übers. Rom 1954.

Side

Side ist eine antike Stadt an der Südküste der Türkei, etwa 70 km östlich von Antalya.

Geschichte

Die etwa 800 m ins Meer vorspringende felsige Halbinsel war schon zu Beginn des 1. Jahrtausends v. Chr. besiedelt. Im 6. Jahrhundert v. Chr.

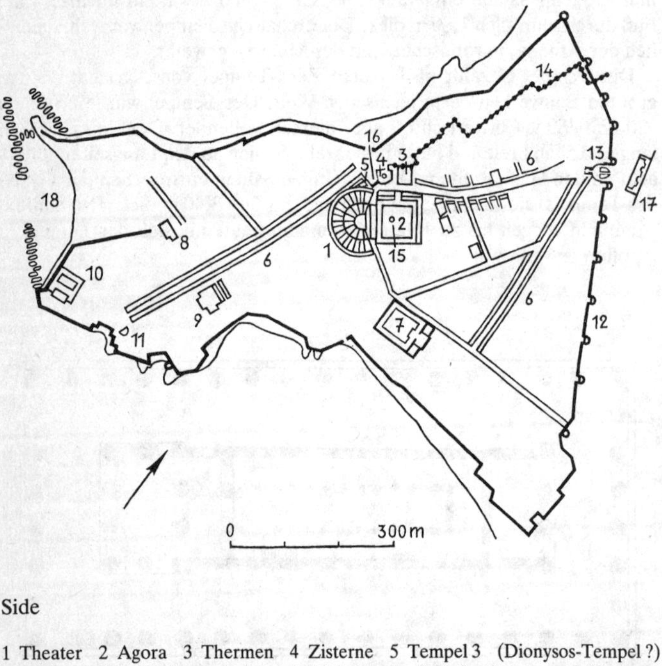

Side

1 Theater 2 Agora 3 Thermen 4 Zisterne 5 Tempel 3 (Dionysos-Tempel ?) 6 Säulenstraße 7 Gymnasium mit Kaisersaal 8 Hafenthermen 9 Thermen 10 Tempel 1 und 2 (Athena- und Apollon-Tempel ?) 11 Podiumsbau (Men-Tempel ?) 12 hellenistische Mauer 13 Haupttor (»Großes Tor«) 14 Aquädukt 15 Rundbau (Tempel der Tyche ?) 16 Bogentor 17 Nymphäum 18 Hafen

gründeten hier äolische Siedler aus dem westkleinasiatischen Kyme eine Hafenstadt. Sie vermischten sich mit den Urbewohnern und nahmen sogar deren nichtgriechische Sprache (Sidetisch) an.

Alexander der Große richtete 333 v. Chr. in Side eine Garnison ein. Die Seeleute von Side waren damals berühmt wegen ihrer Kühnheit und ihrer nautischen Fähigkeiten. Dennoch vermochten sie der Flotte des Seleukiden Antiochos III. in der Seeschlacht bei Side gegen die für Rom kämpfenden Rhodier keinen Sieg zu erringen. Danach waren die Bewohner von Side gefürchtete Piraten; die Stadt galt als berüchtigter Sklavenmarkt.

Nach der Pax Romana, die seit 102 n. Chr. ein römischer Prätor für das westliche Kilikien zu verwirklichen versuchte, entwickelte sich Side zu einer bedeutenden Handelsstadt. Zahlreiche repräsentative Bauten zeugen von einer mehrhundertjährigen Epoche des Wohlstands. Erst die Versandung des Hafens und das Ende der römischen Herrschaft führten zum Niedergang der Stadt.

Archäologie
Seit 1947 führen türkische Archäologen systematische Ausgrabungen in Side durch.

Ausgrabungsstätte
Im Zentrum der antiken Stadt liegt das *Theater* aus dem 2. Jahrhundert n. Chr. Auf den 48 Sitzreihen hatten rund 15000 Menschen Platz. Der Zuschauerraum ruht auf einem mächtigen Unterbau, da das Theater nicht am Hang, sondern auf ebener Fläche errichtet werden mußte. Die zweistöckige Bühnenwand war mit korinthischen Säulen und einem Relieffries geschmückt.

Eine *Säulenhallenstraße* führte am Theater vorbei und verband den Hafen mit dem Stadttor der hellenistischen Mauer. Eine weitere Kolonnadenstraße führte vom Stadttor aus südwärts zum *Gymnasium.* Nahe am Hafen sind Reste der *beiden Haupttempel* von Side freigelegt worden; sie waren Apollon und Athena geweiht.

Literatur: A. M. Mansel, Die Ruinen von Side. Berlin 1963.

Sidon

Die alte phönikische Stadt Sidon, heute *Saida,* liegt auf einem ins Meer hinausragenden Vorgebirge, etwa 40 km südlich von Beirut (Libanon).

Geschichte
Nach der Sage gründete Sidon, der erstgeborene Sohn Kanaans, der wiederum ein Sohn von Ham und damit ein Enkel von Noah war, die Stadt auf einer der Felsenküste vorgelagerten Insel, die heute mit dem Festland verbunden ist. Unter der Schutzherrschaft der Ägypter (seit Thutmosis I.,

um 1500 v. Chr.) entfalteten die phönikischen Hafenstädte eine rege Handelstätigkeit. Sidonische Kaufleute gründeten Handelsniederlassungen in Lais, Hamat, Thapsak (Thiphsach) und Nisibis, alles Orte im syrischen Hinterland.

Im 12. Jahrhundert v. Chr. fiel Sidon in die Hände der Philister, einer Gruppe der indogermanischen »Seevölker«, die um 1200 v. Chr. das Großreich der Hethiter in Kleinasien vernichtet hatten und von den Ägyptern mit Mühe nach Palästina (= Land der Philister) abgedrängt worden waren. Von da an übernahm → Tyros die Führung der phönikischen Stadtstaaten. Die Philisterherrschaft verursachte aber keineswegs ein Nachlassen der nach wie vor regen Handelstätigkeit der Stadt. Für Homer (8. Jahrhundert v. Chr.) war Sidon die Repräsentantin der phönikischen Städte. Und die Phöniker nannte er schlicht Sidonier.

877 v. Chr. ergab sich Sidon dem Assyrerkönig Assurnasirpal II. Als Vasall der Assyrer beteiligte es sich 726 v. Chr. sogar an der Belagerung der Nachbarstadt Tyros. 677 v. Chr. lehnte sich die Stadt gegen den Assyrerkönig Asarhaddon auf. Asarhaddon ließ sie daraufhin zerstören und ihre Bewohner nach Assyrien deportieren. Die berühmte Stele des Asarhaddon, heute in den Staatlichen Museen, Berlin-Ost, zeigt Abdimilkutti, den König von Sidon, an der Leine des siegreichen Assyrers. Dafür siedelte er Chaldäer in Sidon an, Angehörige gerade jenes Volksstammes, der nach dem Untergang des Assyrerreiches das neubabylonische Reich gründen sollte. Daher verwundert es nicht, daß Sidon bei dem großen Aufstand der syrisch-phönikischen Vasallenstädte als einziger Stadtstaat dem babylonischen König Nebukadnezar II. die Treue hielt.

Um 580 v. Chr. kam Sidon unter die Herrschaft der Ägypter. Seit 538 v. Chr. gehörte es dem persischen Reich an und stand wieder an der Spitze der phönikischen Städte. Sidonische Schiffe bildeten einen Großteil der persischen Flotte im Kampf gegen Athen. 351 v. Chr. beteiligte sich Sidon am ägyptischen Aufstand gegen den Perserkönig Artaxerxes III. Artaxerxes schlug den Aufstand nieder, eroberte Sidon und zerstörte es. In den Flammen sollen 40000 Menschen umgekommen sein, darunter auch Tennos, der König von Sidon.

332 v. Chr. zogen Alexanders Truppen kampflos in Sidon ein. Nach Alexanders Tod stand die Stadt abwechselnd unter der Herrschaft der Ptolemäer und der Seleukiden. 64 v. Chr. wurde sie Teil der römischen Provinz Syria.

Archäologie

Die archäologische Erforschung des phönikischen Sidon stößt wegen der mittelalterlichen und neuzeitlichen Überbauung auf große Schwierigkeiten. 1855 fand man in der Grotte Mougharat Abloun südlich von Sidon den Sarkophag des Königs Ešmunazar II., der zu Beginn des 5. Jahrhunderts v. Chr. in Sidon regierte. Dieser Fund führte zur Entdeckung einer ausgedehnten Nekropole. Der Sarkophag befindet sich heute im Pariser Louvre. 1887 stießen die Ausgräber auf den berühmten Alexander-Sarkophag, der die sterbliche Hülle von Abdalonymos, des letzten Königs von Sidon, enthielt. Der Marmorsarkophag ist eine attische Arbeit aus der Zeit um 320 v. Chr. Seine Reliefs zeigen Alexander den Großen auf der Jagd und in einer siegreichen Schlacht. Der Sarkophag ist jetzt im Archäologischen Museum in Istanbul zu sehen.

Ausgrabungsstätte

In den *Nekropolen* im Süden von Sidon stießen die Archäologen auf zahlreiche Höhlengräber und Grüfte aus spätphönikischer, hellenistischer, römischer und christlicher Zeit. Ein besonders großes Grabgewölbe in der Nähe der Grotte Mougharat Abloun, auch Apollon-Höhle genannt, besteht aus zehn Grabkammern. Hier fand man einen Sarkophag mit der Reliefdarstellung eines phönikischen Handelsschiffes aus der Zeit nach Christi Geburt.

5 km nordöstlich von Sidon erhob sich in persischer Zeit der *Eschmun-Tempel,* von dem heute nur noch die Fundamente auf der obersten von mehreren Terrassen vorhanden sind. Bauteile des Tempels entdeckten die Archäologen im Mauerwerk der umliegenden Wohnhäuser. Eschmun war der Heilgott der Phöniker und zugleich Hauptgottheit von Sidon.

Literatur: N. Jidejian, Sidon trough the Ages. Beirut 1971.

Stonehenge

Die monumentale Steinkreisanlage von Stonehenge in der südenglischen Grafschaft Wiltshire, nahe bei Salisbury, ist das großartigste prähistorische Heiligtum in Europa.

Geschichte

Die Geschichte von Stonehenge (altengl. hängende Steine) umfaßt einen Zeitraum von mindestens 1200 Jahren. Die Archäologen unterscheiden drei Bauphasen: I, II und III. Die dritte Bauphase gliedern sie nochmals in III a, III b und III c.

Stonehenge I wurde im Neolithikum (Jungsteinzeit) gegen 2500 v. Chr. errichtet. Stonehenge II entstand gegen 2000 v. Chr.; es wurde von einer neuen Völkerschaft erbaut, die über die Nordsee nach Britannien gekommen war und der Glockenbecherkultur angehörte. Diese endneolithische Kultur hat ihren Namen von glockenförmigen Tongefäßen, die rötlich gefärbt und meist mit Strichen oder Stempelabdrücken verziert waren. Stonehenge III a dürfte etwa um 1700 v. Chr., Stonehenge III b knapp 100 Jahre später erbaut worden sein. Seine letzte Umgestaltung erfuhr das Heiligtum um 1300 v. Chr. (Stonehenge III c).

Wie lange die gewaltige Kultanlage benutzt wurde, ist unbekannt. Möglicherweise diente sie noch in den letzten vorchristlichen Jahrhunderten den keltischen Druiden, einer sternkundigen Priesterkaste, als Heiligtum.

Unbekannt ist auch, wo ein großer Teil der ursprünglich aufgestellten Steinriesen geblieben ist.

Archäologische Stätte

Der Freilufttempel Stonehenge I war eine kreisförmige Anlage von etwa 115 m Durchmesser. Ein 6 bis 7 m breiter und bis zu 2 m tiefer Graben umzog den Kreis. Am inneren Grabenring zog sich ein Erdwall entlang. 56 Gruben von 1,20 m Durchmesser und 90 cm Tiefe, nach ihrem Entdecker Aubrey-Holes genannt, bildeten den inneren Kreis. Die Bedeutung dieser Gruben ist unbekannt; sicher ist, daß darin weder Steine noch Holzpfosten standen. Sie dienten später der Aufnahme von Leichenbrand, was auf rituelle Menschenopfer hinweisen könnte. Der Eingang zum Heiligtum im Nordosten des Graben-Wall-Ringes war von zwei aufrecht stehenden Steinen flankiert. Etwa 20 m außerhalb des Ringes erhob sich ein dreibogiges Holztor. Daneben stand der mächtige Fersenstein (Heel Stone), heute das einzige steinerne Relikt aus dieser Bauphase. Der rohe Sandsteinblock ist 5 m lang und 2,50 m dick.

Die Erbauer von Stonehenge II beseitigten das Holztor und die beiden den Eingang flankierenden Steine und erweiterten den Zugang zu einer heiligen Allee (»Avenue«), die 2 km weit bis zum Avon-Fluß führte. In der Mitte des Tempelbezirks errichteten sie einen doppelten Steinkreis aus Blausteinen (gefleckter Dolerit), die sie über 300 km aus den Prescelly Mountains in Nord-Pembrokeshire heranschaffen mußten. Der Doppelkreis blieb unvollendet.

Stonehenge III a erhielt einen Steinkreis aus 30 mächtigen, grünlichgrauen Sandsteinblöcken, Findlingen, die aus den 30 km entfernten Marlborough Downs bei Avebury stammen. Jeder Stein wiegt etwa 25 t. Die Steine wurden auf der nach innen zeigenden Seite sorgfältig behauen und geglättet. Die Oberseite wurde mit Zapfen versehen, um darauf die fast meterdicken, leicht geschwungenen Decksteine setzen zu können, die einen ringförmig fortlaufenden Architrav bildeten. Sechzehn dieser Blöcke blieben aufrecht und zehn tragen noch ihre Decksteine. In der Mitte dieses Steinringes erhoben sich auf hufeisenförmigem Grundriß fünf gigantische Trilithen (torförmige Steinsetzungen), von denen seit 1958 wieder drei in den ursprünglichen Zustand versetzt werden konnten. Der schwerste Tragstein dürfte ungefähr 50 t wiegen. Das Zentrum bildete der »Altarstein«.

Im folgenden Bauabschnitt III b wurde der halbfertige Blaustein-Doppelkreis wieder entfernt, zwanzig der größeren Dolerit-Monolithen wurden sorgfältig behauen und innerhalb des Trilithen-Hufeisens so aufgestellt, daß sie ein Oval bildeten. Sechs dieser Monolithen sind noch erhalten. In das Oval kamen noch zwei kleine Blaustein-Trilithen, die restlichen Blausteine sollten in zwei Kreisen den Sandsteinring umgeben. Als bereits die Löcher (Y- und Z-Löcher) hierfür ausgehoben waren, änderten die Erbauer ihren Plan und stellten sämtliche Blausteine innerhalb des Sandsteinringes auf (III c). Das war das Heiligtum, das wir noch heute – soweit es erhalten ist – bewundern können.

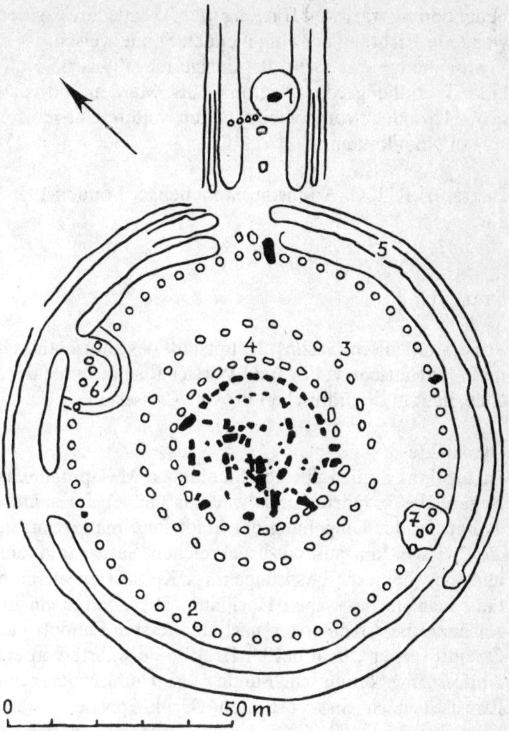

Stonehenge

1 Fersenstein 2 Aubrey-Löcher 3 Y-Löcher 4 Z-Löcher 5 Graben 6 Nordhügel 7 Südhügel

Auf einigen Sandsteinblöcken sind Abbildungen von Waffen (Dolch und Bronzebeile) zu sehen, die um 1600 v. Chr. in Griechenland verwendet wurden. Sie weisen auf Handelsbeziehungen zum Mittelmeerraum hin.

Die Bedeutung der megalithischen Anlage von Stonehenge ist noch immer umstritten und wird es wohl auch bleiben, da es keine schriftlichen Aufzeichnungen aus jener Zeit gibt. Ein Heiligtum dürfte Stonehenge mit Sicherheit gewesen sein, auch wenn wir die Götter nicht kennen und nicht wissen, welche Handlungen hier verrichtet wurden. Stonehenge könnte dem Totenkult gedient haben, worauf zahlreiche Bestattungen im Ringgraben hindeuten. Einige Forscher vermuten, daß es ein Tempel der Sonnenanbetung war, weil Eingang und Avenue am Tag der Sommersonnenwende in Richtung der aufgehenden Sonne weisen.

Stonehenge war nicht die einzige megalithische Kultstätte in Südengland. Woodhenge, Durrington Walls, Marden und vor allem der 11,5 ha große Kromlech von Avebury waren weitere Henge-Monumente aus dem späten Neolithikum.

Literatur: R. I. C. Atkinson, Stonehenge. London 1956.

Susa

Susa (altelamisch: Šušim), Hauptstadt des altorientalischen Reiches Elam im 2. Jahrtausend v. Chr. und Wirtschaftsmetropole des Achämenidenreiches, liegt in der iranischen Provinz Chusestan.

Geschichte

Susa gehört zu den ältesten Siedlungen Mesopotamiens. Schon seit dem Beginn des 4. Jahrtausends war das Gebiet der späteren Akropolis bewohnt. In der Umgebung der Stadt fand man sogar Siedlungsschichten, die bis ins 6. Jahrtausend zurückreichen. Susa war in jener Zeit eine Kolonialstadt, denn die Ursprünge ihrer Kultur (vor allem ihrer Töpferkunst) fand man im persischen Hochland. Diese vorgeschichtliche Epoche bezeichnen die Archäologen nach dem ersten Fundort gleicher Keramik El Obeid (Tell el Obeid bei Ur [Irak]); sie währte von etwa 4000 bis 3400. Andersartige keramische Funde weisen auf Eroberer hin, die einen neuen Kunststil nach Susa brachten: Uruk-Epoche (3400–3100), Djemdet-Nasr-Epoche (3100–2900). Unter den Sumerern kam die Stadt zu großer wirtschaftlicher Bedeutung.

Um die Mitte des 3. Jahrtausends schlossen sich die Elamiter, die Bewohner des Gebietes um Susa, mit den Landschaften Elam, Anschan, Baraschi, Schirihum und Simasch zusammen, um dem Vordringen der Akkader unter Sargon zu widerstehen. Aber Sargon besiegte die Elamiter und dehnte sein Reich bis zum Persischen Golf aus. Der Akkaderkönig Naramsîn (2320–2284) erbaute in Susa mehrere Tempel. Immer wieder versuchten die Elamiter, die Herrschaft der Akkader zu brechen, doch ihre Aufstände wurden niedergeschlagen.

Nach dem Zusammenbruch des Akkaderreiches im 22. Jahrhundert übernahmen die aus den Zagrosbergen eingefallenen Gutäer die Herrschaft. Um 2130 konnten sich die Elamiter vom Joch der Gutäer befreien, kamen aber bald darauf unter die Herrschaft der Könige von → Ur. Rund hundert Jahre später gelang es den Elamitern mit Unterstützung der Amoriter, die sumerische Streitmacht zu vernichten und die Souveränität zurückzugewinnen. Der elamitische Fürst Idahu Inschuschinak machte sich zum König von Susa und bald darauf zum König der Könige von Elam und Simasch.

Lange konnte sich das elamitische Reich seiner Selbständigkeit nicht erfreuen. Gegen 1930 v. Chr. zerstörte Gungunum, König von → Larsa, die Stadt Susa und übernahm die Herrschaft über Elam. Gegen 1833 v. Chr., also nochmal rund hundert Jahre später, waren die Elamiter wieder Herr auf dem eigenen Territorium. Diesmal saß sogar ein Elamit auf dem Thron von Larsa und war Vasall der Könige von Susa. Um 1762 v. Chr. fügte der babylonische König Hammurabi Elam in sein Reich ein. Um 1740 v. Chr. eroberten die Kassiten, ein Nomadenvolk aus dem Zagrosgebirge, Babylon und übernahmen danach auch Elam.

Zu Beginn des 13. Jahrhunderts v. Chr. gewannen die Elamiter ihre Selbständigkeit zurück. Das 12. Jahrhundert wurde die Zeit der größten Blüte. Die Heerführer Schutruk-Nakhunte und Kutir-Nakhunte fielen blitzartig in die mesopotamische Ebene ein und entführten aus Babylon die berühmte Gesetzesstele des Hammurabi, die Stele des Naramsin und zahlreiche Statuen akkadischer Könige. Aber die Jahre der Unabhängigkeit waren gezählt. Inzwischen hatte sich eine neue Macht in Mesopotamien gebildet: Assyrien. Die Assyrer besiegten die elamischen Truppen. Elam fiel an Assyrien. Immer wieder versuchten die Elamiter, die Souveränität zurückzuerhalten. Als sie sich im 7. Jahrhundert v. Chr. mit den Persern gegen die Assyrer verbündeten, schlug der große Assyrerkönig Assurbanipal im Jahre 640 v. Chr. unbarmherzig zu und löschte das Reich Elam endgültig aus.

Für Susa, die alte Hauptstadt des elamitischen Reiches, begann ein neuer Abschnitt der Geschichte, als Kyros der Große 559 v. Chr. die persische Achämeniden-Dynastie begründete. Die günstige Lage an den Handels- und Heerstraßen zwischen Sardes (Westtürkei), Ekbatana (heute Hamadan), Persepolis und dem Persischen Golf ließ Susa zur Wirtschaftsmetropole des Achämenidenreiches aufsteigen.

Alexander der Große übernahm 331 v. Chr. in Susa den persischen Münzschatz. 324 heiratete er in Susa seine zweite Frau, Barsine, und verheiratete seine Offiziere mit persischen Prinzessinnen. Nach Alexanders Tod fiel die Stadt an die Seleukiden. Bald danach kam Susa unter die Herrschaft der Parther. Die Ablösung der Parther durch die Dynastie der Sassaniden im 3. nachchristlichen Jahrhundert führte die Stadt noch einmal zu bescheidenem Wohlstand als persische Provinzhauptstadt.

Archäologie

1854 lokalisierte der Engländer W. K. Loftus die uralte Stadt Susa. Seine Grabungen führten aber zu keinen bemerkenswerten Ergebnissen. 1884 bis 1886 arbeitete das französische Archäologen-Ehepaar Marcel und Jeanne Dieulafoy in Susa. Sie brachten den »Fries der Bogenschützen« und das »Achämenidische Kapitell« nach Paris. 1897 gründete der französische Bergbauingenieur J. M. de Morgan die Französische Mission, die bis heute an der systematischen Erforschung der sechstausendjährigen Stadt arbeitet. De Morgan fand in Susa u. a. den aus Babylon entführten Dioritblock mit den Gesetzestexten des Hammurabi, die Stele des Naram-Sîn, den Löwenfries und zahlreiche kassitische Kudurrus (Grenzsteine).

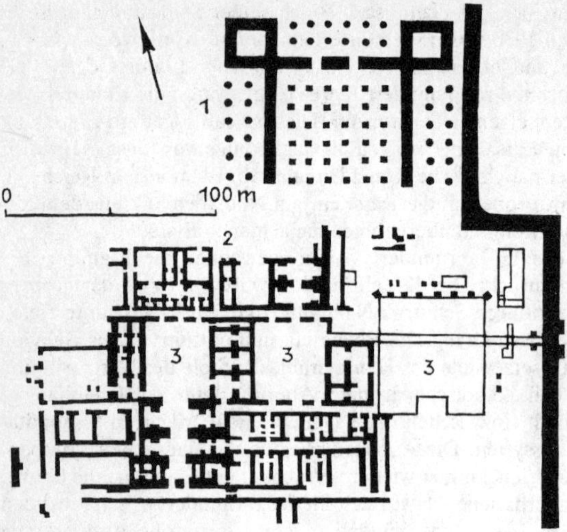

Susa: Palast des Dareios

1 Apadana (Audienzsaal) 2 Wohnräume 3 Innenhöfe

Diese Funde sind heute im Pariser Louvre zu sehen. Nach dem Zweiten Weltkrieg setzte R. Girshman die Arbeit seines Vorgängers de Morgan fort.

Ausgrabungsstätte

Die Ausgrabungsstätte von Susa bietet keine eindrucksvollen Bauwerke bzw. Ruinen mehr, weil das Baumaterial fast ausschließlich aus gebrannten und ungebrannten Lehmziegeln bestand, die inzwischen verwittert sind. Von den zahlreichen Schutthügeln sind der Tell der Apadana, der Tell der Akropolis, der Tell der Königsstadt (»Ville royale«) und der Tell der Handwerkerstadt (»Ville des artisans«) zu erwähnen.

Auf dem *Tell der Apadana* wurden die Reste eines achämenidischen Palastes und einer Apadana (große Empfangshalle) freigelegt. Diese Anlage errichtete Dareios der Große (522–486). Nachdem der Palast in der zweiten Hälfte des 5. Jahrhunderts v. Chr. abbrannte, ließ ihn Artaxerxes II. Mnemon (404–358) nach den alten Plänen wieder aufbauen. Zwei berühmte Basreliefgruppen (der Löwen- und der Bogenschützenfries) sowie farbig bemalte, glasierte Wandziegel befinden sich heute im Pariser Louvre. Palast und Apadana entsprechen in ihrem Grundriß der Anlage in → Persepolis, die wenig später entstand.

Literatur: M. Dieulafoy, L'acropole de Suse. 4 Tle. Paris 1890–1892. – R. Girshman in: Iran 6 und 7 (1968/69).

Syrakus

Syrakus, die bedeutendste griechische Kolonialstadt auf Sizilien, hat heute rund 130000 Einwohner. Ihre höchste Blüte erlebte die Rivalin Athens und Karthagos im 5. vorchristlichen Jahrhundert.

Geschichte

Syrakus wurde im 8. Jahrhundert v. Chr. (773, 756 oder 733 v. Chr.) auf der kleinen, der Ostküste Siziliens vorgelagerten Insel Ortygia von Korinth gegründet. Seinen Namen hatte *Syrakusai* von dem nahen Sumpf Syrako. Die korinthischen Kolonisten eigneten sich das umliegende fruchtbare Schwemmland an und beschäftigten die eingeborenen Kyllenier (Kyllyrier) als Landarbeiter. Die Gamoroi (Gamoren) – so nannten sich die Grundherren – gründeten wiederum auf Sizilien mehrere Kolonien: Akrai 664, Kasmenai 644 und Kamarina 599 v. Chr.

Im Jahre 492 v. Chr. erlitt Syrakus eine entscheidende Niederlage gegen Hippokrates von Gela, einer Kolonie der Insel Rhodos an der Südküste Siziliens. 485 v. Chr. verlegte Gelon von Gela seine Residenz nach Syrakus und siedelte dort Griechen aus Gela und anderen Nachbarstädten an. Auf dem Festland, mit dem die Insel Ortygia seit etwa 550 v. Chr. durch einen Damm verbunden war, entstanden die Stadtteile Achradina, Tyche und Temenitis. Bereits zu Gelas Zeit war Syrakus nach Karthago die zweitgrößte Stadt des westlichen Mittelmeerraumes. 250000 Einwohner (ohne Sklaven) soll die Stadt damals gehabt haben. 480 v. Chr. besiegte Gelon die Karthager bei Himera und herrschte danach über ganz Ostsizilien. Unter Gelons Bruder und Nachfolger Hieron I. (478–466) erlebte Syrakus seine Glanzzeit. Prächtige Bauwerke entstanden. Berühmte Dichter wie Pindar und Aischylos wirkten an seinem Hof. 474 v. Chr. vernichteten die vereinigten Flotten von Syrakus und Kyme die etruskischen Seestreitkräfte und beendeten damit die Expansion der Etrusker.

Nach Hierons Tod wurde die Tyrannis (Alleinherrschaft) abgeschafft und eine demokratische Verfassung eingeführt. Die trotz schwerer innerer Unruhen steigende Macht der Stadt bewog Athen im Jahre 415 v. Chr., also während des Peloponnesischen Krieges, ein Expeditionsheer nach Sizilien zu entsenden. Äußerer Anlaß hierzu war ein Hilferuf → Segestas, das in Grenzstreitigkeiten mit dem benachbarten Selinus geraten war. Nach einem Anfangssieg der Athener gelang es den Syrakusanern, die vor der Stadt liegende athenische Flotte zu versenken und bald darauf auch das Expeditionsheer zu vernichten. Der athenische Feldherr Nikias wurde 413 v. Chr. gefangengenommen und in Syrakus hingerichtet. Als Dank für den Sieg stiftete die Stadt in → Delphi ein Schatzhaus mit kostbaren Weihgeschenken.

409 v. Chr. führten Streitigkeiten zwischen den phönikischen und griechischen Städten Siziliens, vor allem zwischen Segesta und Selinus, zum Eingreifen der Karthager, die nach und nach alle griechischen Städte bis auf Syrakus eroberten. Die Pest beendete 405 v. Chr. die Belagerung dieser letzten Bastion. Inzwischen hatte sich in Syrakus Dionysios I. zum Tyrannen gemacht (405–367). Er kämpfte mit wechselndem Erfolg gegen die Karthager und eroberte größere Gebiete in Unteritalien. Sein willensschwacher Sohn Dionysios II. konnte sich nicht als Herrscher behaupten. Platon, der große griechische Philosoph und Neffe Dionysios' II., versuchte vergeblich, seine Idee vom idealen Staat durchzusetzen. Erst dem Korinther Timoleon (344–336) gelang es, die innere Ordnung im griechischen Teil Siziliens wiederherzustellen und die erneut herandrängenden Karthager abzuwehren.

In den folgenden Jahrzehnten waren die Herrscher vollauf damit beschäftigt, die Vormachtstellung der Stadt zu halten und Karthago zu bekämpfen. 269 v. Chr. kam Hieron II. in Syrakus an die Macht. Er siegte über die Mamertiner, ehemalige italische Söldner des Tyrannen Agathokles von Syrakus, die plündernd durch das griechische Sizilien zogen und Messana (Messene, heute Messina) besetzt hatten. Die Mamertiner riefen Rom und Karthago zu Hilfe. Die Römer besetzten Messana. Die Karthager empfanden diese Besetzung als einen Angriff auf ihren Einflußbereich. So kam es zum Ersten Punischen Krieg zwischen Karthago und Rom (264–241). Hieron schloß mit Rom einen Friedensvertrag, nach dem der Herrschaftsbereich von Syrakus zwar nur noch einen schmalen Streifen der Ostküste umfaßte, dem Stadtstaat aber eine römische Besatzung ersparte. Syrakus versorgte die römischen Legionen mit Nahrungsmitteln, verdiente dabei nicht schlecht und behielt nach Kriegsende als einzige griechische Stadt auf Sizilien eine weitgehende Selbständigkeit. Es pflegte gute Kontakte zu Rom, Karthago, Rhodos und Ägypten.

213 v. Chr., während des Zweiten Punischen Krieges, setzte sich in Syrakus eine karthagofreundliche Partei unter Hierons Enkel Hieronymos durch. Die Römer unter M. Claudius Marcellus belagerten Syrakus. Beim Sturm auf die Stadt im Jahre 212 v. Chr. fand Archimedes den Tod. Als sich der römische Soldat mit gezücktem Dolch dem großen griechischen Mathematiker und Physiker, der in Gedanken vertieft mathematische Figuren in den Sand zeichnete, näherte, soll ihm Archimedes ärgerlich zugerufen haben: »Noli turbare circulos meos« (Störe meine Kreise nicht). Syrakus wurde Hauptstadt der römischen Provinz Sicilia.

Ausgrabungsstätte

Das Gebiet der antiken Kernstadt auf der Insel Ortygia ist auch heute dicht bewohnt. Es sind nur wenige Relikte aus griechisch-römischer Zeit erhalten. Dagegen konnten bei den großen Steinbrüchen im Norden der Neapolis (= Neustadt) im heutigen Parco Monumentale della Neapolis zahlreiche großartige Bauwerke freigelegt werden.

Auf der Insel Ortygia, der heutigen Città Vecchia (= Altstadt), befinden sich die Ruinen des *Apollon-Tempels* aus der Zeit um 565 v. Chr., des

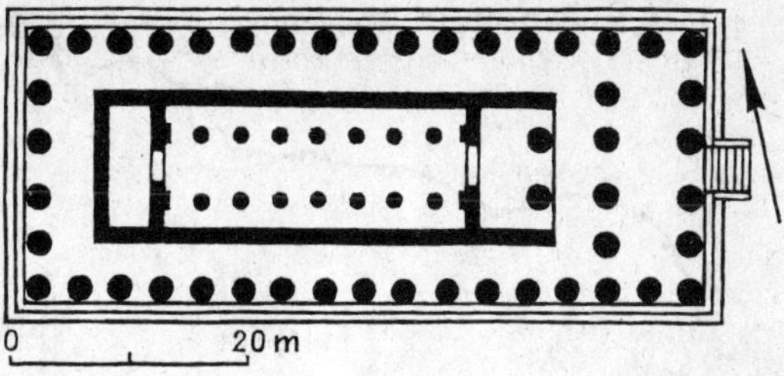

Syrakus: Apollon-Tempel

vermutlich ältesten dorischen Tempelbaus Siziliens. Im Jahre 480 v. Chr. ließ Hieron I. den dorischen *Athena-Tempel* errichten, einen Peripteros aus Kalkstein mit je vierzehn Säulen an den Langseiten und je sechs an den Schmalseiten. Die Säulen sind 8,70 m hoch. Die Grundfläche des Tempels mißt 52 mal 22 m. Im 7. Jahrhundert wurde der Athena-Tempel in eine christliche Basilika umgewandelt. Diese Basilika ist heute der Dom von Syrakus. Die Cella bildet das Hauptschiff. Die Außenwände des Doms enthalten Säulen und Gebälk des Tempels.

Auf den Fundamenten eines *ionischen Tempels* aus dem späten 6. Jahrhundert v. Chr. steht heute das Rathaus von Syrakus.

Die *Arethusa-Quelle* unmittelbar am Westrand der Insel versorgte schon im 8. Jahrhundert v. Chr. die Bewohner von Syrakus mit bestem Trinkwasser. In der griechischen Landschaft Elis stellte einst der Flußgott Alpheios der reizenden Nymphe Arethusa nach. Arethusa floh vor ihm nach Sizilien und verwandelte sich, als sie in Syrakus an Land stieg, in eine Quelle. Alpheios war ihr gefolgt und verwandelte sich, um in ihrer Nähe sein zu können, ebenfalls in eine Quelle, die noch heute unter dem Namen Occhio della Zillica sprudelt.

Vom römischen *Gymnasium* auf dem Festland sind nur Mauerreste und Fundamente einer Palästra, eines Tempels und eines Odeums erhalten. Die Anlage entstand im 1. nachchristlichen Jahrhundert.

Das *griechische Theater* am Nordrand der »Neustadt« stammt aus dem 5. Jahrhundert v. Chr. Die 66 Stufenreihen, die etwa 15000 Zuschauern Platz boten, sind in den Felsen gehauen. Mit einem Durchmesser von 138 m zählt es zu den größten Theatern der griechischen Welt. Unter Hieron II. und in römischer Zeit wurde es mehrmals erweitert. Oberhalb des Theaters diente ein *Nymphaion* der Erfrischung der Zuschauer und verbesserte mit seiner grottenartigen Wölbung die Akustik.

Der *Altar des Hieron* wurde im 3. Jahrhundert v. Chr. von Hieron II. erbaut; er ist 199 m lang und 22,50 m breit und damit der wohl größte hellenistische Altar überhaupt.

Das gewaltige römische *Amphitheater* entstand im 3. Jahrhundert

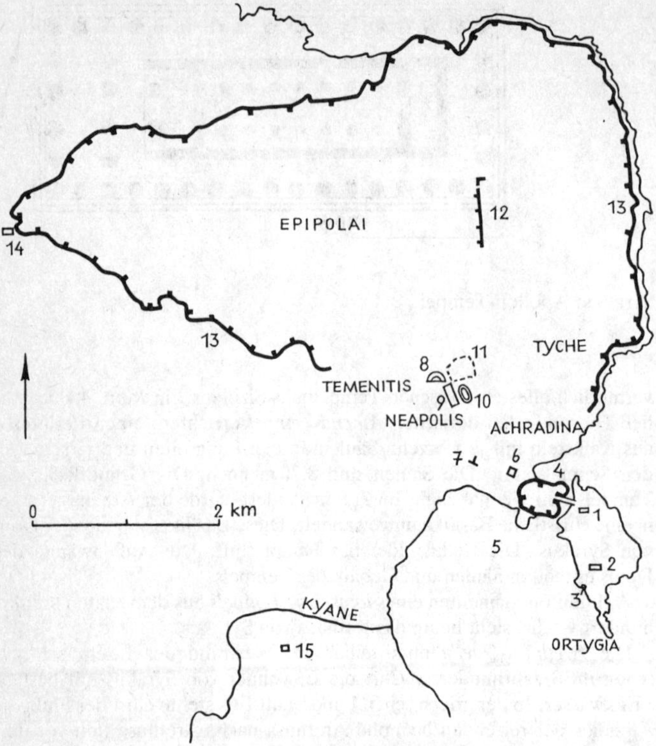

Syrakus

1 Apollon-Tempel 2 Athena-Tempel 3 Arethusa-Quelle 4 Kleiner Hafen 5 Großer Hafen 6 Agora 7 Gymnasium 8 griechisches Theater 9 Altar des Hieron 10 Amphitheater 11 Steinbrüche (Latomien) 12 Mauer des Gelon 13 Mauer Dionysios' I. 14 Kastell Euryelos 15 Zeus-Tempel (Olympieion)

n. Chr. Der elliptische Bau hat eine Ausdehnung von 140 mal 119 m und ist überwiegend aus dem Felsen gehauen.

Die *Steinbrüche* (Latomien) am Nordrand der »Neustadt« belieferten Syrakus von Anfang an mit dem notwendigen Baumaterial. Den Gesteinsadern folgend, bildeten sich im Laufe der Jahrhunderte tiefe künstliche Höhlen, in denen auch Staatsgefangene untergebracht wurden. Das *Ohr des Dionysios* in der Latomia del Paradiso ist eine S-förmige Höhle, 65 m tief, 23 m hoch und 5 bis 11 m breit. Eine einzigartige Akustik soll es dem

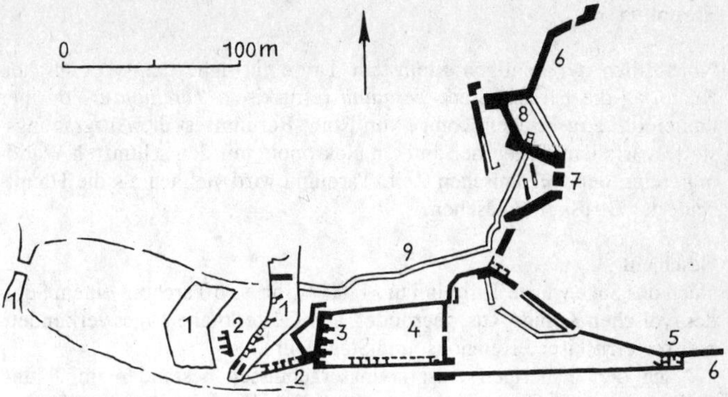

Syrakus: Kastell Euryelos

1 Verteidigungsgräben 2 Vorwerk 3 fünf Kastelltürme 4 Innenhof 5 Ostturm 6 Mauer Dionysios' II. 7 Tor 8 kleines Fort 9 unterirdischer Gang

Tyrannen Dionysios I. ermöglicht haben, die Gespräche seiner Gefangenen zu belauschen. In der Latomia dei Cappuccini starben 413 v. Chr. 7000 gefangene Athener.

Das *Kastell Euryelos* (= breiter Nagel) auf der Westspitze der Hochebene Epipolai ließ Dionysios I. zwischen 402 und 397 erbauen. Diese Anlage ist ein großartiges Beispiel antiker Befestigungskunst. Reste von fünf quadratischen Türmen und ein weitläufiges unterirdisches Verteidigungssystem sind die letzten Zeugen dieser Festung. Zugleich umgab Dionysios die Hochebene mit einer fast 20 km langen *Mauer,* die im Zweiten Punischen Krieg verstärkt wurde. Er wollte damit eine Wiederholung jener gefährlichen Situation, die die Athener 413 v. Chr. geschaffen hatten, vermeiden. Besiedelt wurde die Hochebene Epipolai aber nie.

Etwa 4 km südwestlich von Syrakus erhob sich seit etwa 560 v. Chr. der *Tempel des olympischen Zeus.* Zwei Säulen dieses Olympieion stehen am Ufer des malerischen, von hohen Papyrusstauden gesäumten Kyane (heute Ciane) noch immer aufrecht.

Literatur: H.-P. Drögemüller, Syrakus. Zur Topographie und Geschichte einer griechischen Stadt. Heidelberg 1969.

Tarquinia

Nordöstlich der heutigen Kleinstadt Tarquinia nahe der tyrrhenischen Küste lag die Etruskerstadt *Tarquinii* (etruskisch: *Tarchuna*). Von hier kamen die etruskischen Könige von Rom. Berühmt ist die Ausgrabungsstätte vor allem wegen der antiken Nekropole mit den schönsten Wandmalereien der vorrömischen Zeit. Tarquinii wird vielfach als die Hauptstadt der Etrusker angesehen.

Geschichte

Nach der Sage wurde Tarquinii um 1200 v. Chr. von Tarchon, einem Sohn des lydischen Königs Atis, gegründet. Der Götterknabe Tages verkündete hier die etruskische Religions- und Staatslehre.

Nach den bisherigen Ausgrabungsergebnissen bestanden im 9. und 8. Jahrhundert v. Chr. auf den umliegenden Hügeln mehrere früheisenzeitliche Siedlungen der Villanova-Kultur. Im 8. Jahrhundert v. Chr. schufen die Etrusker auf dem 167 m hohen Plateau Pian di Cività die Stadt Tarchuna (Tarquinii), um die reichen Eisen-, Blei- und Zinkgruben der nahe gelegenen Tolfa-Berge auszubeuten. Über den Hafen Gragisca (Graviscae) wurden die Metalle exportiert. Tarquinii entwickelte sich zu einer der blühendsten Etruskerstädte. Im späten 7. Jahrhundert v. Chr. dehnte die Stadt ihren Einfluß auf das südliche Latium aus und stellte über hundert Jahre lang, von etwa 616 bis 509 v. Chr., die Könige von Rom.

Tarquinii war ein wichtiges Mitglied des etruskischen Zwölfstädtebundes, dem zwischen Arno und Tiber die Städte Arretium (Arezzo), Caere (→ Cerveteri), Clusium (Chiusi), Cortona, Perusia (Perugia), Populonia, Rusellae (Roselle), Tarquinii (Tarquinia), →Veji, Vetulonia, Volaterrae (→ Volterra) und Volsinii (Bolsena) angehörten. Kultzentrum dieses Bundes war das Heiligtum der Schicksalsgöttin Voltumna in Velzna (Volsinii).

Seit der Vertreibung des letzten tarquinischen Königs bestand zwischen Rom und Tarquinii ein gespanntes Verhältnis mit immer wieder auflodernden kriegerischen Auseinandersetzungen. Massenhinrichtungen von Gefangenen auf beiden Seiten, vor allem in den Jahren 358 und 357 verschärften die Situation, bis beide Städte 351 v. Chr. endlich einen 40jährigen Waffenstillstand vereinbarten, der 308 v. Chr. auf weitere 40 Jahre erneuert wurde. Nachdem sich die etruskischen Städte 303 v. Chr. in der Schlacht bei Rusellae vergeblich gegen das weitere Vordringen Roms zur Wehr gesetzt hatten, war die Widerstandskraft der Etrusker gebrochen. 280 v. Chr. unterwarf der römische Konsul Tiberius Coruncanius Tarquinii. Die Stadt verlor ihre Besitzungen an der Küste und im Hinterland, blieb aber souverän.

Archäologie

Im ausgehenden 17. Jahrhundert wurden in Tarquinia die ersten Gräber mit Freskomalereien entdeckt. Der englische Maler James Byres fertigte

Skizzen dieser Gräber. Zwischen 1820 und 1835 fanden zahlreiche Raubgrabungen statt; die vorgefundenen kostbaren Grabbeigaben wurden wegen ihres Edelmetallgehalts eingeschmolzen oder an Antiquitätenhändler veräußert. Die Wandmalereien blieben zum Glück verschont. 1827 stießen Tombaroli – so werden die einheimischen Grabräuber genannt – auf die einzigartige Tomba del Barone. 1827 und in den folgenden Jahren entdeckte Otto Magnus von Stackelberg, ein deutscher Baron aus Reval, mehrere mit Malereien ausgestattete etruskische Gräber, darunter die Tomba delle Bighe (Grab der Zweigespanne, auch Stackelberg-Grab genannt). Der Baron fertigte Pausen von den Wandmalereien.

1881 begann die wissenschaftliche Erforschung der Nekropole, wobei bis heute über 2000 Gräber freigelegt bzw. untersucht werden konnten. Von 1934 bis 1938 konzentrierten sich die Ausgrabungen auf den engeren Stadtbereich. Dabei stieß der Archäologe P. Romanelli auf eine starke Ringmauer und auf die Fundamente eines großen Tempels. Die Arbeiten wurden 1946 fortgesetzt.

1958 und 1959 entdeckte der Mailänder Ingenieur C. M. Lerici mit Hilfe modernster technischer Hilfsmittel innerhalb von achtzehn Monaten über tausend neue Gräber, darunter zehn mit wundervollen Fresken. Da die Fresken nach der Graböffnung schnell verfallen – einige Fresken der im 19. Jahrhundert freigelegten Grabanlagen sind bereits kaum mehr zu erkennen –, geht man heute dazu über, die kostbaren Gemälde von den Kammerwänden zu lösen und im Museum wieder aufzustellen. Das Verfahren ist äußerst schwierig, weil die Kunstwerke nur auf eine dünne Putzschicht oder unmittelbar auf den Fels gemalt wurden. 1969 fanden die Archäologen Gragisca, die Hafenstadt Tarquiniis, mit Wohn- und Lagergebäuden aus dem 6. und 5. und einem Aphrodite-Heiligtum aus dem 7. vorchristlichen Jahrhundert. Zahlreiche Votiv-Bilder, auf denen weibliche Organe dargestellt sind, sowie erotische Frauenskulpturen lassen den Schluß zu, daß hier die aus Kleinasien stammende Tempel-Prostitution praktiziert wurde.

Ausgrabungsstätte

Die etruskische *Nekropole* erstreckt sich südlich der antiken Stadt auf dem Monterozzi über eine Länge von etwa 5 km. Bis heute konnten rund 65 Kammergräber aus dem 6. bis 2. Jahrhundert v. Chr., die zu den schönsten Grabanlagen Etruriens zählen, erschlossen werden. Jedes Grab krönte ein Tumulus, ein kreisrunder künstlicher Erdhügel. Diese Tumulus-Gräber sind fast ausschließlich in den Tuffelsen gehauen. Die farbigen Fresken an den Kammerwänden zeigen Darstellungen aus dem täglichen Leben.

Hier seien nur einige der eindrucksvollsten Gräber genannt:

Tomba dei Tori (Grab der Stiere; um 540 v. Chr.),

Tomba degli Auguri (Grab der Auguren [Auguren waren Priester, die den Vogelflug deuteten]; um 530 v. Chr.),

Tomba della Caccia e della Pesca (Grab der Jagd und des Fischfangs; 530–520 v. Chr.),

Tomba delle Leonesse (Grab der Löwinnen; um 520 v. Chr.),
Tomba del Barone (Grab des Barons; um 510 v. Chr.),
Tomba dei Giocolieri (Grab der Akrobaten; 510–490 v. Chr.),
Tomba del Cacciatore (Grab des Jägers; 490–480 v. Chr.),
Tomba delle Bighe (Grab der Zweigespanne; um 480 v. Chr.),
Tomba dei Leopardi (Grab der Leoparden; um 475 v. Chr.),
Tomba del Triclinio (Grabanlage des Triclinium; um 470 v. Chr.),
Tomba del Letto funebre (Grab des Totenbetts; um 460 v. Chr.),
Tomba di Polifemo (Grab des Polyphem; 4. Jahrhundert v. Chr.) mit der *Tomba dell' Orco* (Grab des Orkus [Unterwelt]; 3. Jahrhundert v. Chr.),
Tomba degli Scudi (Grab der Schilde; um 300 v. Chr.),
Tomba delle Olimpiadi (Grab der Olympiaden; Ende 6. Jahrhundert v. Chr.),
Tomba delle Nave (Grab der Schiffe),
Tomba del Topolino (Grab des Mäuschens; Mitte 6. Jahrhundert v. Chr.),
Tomba dei Leoni rossi (Grab der roten Löwen),
Tomba dei Leoni di Gidada (Grab der Löwen von Gidada),
Tomba del Teschio (Grab des Totenschädels),
Tomba dei Festoni (Grab der Girlanden; 3. Jahrhundert v. Chr.),
Tomba del Tifone (Grab des Typhon [griechisches Ungeheuer]; Mitte 2. Jahrhundert v. Chr.).

Die *Stadtmauer* von Tarquinii stammt vermutlich aus dem 5. oder 4. Jahrhundert v. Chr. und geht auf ältere Befestigungsanlagen aus dem 6. Jahrhundert zurück. Sie ist 8 km lang und umschließt ein Gebiet von fast 35 ha, also rund zwei Drittel der Fläche Roms zur Zeit des Königs Servius Tullius.

Ara della Regina (Altar der Königin) wird der Tempel von Tarquinii genannt. Von dem Heiligtum sind nur noch das Fundament und einige Mauerreste vorhanden. Welche Gottheit in diesem Tempel verehrt wurde, ist nicht bekannt. Der Tempel ist 44 m lang und 25 m breit. Eine breite Treppe führte zu der Terrasse empor, auf der er stand. Der langgestreckte, säulenumgebene Bau ähnelte eher einem griechischen als einem etruskischen Heiligtum. Eine Terrakottagruppe aus zwei geflügelten Pferden schmückte einst den vorderen Giebel. Der Tempel dürfte um 300 v. Chr. entstanden sein. Ein älterer Tempel unter der Ara della Regina könnte aus dem 6. Jahrhundert v. Chr. stammen.

Die bei den Ausgrabungen entdeckten Sarkophage, Wandmalereien, Vasen usw. befinden sich überwiegend im Museum von Tarquinia (Museo Nazionale Tarquiniese), zum Teil auch in Florenz.

Literatur: M. Moretti, L. von Matt, Etruskische Malerei in Tarquinia. Köln 1974.

Tell Açana (Alalah)

Etwa 20 km östlich der türkischen Hafenstadt Antakya erhebt sich am Ufer des Orontes (heute Asi Nehri) unweit der syrischen Grenze der Ruinenhügel Açana. Dieser Hügel barg das alte *Alalah* (Alalach), Hauptstadt des altorientalischen Fürstentums Mukisch und heißumkämpfter Warenumschlagplatz. Hier verschmolzen die kulturellen Einflüsse Mesopotamiens, Ägyptens, Kleinasiens und der Ägäis.

Geschichte

Das Stadtgebiet von Alalah war schon in der Mitte des 4. Jahrtausends bewohnt. Eine Schrift aus dem späten 3. Jahrtausend erwähnte erstmals das Fürstentum Mukisch. Um 1785 v. Chr. errichtete Yarimlim, König von Yamhad (Aleppo), in Alalah einen Palast. Bald darauf wurde die Stadt von den Assyrern unter ihrem König Schamschi Adad I. überfallen. Im 17. Jahrhundert v. Chr. gehörte Alalah zum Reich Mitanni. Um 1595 v. Chr. eroberte Muršili I., Großkönig der Hethiter, die Stadt auf seinem Zug nach Babylon.

Von etwa 1525 bis 1460 stand Alalah unter ägyptischer Herrschaft. Dann kehrten die Mitanni zurück. In dieser Epoche erbaute Niqme Pa, Fürst von Mukisch, in der Stadt einen Palast. Gegen 1370 v. Chr. kam Alalah zum Hethiterreich. Nach der Schlacht bei Kadesch (Qadesch) im Jahre 1285 v. Chr., aus der weder die Hethiter noch die Ägypter als Sieger hervorgingen, plünderte der Pharao Ramses II. die Stadt, die aber im hethitischen Einflußbereich verblieb. Mit dem Zusammenbruch des Hethiterreiches um 1200 v. Chr. endet auch die Geschichte von Alalah, das

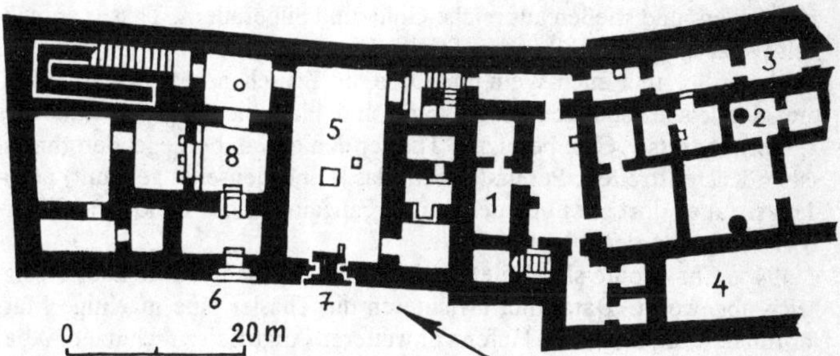

Tell Açana (Alalah): Palast des Yarimlim (Untergeschoß)

1 Gesindekammern mit eingebauten Waschbecken 2 Werkstatt für Steinmetzen 3 Topflager 4 Hof 5 Mittelhof 6 Eingang 7 ursprünglicher Eingang

vor allem dem Holzexport und dem Transithandel seinen Wohlstand verdankte.

Archäologie
In den Jahren 1937 bis 1939 und 1946 bis 1949 untersuchte der englische Archäologe C. L. Woolley die siebzehn Siedlungsschichten des Tell Açana, die er dem Zeitraum von etwa 3400 bis 1200 v. Chr. zuordnen konnte.

Ausgrabungsstätte
In dem Ruinenhügel von Açana legte Woolley die Fundamente mehrerer *Paläste* mit hethitischen Basreliefs frei. Die Reliefs, darunter ein Sitzbild des Königs Idrimi mit autobiographischer Inschrift aus dem 15. Jahrhundert v. Chr., befinden sich heute im Britischen Museum, London, und im Archäologischen Museum von Antakya. Reste einiger *Tempel* stammen ebenfalls aus dem 15. Jahrhundert v. Chr.

Literatur: C. L. Woolley, Ein vergessenes Königreich. Dt. Übers. Wiesbaden 1954.

Thasos

Die nordägäische Insel Thasos, etwa 8 km vor der Küste Thrakiens, war im Altertum wegen ihres Gold- und Silberreichtums berühmt.

Geschichte
Gegen 680 v. Chr. ließen sich ionische Kolonisten von der Marmorinsel Paros auf Thasos nieder und gründeten in der Nordostecke der Insel eine Stadt gleichen Namens. Sie kamen, um in den Bergen von Thasos Marmor zu brechen, und stießen auf reiche Gold- und Silberadern. Thasos entwikkelte sich zu einer blühenden Stadt. Thasische Kaufleute brachten die Edelmetalle, aber auch Wein und Öl in die ägäischen Länder und knüpften Handelsbeziehungen zu Ägypten und Phönikien. Gegen Ende des 7. Jahrhunderts v. Chr. besetzten Thasier den gegenüberliegenden thrakischen Küstenstreifen, Peraia (griech. das [Land] jenseits) genannt, nachdem sie auch dort am Fuße des Berges Pangaion reiche Gold- und Silbervorkommen entdeckt hatten.

494 v. Chr. wollte sich Milet die Insel einverleiben, wurde aber erfolgreich abgewehrt. Daraufhin errichteten die Thasier eine mächtige Marmormauer, um Stadt und Hafen vor weiteren Angriffen zu schützen. Aber schon zwei Jahre später, 492 v. Chr., besetzte der Perserkönig Dareios die Insel. 477 v. Chr., also bald nach dem Ende der Perserkriege, zwang Athen die Insel, dem Attisch-Delischen Seebund beizutreten und belegte sie wegen ihres Reichtums mit hohen Beitragszahlungen. 465 v. Chr. weigerte sich Thasos, den Bundesbeitrag weiterhin zu leisten und wurde zwei Jahre später von dem athenischen Feldherrn Kimon unterworfen. Die

Athener eigneten sich die Peraia an und entzogen Thasos das Recht, in eigener Regie Gold abzubauen. Erst 446 v. Chr. gelang es den Thasiern, den wertvollen Küstenstreifen und die Abbaurechte zurückzugewinnen. Später lösten sich Athener und Spartaner in der Herrschaft über die Insel ab. 340/339 v. Chr. kamen die Makedonier. Trotz wechselnder Fremdherrschaft konnte Thasos seinen außerordentlichen Wohlstand bewahren.

Mit Anbruch des römischen Zeitalters stellte sich Thasos sofort auf die Seite Roms. 196 v. Chr. erhielt es dafür seine Unabhängigkeit und konnte seinen Machtbereich bis zu den nördlichen Sporaden ausdehnen. Auch als in der Kaiserzeit die Gold- und Silberminen erschöpft waren, blieb Thasos ein blühendes Handelszentrum in der Ägäis.

Archäologie

Die ersten bedeutenderen Fundstücke kamen 1863 in den Pariser Louvre. 1910 begann die École Française d'Athènes mit systematischen Ausgrabungen auf der Insel. 1939 wurden die Untersuchungen fortgesetzt, aber durch den Krieg bald wieder unterbrochen. 1948 konnten die französischen Archäologen ihre Arbeit wieder aufnehmen; sie konzentrieren sich heute vor allem auf die westliche Agora mit dem Heiligtum des Zeus Agoraios und anderen kleinen Tempeln.

Ausgrabungsstätte

Die *Agora,* das Zentrum der antiken Stadt Thasos, lag in unmittelbarer Nähe des Hafens, der durch eine Mole in zwei große Becken geteilt war. Die Agora hatte die Form einer Raute mit einer Seitenlänge von jeweils etwa 110 m und war von Säulenhallen umgeben. Die Nordwest-Stoa ist die älteste Halle; sie wurde im 3. Jahrhundert v. Chr. an der Stelle einer archaischen Stoa aus dem 6. Jahrhundert errichtet. Die Nordost-Stoa, auch »Schräge Stoa« genannt, stammt aus dem 2. Jahrhundert v. Chr. Hinter ihr befanden sich Läden aus dem 4. vorchristlichen Jahrhundert. Südwest- und Südost-Stoa datieren aus dem 1. Jahrhundert v. Chr. Ein monumentaler Eingang in der Südwest-Stoa verband die Agora mit der übrigen Stadt. Die Agora war mit Monumenten, Altären und kleinen Heiligtümern übersät. Vom Denkmal des Glaukos, eines Mitbegründers von Thasos, zeugt noch der Unterbau aus dem 7. Jahrhundert v. Chr. Der Temenos des Zeus Agoraios mit kleinem Tempel und Altar wurde im frühen 4. Jahrhundert v. Chr. an der Stelle eines älteren Heiligtums errichtet. Neben einem runden Altar, auf dem Opfertiere verbrannt wurden, stand die Statue des thasischen Athleten Theogenes, der um 480 v. Chr. in ganz Griechenland 1300 Siege errungen haben soll. Theogenes wurde wie ein Gott verehrt; an seiner Statue brachten die Bürger von Thasos Opfer dar.

Im übrigen Stadtbereich wurden Fundamente und unbedeutende Mauerreste mehrerer Heiligtümer für Herakles (6. Jahrhundert v. Chr.), Poseidon, Dionysos und Artemis, eines hellenistischen Theaters, eines römischen Odeums und einiger Wohnhäuser aus dem 7. Jahrhundert v. Chr. freigelegt.

Auf der *Akropolis* fanden die Archäologen die Fundamente zweier

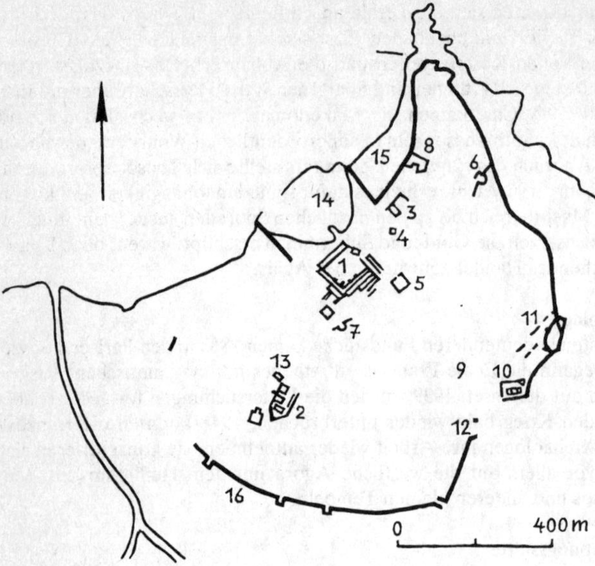

Thasos

1 Agora 2 Herakles-Tempel 3 Poseidon-Tempel 4 Dionysos-Tempel 5 Artemis-Tempel 6 hellenistisches Theater 7 römisches Odeum 8 Wohnviertel (7. Jahrhundert v. Chr.) 9 Akropolis 10 Tempel der Athena Poliuchos 11 Tempel des Apollon Pythios 12 Pan-Heiligtum 13 Caracalla-Bogen 14 Hafen I 15 Hafen II 16 Stadtmauer

Tempel, die der Athena Poliuchos und dem Apollon Pythios geweiht waren. Der Athena-Tempel aus dem 5. Jahrhundert v. Chr. erhob sich an der Stelle eines archaischen Tempels des 7. Jahrhunderts.

Die Tore der etwa 4 km langen marmornen *Stadtmauer* waren mit Reliefs geschmückt, eine Besonderheit, die im griechischen Raum nur auf Thasos anzutreffen ist. Besonders interessant ist das Tor des Zeus und der Hera.

Literatur: D. Lazarides, Thasos and its Peraia. Athen 1971.

Theben

Theben, Hauptstadt des Neuen Reiches von Ägypten unter der 18. Dynastie, lag an der Stelle der heutigen Orte *Luxor* (Luksor) und *Karnak.* Ihre Blütezeit hatte die »hunderttorige« Metropole von der 18. bis zur 20. Dynastie (1552–1085), also rund ein halbes Jahrtausend lang. Beiderseits des Nil zeugen noch heute großartige Relikte von der glanzvollsten Epoche Ägyptens. Die Tempel des Reichsgottes Amun in Luxor und Karnak sowie die riesige Nekropole auf dem gegenüberliegenden Westufer des Nil zählen zu den eindrucksvollsten Schöpfungen ägyptischer Baumeister und Künstler.

Geschichte

Im Alten Reich war Theben – so nannten die Griechen das ägyptische *Weset* (= Stadt) – eine unbedeutende Provinzstadt. Nach dem Zusammenbruch des Alten Reiches um das Jahr 2263 herrschten souveräne Fürsten in den zahlreichen Gauen Unter- und Oberägyptens. Allmählich entwickelten sich die Fürsten von Herakleopolis (altägypt. Hat-nen-nisut) und Theben zu den mächtigsten Geschlechtern des Niltales. Um 2040 gelang es dem thebanischen Fürsten Mentuhotep, den Gaufürsten von Herakleopolis zu besiegen und damit das Reich zum zweiten Mal zu einigen. 2040 ist somit das Geburtsjahr des Mittleren Reiches. König Mentuhotep I. bestimmte seine Gauhauptstadt Theben zur neuen Metropole. Aber die mächtigen Herrscher der folgenden 12. Dynastie (1991–1786) residierten nicht mehr im oberägyptischen Theben, sondern im unterägyptischen Fayum. In dieser Zeit gewann Amun, eine Lokalgottheit der Thebais, an überörtlicher Bedeutung.

Seit dem 17. Jahrhundert v. Chr. stand Ägypten unter der Herrschaft der Hyksos (= Herrscher der Fremdländer, vermutlich Churriter), die schon in der 12. Dynastie von Asien her in Ägypten eingewandert waren und nach dem Zusammenbruch des Mittleren Reiches die Macht an sich gerissen hatten. Wieder waren es Fürsten aus Theben, die den Kampf mit den Hyksos aufnahmen. Kamose stürzte die Hyksos vom Pharaonenthron. Sein Bruder Ahmose (1552–1527) eroberte die Hyksos-Hauptstadt Avaris im nordöstlichen Nildelta und begründete das Neue Reich mit Theben als Reichshauptstadt. Sein Sohn Amenophis I. (1527–1506) verfolgte die Hyksos bis Palästina. Thutmosis I. (1506–1494), Sohn des Amenophis, drang als erster ägyptischer König bis zum Euphrat vor.

Die nächsten großen Herrschergestalten, die Theben zu einer der größten und glanzvollsten Städte des Altertums ausbauten, waren die Königin Hatschepsut (1490–1468) und ihr Stiefsohn Thutmosis III. (1490–1436). Hatschepsut, die für ihren minderjährigen Stiefsohn die Regierungsgeschäfte wahrnahm, zögerte nicht, sich selbst zum Pharao krönen zu lassen. Sie verfolgte energisch eine Politik des Friedens und vermied jede kriegerische Auseinandersetzung. 1468 fand Hatschepsut auf ungeklärte Weise den Tod. Thutmosis III. ließ alle Erinnerungen an seine Stiefmutter vernichten und stärkte durch siebzehn erfolgreiche Feldzüge die Vormachtstellung Ägyptens im afrikanisch-asiatischen Raum. Kunst und Handel blühten wie nie zuvor. Die Reichtümer zweier Erdteile strömten in Theben zusammen. Amenophis II. (1438–1412) und Thutmosis IV. (1412–1402) festigten die Stellung des Reiches, dessen Herrschaftsbereich jetzt von Nubien bis zum Euphrat reichte. Die ägyptischen Pharaonen nahmen sich Töchter der Großkönige von Mitanni und Babylon zur Frau. Mit Amenophis III. (1402–1364) begann die Ära des politischen Zerfalls, des übersteigerten Individualismus. Sein Sohn Amenophis IV. (1364–1347) erhob Aton, die Sonne, zur alleinigen Gottheit und nannte sich Echnaton (= Aton will es). Er verlegte die königliche Residenz von Theben nach Achet-Aton (= Lichtort des Aton), dem heutigen Tell el → Amarna. Er sah in der religiösen Reformation seine einzige Aufgabe, während Verwaltung und Wirtschaft in ein Chaos stürzten und das Riesenreich unaufhaltsam zerbrach.

Sein Schwiegersohn Tutanchamun (1347–1338), der nur durch sein Grab berühmt wurde, kehrte unter dem Druck der Priesterschaft Thebens zum Amun-Kult und in die alte Hauptstadt Theben zurück. Der Reichsfeldherr Haremhab, seit 1334 Pharao, mühte sich vergeblich, die alte Vormachtstellung Ägyptens wiederzuerringen. Nie mehr sollte das Reich die Größe und die Macht erreichen, die es unter Thutmosis IV. gehabt hatte. Innenpolitisch löschte Haremhab alles aus, was an den »Ketzerkönig« Echnaton erinnerte. »Der Wächter an der Grenze des Reiches«, wie man Haremhab nannte, residierte in seiner Vaterstadt Memphis.

Als Nachfolger auf dem Pharaonenthron bestimmte Haremhab Paramessu, den Sohn eines hohen Offiziers aus der Hyksosmetropole Avaris. Paramessu nannte sich Ramses I. Er begründete 1306 v. Chr. die 19. und 20. Dynastie, die große Epoche der Ramessiden. Die neue Hauptstadt Ägyptens wurde Ramsesstadt – den richtigen Namen kennt man noch nicht – im Nildelta. Theben war nun nicht mehr das politische Zentrum des Reiches, aber es blieb sein kultureller und religiöser Mittelpunkt.

Nach dem Tod des letzten Ramessiden wurde das Reich von schweren Unruhen erschüttert. In Tanis (Nildelta) residierten fortan die Könige von Unterägypten, in Theben die Könige von Oberägypten. Nubien hatte sich aus dem Reichsverband gelöst; sein König Pianchi (751–716) eroberte das Niltal bis zur Mündung. Mit Pianchi begann die 25. Dynastie, die Dynastie der Äthiopen (Nubier). 671 v. Chr. drangen die Assyrer unter ihrem König Asarhaddon in Ägypten ein. Tanutamun (663–656), der letzte Äthiopenkönig, konnte die Assyrer wieder vertreiben. Aber Assurbanipal, Sohn des Asarhaddon, fiel 663 v. Chr. erneut in Ägypten ein und brandschatzte das heilige Theben. Von dieser Zerstörung konnte sich die Stadt nie mehr erholen.

Als Kambyses, König der Perser, im Jahre 525 v. Chr. Ägypten eroberte, verlor das Reich endgültig seine Souveränität. Bei den Kämpfen trug auch Theben starke Schäden davon. Dennoch hinterließ die glanzvolle Metropole Ägyptens bei Herodot, der die Stadt 448 v. Chr. besuchte, einen unauslöschlichen Eindruck. Dagegen sah der griechische Geograph Strabo um 25 v. Chr. nur noch ärmliche Dörfer an der Stelle der einstigen Weltstadt.

Archäologie

1708 bis 1712 bereiste Pater Claude Sicard, Leiter der Jesuitenmission in Kairo, Oberägypten und erkannte in den Ruinen von Luxor und Karnak das alte Theben. In der Nekropole besichtigte Sicard zehn stark verfallene Königsgräber. 1769 entdeckte der Engländer James Bruce das Grab Ramses' III. Als Napoleon 1798/99 die »Ägyptische Expedition« unternahm, befanden sich in seinem Gefolge auch Archäologen, die eine Liste der zugänglichen Gräber aufstellten. 1815 öffnete der Italiener Giovanni Belzoni das Grab Sethos' I. 1829 vervollständigte der französische Ägyptologe Jean François Champollion die Königsgräberliste.

1843 fand der Franzose Prisse d'Avennes im Amun-Tempel von Karnak die berühmte »Königstafel von Karnak« mit den Namen von 62 Herrschern vor Thutmosis III. und brachte sie nach Paris. 1845 bis 1847 arbeitete ein deutsches Archäologenteam unter R. Lepsius in Medinet Habu; die »Preußische Expedition« fertigte die ersten Pläne des Totentempels von Ramses III. 1859 bis 1863 arbeitete Auguste Mariette, Direktor der ägyptischen Altertümerverwaltung, an der Freilegung des Tempels. 1889 bis 1898 führte sein Nachfolger im Amt, Gaston Maspéro, die Arbeiten zu Ende.

1875 stieß der Grabräuber Abd er-Rassul bei Deir el-Bahari (Theben-West) auf ein Grab mit zahlreichen Mumien ägyptischer Könige der 17. bis 20. Dynastie, die man zur Zeit der 21. Dynastie aus Furcht vor Grabräubern aus ihren Grüften holte und nochmals gemeinsam beigesetzt hatte. Sechs Jahre lang plünderte Abd er-Rassul die Mumien aus und brachte die Grabbeigaben in den Handel, bis man ihn endlich überführen konnte. In einem Versteck fand die ägyptische Polizei die Mumien von Ahmose (1552–1527), Amenophis (Amenhotep) I. (1527–1506), Thutmosis I. (1506–1494), Thutmosis II. (1494–1490), der Hatschepsut (1490–1468), Thutmosis III. (1490–1436), Ramses I. (1306–1304), Sethos I. (1304–1290), Ramses II. (1290–1224) und Ramses III. (1184–1153).

1885 begann Gaston Maspéro, den Amun-Tempel in Luxor von allen späteren Veränderungen und Überbauungen zu befreien.

1898 entdeckte der französische Archäologe Victor Loret das Grab Amenophis' II. (1438–1412). In einer Nebenkammer fand er die Mumien von Thutmosis IV. (1412–1402), Amenophis III. (1402–1364), Merenptah (1224– etwa 1204), Sethos II., Siptah, Sethnacht (1186–1184), Ramses IV., Ramses V. und Ramses VI. 1905 öffnete der Amerikaner Theodore M. Davis das völlig unversehrte Grab von Juja und Tuja, der Schwiegereltern Amenophis' III. Die gesamte Grabausstattung befindet sich heute in Kairo.

1902 bis 1909 untersuchte der Franzose Georges Legrain, Leiter der Ausgrabungen von Karnak, den Amun-Tempel in Karnak. Dabei stieß er im Hof vor dem 7. Pylon auf eine sog. »Favissa«, eine Nekropole von

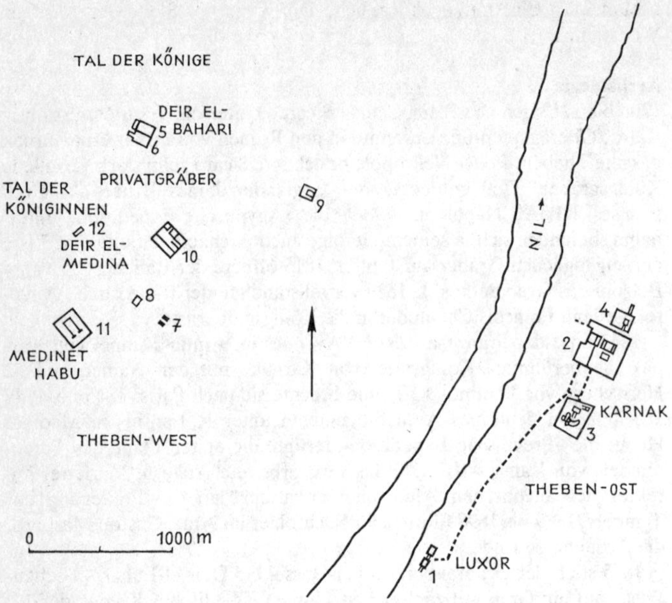

Theben

1 Amun-Tempel 2 Amun-Bezirk 3 Mut-Bezirk 4 Month-Bezirk 5 Totentempel der Hatschepsut 6 Totentempel des Mentuhotep 7 Memnonskolosse 8 Totentempel Amenophis' III. 9 Totentempel Sethos' I. 10 Ramesseum 11 Totentempel Ramses' III. 12 Siedlung der Nekropolenarbeiter

Statuen, die hier bestattet waren. Aus einer 14 m tiefen Grube holte er über 20000 Bronze- und Steinfiguren der 25. Dynastie (751–656) empor, die heute über viele Museen in aller Welt verteilt sind.

Im Jahre 1912 nahm ein amerikanisches Archäologenteam die Untersuchungen in Medinet Habu wieder auf. Seit dem Beginn des Ersten Weltkrieges überließ man die Ausgrabungsstätte den Grabräubern. 1927 bis 1933 arbeitete das Oriental Institute der Universität Chikago auf dem Gelände des Totentempels von Ramses III. und fertigte einen Plan aller Bauwerke des Heiligtums.

1922 entdeckte der britische Archäologe Howard Carter im Tal der Könige (Theben-West) das Grab des Tutanchamun, das einzige ägyptische Königsgrab, das nicht geplündert worden war und den reichsten Schatz enthielt, der jemals gefunden wurde.

Ausgrabungsstätte

Die Ruinenstätten der ägyptischen Metropole Theben gliedern sich in drei Teile: *Luxor* mit dem Tempel des Reichsgottes Amun, *Karnak* mit den drei Tempelbezirken des Amun, der Mut und des Month und schließlich die riesige Totenstadt *Theben-West* mit dem Tal der Könige, dem Tal der Königinnen, den Totentempeln mehrerer Pharaonen, den Gräbern hoher Würdenträger, einer Siedlung der Nekropolenarbeiter usw.

Luxor

Der *Tempel von Luxor* war dem Reichsgott Amun, dem »König der Götter und Herrn der Throne beider Länder« (Ober- und Unterägypten), geweiht. Auch seine Gemahlin Mut und beider Sohn Chons wurden hier verehrt. Amenophis III. (1402–1364), ein Pharao der 18. Dynastie, ließ den Tempel auf den Fundamenten eines Heiligtums des Mentuhotep, des Begründers der 11. Dynastie, anlegen. Die Architekten sollen Suti und Hor gewesen sein. Ramses II. (1290–1224) erweiterte den Tempel nach Norden um den Großen Hof und den Großen Pylon, so daß die ganze Anlage eine Länge von 260 m erreichte.

Vor dem *Großen Pylon,* dem Haupteingang des Tempels, standen sechs Kolossalstatuen Ramses' II., von denen noch zwei sitzende und zwei stehende Statuen erhalten sind. Den Eingang flankierten zwei Obelisken aus Rosengranit; der kleinere, 22,84 m hoch und 220 Tonnen schwer, kam 1819 nach Paris, wo er siebzehn Jahre später auf der Place de la Concorde seinen heutigen Standort fand. Der andere Obelisk, 25,03 m hoch und 257 Tonnen schwer, steht noch in situ. Die beiden Pylontürme waren ursprünglich 24 m hoch. Gewaltige Reliefs an der 65 m breiten Eingangsfront zeigen Szenen aus der Schlacht bei Kadesch, in der die beiden Großreiche der Ägypter und Hethiter im Jahre 1285 v. Chr. aufeinanderprallten. Die Schlacht brachte keine Entscheidung, wird hier aber als überwältigender Sieg Ramses' II. über den Hethiterkönig Muwatalli dargestellt.

Der Große Pylon öffnet sich zum *Hof Ramses' II.* Der 57 mal 51 m große Hof wird von einer Papyrussäulenhalle eingefaßt. Die Nordecke nimmt ein kleiner, eleganter Tempel ein, der aus der Zeit Thutmosis' III. stammt und der Göttertrias Amun, Mut und Chons geweiht war. Um diesen Tempel in den Hof einbeziehen zu können, mußten die Architekten des Ramses den Hof nach Westen abknicken lassen.

An den Hof schließt sich der großartige *Säulengang Amenophis' III.* an. Der Gang ist 52 m lang und wird von zwei Reihen zu je sieben Papyrussäulen begleitet. Die Säulen erreichen eine Höhe von 15,80 m. Tutanchamun und Haremhab ließen an den Gangwänden Reliefs mit Darstellungen des Opet-Festes anbringen.

Der Gang mündet in den *Hof Amenophis' III.* Er ist 52 mal 46 m groß und an drei Seiten von einer doppelten Säulenhalle umgeben. Die Südseite geht in eine Vorhalle mit 32 Papyrussäulen über. Hinter einem achtsäuligen Vorraum liegen der Opfersaal, der Saal der heiligen Barke, der Krönungssaal, der sog. Geburtssaal (Mammisi) und ganz hinten das Allerheiligstc.

Karnak

Amun-Bezirk. An der einstigen Anlegestelle der Kultbarken beginnt eine breite Widdersphinxallee, die zum ersten Pylon des *Amun-Tempels* führt. Dieser gewaltige Torbau ist Teil des 2,1 km langen Mauerwalls, der die Tempelanlage umgibt. Der Pylon wurde aus mächtigen Sandsteinblöcken errichtet. Die Höhe beträgt 43,50 m, die Gesamtbreite 113 m. Der Bau blieb unvollendet.

Der Pylon öffnet sich auf einen weiträumigen Hof, dessen Fläche 103 mal 84 m mißt. Er stammt aus der 22. oder 23. Dynastie. Vor den seitlichen Mauern erhebt sich je eine Reihe Papyrussäulen, davor liegen Widdersphinxen (Löwen mit Widderköpfen). Der kleine Tempel Sethos' II. in der nördlichen Hofecke diente zum Abstellen der tragbaren Götterbarken. In der Mitte des Hofes erhob sich einst der große Kiosk des Taharka (25. Dynastie, 689–663). Von den ursprünglich zehn Säulen steht noch eine aufrecht; sie ist 21 m hoch und hat einen Durchmesser von fast 3 m. Rechts schiebt sich der Tempel Ramses' II. (oder III. ?) in den Hof, der offenbar ebenfalls Kultbarken aufnehmen sollte.

Den zweiten Pylon erbaute Haremhab aus Bauteilen der sog. Ketzerzeit, der Zeit Echnatons also. Der Torbau war ursprünglich etwa 40 m hoch, fiel aber einer Feuersbrunst und wohl auch einem Erdbeben zum Opfer. Das 30 m hohe Tor war von zwei Kolossalstatuen Ramses' II. flankiert.

Durch das Tor betritt man den großartigen Säulensaal, eine 102 mal 53 m große, gedeckte Halle, deren 134 Sandsteinsäulen einst das Dach trugen. Die zwölf 21 m hohen Mittelsäulen sind aus 1,10 m hohen Steintrommeln zusammengesetzt. Der Säulenwald in den beiden Seitenschiffen ist 13 m hoch. Reliefbänder schmücken sämtliche Säulen.

Den dritten Pylon ließ Amenophis III. aus älteren Architekturgliedern bauen. Über einen Mittelhof, den einst vier 23 m hohe Obelisken beherrschten (einer ist noch vorhanden), erreicht man den stark zerstörten vierten Pylon Thutmosis' I. Es folgt ein kleinerer Säulensaal mit vierzehn Säulen, die zum Teil noch bis 16 m hoch sind. In der Mitte ragt ein Obelisk der Hatschepsut 29,50 m in den Himmel empor. Die 320 Tonnen schwere Granitnadel gilt mit ihren Inschriften, Darstellungen und der einst mit Elektron bedeckten Spitze als der schönste Obelisk überhaupt. Der fünfte Pylon wird Thutmosis I. zugeschrieben, der sechste Pylon Thutmosis III.

Das Sanktuar der heiligen Barken ließ Philippos Arrhidaios, der Halbbruder und Nachfolger Alexanders des Großen, um 320 v. Chr. an der Stelle der sog. Roten Kapelle der Hatschepsut und eines Bauwerks Thutmosis' III. erbauen.

Theben-Ost (Karnak): Der Große Tempel des Reichsgottes Amun

1 Tempelbezirk des Amun 2 Widdersphinxallee zum Nil 3 Großer Hof 4 Großer Säulensaal 5 Tempel Ramses' II. (oder III.) 6 Heiliger See 7 Pylon 8 Pylon 9 Pylon 10 Pylon 11 Gebäude Thutmosis' III. 12 Sockel des Lateran-Obelisken 13 Tempel Ramses' II. 14 Kiosk des Taharka 15 Osiris-Tempel

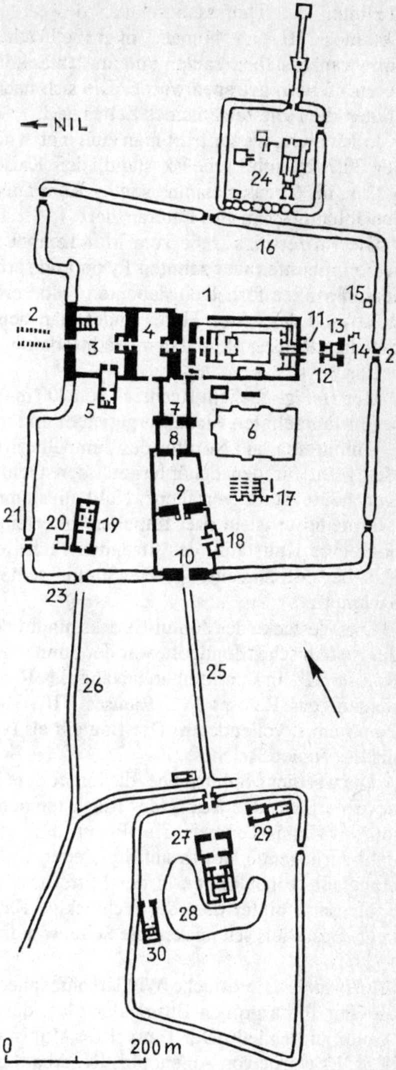

16 Ptah-Tempel 17 Gebäude des Psamut 18 Tempel Amenophis' II. 19 Chons-Tempel 20 Ipet-Tempel 21 Umwallung 22 Osttor 23 Südtor 24 Tempelbezirk des Month 25 östliche Widdersphinxallee 26 westliche Widdersphinxallee 27 Tempelbezirk der Mut 28 Heiliger See 29 Tempel Amenophis' III. 30 Tempel Ramses' III.

Hinter der Umfassungsmauer des alten Amun-Tempels errichtete Thutmosis III. eine 44 mal 17m große Festhalle, deren Dach in der Mitte von zwanzig hohen Säulen und an den Seiten von zweiunddreißig niedrigeren Pfeilern getragen wurde. Die sich nach oben verjüngenden Säulen ahmen die Holzstützen eines Zeltes nach.

In Richtung Osttor trifft man auf einen wuchtigen Sockel, auf dem einst der 30,70m hohe Obelisk stand, den Kaiser Konstantin im Jahre 357 n. Chr. im Circus maximus von → Rom aufstellen ließ und der seit 1587 den Johannesplatz des Lateran ziert.

Die Prozessionsstraße zum Mut-Tempel führte durch den siebenten, achten, neunten und zehnten Pylon und setzte sich in der östlichen Widdersphinxallee fort. Den siebenten Pylon erbaute Thutmosis III. An der Westwand des ersten Hofes findet man den Text des Friedensvertrages zwischen Ramses II. und dem Hethiterkönig Hattusili III. vom Jahre 1270 v. Chr.

Der *Heilige See,* ein Rechteck von 200 mal 117m, wurde in den vergangenen Jahrzehnten wiederhergerichtet und mit Wasser gefüllt.

Unmittelbar am Nordtor des Tempelbezirks liegt der *Ptah-Tempel,* das Heiligtum für den Schöpfergott, den Gemahl der Sachmet (Sechmet). Der heute stark verfallene Kultbau stammt von Thutmosis III. Das Allerheiligste ist in drei Kapellen unterteilt; in der mittleren sieht man noch eine Kultstatue des sitzenden Ptah (leider ohne Kopf), die rechte Kapelle enthält eine große Statue seiner löwenköpfigen Gemahlin Sachmet.

Die Westecke des Amun-Bezirks nimmt der *Chons-Tempel* ein. Chons, der thebanische Mondgott, war der Sohn von Amun und Mut. Für ihn ließ Ramses III. in unmittelbarer Nähe des Reichstempels ein Heiligtum errichten, das Ramses IV., Ramses VII., Herihor und der Priesterkönig Pinodjem I. vollendeten. Der Bau gilt als typisches Beispiel für die Tempel des Neuen Reiches.

Die westliche Sphinxallee, die hinter dem herrlichen ptolemäischen Tor des Euergetes den Bezirk des Reichstempels erreicht, endet vor dem Pylon des Chons-Tempels. Der Pylon ist 17,98m hoch und 32m breit. Der dahinterliegende Hof ist auf drei Seiten von einer doppelten Säulenreihe eingefaßt. Eine Rampe in der Mitte des Hofes führt zu einem kleinen Säulensaal, hinter dem der rechteckige Raum mit dem Barkensanktuar liegt. Basreliefs schmücken die Seitenwände.

Mut-Bezirk. Die östliche Widdersphinxallee endet vor der Ziegelmauer, die den 10 ha großen Bezirk der Mut, der geierköpfigen Gemahlin des Amun, umschließt. Der Tempel der Mut ist der zweitgrößte Kultbau Thebens. Er wurde von Amenophis III. erbaut und von Ramses III. erneuert. Heute ist er stark verfallen. Eindrucksvoll sind die zahlreichen Statuen der löwenköpfigen Sachmet (Sechmet), der »Todesbotin«. Die besterhaltenen Darstellungen sind über die ganze Welt verstreut, allein der Louvre besitzt zehn dieser Statuen. Ein Heiliger See umgab den Tempel in engem Bogen.

Im Bezirk des Heiligtums liegen noch zwei weitere Tempel, von denen nur noch Trümmer zeugen: ein Tempel Amenophis' III. und ein Tempel Ramses' III.

Month-Bezirk. Der dritte und kleinste Tempelbezirk Karnaks war dem falkenköpfigen Gott Month geweiht. Er war der Hauptgott Thebens, bevor ihn Amun, der König der Götter, im Neuen Reich verdrängte. Nach dem Niedergang des Amun-Kultes in der Spätzeit kam Month wieder zu Ansehen. Amenophis III. ließ den Tempel errichten. Nach späteren Erweiterungen hatte er zuletzt eine Ausdehnung von 52,50 mal 26,30 m.

Theben-West

Jenseits des Nil bestatteten die Thebaner ihre Toten. Hier liegen die Gräber der Könige und Beamten des Neuen Reiches (18. bis 20. Dynastie), aber auch die Gräber der Arbeiter und Künstler, die die Totentempel und Grüfte schufen und ausgestalteten. Die Nekropole Theben-West ist mit rund 10 Quadratkilometern die wohl größte aller Totenstädte.

Totentempel des Mentuhotep. Der Tempel des Mentuhotep in *Deir el-Bahari* ist heute nur noch ein einziges Trümmerfeld. Mentuhotep Nebhepet-Re (2060–2010), der Große, der Reichseiniger und Begründer des Mittleren Reiches, ließ seinen Totentempel um 2050 in einem malerischen Tal des libyschen Wüstengebirges unterhalb einer 300 m hohen, halbrunden Felswand errichten. Die Verbindung von Pyramide und Felsengrab stellte den Bezug zum Alten Reich her und symbolisierte zugleich die Einigung Ober- und Unterägyptens.

Auf einer ausgedehnten Terrasse, die die Architekten Mentuhoteps in den Felsen hauen ließen, erstand eine zweistufige *Pfeilerhalle,* aus deren Mitte die Pyramide aufragte. 140 achtkantige Pfeiler stützten das Dach der Halle. Die *Pyramide* hatte einen Grundriß von 40 mal 42 m. Unter ihr befand sich das *Scheingrab* des Königs, denn in dem Sarkophag lag eine in Mumienbinden gehüllte Königsstatue. Zum eigentlichen *Grab* im Felsmassiv führt ein 150 m langer, abfallender Stollen. Schwere Granitplatten verkleiden die schlichte Sargkammer.

An die Pyramidenhalle schloß sich ein Pfeilersaal mit der *Kapelle der Hathor* an. In der Kapelle stand das Kultbild der Göttin, eine heilige Hathorkuh; es befindet sich heute in Kairo.

Totentempel der Hatschepsut. Unmittelbar neben dem Tempel des Mentuhotep baute die Königin Hatschepsut ihren Totentempel. Hatschepsut war die Witwe des jung verstorbenen Thutmosis II. Sie regierte seit 1490 v. Chr. für den unmündigen Sohn ihres Mannes, den dieser von einer Nebenfrau hatte, und gedachte auch nicht zurückzutreten, als der Sohn, der spätere Thutmosis III., schon erwachsen war. Sie herrschte bis zu ihrer Ermordung im Jahre 1468. Thutmosis III. ließ daraufhin alle Bildnisse und Inschriften, die auf seine Stiefmutter hinwiesen, aus den Tempeln Ägyptens entfernen.

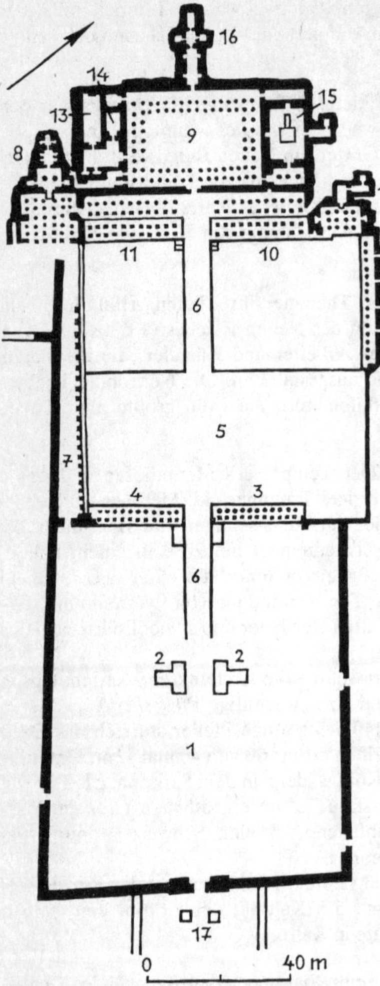

Theben-West: Totentempel der Hatschepsut

1 Untere Terrasse 2 Papyrusteiche 3 Nordhalle 4 Südhalle 5 Mittlere Terrasse 6 Rampen 7 Rampe zur Hathor-Kapelle 8 Hathor-Kapelle 9 Obere Terrasse 10 Geburtshalle (Mammisi) 11 Punthalle 12 Anubis-Kapelle 13 Opferhalle 14 Kapelle des Amun 15 Sonnenheiligtum 16 Sanktuarium des Amun (Allerheiligstes) 17 Baumgruben

Der Tempel der Hatschepsut befindet sich in einem relativ guten Erhaltungszustand. Er sollte dem Tempel des Mentuhotep gleichen, nur noch schöner und größer werden. Auch eine Pyramide war vorgesehen, deren Bau aber unterblieb. Der Tempel war dem obersten Gott Amun geweiht. Nebenkapellen dienten der Verehrung von Hathor, Anubis, des Sonnengottes Re-Harachte und schließlich auch der königlichen Bauherrin sowie ihrer Eltern Thutmosis I. und seiner zweiten Gemahlin Ahmes. Senenmut und Dedia haben den Amun-Tempel in Karnak erbaut und ausgestaltet.

Der Prozessionsweg führte über eine *Sphinxallee* an Perseabäumen, deren dreieinhalbtausendjährige Stümpfe noch erhalten sind, vorbei zur *unteren Terrasse.* Links und rechts des Weges lagen zwei T-förmige Papyrusteiche. Über eine Rampe erreichte die Prozession die *mittlere Terrasse,* deren Front zwei Säulenhallen bilden. Das berühmte Bild vom Schiffstransport eines Obelisken und Darstellungen des Vogelfanges schmücken die Rückwand der beiden Hallen.

Auch die mittlere Terrasse endet in zwei Säulenhallen. Die *Geburtshalle* rechts zeigt in Wandreliefs und Inschriften Zeugung und Geburt der Königin. Nördlich schließt sich an die Geburtshalle die *Kapelle des Anubis,* des großen Totengottes, des »Herrn der Totenstadt«, an. Anstelle viereckiger Pfeiler tragen hier sechzehnkantige, leicht kannelierte Säulen das Dach des Heiligtums. Die *Punthalle* links zeigt in lebensvollen Reliefs die Expedition zum Lande Punt (Somalia). Südlich dieser Halle liegt die *Hathor-Kapelle,* die über eine eigene Rampe zu erreichen ist.

Zwischen Punt- und Geburtshalle steigt eine zweite Rampe zur oberen Terrasse hinauf, deren Hallen leider stark zerstört sind. Die linke Seite nehmen *Opferhallen* für Hatschepsut und Thutmosis I. ein. Rechts schließt sich das *Sonnenheiligtum* mit Vorhalle, Altarhof und Kapelle an. Von hier aus begrüßten die Priester mit den ersten Strahlen der aufgehenden Sonne das Wiedererscheinen des Sonnengottes Re. Tief in den Felsen eingeschnitten liegt das Allerheiligste, das *Sanktuarium des Amun.* Reliefs zeigen die Königin Hatschepsut im Kreise ihrer Familie. Zur Zeit der Ptolemäer diente die hinterste Kammer des Allerheiligsten als Kultraum für Imhotep und Amenhotep. Imhotep war Architekt des Königs Djoser; Amenhotep, Sohn des Hapu, war Architekt des Königs Amenophis III. Beide erhoben die Ägypter lange nach ihrem Tod zu Göttern der Heilkunst. Der Tempel der Hatschepsut war in ptolemäischer Zeit gewissermaßen ein ägyptisches »Asklepieion«.

Memnonskolosse. Die beiden 19,50m hohen Sitzfiguren, die sog. Memnonskolosse, flankierten einst den Haupteingang des *Totentempels Amenophis' III.* (1402–1364). Den Tempel erbaute der berühmte Architekt Amenhotep. Leider sind von dem Heiligtum außer den Kolossen nur noch vereinzelte Trümmer vorhanden, denn Pharao Merenptah (1224 – etwa 1204) benutzte die Ruine als Steinbruch für den Bau seines eigenen Totentempels. Die Kolosse waren aus je einem einzigen Sandsteinblock gehauen und ursprünglich etwa 21m hoch.

Der nördliche der beiden Kolosse brach bei einem Erdbeben in der Zeit um Christi Geburt. Von da an erklangen fast täglich bei Sonnenaufgang eigenartige Klagelaute aus dem Koloß. Diese Töne rührten vom Zerspringen winziger Teilchen des sehr harten Sandsteins beim schnellen Temperatur- und Feuchtigkeitswechsel in den Morgenstunden her. Die Griechen aber erklärten die Klagelaute so: Memnon, der Sohn des sagenhaften ägyptischen Königs Tithonos und der Göttin Eos, war nach Troja geeilt, um seinem Onkel Priamos gegen Agamemnons Heerscharen beizustehen, fiel aber im Zweikampf gegen Achilleus. In Gestalt der Riesenstatue war er daraufhin nach Theben zurückgekehrt und beklagte seitdem allmorgendlich, wenn seine Mutter Eos am Himmel erschien, Trojas Untergang. Eos, die Göttin der Morgenröte, begann dann zu weinen, und ihre Tränen benetzten als Tau das Land.

Strabo (63 v. Chr. – 20 n. Chr.), Juvenal (etwa 60–140) und Pausanias (2. Jahrhundert n. Chr.) haben dieses Phänomen beschrieben, und unzählige Römer reisten nach Theben, um das Wunder zu bestaunen, darunter im Jahre 130 auch Kaiser Hadrian. Septimius Severus (193–211) ließ den Koloß wieder instand setzen, woraufhin die Klagelaute für immer verstummten.

Totentempel Sethos' I. Der Sethos-Tempel ist wie alle Totentempel der 19. Dynastie von anderen Tempeln kaum zu unterscheiden. Sie dienten nicht nur der Verehrung des verstorbenen Königs, sondern waren auch dem Reichsgott Amun geweiht.

Sethos I. (1304–1290) ließ den Tempel für sich und seinen Vater Ramses I. errichten, doch erst Ramses II. konnte den Bau vollenden. Die beiden Pylone und Vorhöfe sind völlig zerstört. Erhalten ist dagegen der Hauptbau. Zehn Papyrussäulen stehen vor der Tempelfassade. Drei Türen führen ins Innere. In der Mitte liegt ein *Säulensaal* mit sechs seitlich angeordneten Kammern. Die Wände des Saals und der Kammern sind mit herrlichen Reliefs geschmückt. Im dahinter gelegenen Allerheiligsten war während der Feierlichkeiten die Götterbarke des Amun aufgestellt. Die linke Tür öffnet sich zur Kapelle Ramses' I., die rechte führt in den Sonnenhof Ramses' II.

Ramesseum. Das sog. Ramesseum, der *Totentempel Ramses' II.*, beeindruckt noch heute durch seine gewaltigen Ruinen. Der Tempel war dem Reichsgott Amun geweiht und diente zugleich dem Totenkult des berühmten Pharaos. Die 270 mal 170 m große Anlage umfaßte außer dem Totentempel einen kleinen Palast, Magazine, Ställe, Wohnungen der Bediensteten und einen winzigen Tempel Sethos' I.

Den Zugang zur Tempelanlage, die von einem mächtigen Ziegelwall umgeben war, bildete der 67 m breite erste *Pylon.* Während die Vorderseite des Pylon völlig verfallen ist, zeigt die Rückseite riesige Reliefs mit Darstellungen der Schlacht bei Kadesch und anderer Feldzüge Ramses' II. Diese Reliefs zählen zu den bedeutendsten Werken der ägyptischen Kunst.

Der erste Hof ist stark zerstört. Eine Reihe von Osirispfeilern begrenzte die rechte Seite des Hofes. Links bildete eine doppelte Kolonnade den Eingang zum Palast Ramses' II. Neben der Treppe zum zweiten Hof liegen die Trümmer einer *Kolossalstatue* des Königs, die ursprünglich 18m, mit Krone sogar 23m groß war. Die über 1000 Tonnen schwere Statue war aus Rosengranit gemeißelt.

Der zweite Hof war von Osirispfeilern und Papyrussäulen eingefaßt. Drei Treppen führen zu einem Säulenportikus hinauf, an den sich ein *großer Säulensaal* anschließt. Von den ursprünglich 48 Säulen stehen heute noch 29 aufrecht. Der dreischiffige Saal – die mittleren Säulen sind höher als die seitlichen – ist mit herrlichen Reliefs geschmückt. Eine Tür öffnet sich zum ersten kleinen Vorraum mit acht Papyrussäulen, hinter dem man einen zweiten Vorraum, die Tempelbibliothek, mit vier von ursprünglich acht Säulen betritt. Beide Räume zeigen großartige Reliefs und Malereien. Das dahinterliegende Allerheiligste mit seinen Nebenräumen ist völlig zerstört.

An den Totentempel lehnt sich der kleine *Tempel Sethos' I.* an, den Ramses II. in seine Anlage einfügte und vermutlich auch restaurierte. Wir erinnern uns: Ramses II. (1290–1224) war der Sohn Sethos' I. (1304–1290).

Medinet Habu. Im Süden der Nekropole von Theben liegt der letzte große Tempelbau der Ramessiden: der Totentempel Ramses' III. Am Kai eines Nilkanals, den der Pharao für seine Tempelanlage ausschachten ließ, erhebt sich das sog. *Hohe Tor,* der Südeingang zum Heiligtum. Das Tor ist ein Teil der gewaltigen *Lehmziegelmauer,* die am Fuß 10m dick ist und bis zu 18m hoch aufragt. Hinter dem Tor erhob sich ein kleiner *Amun-Tempel,* den Hatschepsut um 1470 v. Chr. an der Stelle älterer Vorgängerbauten errichten ließ. Thutmosis III. vollendete den Tempel, der einen »seit Urbeginn heiligen Ort« einnahm, einen »Hügel, der beim Zurückgehen des Urwassers als erster auftauchte und Leben trug«. Dieser Tempel war den Ägyptern so heilig, daß er immer wieder erneuert und vergrößert wurde, schließlich die Mauer durchbrach und noch unter dem römischen Kaiser Antoninus Pius (138–161) ergänzt wurde.

Der Totentempel Ramses' III. entspricht weitgehend dem Ramesseum, dem Totentempel Ramses' II., erreicht aber nicht dessen räumliche Ausdehnung. Die Tempelanlage nimmt eine Fläche von 150 mal 48 m ein. Der erste Pylon ist 66 m breit und 21 m (ursprünglich 24 m) hoch. Die Reliefs stellen u.a. eine Seeschlacht gegen die »Seevölker« dar.

Der erste Hof ist 33 m lang und 42 m breit. Vor der Nordwand stehen Osirispfeiler. Die südliche Säulenhalle bildet den Eingang zum Palast des Königs. Der 42 mal 38 m große zweite Hof ist von Osirispfeilern und Papyrussäulen umgeben. Durch einen Portikus betritt man den *eigentlichen Tempel.* Das Dach trugen 24 Papyrussäulen, acht hohe in der Mitte und je acht niedrigere an den Seiten. Türen in der Westwand führen zu den fünf Schatzkammern, zum Heiligtum der Barke Ramses' III. und zu einer Kapelle des Gottes Month. Im Osten liegen nebeneinander die Kultkammern für Ptah, Osiris und Ramses sowie ein Raum zum Schlachten der Opfertiere.

Vom zweiten Säulensaal erreicht man das *Heiligtum des Re* mit dem Altar des Sonnengottes und auf der gegenüberliegenden Seite den Kultraum des verstorbenen Königs. Der dritte Säulensaal führt in das Allerheiligste, einen Raum mit viereckigen Pfeilern. Die benachbarten Räume waren den Gottheiten Mut und Chons vorbehalten.

Im *Palast* hielt sich der König nur während der Feierlichkeiten auf. Der restaurierte Bau bestand u. a. aus dem Audienzsaal – der Sockel für den Thron ist noch zu sehen –, aus Schlafraum, Bad, Zimmer der Königin und drei Appartements für die Nebenfrauen.

Tal der Könige. Seit Beginn des Neuen Reiches ließen sich die Pharaonen in den Felsentälern von Theben-West bestatten. Im Tal der Könige fanden die Archäologen die Grabstätten fast aller Herrscher der 18., 19. und 20. Dynastie. Da den toten Pharaonen Schätze von unermeßlichem Wert mit ins Grab gegeben wurden, nahmen jeweils schon bald nach der Bestattung die Grabplünderer ihre Tätigkeit auf. Um wenigstens die Mumien zu schützen, bettete man diese immer wieder um, oft in großer Eile, verwechselte dabei die Särge, vertauschte Särge und Sargdeckel, so daß die Archäologen Mühe hatten, die Verstorbenen zu identifizieren.

Von allen Gräbern, die bisher entdeckt und untersucht worden sind, waren nur zwei unangetastet geblieben: das Grab der Schwiegereltern Amenophis' III. und das Grab Tutanchamuns. Es folgt eine Aufzählung der Königsgräber in Stichworten (mit der offiziellen Numerierung, die der Reihenfolge ihrer Entdeckung entspricht):

Nr. 1. Ramses VII. (20. Dynastie). Wanddarstellungen.

Nr. 2. Ramses IV. (20. Dynastie). Der Granitsarkophag steht noch in situ. Die auf Stuck gemalten Wanddarstellungen sind größtenteils zerstört. Frühchristlicher Wallfahrtsort.

Nr. 3. Für Ramses III. vorgesehen (s. Nr. 11). Keine Darstellungen.

Nr. 4. Ramses XI. (spätestens 1112–1085 v. Chr.). Darstellungen nur am Eingang.

Nr. 5. Für Ramses II. begonnen, aber nicht vollendet (s. Nr. 7).

Nr. 6. Ramses IX. (20. Dynastie). 82 m lange Grabanlage mit drei Korridoren, Vorhalle, Vierpfeilersaal, Sargkammer. Darstellungen an Wänden und Decken.

Nr. 7. Ramses II. (1290–1224 v. Chr.). Stark beschädigte Darstellungen.

Nr. 8. Merenptah (1224– etwa 1204 v. Chr.). 110 m lange Grabanlage mit stark beschädigten Darstellungen. Im Vorraum der Granitdeckel des äußeren Sarkophages. Im Pfeilersaal der Deckel des inneren Sarkophages aus Rosengranit, darauf eine Darstellung des Königs als Osiris.

Nr. 9. Ramses VI. (20. Dynastie). Mit reliefierten und bemalten Darstellungen aus dem »Buch der Pforten«, dem »Höhlenbuch«, dem »Buch des Tages und der Nacht«, dem »Totenbuch«. Im Pfeilersaal die Trümmer

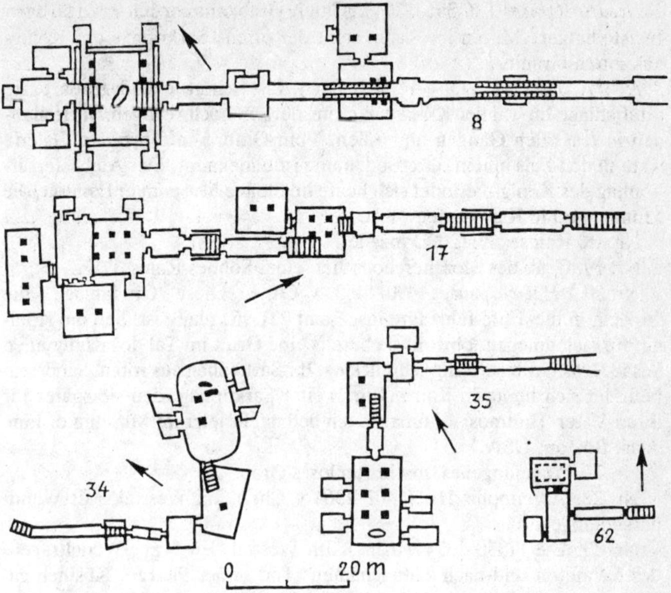

Theben-West: Königsgräber im Tal der Könige

Nr. 8: Grab Merenptahs Nr. 17: Grab Sethos' I. Nr. 34: Grab Thutmosis' III. Nr. 35: Grab Amenophis' II. Nr. 62: Grab Tutanchamuns

des großen Granitsarkophages. In römischer Zeit war das Grab als »Grab des Memnon« bekannt.

Nr. 10. Amenmeses (19. Dynastie). Wanddarstellungen zerstört.

Nr. 11. Ramses III. (1184–1153 v. Chr.). 125 m lange Anlage, deren hinterer Abschnitt einsturzgefährdet und daher gesperrt ist. Reiche Wanddarstellungen, darunter auch zwei Harfenspieler, weshalb die Gruft den Namen »Harfnergrab« erhielt.

Nr. 12. Ohne Inschriften.

Nr. 13. Verschüttete Grabanlage, die für Bay, den Kanzler des Königs Siptah, angelegt worden war.

Nr. 14. Königin Tewosret, Witwe Sethos' II. Später wurde hier Sethnacht (1186–1184 v. Chr.) beigesetzt. Darstellungen unter der Stuckübermalung.

Nr. 15. Sethos II. (19. Dynastie). Wanddarstellungen.

Nr. 16. Ramses I. (1306–1304 v. Chr.). Grabkammer mit einzigartigen Darstellungen. Mitten im Raum steht der offene Sarkophag des Königs aus rotem Granit.

Nr. 17. Sethos I. (1304–1290 v. Chr.). Die schönste und großartigste Grabanlage im Tal der Könige mit künstlerisch hochwertigen Darstellungen in fast allen Gängen und Sälen. Vom Grabraum führt eine Galerie 46 m in den Fels hinein; ihre Bedeutung ist unbekannt. Der Alabastersarkophag des Königs befindet sich heute im Sloane Museum in London, die Mumie wird in Kairo aufbewahrt.

Nr. 18. Ramses X. (20. Dynastie).

Nr. 19. Grab des Montherchopschef, eines Sohnes Ramses' IX.

Nr. 20. Hatschepsut (1490–1468 v. Chr.). Diese Grabanlage, die 96,93 m in die Tiefe führt und insgesamt 221,96 m lang ist, ließ die Königin für sich anlegen, obwohl sie bereits eine Gruft im Tal der Königinnen besaß. Das Grab ist völlig schmucklos. Ihr Sarkophag aus rotem Sandstein befindet sich heute in Kairo. Ein zweiter Sarkophag, den sie später für ihren Vater Thutmosis I. umarbeiten ließ, steht jetzt im Museum of Fine Arts, Boston, USA.

Nr. 21. Angefangenes, inschriftenloses Grab.

Nr. 22. Amenophis III. (1402–1364 v. Chr.). Im Westtal. Mit Wanddarstellungen.

Nr. 23. Eje (1338–1334 v. Chr.). Im Westtal. Eje war »Wedelträger« des Echnaton und nach Tutanchamuns Tod selber Pharao. Köstlich gezeichnete Paviane gaben dem Grab den Namen »Affengrab«.

Nr. 24 und 25. Im Westtal. Ohne Inschriften.

Nr. 26–33. Unvollendete Gräber ohne Inschriften.

Nr. 34. Thutmosis III. (1490–1436 v. Chr.). Diese Grabanlage zeigt erstmals den Versuch, die Sargkammer vor Grabräubern zu schützen. Über Treppen, vorbei an einem Fallschacht, erreicht man die höhlenartige Grabkammer, in der noch der bemalte Sandsteinsarkophag steht. Die Mumie des Königs fanden die Archäologen in Deir el-Bahari und nahmen sie in die Sammlung des Ägyptischen Museums in Kairo auf. Die Decken der Gänge und Kammern gleichen einem Sternenhimmel, die Wände zeigen eine vollständige Darstellung des »Amduat«, des »Buches von dem, was in der Unterwelt ist«.

Nr. 35. Amenophis II. (1438–1412 v. Chr.). Auch diese Grabanlage wurde durch einen Fallschacht gesichert. Die Grabkammer ist mit einem Sternenhimmel geschmückt. Die Wände bedeckt in der Art eines riesigen Papyrus das vollständige »Amduat«. Der Quarzitsarkophag steht noch in situ. Die Mumie des Königs kam 1934 nach Kairo. In einer Nebenkammer entdeckten die Ausgräber neun weitere Königsmumien, die die Hohenpriester der 21. Dynastie hier vor Grabräubern versteckten.

Nr. 36. Grab des Maherprê, des »Wedelträgers des Königs« zur Zeit der Hatschepsut. Wanddarstellungen sind nicht vorhanden. Die Grabbeigaben befinden sich in Kairo.

Nr. 37. Grab ohne Inschriften.

Nr. 38. Thutmosis I. (1506–1494 v. Chr.). Die auf Stuck gemalten Darstellungen sind zerstört. In der Grabkammer steht noch der Quarzitsarkophag des Königs.

Nr. 39–41. Gräber ohne Inschriften.

Nr. 42. Möglicherweise das Grab Thutmosis' II. (1494–1490 v. Chr.).

Nr. 43. Thutmosis IV. (1412–1402 v. Chr.). Die Grabanlage ähnelt dem Grab Nr. 35. In der Grabkammer fand man neben anderen Beigaben den Streitwagen des Königs.

Nr. 44. Grab ohne Inschriften.

Nr. 45. Privatgrab aus der 18. Dynastie.

Nr. 46. Grab des Juja und der Tuja, der Eltern der Königin Teje und Schwiegereltern des Amenophis III. Das Grab ist völlig schmucklos, enthielt aber sämtliche Grabbeigaben, die heute in Kairo aufbewahrt werden.

Nr. 47. Siptah (19. Dynastie). Mit Wanddarstellungen und dem Königssarkophag aus rotem Granit.

Nr. 48. Grab des Wesirs Amenemope aus der Zeit Amenophis' II.

Nr. 49–54. Gräber ohne Inschriften.

Nr. 55. Dieses schmucklose Grab enthielt Gegenstände aus dem Besitz der Königin Teje und des Königs Amenophis III. sowie einen Sarkophag des Semenchkare, des Schwiegersohnes Achenatens.

Nr. 56. Grab ohne Inschriften. Wegen der darin gefundenen Schmuckgegenstände nannte man es »Goldgrab«.

Nr. 57. Haremhab (1334–1306 v. Chr.). Die unvollendete Grabanlage entspricht völlig dem Grab Nr. 17. Der Königssarkophag aus rotem Granit steht noch an seiner ursprünglichen Stelle.

Nr. 58. Teil der Grabanlage des Tutanchamun (s. Nr. 62).

Nr. 59–61. Gräber ohne Inschriften.

Nr. 62. Tutanchamun (1347–1338 v. Chr.). Das wegen seiner einzigartigen, kostbaren Beigaben berühmteste Grab im Tal der Könige. Die Gänge und Räume der Grabanlage sind schmucklos. Nur die 6,50 mal 4 m große Sargkammer ist mit Darstellungen versehen. In ihr beließen die Ausgräber den geöffneten Steinsarkophag sowie den inneren Holzsarg mit der Mumie des jungverstorbenen Königs. Alle anderen Sarghüllen und die großartigen Schätze von unermeßlichem Wert, die Howard Carter in den Nebenräumen C, D und F fand, befinden sich jetzt im Ägyptischen Museum in Kairo. Da Tutanchamun einer der unbedeutendsten ägyptischen Könige war, den seine Nachfolger sogar von der amtlichen Königsliste gestrichen hatten, kann man ermessen, welche Schätze einst den großen Pharaonen mit ins Grab gegeben wurden. Grabräuber versuchten, gleich nach der Bestattung auch dieses Grab zu öffnen. Durch einen neuen Schacht drangen sie bis zum Korridor B vor, ohne das königliche Nekropolensiegel am Eingang zu verletzen. Aber aus unbekannten Gründen kamen sie nicht weiter. Später waren Tutanchamun und damit auch sein Grab vergessen.

Privatgräber. In der Nekropole von Theben haben die Ausgräber bisher rund 500 sog. Privatgräber geöffnet und untersucht. Es sind Gräber von hohen Würdenträgern des Neuen Reiches. Nur wenige Grabstätten reichen bis in die 11. Dynastie zurück oder wurden nach dem Neuen Reich angelegt. Hier die wichtigsten »privaten« Grabstätten, die alle aus der 18. Dynastie stammen und bis auf das Grab des Cheruëf im Grabbezirk Schêch Abd el-Kurna liegen:

Grab des Nacht (Nr. 52). Nacht war Schreiber und Astronom unter Thutmosis IV. Die gut erhaltenen Wandmalereien sind von großer Lebendigkeit.

Grab des Râmose (Nr. 55). Râmose war Gouverneur von Theben und Wesir unter Amenophis III. und Amenophis IV. (Echnaton). 32 Papyrussäulen tragen die Decke des Hauptsaals. An den Hauptsaal schließen sich ein kleinerer Saal mit acht Papyrussäulen und ein Nischenraum an. Vom Hauptsaal aus führt ein langer Gang in die 17 m tiefer gelegene Grabkammer, die unbenutzt blieb, weil Râmose seinem Pharao in die neue Hauptstadt Achet-Aton gefolgt war. Die Wandbilder dieses Grabes zeigen in eindrucksvoller Weise den Stilwandel von der hochklassischen Epoche zur revolutionären Amarnazeit.

Grab des Chaëmhêt (Nr. 57). Chaëmhêt war Schreiber und Aufseher über die Kornspeicher Ober- und Unterägyptens zur Zeit Amenophis' III. Die herrlichen Reliefs dieser Grabanlage bestechen durch ihre männliche Eleganz.

Grab des Menena (Nr. 69). Menena war Vorsteher der Äcker und Feldmarken unter Thutmosis IV. Das Grab zählt zu den schönsten und am besten erhaltenen.

Grab des Sennofer (Nr. 96). Sennofer war unter Amenophis II. Gouverneur von Theben. Zugänglich ist nur die Sargkammer, deren Decke wie eine Weinlaube gestaltet ist.

Grab des Rechmirê (Nr. 100). Rechmirê war Wesir von Oberägypten unter Thutmosis III. und Amenophis II. Wandmalereien mit elegant gezeichneten Gestalten.

Grab des Cheruëf (Nr. 192) im Grabbezirk El-Asasîf. Cheruëf war Haushofmeister der Königin Teje. Das Grab zeichnet sich durch künstlerisch hochwertige Reliefs aus.

Tal der Königinnen. Das Tal der Königinnen (Bibân el-Harim) umfaßt etwa siebzig Gräber von Königinnen und Prinzen des Neuen Reiches. Die Gräber sind einfach und vorwiegend schmucklos. In den brüchigen Kalkstein ließen sich keine Reliefs meißeln, die Wände der Kammern und Gänge wurden daher verputzt und bemalt. Sehr eindrucksvolle Wandmalereien enthalten die Gräber der Königin Titi (Nr. 52), des Amenherchopschef (Nr. 55), Sohn Ramses' III., und der Königin Nofretere (Nr. 66), einer Gemahlin Ramses' II.

Siedlung der Nekropolenarbeiter. Inmitten der Totenstadt Theben-West stießen bei *Deir el-Medina* Archäologen des Institut Français unter B. Bruyère auf eine Siedlung der Nekropolenarbeiter, einen eng mit schmalen Reihenhäusern bebauten und von einer Mauer umgebenen Ort.

Gegründet wurde diese Siedlung wohl schon gegen 1500 v. Chr. unter Thutmosis I. Die anfangs ärmlichen Häuser wurden später immer komfortabler. Unter Ramses II. beherbergte die Siedlung rund 120 Steinmetzen, Bildhauer, Maler, Maurer, Mineure und Verwaltungsbeamte mit ihren Familien. Die Künstler, Handwerker und Beamten lebten hier im Ghetto, streng abgeschirmt von der Außenwelt, um ihr Wissen von den Gräbern der Großen nicht preisgeben zu können.

Diese »Diener der Mâat« schufen sich außerhalb der Siedlung eigene Grabstätten, zwar klein und bescheiden, aber liebevoll ausgestattet. Zum Beispiel das Grab des Sennodjem (Nr. 1), das des Ipui (Nr. 217) oder das des Anhurchau (Nr. 359).

Literatur: K. Michalowski, Theben. Dt. Übers. Wien, München 1974.

Thera (Santorin)

Thera (heute: Thira; ital. Santorini), die südlichste Insel der Kykladen, ist der aus dem Meer ragende Rand eines gewaltigen Vulkankraters. Der furchtbare Ausbruch des Vulkans um 1500 v. Chr. trug wahrscheinlich zum Untergang der minoischen Kultur bei. Auf Thera vermuten zahlreiche Forscher das sagenumwobene Atlantis, das Platon (427–347) in seinen Dialogen erstehen ließ. Der Vulkan ist heute noch tätig. Der letzte Ausbruch ereignete sich im Jahre 1956.

Geschichte

Vermutlich war Thera schon zu Beginn des 2. Jahrtausends v. Chr. besiedelt. Im 16. Jahrhundert v. Chr. bestand bei dem heutigen Ort Akrotiri eine kretische Handelsniederlassung, die unmittelbar vor dem großen Vulkanausbruch von ihren Bewohnern fluchtartig verlassen wurde. Ungefähr um 1500 v. Chr. explodierte der Thera-Vulkan. 60 Kubikkilometer (!) Asche, Magma und Gestein schleuderte er empor. Das Einströmen des Meeres in die Caldera (Krater) löste eine unvorstellbare Flutwelle aus, die fast alle Hafenstädte der näheren Umgebung Theras verheerte, also auch die Städte Kretas mit Ausnahme des höher gelegenen Knossos. Nach neueren Berechnungen könnte diese Flutwelle eine Höhe von 200 m erreicht haben. Man hat dem Vulkanausbruch von 1500 v. Chr. die Zerstörung des kretischen Reiches, der minoischen Kultur angelastet, aber die Forschung neigt heute mehr zu der Annahme, daß eine Invasion der Achäer die Herrschaft der Minoer beendete. Leider haben sich bisher keinerlei Aufzeichnungen über die große Katastrophe und ihre Folgen gefunden.

Am Anfang des 1. Jahrtausends v. Chr. ließen sich dorische Einwanderer auf der Insel nieder. Von Thera aus gründeten sie um 631 v. Chr. das nordafrikanische → Kyrene, das sich schnell zu einer bedeutenden Stadt entwickelte. 430 v. Chr. trat Thera dem Attisch-Delischen Seebund bei.

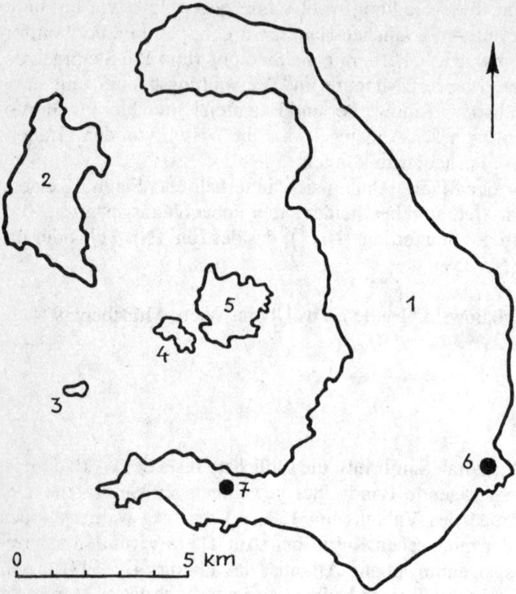

Thera (Santorin)

1 Hauptinsel Thira (Thera) 2 Insel Thirasia 3 Insel Apronisi 4 Insel Paläa Kaimeni 5 Insel Nea Kaimeni 6 die antike Stadt Thera 7 Akrotiri

Im 3. Jahrhundert v. Chr. hatten die Ptolemäer die Insel zu einem Flottenstützpunkt ausgebaut.

Archäologie

Der deutsche Archäologe F. Hiller von Gärtringen grub Ende des 19. Jahrhunderts die antike Stadt Thera aus. In den dreißiger Jahren begann der griechische Archäologe Spyridon Marinatos, die Insel Thera zu untersuchen. 1939 stellte er die Theorie auf, daß die gesamte minoische Kultur durch den Vulkanausbruch von Thera um 1500 v. Chr. vernichtet worden sei. Diese Theorie wird heute in Frage gestellt, da weder der Ascheregen (auf Kreta fanden sich Ascheablagerungen von nur 1 bis 5 cm Stärke) noch die Flutwelle ausgereicht haben dürften, eine ganze Kultur zu vernichten. 1967 stieß Marinatos bei Akrotiri unter einer dicken Asche- und Bimssteinschicht auf eine minoische Siedlung, die er im Auftrag der Griechischen Archäologischen Gesellschaft ausgrub. 1974 erlitt er bei den Ausgrabungsarbeiten einen tödlichen Unfall.

Seit dem Zweiten Weltkrieg untersuchen Archäologen das Innere des Kraters, der bis zu einer Tiefe von 390 m unter den Meeresspiegel reicht. Dabei entdeckten sie eine Stadt, die einst zu den reichsten Städten des Mittelmeerraumes gehört haben muß. Die Untersuchungen dauern an.

Ausgrabungsstätte

Die Ausgrabungsstätte von *Akrotiri* im Süden der Insel zählt als »spätbronzezeitliches Pompeji« zu den größten archäologischen Entdeckungen unseres Jahrhunderts. Unter der bis 10 m dicken Bimssteinschicht kamen Häuser mit bis zu drei Stockwerken aus der Zeit vor dem großen Vulkanausbruch um 1500 v. Chr. zum Vorschein, die mit einzigartigen Wandmalereien geschmückt waren und kostbare Einrichtungsgegenstände enthielten (Gefäße, Möbel usw.). Die Häuser werden, soweit das noch möglich ist, restauriert. Bis jetzt konnten erst einige Straßenzüge und Plätze freigelegt werden.

Die *antike Stadt Thera* an der Südostküste der Insel war in dorischer Zeit der Hauptort der Insel. Der Tempel des Apollon Karneios stammt aus dem 6. Jahrhundert v. Chr.; er hat keinen Säulenumbau. Auf der ausgedehnten Terrasse vor dem Tempel tanzten einst nackte Jünglinge zu Ehren des Gottes. An die Terrasse schloß sich das Gymnasion der Epheben aus dem 2. Jahrhundert v. Chr. an. In dieser Zeit entstand auch das Theater, dessen Bühnenhaus im 1. nachchristlichen Jahrhundert erneuert wurde. Römische Thermen, die Basilike Stoa aus augusteischer Zeit und hellenistische Wohnhäuser vervollständigen das Bild der antiken Stadt.

Literatur: S. Marinatos, Excavations at Thera I–VII. Athen 1967–1973.

Timgad

Timgad, die römische Veteranensiedlung *Tamugadi* (Thamugas), liegt etwa 100 km südlich von Constantine in Algerien am Nordfuß des Aurès-Gebirges. Wie kaum eine andere Römerstadt bietet das »afrikanische Pompeji« mit seinen aufrecht stehenden Grundmauern und Säulen ein fast vollständiges Bild einer römischen Kolonialstadt des 2. und 3. nachchristlichen Jahrhunderts.

Geschichte

Im Jahre 81 n. Chr. war die Legio III Augusta von Theveste (Tebessa) an der heutigen algerisch-tunesischen Grenze rund 200 km westwärts nach Lambaesis (Lambessa) verlegt worden. Für die Veteranen dieser Legion ließ Kaiser Trajan um 100 n. Chr. durch seinen Legaten Munatius Gallus die *Colonia Ulpia Traiani Tamugadi* anlegen, eine Reißbrettstadt auf einer fast genau quadratischen Fläche mit einer Seitenlänge von 355 m (= 1200 römische Fuß). Schon wenige Jahre nach ihrer Gründung wuchs die Stadt über ihre Mauern hinaus. Jenseits der Stadttore entstanden Ther-

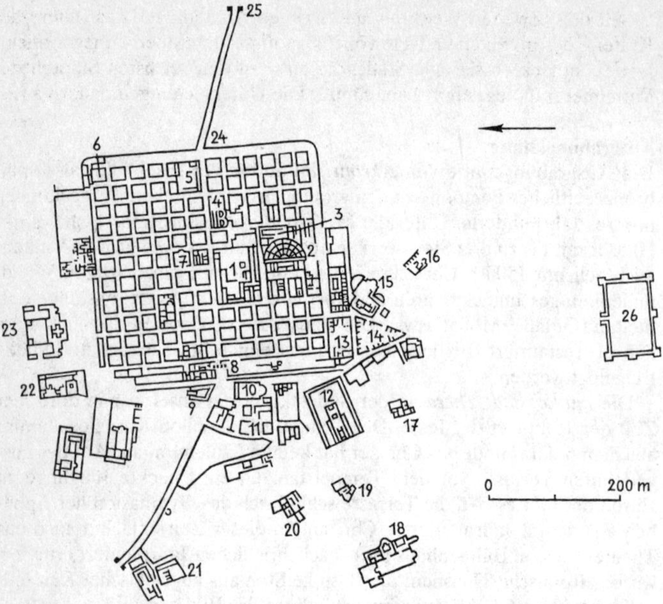

Timgad

1 Forum 2 Theater 3 Ceres-Tempel (?) 4 Ostmarkt 5 Große Ostthermen 6 Nordostthermen 7 Bibliothek 8 Trajans-Bogen 9 Tempel des Genius Coloniae 10 Sertius-Markt 11 Markt-Thermen 12 Kapitol 13 Haus des Sertius 14 Handwerkerviertel 15 Große Südthermen 16 Kleine Südthermen 17 Tempel 18 Kathedrale der Donatisten 19 Kapitol-Thermen 20 Westthermen 21 Thermen 22 Thermen 23 Große Nordthermen 24 Osttor 25 äußeres Osttor 26 byzantinische Festung

men, Tempel, das riesige Kapitol und Handwerkerviertel. Bereits im ausgehenden 2. Jahrhundert hatte sich Tamugadi in seiner Größe vervierfacht. Die Stadt blieb aber ohne historische Bedeutung. Vermutlich wurde Tamugadi zur Zeit der arabischen Eroberung im Jahre 643 aufgegeben.

Ausgrabungsstätte

Der *quadratische Stadtkern* von Tamugadi wird von Decumanus maximus und Cardo maximus in vier Bezirke geteilt. Weitere sich rechtwinklig kreuzende Nebenstraßen ergeben quadratische Insulae von je 20 m Seitenlänge. Alle Straßen waren gepflastert: die Hauptstraßen mit Basalt-, die Nebenstraßen mit Kalksteinquadern. Drei Haupttore führten in die Stadt: das Nordtor, die Mascul-Pforte im Osten und das Westtor.

Das *Forum* südlich der Hauptkreuzung nimmt den Platz von zwölf Insulae ein. Der Cardo maximus endet vor der Eingangshalle zum Forum. Der Forumsplatz mißt 50 mal 30 m. An ihn grenzen die Curia, der Sitzungssaal des Magistrats, und die Basilika, das Gerichtsgebäude. Hier liegen auch die öffentlichen Latrinen mit steinernen Sitzen und Armlehnen in Form von Delphinen.

Das *Theater* wurde zwischen 161 und 169 erbaut. Auf den siebzehn Sitzreihen der knapp 120 m breiten und 15 m hohen Cavea fanden bis zu 4000 Zuschauer Platz. Das dreistöckige Bühnenhaus ist leider nicht erhalten.

Den 15000 bis 20000 Einwohnern standen mindestens zwölf *Thermen* zur Verfügung: im Kerngebiet die kleinen Nord-Thermen, die großen und die kleinen Ost-Thermen und die großen Süd-Thermen. In der Vorstadt u.a. die Thermen des Kapitols, die West-Thermen, die Neuen Thermen und die großen Nord-Thermen. Die *großen Nord-Thermen* hatten einen Grundriß von etwa 80 mal 60 m und glichen in der Anlage den Caracalla-Thermen in Rom.

Der sog. *Trajansbogen* am Westende des Decumanus maximus stammt aus dem ausgehenden 2. Jahrhundert. Er hatte drei Bogen: den 6 m hohen Mittelbogen für den Fahrzeugverkehr und die beiden 3,75 m hohen Seitenbogen für die Fußgänger.

Das *Kapitol,* der Tempel der Götterdreiheit Jupiter, Juno und Minerva, erhob sich auf einer 90 mal 62 m großen Terrasse. 38 Stufen führten zu dem 53 mal 23 m großen Tempel empor. Von dem Heiligtum stehen noch zwei 14 m hohe korinthische Säulen aufrecht.

Am Anfang des 3. Jahrhunderts stiftete M. Plotius Faustus Sertorius den *Ostmarkt* (Markt des Sertorius) in der Nähe des Trajansbogens. Dreizehn im Halbkreis angeordnete Läden mit ihren steinernen Verkaufstischen sind noch gut erhalten. In der Mitte des Macellum steht das Podest der Marktpolizei.

Literatur: C. Courtois, Timgad, antique Thamugadi. Algier 1951.

Tiryns

Die wohl imposanteste vorgeschichtliche Burg Griechenlands erhebt sich 7 km östlich von Argos und 16 km südlich von Mykene auf einem nur 10 bis 18 m hohen Felsplateau. Den berühmten griechischen Geographen und Reiseschriftsteller Pausanias (2. Jahrhundert n. Chr.) beeindruckte die Kyklopenburg Tiryns (= Stadt der Türme) nicht weniger als die Pyramiden Ägyptens.

Geschichte

Das flache Felsplateau von Tiryns war schon im späten 3. Jahrtausend bewohnt. Ein Rundbau von 28 m Durchmesser diente vermutlich als Wehrturm und Fürstensitz. In der ersten Hälfte des 2. Jahrtausends wurde die Siedlung auf dem Plateau befestigt. Um 1400 v. Chr. entstand die gewaltige Kyklopenmauer. Und da beginnt die Sage: Proitos, der Bruder des Königs Akrisios von Argos, erbaute diese Mauer mit Hilfe lykischer Kyklopen. Später herrschte hier Perseus, der Enkel des Akrisios. Amphitryon und Eurystheus folgten ihm. Alkmene, die Enkelin des Perseus, war mit Amphitryon verheiratet. Mit jener Alkmene hatte Zeus ein Verhältnis, aus dem Herakles hervorging. Hera nun, die sittenstrenge Gemahlin des Göttervaters, ärgerte sich über die ständigen Seitensprünge ihres Gatten und sandte Herakles, dem Produkt seiner außerehelichen Beziehungen, zwei Schlangen, die ihn töten sollten. Herakles jedoch, obwohl noch ein Kleinkind, erwürgte die Reptilien. Zur Strafe dafür mußte er sich dem Spruch des Orakels von → Delphi unterwerfen, das bestimmte, daß der Held, sobald er erwachsen sei, zwölf Jahre lang Eurystheus, dem König von Tiryns, dienen müsse. Für Eurystheus nun erledigte Herakles die berühmten »zwölf Arbeiten«: Er erlegte den nemeischen Löwen, tötete die lernäische Schlange, erjagte die kerynitische Hirschkuh, fing den erymanthischen Eber, reinigte die Ställe des Königs Augias, tötete die stymphalischen Vögel, bezwang den kretischen Stier, brachte die menschenfressenden Rosse des thrakischen Königs Diomedes zu Eurystheus, besorgte für Admete, der Tochter des Eurystheus, den Gürtel der Amazonenkönigin Hippolyte, holte die Rinder des Geryon, erwarb die goldenen Äpfel der Hesperiden und führte den Höllenhund Kerberos aus der Unterwelt.

Um 1400 v. Chr. bauten die Herren von Tiryns die Verteidigungsanlagen auf der Oberburg aus. Etwa 100 Jahre später befestigten sie auch die nördlich anschließende Unterburg als Fluchtburg. Ende des 13. Jahrhunderts v. Chr. entstand der Palast – so wie er heute sichtbar ist – mit Fresken, Badezimmer und Kanalisation. Bald danach – wohl noch vor 1200 v. Chr. – zerstörte ein starkes Erdbeben die Burg.

Im Laufe der folgenden Jahrhunderte erholte sich Tiryns wieder. Zusammen mit → Mykene und anderen griechischen Städten nahm Tiryns an der siegreichen Schlacht bei Plataä (479 v. Chr.) gegen die Perser teil. → Argos, das sich neutral verhalten hatte, neidete seinen beiden Nachbarstädten den Triumph und begann einen langjährigen Streit, der im Jahre 468 v. Chr. mit der Eroberung von Tiryns und Mykene durch die argivischen Truppen endete. In hellenistischer Zeit war Tiryns wieder eine respektable Siedlung. Die Unterburg wurde erst nach dem 13. Jahrhundert n. Chr. aufgegeben.

Archäologie

Nachdem Heinrich Schliemann im Jahre 1876 die Burg Tiryns lokalisiert hatte, legte er 1884 bis 1885 zusammen mit W. Dörpfeld die Oberburg mit dem Königspalast frei. 1905 setzten Dörpfeld und Karo die Arbeiten

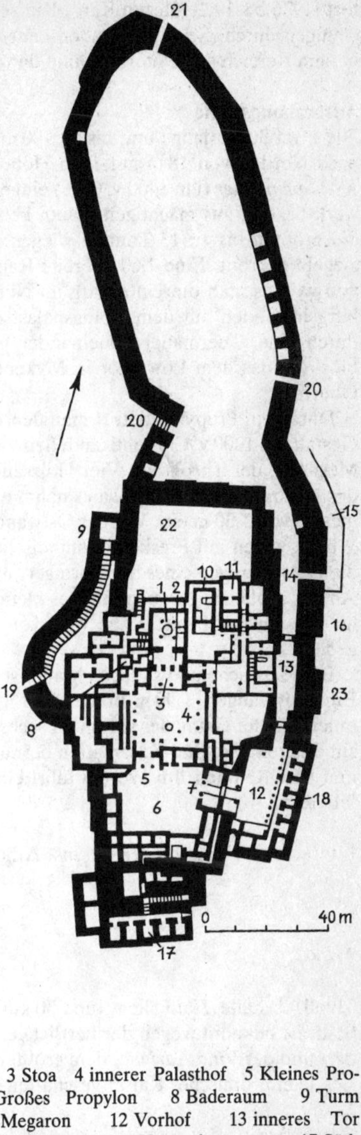

Tiryns

1 Megaron des Königs 2 Vorraum 3 Stoa 4 innerer Palasthof 5 Kleines Propylon 6 äußerer Palasthof 7 Großes Propylon 8 Baderaum 9 Turm 10 Frauen-Megaron 11 Kleines Megaron 12 Vorhof 13 inneres Tor 14 Haupttor (Osttor) 15 Rampe 16 Werkstätten, Vorratskammern 17 Süd-Kasematten 18 Ost-Kasematten 19 Westpforte 20 Ausfallpforten 21 Nordpforte 22 Mittelburg 23 Kyklopenmauer

fort. 1926 bis 1929 führten Karo, Kunze und Müller ergänzende Untersuchungen durch. Seit 1962 graben deutsche und griechische Archäologen in dem Bereich der Unterburg und der den Burgberg umgebenden Stadt.

Ausgrabungsstätte

Die etwa 300 m lange und bis zu 100 m breite Akropolis, die von Süden nach Norden von 18 m auf 10 m Höhe abfällt, ist von einer gewaltigen *Kyklopenmauer* (um 1400 v. Chr.) eingefaßt. Das 7 bis 10 m dicke Mauerwerk besteht aus mächtigen, kaum behauenen Steinblöcken, von denen die größten bis zu 13 Tonnen wiegen. Die Steinmauer war von Lehmziegeln gekrönt. Eine 4,60 m breite Rampe führt zum Haupttor (Osttor), von wo aus man die Unterburg im Norden sowie die Mittel- und Oberburg im Süden mit dem Königspalast erreicht. Beide Burganlagen sind durch eine Quermauer voneinander getrennt. Ein Tor aus Monolithblöcken, das dem Löwentor in Mykene gleicht, bildet den Eingang zur Oberburg.

Durch ein Propylon betritt man den *Königspalast,* der in seiner letzten Gestalt um 1200 v. Chr. entstand. Sein bedeutendster Raum war das große Megaron, der Thronsaal. Vier Holzsäulen auf steinernen Basen stützten das Dach. Die Mitte des Saales nahm ein runder Herd mit einem Durchmesser von 3,30 m ein. Vor der Ostwand stand der Thron des Königs. Die Wände waren mit Fresken im minoischen Stil geschmückt. Berühmt sind die Darstellungen eines Stierspringers und einer Dame mit Schmuckkorb. An das große Megaron grenzt das kleine Megaron der Königin. Das Bad im Westen der Palastanlage wird von einer großen Kalksteinplatte angedeutet.

In die östliche und südliche Mauer sind die sog. *Kasematten* eingebaut. Ein 30 m langer, 1,90 m breiter und 4 m hoher Gang mit Kraggewölbe innerhalb der Ostmauer verbindet sechs Räume, die vermutlich als Magazin dienten. Die Süd-Kasematten bestanden aus einem 20 m langen Gang und fünf Räumen. Im Westen führt eine Treppe zu einer winzigen Ausfallpforte.

Literatur: W. Voigtländer, Tiryns. Athen 1972.

Tivoli

Tivoli, das alte *Tibur,* liegt rund 30 km nordöstlich von Rom. Die kleine Stadt ist bekannt wegen der herrlichen Villa d'Este aus dem 16. Jahrhundert und der *Villa Adriana,* dem größten und luxuriösesten Wohnsitz, den sich je ein römischer Kaiser geschaffen hat.

Geschichte

Wann das antike Tibur gegründet wurde, ist nicht bekannt. Es trat erst in die Geschichte ein, als der römische Diktator Marcus Furius Camillus im

Jahre 380 v. Chr. die Stadt besetzte. Camillus war der Eroberer der mächtigen Etruskerstadt →Veji (396 v. Chr.).

Tibur wurde zum Sommersitz bedeutender Römer, die hier ihre prächtigen Villen mit herrlichen Parkanlagen schufen, wie Marius, der Sieger über den Numidierkönig Jugurtha, über die Kimbern und die Teutonen (156–86), Sallust, der große Historiker (87–35), Horaz, der größte römische Dichter (65–8), Varus, der Feldherr, der im Jahre 9 n. Chr. die Schlacht im Teutoburger Wald verlor, sowie die Kaiser Trajan (98–117) und Hadrian (117–138).

Hadrian ließ sich in den Jahren 125 bis 135 etwa 2 km östlich von Tibur die Villa Adriana, eine ausgedehnte Gebäude- und Parkanlage, als Alterssitz erstellen. Seine Nachfolger übernahmen die Villa und hielten sie sorgsam instand. Erst Konstantin der Große holte sich die wertvollsten Kunstwerke nach Konstantinopel, der neuen Hauptstadt des Römischen Reiches. Von da an verfiel die Villa. 410 wurde sie von den Westgoten geplündert und diente im Mittelalter als Steinbruch.

Archäologie

Die Ausgrabungen auf dem Gelände der Villa Adriana begannen unter Papst Alexander VI. (1492–1503). Es kamen rund 300 wertvolle Kunstschätze zum Vorschein, die heute über fast alle Antikenmuseen der Welt verstreut sind. 1870 erwarb der italienische Staat die Villa Hadrians und beauftragte Archäologen mit der systematischen Untersuchung des riesigen Terrains. Die Arbeiten sind noch nicht abgeschlossen.

Ausgrabungsstätte

Auf seinen ausgedehnten Reisen durch das römische Imperium hatte Kaiser Hadrian viele griechische und ägyptische Bauwerke kennengelernt, die ihm so gefielen, daß er sie auf dem weitläufigen Gelände der Villa Adriana wiedererstehen ließ.

Da ist z. B. die *Pecile* (Poikile), ein großer, von Säulenhallen und hohen Mauern umgebener Hof mit einem Schwimmbecken in der Mitte. Der Hof ist 232 m lang und 97 m breit; das Becken mißt 106 mal 26 m. Die 9 m hohe Nordmauer ist nahezu vollständig erhalten. Die Pecile ist eine freie Nachbildung der Stoa Poikile (= bunte Halle) in Athen.

Das sog. *Teatro Marittimo* (= Seetheater), auch Portico rotondo genannt, ist ein Rundbau von 42 m Durchmesser mit umlaufendem marmornen Säulengang. Ein 4,80 m breiter Wassergraben trennt den Säulengang von der »Insel der Einsamkeit« in der Mitte der Anlage. Die Insel hatte einen Durchmesser von 24,50 m und war nur über einen einziehbaren Steg erreichbar. Auf der Insel stand ein kleiner Pavillon mit einigen Räumen, in denen der Kaiser ungestört arbeiten konnte.

Um den *Cortile delle Biblioteche* (Hof der Bibliotheken) lagen je eine griechische und lateinische Bibliothek und das Gästehaus. Die 60 mal 51 m große *Piazza d'Oro* (Goldener Platz) war von einem Säulengang mit 60 Säulen umgeben.

Der *Canopo* ist ein 120 m langes Wasserbecken, das den Nilkanal zwi-

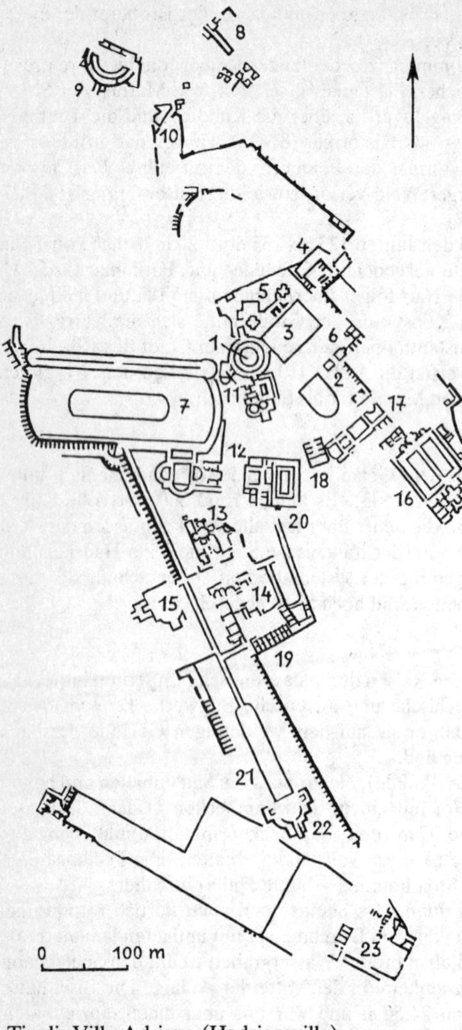

Tivoli: Villa Adriana (Hadriansvilla)

1 Teatro Marittimo 2 Kaiserpalast 3 Cortile delle Biblioteche 4 lateinische Bibliothek 5 griechische Bibliothek 6 Gästehaus 7 Pecile (Poikile) 8 Palästra 9 griechisches Theater 10 Nymphäum 11 Philosophensaal 12 Stadion 13 kleine Thermen 14 große Thermen 15 Vestibolo 16 Piazza d'Oro 17 Nymphäum 18 Kaserne der Palastwache 19 Kaserne der kaiserlichen Garde 20 Krytoportikus 21 Canopo 22 Serapis-Tempel 23 Accademia

schen Alexandria und dem Luxusbadeort Kanopos (Canopus) imitiert. Das Becken wurde zum Teil in den Tuffstein gehauen. Es endet vor einem *Serapis-Tempel,* dessen Original in Ägypten ein vielbesuchter Wallfahrtsort war.

Kleine und große Thermen mit eindrucksvollen Gewölbekonstruktionen, mehrere Nymphäen, ein Stadion, Kasernen für die Palastwache und die kaiserliche Garde, ein griechisches Theater für 500 Zuschauer sind weitere antike Bauwerke im Bereich der Villa Adriana. Inzwischen wurden die Ruinen hervorragend restauriert, die Becken wieder mit Wasser gefüllt.

Die heutige Kleinstadt Tivoli liegt genau über dem alten Tibur. Römische Relikte sind kaum mehr vorhanden. Lediglich der *Vesta-Tempel,* ein Rundtempel aus dem 2. Jahrhundert v. Chr., erhebt sich auf der Akropolis über der Schlucht des Fiume Aniene. Man nennt ihn auch Sibyllen-Tempel, weil hier einst die tiburtinische Sibylle verehrt wurde. Daneben steht ein älterer, rechteckiger Tempel ionischen Stils. Die beiden Tempel erinnern in ihrem Aussehen an die Heiligtümer auf dem Forum Boarium in Rom. Sie wurden im Mittelalter in Kirchen umgewandelt und sind daher gut erhalten.

Literatur: H. Kähler, Hadrian und seine Villa bei Tivoli. Berlin 1950.

Trier (Augusta Treverorum)

Trier, die älteste Stadt Deutschlands und Residenz des weströmischen Reiches, hat die großartigsten Römerbauten nördlich der Alpen.

Geschichte

Erste Siedlungsspuren auf dem Gebiet des heutigen Trier gehen auf das Jahr 1000 v. Chr. zurück. Seit dem 3. Jahrhundert v. Chr., also in vorrömischer Zeit, war es politisches und religiöses Zentrum des keltisch-germanischen Mischvolkes der Treverer.

Zwischen 16 und 13 v. Chr. gründete Kaiser Augustus die verkehrsgünstig an der Mosella (heute Mosel) gelegene Stadt und gab ihr den Namen *Augusta Treverorum.* Als Umschlagplatz für Waren aller Art blühte die Stadt rasch auf. Zahlreiche Manufakturen für Tuche, Waffen und Tongefäße entstanden. Claudius (41–54) verlieh der Stadt den Titel einer Colonia.

Seit etwa 100 n. Chr. wurde Augusta Treverorum die wichtigste Nachschubbasis für die Rheinfront und Hauptstadt der Provinz Belgica. Vermutlich hatte hier auch die römische Finanzverwaltung für die drei Provinzen Belgica, Germania Inferior und Germania Superior ihren Sitz. Um 200 bestand in der Stadt bereits eine Christengemeinde.

Von 260 bis 270 war Augusta Treverorum Residenz der gallischen Gegenkaiser Postumus und Victorinus. Als Kaiser Gallienus 259/260 in

Pannonien (heute Teil von Ungarn und Kroatien) mit der Niederschlagung eines Aufstandes beschäftigt war, ließ sich der General M. Cassianius Latinius Postumus von seinen Soldaten zum Kaiser ausrufen. Er wollte ein von Rom unabhängiges gallo-römisches Reich begründen. Gallien, bald auch Britannien und Spanien gehörten zu diesem Reich. 268 wurde er von seinen Truppen ermordet. Seine Nachfolge trat der Gallier M. Piavonius Victorinus an, der zwei Jahre darauf ebenfalls einem Mordanschlag erlag.

273 konnte Kaiser Aurelian die alte Reichsordnung wiederherstellen. Als auch er 275 getötet wurde, überschritten die Alamannen und andere germanische Volksstämme den Rhein und verwüsteten Gallien. Siebzig Städte legten sie in Schutt und Asche, darunter auch das blühende Augusta Treverorum.

293 ernannte Kaiser Maximian seinen Schwiegersohn, den Illyrer C. Flavius Valerius Constantius, zum Caesar (Unterkaiser) und wies ihm innerhalb der Tetrarchie Diokletians (→ Rom) die Provinzen Gallien und Britannien zu. Augusta Treverorum wurde Constantius' Residenz und blieb es auch, als Constantius im Jahre 305 als Constantius I. Chlorus zum Augustus (Kaiser) aufrückte. Zu dieser Zeit zählte die Kaiserresidenz, die jetzt *Treveris* hieß, etwa 70000 Einwohner und war damit die größte Stadt nördlich der Alpen.

Unter Konstantin dem Großen (306–337), Valentinian I. (364–375) und Gratian (375–383) erlebte die Stadt, in der die oberste Behörde des römischen Westreiches ihren Sitz hatte, eine kulturelle Blüte. Fast ein Jahrhundert lang war sie Mittelpunkt des geistigen Lebens jener Zeit. Hier wirkten die Kirchenlehrer Lactantius, Athanasius und Hieronymus sowie der Dichter Ausonius.

395 wurde der Kaiserhof angesichts der Gotengefahr nach Mediolanum (Mailand) verlegt; die Präfektur kam nach Arelate (→ Arles).

Archäologie

Als Napoleon im Jahre 1804 in Trier war, befahl er, die in eine Kirche umgebaute Porta Nigra wieder in ihren ursprünglichen Zustand zu versetzen. Die Arbeiten wurden durch die Kriegsereignisse unterbrochen und 1815 unter Leitung des preußischen Baurats Karl Quednow wiederaufgenommen.

1815 bis 1825 untersuchten Archäologen das Amphitheater. 1817 legten sie die Ruinen der Kaiserthermen frei. 1844 bis 1856 befreite man die römische Palastaula, die sog. Basilika, von allen nichtrömischen An- und Innenbauten. 1852 kam der Sockel der Porta Nigra zum Vorschein. 1876 riß man das benachbarte Simeonstor ab. 1877 bis 1885 wurden die Barbarathermen ausgegraben.

Im letzten Jahr des Zweiten Weltkrieges litt Trier unter Artilleriebeschuß. Die starken Zerstörungen in der Altstadt ermöglichten nach Kriegsende archäologische Untersuchungen größeren Umfanges, vor allem Tiefgrabungen. Allein die antike Trümmerschicht war bis zu 7 m hoch.

1945 stießen die Ausgräber unter dem Dom auf eine Halle der konstantinischen Epoche. Im Schutt fanden sie Tausende von mehr oder weniger großen Gemäldefragmenten, die einst zur Deckenmalerei dieser Halle gehört hatten. 1965 bis 1968 bargen sie weitere Teile der Gemälde und setzten sie in mühsamer Arbeit zusammen. Heute gehören die restaurierten Deckengemälde zum Bestand des Bischöflichen Museums Trier.

1950 bis 1956 wurde die Basilika eingehend untersucht und wieder instand gesetzt.

Bei der Moselkanalisierung in den Jahren 1957 bis 1964 nutzten die Landesdenkmalpfleger die Gelegenheit, um die beiden Römerbrücken zu untersuchen. 1960 bis 1971 führten erneute Grabungen innerhalb der Kaiserthermen zur Entdeckung eines großen römischen Landhauses aus dem 2. Jahrhundert. 1968 bis 1973 wurde die Porta Nigra restauriert. Die Forschungen in Trier werden noch lange nicht abgeschlossen sein.

Archäologische Stätte

Um 180 n. Chr. hatte das Stadtgebiet von Augusta Treverorum eine Größe von 285 ha und wurde durch eine 6,5 km lange Stadtmauer mit zahlreichen Rundtürmen geschützt. Der Einfall der germanischen Chauken in den Jahren 173/174 war wohl der Anlaß, die bis dahin unbefestigte Stadt mit Verteidigungsanlagen zu versehen.

Die Stadt hatte vier Tore. Das Nordtor, wegen seines dunklen Aussehens *Porta Nigra* (= schwarzes Tor) genannt, ist heute das am besten erhaltene antike Stadttor überhaupt. Es wurde wie die Stadtmauer im letzten Viertel des 2. Jahrhunderts erbaut. Als 196 der Gegenkaiser Clodius Albinus in Gallien einfiel, mußten die Bauarbeiten am Nordtor abgebrochen werden. So blieb die imposante Toranlage unvollendet. Im Jahre 1037 wandelte Erzbischof Poppo von Babenberg die Porta Nigra in eine Doppelkirche zu Ehren des hl. Simeon um und bewahrte sie damit

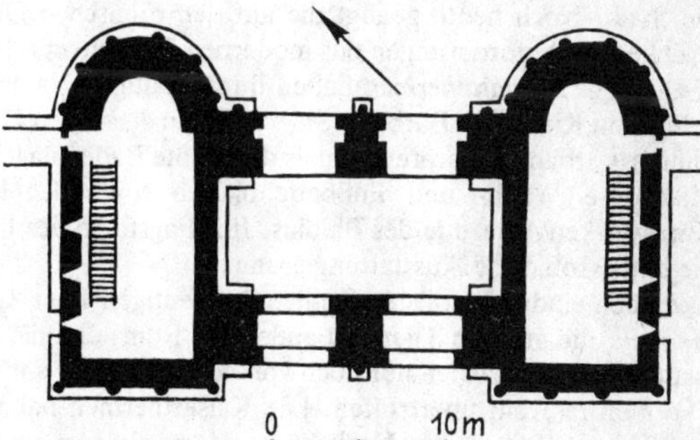

Trier: Porta Nigra

vor dem Schicksal der meisten römischen Bauten, als Steinbruch dienen zu müssen.

Die Porta Nigra ist 36 m breit, etwa 30 m hoch und mehr als 20 m tief. Der von Türmen flankierte Mittelbau hat zwei Durchfahrten, die einen 17,50 mal 7,70 m großen Torhof passieren. Über den Durchfahrten erheben sich zwei Stockwerke. Der Westturm überragt den Mittelbau um ein weiteres Stockwerk.

Das *Amphitheater* stammt aus der Zeit um 100 n. Chr. und ist das älteste Bauwerk der Stadt. Die in drei Ränge gestaffelten 24 Sitzstufen ruhten auf angeschüttetem Erdreich. Aus Stein waren lediglich die monumentalen Eingänge, die Umfassungsmauern und die Sitzstufen selbst. 20000, vielleicht sogar 30000 Zuschauer konnten in dem zehntgrößten Amphitheater des Imperiums den Gladiatorenkämpfen und Tierhatzen beiwohnen. Die unterkellerte Arena war etwa 75 m lang und 50 m breit. Eine 3,50 m hohe Mauer schützte die Zuschauer vor den wilden Tieren in der Arena. Konstantin der Große ließ hier im Jahre 306 die fränkischen Fürsten Askarich und Regais von Bären zerfleischen.

Die erste *Römerbrücke* auf Holzpfählen entstand im Jahre 41 n. Chr. an der Stelle einer alten Fährverbindung. Im Abstand von etwa 17 m rammten die Brückenbauer für jeden Pfeiler 170 Eichenpfähle bis zu 5 m tief in den Fluß. Mit Ton und Gestein füllten sie den Raum zwischen den Pfählen und schützten so die Pfeiler gegen Unterspülung. Die Pfeiler verbanden sie mit Balken, die den Straßenbelag trugen. Im Jahre 70 n. Chr. war diese Brücke Schauplatz heftiger Kämpfe zwischen den Römern und den aufständischen Batavern.

Um 140 n. Chr. bauten die Römer nur fünf Meter oberhalb der Holzbrücke eine Steinbrücke, deren Pfeiler auf dem Felsenuntergrund der Mosel auflagen. Die Pfeiler aus Basaltquadern waren insgesamt 12 m hoch. Auch hier verbanden schwere Balken die neun Pfeiler. Mit dem Bau der Stadtmauer um 180 n. Chr. wurde die Brücke um zwei Pfeiler verkürzt. Ein mächtiger Torbau kontrollierte die Einfahrt von der Brücke in die Stadt. Noch heute genügt die auf den römischen Quadern ruhende Brücke den Anforderungen des modernen Straßenverkehrs.

Die sog. *Barbarathermen* haben ihren heutigen Namen von der nahe gelegenen Kirche St. Barbara. Sie wurden in der ersten Hälfte des 2. Jahrhunderts erbaut und waren damals die größte Badeanlage des Imperiums. Marmorne Wand- und Fußbodenplatten sowie Kopien griechischer Kunstwerke (Amazone des Phidias, Jünglingstorso des Praxiteles) lassen die einst großartige Ausstattung erahnen.

Zu den eindrucksvollsten Ruinen des heutigen Trier zählen die *Kaiserthermen,* die größten Thermen außerhalb Roms und die drittgrößten des Imperiums. Sie wurden nur noch von den Caracalla- und den Diokletian-Thermen in Rom übertroffen. Die Kaiserthermen nahmen eine Fläche von 332 mal 260 m ein. Noch heute ragen die Mauern des Caldariums (Warmwasserbad) bis zu 19 m empor. Constantius I. Chlorus dürfte den Bau begonnen haben. Unter Konstantin dem Großen war er im wesentlichen fertiggestellt. Kaiser Valentinian I. bezog die Bauteile der Thermen

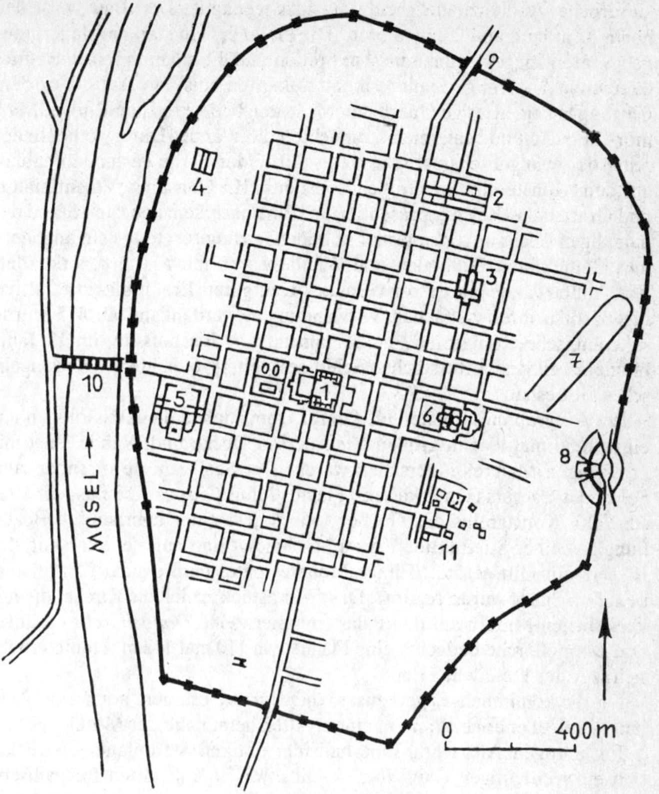

Trier zur Kaiserzeit

1 Forum 2 Kaiserpalast 3 Palastaula (Basilika) 4 Horrea 5 Barbara-Thermen 6 Kaiser-Thermen 7 Stadion 8 Amphitheater 9 Porta Nigra 10 Moselbrücke 11 Tempelbezirk (Altbachtal)

zweckentfremdet in seinen Palastbezirk ein. Noch heute beeindrucken die großartigen Dimensionen und das hochentwickelte technische System der Anlage.

Die sog. *Basilika* war Mittelpunkt des riesigen Palastbezirkes Konstantins des Großen. An der Stelle einer älteren Palastanlage, in der vermutlich der Präfekt residiert hatte und die im Jahre 275 von den Alamannen zerstört worden war, erhob sich seit 310 die gigantische Aula palatina, die kaiserliche Audienzhalle, heute Basilika genannt. Der Bau war 30 m hoch, 67 m lang und 27,50 m breit. Die bis zu 2,70 m starken Mauern aus gebrannten Ziegeln ruhen auf 4 m breiten und 4 bis 6 m tiefen Betonfundamenten. U-förmige Säulenhallen flankierten einst die Aula. Vor dem Eingang lag eine riesige Querhalle. Mosaiken bedeckten den Boden. Marmor-Intarsien und Malereien schmückten die Wände. Dort, wo heute der Altar der evangelischen Kirche steht, dürfte der Thron gestanden haben, auf dem Konstantin der Große, Konstantin II., Constans, Valentinian I. und Gratian das Reich repräsentierten. Eine nach dem neuesten Stand der damaligen Technik konzipierte Fußbodenheizung sorgte für ein angenehmes Raumklima. Fußboden und Wände waren mit Marmor verkleidet. Die Außenwände waren rot verputzt. Den guten Erhaltungszustand hat die Basilika ihrer vielfachen Verwendung zu verdanken: um 475 wurde sie fränkische Königspfalz, im 11. Jahrhundert Bischofssitz, im 17. Jahrhundert Teil des kurfürstlichen Schlosses, seit 1856 dient sie als evangelisches Gotteshaus.

Bei Ausgrabungsarbeiten im Trierer Dom stießen die Archäologen auf einen 6,86 mal 9,46 m großen *Saal,* dessen Decke und Wände einst mit großartigen Malereien versehen waren. Der Saal gehörte offenbar zum Palast des Caesars (Unterkaisers) Flavius Julius Crispus. Crispus, der älteste Sohn Konstantins des Großen, wurde 326 einer unerlaubten Beziehung zu seiner Stiefmutter Fausta beschuldigt und auf Veranlassung des Kaisers mit Gift getötet. Einige Monate später mußte auch Fausta sterben. Der Palast wurde zerstört. Das Grundstück erhielt die Kirche, die mit kaiserlichen Mitteln auf den Palasttrümmern eine *Doppelkirche* erbaute. Die Doppelkirche bedeckte eine Fläche von 110 mal 112 m. Heute erhebt sich hier der Dom von Trier.

An die römischen Lagerhäuser, die *Horrea,* erinnert noch eine 28 m lange und 10 m hohe Wand in einem Altersheim nahe der Mosel.

Im heutigen Altbachtal innerhalb der antiken Stadtmauer erstreckte sich ein weitläufiger *Tempelbezirk* mit etwa 70 Kultstätten für gallische und römische Gottheiten. Die Tempel und Priesterwohnungen wurden 70 n. Chr. während des Bataveraufstandes, 275 durch die Alamannen und 337 endgültig durch die Trierer Christen zerstört. Unter diesem Bezirk entdeckten die Ausgräber Spuren einer vorrömischen Siedlung aus der Zeit um 1000 v. Chr.

Die meisten Ausgrabungsstücke werden im Rheinischen Landesmuseum Trier aufbewahrt.

Literatur: W. Reusch, Augusta Treverorum. Rundgang durch das römische Trier. Trier 1958.

Troja

Die Ausgrabungsstätte des sagenumwobenen Troja (Troia, Ilion) liegt im Nordwesten der Türkei, etwa 6 km von den Dardanellen entfernt, auf einem niedrigen Felsplateau. Großartige Ruinen hat Troja nicht zu bieten, doch beeindruckt die Stätte durch zahlreiche Zeugnisse einer mehrtausendjährigen Geschichte und vor allem dadurch, daß hier möglicherweise der von Homer besungene »Trojanische Krieg« stattgefunden hat.

Geschichte

Nach der Sage soll Tros, Sohn des Dardanos und Urenkel des Zeus, die Stadt gegründet und ihr seinen Namen gegeben haben. Die strategisch günstige Lage an der Einfahrt zu den Dardanellen und ein Hafen im Mündungsbecken des Skamandros (heute Küçük Menderes) führten Troja schon frühzeitig zu Wohlstand, aber immer wieder auch in kriegerische Auseinandersetzungen.

46 Besiedlungsschichten lassen sich in neun Hauptperioden zusammenfassen: Troja I bis Troja IX.

Troja I (3000–2600): Schon vor 5000 Jahren erhob sich auf dem gewachsenen Felsen des Hisarlik-Plateaus eine Burg mit einer turmbewehrten Ringmauer von 90 m Durchmesser. Die Burg bestand aus einem großen Megaron, die Mauer aus Bruchsteinen und luftgetrockneten Lehmziegeln. Die Werkzeuge waren noch aus Stein gefertigt. Das handgeformte Geschirr war unregelmäßig gebrannt.

Troja II (2600–2300): In dieser Periode kam die Stadt zu großer wirtschaftlicher Blüte. Eine starke Mauer aus mächtigen Felsstücken, Holzbalken und Ziegeln umschloß ein Gebiet von rund 8000 qm. Die Mauer hatte drei Tore; zum Südwesttor führte eine gepflasterte Rampe. Der Palast des Herrschers bestand aus mehreren Gebäuden in Megaronform. Hier fand Schliemann den »Schatz des Priamos«: Gold- und Silbergeschirr sowie kostbaren Schmuck. Kupfer- und Bronzekrüge, auf der Töpferscheibe hergestellte Keramik, Gewichtsteine, Siegel sowie Tausende von Spinnwirteln zeugen von stark entwickeltem Handwerk und Handel. Um 2300 wurde Troja II von einer verheerenden Brandkatastrophe heimgesucht. Schliemann, Entdecker und erster Ausgräber Trojas, glaubte bis kurz vor seinem Tode, in dieser Besiedlungsschicht das Ilion Homers entdeckt zu haben.

Troja III–V (2300–1900): Von dem großen Brand, der eine 2 m dicke Schutt- und Ascheschicht zurückließ, konnte sich Troja lange nicht mehr erholen. Der Ort hatte in den folgenden Jahrhunderten nur noch dörflichen Charakter.

Troja VI (1900–1300): Indogermanische Einwanderer aus der Ägäis belebten die Stadt und bauten sie größer und schöner auf, als sie je gewesen war. Es entstand das »mykenische Troja« mit einer mächtigen, 540 m langen Kyklopenmauer. Quadratische Türme verstärkten die Mauer. Die Stadt nahm jetzt eine Fläche von 20000 qm ein. Große Häuser im Megaronstil erhoben sich auf kreisförmig angelegten Terrassen. Die Keramik zeigt mykenische Einflüsse. Troja VI wurde durch ein Erdbeben zerstört.

Troja VIIa (1300–1200): Diese Stadt, die sich nach Größe und Kultur kaum von Troja VI unterscheidet, könnte die Stadt des Priamos, der *Schauplatz des Trojanischen Krieges* gewesen sein. Um 1200 v. Chr. wurde Troja VIIa zerstört und gebrandschatzt, zur gleichen Zeit, als auch das mächtige Hethiterreich unterging. Wer die Angreifer waren, ist noch immer nicht geklärt. Waren es die »Seevölker«, die Phryger oder – wie die Sage behauptet – die mykenischen Achäer unter der Führung Agamemnons?

Troja VIIb (1200–900): Phryger bewohnten jetzt Troja. Häuser mit Höfen lösten den Megaronstil ab. Die Keramik ist mit Buckeln verziert und weist auf die mitteleuropäische Herkunft der Bewohner hin. Auch diese Stadt wurde durch eine Feuersbrunst zerstört.

Troja VIII (900–350): Im 8. Jahrhundert v. Chr. ließen sich Äolier im Stadtgebiet nieder und nannten die Stadt *Ilion*. Im Jahre 652 v. Chr. besetzten die Kimmerer die Stadt, nachdem sie den Lyderkönig Gyges besiegt hatten. 547 v. Chr. kamen die Perser unter Kyros. Beeindruckt von der Sagentradition Trojas opferte der Perserkönig Xerxes im Tempel der Athena Ilias 1000 Rinder.

Troja IX (350 v. Chr.–400 n. Chr.): Auch Alexander der Große war von Trojas sagenhafter Vergangenheit beeindruckt; er errichtete 334 v. Chr. vor der Stadt Altäre zu Ehren der Athena und des Herakles. Um 300 v. Chr. ersetzte der Diadoche Lysimachos den Athena-Tempel durch einen prächtigen Neubau, wobei für die Terrassierung der obere Teil von Troja VI abgetragen wurde. In den Jahren 278 und 218 v. Chr. überfielen die keltischen Galater die Stadt. Die Römer, die sich als Nachfahren des Aeneas betrachteten und daher ein besonderes Verhältnis zu Troja hatten, erbauten eine völlig neue Stadt, die sie *Ilium Novum* nannten. 40000 Bewohner soll dieses römische Troja gehabt haben. Die Kaiser Augustus (31 v. Chr.–14 n. Chr.), Hadrian (117–138), Caracalla (211–217), Konstantin der Große (306–337) und Julian (361–363) besuchten die Stadt. Mit dem Vordringen des Christentums erlosch das Interesse an Trojas Vergangenheit. Die Stadt geriet allmählich in Vergessenheit.

Archäologie

Der Engländer George Sandys war wohl der erste Forscher, der die Ruinen Trojas unter dem Hügel Hisarlik (Asarlik) vermutete; im Jahre 1610 untersuchte er den Hügel, ohne eine Bestätigung seiner Vermutung zu erhalten. Von 1781 bis 1791 bereisten die französischen Archäologen Laurence Conte Choisel-Gouffier und Lechevalier das nordwestliche Kleinasien und glaubten, Troja auf dem Balidağ, etwa 8 km südöstlich des Hisarlik, gefunden zu haben. 1859 kaufte der englische Archäologe Frank Calvert einen Teil des Hisarlik und begann zu graben, ohne zu wesentlichen Ergebnissen zu kommen.

1868 führte der deutsche Kaufmann Heinrich Schliemann auf dem Balidağ eine Versuchsgrabung durch und wandte sich anschließend dem

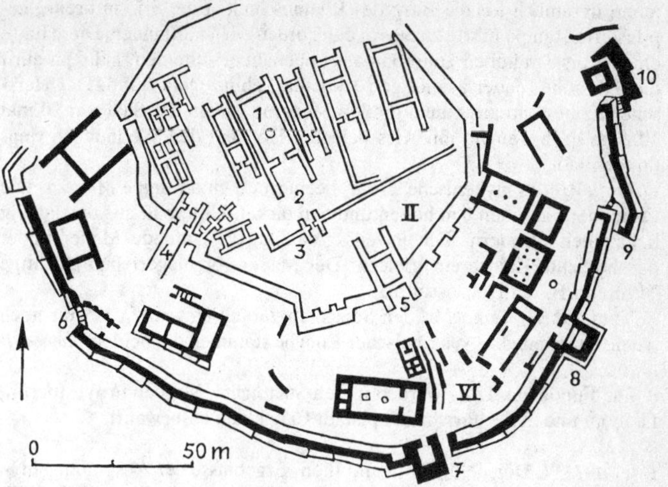

Troja

II Troja II VI Troja VI 1 Großes Megaron 2 Vorhof 3 Hoftor 4 Südwesttor mit Rampe 5 Südosttor 6 Westtor 7 Südtor 8 Südostturm 9 Osttor 10 Nordostbastion mit Zisterne

Hisarlik zu. Hier grub er von 1871 bis 1890 Troja aus. 1873 fand er den »Schatz des Priamos«, den er nach Berlin schaffte, wo die kostbaren Funde 1945 verlorengingen. Seit 1882 nahm der deutsche Archäologe Wilhelm Dörpfeld an den Ausgrabungen teil und setzte sie nach dem Tode Schliemanns, 1890, bis zum Jahr 1894 fort. Während Schliemann in der Schicht II das Ilion Homers vermutete, stellte Dörpfeld fest, daß erst die Schicht VI der mykenischen Periode zuzurechnen sei. Von 1932 bis 1938 bestätigte der Amerikaner Carl W. Blegen von der Universität Cincinnati (USA) die Forschungsergebnisse Dörpfelds und unterteilte die neun Hauptschichten Trojas in insgesamt 46 Besiedlungsphasen. Heute weiß man, daß Troja VI durch ein Erdbeben zerstört wurde und nimmt an, daß das Troja Homers in der Schicht VIIa zu suchen sei, obwohl bislang keinerlei Funde diese Annahme bestätigten.

Ausgrabungsstätte

Die Ruinenstätte des Troja-Ilion ist optisch wenig eindrucksvoll und durch die unterschiedlichen Besiedlungsschichten etwas verwirrend.

Von *Troja I* sind nur noch einige *Hausmauern* aus kleinen Steinen erhalten.

In der Schicht *Troja II* befindet sich die *prähistorische Burg*, die Schliemann irrtümlich für die Burg des Priamos hielt. Eine 5,55 m breite, gepflasterte Rampe führte zu einem der Tore in der Stadtmauer. Diese hatte einen 1 bis 8 m hohen Unterbau aus unbehauenen Steinen, auf dem einst die 3 m hohe Mauer aus luftgetrockneten Lehmziegeln stand. Der Herrschersitz bestand aus einem großen Megaron (allein der Saal war 20 mal 10,20 m groß), einem mit Kies belegten Hof und den Wohnungen rings um den Hof.

Troja VI, das mykenische Troja, beeindruckt durch seine *Mauern.* Die Ostmauer hat einen 6 m hohen und 5 m dicken Unterbau aus regelmäßig behauenen Quadern. Die jeweils geradlinig verlaufende Mauer bildet durch leichte Knicke ein Vieleck. Der Mauer vorgelagert sind mächtige Türme, z. B. der Nordostturm.

Vom *Athena-Tempel* in den Schichten *Troja VIII und IX* ist nur noch wenig zu erkennen. Aus römischer Epoche stammen die beiden *Theater B und C.*

Die Funde aus Troja werden in den Staatlichen Museen in Westberlin, Istanbul und in der Provinzhauptstadt Çanakkale aufbewahrt.

Literatur: W. Dörpfeld, Troja und Ilion. Ergebnisse der Ausgrabungen in den vorhistorischen und historischen Schichten von Ilion 1870–1894. 2 Bde, Athen 1902. Nachdruck Osnabrück 1968. – C. W. Blegen, Troy. Excavations 1932–1938. 8 Bde, Princeton, N. J. 1950–1958.

Tschoga Zambil (Dur Untasch)

Dur Untasch (heute: Tschoga Zambil, Tschogha Sanbil), 25 km südöstlich von Susa (Süd-Iran), war das Kulturzentrum des altorientalischen Reiches Elam.

Geschichte

In der Mitte des 13. Jahrhunderts v. Chr. gründete der Elamiter-König Untasch-Napirischa das gewaltige Heiligtum von Dur Untasch. Es war religiöser Mittelpunkt des Reiches von Elam, bis der babylonische König Assurbanipal um 640 v. Chr. Reich und Tempel der Elamiter zerstörte.

Archäologie

Die Tempelanlage wurde 1936 bis 1939 von französischen Archäologen unter de Mecquenem ausgegraben. Nach dem Zweiten Weltkrieg setzte der Franzose Roman Girshman die Untersuchungen fort.

Ausgrabungsstätte

Das Ruinenfeld der heiligen Stadt Dur Untasch erstreckt sich über ein Gebiet von 1200 m Länge und 800 m Breite. Innerhalb des ummauerten Tempelbezirks erhebt sich die größte Ziqqurrat Mesopotamiens. Die vier oder fünf stufenförmigen Stockwerke des Turmbaus erreichten ursprünglich eine Höhe von 44 m. Darüber erhob sich der Hochtempel. Die drei untersten Stockwerke sind bis zu einer Höhe von 25 m erhalten. Den Aufgang zu den einzelnen Stockwerken bildeten nicht – wie bei der babylonischen Ziqqurrat – Freitreppen, sondern überwölbte Treppen im Innern des Bauwerks. Die Ziqqurrat war der elamitischen Hauptgottheit Inschuschinak geweiht. Das zweite, 7 m hohe Stockwerk enthielt Räume für die Priesterschaft, Räume für die Aufbewahrung der Opfergaben und zwei kleine Tempel. Glasierte Ziegel schmückten das Äußere des Tempelturms. Die Ziqqurrat war von einem gepflasterten Platz umgeben.

Innerhalb des heiligen Bezirks konnten mehrere weitere Tempel freigelegt werden, die dem Kult von Ischnikarab, Koririscha, Huban und anderen elamitischen Gottheiten dienten.

Unweit des Königstores außerhalb der Temenos-Mauer liegt der Palast des Königs mit fünf unterirdischen Grabkammern, in denen man die Reste feuerbestatteter Menschen fand.

Literatur: R. Girshman, Tchoga Zanbil (Dur Untasch). 4 Bde, Paris 1966–1970.

Tyros

Tyros, die Mutterstadt der großen Kolonie Karthago, war zeitweise die bedeutendste Stadt Phönikiens. Heute heißt die antike Stätte *Sour* (Sur); sie liegt etwa 75 km südwestlich von Beirut an der libanesischen Mittelmeerküste.

Geschichte

Über die Gründung von Tyros gibt es keine Anhaltspunkte. Vermutlich bestand die Siedlung auf einer Felseninsel unmittelbar vor der Küste schon zur Zeit der kanaanäischen Invasion, also im 28. Jahrhundert. Seit der Regierungszeit des Pharaos Thutmosis I. (1506–1494) stand Tyros unter dem Schutz der Ägypter, die den tüchtigen phönikischen Kaufleuten den Seehandel überließen, dafür aber gewisse Tributzahlungen erhielten. Unter dem phönikischen Namen *Sor* wurde die Stadt in ägyptischen Texten und in den Amarnabriefen erwähnt. Dieses Schutzverhältnis währte bis ins 12. Jahrhundert v. Chr.

Um 1200 hatten die »Seevölker« das Großreich der Hethiter zerschlagen und anschließend die Ägypter hart bedrängt. Nach der Eroberung von Sidon durch die Philister, einer Gruppe der »Seevölker«, übernahm Tyros die Führung der phönikischen Seestädte. Als die Truppen des Assyrerkönigs Tiglatpileser I. (etwa 1115–1077) bis ans Mittelmeer vorstießen, war Tyros so stark, daß es dem König Tributzahlungen verweigern konnte.

Abibaal, ein Zeitgenosse Davids, machte sich zum König von Tyros. Sein Sohn Hiram I. (etwa 969–936) unterhielt gute Beziehungen zu Salomo, dem er Zedernholz und Handwerker für den Bau des Tempels von → Jerusalem zur Verfügung stellte. Salomo überließ Tyros dafür Getreide, Öl und zwanzig Ortschaften Galiläas. Hiram half Salomo beim Bau einer Handelsflotte und beteiligte sich an den Expeditionen nach Ophir, das vermutlich an der Südwestküste des Roten Meeres lag und Gold, Silber, Edelsteine und wertvolle Hölzer bot. Hiram baute seine Residenz Tyros auf der Felseninsel zu einer uneinnehmbaren Festung aus. Schiffe aus Tyros und den anderen Hafenstädten Phönikiens beherrschten den Handel auf dem Mittelmeer bis in den Atlantik hinein. Die Epoche von 1150 bis 830 war die Zeit der höchsten Blüte für das Seefahrervolk, das niemals ein Reich gegründet hat, sondern nur aus Stadtstaaten wie Tyros, → Sidon und → Byblos bestand. Vor 1200 v. Chr. gehörte auch → Ugarit dazu.

Tyros gründete Kolonien auf Zypern (Kition), auf Sizilien (Panormos, das heutige Palermo), auf Malta, Sardinien, in Nordafrika (Karthago und Utica) und in Spanien (Gades, das heutige Cadiz). Den Höhepunkt seiner wirtschaftlichen Machtentfaltung erreichte es unter seinem König Ittobaal I. (887–856), der seine Tochter Isebel mit dem König Ahab von Israel verheiratete.

Im späten 8. und im 7. Jahrhundert v. Chr. drängten die Assyrer abermals ans Mittelmeer. Tyros verlor die der Insel gegenüberliegende Festlandstadt Palaityros (= Tyros auf dem Festland) und sein ganzes Hinterland. Auf der Felseninsel aber konnte die Stadt allen Angriffen trotzen. Tiglatpileser III. (744–727), Salmanassar V. (726–722), Sargon II. (721–705) und Sanherib (705–681), sie alle mußten wieder abziehen. Sogar der neubabylonische König Nebukadnezar II., der 587 v. Chr. Jerusalem erobert und die Juden in die babylonische Gefangenschaft geführt hatte, belagerte die Inselfestung dreizehn Jahre lang, von 587 bis 574, vergeblich. Aber Tyros' Macht war gebrochen. Seine Kolonie Karthago hatte sich von der Mutterstadt gelöst, die phönikischen Kolonien übernommen und eigene Niederlassungen gegründet. Tyros blieben nur noch seine Schiffe, mit denen es nach wie vor Waren aus aller Welt transportierte. Um 600 v. Chr. umfuhren Schiffe aus Tyros im Auftrag des ägyptischen Pharaos Necho II. vom Roten Meer aus Afrika, fast 900 Jahre vor dem portugiesischen Seefahrer Bartholomäus Diaz.

332 v. Chr. griff Alexander der Große die Stadt an. Er baute einen gewaltigen Damm und konnte nach fünfmonatiger Belagerung die Stadt einnehmen. Die Bewohner wurden getötet oder in die Sklaverei verschleppt. Tyros' große Zeit als Seefahrerstadt war endgültig vorbei. Seitdem war es auch keine Insel mehr. 313 v. Chr. konnte Antigonos die Stadt nach vierzehnmonatiger Belagerung erobern. Später kamen die Seleukiden. 64 v. Chr. fiel Tyros mit ganz Syrien unter die Herrschaft Roms. Glasverarbeitung und Purpurgewinnung gaben der Stadt, die sich jetzt *Tyrus* schrieb, noch lange eine gewisse Bedeutung. Sie behielt sogar das Recht, eigene Münzen zu prägen. Um 200 n. Chr. wurde sie Hauptstadt der römischen Provinz Syria Phoenice.

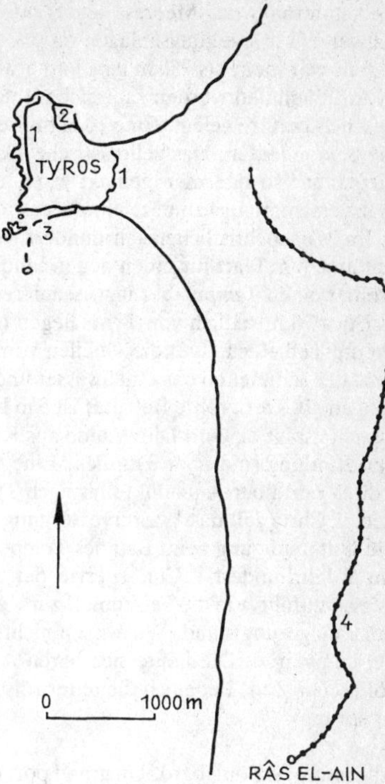

Tyros

1 Stadtmauer 2 Sidonischer Hafen 3 Ägyptischer Hafen 4 Aquädukt

Archäologie
Die archäologischen Untersuchungen des alten Stadtgebietes von Tyros haben bislang keine nennenswerten Ergebnisse gebracht. Zwar kamen durch die Ausgrabungen unter Emir Maurice Chebab mehrere phönikische Bauwerke zum Vorschein, nicht aber die großen Bauten des Königspalastes und auch nicht der berühmte Tempel des Stadtgottes Melkart. Mit den Mitteln der modernen Archäologie (Luftaufnahmen und Unterwassererkundungen) erforschte Père A. Poidebard, ein Pionier der Luftbildarchäologie, 1935 bis 1936 die antiken Hafenanlagen.

Ausgrabungsstätte
Tyros hatte zwei *Häfen:* den Sidonischen Hafen im Norden und den Ägyptischen Hafen im Süden der heutigen Halbinsel. In beiden Häfen

sind unterhalb des Meeresspiegels noch alte Molen sowie Fundamente schwerer Verteidigungsanlagen zu erkennen. Die Außenmole des Südhafens war mehr als 750 m lang und etwa 8 m breit.

Am Südhafen wurden zahlreiche Bauwerke aus hellenistischer und römischer Zeit freigelegt. Eine 10 m breite *Säulenhallenstraße* verband einst die beiden Häfen. Das hellenistische *Theater* hatte U-förmig angeordnete Sitzstufen, so daß man geneigt wäre, es eher als Buleuterion (Sitz der Ratsversammlung) zu bezeichnen.

Im 2. nachchristlichen Jahrhundert wurde der Südhafen teilweise zugeschüttet, um Platz für einen neuen Stadtteil zu schaffen. Hier bauten die Römer einen *Tempel,* der inzwischen restauriert wurde.

Etwa 7 km südlich von Tyros liegen nahe der Festlandsstadt Palaityros (heute Tell Rechidiyé) die Quellen von Râs el-Ain. Vier riesige Wasserbehälter sammelten das Quellwasser und leiteten es in verschiedene Richtungen ab. Der größte Behälter ist 5 m hoch und sechseckig; seine Seitenlänge beträgt 8,50 m. Die Wände aus Kieselsteinen und einer zementartigen Bindung sind über 3 m dick. Eine der *Wasserleitungen* führte unterirdisch und über Aquädukte bis nach Tyros. König Salomo (16. Jahrhundert v. Chr.) soll das Wasserversorgungssystem den Tyriern als Dank für die Unterstützung beim Bau des Tempels von Jerusalem errichtet haben. Im 8. Jahrhundert v. Chr. sperrte der Assyrerkönig Salmanassar V. die Wasserzufuhr, um die Felseninsel zur Kapitulation zu zwingen. Tyros hielt der Belagerung stand. Wir wissen nicht, wie das Wasser damals zur Insel geführt wurde. Die heute sichtbaren Anlagen stammen größtenteils aus römischer Zeit. Lediglich die unterirdischen Leitungen sind phönikischen Ursprungs.

Literatur: A. Poidebard, Un grand port disparu: Tyros. 2 Bde, Paris 1939.

Ugarit

Die Ausgrabungsstätte der phönikischen Stadt Ugarit liegt an der syrischen Mittelmeerküste etwa 15 km nördlich von Latakia (Al Ladhakijja). Hier fanden Archäologen das berühmte »Alphabet von Ugarit«, die älteste alphabetische Keilschrift, Ursprung des späteren griechischen und damit auch unseres Alphabets. Der Ruinenhügel heißt heute *Ras Schamra* (Ras eš-Šamra = Fenchelkap).

Geschichte

Die ältesten Siedlungsschichten des Tell Ras Schamra datieren aus dem 7. Jahrtausend. Damals bauten die Bewohner von Ugarit einfache Häuser mit abgerundeten Ecken aus ungebrannten Lehmziegeln. Auch erste Wehranlagen aus dieser Zeit konnten ausgegraben werden. Keramik und Metalle waren noch unbekannt. In den Schichten des 5. und 4. Jahrtausends treten Tongefäße auf, die auf mesopotamische Einflüsse schließen lassen. Auch im 3. Jahrtausend haben die Feldzüge Sargons von Akkad (etwa 2350–2294) deutliche mesopotamische Spuren hinterlassen.

Im 23. Jahrhundert ließen sich die Phöniker, ein vermutlich mit den Kanaanäern identisches Volk, in Ugarit nieder. Schon sehr früh unterhielten sie rege Handelsbeziehungen zu Ägypten und zu den mesopotamischen Stadtstaaten. Als im 19. Jahrhundert v. Chr. die Hethiter ihr Reich bis Syrien ausdehnten, stellte sich Ugarit, inzwischen ein Stadtstaat mit rund 100 Ortschaften, unter den Schutz der ägyptischen Pharaonen. Im Grenzbereich der beiden Großmächte Hatti (Hethiterreich) und Ägypten entwickelte sich Ugarit zu einer blühenden Handelsstadt. Hier trafen sich Karawanen aus Mesopotamien mit Kaufleuten aus Kreta, die seit dem 17. Jahrhundert v. Chr. in Ugarit eine Handelsniederlassung besaßen.

Im 17. Jahrhundert v. Chr. drangen die Churriter in Syrien, Palästina und Ägypten ein. Fast zweihundert Jahre herrschten sie auch über Ugarit, dessen Handelstätigkeit dadurch aber kaum beeinträchtigt wurde. Als der Hethiterkönig Muršili I. Mitte des 16. Jahrhunderts v. Chr. mit seinen Truppen das churritische Reich (Mitanni) überrollte und bis Babylon vorstieß, gelang es den Ägyptern, die ebenfalls churritischen Hyksos vom ägyptischen Thron zu vertreiben. Die phönikischen Seestädte kamen wieder unter die Schutzherrschaft Ägyptens. In Ugarit errichteten die Pharaonen eine Garnison; trotzdem schien die Stadt eine gewisse Selbständigkeit zu bewahren.

Im 15. und 14. Jahrhundert v. Chr. erreichte Ugarit seine größte Blüte. In dieser Zeit entstand hier die erste Alphabetschrift. Bronzewaren aus Ugarit waren im ganzen Mittelmeerraum begehrt. Die Gewinnung von Purpur gab den Phönikern sogar ihren Namen (Phönikien = Land des Purpur, aber auch Kanaan = Purpur). Die Handelsbeziehungen zu Zypern und zur Ägäis verdichteten sich. Seit dem 14. Jahrhundert v. Chr. ließen sich immer mehr Achäer in der Stadt nieder. Und immer taktierte Ugarit geschickt zwischen dem ägyptischen und dem hethitischen Reich.

1365 v. Chr. wurde die Stadt von einem Erdbeben und einer Brandkatastrophe heimgesucht. Davon erfuhr man aus einem in Amarna (Ägypten) gefundenen Brief des Königs Abimilki von Tyros an Pharao Amenophis IV. (Echnaton). Etwa um 1350 v. Chr. erweiterte der Hethiterkönig Suppiluliuma I. seinen Machtbereich bis weit nach Syrien hinein. Niqmadu II., König von Ugarit, schloß mit ihm einen Schutzvertrag. Als es 1286/85 v. Chr. zum Zusammenstoß der beiden Großmächte kam, beteiligte sich Ugarit mit einer kleineren Truppeneinheit auf der Seite der Hethiter. Die Schlacht bei Kadesch endete unentschieden. Allerdings kam Syrien und damit auch Ugarit wieder unter ägyptischen Einfluß. Mit dem Einfall der »Seevölker«, die um 1190 v. Chr. das Hethiterreich auslöschten und auch Ägypten in große Bedrängnis brachten, endet die Geschichte von Ugarit, das seit seiner Besiedlung durch die Phöniker niemals zuvor von einer feindlichen Macht zerstört worden war. Von nun an war es nur noch eine unbedeutende Siedlung.

Vom 6. bis 4. Jahrhundert v. Chr. unterhielten griechische Kaufleute in Ugarit eine kleine Faktorei.

Archäologie

1928 stieß ein pflügender Bauer auf dem Tell Ras Schamra auf Relikte aus dem 2. vorchristlichen Jahrtausend. Daraufhin begannen französische Archäologen unter Leitung von Claude F. A. Schaeffer 1929 mit systematischen Ausgrabungen. Noch im selben Jahr gelang es H. Bauer und Ch. Virolleaud, die in den Archiven des Königspalastes entdeckte Alphabetschrift zu entziffern. 1933 konnte Schaeffer die alte Stadt als das altphönikische Ugarit identifizieren, das bereits im 14. Jahrhundert v. Chr. in den »Amarnabriefen« erwähnt worden war. Die 1939 unterbrochenen Ausgrabungen wurden bald nach Kriegsende wieder aufgenommen. 1974 glaubte die Amerikanerin Anne D. Kilmer, auf einer Keilschrifttafel die Noten einer Melodie zu erkennen; sollte sich diese Annahme bestätigen, dürfte nicht nur das Alphabet, sondern möglicherweise auch die Notenschrift in Ugarit entstanden sein.

Ausgrabungsstätte

Der im Durchschnitt etwa 18 m hohe Tell von Ras Schamra trug die Oberstadt von Ugarit mit dem festungsartig ausgebauten *Königspalast.* Die Anlage stammt aus dem 15. Jahrhundert v. Chr. Ein mächtiger Turm mit 5 m dickem Mauerwerk und einem quadratischen Grundriß von 14 m Seitenlänge schützte ein Ausfalltor am Fuß der stark geneigten Glacis. Der Turm erinnert in seiner Bauweise an mykenische Verteidigungsanlagen. Zum Ausfalltor führte eine winklige Poterne. In der Nähe entdeckten die Archäologen ein Waffenarsenal mit Pfeilen, Kugeln für Schleuderwaffen und Teilen bronzener Schuppenpanzer. Der Königspalast bedeckte eine Fläche von etwa 10000 qm. Er hatte sieben Eingänge. Die zum Teil mehrstöckigen Bauwerke enthielten 67 Räume: repräsentative Räume mit Mosaiken, Wohn- und Verwaltungstrakte, Archive und Werkstätten. In einem Raum am östlichen Haupteingang fanden die Ausgräber die Alphabettafel. Mittelpunkt des Palastes war ein großer, gepflasterter Hof mit einem Brunnen, der noch heute Trinkwasser führt. In einem weiteren Hof stand ein offener Steinofen, in dem die beschriebenen Tontafeln gebrannt wurden; im Ofen fanden die Ausgräber noch 75 Tafeln. Im Kellergeschoß des Palastes entdeckten sie fünf große Grabkammern mit Kraggewölben, die allerdings schon ausgeraubt waren. Der königliche *Marstall* ist eine 29 mal 10 m große Halle mit zwei anschließenden kleinen Räumen.

Im Osten grenzte ein Stadtviertel mit vornehmen *Wohnhäusern* an den Palast. Die Räume der meist zweistöckigen Häuser gruppierten sich um einen Innenhof, der mit Brunnen und oft auch mit Backofen ausgestattet war. Bad und Kanalisation waren selbstverständlich. Unter einigen Wohnhäusern lagen Grabkammern mykenischer Bauweise, gefüllt mit Gebeinen und Grabbeigaben, die aus Ägypten, Kreta, Mykene und Zypern stammen. Die Hauptstraßen waren bis zu 3 m breit.

Der dem kanaanäischen Wettergott Dagan (Dagon) geweihte *Tempel* entstand bald nach 2000 v. Chr. Er war von einer dicken Mauer umgeben und hatte zwei Höfe. Im Nordhof stand ein aus behauenen Steinen errichteter Altar.

Der Bibliothek war eine *Schreiberschule* angegliedert. Der internationale Charakter von Ugarit stellte an die Schüler sehr hohe Anforderungen: sie mußten neben Ugaritisch auch Ägyptisch, Hethitisch, Kretisch, Churritisch und Akkadisch in Sprache und Schrift beherrschen lernen. Hier fand man Tafeln mit Übungstexten, mehrsprachigen Wortlisten und Übersetzungen, die die Entzifferung der phönikischen Alphabetschrift ermöglichten.

Nördlich der Oberstadt schloß sich die *Unterstadt* mit Wohn-, Geschäfts- und Handwerkervierteln an.

Etwa 1,5 km westlich der Oberstadt lag der *Hafen* von Ugarit. Er wird heute Minet al-Baida (= weißer Hafen) genannt. Hier gruben die französischen Archäologen mehrere Wohnhäuser aus dem 15. und 14. Jahrhundert v. Chr. aus. Syrische Wissenschaftler entdeckten Reste von Warenlagern aus dem 6. Jahrhundert v. Chr., als Ugarit nur noch ein unbedeutender Hafenort war.

Die Fundstücke von Ras Schamra, darunter die zahlreichen Schrifttafeln, befinden sich im Nationalmuseum in Damaskus. Einige Funde sind auch in Aleppo untergebracht.

Literatur: Mission de Ras Schamra. Hrsg. von C. F. A. Schaeffer. Paris 1936ff.

Ur

Ur war mehrfach Hauptstadt des altorientalischen Reiches Sumer. Die Ruinenstätte, die heute *Tell al-Muqajjar* (Tell Mugheir) heißt, liegt im Süden des Irak. Der arabische Name »Muqajjar« bedeutet »der mit Bitumen Versehene« und bezieht sich auf den Bitumenmörtel der großen Bauwerke. Berühmt wurde Ur, der Geburtsort Abrahams (»Ur der Chaldäer«), durch die einzigartigen Funde aus den Königsgräbern der ersten Dynastie.

Geschichte

Das Stadtgebiet von Ur (= Stadt) war schon im 5. Jahrtausend bewohnt. Als Nachfolgerin der sumerischen Königsresidenzen → Kisch und → Uruk wurde Ur (sumerisch: Urim) um 2500 Hauptstadt des Reiches Sumer (erste Dynastie von Ur). Die Hafenstadt am Unterlauf des Euphrat kontrollierte den Seehandel mit Tilmun (heute Bahrain) und Magan (heute Oman), wo Kupfer abgebaut wurde. Im 25. Jahrhundert gelang es Urnansche, einem Vasallenfürsten in Lagasch, seine Stadt aus dem Reichsverband zu lösen. Sein Enkel Eannatum eroberte um 2440 Ur und beendete damit die Vormachtstellung dieser Stadt. Nach langen Kämpfen der sumerischen Stadtstaaten um die Vorherrschaft in Sumer vereinigte Sargon von Akkade (etwa 2350–2294) fast den ganzen Nahen Osten in seinem Großreich, dem ersten der Geschichte. Es wurde um 2150 durch die Gutäer zerstört.

Gegen 2068 brach Utuchengal, Fürst von Uruk, die Herrschaft der Gutäer. Vier Jahre später stürzte ihn Urnammu, sein Statthalter in Ur, der daraufhin den Titel »König von Sumer und Akkad« annahm. Die dritte Dynastie von Ur führte die Stadt zu höchster Blüte. In mehr oder weniger erfolgreichen Kriegen versuchten die Könige von Ur, ihr Herrschaftsgebiet auszuweiten. Zu Beginn des 2. Jahrtausends eroberten die Elamiter Ur und beendeten die dritte Dynastie, die bedeutendste Epoche dieser Stadt.

Im 16. Jahrhundert v. Chr. erneuerten die in Babylon herrschenden Kassiten unter ihrem König Kurigalzu die verwahrlosten Tempel von Ur, aber die Stadt erreichte nicht mehr ihre einstige politische und religiöse Bedeutung. Auch der neubabylonische König Nebukadnezar II. (605–562), der die Ziqqurrat von Ur erneuerte, konnte den allmählichen Niedergang der Stadt nicht aufhalten. Als sich der Euphrat, an dem die Stadt lag, ein neues Flußbett suchte, verödete sie vollends.

Archäologie

J. G. Taylor, der englische Konsul in Basra, konnte 1853 die Lage der Stadt Ur auf dem Tell al-Muqajjar feststellen. Erste archäologische Untersuchungen führte noch im 19. Jahrhundert die Universität von Pennsylvania durch. 1918 grub R. Campbell Thompson und 1919 H. R. Hall im Auftrag des Britischen Museums, London. Von 1922 bis 1934 wirkte der Engländer C. Leonard Woolley in Ur. Er entdeckte die berühmten Königsgräber aus frühsumerischer Zeit und glaubte, in einer dicken Schlammablagerung zwischen zwei Siedlungsschichten des 4. Jahrtausends den archäologischen Beweis für die altorientalischen und biblischen Sintflutmythen gefunden zu haben. Spätere Forschungen ergaben aber, daß diese »Sintflut«-Schicht lokal begrenzt war.

Ausgrabungsstätte

Das Stadtgebiet von Ur hatte die Form eines Ovals mit dem größten Durchmesser von 1300 m. Mittelpunkt der Stadtanlage war das Heiligtum Egischnungal (Ekischnugal) mit der *Ziqqurrat* Etemenniguru. Das Heiligtum war dem sumerischen Mondgott Nanna und seiner Gemahlin Ningal geweiht. Nanna war zugleich Stadtgott von Ur. Die Ziqqurrat entstand vermutlich schon vor der ersten Dynastie von Ur. Im 27. Jahrhundert wurde sie erneuert. Der jetzt stehende Bau stammt aus der dritten Dynastie (2070–1950) und wird den Königen Urnammu und Schulgi (Dungi) zugeschrieben. Nebukadnezar II. erhöhte den Stufenturm. Von den wahrscheinlich fünf bis sieben Stufen der letzten Bauphase – die ursprüngliche Anlage hatte drei – sind noch zwei erhalten. Die unterste wird gegenwärtig restauriert. Die Grundfläche hat die Abmessungen 62,50 mal 43 m.

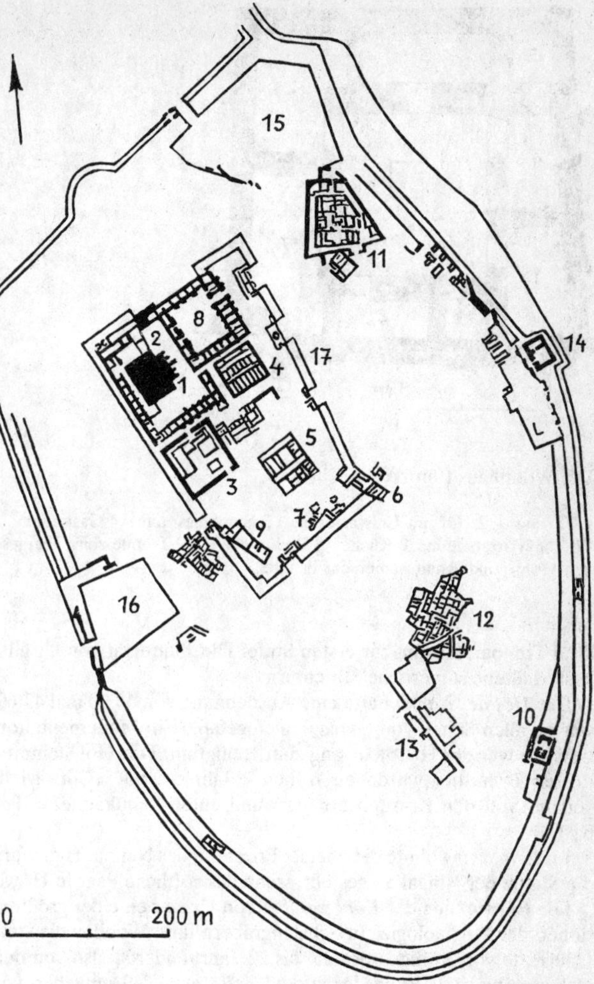

Ur

1 Ziqqurrat Etemenniguru 2 Nanna-Schrein 3 Egiparku (Ningal-Tempel und Wohnung der obersten Priesterin des Nanna) 4 Enunmach (Heiligtum des Mondgottes Nanna) 5 Echursag (Palast des Urnammu und des Schulgi) 6 Mausoleum des Schulgi 7 frühdynastische Königsgräber 8 Hof des Nanna 9 Tempel des Schulgi 10 Tempel des Enki 11 Palast des Nabonid 12 Wohnviertel 13 spätbabylonische Gebäude 14 kassitisches Fort 15 Nordhafen 16 Westhafen 17 Temenosmauer des Nebukadnezar II.

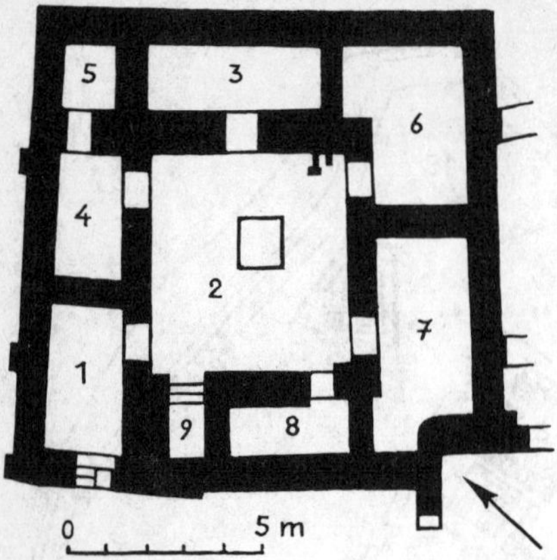

Ur: Wohnhaus (um 2000 v. Chr.)

1 Vorraum 2 Hof mit Entwässerung 3 Empfangsraum 4 Gästeraum 5 Gäste-WC 6 Vorratsraum 7 Küche 8 Bad und WC 9 Treppe zum Obergeschoß mit den Wohn- und Schlafräumen der Familie

Drei Treppen führten zur ersten Stufe. Die Ziqqurrat von Ur gilt als der besterhaltene sumerische Stufenturm.

Der *Hof des Nanna* hatte eine Ausdehnung von 65,70 mal 43,60 m und war an allen Seiten von Gebäuden eingefaßt. Ein Monumentaltor an der Ostseite war der Haupteingang zum Heiligtum. Der Hof stammt aus der dritten Dynastie, wurde im frühen 2. Jahrtausend v. Chr. wieder aufgebaut, von den Kassiten erneuert und unter Nebukadnezar II. vergrößert.

Im *Egiparku* wohnte die oberste Priesterin des Nanna. Hier wurde auch die Statue der Ningal aufgestellt, wenn das göttliche Paar in Ur weilte.

Die Entdeckung der *Königsgräber* von Ur war eine der größten Sensationen der Archäologie. In Schachtgräbern fand Woolley die sterblichen Überreste von Königen des 26. bis 22. Jahrhunderts, also von der ersten Dynastie bis zum Ende der Akkad-Zeit, zum Teil umgeben von ihren Dienern, Höflingen und Soldaten, die dem König in den Tod gefolgt waren. Wagen mit Zugtieren und kostbare Grabbeigaben (Schmuck, Gefäße, Musikinstrumente, Möbel, Waffen) zeugen von außergewöhnlichen Beisetzungsriten der Zeit um 2450.

Die *Königsgrüfte* aus der dritten Dynastie von Ur (2060–1950) liegen in 8 m Tiefe unter tempelartigen Wohnbauten.

Etwa 6 km nordwestlich von Ur untersuchten die Archäologen Hall und Woolley den *Tell al-Ubaid.* Die dort gefundenen Gegenstände und

Werkzeuge aus Stein und Kupfer gaben einer ganzen vorgeschichtlichen Epoche (etwa 4000–3400) den Namen Al-Ubaid.

Literatur: L. Woolley, Ur in Chaldäa. Dt. Übers. Wiesbaden, 2. Aufl. 1957.

Uruk

Uruk, das *Erech* der Bibel, die größte prähistorische Stadt der Welt, war im 3. Jahrtausend die Hauptstadt von Sumer, des ältesten Reiches im südlichen Mesopotamien. In dieser am unteren Euphrat gelegenen Stadt lebte der sagenhafte König Gilgamesch. Hier fanden Archäologen Tontafeln mit ersten Schriftzeichen, eine einfache Bilderschrift, aus der sich später die Keilschrift entwickelte. Die Ruinenstätte heißt heute *Warka.*

Geschichte

Das Stadtgebiet von Uruk war schon im späten 5. Jahrtausend besiedelt. Wer diese ersten Siedler waren, wissen wir nicht. Im 4. Jahrtausend erschienen die Sumerer, die vielleicht von jenseits des Kaspischen Meeres kamen. Um 3400 gründeten sie die ersten Stadtstaaten, gegen 3000 errichteten sie in Uruk die ersten Monumentalbauten.

Eine mythische Dynastie von zwölf Königen soll in Uruk geherrscht haben, darunter Enmerkar, der Erfinder der Schrift, Dumuzi (Tammuz), der Geliebte der Göttin Inanna (Ischtar), und Gilgamesch, der berühmte Sagenheld (Gilgamesch-Epos). Gilgamesch kämpfte gegen Huwawa, den mächtigen Herrn des Zedernwaldes (Libanon, Antilibanon, Ananus), um Zugang zu wertvollen Bauhölzern zu erhalten.

Von 3000 bis 2700 dürfte Uruk – die Sumerer nannten die Stadt Unug – die Hauptstadt von Sumer gewesen sein. Gegen 2375 erhob sich Lugalzagesi (Lugal = König, großer Mann), bis dahin unbedeutender Stadtfürst von Umma, gegen das mächtige Lagasch, besiegte den König Urukagina von Lagasch und bestimmte Uruk zur Residenz des Reiches Sumer. Lugalzagesi nahm den Titel »König von Uruk und König des Landes Sumer« an. Er herrschte 25 Jahre und kam auf seinen Feldzügen sogar bis ans Mittelmeer.

Aber die Rivalität zwischen den sumerischen Städten schwächte das Reich. So gelang es einem semitischen Offizier, Mundschenk des Königs Ur Zababa von Kisch, in Mittelmesopotamien einen Staat zu gründen. Akkad, das bis heute nicht lokalisiert werden konnte, wurde die Hauptstadt dieses Staates. Sein König war Sargon von Akkad (Sargon I.). Er stürzte um 2350 die Dynastie von Uruk, nahm Lugalzagesi gefangen und herrschte damit auch über Sumer. Sargon I. war der Begründer des ersten Großreiches des Orients, das sich vom Persischen Golf bis zum Mittelmeer erstreckte. Nach dem Tode des Akkaderkönigs Naramsîn (2320–2284) gründete Urnigin eine neue Dynastie von Uruk.

Im 22. Jahrhundert fielen die Gutäer aus dem westiranischen Zagros in

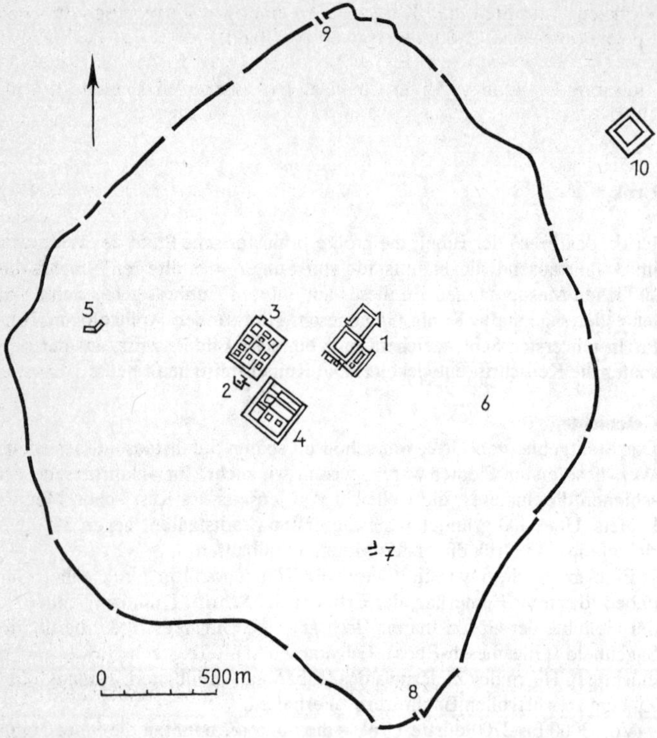

Uruk

1 Heiligtum Eanna mit Tempel D 2 Weißer Tempel 3 Bit Resch 4 Südbau 5 Palast Sinkaschids 6 parthischer Palast 7 parthischer Tempel 8 Ur-Tor 9 Nordtor 10 Festhaus

Mesopotamien ein. Uruk behielt für seinen Stadtbereich eine gewisse Selbständigkeit und konnte um 2068 unter König Utuchengal die Gutäer aus dem Lande treiben. Um 2064 ging die Herrschaft über Sumer an die Könige von Ur über. Urnammu war der große Wiedererwecker der sumerischen Kultur. Er baute den Tempelbezirk von Uruk wieder auf, prachtvoller und größer denn je. Die Dynastie von Uruk und die Geschichte Sumers endeten mit dem Einfall der Amoriter.

Unter den babylonischen Königen spielte Uruk nur noch eine bescheidene Rolle. Doch seine Tempel wurden unter allen Herrschern, unter den Assyrern wie unter den Neubabyloniern, geachtet und instand gehalten.

Sogar der persische Achämenidenkönig Kyros, der Uruk im Jahre 539 v. Chr. besetzte, ließ den heiligen Bezirk unangetastet. Die Heiligtümer von Uruk behielten ihren Einfluß bis in die seleukidische und parthische Zeit. Als der Euphrat im 5. nachchristlichen Jahrhundert seinen Lauf änderte, wurde die Stadt von ihren Bewohnern aufgegeben.

Archäologie

Erste Untersuchungen in Uruk führte 1850 der englische Archäologe W. K. Loftus durch. 1912 bis 1913 und 1928 bis 1939 gruben die Deutschen J. Jordan, A. Nöldeke und E. Heinrich; seit 1954 H. J. Lenzen und J. Schmidt. Lenzen und Schmidt erforschten die Großtempel des Heiligtums Eanna, legten 1960/61 den Palast des Sinkaschid sowie eine Prinzengruft frei und entdeckten 1962 die altsumerische Pfeilerhalle des Eanna, deren zweihundert Nischen mit dreifarbigen Tonstiftmosaiken geschmückt waren.

Ausgrabungsstätte

Uruk ist das größte Ruinenfeld im südlichen Mesopotamien. Die nahezu kreisförmige Stadt hatte eine Ausdehnung von etwa 3 mal 2,2 km. Sie war von einer 9 km langen Mauer umgeben, die um 2800 von dem sagenhaf-

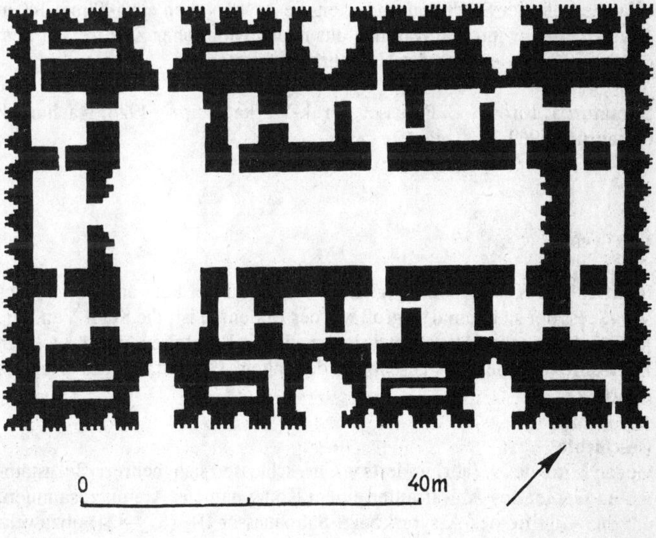

Uruk: Tempel D

ten König Gilgamesch erbaut worden sein soll. Diese Mauer aus Lehmziegeln ist übrigens die älteste *Stadtmauer* in Mesopotamien.

Das *Heiligtum Eanna,* das der Himmelsgöttin Inanna (Ischtar), der Göttin des Venussterns, des Kampfes und der Liebe, der Tochter des Hauptgottes Anu (sumerisch: An), geweiht war, entstand im späten 4. Jahrtausend. Es bedeckte mit Tempeln, Ziqqurrats und Werkstätten eine Fläche von etwa 9 ha. Auf einer Terrasse erhob sich ein Tempel, der um 2800 der Ziqqurrat Egipariminbi weichen mußte, die heute noch zu sehen ist. Eine zweite Ziqqurrat wurde um 2100 unter Urnammu errichtet. Vor der Ziqqurrat erbauten die Kassiten in der Mitte des 2. Jahrtausends zwei Tempel. Zwischen den beiden Stufentürmen fanden die Archäologen Reste eines Tempels aus dem 4. Jahrtausend, der auf einem Kalksteinsockel ruhte. Dieser »Tempel D« hatte eine Ausdehnung von 75 mal 29 m und gilt als erstes Monumentalbauwerk Mesopotamiens. Die Wände des Vorhofes waren mit einem herrlichen Stiftmosaik aus graublauen, weißen und roten Tonkegeln geschmückt.

Der *Weiße Tempel,* der sich über sechs vorangegangenen Tempeln auf einer 12 m hohen künstlichen Terrasse erhob, war dem Himmelsgott Anu geweiht. Der 18,70 mal 4,85 m große Hauptraum war weiß angestrichen.

Das Heiligtum *Bit Resch* (Bît Reš) diente der Verehrung der Götter Anu und Antu. Die Anlage stammt aus dem 3. Jahrtausend und war auf einer Lehmziegelterrasse des späten 4. Jahrtausends erbaut.

Den *Palast* im Westen der Stadt erbaute gegen 1800 v. Chr. der Amoriterkönig Sinkaschid.

Außerhalb der Stadtmauern legten die Archäologen ein 140 mal 140 m großes *Festhaus* mit 116 Räumen aus neubabylonischer Zeit frei, in dem die Bewohner von Uruk das Neujahrsfest feierten.

Literatur: J. Jordan, C. Preusser, Uruk-Warka. Leipzig 1928, Nachdruck Osnabrück 1969.

Van (Tušpa)

Inmitten des Kurdischen Berglandes der Osttürkei liegt am Ostufer des Van-Sees, der siebenmal so groß wie der Bodensee ist, die Stadt Van. Die 1925 aufgegebene Altstadt wird von einem Burgfelsen überragt, dem Zentrum von Tušpa (Tuschpa), der alten Hauptstadt des Reiches Urartu.

Geschichte

Gegen Mitte des 9. Jahrhunderts v. Chr. schlossen sich mehrere Bergstämme im Gebiet des Ararat unter einem König namens Aramu zusammen, um die Angriffe des Assyrerkönigs Salmanassar III. (858–824) abzuwehren. Bald darauf begründete König Sarduri I. das Reich Biainili, das die Assyrer Urartu nannten. Hauptstadt dieses Reiches wurde Tušpa, wo die urartäischen Könige in einer mächtigen Burg am Van-Felsen (Van Kalesi) residierten.

Im ständigen Kampf mit den Assyrern und anderen Nachbarvölkern vergrößerten die Könige Menua, Argišti I. und Sarduri II. (etwa 760–730) ihr Reich, bis es sich (nach heutigen geographischen Bezeichnungen) zwischen dem türkischen Malatya am Euphratknie und dem iranischen Ardebil am Kaspischen Meer erstreckte. Im Süden verlief die Grenze durch das irakische Kurdistan, im Norden bis zur sowjetischen Stadt Eriwan. Ein System von Festungen sicherte die eroberten Gebiete und sorgte für eine straffe Verwaltung. Tiglatpileser III. reorganisierte das assyrische Heer und schlug die Truppen Urartus 742 v. Chr. in Kommagene, einer Landschaft im Nordosten Syriens, um den Zugang zu den anatolischen Erzminen wieder zu öffnen. Auf diesem Feldzug sollen die Assyrer auch Tušpa belagert haben, ohne aber die Hauptstadt einnehmen zu können. Die Besitzungen Urartus gingen bis auf das Kernland verloren.

Rusa I. (etwa 730–714/3) verbündete sich mit anatolischen Herrschern wie Mita von Muški (identisch mit König Midas von Phrygien) und dehnte den Herrschaftsbereich Urartus wieder aus. Um die ständige Bedrohung aus dem Norden ein für allemal auszuschalten, begann der Assyrerkönig Sargon II. (721–705) im Jahre 714 einen großen Feldzug gegen Urartu. Am Berg Uauš bereitete er den Truppen Rusas eine vernichtende Niederlage. Rusa mußte fliehen und beging später Selbstmord. Die Assyrer zogen sengend und plündernd durch das Reich.

Aber Urartu behielt seine Unabhängigkeit und richtete sein Interesse nach Westen, Norden und Osten. Rusa II. erbaute die neue Königsburg auf dem Toprakkale bei Van. Er gründete Städte und errichtete gewaltige Festungen. Im späten 8. Jahrhundert v. Chr. fielen die Kimmerer aus den Ländern nördlich des Schwarzen Meeres in Vorderasien ein. Rusa II. drängte sie geschickt nach Westen ab, wo sie im Jahre 696/695 das Großreich der Phryger zerstörten. Die Urartäer verbündeten sich mit den Kimmerern und einigten sich auch mit den später nachfolgenden Skythen. Selbst zu ihren Erzfeinden, den Assyrern, unterhielten sie im 7. Jahrhundert v. Chr. gute Beziehungen. Als im Jahre 681 Sanherib, König von Assyrien, von seinen Söhnen ermordet wurde, begaben sich diese unter Rusas Schutz. Im Alten Testament, 2. Buch der Könige, 19, 37, heißt es: »Und da er (Sanherib) anbetete im Hause Nisrochs, seines Gottes, erschlugen ihn mit dem Schwert Adrammelech und Sarezer, seine Söhne, und sie entrannen ins Land Ararat.« Dieses Land Ararat war das Reich Urartu.

Über den Untergang von Urartu wissen wir nicht viel. Zwischen 594 und 590 dürfte das Reich von Skythen und Medern endgültig vernichtet worden sein. Als letzter König wird Rusa III. angesehen. Später gehörte Urartu zur persischen Satrapie Armina (Armenien).

Alexander der Große verzichtete darauf, Tušpa einzunehmen. Nach Alexanders Tod fielen die Gebiete zwischen Van-See und Ararat dem Königreich Pontos zu. Im 1. Jahrhundert v. Chr. gehörte Tušpa zum armenischen Reich.

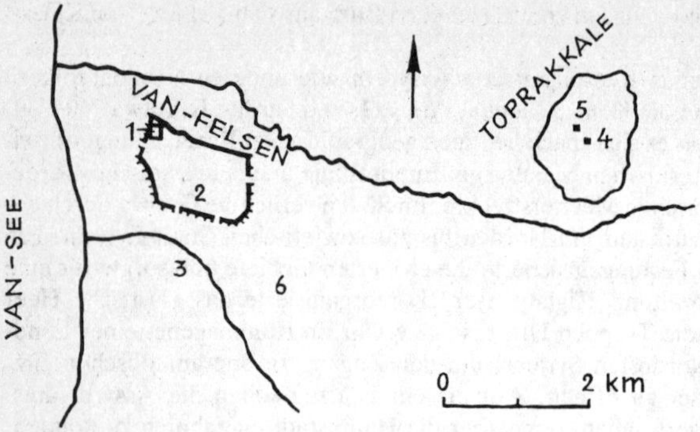

Van (Tušpa)

1 Burg Sarduris I. 2 Zitadellenstadt 3 Wasserleitung (»Kanal der Semiramis«) 4 Residenz Rusahinili 5 Tempel des Haldi 6 Gartenstadt (Rusastadt)

Archäologie

1827 untersuchte der deutsche Archäologe Friedrich Eduard Schulz im Auftrag der Asiatischen Gesellschaft Frankreichs Keil-Inschriften am Van-See und wurde dabei ermordet. 1879 begann der Engländer Clayton auf dem Toprakkale mit ersten Ausgrabungen für das Britische Museum, London, die einige Jahre darauf die Deutschen C. F. Lehmann-Haupt und W. Belck fortsetzten. Die freigelegten Steinquader des Haldi-Tempels wurden danach von den Einwohnern von Van als Baumaterial verwendet. 1959 bis 1961 arbeitete der Türke A. Erzen in dem Palast- und Tempelbezirk auf dem Toprakkale.

Ausgrabungsstätte

Am Nordwesthang des Van-Felsens legten die Archäologen das Kyklopenmauerwerk einer *Burg* frei, die König Sarduri I. von Urartu im 9. Jahrhundert v. Chr. erbaut hatte. Die Burg war nur durch einen unterirdischen Gang erreichbar. Auf einer Felswand fand man eine Inschrift des Königs Argišti I. (etwa 785/780–760) in assyrischer Keilschrift, aber in urartäischer Sprache. Die Burg wird heute »Felsschloß der Semiramis« genannt.

Aus der Zeit des Königs Menua (etwa 810–785/780) stammt der »Kanal der Semiramis«, eine 70 km lange, großartige *Wasserleitung* zur Versorgung der Hauptstadt, die zum Teil noch heute in Betrieb ist.

4 km von Tušpa entfernt erhebt sich der Hügel *Toprakkale* (= Erdburg) mit einer urartäischen Stadt. Hierhin verlegten die Könige von Ur-

artu Ende des 8. Jahrhunderts v. Chr. ihre Residenz, deren Name Rusahinili (= von Rusa erbaut) war. Auf einer Terrasse stießen die Ausgräber auf die Ruine eines Tempels, der der Gottheit Haldi (Chaldi) geweiht war. Im Tempelbezirk entdeckten sie herrliche Skulpturen und Metallarbeiten, Bronzekessel, Greifen, Waffen usw. Die urartäischen Bronzen waren berühmt und kamen nach Assyrien, Griechenland und sogar in das etruskische Italien.

Die interessantesten Stücke aus den Forschungs- und Raubgrabungen gehören heute zum Bestand der Museen von London, Berlin und Leningrad.

Literatur: M. Noyan, Einführung in die Geschichte Vans. Istanbul 1941.

Veji

19 km nordwestlich von Rom liegt die Ausgrabungsstätte der Etruskerstadt Veji (Veii). Veji war vermutlich die größte Stadt der Etrusker – im 5. Jahrhundert v. Chr. hatte es mehr als 100000 Einwohner – und übertraf das benachbarte Rom an Glanz und Größe. Der berühmteste Fund ist die lebensgroße Terrakottastatue des »Apollon von Veji«.

Geschichte

Auf einem Tuffsteinplateau zwischen den beiden Quellbächen der Cremera (heute Valchetta) bestanden seit dem 9. Jahrhundert v. Chr. mehrere Siedlungen der Villanova-Kultur mit runden Hütten aus Ästen und Lehm, ähnlich wie auf dem römischen Hügel Palatin. Im 8. Jahrhundert v. Chr. erschienen Etrusker, die die Siedlungen zu einer Stadt zusammenfaßten und Häuser aus Stein bauten. Sie lebten hauptsächlich von der Landwirtschaft. Die äußerst fruchtbaren Ländereien im Osten der Stadt entwässerten sie durch ein kilometerlanges, unterirdisches Kanalsystem. Andererseits schufen sie im 6. Jahrhundert v. Chr. mit dem Ponte Sodo eine Anlage zur Ableitung des Cremera, um die Äcker zu bewässern bzw. die Großstadt vor Überschwemmungen zu bewahren.

Veji unterhielt gegenüber der Mündung des Cremera in den Tiber den Brückenkopf *Fidenae*. Damit kontrollierten die Etrusker die Schiffahrt auf dem größten Fluß Mittelitaliens. Das mußte zwangsläufig zu Auseinandersetzungen mit dem langsam erstarkenden → Rom führen. 477 v. Chr. griffen die Römer Veji an, aber die Etrusker lockten die Angreifer in einen Hinterhalt; dabei sollen 306 Angehörige des römischen Patriziergeschlechts der Fabier gefallen sein. Daraufhin sicherten die Vejaner ihre 2,7 mal 1,6 km große Stadt durch eine Mauer. Sie konnten aber nicht verhindern, daß die Römer gegen Ende des 5. Jahrhunderts v. Chr. Fidenae eroberten und damit die Herrschaft über den Unterlauf des Tiber gewannen. Erst 396 v. Chr. gelang es den Römern unter ihrem Heerführer M. Furius Camillus, Veji nach zehnjähriger Belagerung einzunehmen. Sie zerstörten die Stadt und verkauften die Bewohner in die Sklaverei. Damit hatte Rom seinen ärgsten Rivalen ausgeschaltet. Der Weg für die Eroberung Etruriens war frei.

Zu Beginn der Kaiserzeit wurde die Stadt als Munizipium neu gegründet; ihr offizieller Name lautete »Municipium Augustum Veiens«.

Archäologie

1843 entdeckte der Bankier und Sammler etruskischer Antiquitäten Marchese Giampietro Campana (1808–1880) im Nordwesten von Veji die nach ihm benannte Tomba Campana. Das Grab war bereits weitgehend ausgeraubt. Campana mußte später seine berühmte etruskische Sammlung verkaufen; die kostbaren Stücke kamen nach Paris (Louvre), London (British Museum) und Petersburg (Eremitage).

1913 und 1914 gruben italienische Archäologen in der Nekropole und auch auf der Akropolis im Süden der Stadt. Zugleich suchte E. Gábrici, einer der Grabungsleiter, am Westrand der Stadt nach einem Tempel, den er nach dem Auftauchen von Weihgeschenken dort vermutete. 1916 stieß sein Nachfolger G. Q. Giglioli auf mehrere Terrakottastatuen, darunter auf einen 1,80 m großen Apollon. Die Römer hatten die Statuen nach der Zerstörung von Veji in einem Depot aufbewahrt. Die Statuen (Apollon, Herakles, Hermes, vielleicht auch Artemis) schmückten als Akroterien den Dachfirst des Tempels von Veji. Die Gruppe zeigt Apollon im Streit mit Herakles um den Besitz der kerkynitischen Hirschkuh. Die Statuen sind bemalt. Sie entstanden am Ende des 6. Jahrhunderts v. Chr., in jener Zeit also, in der im nahen Rom der letzte Etruskerkönig herrschte. Man nimmt an, daß der Bildhauer Vulca aus Veji diese Statuengruppe geschaffen hat. Vulca war auch der Schöpfer der berühmten Quadriga und der Jupiterstatue für den Tempel des Jupiter Capitolinus in Rom, der im Jahre 509 v. Chr. geweiht wurde. 1939 kam noch die stark beschädigte Terrakottastatue einer Frau, die einen Knaben trägt, zum Vorschein. 1960 entdeckten die Archäologen im Norden der Stadt eine Nekropole der Villanova-Zeit.

Von 1913 bis heute konnten in Veji insgesamt mehr als 1200 Gräber freigelegt und untersucht werden.

Ausgrabungsstätte

Vor dem sog. *Portonaccio-Tempel* auf einer Terrasse in halber Höhe zwischen der Stadtmauer und dem Flüßchen Fosso del due Fossi wurde der berühmte Apollon (etruskisch: Aplu) von Veji gefunden. Der Tempel, von dem nur noch die Fundamentmauern zu sehen sind, war vermutlich der Göttin Menrva (Minerva) geweiht.

Auf der *Akropolis,* der Piazza d'Armi im Süden der Stadt, konnten die Reste eines weiteren Tempels, dessen Gottheit noch unbekannt ist, freigelegt werden.

Die oberhalb der beiden Flüsse verlaufende *Stadtmauer* hatte eine Länge von rund 9 km. Das bis 5 m hohe Mauerwerk ist noch an mehreren Stellen zu sehen.

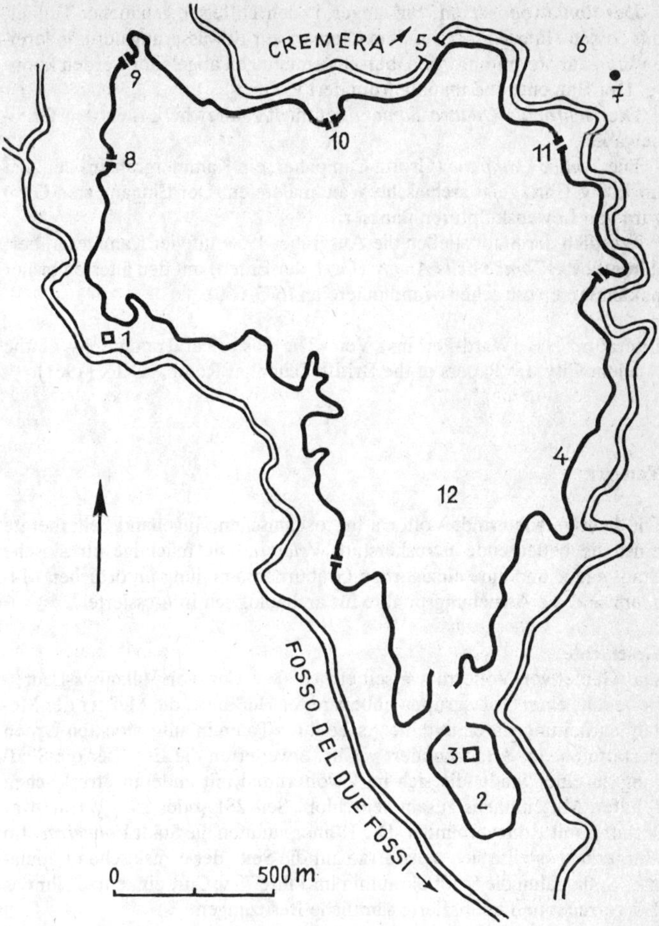

Veji

1 sog. Portonaccio-Tempel 2 Akropolis (Piazza d'Armi) 3 Tempel 4 Stadtmauer 5 Ponte Sodo 6 Nekropole Quattro Fontanili 7 Tomba Campana 8 Caere-Tor 9 Vulci-Tor 10 Formello-Tor 11 Capena-Tor 12 etruskische Gebäude

Der *Ponte Sodo* ist ein 75m langer, in den Tuffelsen gehauener Tunnel, mit dessen Hilfe Wasser aus dem Cremera zur Bewässerung der Ländereien bzw. zur Verhütung von Überschwemmungen abgeleitet werden konnte. Der Bau entstand im 6. Jahrhundert v. Chr.

Die *Nekropole Quattro Fontanili* enthielt zahlreiche Urnen und Grabbeigaben.

Die *Tomba Campana* (Grotta Campana), ein Kammergrab aus der Zeit um 600 v. Chr., zeigt archaische Wandmalereien. Der Eingang zum Grab wird von Löwenskulpturen flankiert.

Westlich der Stadt stießen die Ausgräber 1958 auf vier Kammergräber, darunter die *Tomba delle Anatre* (Grab der Enten) mit den ältesten bisher bekannten etruskischen Wandmalereien (675–650).

Literatur: J. B. Ward-Perkins, Veii. The Historical Topography of the Ancient City. In: Papers of the British School at Rome, XXIX (1961).

Volterra

Die heutige Kleinstadt Volterra im toskanischen Hügelland beherbergte einst die bedeutende Etruskerstadt *Velathri.* Die mächtige etruskische Stadtmauer und eine einzigartige Graburnensammlung im örtlichen Museum sind die Anziehungspunkte für archäologisch Interessierte.

Geschichte

Das Gebiet von Volterra war seit etwa 1000 v. Chr. von Villanova-Leuten besiedelt, einer Volksgruppe unbekannter Herkunft, die Meister der Metallbearbeitung waren und die Asche ihrer Toten in aufgestockten Urnen bestatteten. Im 8. Jahrhundert v. Chr. erweiterten die Etrusker die Siedlung zu einer Stadt, die sich im Zwölferbund mit anderen etruskischen Städten Mittelitaliens zusammenschloß. Seit 281 (oder 298) v. Chr. war Velathri mit Rom verbündet. Die Römer nannten die Stadt *Volaterrae.* Im Bürgerkrieg stellte sich Volaterrae auf die Seite der etruskischen Popularen. Sulla nahm die Stadt daraufhin im Jahre 79 v. Chr. ein, entzog ihr das Bürgerrecht und konfiszierte sämtliche Besitzungen.

Archäologie

Von 1757 bis zu seinem Tode im Jahre 1785 erforschte der Geistliche Mario Guarnacci die Nekropole vor den Mauern von Volterra. Er fand zahlreiche Graburnen aus Terrakotta, Tuffstein und Alabaster, deren Vorderseiten mit Reliefs geschmückt sind. Die Reliefs zeigen Szenen aus der Mythologie und aus dem täglichen Leben. Guarnacci gründete für seine Graburnen ein Museum, das heute seinen Namen trägt: Museo Etrusco Guarnacci. Die Urnen stammen aus dem 4. bis 1. Jahrhundert v. Chr.

Ausgrabungsstätte
Die *Stadtmauer* des antiken Velathri (Volaterrae) wurde in der zweiten Hälfte des 6. Jahrhunderts v. Chr. errichtet und in der ersten Hälfte des 4. Jahrhunderts v. Chr. erweitert. Sie war etwa 7 km lang, 12 m hoch und 4 m dick. Das mächtige Mauerwerk ist noch weitgehend erhalten. Das einzige noch vorhandene Stadttor, der *Arco Etrusco* (Porta all'Arco), stammt aus dem 4. oder 3. Jahrhundert v. Chr. und wurde im 1. vorchristlichen Jahrhundert wiederhergestellt und mit drei steinernen Köpfen geschmückt. Diese Köpfe könnten die kapitolinische Göttertrias Jupiter, Juno und Minerva darstellen.

Das *Theater* stiftete zwischen 35 und 25 v. Chr., also zu Beginn der römischen Kaiserzeit, die Patrizierfamilie Caecina (etruskisch Kaikna).

Die Volterraner mußten ihre Toten in Mergelerde bestatten. Die meisten Gräberkammern sind daher zusammengestürzt. Ganze *Nekropolen,* wie die Guerruccia, wurden vom Erdrutsch in die Tiefe gerissen. Die Grotta Marmini ist ein typisches Beispiel für die Urnengräber Volterras: kreisrund, sehr flach, mit umlaufender Bank für die Aschenurnen. Die größeren Gräber haben noch eine Mittelstütze.

Literatur: P. Ferrini, Volterra. Volterra 1954.

Volubilis

Volubilis, die größte antike Ruinenstätte Marokkos, liegt 30 km nördlich von Meknès unmittelbar neben der heiligen Stadt Moulay Idriss am Fuße des quellwasserreichen Zerhoun-Massivs auf einem die fruchtbare Ebene beherrschenden Plateau.

Geschichte
Volubilis war bereits im Neolithikum bewohnt und vor der Zerstörung Karthagos im Jahre 146 v. Chr. eine bedeutende punisch-mauretanische Stadt. Seit dem Beginn der Römerzüge (40–45 n. Chr.) wurde Volubilis eines der Hauptzentren der römischen Provinz Mauretania Tingitana und Residenz der römischen Provinz-Prokuratoren. Seine Blütezeit hatte Volubilis im 2. und 3. Jahrhundert. Nach der Herrschaftszeit des Kaisers Probus (276–282) erlebte die Stadt einen Niedergang, wurde aber bis Ende des 8. Jahrhunderts weiterhin bewohnt.

Archäologie
1721 verfaßte der Engländer John Windus eine kurze Beschreibung der damals noch stehenden Bauten, die dann im Jahre 1755 bei einem Erdbeben teilweise einstürzten. 1874 erkannte Tissot, französischer Gesandter in Marokko, in dem Ruinenfeld von Ksar Pharaoun das antike Volubilis. 1887 bis 1892 begann M. de la Martinière mit ersten Grabungen. Größere archäologische Untersuchungen wurden 1915 unter L. Chatelain begon-

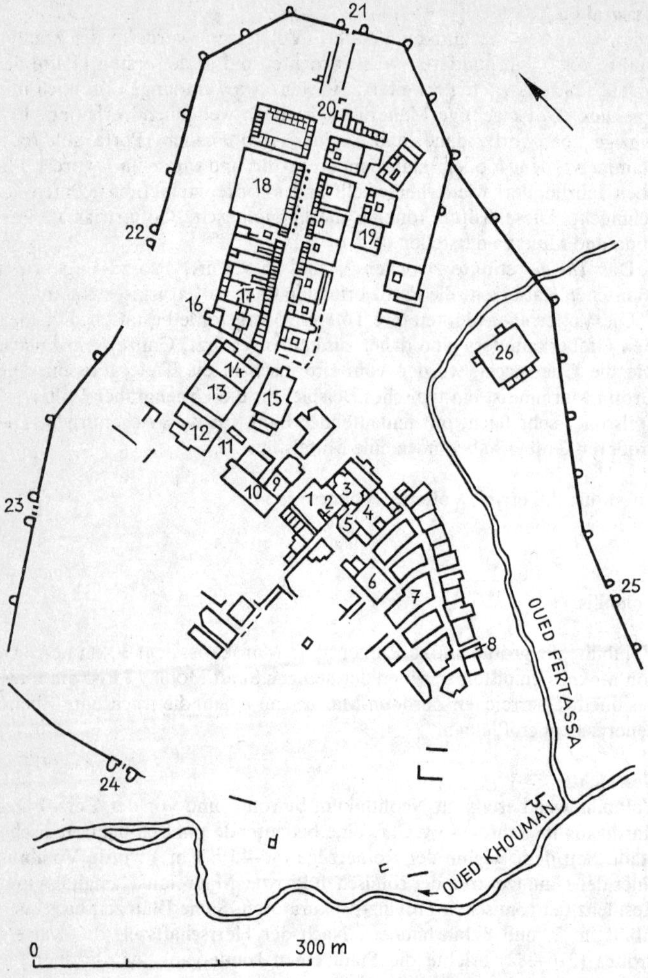

Volubilis

1 Forum 2 Macellum 3 Basilika 4 Kapitol 5 Forums-Thermen 6 Galienus-Thermen 7 Haus des Orpheus 8 Ölmühle 9 Haus des Desultors 10 Haus des Hundes 11 Triumphbogen des Caracalla 12 Haus des Epheben 13 Haus der Säulen 14 Haus des Reiters 15 Nordthermen 16 Thermen 17 Haus der Arbeiten des Herkules 18 Palast des Gordian 19 Haus der Venus 20 Decumanus maximus 21 Tanger-Tor 22 Nordtor 23 Tripylon 24 Westtor 25 Südosttor 26 Tempel B

nen und seitdem ständig fortgesetzt, vor allem von R. Thouvenot und A. Luquet.

Ausgrabungsstätte
Volubilis nahm im 2. und 3. Jahrhundert eine Fläche von etwa 40 ha ein. Eine 2350 m lange Mauer schützte die Stadt gegen Berberüberfälle. Rund 40 hufeisenförmige Basteien verstärkten die Mauer. Sechs Tore führten in die Stadt.

Malerische Ruinen und zahlreiche Fußbodenmosaike machen aus Volubilis heute ein einzigartiges Freilichtmuseum. Die wichtigsten Bauwerke sind die *Gallienus-Thermen,* das *Macellum* (Markthalle), das *Kapitol,* eine fünfschiffige *Basilika,* der *Palast des Gordian* (Sitz des Prokurators) und der mächtige *Triumphbogen* des Caracalla aus dem Jahre 217. Zahlreiche prächtige Villen zeugen vom Reichtum der Stadt, z. B. das *Haus des Epheben,* das *Haus der Arbeiten des Herkules* (Mosaik mit zehn der zwölf Arbeiten des Herkules), das *Haus der Venus* (acht Säle und sieben Gänge mit Mosaiken), das *Haus des Orpheus.* Die in Volubilis gefundenen Statuen und Kleinplastiken befinden sich heute im Archäologischen Museum, Rabat.

Literatur: R. Thouvenot, Volubilis. Paris 1949.

Xanten

In der niederrheinischen Stadt Xanten liegt die Ausgrabungsstätte der Römerstadt *Colonia Ulpia Traiana.* Sie ist die einzige antike Stadt nördlich der Alpen, die nicht überbaut wurde und daher ein vollständiges Bild einer Römischen Kolonialstadt vermittelt. Und sie ist nach Köln und Trier die drittgrößte Römersiedlung auf deutschem Boden.

Geschichte
Um 15 v. Chr. errichtete Drusus (38–9), Stiefsohn des Kaisers Augustus und römischer Feldherr, südlich der heutigen Stadt Xanten gegenüber der Mündung der Lippe in den Rhein auf dem 70 m hohen Fürstenberg das Legionslager Vetera. *Castra Vetera* war einer jener Stützpunkte, von denen aus das rechtsrheinische Germanien erobert werden sollte. Im Jahre 9 n. Chr. drangen drei römische Legionen aus Vetera und aus Neuß (oder Köln) unter dem Befehl des Varus nach Osten vor, wo sie – wahrscheinlich im Teutoburger Wald – in einen Hinterhalt des Cheruskerfürsten Arminius gerieten und vernichtet wurden. Damit war der Plan, die Grenze des Römischen Reiches bis zur Elbe vorzuschieben, gescheitert. Der Rhein wurde für Jahrhunderte zur Grenze zwischen dem Imperium Romanum und den germanischen Territorien.

43 n. Chr. baute Kaiser Claudius das Castra Vetera als Standlager für zwei Legionen – das sind rund 12000 Soldaten – aus. Das Lager hatte

jetzt eine Größe von 56 ha. Die Holzgebäude wurden durch Steinbauten ersetzt. Außerhalb des Lagers war inzwischen eine Zivilsiedlung entstanden, in der Handwerker, Kaufleute und Veteranen lebten, eine Mischbevölkerung aus Römern, Kelten und Germanen. Im Jahre 70 überfielen die germanischen Bataver unter ihrem Anführer Julius Civilis Lager und Siedlung.

Nach Rückeroberung und Bau eines neuen Lagers, Vetera II, am Rheinufer wuchs die Siedlung so schnell und planlos, daß Kaiser Trajan um das Jahr 100 zwei Kilometer nördlich des Römerlagers an der Stelle eines Cugernerdorfes eine neue Siedlung gründete, der er die Rechte einer Colonia verlieh und seinen Namen gab. Colonia Ulpia Traiana, kurz CUT, war eine total geplante Stadt, mit einem schachbrettartigen Grundriß, mit Verwaltungsgebäuden, Tempeln, Bädern, Wohnvierteln und einem Amphitheater, umgeben von einer ausreichend starken Mauer, alles auf einer Fläche von 83 ha. CUT hatte rund 10000 Einwohner.

Nach dem Abzug der römischen Truppen im 4. Jahrhundert verließen auch die Bewohner die Stadt. CUT verfiel. Über dem Grab zweier christlicher Märtyrer, die um 361 das Opfer der letzten blutigen Christenverfolgung im römischen Imperium geworden waren, erstand rund 30 Jahre später eine Kapelle, um die sich später eine mittelalterliche Stadt entwikkelte, die Stadt Xanten (aus lat. ad sanctos = zu den Heiligen). Aus den Steinen der Trajansstadt wurden neue Bauten errichtet, darunter der prächtige Xantener Dom. Die Fundamente verschwanden unter Äckern und Wiesen.

Archäologie

Im 19. Jahrhundert gruben Xantener »Privat-Archäologen« in der Römerstadt und fanden Münzen, Gebrauchsgegenstände, Schmuck und Plastiken. 1935 nahm das Rheinische Landesmuseum Bonn die wissenschaftliche Untersuchung des Terrains auf. Dabei stieß man auf die Fundamente des Amphitheaters. In der Mitte der fünfziger Jahre wurden die Grabungen in aller Eile wiederaufgenommen, da sich im Westteil der Römerstadt Gewerbebetriebe ansiedelten. Mit ersten systematischen Ausgrabungen konnte das Landesmuseum erst 1972 beginnen. Der wissenschaftlichen Erforschung der Colonia Ulpia Traiana folgt seitdem die Rekonstruktion der gefundenen Bauwerke. Aus den Ruinen wächst ein moderner »Archäologischer Park«.

Ausgrabungsstätte

Das *Amphitheater* wurde um das Jahr 120 erbaut. Die Zuschauerränge bestanden zunächst aus Holz, seit dem Ende des 2. Jahrhunderts aus Stein. 12000 Zuschauer fanden auf den Sitzstufen Platz. Die Länge des ovalen Bauwerks beträgt fast 100 m, die Breite 87 m. Die Arena mißt 60 mal 48 m. Hinter der Arenamauer verlief ein gedeckter Gang, der zu den Tierkäfigen und zu den Aufenthaltsräumen der Gladiatoren führte. Ein Viertelsegment des Amphitheaters wurde inzwischen neu errichtet.

Vom *Hafentempel* aus der Mitte des 2. Jahrhunderts ist lediglich eine 24

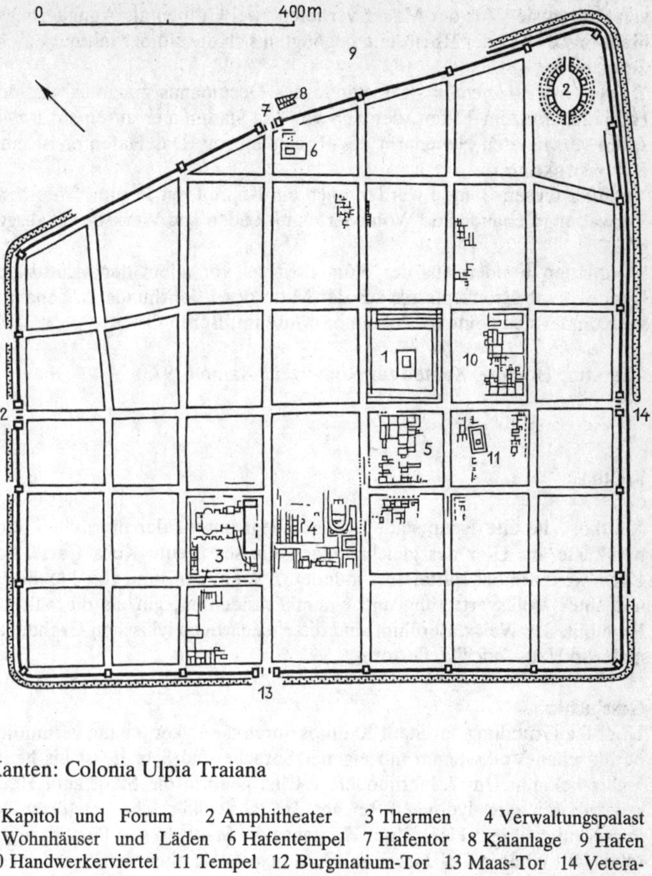

Xanten: Colonia Ulpia Traiana

1 Kapitol und Forum 2 Amphitheater 3 Thermen 4 Verwaltungspalast 5 Wohnhäuser und Läden 6 Hafentempel 7 Hafentor 8 Kaianlage 9 Hafen 10 Handwerkerviertel 11 Tempel 12 Burginatium-Tor 13 Maas-Tor 14 Vetera-Tor

mal 36m große und über 2m starke Fundamentplatte erhalten. Aus den Abdrücken mächtiger Steinquader auf dieser Fundamentplatte konnten die Archäologen die Gestalt des Tempels rekonstruieren: Auf einem 3m hohen Sockel erhob sich die Cella, umgeben von 24 korinthischen Säulen (je acht an den Langseiten und je sechs an der Vorder- und Rückseite). Welcher Gottheit dieser größte römische Tempel nördlich der Alpen geweiht war, ist zur Zeit noch unbekannt.

Die etwa 6,60m hohe und 1,80m starke *Stadtmauer* (zum Teil rekonstruiert) hatte eine Länge von rund 4km. Etwa 12m hohe Wehrtürme verstärkten sie. Vor der Mauer verliefen zwei Gräben als Annäherungshindernisse. Auf der Rheinseite begnügten sich die Römer mit nur einem Graben.

Das *Große Hafentor* am Ostende des Decumanus maximus war der Hauptzugang zum Hafen, der sich vor der Stadtmauer an einem inzwischen versandeten Nebenarm des Rheins hinzog. Das Hafentor ist eine Rekonstruktion.

Außer diesen Bauten wurden noch ein Kapitol mit Forum, Thermen, Verwaltungsgebäude und Wohnviertel mit Läden und Werkstätten ausgegraben.

Von den Funden aus der Römerzeit sei vor allem der »Lüttringer Knabe«, eine Bronzeplastik aus der Mitte des 2. Jahrhunderts, genannt; sie befindet sich heute im Pergamon-Museum, Berlin-Ost.

Literatur: H. Hinz, Xanten zur Römerzeit. Xanten 1973.

Xanthos

Xanthos, die alte Hauptstadt Lykiens, liegt unweit der türkischen Südwestküste am Ufer des gleichnamigen Flusses (heute Koca Çayi), der 12 km weiter in das Mittelmeer mündet. Lykien, ein Bund von 20 Städten mit einer Volksvertretung und einem Präsidenten, gilt als die »älteste Republik der Welt«. Berühmt sind die einzigartigen lykischen Grabdenkmäler in Haus- oder Pfeilerform.

Geschichte

Über die Gründung der Stadt Xanthos durch die Lyker, einem vermutlich hethitischen Volksstamm mit eigener Sprache und Schrift, ist bis heute nichts bekannt. Im 7. Jahrhundert v. Chr. gehörte die Stadt zum Herrschaftsbereich des lydischen Reiches. Im Jahre 545 v. Chr. zerstörten die Perser unter ihrem Heerführer Harpagos die Stadt. In den Perserkriegen (500–448) mußten die Bürger von Xanthos als Vasallen der Perser gegen Athen kämpfen.

333 v. Chr. befreite Alexander der Große die Stadt vom persischen Joch. In den Diadochenkämpfen stritten sich Seleukiden und Ptolemäer um den Besitz von Xanthos. 188 v. Chr. kam die Stadt im Frieden von Apamea zu Rhodos. Mit Unterstützung Roms löste sich Xanthos 167 v. Chr. von der Herrschaft der Rhodier. Es hielt Rom die Treue, als Mithridates VI., König von Pontos, 88 bis 84 vergeblich versuchte, die Römer aus Kleinasien zu vertreiben und ein griechisches Imperium aufzubauen. Von da an entwickelte sich *Xanthus* zu einer kulturell und wirtschaftlich blühenden Stadt. Es überstand auch eine Plünderung durch Brutus im Jahre 42 v. Chr., der Geld für seine Privatarmee brauchte. Mit dem Verfall des Römischen Reiches begann auch der Niedergang von Xanthos.

Archäologie

1838 bis 1844 untersuchte der Engländer Sir Charles Fellows die einzigartigen Hausgräber von Xanthos, vor allem das Nereiden- und das Harpyiendenkmal. Die Reliefs und Skulpturen dieser Grabbauten befinden sich heute im Britischen Museum, London. Seit 1950 führen die französischen Archäologen Demargne, Devambez und Metzger sowie Delvoye Ausgrabungen im Stadtgebiet von Xanthos durch.

Ausgrabungsstätte

Die in römischer Zeit an der Stelle eines lykischen Marktplatzes neu errichtete *Agora* hat eine Größe von etwa 50 mal 50 m und war von Säulenhallen umgeben.

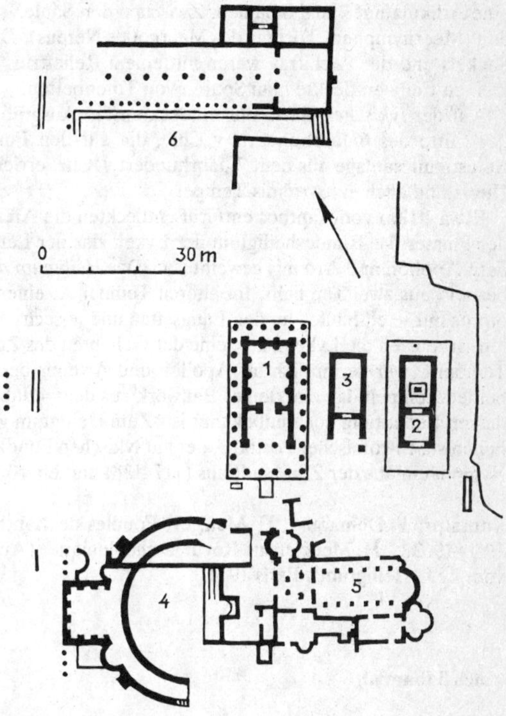

Xanthos: Heiligtum der Leto

1 Tempel A 2 Tempel B 3 Bauwerk unbekannter Bestimmung (Tempel oder Monument ?) 4 römisches Theater (?) 5 Nymphäum 6 Portikus

Neben der Agora steht die *Inschriftensäule,* ein Grabdenkmal aus dem späten 5. Jahrhundert v. Chr. in Form eines 4m hohen Monolithpfeilers, der einen 1,50m hohen Sarkophag trug. Die vier Seiten des Monolithen tragen Inschriften in lykischer Sprache, denen zufolge hier ein lykischer Prinz ruhte, der im Peloponnesischen Krieg gefallen war.

Das archaische *Harpyien-Monument,* im Stil dem 6. vorchristlichen Jahrhundert zugehörig, entstand wohl erst im frühen 5. Jahrhundert v. Chr. Harpyien, geflügelte Geister, frauenköpfige Vogeldämonen, die die Seelen der Verstorbenen in die Unterwelt begleiteten, gaben diesem Grabmonument den Namen. Auf dem zweistufigen Unterbau erhebt sich ein 5m hoher Monolithpfeiler. Der Sarkophag auf dem Pfeiler war mit Flachreliefs geschmückt, die an orientalische Kulte erinnern.

Das *Nereiden-Monument* aus dem späten 5. Jahrhundert v. Chr. gleicht einem kleinen ionischen Tempel. Auf einem hohen Kalksteinsockel stand eine Ädikula mit 4 mal 6 Säulen. Zwischen den Säulen schwebten Nereiden (Meernymphen, Töchter des Meergottes Nereus). Der obere Teil des Sockels und der Architrav waren mit einem Relieffries versehen. In der kleinen Cella entdeckte man Spuren von Totenbetten.

Auf der *lykischen Akropolis* entdeckten die Ausgräber eine Burg aus der Mitte des 6. Jahrhunderts v. Chr., die auf den Fundamenten einer Befestigungsanlage aus dem 7. Jahrhundert v. Chr. errichtet worden war. Hier stand auch ein Artemis-Tempel.

Etwa 10 km von Xanthos entfernt entdeckten die Archäologen jenseits des Flusses das Bundesheiligtum der Lyker, das der Leto und ihren Kindern Apollon und Artemis geweiht war. Das *Heiligtum der Leto* (Letoon) bestand aus zwei Tempeln. Im älteren Tempel A, einem ionischen Peripteros mit je elf Säulen an den Langseiten und je sechs an den Schmalseiten, verehrten die Lyker Leto, eine der Geliebten des Zeus. Der dorische Tempel B war vermutlich für Apollon und Artemis bestimmt. Zwischen beiden Tempeln lag ein kleines Bauwerk aus dem 4. Jahrhundert v. Chr., dessen Bedeutung noch unbekannt ist. Zum Heiligtum gehörten noch ein hellenistisch-römischer Portikus, der auf lykischen Fundamenten ruht, ein Nymphäum aus der Zeit Hadrians (117–138) und ein römisches Theater.

Literatur: P. Demargne, H. Metzger, Fouilles de Xanthos. 2 Bde, Paris 1958–1963. – H. Metzger in: Revue archéologique. (Ausgrabungsbericht vom Leto-Heiligtum). Paris 1974.

Zincirli (Šam'al)

Etwa 120km östlich der südtürkischen Stadt Adana erhebt sich bei dem kleinen Dorf Zincirli (früher Sendschirli) der Burghügel von *Šam'al* (Scham'al), der Hauptstadt eines späthethitischen Königreiches.

Geschichte

Wohl im 14. Jahrhundert v. Chr. wurde die Stadt von Hethitern gegründet. Nach dem Zusammenbruch des hethitischen Großreiches gegen 1200 v. Chr. wurde Šam'al Hauptstadt des Königreiches Ja'dija. Mit anderen kleinen Nachfolgereichen wie → Karkemisch und Kizzuwatna (Kilikien) führte auch Ja'dija die kulturelle Tradition des Hethitertums fort. Um 920 v. Chr. kam Šam'al unter aramäische Herrschaft, aus Ja'dija wurde Ja'udi. In der Mitte des 8. Jahrhunderts v. Chr. wurde Ja'udi assyrischer Vasallenstaat. Gegen 725 v. Chr. setzte der Assyrerkönig Sargon II. in Šam'al einen Statthalter ein. Um 680 v. Chr. zerstörte der assyrische König Asarhaddon die Stadt, die bis zu ihrer Ausgrabung unter meterhohem Brandschutt ruhte.

Archäologie

In den Jahren 1888, 1890/91, 1892, 1894 und 1902 führten die deutschen Archäologen Humann, Puchstein, Koldewey, von Luschan und Messer-

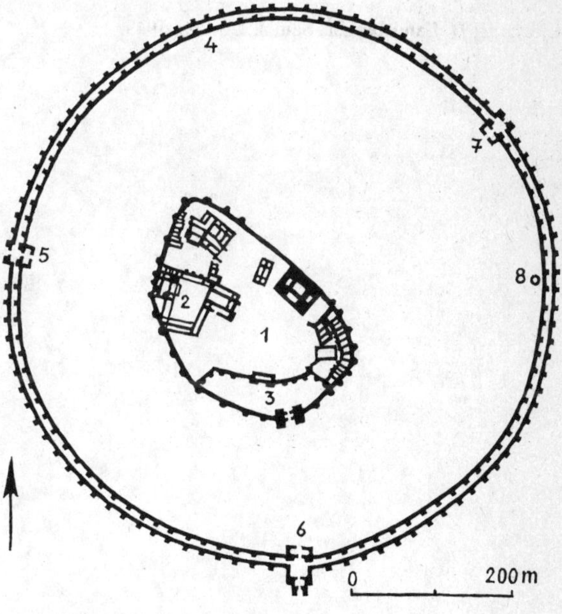

Zincirli

1 Königsburg 2 Palast 3 Toranlage 4 doppelte Stadtmauer 5 Westtor 6 Südtor 7 Nordosttor 8 Quelle

schmidt Ausgrabungen auf dem Burghügel durch. Die gefundenen Reliefs und Rundplastiken, darunter die berühmte Stele des Asarhaddon, befinden sich heute u. a. in den Staatlichen Museen von Ostberlin, im Pariser Louvre, im Archäologischen Museum Istanbul sowie in den Museen von Adana und Gaziantep (Türkei).

Ausgrabungsstätte
Die Stadt auf dem Hügel hatte einen Durchmesser von 720 m. Sie war von einer kreisrunden *Doppelmauer* umgeben. Die innere, 3,50 m starke Mauer wurde im 13. Jahrhundert v. Chr. errichtet. Die äußere, 3,10 m starke Mauer stammt aus dem 8. Jahrhundert v. Chr. Beide sind 7 m voneinander entfernt. Rund hundert Türme verstärkten das Verteidigungswerk. Drei Tore – im Westen, Süden und Nordosten – führten in die Stadt. In der Mitte der Stadt lag die Burg, eine der stärksten Wehranlagen des Vorderen Orients, mit Türmen und mehrfach gestaffelten Mauern. Das spitzrunde Burgtor stammt aus dem 10. oder 9. Jahrhundert v. Chr. Die Burg bestand aus mehreren Palastbauten des syrohethitischen Hilani-Stils, geschmückt mit Laibungsfiguren und Orthostatenreliefs.

Literatur: B. Landsberger, Šam'al. Ankara 1948.

Begriffe aus Archäologie und Kunstgeschichte

Abakus (lat. von griech. *abax* = dünne Platte, Tafel), rechteckige, meist quadratische Deckplatte des → Kapitells. Im dorischen Baustil war der Abakus geradlinig, im ionischen und korinthischen Stil hatte er gerundete Kanten. → Tempel.

Abaton (griech.: die reine Stätte, das Unbetretbare), allerheiligster Teil vorderasiatischer und ägyptischer Tempel, der – wenn überhaupt – nur Priestern zugänglich war. Vgl. das → Adyton des griechischen Tempels.

Achäer, Achaier, frühgriechischer Volksstamm, der in der Peloponnes die mykenische Kultur hervorbrachte und seit etwa 1200 v. Chr. vor den andrängenden → Dorern nach Westkleinasien und Zypern auswich. Die bedeutendste achäische Dynastie begründete der sagenhafte König Pelops (Pelopiden).

Achämeniden, Achaimeniden, altpersische Dynastie, um 700 v. Chr. von dem sagenhaften Achaimenes, Sohn des Perseus, begründet. Sie erlangte die Herrschaft über Iran, Vorderasien und Ägypten. Die bedeutendsten Achämeniden waren Kyros I. (um 640–600 v. Chr.), Kyros II. der Große (559–529 v. Chr.), Dareios I. der Große (522–486 v. Chr.) und Xerxes I. (486–465 v. Chr.). Die Dynastie erlosch 330 v. Chr. (Siegeszug Alexanders des Großen).

Ädikula (lat. *aedicula* = kleines Haus, Tempelchen), Wandnische zur Aufnahme von Statuen, Statuetten, Porträtbüsten, Urnen o. dgl., meist geschmückt mit Säulen und Giebel, z. B. über den Haupteingängen eines Theaters oder in Grabbauten. Auch Bezeichnung für entsprechend geschmückte Fensterumrahmung und für die Umrahmung antiker Grabreliefs.

Adorant, Anbetender, Verehrender. Häufige Darstellung in der bildenden Kunst der alten Völker.

Adyton (griech.: das Unbetretbare), jeder heilige Raum, der überhaupt nicht oder nur von befugten Personen zu bestimmten Zeiten betreten werden durfte. So war das Adyton z. B. der eigentliche Kultraum des griechischen Tempels, in dem die Statuen des Gottes oder der Götter standen, oder der Raum, in dem das Orakel erteilt wurde. Das Adyton griechischer Tempel befand sich meist im rückwärtigen Teil des → Naos (→ Cella) und war durch Säulen oder Mauern abgeteilt. → Tempel.

Agora (griech.: Versammlung), griechischer Marktplatz. Ursprünglich bezeichnete Agora die Heeres- oder Volksversammlung der griechischen Stadt. Später ging die Bezeichnung auf den Platz über, auf dem die Versammlungen stattfanden und auch Markt abgehalten wurde. Die Agora war Mittelpunkt der Stadt. Unter dem Einfluß der schachbrettartigen Stadtplanung des Architekten Hippodamos (5. Jahrh. v. Chr.) entwickelte sich die Agora zu einem rechteckigen, von Säulenhallen ganz oder teilweise umschlossenen Platz.

Akanthus, Akanthos, distelartige Pflanze, deren Blätter als Vorlage für ein weit verbreitetes Schmuckmotiv der griechischen und römischen Kunst dienten. In der zweiten Hälfte des 5. Jahrh. v. Chr. wurde das Motiv erstmalig als Bekrönung von Tempelgiebeln und Grabstelen verwendet. Seit dem 4. Jahrh. v. Chr. prägen Akanthusblätter das korinthische → Kapitell.

Akkader, semitische Dynastie im mittleren Mesopotamien, begründet um 2330 v. Chr. von Sargon von Akkad. Die Dynastie bestand bis etwa 2170 v. Chr. Die Hauptstadt Akkad konnte bisher nicht lokalisiert werden.

Akrolith (griech. *akros* = hochragend, *lithos* = Stein), Statue, deren nackte Teile (Kopf, Hände, Füße) aus Marmor, Elfenbein usw. und deren bekleidete Teile aus bemaltem oder vergoldetem Holz bestehen. Ersatz für Goldelfenbeintechnik (→ chryselephantine Technik). Seit dem 3. Jahrh. v. Chr. nachweisbar.

Akropolis (griech.: Oberstadt), die Stadtburg griechischer Städte, aus Sicherheitsgründen auf einem steil aufragenden Felsplateau errichtet. Die sich anschließende »Unterstadt« entstand erst später nach Zunahme der Bevölkerung, wobei die Akropolis eine besondere Bedeutung erhielt, z. B. als Tempelbezirk (Athen), als Residenz (Pergamon) oder als Fluchtburg (Korinth).

Akroter (griech. *akroterion* = Spitze), krönender Schmuck in der antiken Baukunst, vor allem auf Giebeln bedeutender Bauten (First-Akroter, Eck-Akroter), auf Grabstelen, Ädikulen (→ Ädikula) usw. Im 7. und 6. Jahrh. v. Chr. bestanden die Akroterien aus ornamentgeschmückten Scheiben, vom 6. bis 4. Jahrh. v. Chr. aus → Palmetten oder figürlichen Darstellungen wie → Gorgo, → Sphinx, → Nike usw. → Tempel.

Ala (meist im Plural: Alae; lat.: Flügel), die beiden zum → Atrium geöffneten, einander gegenüberliegenden Seitenräume des römischen Wohnhauses.

Alabastron, kleines griechisches Salb- und Parfümgefäß mit engem Hals, meist ohne Henkel und Standfläche, aber mit Ösen für ein Trageband versehen; ursprünglich aus Alabaster, später auch aus Ton oder Glas gefertigt. Der Gefäßtyp, der wohl aus Ägypten stammt, war vom 7. bis zum 5. Jahrh. v. Chr. in Griechenland sehr beliebt. Abbildung → Vasen.

Amazonomachie, Darstellung des Kampfes der Griechen gegen die Amazonen, ein sagenhaftes kriegerisches Frauenvolk. Nachweisbar seit dem 6. Jahrh. v. Chr. Berühmt sind die Amazonomachien am Parthenon und am Hephaistos-Tempel (Theseion) in Athen sowie am Mausoleum von Halikarnassos.

Ambulakrum, unterirdischer Gang im römischen Theater.

Amoriter, Amurru, semitisches Nomadenvolk, das am Ende des 3. und zu Beginn des 2. Jahrtausends aus dem syrisch-phönikischen Raum in Mesopotamien eindrang und dort um 1894 v. Chr. die 1. Dynastie von Babylon begründete.

Amphiktyonie, Verband von Stämmen und Städten zum Schutz und zur Pflege eines gemeinsamen Heiligtums. Am bedeutendsten waren die Amphiktyonien des Demeter-Heiligtums an den Thermopylen und der Apollon-Heiligtümer von Delphi und Delos.

Amphiprostylos, griechischer Tempeltypus, ein → Prostylos mit Säulenreihe vor der Rückwand. Beispiel: Tempel der Athena Nike auf der Akropolis in Athen. Abbildung → Tempel.

Amphitheater, römisches Theater für die Darbietung von Tierhetzen und Gladiatorenkämpfen. Es hat eine elliptische bzw. polyzentrische Arena und ringsum stufenförmig ansteigende Sitzreihen. Das erste Amphitheater wurde um 70 v. Chr. in Pompeji erbaut; es faßte 20000 Zuschauer. Das mit 50000 Sitzplätzen größte Amphitheater des römischen Imperiums ist das im Jahre 80 n. Chr. fertiggestellte Kolosseum in Rom. Als Kaiser Honorius im Jahre 404 die Gladiatorenkämpfe verbot, sank die Beliebtheit der Amphitheater. Mit der Umwandlung des Todesurteils *ad bestias* in das Urteil *ad metalla* im Jahre 681 verlor diese Einrichtung völlig ihre Bedeutung.

Amphora, Amphore, großer bauchiger Krug aus gebranntem Ton mit engem Hals und zwei Henkeln. Seit dem 10. Jahrh. v. Chr. bis in die Spätantike wurden Amphoren von Griechen und Römern als Vorratsgefäß für Wein, Öl, Honig, Getreide, Fische usw., aber auch als Aschenurne verwendet. Typen: Bei der *Bauchhenkel-Amphora* sitzen die beiden Henkel waagerecht am Bauch; die Henkel der *Hals-Amphora* sind senkrecht am Hals befestigt; die *Bauch-Amphora* hat keinen abgesetzten Hals; die *Spitz-Amphora* war in der Antike das wichtigste Transportgefäß; sie hat keinen Fuß, ist schlank und daher leicht stapelbar. Abbildung → Vasen.

Amphoriskos, winziges Gefäß aus Ton oder Glas in Form einer Amphore zum Aufbewahren von Parfüm.

Anaktoron (griech. zu *anax* = Herrscher), ursprünglich Bezeichnung für die Paläste der griechischen Herrscher, später der als Allerheiligstes dienende Raum in den Mysterientempeln, z. B. von Eleusis und Samothrake.

Andron, Speise- und Gesellschaftsraum der Männer im griechischen Wohnhaus.

Ante, ursprünglich die Holzverkleidung, die die Vorraumwände des → Megaron vor Witterungseinflüssen schützen sollte. Später ging die Bezeichnung auf die vorgezogenen Wände der Wohnhäuser und Tempel über.

Antecella, Verbindungsraum zwischen Hof und → Cella in vielen Heiligtümern, vor allem Mesopotamiens. Dieser Raum war den Göttern vorbehalten.

Antefix, der mit plastischem oder gemaltem Dekor verzierte Randziegel an Dächern in der griechischen, etruskischen und römischen Baukunst.

Antentempel, Form frühgriechischer Tempel, die dem mykenischen Wohnhaus (→ Megaron) nachgebildet ist. Die Seitenwände des Hauptraumes sind vorgezogen (→ Ante) und bilden eine Vorhalle, deren Dach von Säulen gestützt wird. Beim *Doppelantentempel* sind Vorder- und Rückfront mit Anten versehen. → Tempel.

Anthemion, Ornamentfries der griechischen Baukunst, aus → Palmetten und Lotosblüten über einer Rankenkette gebildet.

anthropomorph, in der Gestalt eines Menschen, z. B. anthropomorphe → Stele.

Anulus (meist im Plural: Anuli; lat.: kleine Ringe), die drei oder vier flachen Ringe unter dem → Echinus des dorischen Kapitells. → Tempel.

Äoler, Äolier, griechischer Volksstamm, der in Thessalien, Böotien und auf der Peloponnes beheimatet war und vor den einwandernden Dorern auf die Inseln Lesbos und Tenedos sowie nach Nordwestkleinasien (Äolien) auswich. Hier gründeten die Äoler zwischen 1100 und 700 v. Chr. rund 30 Städte, deren bedeutendste Kyme und Smyrna (heute Izmir) waren.

Apadana, die Audienzhalle des altpersischen Palastes.

Apobat, Krieger, der vom fahrenden Wagen abspringt und im Mitlaufen wieder aufspringt. Beliebtes Thema der griechischen Kunst.

Apodyterium, Umkleideraum der → Thermen, → Gymnasien und → Palästren.

apotropäisch, eine magische, übelabwehrende Kraft enthaltend, z. B. Amulette, Skulpturen an Stadt- und Palasttoren.

Apoxyomenos, Athlet, der sich mit der Strigilis (Schabeisen) vom Staub des Sportplatzes reinigt. Beliebtes Thema der griechischen Kunst, z. B. Statue des Lysipp (um 325 v. Chr.).

Apsidenhaus, Haus, dessen eine Schmalseite halbkreisförmig erweitert ist. Besonders verbreitet war dieser Haustyp in der frühen und mittleren Bronzezeit im ägäischen Raum, z. B. in Troja (Schicht I a), Tiryns, Olympia, auf den Kykladen.

Apsis, halbrunder, auch polygonaler, meist halbkugelig überwölbter Raumteil. In römischen Tempeln, Thermen und Basiliken wurden die Apsiden als Nische gestaltet. → Exedra.

Aquädukt (lat. *aquae ductus* = Wasserleitung), brückenartige Steinkonstruktion zur Versorgung der Städte mit Trinkwasser über ein natürliches Gefälle. Aquädukte erbauten schon die Phöniker und die Griechen; bei den Römern erreichten sie zum Teil Monumentalgröße. Der erste römische Aquädukt, die Aqua Appia, entstand im Jahre 312 v. Chr. bei Rom; er führte über eine Strecke von 16,5 km Quellwasser von den Albaner Bergen heran. Imposante römische Aquädukte stehen noch heute u. a. in Frankreich (Pont du Gard bei Nîmes), in Spanien (el Puente in Segovia), in der Türkei (Istanbul).

Aramäer (Achlamu), semitisches Nomadenvolk aus der arabischen Wüste, das seit dem 12. Jahrh. v. Chr. in Syrien und Mesopotamien eindrang und dort Stadtstaaten gründete. Die syrischen Staaten wurden im 9. und 8. Jahrh. v. Chr. von den Assyrern erobert. 626 v. Chr. schuf die Aramäerdynastie der → Chaldäer in Mesopotamien das Neubabylonische Reich. Die aramäische Sprache hatte im gesamten Vorderen Orient bis zur arabischen Eroberung im 7. Jahrh. n. Chr. Bestand.

archaisch, Bezeichnung für die griechische Kunst im Zeitraum zwischen der geometrischen und der klassischen Periode, also vom 7. Jahrh. bis etwa 480 v. Chr. Charakteristisch für viele Statuen dieser Epoche ist das sog. »archaische Lächeln«, ein besonderer Ausdruck der Mundpartie.

Architrav, Steinbalkenlage, die von Säule zu Säule führt und die Deckenbalken unterstützt. In Griechenland wurde der Architrav *Epistyl* genannt. → Tempel.

Arkade (von lat. *arcus* = Bogen), Reihe von Bogen, die auf Säulen oder Pfeilern ruhen, auch Bezeichnung für den Bogengang. Arkaden finden sich besonders in der römischen Baukunst, z. B. beim Kolosseum in Rom. Die auf Säulen oder Pfeilern ruhende Bogenreihe wird auch *Arkatur* genannt.

Arkosol, Arcosolium, Grab in einer bogenförmig überwölbten Nische, vor allem in Katakomben und Felsgräbern.

Artefakt, allgemein jeder vom Menschen geschaffene Gegenstand, archäologisch ein Werkzeug aus vorgeschichtlicher Zeit, das eine menschliche Bearbeitung erkennen läßt.

Aryballos, griechisches Salbgefäß, kugelförmiges Ölfläschchen mit kurzem, engem Hals, scheibenförmigem Mündungsrand und Henkel zur Befestigung eines Tragbandes, hergestellt aus Ton, Fayence oder Bronze. Der Aryballos wurde von Athleten am Handgelenk getragen. Entsprechend geformte Gefäße waren schon den Sumerern bekannt. Abbildung → Vasen.

Asklepieion, Heiligtum des Gottes der Heilkunde Asklepios (Äskulap), seit dem 5. Jahrh. v. Chr. in Verbindung mit Kuranlagen und Ärzteschulen errichtet. Die berühmtesten Asklepieia befanden sich auf der Insel Kos, in Knidos, Epidauros und Pergamon.

Askos, kleines Gefäß mit gewölbtem Bauch, das die Form eines Schlauches nachahmt, oft aber Tiergestalt annimmt. Abbildung → Vasen.

Astarte, Fruchtbarkeits- und Kriegsgöttin der Phöniker und anderer semitischer Völker. Sie ist das weibliche Gegenstück zu Baal und wurde meist als langhaarige, nackte Frau dargestellt. Der Astarte entsprechen die ugaritische Aschera, die assyrisch-babylonische Ischtar, die ägyptische Isis, die karthagische Tanit, die kleinasiatische Kybele und die griechischen Göttinnen Aphrodite und Artemis.

Astragal, Astragalus (griech.: Wirbelknochen), Perlstab, architektonisches Schmuckprofil mit plastischen oder gemalten alternierenden Halbkugeln und Scheibchen, im 7. Jahrh. v. Chr. in Griechenland aus der altägyptischen und minoisch-mykenischen Vorform des glatten Rundstabs entwickelt.

Atlant, Stützpfeiler in Gestalt einer kraftvollen männlichen Figur, benannt nach dem Riesen Atlas, der das Himmelsgewölbe trägt. Solche Stützen in Menschengestalt sind seit dem 9. Jahrh. v. Chr. im Vorderen Orient bekannt. Die griechische Architektur kennt sie seit dem 6. Jahrh. v. Chr. Die Römer nannten die Atlanten *Telamon.* Weibliche Stützfiguren heißen → Karyatiden.

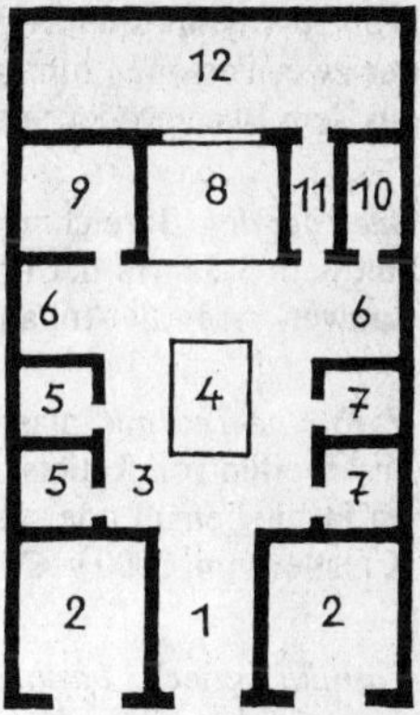

Römisches Atriumhaus:

1 Fauces (Eingangsraum) 2 Tabernae (Läden) 3 Atrium 4 Impluvium (Wasserbecken) 5 Cubicula (kleine Schlaf- bzw. Ruhezimmer) 6 Alae (Seitenräume) 7 Wirtschaftsräume 8 Tablinum (Wohnraum) 9 Triclinium (Speisezimmer) 10 Oecus (Nebenraum am Garten) 11 Gang 12 Hortus (Hausgarten)

Atrium, der zentrale Raum des römischen Wohnhauses, mit einer rechteckigen Öffnung im Dach *(compluvium).* Dieser Raum enthielt ursprünglich den Herd; die Öffnung war Rauchabzug und Lichtquelle. Unterhalb der Dachöffnung befand sich im Boden ein Becken zum Auffangen des Regenwassers *(impluvium).* Später wurden in das Atrium Säulen eingefügt, die es zu einem repräsentativen Empfangsraum machten.

Attasche, die breite Fläche des gegossenen Ansatzstückes eines Henkels, der an Metallgefäße (z. B. Kessel, Kannen, Teller) angenietet oder angelötet wurde und oft ornamental oder figürlich ausgestaltet war.

Attika, wandartiger Aufbau über dem Hauptgesims eines Bauwerks. Die Attika sollte das Dach verdecken und das Gebäude dadurch größer erscheinen lassen. Gleichzeitig diente sie zur Aufnahme von Inschriften, Reliefs, Steinvasen oder Skulpturen.

Baitylos, unbearbeiteter heiliger Stein, der oft an semitischen Kultorten aufgestellt wurde.

Balaneion, Badezimmer des griechischen Wohnhauses.

Bankett (Symposion, Trinkszene), Darstellung der bildenden Kunst, in der zwei Personen hinter oder neben einem Beisetztischchen sitzen und aus dem Becher oder mit Hilfe eines Saugrohres trinken.

Baptisterium, Bezeichnung für die Badeteiche in den römischen Thermen. Seit dem 3. Jahrh. n. Chr. wird die christliche Taufstätte als selbständiges Bauwerk oder als Anbau einer Kirche so genannt.

Barbotine-Technik, plastische Verzierung keramischer Gefäße durch Herausarbeiten von Reliefs oder durch Auftragen zähflüssigen Tonschlickers, oft farbig bemalt oder vergoldet. Die Technik war schon den minoischen Künstlern um 2000 v. Chr. bekannt.

Basilika (griech. *basilikos* = königlich), große, rechteckige Halle, die durch Säulenreihen in ein meist höheres Mittelschiff und zwei Seitenschiffe eingeteilt war. Die Basilika entstand Anfang des 2. Jahrh. v. Chr. in Italien. Sie diente als Markthalle, Wechselbank, Gerichtsstätte, Behördensitz, in Palästen auch als Thronsaal. Die christliche Architektur übernahm die Bauform der Basilika für die mehrschiffige Kirche.

Basis (griech.: Schritt, Fuß, Grund), Fuß einer Säule oder eines Pfeilers, der das Gewicht des Bauwerks auf eine größere Fläche verteilt. Als Basis wird auch die Fußplatte einer Statue oder eines Denkmals bezeichnet.

Basrelief, Bezeichnung für das Flachrelief.

Bibliothek, Sammlung von Schriftwerken. Als erste Bibliotheken können die Tontafel-Archive Mesopotamiens im 3. Jahrtausend v. Chr. angesehen werden. Eine der bedeutendsten Tontafel-Sammlungen bestand in der Hethiterhauptstadt Hattušas (Boğazköy). Berühmt sind die Keilschrift-Tontafeln aus dem Palast des Assyrerkönigs Assurbanipal in Ninive (7. Jahrh. v. Chr.). Die wichtigsten griechischen Bibliotheken (Papyrus-Sammlungen) befanden sich in Alexandria und in Pergamon. Im Jahre 39 v. Chr. gründete Asinius Pollio die erste öffentliche Bibliothek in Rom.

Biga, von zwei Pferden gezogener, einachsiger römischer Streit-, Jagd-, Renn- oder Triumphwagen.

Bilingue, zweisprachige Inschrift, manchmal auch in zwei verschiedenen Schriften, wertvoll für die Entzifferung unbekannter Schriften.

Bothros (griech.: Grube), Altar, der mit einer Aushöhlung für Opfergaben versehen ist.

Bouleuterion, → Buleuterion.

Bozzetto (ital.), Entwurf eines Bildhauers für eine Skulptur, meist kleiner und skizzenhafter ausgeführt als das spätere Original und in einem billigeren, leicht bearbeitbaren Material wie Ton, Wachs, Gips, Holz ausgeführt. Zahlreiche Bozzetti geben – ebenso wie die römischen Kopien – Auskunft über das Schaffen griechischer Bildhauer, wenn die Originale verschollen sind.

Bronzezeit, vorgeschichtliche Kulturperiode zwischen Neolithikum (Jungsteinzeit) und Eisenzeit, in der Geräte und Waffen vorwiegend aus Bronze hergestellt wurden. Während erste Bronzegeräte schon um 2500 v. Chr. auf Kreta und in Ägypten erschienen (→ Chalkolithikum), begann die eigentliche Bronzezeit um 2000 v. Chr. in Vorderasien. Von dort aus verbreitete sich die Bronzetechnik in den folgenden Jahrh. über ganz Europa.

Bucchero (ital.), besondere Tonerde, die in der Ägäis und vor allem in Etrurien im 8. bis 4. Jahrh. v. Chr. zur Herstellung grauschwarzer Reliefgefäße verwendet wurde. Nach dieser Tonerde werden auch die Gefäße bezeichnet, z. B. Bucchero-Schale, Bucchero-Kantharos, Bucchero-Urne.

Bukranion (griech. *bous* = Rind, *kranion* = Schädel), durch Girlanden verbundene Stierköpfe, Schmuckmotiv an antiken Bauwerken, Altären und Grabmälern (z. B. an den Nord-Propyläen in Epidauros und am Demeter-Tempel in Pergamon). Das Bukranion erinnert an das Stieropfer, da es ursprünglich aus den skelettierten Schädeln geopferter Tiere gebildet wurde.

Bulbus (lat.: Zwiebel), Höcker auf Steinwerkzeugen am Steinabschlag unterhalb der Schlagstelle, entstanden bei der Herstellung der Werkzeuge. Der Bulbus ist ein wesentliches Merkmal der → Artefakte.

Buleuterion, Rathaus, Gebäude für die Ratsversammlung (Bule) der altgriechischen Städte. Im 5. Jahrh. v. Chr. entwickelte sich aus dem → Telesterion der quadratische Sitzungssaal mit ⊓-oder ∩-förmig umlaufenden Sitzstufen. Die besterhaltenen Buleuterien befinden sich in Priene (um 200 v. Chr.) und in Milet (um 160 v. Chr.).

Caduceus, Heilsymbol sumerischen Ursprungs: ein von zwei Schlangen umwundener Stab. Aus diesem Symbol entwickelte sich der Äskulapstab, der noch heute Zeichen des ärztlichen Standes ist.

Caldarium, Kaldarium (lat. *caldus* = warm, heiß), Warmwasserbad, zentraler Teil der römischen → Thermen.

Canabae, ursprünglich Schenken und Läden in der Nähe römischer Militärlager, später Bezeichnung für die daraus hervorgegangenen Siedlungen mit eigener Verwaltung unter militärischer Aufsicht.

Canopus, Kanopos, Bassinanlage mit fließendem Wasser in den Gärten römischer Villen. Die Bezeichnung Canopus stammt von der gleichnamigen Stadt an der Nilmündung. Den bekanntesten Canopus ließ Kaiser Hadrian auf seinem Ruhesitz in Tivoli anlegen. → Kanopen.

Cardo maximus, die in Nordsüdrichtung verlaufende zweite Hauptstraße des Römerlagers und der römischen Stadt; der Cardo schnitt sich rechtwinklig mit dem → Decumanus maximus.

Castrum, römisches Militärlager. Aus der Bezeichnung Castrum leiten sich u. a. die Endsilben *-cester* und *-chester* vieler englischer Ortsnamen ab.

Cavea, Zuschauerraum des antiken Theaters, der aus terrassenartig aufsteigenden Sitzreihen (Sitzstufen) bestand und in größeren Theatern in mehrere Absätze oder Stockwerke gegliedert war. → Theater.

Cella, Hauptraum des antiken Tempels, in dem die Gottheit wohnte oder ihre Statue stand (→ Adyton). Die Cella war fensterlos und erhielt ihr Licht nur durch die Eingangstür. Das griechische Wort für Cella ist → Naos. → Tempel.

Chaldäer, semitisch-aramäisches Volk, das 626 v. Chr. in Babylon die neubabylonische Dynastie begründete und 614–612 v. Chr. die Vormachtstellung der Assyrer brach. Der bedeutendste Herrscher dieser Dynastie war Nebukadnezar II. (605–562 v. Chr.). Im Jahre 539 v. Chr. übernahmen die Perser unter Kyros dem Großen das Neubabylonische Reich.

Chalkolithikum, Kupfersteinzeit, Kupferzeit, Kulturperiode zwischen dem Neolithikum (Jungsteinzeit) und der Bronzezeit, in der neben Steingeräten bereits Kupfergegenstände gebräuchlich waren. Die Bezeichnung Chalkolithikum wird vor allem in der prähistorischen Archäologie des östlichen Mittelmeerraumes verwendet. In dieser Periode entstehen die ersten Hochkulturen.

Cherub (Plural: Cherubim; hebr.), götterähnliches Mischwesen im alten Vorderasien als Wächter vor Tempel- und Palasteingängen (vor allem in Assyrien).

Chimaira, Chimäre (griech.: Ziege), feuerschnaubendes Ungeheuer der griechischen Sage mit Löwenhaupt, Ziegenkörper und Schlangenschwanz oder mit Köpfen von Löwe, Ziege und Schlange. Die Chimaira bewacht den Eingang zur Unterwelt.

Chiton, griechisches Kleidungsstück für Männer und Frauen aus dünnem, feingefälteltem Stoff (Leinen oder Wolle). Die Männer trugen den Chiton knielang (lang nur als Festgewand), die Frauen knöchellang. Ein Gürtel hielt das Gewand zusammen.

Chlamys, griechischer Schultermantel aus rechteckiger Tuchbahn, auf der rechten Schulter mit einer Nadel zusammengesteckt, so daß die Tuchekken zipfelförmig herabfielen. Die Chlamys trugen vor allem Soldaten und Reisende.

Chresmographeion, Raum des griechischen Tempels, in dem die von besonderen Priestern (Exegeten) gedeuteten Orakelsprüche abgefaßt wurden.

chryselephantine Technik, Goldelfenbeintechnik. Die Statuen, vor allem Götterstatuen, trugen über einem Holzkern eine Hülle aus Elfenbeinplättchen (für die nackten Körperteile) und aus Goldblech (für Gewand und Haare); daneben wurden Edelsteine, Glas usw. verarbeitet. Die berühmtesten Statuen dieser Technik entstanden in der zweiten Hälfte des 5. Jahrh. v. Chr.: die Athena Parthenos in Athen und der Zeus in Olympia, beide von Phidias, die Hera in Argos von Polyklet. Wegen ihres enormen Materialwertes ist keine dieser Statuen erhalten geblieben.

Churriter (Churri, Hurriter, Hurri, Horiter, Choriter), Volk aus der Gegend des Van-Sees (östl. Türkei), das um 1600 v. Chr. nach Mesopotamien und Syrien vordrang und im Euphrat-Bogen das mächtige Reich von Mitanni gründete. Im 14. Jahrh. v. Chr. wurde das Reich von den Hethitern zerstört. Vermutlich führten die Churriter den pferdebespannten Streitwagen im Vorderen Orient ein.

Chytra, bauchiger Kochtopf, der an zwei kleinen Henkeln über dem Feuer aufgehängt oder in einem Ständer auf das Herdfeuer gestellt wurde; in Ton oder Bronze.

Ciborium, von Säulen getragenes, kreisförmiges Schutzdach für freistehende Altäre, Götterstatuen usw. Die Christen übernahmen das Ciborium u. a. als Überdachung für das Taufbecken.

Cippus, nach oben spitz zulaufende Säule aus Stein oder Holz, als Grenz- oder Grabstein verwendet, vor allem im etruskischen Bereich.

Circus, römische Bahn für Wagen- und Pferderennen. Säulen bildeten die Wendepunkte an den beiden Enden der langgestreckten Bahn; sie waren durch eine Schranke (Spina) miteinander verbunden. Rings um die Bahn erhoben sich die Sitzreihen für die Zuschauer. Auf der einen halbrunden Schmalseite des Circus befand sich das Eingangstor mit Start und Ziel, auf der entgegengesetzten Schmalseite lag die Porta triumphalis, das Tor für die Sieger. Die größte und älteste Rennbahn war der Circus maximus in Rom. Er bot zur Zeit des Augustus Platz für 60000 Zuschauer, später soll er sogar bis zu 385000 Menschen gefaßt haben. Der am besten erhaltene Circus ist das sog. Hippodrom in Istanbul (203 n. Chr.). → Hippodrom.

Civitas, Bezeichnung für die mehr oder weniger selbständigen Stadtgemeinden des Römischen Reiches.

Cloisonné (Zellen-Email; frz.), Goldschmiedetechnik. Goldfäden oder winzige Metallbänder werden auf eine Platte, Schale, Vase o. dgl. gelötet und bilden so Zellen, die mit farbiger Emailmasse (Glasfluß) oder kleinen, farbigen Steinen ausgefüllt werden. Das Cloisonné war schon den Assyrern bekannt.

Colonia (lat.: Ansiedlung, Kolonie), ursprünglich Bezeichnung für römische Siedlungen, die gegründet wurden, um das eroberte Land zu sichern. Später wurde Colonia zu einem Titel für bereits bestehende größere Orte. Bekannte Coloniae waren z.B.: Colonia Claudia Ara Agrippinensis (Köln), Colonia Ulpia Traiana (Xanten), Colonia Augusta Treverorum (Trier), Colonia Augusta Nemausus (Nîmes), Colonia Firma Julia Secundanorum Arausio (Orange, mit Veteranen der 2. Legion), Colonia Julia paterna Arelate Sextanorum (Arles, mit Veteranen der 6. Legion).

Columbarium, Kolumbarium (lat.: Taubenschlag), römische und frühchristliche Gemeinschaftsgrabanlage des 1. und 2. Jahrh. n. Chr. In den über- und nebeneinander angeordneten Wandnischen wurden die Urnen aufgestellt. Manche Columbarien enthielten 700 und mehr Gräber.

Compluvium (lat.), die rechteckige Dachöffnung über dem → Atrium des römischen Wohnhauses.

Cromlech, Kromlech (kelt.), vorgeschichtliche Kultstätte aus kreisförmig aufgestellten, roh bearbeiteten Steinblöcken (z.B. in Stonehenge und Avebury).

Cubiculum, kleines Schlaf- bzw. Ruhezimmer.

Cuneus (lat.: Keil), sektorenförmiger Teil des Zuschauerraumes (→ Cavea) im römischen → Theater.

Curia, → Kurie.

Decumanus maximus, die Hauptstraße des Römerlagers und der römischen Stadt. Meist verlief sie in Ost-West-Richtung. Sie wurde rechtwinklig vom → Cardo maximus, der Hauptquerstraße, geschnitten; an der Kreuzung dieser beiden Straßen lag das → Forum. Neben-Decumani und Neben-Cardines teilten Lager bzw. Stadt schachbrettartig in karreeförmige → Insulae.

Diadochen (griech.: Nachfolger), die Feldherren Alexanders des Großen, die nach dessen Tod im Jahre 323 v. Chr. das alexandrinische Weltreich unter sich aufteilten. Antipatros († 319 v. Chr.), Lysimachos († 281 v. Chr.), Antigonos († 301 v. Chr.), Ptolemaios († 283/282 v. Chr.), Seleukos († 281 v. Chr.).

Diadumenos, Mann oder Jüngling, der sich die Siegerbinde um das Haupt legt. Seit Polyklet (2. Hälfte des 5. Jahrh. v. Chr.) beliebtes Thema in der griechischen Kunst.

Diaiterion, Wohnraum des griechischen Hauses.

Diatretgläser, kostbare Prunkgläser des 1. bis 4. Jahrh. Aus der Glaswand wurde ein feines Netzwerk herausgeschliffen, das mit der verbleibenden Gefäßwand durch schmale Stege verbunden ist. Die ersten Diatretgläser stammen aus Alexandria, die kunstvollsten aus dem Kölner Raum.

Dinos, altgriechisches Mischgefäß in Form eines henkellosen Kessels. Der Boden ist nach unten gewölbt, so daß das Gefäß ein Gestell aus Ton oder Metall benötigte. Abbildung → Vasen.

Dipteros, griechischer Tempeltypus, dessen → Cella von einer doppelten Säulenreihe → ionischer Ordnung umgeben ist, z. B. die großen Tempel des 6. Jahrh. v. Chr.: Artemision in Ephesos, Olympieion in Athen. → Tempel.

Diptychon, zusammenklappbare Schreibtafel aus Metall, Holz oder Elfenbein der spätrömischen und frühchristlichen Epoche. Die Diptychen dienten als Ernennungsurkunde, Erinnerungsgeschenk usw.

Dipylon (griech.: Doppeltor), Name des Haupttores von Athen (5. Jahrh. v. Chr., Neubau 4. Jahrh. v. Chr.). In seiner Nähe entdeckte man eine Nekropole des 8. bis 6. Jahrh. v. Chr. mit mächtigen Grabgefäßen in geometrischem Stil, den sog. Dipylon-Vasen.

Diskobol, Diskuswerfer. Seit dem 5. Jahrh. v. Chr. beliebtes Thema in der griechischen Kunst. Am berühmtesten war der bronzene Diskobol des Myron, der nur in Marmorkopien überliefert ist, z. B. der Diskobol Lancelotti in Rom.

Distegia, → Episkenion.

Djemdet-Nasr-Kultur, → Dschamdat-Nasr-Kultur.

Dodekastylon, Bezeichnung für einen → Pronaos mit drei Reihen von je vier Säulen.

Dolium, großes, tonnenförmiges Tongefäß.

Dolmen (kelt.: Steintisch), vorgeschichtliche Grabkammer aus ein oder zwei mächtigen Decksteinen auf senkrechten Tragsteinen. Vor allem in Westeuropa und im Vorderen Orient.

Dorer, Dorier, frühgriechisches Volk, das seit etwa 1200 v. Chr. aus dem dalmatinischen Raum einwanderte (»Rückkehr der Herakliden«) und auf der Peloponnes die Landschaften Argolis, Lakonien und Messenien, später auch die Südwestküste Kleinasiens sowie die Inseln Kythera, Thera, Rhodos und Kreta besiedelte. In Kleinasien schlossen sich die Städte Knidos, Kos und Halikarnassos sowie (auf Rhodos) Lindos, Kameiros und Ialyssos zur Hexapolis, dem Dorischen Sechsstädtebund, zusammen. Ihr Kultzentrum war das Apollon-Heiligtum bei Knidos. Die Dorer gründeten Kolonien in Tarent und Syrakus. Die Spartaner gehörten diesem Volk an.

dorische Ordnung, der älteste griechische Architekturstil (seit dem 7. Jahrh. v. Chr.). Die Säule steht ohne Basis auf dem Tempelunterbau (→ Stylobat); sie ist gedrungen und weist im allgemeinen 20 flache → Kanneluren mit scharfen Graten auf. Das → Kapitell besteht aus einem Wulst (→ Echinus) und einer kantigen quadratischen Deckplatte (→ Abakus). Das Steingebälk (→ Architrav) erinnert an die ursprüngliche Holzbauweise. Die dorische Ordnung ist klar, kraftvoll, streng. Beispiele dorischer Tempel: Parthenon in Athen, Aphaia-Tempel auf Ägina, Zeus-Tempel in Olympia, Hera-Tempel II in Paestum. →Tempel.

Doryphoros, Speerträger, die berühmteste Bronzestatue des Polyklet (um 440 v. Chr.), nur in mehreren römischen Kopien überliefert.

Dreifuß (Tripus), dreifüßiges Bronzegestell zur Aufnahme eines Opfergefäßes. Am berühmtesten ist der Dreifuß von Delphi, das Symbol des Gottes Apollon. In Olympia wurden Dreifüße aus dem 8.–6. Jahrh. v. Chr. ausgegraben.

Dreikonchenbau, Bauwerk mit kleeblattförmigem Grundriß, zuerst bei römischen Palästen und Thermen, später in der christlichen Architektur.

Dromos, Eingangsweg zu einem Kammer- oder Kuppelgrab, z. B. zum »Schatzhaus des Atreus« in Mykene. Mit Dromos wird auch die Laufbahn des → Gymnasion bezeichnet. Sie war meistens 1 → Stadion lang.

Dschamdat-Nasr-Kultur, Djemdet-Nasr-Kultur, nach einem Ruinenhügel bei Kisch (Irak) benannte frühgeschichtliche Kulturepoche, deren besonderes Merkmal eine bemalte Keramik mit geometrischen Verzierungen ist. Die um 3000 v. Chr. datierte Kultur schloß sich an die Uruk-Kultur (um 3200 v. Chr.) an.

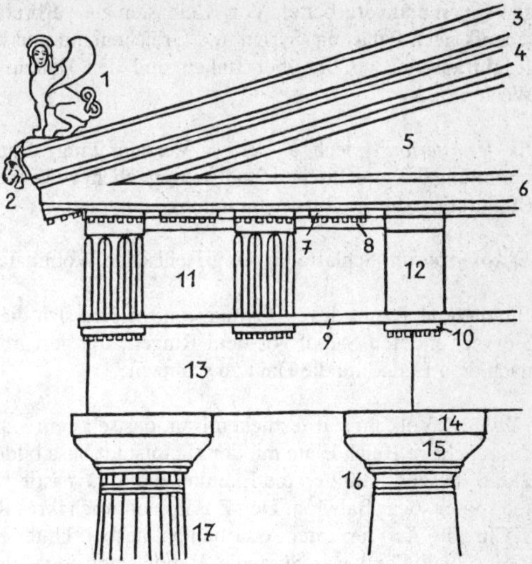

Dorische Ordnung:

1 Eck-Akroter 2 Wasserspeier 3 Sima 4 Schräg-Geison 5 Tympanon 6 Horizontal-Geison 7 Mutulus 8 Guttae 9 Taenia 10 Regula mit sechs Guttae 11 Metope 12 Triglyphe 13 Architrav 14 Abakus 15 Echinus 16 Anuli 17 Schaft mit zwanzig Kanneluren

Dynastie, Herrschergeschlecht, dessen regierende Mitglieder durch Verwandtschaft und Erbfolge miteinander verbunden sind (z. B. die ägyptischen Dynastien) oder einen gemeinsamen Ursprung haben (z. B. die mesopotamischen Dynastien).

Echinus, Teil des dorischen → Kapitells zwischen Säulenschaft und → Abakus (Deckplatte). Im 6. Jahrh. v. Chr. war der Echinus ein breiter Wulst, im 5. Jahrh. v. Chr. wurde er höher und kräftiger, bis er sich im 4. Jahrh. v. Chr. zu einem Kegelstumpf entwickelte. → Tempel.

Eierstab, ionisches → Kymation, Zierleiste aus aneinandergereihten eiförmigen und spitzen Gebilden.

Eisenzeit, Kulturperiode nach Steinzeit und Bronzezeit, in der Werkzeuge und Waffen vorwiegend aus Eisen hergestellt wurden. Wahrscheinlich haben die Hethiter in der Mitte des 2. Jahrtausends v. Chr. als erste Eisen gewonnen und verarbeitet. Von Kleinasien aus verbreitete sich die Eisentechnik nach Palästina, Syrien und Griechenland und kam zu Beginn des 1. Jahrtausends v. Chr. über Italien und den Balkan nach Mittel- und Westeuropa.

Ekklesiasterion (griech. *ekklesie* = Versammlung), Bau für die Volksversammlung der griechischen Stadtstaaten. Nicht zu verwechseln mit dem → Buleuterion für die Ratsversammlung.

Ekkoimeterion, Schlafraum des griechischen Wohnhauses.

Elaioterion, Raum des → Gymnasion, in dem sich die Athleten salbten. Sie verwendeten Salböl vor dem Ringen, um geschmeidig zu sein, und nach dem Bade, um die Haut zu schützen.

Elamiter, Volk im südwestlichen Iran, das seit dem 3. Jahrtausend v. Chr. das mächtige Reich Elam mit der Hauptstadt Susa bildete. Zu Beginn des 2. Jahrtausends stürzten die Elamiter die 3. Dynastie von Ur und eroberten später sogar Babylon. Den Zusammenbruch ihres Reiches führten 639 v. Chr. die Assyrer unter Assurbanipal herbei. Unter Kyros dem Großen (559–529 v. Chr.) war Susa die Handelsmetropole des Persischen Reiches.

Elektron, Legierung aus Gold und Silber, meist im Verhältnis 4:1, die im Altertum hauptsächlich zu Schmuck, Münzen und kleineren Gefäßen verarbeitet wurde.

Emblema, im Altertum kostbares, kleines Mosaik in der Mitte des Fußbodens, später Bezeichnung für Gold-, Silber- und Bronzereliefs an Prunkgefäßen.

Empästik, gravierte oder getriebene Metallarbeit, auch Einlegearbeit aus Edelmetalldrähten (Tauschierung) oder -stiften (Metallmosaik) in unedlem Metall (z. B. Bronze).

Emplekton, zweischaliges Mauerwerk, das mit Feldsteinen und Erde gefüllt ist.

Engobe (frz.), feine, tonhaltige Masse (Tonschlämme), mit der Keramikrohlinge vor dem Brennen überzogen wurden, um den Gefäßen eine andere Tönung zu geben, ihre Oberfläche zu glätten und die Wasserundurchlässigkeit zu erhöhen. Die Engobe ist keine Glasur.

Enkaustik (griech.), antike Maltechnik der Zeit vom 4. Jahrh. v. Chr. bis zum 4. Jahrh. n. Chr. Die mit Wachs verbundenen Farben wurden heiß auf Holz, Marmor, Elfenbein oder Leinwand aufgetragen und erreichten dadurch eine hohe Widerstandsfähigkeit. In dieser Technik bemalte der Athener Nikias Plastiken des Praxiteles. Die bekanntesten Werke der Enkaustik sind die ägyptischen Mumienporträts des 1. bis 4. Jahrh.

Entasis (griech.: Spannung), die kaum wahrnehmbare bogenförmige Verjüngung des Säulenschaftes, die die gewaltige Anspannung der tragenden Elemente unter der Last des Überbaus ausdrückt und den klassischen Bauwerken eine faszinierende Lebendigkeit verleiht. Großartigstes Beispiel: Parthenon in Athen.

Ephebeion, Umkleide- und Aufenthaltsraum des Gymnasion.

Epheben (griech.: die Mannbaren), Jünglinge im Alter zwischen 18 und 20 Jahren, die im Athen des 4. und 3. Jahrh. der Wehrpflicht zu genügen hatten.

Epinetron, halbzylindrisches Gefäß aus Holz, manchmal auch aus Ton, das den Frauen zum Krempeln der Wolle diente.

Episkenion, Stockwerk des Bühnenaufbaus beim antiken → Theater.

Epistyl, Epistylion, griechische Bezeichnung für den → Architrav (Steinbalken über den Säulen).

Euripos, Regenwasserkanal um die → Orchestra des griechischen Theaters, so benannt nach der engsten Stelle des Golfes von Euböa.

Euripus, künstlicher Wasserlauf in den Parks und Gärten vornehmer römischer Villen, z. B. in der Villa der Papyri in Herculaneum und im Haus des D. Octavius Quartio in Pompeji.

Euthynterie, die das Fundament der griechischen → Tempel ausgleichende Steinlage. Über der Euthynterie erhob sich die meist drei Stufen hohe → Krepis (Unterbau des Tempels).

Exedra, halbrunder oder mehreckiger nischenartiger Raum an einem Saal oder einer Säulenhalle, meist mit Sitzbank versehen. Exedren finden sich vor allem im griechischen Gymnasion, im hellenistischen Wohnhaus und in römischen Thermen. → Apsis.

Exvoto (lat.: aufgrund eines Gelübdes), Inschrift auf → Votivgaben (Opfergaben), dann auch Bezeichnung für die im Tempel aufgestellte Votivgabe selbst.

Fauces, Eingangsraum (Flur) vor dem →Atrium des römischen Wohnhauses.

Fibel, Gewandnadel in vielen technischen Varianten und unzähligen Formen, die diesen Gebrauchs- und oft auch Schmuckgegenstand zu einer wichtigen Datierungshilfe werden ließen. Die bisher älteste Fibel stammt aus dem anatolischen Alaça Hüyük (3. Jahrtausend v. Chr.). Weite Verbreitung fand die Fibel seit dem 14. Jahrh. v. Chr. in Europa, im Vorderen Orient dagegen erst seit dem 10. Jahrh. v. Chr.

Filigranarbeit, Goldschmiedetechnik, in der das Muster aus geflochtenen und verlöteten Edelmetallfäden gestaltet wird. Erste Filigranarbeiten entstanden um 2500 v. Chr. in Troja, um 1500 v. Chr. in Mykene und um 850 v. Chr. bei den Etruskern.

Forum, Marktplatz römischer Städte, meist zentral gelegen und zugleich Mittelpunkt des öffentlichen Lebens. Große Städte wie Rom besaßen mehrere Foren: das Forum Romanum, die Kaiserforen, ferner Spezialmärkte wie das Forum Boarium (Rindermarkt), das Forum Olitorium (Gemüsemarkt). Vielfach waren die Foren mit Statuen geschmückt und von Hallen, öffentlichen Gebäuden und Tempeln umgeben. →Agora.

Fries, waagerecht verlaufender Bauteil, der zur Gliederung und als Schmuck dient, besonders zwischen → Architrav und →Gesims griechischer Tempel. Im dorischen Baustil besteht der Fries aus → Metopen und → Triglyphen, im ionischen Baustil ist er oft mit Reliefbändern bedeckt. Schließlich wird auch das Reliefband selbst Fries genannt, z. B. der Parthenon-Fries.

Frigidarium (lat. *frigidus* = kalt), Kaltwasserbad der römischen → Thermen. Es bestand aus mehreren Wannen oder hatte ein größeres Becken.

Fritte (frz.: Gebackenes), stark siliziumhaltiger Ton als Werkstoff zur Herstellung von hochwertigen Gefäßen, Figurinen und Schmuck.

Galater, drei keltische Volksstämme, die 278 v. Chr. die Dardanellen überschritten und sich in Inneranatolien niederließen. Von dort aus griffen sie immer wieder die griechischen Küstenstädte Kleinasiens an. 230 und 228 v. Chr. besiegte sie Attalos I. von Pergamon. 189 v. Chr. erlitten sie eine vernichtende Niederlage durch die Römer. Pompejus machte Galatien zum Vasallenstaat; 25 v. Chr. wurde es römische Provinz.

Gebälk, Gesamtheit der Balken einer Dachkonstruktion, am griechischen Tempel der aus → Architrav, → Fries und → Geison bestehende Teil zwischen Dach und Mauer.

Geison, Kranzgesims (Dachgesims) des antiken → Tempels, über das Gebälk vorspringendes Bauglied, das der Gliederung des Bauwerks und der Ableitung des Regenwassers dient (Horizontal-Geison). Das Schräg-Geison (Giebelgesims) begrenzt die Giebel nach oben.

Gemme, Schmuckstein mit vertieft geschnittener bildlicher Darstellung im Gegensatz zur erhaben geschnittenen → Kamee. In der Antike Oberbegriff für beide Techniken. → Glyptik.

Genien, geflügelte menschliche Wesen oder Mischwesen mit Vogelkopf und menschlichem Körper, Götter niederen Ranges, vor allem auf assyrischen Reliefs dargestellt.

geometrischer Stil, Frühzeit der griechischen Kunst (etwa 1050–700 v. Chr.) im Anschluß an die kretisch-mykenische Epoche. Einfache, klare, »geometrische« Ornamente auf Gefäßen bestimmen den Stil dieser Epoche, die in folgende Abschnitte eingeteilt wird: protogeometrisch (1050–900 v. Chr.), strenggeometrisch (900–800 v. Chr.), reifgeometrisch (800–750 v. Chr.), spätgeometrisch (750–700 v. Chr.).

Gesichtsurnen, Tongefäße mit plastischer Gesichtsdarstellung zur Aufnahme des Leichenbrandes. Bei den Etruskern seit dem 7. Jahrh. v. Chr., seit dem 6. Jahrh. v. Chr. in Kleinasien, vor allem aber im Oder-Weichsel-Gebiet (Gesichtsurnen-Kultur, 6.–3. Jahrh. v. Chr.).

Gesims, über das Gebälk vorspringendes bzw. aus der Mauer hervorstehendes Bauglied, im allgemeinen aus Steinplatten gefügt. Man unterscheidet u. a. das Kranz- oder Dachgesims (→ Geison), das Giebelgesims, das Gurtgesims zwischen den Geschossen, das Fuß- oder Sockelgesims am Unterbau sowie Tür- und Fenstergesimse. Die Gesimse waren mit ihrer plastischen Ausgestaltung bei den antiken Bauwerken vor allem schmückendes Element.

Gigantomachie, Darstellung des Kampfes der olympischen Götter gegen die Giganten (erdgeborene Riesen). Der Kampf wurde von Herakles zugunsten der Götter entschieden; er symbolisiert den Sieg von Kultur und Ordnung über Barbarei und Chaos. Darstellungen dieses Kampfes entstanden seit dem 6. Jahrh. v. Chr., z. B. Nordfries des Schatzhauses der Siphnier in Delphi (um 525 v. Chr.), Ostfries des Parthenon in Athen (um 440 v. Chr.), Fries des Zeusaltars von Pergamon (180–160 v. Chr.).

Glyptik, Steinschneidekunst, die Kunst, kleine Steine zu bearbeiten, z. B. → Gemmen, → Kameen, → Rollsiegel, → Siegel.

Gorgoneion, das abgeschlagene, schlangenhaarige Haupt der Gorgo Medusa, in der griechischen und römischen Kunst häufig als Emblem mit Abwehrzauber verwendet. Medusa war eine der drei Gorgonen, der weiblichen Ungeheuer der griechischen Mythologie. Mit Hilfe Athenas tötete Perseus die Medusa. Nach Hesiod heißen die beiden anderen Gorgonen Stheno und Euryale.

Granuliertechnik, Goldschmiedetechnik, in der winzige Gold- oder Silberkörner auf Schmucksachen gelötet werden. Zeugnisse dieser Technik fanden sich in Ägypten, auf Kreta, in Troja, bei den Etruskern.

Gründungsfiguren, bronzene Weihfiguren, die u. a. in den Türangeln mesopotamischer Tempel aufbewahrt wurden. Zahlreiche solcher Figuren fand man in Lagasch, Nippur, Susa, Ur, Uruk usw.

Gutäer (Guti), Nomadenvolk aus dem Zagros-Gebirge (West-Iran), das im 22. Jahrhundert v. Chr. das Reich von Akkad (Mesopotamien) zerstörte und eine hundertjährige Schreckensherrschaft ausübte. Die allmählich wiedererstarkten sumerischen Stadtstaaten Uruk und Lagasch erhoben sich um 2054 v. Chr. gegen die Gutäer und trieben sie in das Zagros-Gebirge zurück. Dort machten sie noch im 1. Jahrtausend v. Chr. den assyrischen Königen zu schaffen.

Guttae (lat.: Tropfen), zylindrische, nagelkopfartige Stifte an der Unterseite der → Mutuli und → Regulae des dorischen Tempelgebälks. Sie sind meist in drei Reihen von je sechs Stiften angeordnet. → Tempel.

Gymnasion (griech. *gymnos* = nackt), Stätte zur körperlichen Erziehung und vormilitärischen Ausbildung der griechischen Jugend (seit dem 6. Jahrh. v. Chr.). Im 5. Jahrh. v. Chr. kam eine Palaistra (→ Palästra) als Ringkampfschule hinzu. Seit dem 4. Jahrh. v. Chr. lehnte sich eine überdachte Laufbahn (→ Xystos) an die offene Laufbahn (→ Dromos) an. Viele Gymnasien verfügten auch über einen Ballspielplatz (→ Sphairisterion). Zahlreiche Räume vervollständigten die Anlage: Umkleide- und Aufenthaltsraum (→ Apodyterion), Salbraum (→ Elaioterion), Sandraum (→ Konisterion), Waschraum (→ Lutron), Herdraum (→ Pyriaterion), Boxraum (→ Korykeion) und → Exedren als Unterrichtsräume. Seit Beginn des 4. Jahrh. v. Chr. trat neben die körperliche auch die musische und geistige Erziehung. Bedeutende Gymnasien befanden sich u. a. in Athen (Pompeion), Delphi, Olympia, Epidauros, Milet, Priene und Pergamon.

Hallstattkultur (Hallstattzeit), vorgeschichtliche Epoche der älteren Eisenzeit im Bereich West-, Mittel- und Osteuropas (etwa 750–400 v. Chr.), benannt nach dem österreichischen Fundort Hallstatt im Salzkammergut. Hallstatt hatte sich dank seiner Salz- und Eisenvorkommen zu einem der bedeutendsten Handels- und Industriezentren nördlich der Alpen entwikkelt. Bronze- und Eisengeräte aus Hallstatt, vor allem das lange, eiserne »Hallstatt-Schwert«, waren in aller Welt gefragt. Vermutlich waren die Hallstattmenschen Kelten.

Hekatompedos, griechischer Tempel, dessen Cella 100 Fuß lang ist; auch Bezeichnung für die → Cella des Parthenon in Athen.

Helix (griech.: Windung), rankenartige Spirale (→ Volute), vor allem am → korinthischen Kapitell. Mehrzahl: Helikes.

helladisch, Bezeichnung für die vorgeschichtlichen bronzezeitlichen Kulturen des griechischen Festlandes. Man unterscheidet drei Hauptepochen: frühhelladisch (etwa 2500–1900 v. Chr.): Kupfer- und erste Bronzegegenstände; mittelhelladisch (etwa 1900–1580 v. Chr.): Einwanderung indogermanischer Stämme aus dem Norden (→ Ionier, → Äoler, → Achäer), erste primitive Palastbauten; späthelladisch (1580–1150 v. Chr.): unter minoischem Einfluß Kretas entwickelt sich die mykenische Kultur mit Königtum und stark befestigten Burgen (Mykene, Tiryns, Athen).

Hellenismus, Epoche der griechischen Kultur von Alexander dem Großen bis zum Beginn des Kaiserreiches (etwa 325–31 v. Chr.). Der Hellenismus löste die klassische Epoche ab. Bewegung und Ausdruck der Bildwerke steigerten sich aufs äußerste (»griechischer Barock«). Die Porträtplastik entwickelte sich zu höchster Blüte. Einige bedeutende Werke dieser Epoche: Gallier mit seinem Weib (220–210 v. Chr.), Sterbender Gallier (220–210 v. Chr.), Nike von Samothrake (190 v. Chr.), Aphrodite von Melos (»Venus von Milo«, Ende des 2. Jahrh. v. Chr.), Kopf des blinden Homer (um 200 v. Chr.).

Hellespont (griech.: Meer der Helle), alter Name der Dardanellen, der Seestraße zum Schwarzmeergebiet. Nach der griechischen Mythologie ertrank Helle, Tochter des Athamas, auf der Flucht vor ihrer Stiefmutter Ino, in diesem Meer.

Heraion, Heiligtum der griechischen Göttin Hera, Schwester und Gemahlin des Zeus, Beschützerin der Ehe und der Frauen. Bedeutend waren das Heraion von Argos auf der Peloponnes sowie die Heraien in Olympia und auf Samos.

Heredium (lat.: Erbgut), der Garten des römischen Wohnhauses, der durch einen seitlichen Gang zu erreichen war.

Hermaphrodit, zweigeschlechtliches Wesen der griechischen Mythologie, vermutlich erst in hellenistischer Zeit aus dem Orient übernommen. Weil Hermaphrodit, Sohn des Hermes und der Aphrodite, die Liebe der Nymphe Salamakis verschmähte, verbanden ihn die Götter mit dem Körper der Nymphe.

Herme, vierkantiger Pfeiler, der von einer Halbfigur oder einem Kopf gekrönt ist. Ursprünglich ein griechisches Kultmal des Hermes, mit dem bärtigen Kopf des Gottes, seitlichen Armstümpfen und Phallus, aufgestellt an Bezirksgrenzen, Wegkreuzungen, Hauseingängen und Gräbern (seit dem späten 6. Jahrh. v. Chr.). Seit dem 4. Jahrh. v. Chr. wurden auch andere Gottheiten in Form einer Herme dargestellt. Hermen haben oft zwei, drei oder vier Köpfe, die in verschiedene Richtungen blicken. In der römischen Kaiserzeit kamen die Porträt-Hermen auf, die nur noch dekorativen Zwecken dienten.

Heroon, Heiligtum bzw. Grabdenkmal eines Helden (Heros), besonders in hellenistischer Zeit. Formen der Heroa: Rundbau, Tempel, Grabpodium mit tempelartigem Aufbau. Beispiel: Heroon von Kalydon (2. Jahrh. v. Chr.).

Hieroglyphen (griech.: heilige Bildzeichen), Bilderschrift, vielleicht schon vor 3000 v. Chr. in Ägypten entstanden und dort bis ins 4. Jahrh. n. Chr. in Gebrauch. Noch ungeklärt ist, ob zwischen den ägyptischen Hieroglyphen und der ältesten mesopotamischen Bilderschrift (→ Piktographie) von Uruk ein Zusammenhang besteht. Hieroglyphen verwendeten u. a. auch die Hethiter. Dem Franzosen Champollion gelang 1822 die Entzifferung der ägyptischen Hieroglyphen mit Hilfe mehrsprachiger Inschriften (auf dem Stein von Rosette und auf einem Obelisken aus Philae).

Himation, altgriechischer Mantel für Männer und Frauen. Das Himation war ein rechteckiges Wolltuch, das über dem → Chiton oder auf bloßem Leib getragen wurde.

Hippodrom, altgriechische Bahn für Pferde- und Wagenrennen. Die beiden Enden der Rennstrecke, die mehrfach durchritten bzw. durchfahren werden mußte, waren durch Pfeiler oder Säulen bezeichnet. Die Länge der Bahn betrug 600 Meter und mehr. Die Zuschauer saßen auf Erdwällen. Das bekannte »Hippodrom« in Istanbul war ein römischer →Circus.

Horreum, Magazin, Speicher, Lagerhaus römischer Kastelle und Städte. In den Horrea wurde vor allem Getreide gelagert.

Hortus, der Garten des römischen Wohnhauses.

Hügelgrab (Tumulus), vor- und frühgeschichtliches Grab mit einer Aufschüttung aus Erde, Sand, Steinen usw., meistens kreisrund. Die ältesten Hügelgräber stammen aus dem → Neolithikum; in der Bronzezeit waren sie in Mittel- und Nordeuropa sehr verbreitet. → Kurgan.

Hydria, altgriechischer Wasserkrug mit drei Henkeln, von denen zwei waagerecht angeordnet sind und einer senkrecht. Das Material des Kruges ist meistens Ton, aber auch Bronze. Die ältesten Hydrien aus der →geometrischen Epoche waren schlank und langhalsig. Im 6. Jahrh. v. Chr. kamen gedrungenere Formen auf. Um 500 v. Chr. entwickelte sich daraus die bauchige Hydria (→ Kalpis). Gelegentlich wurden Hydrien auch als Los- oder Aschenurne verwendet. Abbildung → Vasen.

Hyksos (»Herrscher der Fremdländer«, »Hirtenkönige«), vermutlich → Churriter, die von 1650–1542 v. Chr. Ägypten beherrschten (15. und 16. Dynastie). Ihre Hauptstadt war Avaris im Nildelta. Die Überlegenheit der Hyksos beruhte auf den schnellen Streitwagen, die sie nach Ägypten mitgebracht hatten.

hypäthral, ein Bauwerk ohne Dach. *Hypäthral-Tempel,* ein Tempel, dessen Cella kein Dach oder eine große Öffnung im Dach (als Lichtquelle) hat, z. B. das Artemision in Ephesos.

Hypogäum, unterirdische Grabanlage, aus mehreren Räumen bestehend, z. B. die Grabanlage der Könige der 3. Dynastie von Ur und das Hypogäum von Paola auf Malta. Auch Bezeichnung für eine unterirdische nichtchristliche Kultstätte (z. B. Mithras-Kult) im Gegensatz zu den christlichen → Katakomben.

Hypokaustum (griech.: Unterfeuerung), Fußbodenheizung mit Hilfe eines Heißluftkanal-Systems, im engeren Sinne das Heizgewölbe unter dem Fußboden. Das Hypokaustum war schon im 1. Jahrh. v. Chr. weit verbreitet; es wurde zunächst in den → Thermen, später auch in Wohnhäusern verwendet. In der Kaiserzeit beheizten die Römer über Tonrohre oder Hohlziegel auch die Wände.

Hypostyl, altgriechischer Saal mit einer von Säulen getragenen Decke.

Hypotrachelion, Säulenhals, oberster Teil des Säulenschaftes unterhalb des → Kapitells, bei ionischen Säulen oft mit einem Ornamentfries (→ Anthemion) verziert.

Idol, vorgeschichtliche → Statuette aus Ton, Stein, Bronze usw., schematisch gestaltet, meist unbekleidet, das Geschlechtliche betonend, verwendet als Weihgeschenk oder Grabbeigabe. Berühmt sind die marmornen »Kykladen-Idole« aus dem 3. Jahrtausend v. Chr.

Impluvium (lat.), das im → Atrium des römischen Wohnhauses gelegene rechteckige Sammelbecken für das Regenwasser, das durch die Dachöffnung (→ Compluvium) eindringt.

Inkrustation, Verzierung von Flächen durch farbige Steineinlagen, vor allem von Wand- und Bodenflächen, aber auch die entsprechende Verzierung von Statuen und Skulpturen. Auch das Einlegen von Edelmetall in unedles Metall bei Vasen, Plastiken usw. Die Technik war schon um 3000 v. Chr. bei den Sumerern bekannt und erreichte in der hellenistischen Zeit ihren Höhepunkt.

in situ (lat.: in der Lage, in der Stellung), archäologische Bezeichnung für: in der ursprünglichen Lage.

Insula (lat.: Insel), Häuserblock in einer nach dem Schachbrettmuster angelegten Römerstadt, dann auch das mehrstöckige städtische Mietshaus für mehrere Wohnparteien.

Intaglio (ital.), Schmuckstein mit vertieft geschnittener bildlicher Darstellung im Gegensatz zur erhaben geschnittenen → Kamee. Die Intaglio-Technik findet sich häufig bei → Siegeln.

Interkolumnie, der Abstand zwischen zwei Säulen (von Säulenmitte zu Säulenmitte) in der griechischen und römischen Baukunst. Die Säulenwirkung wurde durch ein bestimmtes Verhältnis von Interkolumnie (I) zum unteren Säulendurchmesser (D) bestimmt. Maßverhältnisse (nach Vitruv): pyknostyl (dichtsäulig) I = 1½ D, systyl (zusammensäulig) I = 2 D, eustyl (wohlsäulig) I = 2¼ D, diastyl (auseinandersäulig) I = 3 D, araeostyl (weitsäulig) I = 3½ D. Beispiele: das Parthenon in Athen hat das Maßverhältnis 1 : 2,25 (eustyl), der Zeus-Tempel in Olympia 1 : 2,32 (noch eustyl), der Aphaia-Tempel auf Ägina 1 : 2,65 (zwischen eustyl und diastyl), der Hera-Tempel II in Paestum 1 : 2,12 (zwischen systyl und eustyl).

Ionier, frühgriechisches Volk, das im 2. Jahrtausend v. Chr. Attika, Euböa, Achaia und das Gebiet zwischen Lakonien und der Argolis bewohnte. Den nachfolgenden Dorern ausweichend, besiedelten sie vom späten 11. bis zur Mitte des 9. Jahrh. v. Chr. die Kykladen und die mittlere Westküste Kleinasiens; nur Attika und Euböa konnten sie halten. Möglicherweise gingen die Ionier nach dem Eindringen der Dorer aus den mykenischen Griechen (Achäern) hervor (umstritten). In Kleinasien schlossen sich im 9. Jahrh. v. Chr. zwölf ionische Städte zum → Ionischen Bund zusammen. Von hier aus kolonisierten die Ionier (→ Milet) die Schwarzmeerküste und übernahmen seit dem 6. Jahrh. v. Chr. die geistige und kulturelle Führung der griechischen Stämme. Weder die politische Abhängigkeit von den Lydern noch die Unterwerfung unter die Perser konnten die kulturelle und wirtschaftliche Blüte der ionischen Städte wesentlich beeinträchtigen. Ihr Beitritt zum Attischen Seebund unter der Führung Athens (477 v. Chr.) verursachte dagegen einen wirtschaftlichen Niedergang, von dem sich Ionien erst im 4. Jahrh. v. Chr. wieder erholen konnte.

ionische Ordnung, altgriechischer Architekturstil, im 6. Jahrh. v. Chr. in den griechischen Kolonialstädten Westkleinasiens entstanden. Die schlanken Säulen weisen meist 24 durch schmale Stege getrennte, tiefe → Kanneluren auf. Die → Basis, auf der sich die Säule erhebt, ist reich profiliert (→ Plinthe, → Spira, → Torus, → Trochilus). Das → Kapitell besteht aus einem → Echinus in Form eines → Eierstabs, einem → Volutenglied und einem sehr flachen →Abakus. Die ionische Ordnung ist beschwingt, anmutig, weniger monumental als die → dorische Ordnung. Beispiele

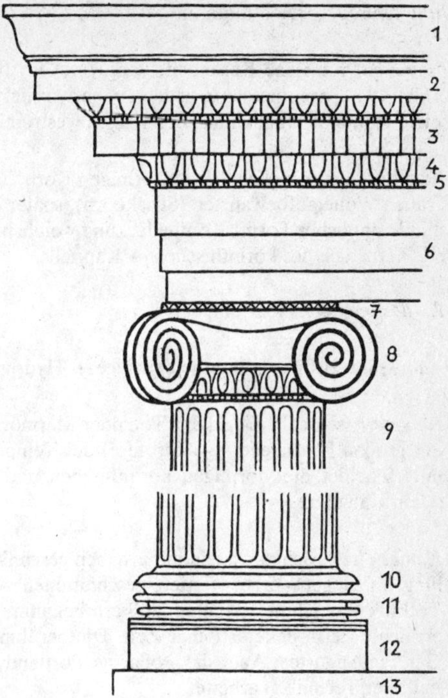

Ionische Ordnung:

1 Sima 2 Geison 3 Zahnschnitt (kleinasiatisch-ionisch) 4 Kymation 5 Astragal 6 Architrav 7 Abakus 8 Voluten-Kapitell 9 Schaft mit 24 Kanneluren 10 Torus 11 doppelter Trochilus 12 Plinthe 13 Stylobat

ionischer Tempel: Athena-Tempel in Milet, Artemision in Ephesos, Erechtheion in Athen.

Ionischer Bund, Kultvereinigung der ionischen Städte an der westkleinasiatischen Küste. Mittelpunkt des Kultes war das Panionion, das Apollon-Heiligtum am Mykale-Gebirge. Der Bund entstand im 9. Jahrh. v. Chr. und bestand zunächst aus neun, später aus zwölf Städten bzw. Inseln: Ephesos, Erythrai, Klazomenai, Kolophon, Lebedos, Milet, Myos, Priene, Teos; Chios, Phokaia, Samos. Nach Pausanias gehörte Smyrna (→ Izmir) als 13. Stadt dem Ionischen Bund an.

Jungsteinzeit, → Neolithikum.

Kaiserzeit, römische Kaiserzeit, von 27 v. Chr. bis 476 n. Chr. Octavian erhielt den Ehrentitel »Augustus« (= ehrwürdig); der Germane Odoaker setzte Romulus Augustulus, den letzten weströmischen Kaiser, ab.

Kalathos, ursprünglich trichterförmiger Korb, in dem die griechischen Frauen Wolle aufbewahrten (Strickkorb), später Bezeichnung für Gegenstände ähnlicher Form: Kopfbedeckung weiblicher Gottheiten, Tongefäße, Kernstück des korinthischen → Kapitells.

Kaldarium, → Caldarium.

Kalpis, Bezeichnung für eine bauchige → Hydria (Wasserkrug).

Kalyptere, schmale Ziegel aus Ton oder Marmor, die die seitlichen Stöße der großen Flachziegel (→ Strotere) des Tempeldaches bedecken. Man unterscheidet die∧-förmigen korinthischen und die ∩-förmigen lakonischen Kalyptere.

Kamee (frz.), Schmuckstein mit erhaben geschnittener bildlicher Darstellung im Gegensatz zur vertieft geschnittenen → Gemme. Die Kamee-Technik war schon den alten Völkern bekannt; ihre größte Verbreitung erreichte sie in hellenistischer Zeit. Die berühmteste Kamee ist die sog. Gemma Augustea. Auch die großartige Portlandvase (1. Jahrh. n. Chr.) ist in dieser Technik gearbeitet.

Kanaaniter (Kanaanäer), die vorisraelitische Bevölkerung Palästinas, die sich aus verschiedenen semitischen Volkselementen zusammensetzte (Amoriter, Jebusiter usw.). Philister, Edomiter und andere Stämme gehören nicht dazu. Von den Kanaanitern übernahmen die Israeliten viele Kultbräuche. Nachdem die Kanaaniter von den Israeliten und Philistern aus Palästina verdrängt wurden, lebten sie in den syrischen Küstenstädten als → Phöniker weiter.

Kanephoren, aus vornehmen griechischen Familien stammende Jungfrauen, die bei Prozessionen Körbe mit Opfergerät u. dgl. auf dem Kopf trugen. Auch Bezeichnung für entsprechend gestaltete → Gründungsfiguren.

Kannelure (lat. *canna* = Rohr), senkrechte Hohlkehle im Schaft einer Säule oder eines → Pilasters. Die Kanneluren (20 bei Säulen → dorischer und 24 bei Säulen → ionischer und → korinthischer Ordnung) laufen von der → Basis bis zum → Kapitell am gesamten Säulenschaft entlang. Sie sollen durch die Licht-Schatten-Wirkung die Schwere des Materials mildern und das Aufstreben der Säule sichtbarer machen.

Kanopen, Steinkrüge für die Eingeweide Verstorbener im alten Ägypten (seit der 4. Dynastie, etwa 2500 v. Chr.). Jeweils vier Kanopen wurden zusammen mit der Mumie bestattet. Jede Kanope war einem der vier Söhne des Horus (ägyptischer Sonnengott) geweiht. Seit der 19. Dynastie (etwa 1300 v. Chr.) trugen die Kanopendeckel die Köpfe der vier Schutzgötter: Amset – Mensch, Hapi – Pavian, Kebehsenuf – Schakal, Duamutef – Falke. Jeder Gottheit waren bestimmte Organe zugeordnet, die in der jeweiligen Kanope aufbewahrt wurden: Amset bewachte die Leber des Toten, Hapi seine Lunge, Kebehsenuf den Magen und Duamutef den Darm und die sonstigen Unterleibsorgane. Auch die Ascheurnen der Etrusker mit Menschenkopfdeckeln werden Kanopen genannt. Sie traten im 7. und 6. Jahrh. v. Chr. vor allem in Chiusi auf. Die Bezeichnung Kanope geht auf das Osiris-Kultbild von Kanopos, einer Stadt an der Nilmündung, zurück, einem bauchigen Krug mit dem Kopf des Gottes.

Kanopos, → Canopus.

Kantharos, altgriechisches Trinkgefäß mit zwei senkrechten Henkeln, meist auf hohem Fuß. Im 6. und 5. Jahrh. v. Chr. als Kultgefäß, seit dem 4. Jahrh. v. Chr. als profaner Trinkbecher verwendet. Abbildung → Vasen.

Kapitell (lat. *capitellum* = Köpfchen), der oberste Teil einer Säule, eines Pfeilers oder eines →Pilasters, Bindeglied zwischen Stütze und Gebälk. Das Kapitell wurde schon in der assyrischen und persischen Baukunst verwendet, z. B. das achämenidische Kapitell mit zwei im Rücken zusammengewachsenen Tierprotomen (Stiere, Löwen, Pferde). Die Griechen schufen entsprechend ihren Säulenordnungen das dorische Kapitell, das ionische Voluten-Kapitell und das korinthische Akanthus-Kapitell. Aus dem → Akanthus-Kapitell entwickelte sich das römische → Komposit-Kapitell. Die byzantinische Baukunst kannte zahlreiche neue Kapitellformen.

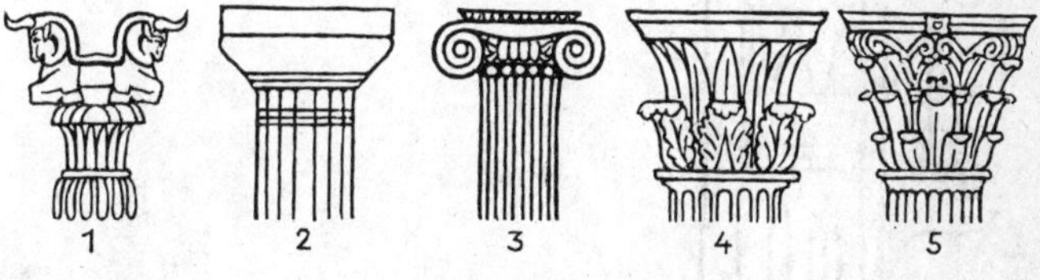

Kapitelle:

1 achämenidisches Stierprotomen-Kapitell 2 dorisches Kapitell 3 ionisches Voluten-Kapitell 4 korinthisches Akanthus-Kapitell 5 römisches Komposit-Kapitell

Kapitol, Capitolium, einer der sieben Hügel Roms, entwickelte sich zum religiösen Mittelpunkt Roms und später zum Symbol der Größe und Macht des Römischen Reiches. Seit dem 2. Jahrh. v. Chr., besonders aber in der Kaiserzeit, wurden in vielen anderen Städten des Imperiums Kapitole eingerichtet, z. B. in Cumae und in Pompeji.

Karer, vermutlich indogermanisches Volk an der West- und Südwestküste Kleinasiens. Im 8. und 7. Jahrh. v. Chr. kämpften karische Söldner in Ägypten, Nubien und Äthiopien. Ihre Schrift konnte noch nicht entziffert werden. 540 v. Chr. kamen die Karer unter persische Oberhoheit und beteiligten sich u. a. an der Seeschlacht bei Salamis (480 v. Chr.). Möglicherweise ist Herodot, der »Vater der Geschichtsschreibung«, karischer Abstammung. Der berühmteste karische König ist Mausolos, dessen Grabbau als eines der Sieben Weltwunder galt.

Karnies, Bauglied von S-förmigem Querschnitt am Gesims oder Sockel, auch Glockenleiste genannt.

Kartusche, sog. »Königsring«, die ovale Umrahmung der Königsnamen in ägyptischen Hieroglyphen-Inschriften, entstanden aus den Symbolen für Sonnenscheibe und Horizont.

Karyatide, Statue eines bekleideten Mädchens, die anstelle einer Säule das Gebälk eines Bauwerkes trägt, auch → Kore oder → Kanephore genannt. Beispiele: Erechtheion in Athen, Schatzhaus der Siphnier in Delphi. Männliche Gebälkträger heißen → Atlant oder Telamon.

Kassiten, altorientalisches Bergvolk aus dem Zagros, das nach dem Sturz der 1. Dynastie von Babylon durch die Hethiter vom 16. bis 12. Jahrh.

Kartusche Ramses' II.

v. Chr. Babylon beherrschte und das Reich gegenüber den Ägyptern, Hethitern und Assyrern behauptete. Die Herrschaft der Kassiten endete um 1160 v. Chr. mit dem Einfall der → Elamiter.

Katagogeion, Katagogion, altgriechische Herberge in größeren Städten und bei bedeutenden Heiligtümern, z. B. das Katagogeion in Epidauros und das Leonidaion in Olympia.

Katakombe, unterirdische Grabanlage in Rom seit dem 2. Jahrhundert. Die Verstorbenen wurden in Nischen labyrinthischer, mehrgeschossiger Stollen bestattet. Vor allem Christen, aber auch Juden bevorzugten die Katakombenbestattung. Der Name geht auf den Bestattungsort des hl. Sebastian in einer Talsenke an der Via Appia zurück: *ad catacumbas.* In der Antike hieß die Katakombe *coemeterium* (griech.: Ruhestätte). Katakomben gab es u. a. auch in Neapel, Syrakus, auf Malta und in Tunesien.

Kaunakes, altorientalisches Kleidungsstück, vermutlich ein langzottiges Schaffell, das die Sumerer im 3. Jahrtausend v. Chr. trugen.

Keilschrift, mesopotamische Schrift des 3. bis 1. Jahrtausends v. Chr. Die Schriftzeichen wurden mit einem gespaltenen Rohr in feuchten Ton gedrückt und erhielten so ihre charakteristische Keilform. Die Keilschrift geht auf die Bilderschrift von Uruk, die älteste bekannte Schrift überhaupt, zurück. Mit ihr wurden alle altorientalischen Sprachen (Sumerisch, Akkadisch, Assyrisch, Elamisch, Hethitisch, Altpersisch usw.) geschrieben. 1802 gelang es G. F. Grotefend, die ersten Zeichen der altpersischen Keilschrift zu entziffern. W. Hinz, H. Rawlinson, E. Hincks, J. Oppert und J. Ménant setzten seine Arbeit fort, so daß seit Mitte des 19. Jahrh. fast sämtliche vorliegenden Keilschrifttexte gelesen werden konnten.

Kenotaph (griech.: leeres Grab), Leer- oder Scheingrab, Grab- oder Gedächtnisstätte für einen Toten, den man aus irgendwelchen Gründen gar nicht oder nur an anderer Stelle begraben konnte.

Kentauromachie, Darstellung des Kampfes der Griechen gegen die Kentauren (Zentauren), sagenhafte Mischwesen aus Mann und Pferd. Peirithoos, König der Lapithen, lud die Kentauren zu seiner Hochzeit mit Hippodameia ein. Die betrunkenen Kentauren vergriffen sich an den Frauen ihres Gastgebers. Ein wilder Kampf entbrannte, der von Theseus, dem Freund des Peirithoos, zugunsten der Griechen entschieden wurde. Berühmt ist die Kentauromachie am Zeus-Tempel in Olympia.

Keramik (griech. *keramos* = Ton, tonhaltige Erde), Sammelbezeichnung für Produkte der Töpferei. Erste Keramik-Schöpfungen des Menschen im Neolithikum, zunächst plastische Tonarbeiten, Idole in menschlicher Gestalt, als älteste Zeugnisse religiöser Vorstellungen, dann auch Gefäße. Verwendung der Töpferscheibe im Alten Orient seit dem 4. Jahrtausend.

Im 3. Jahrtausend kommt in Ägypten die Glasurtechnik auf. Babylonier, Assyrer und Perser verwenden glasierte Keramikziegel in der Baukunst. Die Griechen entwickeln die Keramik zu höchster technischer und künstlerischer Vollkommenheit. Das örtlich unterschiedliche Rohmaterial, der Formenreichtum der Gefäße, der Dekor und die weitere Behandlung, nicht zuletzt die unzähligen Funde machen die Keramik zu einem wichtigen Hilfsmittel für die Archäologie.

Kerkis, keilförmige, durch Treppen begrenzte Abteilung des Zuschauerraumes im griechischen → Theater.

Kernos, altgriechisches Ringgefäß mit mehreren kleinen Schalen. Beim Mysterienkult von Eleusis enthielt jedes Schälchen Opfergaben, die nach der Prozession vom Träger des Ringgefäßes verspeist wurden. Abbildung → Vasen.

Kessel, großes, bauchiges Gefäß ohne Fuß aus Bronze oder Ton. Der Kessel ruhte auf dreifüßigen Ständern und diente zum Erhitzen von Wasser und als Kochkessel. Kostbar gearbeitete Kessel wurden als Weihgeschenk oder als Kampfpreis verwendet.

Kimbern, germanischer Volksstamm aus Jütland, der um 120 v. Chr. südwärts wanderte, mehrere römische Heere besiegte und nach dem Zusammenschluß mit anderen Germanenstämmen (→ Teutonen, Ambronen usw.) für Rom zu einer ernsten Gefahr wurde, bis es dem römischen Feldherrn Marius gelang, die Kimbern 101 v. Chr. bei Vercellae völlig zu vernichten.

Kimmerer, Kimmerier, nomadisierendes Reitervolk, das im 8. Jahrh. v. Chr. von den → Skythen aus seinen Wohnsitzen verdrängt wurde und über den Kaukasus in Kleinasien einfiel. 714 v. Chr. bedrohten sie das Reich von Urartu. 680 v. Chr. von den Assyrern unter Asarhaddon besiegt, wandten sie sich nach Westen, vernichteten das Großreich der → Phryger, überfielen das → Lyderreich und plünderten griechische Küstenstädte in Westkleinasien. Um 600 v. Chr. gelang es dem Lyderkönig Alyattes, die Kimmerer aufzureiben.

Kiosk, loggienartiger Bau oder Dachaufbau in spätägyptischen Tempelanlagen. Das Dach des meist rechteckigen Bauwerks wurde von Säulen getragen.

Klassik, Epoche der griechischen Kunstgeschichte, Höhepunkt der griechischen Kunst im 5. und 4. Jahrh. v. Chr.

Klepshydra, ursprünglich Bezeichnung für einen pipettenähnlichen Flüssigkeitsheber, später Bezeichnung für die Wasseruhr.

Kline, im griechischen Altertum die couchartige Lagerstatt, auf der man beim Einnehmen der Mahlzeiten und bei Gelagen ruhte. Auch archäologische Bezeichnung für eine Sitzbank schlechthin.

Komposit-Kapitell, römische Form des → Kapitells, bestehend aus einem korinthischen → Kalathos mit aufgesetzten ionischen → Voluten. Abbildung → Kapitell.

Konisterion (griech.), Sandraum des → Gymnasion.

Kore, festlich gekleidete Mädchenstatue der archaisch-griechischen Epoche (7. und 6. Jahrh. v. Chr.), meist als Grab- oder Votivstatue, auch als Gebälkträgerin (→ Karyatide) verwendet. – Beiname der Göttin Persephone, Tochter des Zeus und der Demeter, Gemahlin des Hades.

korinthische Säule, Variante der → ionischen Ordnung mit Akanthus-Kapitell. Den korbartigen Kern des → Kapitells umschließen → Akanthusblätter, aus denen zwei Helikes (→ Helix) emporwachsen. Das korinthische Kapitell soll von Kallimachos in die Architektur eingeführt worden sein, der es erstmals im Innenraum des Apollon-Tempels von Bassai (spätes 5. Jahrh. v. Chr.) verwendete. In äußeren Säulenreihen erschien es u. a. beim Lysikrates-Denkmal in Athen (334 v. Chr.) und im Olympieion von Athen (175–164 v. Chr.).

Koroplastik, figürliche und dekorative Bauplastik aus → Terrakotta (gebrannte Tonerde). Beispiele: → Akroteriengruppe des etruskischen Tempels von Veji und die → Quadriga auf dem Tempel des Jupiter Capitolinus in Rom (beide Ende des 6. Jahrh. v. Chr.).

Koros, → Kuros.

Korykeion, Raum für das Boxtraining im → Gymnasion bzw. in der → Palästra.

Kothon, Frühform der → Plemochoë.

Kotyle, altgriechisches Hohlmaß (0,274 l) und Bezeichnung für eine zweihenkelige Trinkschale gleichen Inhalts.

Kraggewölbe, sog. falsches Gewölbe, Deckenkonstruktion aus waagerecht geschichteten Steinplatten, die jeweils etwas über die darunterliegende Schicht vorkragen (hervorragen), bis sie an der Spitze des Gewölbes zusammentreffen. Das Kraggewölbe findet sich vor allem in der mykenischen Architektur.

Kragstein, aus der Mauer ragender Stein zum Tragen von Baugliedern, z. B. Deckenkonstruktionen.

Kranzgesims, → Geison.

Krater, großes, zweihenkeliges Gefäß aus Ton, Bronze oder Marmor mit weiter Öffnung zum Mischen von Wasser und Wein. Der Krater erschien in mykenischer Zeit. Verschiedene Formen: Aus dem *Bügelhenkel-Krater* entwickelte sich um 600 v. Chr. der *Kolonnetten-Krater* mit Stangenhenkel. Der *Voluten-Krater* ist mit hochgezogenen Volutenhenkeln versehen. In der Mitte des 6. Jahrh. v. Chr. entstand der *Kelch-Krater.* Zuletzt kam der *Glocken-Krater* hinzu. Abbildung → Vasen.

Krepis, der meist dreistufige Unterbau des griechischen Tempels. Die oberste Stufe heißt → Stylobat. → Tempel.

Krotalon, antikes Schlaginstrument aus Holz, Metall oder Ton, den spanischen Kastagnetten ähnlich. Die Krotalen entstanden vermutlich in Asien und dienten – meist paarweise verwendet – den Ägyptern, Griechen und Römern als Begleitinstrument zum Tanz.

Krypta, unterirdischer Grabraum in den frühchristlichen → Katakomben. Später christlicher Sakralraum über Märtyrergräbern. Beispiel: Krypta Romana in Cumae.

Kryptoportikus, unterirdischer Gewölbegang unter einer Säulenhalle oder künstlichen Terrasse, mit Fenstern an den Seiten oder in der Decke. Beispiel: Kryptoportikus auf dem Palatin in Rom.

Kudurru, babylonische Grenzurkunde in Form einer oben abgerundeten Steinsäule, mit Keilschrifttext versehen und mit Reliefs geschmückt. Die Kudurrus wurden in Heiligtümern aufgestellt und sollten die Unversehrtheit der jeweiligen Besitzungen garantieren. Sie waren vom 14. bis 7. Jahrh. v. Chr. üblich.

Kurgan (russ.), Hügelgrab des → Chalkolithikums in Osteuropa und Westsibirien, seit dem 3. Jahrtausend v. Chr. Gewaltige, reich ausgestattete Kurgane errichteten im 6. bis 3. Jahrhundert v. Chr. die → Skythen. Beispiele: Kurgane von Kostromskaja, Kul Oba, Kelermes, Pazyryk.

Kurie (lat. *curia* = Hof), schon in der Königszeit Teil der römischen Bürgerschaft (30 Kurien), dann deren Versammlungsgebäude, später der Sitz des Senats.

Kuros (griech. *koros* = Jüngling), Statue eines nackten Jünglings der griechisch-archaischen Epoche, in der Haltung ägyptischen Statuen entsprechend. Früher fälschlicherweise als *Apoll* bezeichnet, obwohl nur wenige Kuroi den Gott darstellen. Vgl. → Kore.

Kurvatur, leichte, zur Mitte hin laufende Krümmung der Senkrechten an griechischen Tempeln. Die Säulen sind nach innen geneigt. Durch diese bautechnische Raffinesse sollte der dorische Tempel leichter und höher erscheinen. Beim Parthenon auf der Akropolis von Athen z. B. beträgt die Kurvatur an den Fassaden 6cm, an den Längsseiten 11cm.

Kyathos, griechischer Schöpfbecher aus Ton oder Metall mit hochgezogenem Schlaufenhenkel, zum Schöpfen des Weins aus dem Krater. Sehr verbreitet im 6. Jahrh. v. Chr.

kykladisch, bronzezeitliche Kulturepoche der ägäischen Inselwelt (etwa 2600–1100 v. Chr.). Am eigenständigsten und fruchtbarsten war die frühkykladische Zeit (etwa 2600–1800 v. Chr.). Charakteristisch für diese Kulturphase waren u. a. die Kykladen-Idole (weibliche Marmorstatuetten in knapper, schematisierter Form) und die Kykladenpfannen (scheibenförmige Kultgeräte). Die mittel- und spätkykladische Phase war von kretischen und festländischen Einflüssen geprägt.

Kyklopenmauer, Zyklopenmauer, vor- und frühgeschichtliche Festungs- und Stadtmauer aus roh behauenen, gewaltigen Steinblöcken unregelmäßigen Umrisses. Die Mauer wurde in Schalenbauweise errichtet; kleinere Steine und Lehm füllten die Zwischenräume. Da die Blöcke oft 10 Tonnen und mehr wogen, schrieben die Griechen den Bau solcher Mauern den Kyklopen zu, den einäugigen Riesen der griechischen Sage. Da die Größe der Steine die Wirksamkeit der Mauer kaum erhöht, sieht man heute im Bau von Kyklopenmauern ein gewisses Imponiergehabe jener Epochen. Beispiel: die Mauern von Mykene, Tiryns und Troja, die Pelasgische Mauer auf der Athener Akropolis, die Akropolismauer von Baalbek mit 800 (!) Tonnen schweren → Monolithen.

Kylix, altgriechische flache Trinkschale mit zwei horizontal angeordneten Henkeln und niedrigem, später hohem Fuß. Die Kylikes spielten vom 7. bis 4. Jahrh. v. Chr. bei Weingelagen eine große Rolle. Abbildung → Vasen.

Kymation, Zierleiste aus stilisierten Blattformen am Gesims des griechischen Tempels. Das dorische Kymation war besonders streng gehalten, das ionische Kymation bestand aus aneinandergereihten eiförmigen und spitzen Gebilden (sog. Eierstab), das lesbische Kymation setzte sich aus herzförmigen Blättern und senkrechten Stäben zusammen.

Labyrinth (aus vorgriech. *labrys* = Doppelaxt), nach der griechischen Sage die Behausung des Minotauros, eines Ungeheuers mit Menschenleib und Stierkopf. Daidalos (Dädalus) soll das unübersichtliche Bauwerk für König Minos von Knossos (Kreta) erbaut haben. Die Sage entstand vermutlich, als die einwandernden Griechen den riesigen Palast des Königs Minos mit Darstellungen der Doppelaxt kennenlernten. Die Bezeichnung ging dann auch auf andere Bauwerke mit ähnlich verwirrender Gliederung über, z. B. solche auf Lemnos und Samos. Auch dem 250 mal 150 m großen Totentempel des ägyptischen Königs Amenemhet III. (1844–1797 v. Chr.) bei Hawara / Al Fayum mit angeblich 3000 Räumen gaben die Griechen den Namen Labyrinth.

Laconicum, das Trockenschwitzbad der römischen → Thermen. Die Bezeichnung übernahmen die Römer vermutlich von den saunaartigen Heißluftbädern Lakoniens, des Kernlandes von Sparta. Vgl. → Sudatio (Dampfschwitzbad).

Lagiden, → Ptolemäer.

Laibung, Leibung, die innere Fläche der Maueröffnung bei Türen, Toren, Fenstern, Bogen. *Laibungsskulpturen* sind an diese Flächen angelehnte oder in ihrer Nähe befindliche Plastiken, z. B. von Schutzgottheiten an Tempel- und Palasttoren.

Lamassu, ursprünglich akkadische Schutzdämonin, in neuassyrischer Zeit (9. und 8. Jahrh. v. Chr.) geflügeltes Mischwesen (geflügelter menschenhäuptiger Löwe oder Stier), das paarweise als → Laibungsskulptur an Tempel- und Palasttoren aufgestellt wurde, um bösen Kräften den Eintritt zu verwehren.

Laibungsskulptur:

Gott am Königstor von Boğazköy (Hattušas)

Lararium, Hausaltar des römischen Wohnhauses, auch die häusliche Kapelle zur Verehrung der Laren, der etruskisch-römischen Schutzgötter. Die Laren waren Kinder der Nymphe Lara, der Jupiter wegen ihrer Geschwätzigkeit die Zunge nahm.

Latènezeit, auf die → Hallstattzeit folgende Epoche der europäischen Eisenzeit (Mitte 5. Jahrh. bis um Christi Geburt), benannt nach dem Schweizer Fundort La Tène am Neuenburger See. Die Latènezeit ist eine ausgeprägt keltische Kulturepoche. Die Vorliebe für Prunk und schwungvolle Verzierung ist charakteristisch für den keltischen Geschmack. Grundmotiv ist die → Palmette, die in Gestalt von Ranken, Spiralen und Dreiwirbeln auf Waffen und Schmuck erscheint. Griechische, etruskische und auch skythische Einflüsse sind unverkennbar.

Lebes (griech.: Kessel), Gefäß zum Mischen von Wasser und Wein. – *Lebes Gamikos* (Hochzeitskessel), bauchiges Gefäß auf hohem Fuß mit senkrecht aufragenden Schulterhenkeln, meist dekoriert mit Hochzeitsdarstellungen. Abbildung → Vasen.

Lekanis, altgriechisches Deckelgefäß in Form einer flachen Büchse. Vermutlich diente sie zur Aufbewahrung von Salben, Cremes oder auch Gewürzen. Abbildung →Vasen.

Lekythos, altgriechischer Henkelkrug von hoher zylindrischer oder kugeliger Form. Der schlanke Hals endet in einer trichterförmigen Mündung; zu ihm führt der Schulterhenkel empor. Der Fuß ist abgesetzt. Der Lekythos diente zur Aufbewahrung von Salböl. Die weißgrundigen Lekythen (Lekythoi) waren ausschließlich dem Totenkult vorbehalten. Im späten 5. Jahrh. v. Chr. kamen monumentale Marmorlekythen als Grabsteine auf. Abbildung → Vasen.

Lesche (griech.: Gespräch), altgriechisches Versammlungs- und Gesellschaftshaus (nur für Männer) am städtischen Markt oder in Heiligtümern. Berühmt war die Lesche der Knidier in Delphi mit Gemälden des Polygnot (5. Jahrh. v. Chr.). Vgl. →Oikos.

Libation, römisches Trankopfer, meist aus Wein oder Milch, oft in Verbindung mit anderen Opfergaben (z. B. Weihrauch) dargebracht. Libation bezeichnet auch den auf Reliefs und in der Glyptik häufig dargestellten Ritus, in dem ein Adorant (Anbetender, wie König, Priester oder einfacher Gläubiger) eine Pflanze begießt.

Ligurer, Volk unbekannter Herkunft, das im 1. Jahrtausend v. Chr. zwischen den Pyrenäen und der Poebene sowie auf Korsika siedelte, seit dem 6. Jahrh. v. Chr. von den Etruskern und im 4. Jahrh. v. Chr. von den Kelten in die Berge zurückgedrängt wurde. Zwischen 187 und 25 v. Chr. gelang den Römern die endgültige Unterwerfung aller ligurischen Volksstämme.

Linearschrift, Bilderschrift, deren Bilder mit einfachen Strichen wiedergegeben wurden, so daß das ursprüngliche Bild oft nicht mehr erkennbar ist. Linearschriften waren die bronzezeitlichen Schriftsysteme der Minoer und Mykener auf Kreta und in Griechenland. Es waren Silbenschriften, deren Zeichen mit spitzem Griffel in Tontafeln eingeritzt wurden. Die *Linear A* war in mittel- und spätminoischer Zeit (etwa 2000–1400 v. Chr.) vor allem auf Kreta in Gebrauch. Sie ging aus der kretischen Bilderschrift hervor. Vermutlich ist sie in einer vorindogermanischen Sprache abgefaßt; sie konnte bisher noch nicht entziffert werden. Die *Linear B* ist in spätminoisch-mykenischer Zeit zwischen 1500 und 1100 v. Chr. auf Kreta und dem griechischen Festland bezeugt. 1952 gelang dem Engländer M. Ventris die Entzifferung dieser Schrift, die einen frühgriechischen Dialekt wiedergibt.

Lisene, senkrechter Mauerstreifen zur Gliederung der Wand, einem → Pilaster vergleichbar, aber ohne → Basis und → Kapitell.

Lituus, der Krummstab der römischen Auguren, jener Priester, die bei wichtigen Staatshandlungen den Willen der Götter zu erforschen hatten. Auch Bezeichnung für den Krummstab der hethitischen Götter und Großkönige.

Luterion, altgriechisches Waschbecken, groß, flach, auf hoher Mittelstütze, oft aus Marmor. Zum Waschen der Füße benutzte man ein → Podanipter.

Lutron, der Waschraum des → Gymnasion.

Lutrophoros, Lutrophore, amphoraähnliches altgriechisches Gefäß, mit dem Wasser aus einer heiligen Quelle für das Hochzeitsbad geholt wurde. Die Form des zwei- oder dreihenkeligen Gefäßes ist schlank; Bauch und Hals sind gleich hoch. Seit dem 5. Jahrh. v. Chr. wurden monumentale, marmorne Lutrophoren auf das Grab eines jungen, unvermählt Verstorbenen gestellt. Die Gefäße sind daher mit Darstellungen der Hochzeit oder der Totenklage versehen. Abbildung → Vasen.

Lyder Lydier, vermutlich indogermanischer Volksstamm in Westkleinasien, möglicherweise schon in vorgriechischer Zeit bedeutend. Die Hauptstadt Sardes könnte schon im 9. Jahrh. v. Chr. bestanden haben. Unter seinem Herrscher Gyges kam Lydien zu hoher wirtschaftlicher Blüte. Ihre größte Machtentfaltung erlebten die Lyder unter ihrem König Kroisos (Krösus). Der Zusammenstoß mit Persien endete mit dem Untergang des Lyderreiches: 546 v. Chr. wurde Kroisos von Kyros II. gefangengenommen.

Lyker, Lykier, indogermanischer Volksstamm, der vermutlich von den Hethitern abstammt. Die Lyker siedelten an der Südküste Westklein-

Mäanderband:

1 Hakenmäander 2 konzentrischer Mäander 3 »Laufender Hund«

asiens und besaßen eine eigene Sprache und Schrift. Die lykische Kunst war stark von ionischen Einflüssen geprägt. Bemerkenswert sind die monumentalen Grabbauten.

Mäanderband, nach dem windungsreichen kleinasiatischen Fluß Maiandros (Mäander) benanntes Ornamentband, das aus einem einzigen gewundenen Band bzw. einer Linie besteht. Man unterscheidet den eigentlichen, rechtwinkligen Mäander (»Griechisches Band«) und den Spiralenmäander (»Laufender Hund«). Mäanderartige Muster waren schon im Jungpaläolithikum bekannt. Seine hohe Zeit hatte das Ornament in der geometrischen Epoche Griechenlands.

Macellum, Lebensmittelmarkt, Markthalle. Erhalten sind Macella u. a. in Pompeji, Puteoli, Leptis Magna, Ephesos und Perge.

Maenianum, Erker, Balkon des römischen Mietshauses, auch die Zuschauergalerie im römischen Theater und Amphitheater.

Mainaden, Mänaden, die ekstatischen Begleiterinnen des Gottes Dionysos.

Mammisi, das sog. Geburtshaus vor dem ägyptischen Haupttempel, die zum Tempel gewordene Geburtsstätte des Götterkindes (Rê, Horus, Ihi, Harsomtus). Im Mammisi fand die Zeremonie der Niederkunft der Muttergöttin (Neith, Hathor, Isis o. a.) statt. Den Begriff führte der französische Ägyptologe Jean François Champollion ein.

Mansio, Herberge, Gästehaus römischer Militärlager.

Mastaba (arab.: Bank), Tafelgrab, moderne Bezeichnung für die kastenförmigen privaten Grabbauten des Alten Reiches von Ägypten. Die Mastaba enthält die Kulträume und die Kammern für die Grabbeigaben. Die Grabkammer liegt unter der Mastaba. Bedeutende Mastabas befinden sich z. B. in Sakkara.

Mustos, griechisches Trinkgefäß in der Form einer weiblichen Brust, meist mit einem Henkel versehen. Abbildung → Vasen.

Mausoleum (Maussolleion), Grabmal des Königs Mausolos (Maussollos), persischer Satrap von Karien (377–353 v. Chr.), eines der Sieben Weltwunder, in Halikarnassos (Südwesttürkei) gelegen. Danach Bezeichnung für alle monumentalen Grabbauten.

Medaillon, moderne Bezeichnung für große, künstlerisch wertvolle Münzen der römischen Kaiserzeit, die meist als Ehrengabe überreicht wurden.

Megalithen (griech. *mega* = groß, *lithos* = Stein), große Steinblöcke, die bei vorgeschichtlichen Kultanlagen und Bauten verwendet wurden. Danach Bezeichnung für die west- und nordeuropäischen Kulturen des 3. Jahrtausends v. Chr. (Megalith-Kulturen).

Megaron (griech. Halle), griechischer Haustyp, der aus einem Hauptraum mit überdachtem Vorraum besteht. Danach der Thronsaal der mykenischen Paläste. Aus dem Megaron entwickelten sich die ersten griechischen Kultbauten. Bedeutende Beispiele in Mykene, Tiryns, Pylos, Troja.

Menhir (kelt.: langer Stein), vorgeschichtliches Denkmal in Form eines unbehauenen, aufrecht stehenden Steines, bis 20 m hoch. Die meisten Menhire stammen aus dem späten → Neolithikum (Jungsteinzeit).

Meniskos (griech.: Möndchen), Bezeichnung für die sichelförmige, dreizackartige oder stiftförmige Vorrichtung über den Köpfen antiker Statuen. Die Bedeutung ist umstritten; nach Aristophanes soll der Meniskos verhindern, daß sich Vögel auf den Köpfen der Statuen niederlassen und diese beschmutzen.

Mesolithikum, Mittelsteinzeit, Übergangsperiode zwischen dem → Paläolithikum (Altsteinzeit) und dem → Neolithikum (Jungsteinzeit). Abgrenzung zum Paläolithikum nicht immer eindeutig.

Metope, Bauglied des griechischen Tempels zwischen den → Triglyphen, meist quadratische Platte aus Terrakotta oder Stein, bemalt und/oder reliefiert (Teil des Gebälkfrieses). Die Metopen sollen die Zwischenräume der Deckenbalken schließen, um keinen Regen auf die Holzkonstruktion des Gebälks gelangen zu lassen. → Tempel.

Metroon, Tempel der Großen Mutter (Kybele, Rhea), z. B. in Athen (Agora) und in Olympia.

minoisch, vorgriechische Kultur Kretas, benannt nach dem sagenhaften König Minos. Die minoische Kultur gliedert sich in folgende Perioden: *frühminoisch* (FM I–III), etwa 2700–2000 v. Chr., Vorpalastzeit mit Handelsverbindungen nach Griechenland, Kleinasien und Ägypten; *mittelminoisch* (MM I–III), etwa 2000–1600 v. Chr., Zeit der älteren Paläste, hochstehende Kulturen und Technik; *spätminoisch* (SM I–III), etwa

1600–1200 v. Chr., Zeit der jüngeren Paläste. SM III (etwa 1400–1200 v. Chr.) ist identisch mit der → mykenischen Kultur.

Mithräum, Heiligtum des aus Persien stammenden Gottes Mithras, des Erlösergottes, seit dem 1. Jahrh. n. Chr. von den römischen Soldaten bevorzugte Gottheit. Das Heiligtum befand sich meist unterirdisch in Grotten und Gewölben, aber auch in Wohnhäusern und Thermen. Der Mithras-Kult war eine Mysterienreligion.

Model, Hohlform aus Holz oder Terrakotta, um Reliefarbeiten serienmäßig herzustellen. Model wurden in Mesopotamien seit dem Ende des 3. Jahrtausends verwendet.

Monolith, aus einem einzigen Block gemeißeltes Bauglied, z. B. Säule, Pfeiler, Gebälk, Obelisk. Auch → Menhire sind Monolithe.

Monopteros, Schirmdach auf Säulen als Wetterschutz für Altäre, Kultmale und Heroengräber, z. B. das Philippeion in Olympia.

Mosaik, aus Stein-, Terrakotta- oder Glasstücken zusammengesetzes Bild oder Ornament, meist zur Ausschmückung von Fußböden, Wänden und Gewölbedecken. Die ältesten Mosaiken stammen aus dem 4. Jahrtausend: Tonstiftmosaiken in Uruk. Das berühmteste Mosaik ist wohl das Alexander-Mosaik aus Pompeji (um 100 v. Chr.).

Mumie (aus pers. *mum* = Wachs), durch natürliche oder künstliche Austrocknung vor Verwesung geschützte menschliche oder tierische Leiche. In Ägypten wurden Leichen seit Beginn des 3. Jahrtausends mumifiziert, um der Seele des Verstorbenen ein Weiterleben zu ermöglichen. Die Eingeweide kamen in → Kanopen, das Herz blieb im Körper. Der Körper wurde siebzig Tage lang mit Natronsalz und anderen Chemikalien entwässert, danach gewaschen und eingeölt. Die Körperhöhlen wurden mit Harz oder mit harzgetränkten Leinenkissen gefüllt. Der Körper wurde mit langen Tuchstreifen eng umwickelt. Tiermumien stammen hauptsächlich von Affen, Katzen, Raubvögeln, Fischen, Reptilien. Die Sitte des Mumifizierens hielt sich in Ägypten bis ins 4. Jahrh. n. Chr.

Mumienporträt (Mumienbildnis), gemalte Darstellung des Verstorbenen, die das Gesicht der Mumie bedeckte. Dieser Brauch war von 30 v. Chr. bis zur zweiten Hälfte des 4. Jahrh. in Ägypten verbreitet. Die Porträts wurden mit geschmolzenen Wachsfarben auf Holz oder mit Temperafarben auf Leinwand gemalt.

Munizipium, selbständige Stadtgemeinde im Römischen Reich mit eigener Gesetzgebung. Nach 338 v. Chr. wurde zwischen Munizipien mit und ohne Stimmrecht unterschieden. Seit 212 n. Chr. war jede Stadtgemeinde außer Rom Munizipium.

Mutulus, Bauteil des dorischen Tempels, flache, rechteckige Platte unter dem vorspringenden Kranzgesims (→ Geison). Die Mutuli sind durch schmale Abstände voneinander getrennt. An ihrer Unterseite hängen meist drei Reihen von je sechs zylindrischen, nagelkopfartigen Stiften (→Guttae). → Tempel.

mykenisch, nach der Stadt Mykene (Griechenland) benannte Kulturepoche: etwa 1580–1150 v. Chr. Ihre Glanzzeit erlebte die mykenische Kultur im 13. und 12. Jahrh. v. Chr.

Naiskos, winziger Tempel, als Altar oder Schrein verwendet, z. B. der Naiskos im Apollon-Tempel von Didyma.

Naos (griech. Tempel, von *naio* = ich wohne), griechische Bezeichnung für → Cella.

Natatio, Bezeichnung für das Schwimmbecken in der → Palästra und in den → Thermen.

Nekropole, große Begräbnisanlage des Altertums.

Neolithikum, Jungsteinzeit, wichtigster Abschnitt der Vorgeschichte. Im Neolithikum entwickelte sich der Sammler und Jäger zum Ackerbauer und Viehzüchter. Die Keramik wurde erfunden. Polierte Steinwerkzeuge wurden hergestellt (die Verarbeitung von Metall war noch weitgehend unbekannt.). Erste städtische Siedlungen entstanden (Çatal Hüyük, Jericho). Der Handel weitete sich aus.

Niello (ital. von lat. *nigellus* = schwärzlich), Technik der Goldschmiedekunst. Die eingeritzte Zeichnung auf Gold- oder Silbergefäßen wird mit einer Legierung aus Silber, Blei, Kupfer, Schwefel und Salmiak ausgefüllt, erhitzt, geschliffen und poliert, so daß sich die dunkle Zeichnung wirkungsvoll von der hellglänzenden Metallfläche abhebt. Die Niello-Technik (Opus Nigellum) war schon in der Antike bekannt.

Nuraghen, Nuragen, turmartige Rundbauten aus großen, unbehauenen Steinblöcken auf Sardinien. Die rund 7000 Nuraghen entstanden zwischen 1500 und 500 v. Chr., zum Teil noch später. Ihre Bedeutung ist noch immer umstritten; sie könnten Sippenfestungen, Grabbauten, auch Kultstätten gewesen sein. Typisch für die Nuraghen sind ihre hohen Kraggewölbe. – Ähnliche Bauten sind die Talayots der Balearen, die Torre Korsikas und die Trulli Süditaliens (Apulien).

Nymphäum, Nymphaion, prunkvolle Brunnenanlage der römischen Kaiserzeit im Stil der großen Bühnenfassaden, in Villen, Palästen und an öffentlichen Straßen.

Obeid-Kultur, → Ubaid-Kultur.

Obelisk (griech.: Bratspießchen), hoher, schmaler, vierkantiger, nach oben verjüngter Steinpfeiler mit pyramidenförmiger Spitze, fast immer ein Monolith. Ursprünglich diente der Obelisk in Ägypten als Kultsymbol des Sonnengottes (seit der 5. Dynastie, etwa 2450 v. Chr.). Die meisten und größten Obelisken entstanden während der 18. und 19. Dynastie (16.–13. Jahrh. v. Chr.); sie wurden überwiegend paarweise vor der Tempelfassade aufgestellt. – Auch die Babylonier (seit 2300 v. Chr.) und die Assyrer (11.–9. Jahrh. v. Chr.) errichteten Obelisken.

Obsidian, vulkanisches Glas, schwarz, dunkelgrau bis dunkelbraun; für Klingen, Schaber, Pfeilspitzen usw., dem Feuerstein überlegen. Wichtiger Werkstoff des → Neolithikums (Jungsteinzeit). Vorkommen auf Melos (Ägäis), Pantelleria, Lipari, Ischia, Sardinien, in Mittel- und Ostanatolien und in der Ostslowakei. – Die Römer nannten das Glas nach seinem Wiederentdecker Obsius *obsianus,* woraus später das Wort »Obsidian« entstand.

Odeion, Odeum, Gebäude für musikalische und deklamatorische Aufführungen. Das größte griechische Odeion wurde um 443 v. Chr. unter Perikles in Athen erbaut. Das älteste römische Odeum entstand um 80 v. Chr. in Pompeji. Das Odeion des Herodes Atticus in Athen (160–174 n. Chr.) bot 5000 Zuhörern Platz.

Oecus (lat. von griech. *oikos* = Haus), meist am Garten gelegener Nebenraum des römischen Wohnhauses, der oft auch als → Triclinium (Speisezimmer) diente.

Oikos (griech.: Haus), Hauptraum des griechischen Wohnhauses, auch Versammlungsbau einer Kultgemeinschaft.

Oinochoë, kleine, einhenkelige altgriechische Weinkanne. Abbildung → Vasen.

Oktogon, ein Bauwerk über achteckigem Grundriß.

Oktostylon, Oktostylos, Tempel mit je acht Säulen an den Schmalseiten, z. B. der Parthenon in Athen.

Olpe, einhenkelige altgriechische Weinkanne mit runder Mündung. Abbildung → Vasen.

Olympieion, Tempel des olympischen Zeus. Am bekanntesten ist das Olympieion in Athen (6. Jahrh. v. Chr., Neubau im 2. Jahrh. v. Chr., vollendet im 2. Jahrh. n. Chr.) und das Olympieion in Agrigent (5. Jahrh. v. Chr.).

Omphalosschale (griech. *omphalos* = Nabel), Buckelschale, Schale mit aufgewölbter Bodenmitte, in die die Finger zum besseren Halt von unten eingreifen konnten. Abbildung → Vasen.

Opaion, Lichtöffnung im Dach des Tempels.

Opisthodomos, Opisthodom, hintere Halle des antiken Tempels im Gegensatz zur Vorhalle (→ Pronaos). Der Opisthodomos stellt die Symmetrie des Bauwerks her und wurde durch die meist türlose Rückwand der Cella, durch die → Anten und eine Säulenstellung begrenzt.

Oppidum (lat.: Verschanzung, Befestigung), stadtähnliche Siedlung in den römischen Provinzen, die weder → Colonia noch → Munizipium war. Seit Caesar wurde der Begriff für die Hauptorte der keltischen Stammesgebiete des 2. und 1. Jahrh. v. Chr. verwendet. Bedeutende Oppida waren z. B. Alesia, Magdalensberg, Manching.

Optanion, Küche des griechischen Wohnhauses.

Orchestra, ursprünglich der kultische Tanzplatz vor dem Tempel des Dionysos. In klassischer Zeit wurde die runde bis ovale Spielfläche zwischen dem Bühnenhaus (→ Skene) und dem Zuschauerraum (→ Theatron) als Orchestra bezeichnet. Seit Euripides bildete die Orchestra nur noch einen Halbkreis, die Spielfläche verlagerte sich zum → Proskenion. Im hellenistischen und römischen Theater verlor die Orchestra immer mehr an Bedeutung, bis sie schließlich zur Sitzfläche für bevorzugte Zuschauer (Magistrat) wurde.

Orthostaten, hochkant stehende Steinquader oder -platten im Sockel monumentaler Bauten. Sie dienten zum Schutz der Mauern und oft zugleich auch zu deren Schmuck, z. B. die Reliefplatten an den Wänden assyrischer Paläste (Orthostatenreliefs).

Ossuarium, Gefäß zur Aufbewahrung der Gebeine Verstorbener (Zweitbestattung). Oft hatten die Ossuarien die Form eines Wohnhauses. Sie bestehen meist aus Holz, Terrakotta oder Kalkstein. Die ältesten Ossuarien stammen aus dem 4. Jahrtausend.

Ostium (lat.: Mündung), Verbindungstür zwischen Flur und → Atrium des römischen Wohnhauses.

Ostraka, Keramikscherben, die im Altertum als billiges Schreibmaterial statt des teuren → Papyrus verwendet wurden. In Athen dienten Ostraka auch als Stimmzettel.

Paläolithikum, Altsteinzeit, Abschnitt der Vorgeschichte, die dem → Neolithikum (Jungsteinzeit) vorausging. Das Paläolithikum begann mit der Herstellung erster → Artefakte vor mehr als 2 Millionen Jahren und dauerte bis zum endgültigen Rückgang des Eises um 8300. Man unterscheidet drei Teilabschnitte: eine niedere, eine mittlere (Neandertaler) und eine höhere (Homo sapiens) Stufe.

Palästra, die Ringerschule im antiken Griechenland, Teil des → Gymnasion, ein mit Sand bedecktes, rechteckiges, oft von Säulenhallen umgebenes Feld. Die römische Palästra war eine selbständige Sportanlage, später auch den Thermen angegliedert.

Palmetten, Ornament aus fächerförmig angeordneten Palmblättern in der griechisch-römischen Antike.

Pankration, Kombination aus Ring- und Faustkampf, bei der alle Mittel, den Gegner kampfunfähig zu machen, erlaubt waren. Seit 648 v. Chr. war das Pankration in Olympia sportliche Disziplin.

Pantheon, Heiligtum (Kultbau) für die Gesamtheit aller Götter einer Religion, vor allem in hellenistischer, aber auch in römischer Zeit. Das berühmteste Pantheon wurde zwischen 118 und 128 n. Chr. in Rom erbaut (Vorgängerbau um 25 v. Chr. geweiht).

Papyrus, antikes Schreibmaterial aus den Stengeln einer Schilfart. Der Papyrus (= das (Monopol) des Pharaos) wurde um 3000 v. Chr. in Ägypten erfunden und erst seit dem 1. Jahrh. n. Chr. vom Pergament verdrängt. Das deutsche Wort »Papier« geht auf das ägyptische »Papyrus« zurück.

Paraskene, die vorgezogenen Seitenbauten des Bühnenhauses beim antiken → Theater.

Parodos, der zur Orchestra führende Korridor des griechischen → Theaters. Danach auch der Gesang des Chors bei seinem Einzug in die Orchestra.

Pastillage (frz.), Schmucktechnik: reliefartiges Aufsetzen von Tonplättchen und Tonkügelchen auf Keramik oder Terrakotta-Figuren.

Pektorale, Brustschmuck aus wertvollem Metall, meist kunstvoll verziert. In Ägypten und in Assyrien sehr bliebt.

Pelasger, vorindogermanische Bevölkerung der Ägäis.

Pelike (griech. *pelos* = Ton, Lehm), zweihenkeliges Vorratsgefäß, bauchig gedrungen, auf breitem Fuß, mit breitrandiger Mündung (6.–4. Jahrh. v. Chr.). Abbildung → Vasen.

Pendentif, konstruktiver Übergang von einem quadratischen oder polygonalen Unterbau zur Kuppel.

Peplos, ärmelloses, langes Frauengewand aus schwerem Wollstoff, bestehend aus einem rechteckigen Tuch, das auf der Schulter zusammengeheftet wurde (5. Jahrh. v. Chr.).

Peribolos, der den antiken Tempel umgebende heilige Bezirk, umfriedeter Tempelhof.

Peripathien, Wandelgänge des griechischen Hauses.

Peripteros, Peripteraltempel, Ringhallentempel, rings von einer einfachen Säulenstellung umgebener antiker Tempel. Vorherrschende Form des griechischen Tempels. Beispiel: Zeus-Tempel in Olympia. – Allgemein jeder Bau, der von einer einfachen Säulenstellung umgeben ist, z. B. Peripteros-Oberbau des Mausoleion in Halikarnassos. → Tempel.

Peristase, Peristasis, der säulenbestandene Umgang rings um die → Cella des antiken →Tempels. Die Peristase trägt über einem horizontalen Gebälk das Tempeldach.

Peristyl, Säulenumgang, Säulenhof. Seit dem 4. Jahrh. v. Chr. die einen Platz (z. B. → Agora) oder einen Hof (z. B. → Palästra) umgebende Säulenhalle, seit hellenistischer Zeit auch der Säulenhof des Wohnhauses und Palastes.

Phiale, flache Schale ohne Fuß und Henkel. Opferschale, meist aus Bronze, aber auch aus Edelmetall und Keramik. Vgl. → Omphalosschale.

Philister, nichtsemitisches Volk westlicher Herkunft, eines der sog. → Seevölker, das nach 1200 v. Chr. durch Palästina bis Ägypten vordrang, um 1177 v. Chr. aber von den Ägyptern in die palästinensische Küstenebene zurückgedrängt wurde und dort einen Fünfstädtebund gründete (Gaza, Asdod, Askalon, Gath und Ekron). Sein Druck auf die Israeliten führte zur israelitischen Staatsgründung. Der Name »Palästina« geht auf die Philister zurück.

Phlyakenvasen, Vasen mit Darstellung von Phlyaken, Possenspielern der dorischen Kolonien Siziliens und Unteritaliens.

Phöniker, Phönizier, semitisches Volk von Seefahrern und Kaufleuten, Bewohner der Küstenebenen Libanons und Syriens, identisch mit den Kanaanäern. Im 3. Jahrtausend unter ägyptischer Oberhoheit. Nach 1200 v. Chr. unabhängige Stadtstaaten: Byblos, Sidon, Tyros usw. Um 1200 v. Chr. erfanden die Phöniker die Buchstabenschrift, aus der sich unser Alphabet entwickelte. Seit 1100 v. Chr. Gründung von Handelsniederlassungen und Kolonien im Mittelmeerraum: Kition auf Zypern, Palermo auf Sizilien, Malta, Cadiz in Südspanien, Utica und Karthago in Nordafrika. Seit dem 8./7. Jahrh. v. Chr. unter assyrischer, seit 538 v. Chr. unter persischer Herrschaft.

Phryger, indogermanisches Volk, das im 12. Jahrh. v. Chr. in Kleinasien eindrang und vermutlich das homerische Troja vernichtete sowie am Untergang des Hethiterreiches beteiligt war. Im 8. Jahrh. v. Chr. schufen die Phryger eine Großreich mit der Hauptstadt Gordion. Im 7. Jahrh. v. Chr. zertrümmerten die → Kimmerer das Reich, das danach von den → Lydern annektiert wurde.

Piktographie, Bilderschrift, Vorstufe der Keilschrift. Dargestellt wurden konkrete Gegenstände oder Symbole mit Mengenangaben. Die Piktographie entstand in Sumer; die Tontafeln aus Uruk (Ende des 4. Jahrtausends) zählen zu den ältesten Schriftdenkmälern.

Pilaster (lat. *pila* = Pfeiler), Wandpfeiler, oft wie eine Säule gegliedert, zur Versteifung und zum Schmuck der Wände sowie zur Rahmung von Fenstern und Türen.

Pinakothek, Sammlung von Weihgeschenktafeln in den Propyläen von Athen und im Hera-Tempel von Samos. In römischer Zeit: Raum für die Aufbewahrung von Tafelbildern.

Pinax, Holz-, Ton-, Bronze- oder Steintafel, die bemalt als Weihgeschenk im Tempel aufgestellt wurde oder beschriftet als Verzeichnis (z. B. Siegerliste, Bücherkatalog) diente.

Piscina (lat. *piscis* = Fisch), ursprünglich das künstliche Fischbecken in römischen Gärten, später auch das Schwimmbecken. Vgl. → Natatio.

Pithos, bis 2 m großes, unten spitz zulaufendes Vorratsgefäß aus Ton für die Lagerung von Öl, Getreide usw. Henkelösen für die Befestigung von Seilen erleichterten den Warenumschlag. Pithoi wurden auch zur Totenbestattung verwendet.

Plemochoë, Trink- und Opfergefäß, fälschlich auch Parfüm- und Salbgefäß, mit hohem Fuß und nach innen gebogenem Mündungsrand. Spätes 7. bis 4. Jahrh. v. Chr. Abbildung → Vasen.

Plinthe, quadratische oder rechteckige Sockelplatte unter der → Basis von Säulen, Pfeilern und Statuen.

Podanipter, niedriges, dreibeiniges Metallbecken (meist aus Bronze) zum Waschen der Füße. Vgl. → Luterion.

Podiumtempel, italisch-römischer Tempeltypus. Während die griechischen Tempel auf einem dreistufigen Unterbau (→ Stylobat) ruhen, erhebt sich der italisch-römische → Tempel auf einem hohen Podium. Eine Freitreppe, oft mit Altar, führt an der Frontseite zum Tempel empor. Die Vorhalle ist weit und tief, eine Halle an der Rückseite fehlt. Beispiel: Maison Carrée in Nîmes.

Polos, hohe, zylindrische Kopfbedeckung, die von Göttinnen und ihren Priesterinnen getragen wurde. Die Aufsätze auf den Köpfen der → Karyatiden nennt man Polos, aber auch → Kalathos.

Polygonalmauer, Mauer aus Natursteinen, die nicht rechtwinklig behauen sind.

Poros, weicher, leicht bröckelnder Kalkstein (Kalktuff), der leicht zu bearbeiten ist und in spätarchaischer und frühklassischer Zeit als Bau- und Statuenmaterial diente. Er wurde hauptsächlich bei Korinth und Sikyon abgebaut. Bedeutende Porosbauten: Apollon-Tempel in Delphi, Zeus-Tempel in Olympia.

Portikus, Säulenhalle mit geschlossener Rückwand. Im Altertum wurden Portiken vorzugsweise in Heiligtümern, an Märkten, aber auch als selbständige Bauten errichtet.

Poterne, gemauerter Gang, der unter der Stadtmauer hindurch nach außen führt. Die Poterne diente der Offensivverteidigung und war seit Mitte des 2. Jahrtausends v. Chr. vor allem im Vorderen Orient weit verbreitet, z. B. in Assur, Ugarit, Boğazköy.

Praecinctio, Rundgang oder breite Stufenreihe zur Abgrenzung der Ränge im Theater.

Prätentura, der vordere, also der Grenzlinie zugewandte Teil des römischen Militärlagers mit den Mannschaftsbaracken.

Prätorium, das Wohnhaus des Kommandanten im Zentrum des römischen Militärlagers.

Principia, die Kommandantur des römischen Militärlagers mit Vorhalle, Versammlungshof, Fahnenheiligtum, Waffenkammern, Büros usw.

Prohedrie, Sitze für Ehrengäste mit bequemer Rückenlehne im antiken → Theater. Im griechischen Theater waren diese Sitze vor der Orchestra, im römischen Theater auf der Orchestra zu finden.

Pronaos, die Vorhalle der → Cella des antiken → Tempels, meist nach Osten geöffnet. Vgl. → Opisthodomos.

Propyläen, Propylon, monumentaler Torbau zu Heiligtümern, Palästen, Märkten, Gymnasien usw. Am berühmtesten sind die Propyläen der Akropolis von Athen (438–432 v. Chr.).

Proskenion, Proszenium, die Spielfläche im antiken → Theater vor dem Bühnenhaus (→ Skene).

Prostas, Vorhalle des frühgriechischen Tempels mit zwei Säulen zwischen den → Anten. Danach auch die Bezeichnung Prostas-Haus für ein entsprechendes Bauwerk.

Prostylos, auch Prostylos-Tempel, griechischer Tempeltypus mit offener Säulenvorhalle vor der Eingangsfront, ohne ringsum laufende Säulenstellung. Die Säulenvorhalle wird aus vier oder sechs, selten aus acht Säulen gebildet. → Amphiprostylos. →Tempel.

Prothesis, seit der → geometrischen Epoche weitverbreitetes Motiv auf Grabgefäßen: Aufbahrung des Toten mit trauernden Angehörigen, Klageweibern usw.

Prothyron, Eingangshalle des Wohnhauses.

protogeometrisch, → geometrischer Stil.

Protome, weit vorspringende, rundplastische Verzierung an Vasen, Metallgefäßen, Kesseln usw., meist Menschen- oder Tierköpfe bzw. -vorderteile. Protome von Löwen, Sphinxen und Mischwesen an Portalen usw. waren in der hethitischen Baukunst sehr beliebt. In Griechenland finden sich Protome seit dem späten 8. Jahrh. v. Chr. Weit verbreitet waren Kopfprotome aus Terrakotta als Weihgaben; sie sind hinten hohl und wurden meist aufgehängt.

Protoneolithikum, auch Präkeramikum oder Akeramikum genannt, eine Anfangsphase des → Neolithikums (Jungsteinzeit), in der die Töpferei noch nicht bekannt war. Im Mittelmeerraum etwa 9000–7000 v. Chr.

Prytaneion, Prytaneum, Amtsgebäude der obersten Beamten (Prytanen) einer Stadt. Das Prytaneion hatte den Charakter eines repräsentativen Wohnhauses mit → Peristylhof, dem heiligen Herd, Küche usw. Hier erhielten verdiente Bürger lebenslängliche Speisung. Beispiele finden sich in Athen (Agora), Argos, Priene, Magnesia, Olympia usw. Vgl. → Buleuterion.

Pseudodipteros, griechischer Tempeltypus, der in Gestalt und Abmessungen dem → Dipteros gleicht, dem jedoch die innere umlaufende Säulenreihe fehlt, um die Säulenhalle optisch zu erweitern. Beispiele: Artemis-

Tempel in Magnesia am Mäander, Artemis-Tempel in Sardes, Tempel der Venus und Roma in Rom. →Tempel.

Pseudoperipteros, ein in römischer Zeit bevorzugter Tempeltypus, bei dem die → Cella nach außen vorgezogen ist und von Halbsäulen oder → Pilastern umgeben ist. Nur die Frontseite weist noch einen → Pronaos (Vorhalle) mit Vollsäulen auf. Beispiel: Maison Carrée in Nîmes. → Tempel.

Psykter, altgriechisches Tongefäß zum Mischen und Kühlhalten von Wein, meist pilzförmig oder flachbauchig auf hohem, zylindrischem Fuß. Seit dem 6. Jahrh. v. Chr. Abbildung → Vasen.

Pteron, der gedeckte Umgang zwischen der → Cella und den Säulenreihen beim griechischen → Tempel.

Ptolemäer (Lagiden), hellenistische Dynastie (Diadochendynastie) in Ägypten, 323–30 v. Chr., begründet von Ptolemaios I. Soter, einem Freund und Feldherrn Alexanders des Großen, nach seinem Vater Lagos auch Lagiden genannt. Die bedeutendsten Herrscherpersönlichkeiten dieser Dynastie waren Ptolemaios I. und Kleopatra VII. Residenz der Ptolemäer war Alexandria.

Pylon, monumentale Toranlage der ägyptischen Tempelbezirke, bestehend aus zwei festungsartigen Türmen, die durch ein Tor miteinander verbunden sind. Vgl. → Propylon, → Tetrapylon, → Tripylon.

Pyramiden, monumentale ägyptische Grabanlagen. Die Pyramiden entwickelten sich aus den → Mastabas der ägyptischen Frühzeit. Die Stufenpyramide von Sakkara war eine Zwischenform, die an die mesopotami-

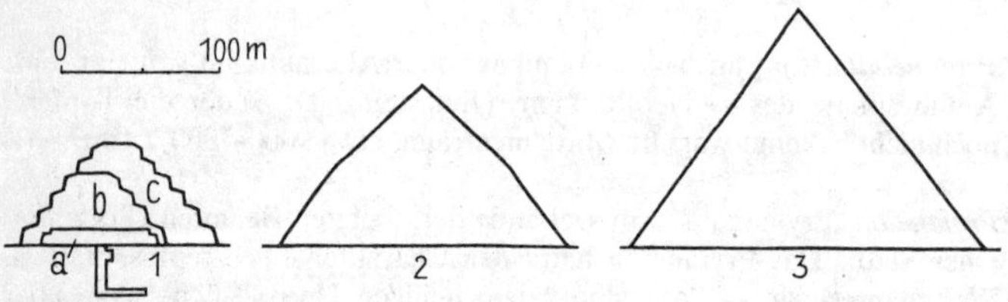

Pyramiden:

1 Stufenpyramide des Djoser in Sakkara (um 2775 v. Chr.) a Mastaba b Erweiterung zur vierstufigen Pyramide c Erweiterung zur sechsstufigen Pyramide 2 Knickpyramide des Snofru in Dahschur (um 2720 v. Chr.) 3 Pyramide des Cheops in Gise (um 2690 v. Chr.)

sche → Ziqqurrat erinnert. Die größten und bekanntesten Pyramiden wurden in Gise erbaut.

Pyriaterion, der Herdraum des Gymnasion.

Pyxis, kleine, runde oder rechteckige Dose mit Deckel zum Aufbewahren von Schmuck und Kosmetika. Besonders beliebt waren die Pyxiden im 5. Jahrh. v. Chr. Abbildung → Vasen.

Quadrifrons, vierfrontiges Bauwerk, z. B. ein → Tetrapylon, ein viertoriger Bau an Straßenkreuzungen. Bekannt ist der Quadrifrons des Septimius Severus in Leptis Magna (Libyen).

Quadriga, Viergespann, ein von vier nebeneinander laufenden Pferden gezogener, offener Streit-, Jagd-, Renn- oder Triumphwagen. Seit 680 v. Chr. war das Viergespannrennen in Olympia sportliche Disziplin.

Regula, Teil des dorischen Tempelgebälks unterhalb der → Triglyphen. An ihrer Unterseite sind die Regulae mit zylindrischen Stiften (→ Guttae) versehen. → Tempel.

Replik, Wiederholung eines Kunstwerks durch den Künstler selbst, im Unterschied zur Kopie, die nicht vom ursprünglichen Künstler stammt. – Unter einem *Replikat* versteht man heute die form- und formatgleiche, in Bemalung und Materialaussehen möglichst genau mit dem Original übereinstimmende Nachbildung eines Kunstwerks.

Rhyton, Trink- oder Spendegefäß, meist in Form eines Tieres oder Tierkopfes, aus Ton, Metall oder Stein. Mit dem Finger hielt man eine zweite Öffnung am unteren Ende des Rhyton geschlossen. Gab man die Öffnung frei, so floß der Wein in den Mund des Trinkenden oder in die Opferschale. Rhyta verwendeten u. a. die Minoer, Mykener, Griechen, Skythen, Perser und Etrusker. Abbildung → Vasen.

Risalit (ital. *risalto* = Vorsprung), Gebäudeteil, der in ganzer Höhe aus der Fluchtlinie einer Gebäudefront leicht vorspringt.

Rollsiegel, Siegelzylinder, kleiner, zylindrischer, meist der Länge nach durchbohrter Siegelstein, der zur Beurkundung auf weichem Ton als fortlaufendes Band abgerollt wurde und ein unverwechselbares → Siegel aus bildlicher Darstellung und oft auch kurzer Inschrift hinterließ. Das Rollsiegel ist eine Erfindung der Sumerer (Ende 4. Jahrtausend). Die Siegelzylinder aus Stein oder Halbedelstein waren 2–8 cm lang und hatten einen Durchmesser von 1–2 cm. Das Rollsiegel wurde am Bande oder an einer Kette getragen und auf Krugverschlüssen, Tonplomben und Urkunden abgerollt. Es wurde in Mesopotamien erst im 8. Jahrh. v. Chr. vom Stempelsiegel abgelöst. Da die Gestaltung der Rollsiegel von Jahrhundert zu

Jahrhundert wechselte, dienen die Siegel bzw. Siegelabdrücke hervorragend zur chronologischen Bestimmung der Siedlungsschichten.

Rosette, rosenförmiges Dekorglied, bei dem die stilisierten Blütenblätter der Rose in einem Kreis angeordnet sind. Eines der ältesten und verbreitetsten Ziermotive der Kunst.

rotfiguriger Stil, Stil der griechischen Vasenmalerei, von 530 bis etwa 300 v. Chr. in Athen vorherrschende Maltechnik, bei der der Bildgrund schwarz (Eisenoxidschwarz), die Figuren rot (Eisenoxidrot) erscheinen.

Sanktuar, Heiligtum, das Allerheiligste des → Tempels.

Sarkophag (griech. *sarkophagos* = Fleischfresser), Sarg aus Stein oder Terrakotta. Bei den Ägyptern bemalte oder reliefierte Steinsarkophage. In kretisch-mykenischer Zeit Terrakotta-Sarkophage in Truhenform. Die Griechen des 5. und 4. Jahrh. v. Chr. verwendeten architektonisch gestaltete Steinsarkophage (z. B. Alexander-Sarkophag). Bei den Etruskern Terrakotta-Sarkophage mit vollplastischer Darstellung des Verstorbenen. Römische Steinsarkophage erschienen erst seit dem 2. Jahrh. n. Chr.

Sassaniden, persische Dynastie, die 227 n. Chr. die Dynastie der Parther ablöste und bis zum 7. Jahrh. an der Macht blieb. Die Sassaniden leiteten sich von den → Achämeniden her und versuchten, das Großreich dieser Dynastie zu erneuern, wobei sie in Konflikt mit Rom und später mit Byzanz (Konstantinopel) gerieten.

Säulenordnungen, Stilformen der Säule. Die ägyptische Säule geht aus der ursprünglichen Zeltstange hervor, die mit Palmwedeln oder Blumen umwunden ist. Die Haupttypen: Zeltstangensäule, Palmensäule mit → Kapitell aus aufrecht stehenden Palmblättern, Papyrusbündelsäule mit Kapitell aus geschlossener oder offener Dolde, Lotosbündelsäule, Kompositsäule mit Kapitell aus mehreren Pflanzen, Hathorsäule mit Kapitell aus Kopfdarstellungen der Göttin. Die Kreter bevorzugten farbige Holzsäulen. Die Griechen kannten die → dorische und → ionische Säulenordnung. Die Römer wandelten die griechischen Traditionen ab: italisch-dorische (tuskische), italisch-ionische, seit Augustus die → korinthische Ordnung. Dazu tritt die römische Kompositsäule (→ Kompositkapitell).

Scenae frons, Szenafrons, die mehrstöckige, oft palastartig ausgestaltete Bühnenrückwand des römischen →Theaters. Vgl. → Skene.

Schedu, Bezeichnung der tierartigen → Laibungsskulpturen an den Toren der assyrischen Paläste und Tempel.

Scheingefäße, symbolische Grabbeigaben.

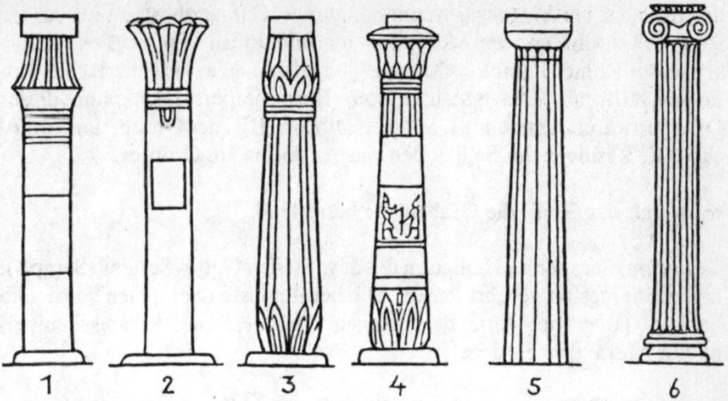

Säulenordnungen:

1 ägyptische Zeltstangensäule 2 ägyptische Palmensäule 3 ägyptische Papyrusbündelsäule (mit geschlossener Dolde) 4 ägyptische Papyrusbündelsäule (mit geöffneter Dolde) 5 dorische Säule 6 ionische Säule

Scheintür, in den Oberbauten ägyptischer Grabanlagen, durch die der Verstorbene treten konnte, um die davor niedergelegten Opfer entgegenzunehmen.

schwarzfiguriger Stil, Stil der griechischen Vasenmalerei, von Anfang des 7. Jahrh. bis etwa 530 v. Chr. in Athen und Korinth vorherrschende Maltechnik, bei der die Figuren silhouettenhaft schwarz (Eisenoxidschwarz) erscheinen. Die Zeichnung innerhalb der Figuren wurde eingeritzt.

Seevölker, Völkerwelle, die im 13. und 12. Jahrh. v. Chr. vermutlich aus dem Schwarzmeerraum den Balkan und die Ägäis überflutete, das Hethiterreich in Kleinasien zertrümmerte und durch Syrien bis nach Ägypten brandete. Hier wurden die Seevölker 1177 v. Chr. von Ramses III. zu Wasser und zu Lande besiegt und nach Palästina abgedrängt, wo sich die Seevölkergruppe der Philister niederließ. Zu den Seevölkern rechnet man u. a. die Schekelesch, Scherden (Schardin), Turscha (Turus, Etrusker), Danussa (Danaer), Akaiwascha (Akawa, → Achaier), Lukki (Lukku, → Lyker) und Pulsata (Peleset, → Philister).

Seleukiden, hellenistische Dynastie (Diadochendynastie) in Ägypten, 312–64 v. Chr., begründet von Seleukos I. Nikator, einem Feldherrn Alexanders des Großen. Um 280 v. Chr. umfaßte das Seleukidenreich fast ganz Kleinasien und den Vorderen Orient einschließlich Nordsyrien, Mesopotamien, Iran bis zum Indus. 190 v. Chr. verloren die Seleukiden nach der Schlacht bei Magnesia Kleinasien, 160 v. Chr. eroberten die Parther Iran, 129 v. Chr. gingen Mesopotamien und Judäa verloren, 64 v. Chr. setzte der Römer Pompejus Magnus den letzten Seleukidenherrscher Antiochos XIII. ab. Die bedeutendsten Herrscherpersönlichkeiten dieser Dynastie waren Antiochos I. Soter, Antiochos III., der Große, und Antiochos IV. Residenz der Seleukiden war Antiochia am Orontes.

sepulkral, das Grab, die Grabanlage betreffend.

Serapeion, Serapeum, Heiligtum des ägyptischen Gottes Serapis (Sarapis), der in Stiergestalt verehrt wurde. Die berühmtesten Serapeien wurden in Sakkara (Begräbnisstätte der heiligen Apisstiere und Serapis-Tempel) und in Alexandria entdeckt.

Serdab (arab), Raum im ägyptischen Totentempel, in dem die Grabstatue (Ka-Statue) des Verstorbenen stand, der von dort aus durch Schlitze oder Löcher die Opferzeremonien beobachten konnte.

Siegel (lat. *sigillum* = kleines Zeichen), zum Abdruck von vertieft geschnittenen Symbolen, Ornamenten und Schriftzeichen in Ton oder Wachs zur Beglaubigung einer Urkunde oder als Eigentumsvermerk auf den Verschlüssen von Amphoren usw. Man unterscheidet Stempelsiegel, Siegelringe und → Rollsiegel. Erste als Siegel verwendete Amulette stammen aus der → Tell-Halaf-Zeit (5. Jahrtausend). Von Sumer und Elam kam das Siegel nach Syrien, Kleinasien (Rundsiegel der hethitischen Großkönige) und nach Ägypten, wo der → Skarabäus als Siegel diente. Auf Kreta herrschten knopf-, prismen- und mandelförmige Stempelsiegel vor. Die Mykener verwendeten u. a. goldene Siegelringe. Der ägyptische Skarabäus wurde von den Griechen und Etruskern vielfältig abgewandelt. Daneben traten im griechisch-römischen Kulturraum alle Arten des Siegels in Erscheinung mit Ausnahme des Rollsiegels, besonders aber der Siegelring.

Sigillata, → Terra sigillata.

Sima, Regenrinne antiker Bauwerke, der oberste Teil des Gebälks. Die Sima war zuerst aus Ton, später aus Stein (z. B. Marmor) gearbeitet und oft reich verziert. → Tempel.

Sistrum, Rasselinstrument, das beim Schütteln einen metallischen Ton erzeugt. Das Sistrum war in Mesopotamien mindestens seit 2500 v. Chr. bekannt, später wurde es im ägyptischen Isiskult verwendet und verbreitete sich über den gesamten griechisch-römischen Kulturraum.

Situla, eimerförmiges Gefäß aus getriebenem Bronzeblech mit reichem figürlichem Schmuck. Situlenkunst der →Hallstatt- und → Latènezeit (7.–4. Jahrh. v. Chr.).

Skarabäus, altägyptische Nachbildung des heiligen Pillendrehers (Mistkäfers), der als Symbol der Sonne galt. Der Skarabäus wurde daher gern als Amulett getragen und seit dem Mittleren Reich auch als → Siegel verwendet, indem man seine Unterseite mit Schriften, Pseudoschriften, Ornamenten oder Symbolen versah. Als Material diente Fayence, Stein oder Halbedelstein. Im Neuen Reich kamen die großen Gedenk- und Herzskarabäen auf.

Skene (griech.: Zelt), die Bühnenwand des griechischen →Theaters, im weiteren Sinne das ganze aus Holz errichtete Bühnenhaus einschließlich der Schauspielergarderoben. Die Skene des Theaters von Epidauros war bereits dreistöckig. Vgl. → Scenae frons.

Skeuothek, Raum zur Aufbewahrung von Schiffsgeräten als Weihgaben in Heiligtümern, z. B. in Delphi.

Skyphos, becherartiges Trinkgefäß mit zwei meist horizontalen Henkeln. Seit dem 7. Jahrh. v. Chr. Abbildung → Vasen.

Skythen, iranisches Nomadenvolk, das im 8. Jahrh. v. Chr. die → Kimmerer aus den eurasischen Steppengebieten verdrängte. Seit dem 7. Jahrh. v. Chr. bestanden enge Berührungen mit den griechischen Kolonien an der Schwarzmeerküste. Im 6. Jahrh. v. Chr. drangen die Skythen bis zum Balkan vor. Um 300 v. Chr. wurden sie von den Sarmaten unterworfen. Einzigartige Tierdarstellungen in fließender Bewegung prägten die Kunst der Skythen, die auch unter griechischem Einfluß ihre Eigenständigkeit bewahrte und in der persischen und keltischen Kunst weiterlebte.

Solarium, ursprünglich Sonnenuhr, später jeder der Sonne ausgesetzte Platz des römischen Wohnhauses, insbesondere die Sonnenterrasse.

Sphairisterion, der Ballspielplatz des → Gymnasion, z. B. in Delphi.

Sphendone, der halbrunde Abschnitt der Sitzreihen im → Stadion, Teil des → Theatron.

Sphinx, Mischwesen in Gestalt eines ruhenden Löwen, meist mit Menschenkopf (Königsporträt), seltener mit Widderkopf. Der älteste bekannte Sphinx ist der große Sphinx von Gise mit dem Kopf des Königs Chephren (4. Dynastie). Königssphinxe wurden auch als Wächter an Tempeleingängen aufgestellt. In Syrien verwandelte sich der männliche Sphinx in eine weibliche Sphinx, die mit Flügeln versehen im griechischen und römischen Kulturkreis weit verbreitet war, z. B. die berühmte Sphinx der Naxier in Delphi (um 560 v. Chr.). Seit dem 5. Jahrh. v. Chr. versah man die Sphinx sogar mit einer weiblichen Brust.

Spira, Speira, der nach außen gewölbte Teil an der → Basis der → ionischen Säule. In der Frühzeit ist die Spira glatt, später reich mit Kehlen und Wülsten verziert. → Tempel.

Spolien (lat. *spolia* = Raub, Beute), aus anderen Bauten stammende, wiederverwendete antike Bauteile, z.B. Säulenschäfte, Säulenbasen, → Kapitelle, → Architrave, Kranzgesimse (→ Geison), Grabsteine.

Stadion, Stadium, antike Laufbahn in der Länge eines Stadion (olympisches Stadion = 600 Fuß = 192,27 m, andere griechische Längeneinheiten zwischen 178 und 213 m, in hellenistischer Zeit auch nur 149 m). Die Wettlaufstätte hatte anfangs die Form eines langgestreckten Rechtecks, später kamen ein halbkreisförmiger Abschluß und Zuschauerwälle, oft auch eine Kampfrichtertribüne hinzu. Im Stadion wurden auch Wettbewerbe in anderen Sportarten durchgeführt. Bedeutende Stadien bestanden u.a. in Olympia, Delphi und Athen.

Stamnos, der Amphora ähnliches, dickbäuchiges Vorratsgefäß (Weingefäß) mit kurzem Hals und zwei Horizontalhenkeln am Gefäßkörper. Seit dem späten 6. Jahrh. v. Chr. gebräuchlich. Abbildung → Vasen.

Standarte, Stange mit aufgesetztem Bildwerk, meist als Kultzeichen, Herrschersymbol oder Feldzeichen gebraucht. Einzigartig sind die Standartenaufsätze der Hethiter (um 2200–2000): Hirsche, Stiere und Panther aus Bronze, mit Silber oder Gold überzogen bzw. → inkrustiert, sowie durchbrochene Bronzescheiben mit Gitter- oder → Swastikamustern. – Zu Unrecht wird auch die berühmte »Standarte« aus den Königsgräbern von Ur so bezeichnet.

Statue, Standbild, freistehendes, vollplastisches Bildwerk eines einzelnen Gottes, Menschen oder Tieres.

Statuette, kleine → Statue von weniger als halber Lebensgröße. Statuetten wurden hauptsächlich als Weihgaben im Götter- und Grabkult verwendet, in der → Kaiserzeit auch zu dekorativen Zwecken. Bronze, Marmor, Steatit (Speckstein), Terrakotta, Edelmetalle, Elfenbein waren das bevorzugte Material.

Steinzeit, älteste der drei großen Kulturperioden (→ Bronzezeit, → Eisenzeit), in der Geräte und Waffen vorwiegend aus Stein hergestellt wurden. Man unterscheidet drei Abschnitte: → Paläolithikum (Altsteinzeit), → Mesolithikum (Mittelsteinzeit) und → Neolithikum (Jungsteinzeit).

Stele, Steinsäule oder aufrecht stehende Steintafel, mit Relief versehen oder bemalt, häufig beschriftet, als Grenz- oder Inschriftenstein oder als Grabmal verwendet, z.B. die Gesetzesstele des Hammurabi (um 1700 v. Chr.).

Hethitische Standarte

Stereobat, Fundamentunterbau des griechischen → Tempels.

Stoa, langgestreckte Säulenhalle (→ Portikus). Berühmt war die Stoa poikile (bunte Halle) in Athen mit Gemälden von Polygnot, Mikon, Panainos und einem ungenannten Meister (Mitte 5. Jahrh. v. Chr.). Die 116 m lange Stoa des Attalos in Athen (um 150 v. Chr., heute rekonstruiert) veranschaulicht die Bauweise einer Stoa.

Strotere, Flachziegel des antiken Daches aus gebranntem Ton oder Marmor. Man unterscheidet die planen korinthischen und die konkaven lakonischen Strotere. Ihre seitlichen Stöße werden durch ∧-oder ∩-förmige → Kalyptere bedeckt.

Stylobat, die oberste Stufe des meist dreistufigen Unterbaus (→ Krepis) des antiken → Tempels. Der Stylobat bildet die Standfläche für die Säulen.

Sudatio, Sudatorium, das Dampfschwitzbad der römischen → Thermen, Vgl. → Laconicum (Trockenschwitzbad).

Suggestum, Rednertribüne auf dem römischen → Forum.

Sumerer, vermutlich indogermanische Völkerschaft, die im 4. Jahrtausend in Mesopotamien die erste Hochkultur der Menschheit schuf. Die Erfindung der Schrift (→ Keilschrift) und die Bildung von Stadtstaaten (Uruk, Ur, Lagasch, Kisch u. a.) geht auf die Sumerer zurück. Die sumerische Kultur überstand die Herrschaft der semitischen → Akkader (24. Jahrh.) und der iranischen → Gutäer (22. Jahrh.) und setzte sich schließlich in der babylonischen Kultur fort.

Swastika, Suastika (sanskr.: Glück), Hakenkreuz, Glücks- und Sonnensymbol, ein häufiges Motiv im Dekor vorgeschichtlicher Keramik. Zuerst als Einzelornament, seit dem 7. Jahrh. v. Chr. auch als Band- und Flächenmuster verwendet.

Symposion, beliebtes Thema der darstellenden Kunst: geselliges Beisammensein nach dem Mahl mit Musik-, Tanz- und mimischen Darbietungen.

Tabernae, Läden, Werkstätten, Wechselstuben, Wirtshäuser römischer Zeit, meist zellenartig am Forum und an Häuserfronten aneinandergereiht, anfangs aus Holz, später aus Stein gebaut.

Tablinum, der meist repräsentativ ausgestattete Empfangs- und Wohnraum des römischen Hauses, unmittelbar am → Atrium gelegen.

Tabularium, das Staatsarchiv Roms am Abhang des Kapitols, auch die entsprechenden Gebäude in den römischen Städten.

Taenia, vorspringende Leiste am oberen Rand des → Architravs. An der Taenia hängen unterhalb der → Triglyphen die →Regulae. Als Taenia werden in der römischen Baukunst auch die Bänder und Streifen an Säulen bezeichnet. → Tempel.

Tall, → Tell.

Telamon, figürlicher Gebälkträger, vgl. → Atlant.

Telesterion, Kultbau zur Feier der Eleusinischen Mysterien in Eleusis.

Tell, Tall (arab.: Hügel), Siedlungshügel, Ruinenhügel, künstliche Erhebung, die durch übereinander liegende Siedlungsschichten (Trümmer, Brandschutt, Hausrat usw.) entstanden ist.

Tell-Halaf-Kultur, Epoche des frühen → Chalkolithikums (Kupfersteinzeit), benannt nach dem nordsyrischen Ruinenhügel Tell Halaf, in dem erstmals eine typische Keramik gefunden wurde. Diese Keramik war mehrfarbig mit geometrischen oder figürlichen Motiven bzw. mit einer Doppelaxt bemalt. Die Tell-Halaf-Kultur beherrschte im 5. Jahrtausend

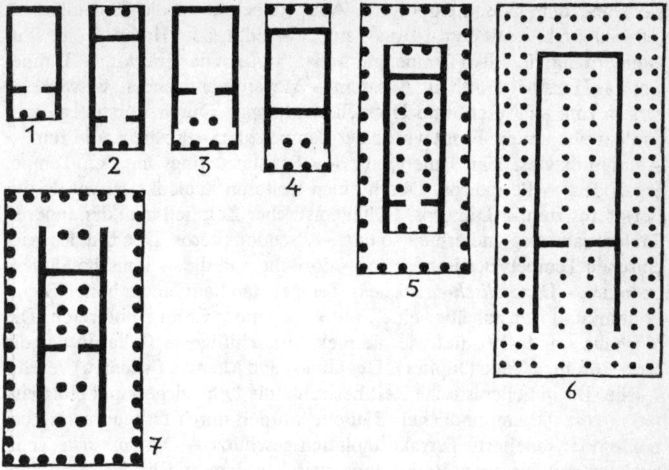

Griechische Tempel:

1 Antentempel 2 Doppelantentempel 3 Prostylos 4 Amphiprostylos 5 Peripteros 6 Dipteros 7 Pseudodipteros

fast ganz Mesopotamien. Ihre folgte im 4. Jahrtausend die → Ubaid-Kultur.

Temenos, heiliger Bezirk, der von Stelen oder Einfriedungen begrenzt war. Im Temenos befanden sich die Heiligtümer (Tempel usw.).

Tempel, Heiligtum, Kultstätte zur Verehrung einer oder mehrerer Gottheiten. Die ältesten Tempel waren natürliche Stätten (Quelle, Hain, Höhle, Grotte, Berg). Um der Gottheit ein Heim zu geben, errichtete man ihr ein Haus nach dem Abbild des eigenen Wohnhauses. – Die ältesten *mesopotamischen* Tempel (4. Jahrtausend) waren einräumige, rechteckige Anlagen, meist mit einem Opfertisch ausgestattet. Um 3000 entstanden die ersten Monumentalbauten (Eridu, Uruk). Daraus entwickelten sich im 3. und 2. Jahrtausend die Stufentempel (→ Ziqqurrat), die von einem Hochtempel gekrönt waren. Am Fuß der Ziqqurrat lag jeweils der Haupttempel. – Über die ältesten *ägyptischen* Tempel ist wenig bekannt, weil sie in späterer Zeit durch Neubauten ersetzt wurden. So lassen neben den Sonnenheiligtümern der 5. Dynastie (bei Abusir) nur die Totentempel der Könige (Sakkara, Gise) Schlüsse auf den Tempelbau im Alten Reich (2778–2263) zu. Die Epoche der großen ägyptischen Tempel war das Neue Reich (1552–1085 v. Chr.) mit dem Amun-Tempel in Theben (Karnak) und dem Felsentempel von Abu Simbel sowie die Ptolemäerzeit (305–30 v. Chr.) mit dem Horus-Tempel in Edfu, dem Hathor-Tempel in Dendera und dem Isis-Tempel auf Philae. – Auch der *griechische* Tempel war das Haus der Gottheit. Aus dem → Megaron entstanden, entwickelte er sich zum → Anten- und Doppelantentempel. Durch Vorstellen einer Säulenreihe vor die Front wurde der Tempel zum →Prostylos und zum → Amphiprostylos. Ein Säulenkranz (→ Peristase) rings um den Tempel ergab den → Peripteros. Durch einen weiteren Säulenkranz wurde der Peripteros zum → Dipteros. In hellenistischer Zeit ließ man den inneren Säulenkranz weg und erhielt so den → Pseudodipteros. Den Stil des griechischen Tempels bestimmte die → dorische und die → ionische Säulenordnung. – Der *italisch-etruskische* Tempel stand auf einem hohen Steinpodium und war nur über eine Freitreppe an der Front zu betreten. Die Vorhalle war fast so tief wie die meist dreischiffige → Cella, in der die Götterdreiheit Tinia (Jupiter), Uni (Juno) und Menrwa (Minerva) verehrt wurde. Bis in hellenistische Zeit herrschte die Lehmziegel- und Holzbauweise vor; die empfindlichen Bauteile wurden durch farbenprächtig bemalte oder reliefierte Terrakottaplatten geschützt. – Der *römische* Tempel entstand aus einer Verbindung zwischen dem griechischen und dem italisch-etruskischen Tempel. Auch er war ein → Podiumtempel mit tiefer Vorhalle, doch war die Cella weit nach außen vorgezogen und von Halbsäulen oder → Pilastern umgeben (→ Pseudoperipteros). Beim römischen Tempel herrschte die → korinthische Ordnung vor.

Tensa, sakraler Prunkwagen, mit dem die Römer die Kultbilder der Götter zum → Circus brachten, um sie dort für die Dauer der Spiele *(ludi circenses)* aufzustellen.

Tepidarium (lat. *tepidus* = lauwarm), mäßig warmer Aufenthaltsraum der römischen → Thermen, Abkühlraum zwischen →Caldarium und → Frigidarium.

Terrakotten (ital. *terra cotta* = gekochte Erde, gebrannter Ton), Kleinplastiken aus gebrannter Tonerde.

Terra sigillata (lat.: gesiegelte Erde), dünnwandiges tönernes Tafelgeschirr der römischen → Kaiserzeit, das mit dem Signum des Töpfers versehen war. Das glänzende, rotbraune Geschirr war mit ornamentalen und figürlichen Motiven reliefiert. Seit etwa 30 v. Chr. wurde es in Arretium (Italien), später auch in den römischen Provinzen, vor allem in Gallien, Germanien und Britannien, hergestellt. Die Terra sigillata war bis zum 4. Jahrh. n. Chr. in Gebrauch.

Tessera (lat.: Viereck), kleines, viereckiges Plättchen aus Stein, Keramik oder Glas, das zum Auslegen des Fußbodens (Mosaik) verwendet wurde. Später auch Bezeichnung für den Spielwürfel und für ein Plättchen, das als Ausweis, Eintrittskarte oder Münzersatz diente.

Tetrapylon, viertoriger Bau an Straßenkreuzungen, z. B. die Tetrapylone des Trajan und des Septimius Severus in Leptis Magna (Libyen).

tetrastyl, ein Raum, dessen Dach vier Säulen stützen, z. B. ein → Atrium tetrastylum.

Teutonen, germanischer Volksstamm aus Jütland, der um 120 v. Chr. mit den → Kimbern und Ambronen südwärts zog und die Römer mehrmals besiegte, bis er 102 v. Chr. von dem römischen Feldherrn Marius bei Aquae Sextiae (heute Aix-en-Provence) vernichtend geschlagen wurde.

Theater. Kultisch-rituelle Handlungen sowie gemeinschaftliche kultische Tänze und Gesänge sind die Ursprünge des Theaters. Als erste Bühne darf der runde Tanzplatz (→ Orchestra) beim Dionysos-Tempel im alten Griechenland gelten. Damit die Zuschauer die Darbietungen besser verfolgen konnten, verlegte man die Orchestra von der → Agora an den Fuß eines halbrunden Hanges. Der Hang selbst war also der Zuschauerraum, das eigentliche → Theatron (griech. *thean* = schauen; lat. → Cavea). Hölzerne, später steinerne Sitzstufen zogen sich am Hang empor. Auf der gegenüberliegenden Seite erhob sich die → Skene mit den Bühnenbauten (Zelte, Türme, Häuser, Felsen usw.). Die beiden Auftrittswege (→ Parodoi) lagen zwischen Skene und Theatron. Um 550 v. Chr. stellte der Athener Thespis dem Chor einen Gegenspieler (Protagonist) gegenüber. Aischylos fügte einen zweiten, Sophokles einen dritten Schauspieler hinzu, wobei jeder mit Hilfe wechselnder Maske mehrere Rollen zu spielen hatte. Diese Schauspieler agierten auf dem → Proskenion. Seit hellenistischer Zeit gab es keinen Chor mehr. Das Proskenion vergrößerte sich auf Kosten der Orchestra, die im römischen Theater nur noch einen Halbkreis für die Magistratssitze einnahm. Die Römer hatten für das klassische Schauspiel, das Drama, nicht viel übrig. Sie bevorzugten den → Circus und das → Amphitheater. Im Theater wurden nur derbe Possen, Pantomimen, Ballette und der sog. Mimus, eine Art Musical, aufgeführt. So erhielt Rom erst 52 v. Chr. auf dem Marsfeld ein steinernes Theater nach griechischem Vorbild, das allerdings mit vielen technischen Raffinements ausgestattet war (drehbare Kulissen, senkrecht zu öffnender Vorhang usw.). Mit dem Marcellus-Theater, ebenfalls in Rom, erstand 13–11 v. Chr. der erste typisch römische Theaterbau mit einem breiten, hohen Proscenium und der mehrstöckigen → Scenae frons des Bühnenhauses, das eng mit der → Cavea verbunden war und dem ganzen Bauwerk die Form eines tiefen Kessels gab.

Theatron, Sitzreihen des → Stadion. Das Theatron besteht aus zwei geraden Abschnitten, die sich bei der halbrunden → Sphendone begegnen. Auch der Zuschauerraum des griechischen Theaters wurde Theatron genannt (danach das Wort Theater).

Thermen, griechisch-römische Badeanlagen. Die Thermen Olympias (5. Jahrh. v. Chr.) bestanden aus Sitzwannen, rundem Schwitzbad und offenem Schwimmbecken. Die Stabianer Thermen in Pompeji (um 150 v. Chr.) entsprachen noch dem griechischen Schema. Das römische Schema einer Folge von Heißbad, Laubad und Kaltbad kam im 1. Jahrh. v. Chr. auf: Im Umkleideraum (→ Apodyterium) legte der Badegast seine Kleider ab. In der Palästra konnte er bei Spiel und Sport seinen Körper trainieren. Dann passierte er die Warmlufträume (→ Sudationes) und nahm eventuell ein Schwitzbad (→ Laconicum), bevor er den Kern der Thermen, das Warmwasserbad (→ Caldarium) erreichte. Von hier aus führte der Weg über einen Abkühlraum (→ Tepidarium) zum Kaltwasserbad (→Frigidarium), oft noch zu einem Freibad (→ Natatio), und endete wieder im Apodyterium. 25 v. Chr. stiftete Agrippa in Rom die ersten öffentlichen Thermen. Im 1. Jahrh. v. Chr. kam die Fußbodenheizung (→ Hypokaustum) auf. Seit dem 1. Jahrh. n. Chr. wurden auch die Wände der Thermenräume beheizt. Im 2. und 3. Jahrh. n. Chr. traten zu den Bade- und Sportanlagen Massageräume, Unterhaltungsräume, Wandelhallen, Bibliotheken, Geschäfte, Gärten, Wasserspiele usw. Die größten römischen Badeanlagen sind die Hadrians-Thermen in Leptis Magna (um 127 n. Chr.), die Thermen des Antoninus Pius in Karthago (um 160 n. Chr.), die Caracalla-Thermen (206–217 n. Chr.) und die Diokletian-Thermen (um 305 n. Chr.) in Rom sowie die Kaiserthermen in Trier (um 305 n. Chr.).

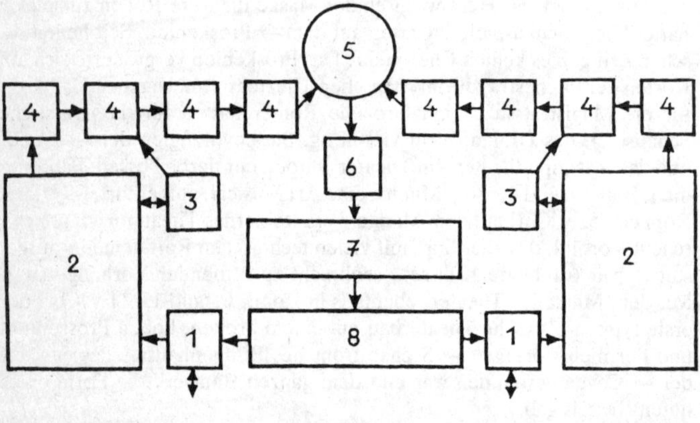

Schema einer römischen Thermenanlage:

1 Apodyterium 2 Palästra 3 Laconicum 4 Sudationes 5 Caldarium 6 Tepidarium 7 Frigidarium 8 Natatio

Thersilion, weltlicher Versammlungsraum.

Thesauros, Thesaurus, Schatzhaus in Heiligtümern, von griechischen Städten erbaut, um darin die gestifteten Weihgaben aufbewahren zu können. Bedeutende Schatzhäuser befanden sich in Olympia und in Delphi.

Tholos, Rundbau mit Säulenumgang. Ursprünglich war die Tholos die bauliche Umfassung einer Opfergrube oder eines Grabes, später diente sie kultischen Zwecken (Rundtempel) oder der Erinnerung an einen bedeutenden Verstorbenen. Die bekanntesten Tholoi befinden sich in Delphi (6. Jahrh. und 4. Jahrh. v. Chr.), in Epidauros (»Thymele«; 4. Jahrh. v. Chr.), in Olympia (»Philippeion«; 338 v. Chr.) und in Samothrake (»Arsinoeion«; um 285 v. Chr.). Weitere Tholoi sind der Vesta-Tempel auf dem Forum Romanum (um 240 v. Chr.) sowie der sog. Vesta-Tempel auf dem Forum Boarium in Rom (Ende 2. Jahrh. v. Chr.) und der Venus-(oder Fortuna-)Tempel in Baalbek.

Thymele, Opferstätte, der Altar des Dionysos in der Mitte der → Orchestra des griechischen Theaters.

Thymiaterion, Räuchergefäß, meist in Kandelaberform, aus Bronze, seltener aus Terrakotta oder Stein.

Toichobat, die Standfläche für die → Cella des antiken Tempels. Der Toichobat liegt meist niedriger als der → Stylobat (Standfläche für die Säulen). → Tempel.

Tondo, antikes Medaillon, auch Bild auf kreisförmiger Fläche, z. B. bei der Trinkschale.

Torques, Halsreif aus spiralförmig gedrehten Metallbändern (Bronze oder Gold). Der Torques war schon bei den Assyrern verbreitet, er war äußeres Kennzeichen der Thraker und der typische Halsschmuck der Kelten.

Torus, wulstförmig gerundeter Teil der ionischen und korinthischen Säulenbasis, oft mit waagerechten →Kanneluren, → Kymation oder Flechtband geschmückt. → Tempel.

Trachelion, Übergang vom Säulenhals zum → Kapitell. → Tempel.

Triclinium, das Speisezimmer des römischen Wohnhauses, nach griechischer Sitte mit Liegen (→ Klinen) ausgestattet, die in Hufeisenform um den runden Tisch standen. Triclinia legte man auch im Freien an, am Garten unter einem Schutzdach oder unter einer Pergola.

Triglyphen, Steinplatten zur Verkleidung der Stirnseiten der Deckenbalken. Die Triglyphen besaßen drei senkrechte Rillen: zwei volle und zwei äußere halbe. Sie saßen jeweils über der Säulenachse und der Mitte der → Interkolumnie und bildeten im Wechsel mit den → Metopen den Fries (Triglyphenfries) über dem → Architrav des dorischen Tempels. → Tempel.

Trilithon, vorgeschichtliche Steinsetzung aus drei Blöcken. Zwei aufrecht stehende Steine werden durch einen horizontal darüber liegenden Stein verbunden, so daß eine Art Tor entsteht. Beispiel: die Trilithen in Stonehenge.

Tripus, → Dreifuß.

Tripylon, Bauwerk mit drei nebeneinander liegenden Durchgängen.

Trochilos, Trochilus, Hohlkehle im unteren Teil der ionischen Säulenbasis (→ Spira) sowie im mittleren Teil der dreiteiligen attischen Säulenbasis. → Tempel.

Tropaion (griech.: Wendung zur Flucht), Tropaeum, Siegeszeichen, das ursprünglich an der Stelle, an der sich der Gegner zur Flucht wandte, errichtet wurde. Das erste Tropaion stellten die Griechen in Marathon auf (490 v. Chr.). Später übernahmen die Römer und die Kelten diese Form des Triumphes.

Tumba, sarkophagartiges Grabmal, oft auf Füßen stehend und von einem Baldachin beschirmt.

Tumulus, künstlicher Hügel, der eine Grabstätte bedeckt. → Hügelgrab.

Tympanon (griech.: Pauke), das Giebelfeld des antiken Tempels, meist mit Skulpturengruppen ausgefüllt. → Tempel.

Tyrann, Alleinherrscher, ein Mann, der – im Unterschied zur monarchischen Erbfolge – die Macht selbst ergriffen hat. Berühmte Tyrannen waren Periander in Korinth (627–586 v. Chr.), Kleisthenes in Sikyon (etwa 600 v. Chr.), Peisistratos in Athen (560–527 v. Chr.), Polykrates auf Samos (etwa 538–522 v. Chr.), Gelon (491–478 v. Chr.), Dionysios I. (405–367 v. Chr.) und Agathokles (etwa 317–289 v. Chr.) in Syrakus.

Ubaid-(Obeid-)Kultur, vorgeschichtliche Kulturperiode Mesopotamiens, etwa 4000–3400, benannt nach dem ersten Fundort Tall al-Ubaid (Tell el-Obeid) bei Ur (Irak). Kennzeichnend für diese Epoche ist eine lederfarbene bis grünliche Keramik, verziert mit einfachen dunkelbraunen Mustern.

Uschebti (ägypt.: der Antwortende), Totenstatuetten als Grabbeigaben; Stellvertreter des Verstorbenen, die ihm im Jenseits die landwirtschaftliche Arbeit abnehmen sollen. Aus Fayence, Stein oder Holz, selten aus Bronze, beschriftet mit Namen und Titel des Verstorbenen sowie mit einem Spruch aus dem Totenbuch. Etwa 2000 bis 300 v. Chr.

Vallum, Schutzwall des römischen Limes in Britannien (Hadrianswall) und in Germanien.

Vasen (lat. *vas* = Gefäß), Bezeichnung für antike Tongefäße, die eine einzigartige kunstgeschichtliche Quelle darstellen und auch als wertvolle Datierungshilfe dienen. Nach ihrer Verwendung ordnet man die Gefäße – auch nichtgriechischer Kulturen – in folgende Gruppen: *Vorratsgefäße:* → Amphora, → Pelike, → Pithos, → Stamnos; *Mischgefäße:* → Dinos, → Krater, → Lebes, → Psykter; *Schöpf- und Gießgefäße:* → Hydria, → Kyathos, → Oinochoë, → Olpe; *Kultgefäße:* → Kernos, → Lebes Gamikos, → Lutrophoros, → Omphalosschale; *Trinkgefäße:* → Kantharos, → Kothon, → Kotyle, → Kylix, → Mastos, → Plemochoë, → Rhyton, → Skyphos; *Salb- und sonstige Gefäße:* → Alabastron, → Amphoriskos, → Aryballos, → Askos, →Lekanis, → Lekythos, → Plemochoë, → Pyxis.

Velarium, Überdachung des → Theaters und → Amphitheaters aus Zeltplane zum Schutz der Zuschauer gegen Sonne und Regen.

Vestibulum, Vorhalle des römischen Wohnhauses.

Villanova-Kultur, früheisenzeitliche Kultur Mittel- und Oberitaliens (10.–8. Jahrh. v. Chr.), benannt nach einem Gräberfeld bei Villanova in der Provinz Bologna. Die Villanova-Kultur wurde gegen 700 v. Chr. von der etruskischen Kultur abgelöst.

Viridarium, der Hausgarten des römischen Wohnhauses.

Volute, Ornament in Form einer Spirale, eines Schneckenhauses. Seit griechischer Zeit vielfach verwendet bei Vasen (Volutenkrater) und Baufriesen, vor allem aber beim ionischen, äolischen und korinthischen → Kapitell (Volutenkapitell).

Votivgaben, Weihgaben, Geschenke an eine Gottheit, um ihr Dankbarkeit zu erweisen oder um von ihr Hilfe zu erbitten. Solche Gaben sind Statuen, Statuetten, Porträts, Büsten, Schwerter, Wagen usw.

Wash (engl.), Farbüberzug der Keramik ohne Beimischung von Ton.

Würfelhocker, ägyptische Statuenform seit dem Mittleren Reich. Plastische Darstellung eines mit angezogenen Beinen am Boden sitzenden Menschen, wobei sein Körper auf die Form eines Würfels reduziert ist, aus dem nur sein Kopf emporragt. Die Würfelflächen tragen Inschriften oder Darstellungen.

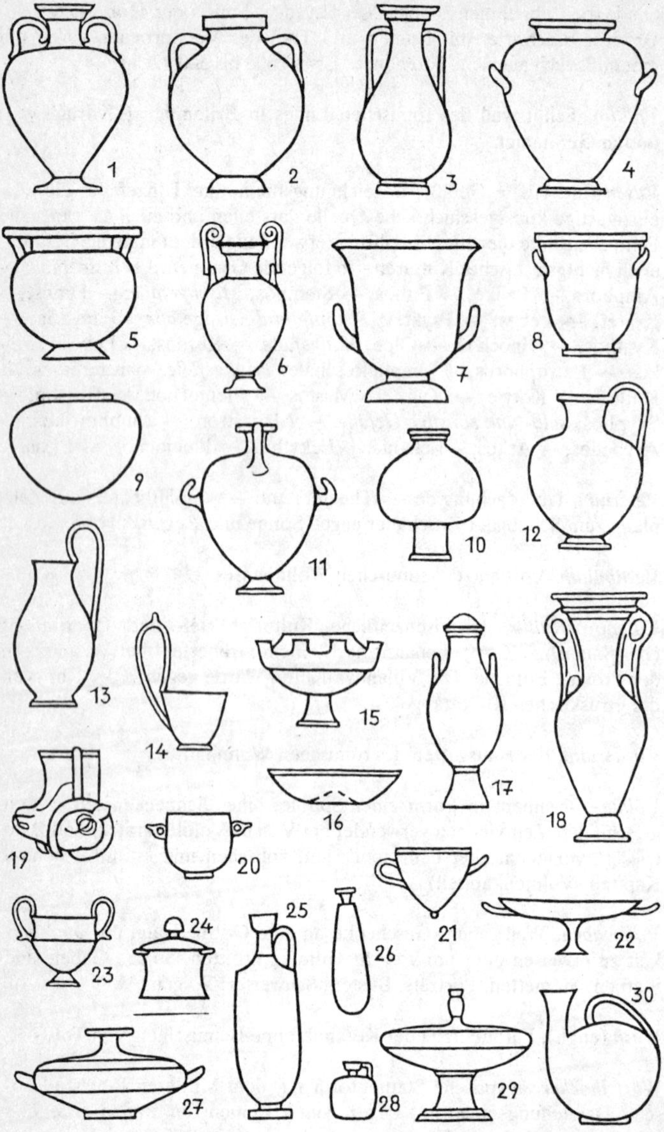
1
2
3
4
5
6
7
8
9
10
11
12
13
14
15
16
17
18
19
20
21
22
23
24
25
26
27
28
29
30

Vasen:

1 Hals-Amphora 2 Bauch-Amphora 3 Pelike 4 Stamnos 5 Kolonnettenkrater 6 Volutenkrater 7 Kelchkrater 8 Glockenkrater 9 Dinos 10 Psykter 11 Hydria 12 Oinochoë 13 Olpe 14 Kyathos 15 Kernos 16 Omphalosschale 17 Lebes Gamikos 18 Lutrophoros 19 Rhyton 20 Skyphos 21 Mastos 22 Kylix 23 Kantharos 24 Pyxis 25 Lekythos 26 Alabastron 27 Lekanis 28 Aryballos 29 Plemochoë 30 Askos

Xoanon, pfahlartige Götterstatuen aus Holz, die ältesten Kultbilder überhaupt. Das berühmteste Xoanon stellte Athena Polias dar; es war aus Ölbaumholz gefertigt und stand in ihrem Tempel auf der Akropolis.

Xystos, überdachte Laufbahn im griechischen → Gymnasion (seit dem 5. Jahrh. v. Chr.). – Das *Xystum* der Römer war ein offener Säulengang in den Gärten der Villen, → Thermen usw. zum Wandeln und Diskutieren.

Zahnschnitt, dichte Reihe vorstehender Gesimsglieder (»Gesimsfüße« oder Geisipodes) am Gebälk ionischer Tempel, vermutlich von den Balkenköpfen lykischer Holzdächer angeregt. → Ionische Ordnung.

Ziqqurrat, Zikkurat, Zikurrat, Zigurat, mesopotamischer Stufentempel (Tempelturm). Aus den Tempelterrassen des 4. Jahrtausends (z. B. in Eridu und Uruk) entwickelten sich durch Aufsetzen weiterer Terrassen im 3. und 2. Jahrtausend mehrstufige Anlagen, die von einem Hochtempel gekrönt waren, Treppenaufgänge führten von Stufe zu Stufe. Ziqqurrats wurden u. a. in Ur, Uruk, Assur, Khorsabad, Nimrud, Ninive, Borsippa und Babylon (»Turm zu Babel«) erbaut. Die besterhaltene Ziqqurrat befindet sich in Tschoga Zambil (Elam).

Ziste (lat. *cista* = Kasten), zylindrisches Bronzegefäß mit Deckel zur Aufbewahrung von Schmuck und Kosmetika. Im Vorderen Orient ebenso verbreitet wie in Griechenland und Italien (Etrusker).

Zyklopenmauer, → Kyklopenmauer.

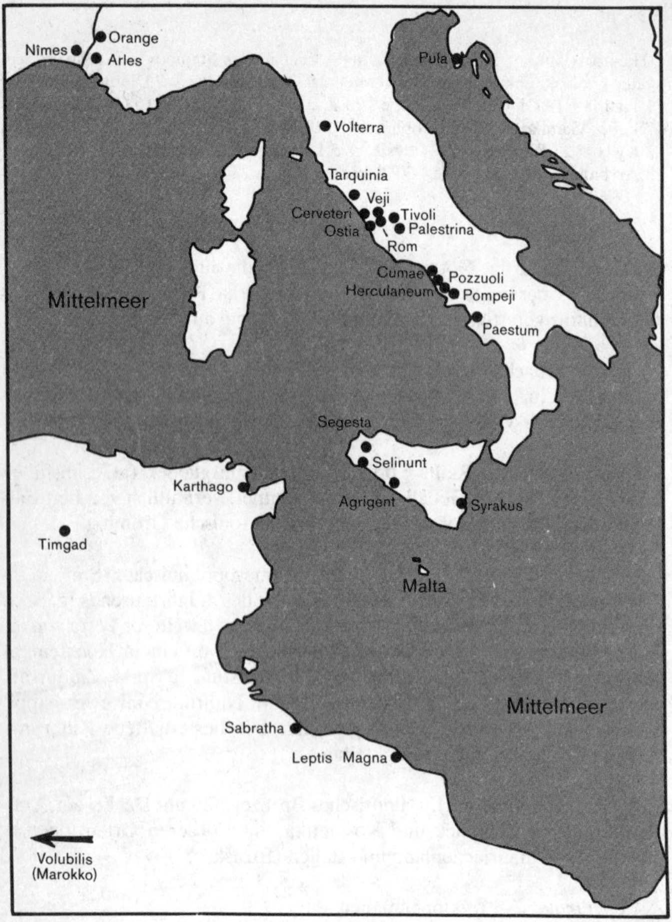
Orange
Nîmes
Arles
Pula
Volterra
Tarquinia
Veji
Cerveteri
Tivoli
Ostia
Palestrina
Rom
Cumae
Pozzuoli
Herculaneum
Pompeji
Mittelmeer
Paestum
Segesta
Selinunt
Karthago
Agrigent
Syrakus
Timgad
Malta
Mittelmeer
Sabratha
Leptis Magna
Volubilis
(Marokko)

Donau
Schwarzes Meer
Philippi
Istanbul
Thasos
Samothrake
Ankara
Dodona
Troja
Gordion
Pergamon
Izmir
Sardes
Delphi
Eleusis
Athen
Ephesos
Hierapolis
Çatal Hüyük
Olympia
Bassai
Pylos
Kap Sunion
Delos
Aphrodisias
Aspendos
Perge
Side
Kos
Xanthos
Thera
Rhodos
Lindos
Knossos
Mallia
Phaistos
Gortyn
Kreta
Kyrene
Mittelmeer
1 Korinth 2 Mykene 3 Argos 4 Tiryns 5 Epidauros
6 Ägina 7 Magnesia am Mäander 8 Samos 9 Priene
10 Milet 11 Didyma 12 Halikarnassos 13 Knidos

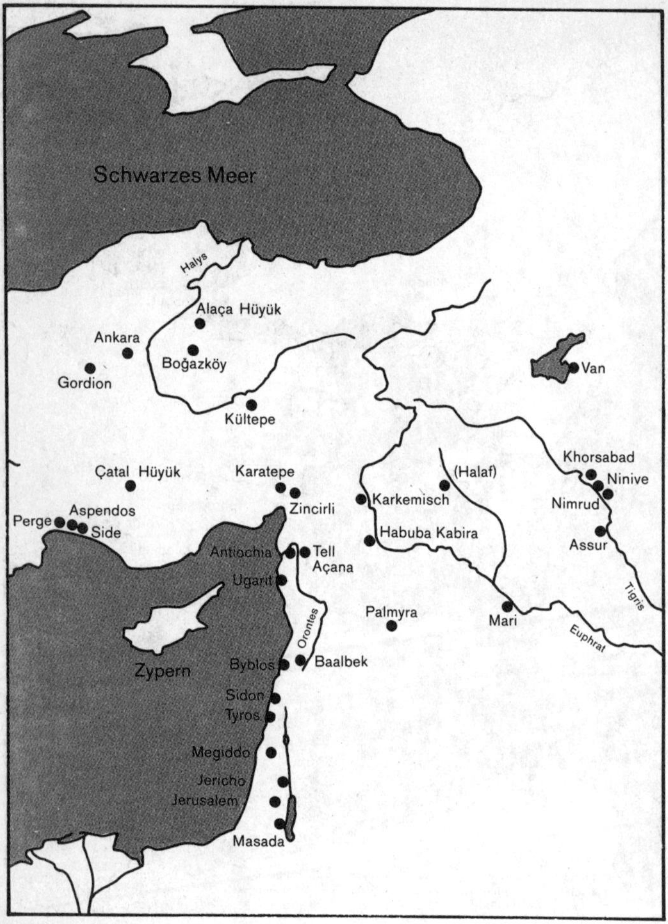
Schwarzes Meer
Halys
Alaça Hüyük
Ankara
Boğazköy
Gordion
Kültepe
Van
Çatal Hüyük
Karatepe
Zincirli
Karkemisch
(Halaf)
Khorsabad
Ninive
Nimrud
Assur
Aspendos
Perge
Side
Habuba Kabira
Antiochia
Tell
Açana
Ugarit
Tigris
Palmyra
Mari
Orontes
Euphrat
Byblos
Baalbek
Zypern
Sidon
Tyros
Megiddo
Jericho
Jerusalem
Masada

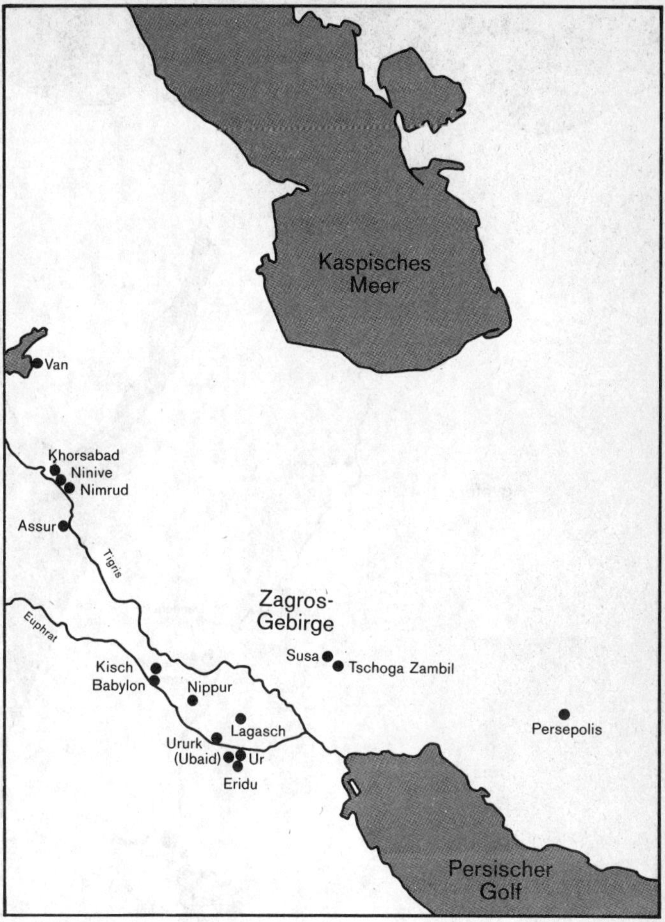
Kaspisches
Meer
Van
Khorsabad
Ninive
Nimrud
Assur
Tigris
Euphrat
Zagros-
Gebirge
Susa
Tschoga Zambil
Kisch
Babylon
Nippur
Lagasch
Persepolis
Ururk
(Ubaid)
Ur
Eridu
Persischer
Golf

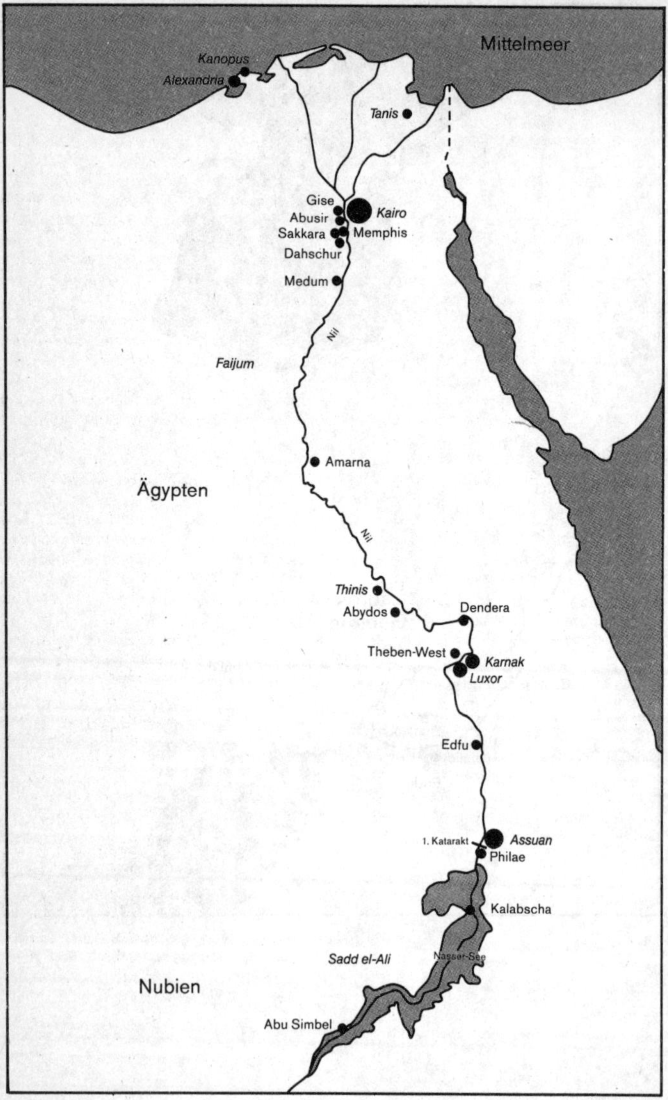
Mittelmeer
Kanopus
Alexandria
Tanis
Gise
Kairo
Abusir
Sakkara
Memphis
Dahschur
Medum
Nil
Faijum
Amarna
Ägypten
Nil
Thinis
Abydos
Dendera
Theben-West
Karnak
Luxor
Edfu
1. Katarakt
Assuan
Philae
Kalabscha
Sadd el-Ali
Nasser-See
Nubien
Abu Simbel

Quellenverzeichnis zu den Grundrissen

S. 68: nach G. Steindorff in: K. Baedeker, Ägypten und der Sudan. Leipzig 8. Aufl. 1928. – S. 70: nach E. Brunner-Traut, Ägypten. Stuttgart 2. Aufl. 1966. – S. 71: nach L. Borchardt, Das Re-Heiligtum des Königs Ne-woser-re I. Berlin 1905. – S. 74: nach A. H. Gardiner, The Temple of King Sethos I. at Abydos. London und Chicago 1933. – S. 77: nach A. Furtwängler, Ägina. 1906. – S. 79: nach A. W. Lawrence, Greek Architecture. Harmondsworth 1962. – S. 80: nach Bayet-Villard, Sicile grecque. – S. 82: nach R. Naumann, Architektur Kleinasiens von ihren Anfängen bis zum Ende der hethitischen Zeit. Tübingen 2. Aufl. 1971. – S. 85: nach E. Brunner-Traut: Ägypten. Stuttgart 2. Aufl. 1966. – S. 87: nach J. D. S. Pendleburry, The City of Akhenaten III. London 1951. – S. 94: nach G. E. Bean, Turkey's Southern Shore. London 1968. – S. 97: nach H. Berve und G. Gruben, Griechische Tempel und Heiligtümer. München 1961. – S. 100: nach G. E. Bean, Turkey's Southern Shore. London 1968. – S. 102: nach W. Andrae, Das wiedererstandene Assur. Leipzig 1938. – S. 115: nach The Athenian Agora. A Guide to the Excavations and Museum. American School of Classical Studies at Athens. 2. Aufl. 1962. – S. 118: nach Hoyningen-Huene und D. M. Robinson, Baalbek-Palmyra. New York 1946. – S. 123 u. 124: nach R. Koldewey, Das wieder erstehende Babylon. Leipzig 1913. – S. 126: nach H. Berve und G. Gruben, Griechische Tempel und Heiligtümer. München 1961. – S. 128: nach Photo Deutsches Archäologisches Institut, Berlin. – S. 129: nach K. Bittel, Hattusha, the Capital of the Hittites. New York 1970. – S. 130: nach R. Naumann, Architektur Kleinasiens von ihren Anfängen bis zum Ende der hethitischen Zeit. Tübingen 2. Aufl. 1971. – S. 135: nach J. Mellaart, Çatal Hüyük. London 1967. – S. 138: nach U.D.F.-Photothek, Museo Nazionale di Villa Giulia, Rom. – S. 145 u. 146: nach Ph. Bruneau und J. Ducat, Guide de Délos. Paris 1965. – S. 150: nach J. Pouilloux und G. Roux in: G. Roux, Delphi. Orakel und Kultstätten. München 1971. – S. 153: nach P. de La Coste-Messelière und de Miré in: G. Roux, Delphi. Orakel und Kultstätten. München 1971. – S. 154: nach G. Steindorff in: K. Baedeker, Ägypten und der Sudan. Leipzig 8. Aufl. 1928. – S. 157: nach H. Berve und G. Gruben, Griechische Tempel und Heiligtümer. München 1961. – S. 161: nach G. Steindorff in: K. Baedeker, Ägypten und der Sudan. Leipzig 8. Aufl. 1928. – S. 163: nach J. N. Travlos in: G. E. Mylonas, Eleusis and the Eleusinian Mysteries. Princeton, N. J. 1961. – S. 167: nach A. Bammer, Die Architektur des jüngeren Artemision von Ephesos. Wiesbaden 1972. – S. 168 u. 170: nach W. Alzinger, Die Ruinen von Ephesos. Berlin und Wien 1972. – S. 172: nach Th. Papadakis, Epidauros. Das Heiligtum des Asklepios. München und Zürich 1971. – S. 173: nach A. von Gerkan und W. Müller-Wiener, Das Theater von Epidauros. Stuttgart 1961. – S. 175: nach H. Frankfort, The Art and Architecture of the Ancient Orient. Harmondsworth und Baltimore 1954. – S. 178: nach G. A. Reisner, History of the Giza Necropolis, Vol. I. Cambridge, Oxford, London 1942. – S. 181: nach R. S. G. Young, Gordion. A Guide to the Excavations and the Museum. Ankara 1968. – S. 185: nach Habuba-Expedition der Deutschen Orient-Gesellschaft. – S. 187 u. 189: nach J. Forde-Johnston, Hadrian's Wall. London 1978. – S. 194: nach M. Grant, Cities of Vesuvius. Pompeji and Herculaneum. London 1971. – S. 195: nach K. Weber, Nationalmuseum Neapel. – S. 205: nach K. M. Kenyon, Digging up Jericho. London 1957. – S. 214: nach G. Steindorff in: K. Baedeker, Ägypten und der Sudan. Leipzig 8. Aufl. 1928. – S. 215: nach V. G. Kallipolitis in: Antike Welt 2 (1973). – S. 218: nach Ch. L. Woolley, The Excavations in the Inner Town. In: Carchemish, Report on the Excavations at Jerablus on behalf of the British Museum, III. London 1952. – S. 224: nach J. Biel in: Antiquity, LV (1981). – S. 227: nach OIP (The University of Chicago. Oriental Institute. Publications) 40, Tf. 69. – S. 229: nach Mackay, A Sumerian Palace. Chicago 1929. – S. 233: nach A. J. Evans, The Palace of Minos at Knossos. 1921–36. – S. 240: nach R. Herzog, Vorläufiger Bericht über die Koische Expedition im Jahre 1904. Archäologischer Anzeiger 1905, I. – S. 243: nach T. Özgüc, Anatolia 7 (1963). – S. 246: nach R. G. Goodchild, Kyrene und Apollonia. Zürich 1971. – S. 255 u. 260: nach D. Baatz, Der römische Limes. Berlin 2. Aufl. 1975. – S. 263: nach G. Gruben, Die Tempel der Griechen. München 1966. – S. 267: nach J. D. Evans, Malta. London 1959. – S. 269: nach A. Parrot, Mari. München 1953. – S. 272: nach Y. Yadin, Masada. Herod's Fortress and the Zealots' Last Stand. London 1966. – S. 279 u. 281: nach G. Kleiner, Die Ruinen von Milet. Berlin 1968. – S. 284 u. 285: nach A. J. B. Wace, Mycenae. – S. 289: nach M. E. L. Mallowan, Nimrud and its Remains. London 1966. – S. 292: nach R. C. Thompson und R. W. Hutchinson, A Century of Exploration at Nineveh. London 1929. – S. 297 u. 298: nach G. Gruben, Die Tempel der Griechen. München 1966. – S. 299: nach N. Yalouris, Olympia. Athen 1972. – S. 303 u. 305: nach R. Meiggs, Roman Ostia.

Oxford und New York 2. Aufl. 1974. – S. 307 u. 309: nach F. Krauss, Paestum. Berlin 2. Aufl. 1943. – S. 311: nach P. Romanelli, Palestrina. Neapel 1967. – S. 314: nach J. Starcky und R. Duru in: J. Starcky, Palmyre. Paris 1952. – S. 316: nach A. W. Lawrence, Greek Architecture. Harmondsworth 2. Aufl. 1962. – S. 317 u. 318: nach R. Martin, L' Urbanisme dans la Grèce antique. Paris 1956. – S. 319: nach K. O. Dalman und H. Hanson in: O. Deubner, Das Asklepieion von Pergamon. Berlin 1938. – S. 321: nach A. M. Mansel und A. Akarca, Excavations and Researches at Perge. Ankara 1949. – S. 324: nach Ali Sami, Persepolis. 1954. – S. 329: nach G. Steindorff in: K. Baedeker, Ägypten und der Sudan. Leipzig 8. Aufl. 1928. – S. 334: nach H. Eschebach, Die städtebauliche Entwicklung des antiken Pompeji. 1970. – S. 338: nach Enciclopedia dell' arte antica classica ed orientale IV. – S. 341: nach A. Waiuri, Die Altertümer der Phlegräischen Felder. Rom 1938. – S. 343: nach G. Kummer und W. Wilberg in: M. Schede, Die Ruinen von Priene. Berlin 2. Aufl. 1964. – S. 347: nach C. W. Blegen, The Palace of Nestor in: American Journal of Archaeology. LXV (1961). – S. 350: nach G. Gruben, Die Tempel der Griechen. München 1966. – S. 362, 364, 366/67, 370, 372, 373, 374 u. 376: nach F. Coarelli, Guida Archeologica di Roma. Rom 1974. – S. 381: nach J. Ph. Lauer, Sakkarah. Les monuments de Zoser. Kairo 1939. – S. 383: nach G. Steindorff in: K. Baedeker, Ägypten und der Sudan. Leipzig 8. Aufl. 1928. – S. 385: nach E. Brunner-Traut, Ägypten. Stuttgart 2. Aufl. 1966. – S. 388: nach E. Buschor, Heraion von Samos. Frühe Bauten. In: Athenische Mitteilungen LV (1930). – S. 391: nach K. Lehmann, Samothrace. A Guide to the Excavations and the Museum. Locust Valley, N.Y. 1970. – S. 394: nach H. Berve und G. Gruben, Griechische Tempel und Heiligtümer. München 1961. – S. 396: nach Mertens. – S. 398: nach H. Berve und G. Gruben, Griechische Tempel und Heiligtümer. München 1961. – S. 399: nach G. Gruben, Die Tempel der Griechen. München 1966. – S. 400: nach G.E. Bean, Turkey's Southern Shore. London 1968. – S. 408: nach R. de Mecquenem in: R. Ghirshman, Iran. München 1964. – S. 411: nach H. Berve und G. Gruben, Griechische Tempel und Heiligtümer. München 1961. – S. 412: nach K. Fabricius, Das antike Syrakus. Leipzig 1932, und nach M. P. Loicq-Berger, Syracuse. Histoire culturelle d'une cité grecque. Brüssel 1967. – S. 413: nach Mauceri, Il Castello Eurialo nella Storia e nell' Arte. – S. 417: nach Ch. L. Woolley, A Forgotten Kingdom. 1953. – S. 424: nach G. Steindorff in: K. Baedeker, Ägypten und der Sudan. Leipzig 8. Aufl. 1928. – S. 427: nach H. Chevrier, Plan d' Ensemble de Karnak. Annales du Service des Antiquités de l' Egypte. Kairo 1936. – S. 430: nach E. Brunner-Traut, Ägypten. Stuttgart 2. Aufl. 1966. – S. 435: Nr. 8 nach B. Porter und R. Moss, Topographical Bibliography of Ancient Egyptian Hieroglyphic Texts, Reliefs and Paintings. I. The Theban Necropolis. Oxford 1927. Nr. 17 nach Weigall und Carter. Nr. 34 nach Rouet. Nr. 35 nach G. Steindorff und W. Wolf, Die Thebanische Gräberwelt. Glückstadt und Hamburg 1936. Nr. 62 nach Ch. Desroches-Noblecourt, Tut-ench-Amun. Berlin, Frankfurt/M., Wien 1963. – S. 445: nach G. Rodenwaldt, Tiryns II. – S. 448: nach S. Aurigemma, Villa Adriana. Tivoli 1955. – S. 457: nach F. Matz, Kreta und frühes Griechenland. Baden-Baden 1962. – S. 467 u. 468: nach Ch. L. Woolley, Excavations at Ur. London 1954. – S. 470 nach H. J. Lenzen, Die Entwicklung der Zikurrat von ihren Anfängen bis zur Zeit der III. Dynastie von Ur. Leipzig 1941. – S. 471: nach H. J. Lenzen, Die Tempel der Schicht Archaisch IV in Uruk. In: Zeitschrift für Assyriologie 49 (1950). – S. 485: nach H. Metzger, Fouilles du Létoon de Xanthos. In: Revue archéologique. Paris 1974. – S. 487: nach Ph. R. Naumann, Die Architektur Kleinasiens von ihren Anfängen bis zum Ende der hethitischen Zeit. Tübingen 2. Aufl. 1971.